ECOLOGICAL MODEL AND RESTORATION OF RIVER AND LAKE

河湖生态模型与生态修复

董哲仁 著

中国水利水电出版社
www.waterpub.com.cn

·北京·

内 容 提 要

本书精选了作者发表的 70 篇论文，反映了近 20 年来在研究河湖生态保护与修复理论方面的主要成果。这些论文涉及的领域十分广泛，包括 10 个专题：河湖生态模型，开发与保护的辩证关系，生态水工学理论框架和研究进展，河流生态修复规划，生态流量和水库生态调度，水资源管理和应急管理，河湖调查监测与健康评估，学习与借鉴，哲学思索与文化蕴涵，人物缅怀。这些论文基本涵盖了河湖保护与修复的主要科学问题和方法，也反映了生态水利工程学由初期阶段到日臻完善的发展脉络。"我的学术生涯"回顾总结了作者从事科研工作 50 年的学术轨迹和治学经验。

本书可供水利水电工程、生态学与生态工程、环境科学与环境工程等领域的科研、规划、设计和管理人员参考，也可供高等院校相关专业师生参考。

图书在版编目（ＣＩＰ）数据

河湖生态模型与生态修复 / 董哲仁著. -- 北京：
中国水利水电出版社，2022.9
ISBN 978-7-5226-1017-7

Ⅰ. ①河… Ⅱ. ①董… Ⅲ. ①河流－水环境－生态工程－工程模型－研究②湖泊－水环境－生态工程－工程模型－研究③河流－水环境－生态环境－生态恢复－研究④湖泊－水环境－生态环境－生态恢复－研究 Ⅳ. ①X143

中国版本图书馆CIP数据核字(2022)第180981号

书　　　名	**河湖生态模型与生态修复** HEHU SHENGTAI MOXING YU SHENGTAI XIUFU
作　　　者	董哲仁　著
出 版 发 行	中国水利水电出版社 （北京市海淀区玉渊潭南路 1 号 D 座　100038） 网址：www.waterpub.com.cn E-mail：sales@mwr.gov.cn 电话：(010) 68545888（营销中心）
经　　　售	北京科水图书销售有限公司 电话：(010) 68545874、63202643 全国各地新华书店和相关出版物销售网点
排　　　版	中国水利水电出版社微机排版中心
印　　　刷	北京印匠彩色印刷有限公司
规　　　格	184mm×260mm　16 开本　36.75 印张　894 千字
版　　　次	2022 年 9 月第 1 版　2022 年 9 月第 1 次印刷
印　　　数	0001—1000 册
定　　　价	**218.00 元**

本书获得

中国水利水电科学研究院离退休科研人员学术著作与科学研究专项
资助出版

中国水资源战略研究会

暨

全球水伙伴中国委员会

（Global Water Partnership China）

支持

作者简介

董哲仁， 1943 年生于北京，满族。1966 年毕业于清华大学，1981 年毕业于中国科学院研究生院，1986 年美国阿克伦大学访问学者。中国水利水电科学研究院教授、工学博士、博士生导师。先后受聘担任清华大学、武汉大学、大连理工大学、四川大学、河海大学、华北水利水电大学等校兼职教授。从事科研工作 50 年。20 世纪 80—90 年代，研究水工结构钢筋混凝土非线性分析理论方法，提出了一整套钢衬钢筋混凝土压力管道非线性分析模型并成功应用于三峡工程。进入 21 世纪，研究重点转向水利水电工程的生态影响和河湖生态修复理论与技术。融合水利工程学与生态学理论，开创生态水利工程学。经 20 年的研究与工程实践，基本形成了学科体系。出版专著 9 部，代表作有《钢筋混凝土非线性有限元法原理与应用》（1993 年）、《钢衬钢筋混凝土压力管道设计与非线性分析》（1998 年）、《生态水利工程原理与技术》（与孙东亚合著）（2007 年）、《河流生态修复》（2013 年）、《生态水利工程学》（2019 年）；发表论文 123 篇。

序

　　董哲仁教授致力于水利工程生态保护与修复理论探索，开创性地研究生态水利工程学，凡 20 年。在大量河湖野外考察和监测数据分析的基础上，研究了水利水电工程对水域生态系统的胁迫机理，提出了河流生态修复规划设计原则，在国内率先提出了水库多目标生态调度的概念和方法，对构建我国环境生态友好的水利工程学作出了重要贡献。

　　董哲仁教授出身名门，从幼年起就受到良好的人文与科技教育。20 世纪 60 年代，在清华大学水利工程系又得到许多名师的教诲，打下了坚实的科学技术理论基础。我与他相识已久，不仅在他求学于清华时就认识，而且在日后水利部众多的科技咨询项目中合作共事，并一直关注他的学术活动和进展，我愿借此机会简要介绍他丰富的人生经历和治学之路，可能对青年朋友会有所启发。1960 年他考入清华大学水利工程系，当时清华试行六年制本科教育，清华严格的工程技术教育，为他打下了坚实的理论基础。1966 年他从清华大学毕业时，正值"文革"爆发，他被分配到陕西省汉中褒河石门水库工地先劳动锻炼一年，后担负大型渡槽大跨度高负载缆索起重机的设计任务，攻克了许多技术难关，完成了工程施工并如期竣工通水。

　　工地十年艰苦生活的经历，磨炼了他的意志，也丰富了他水利工程设计施工实践经验，提升了日后从事工程科研的能力。1978 年国家恢复研究生招生，他抓住机会，考取了中国科学院研究生院，成为我国实行学位制度后首批研究生，以 35 岁的年龄又回到校园，以充沛的精力实现计算机时代的知识更新，接受了严格的科学训练。1986 年又赴美做访问学者，专攻钢筋混凝土非线性有限元理论方法。回国后致力于研究三峡工程超巨型钢衬钢筋混凝土压力管道结构分析方法。董哲仁教授负责的国家"七五""八五"科技攻关项目，攻克了工程结构分析计算的难关。历经十余年的研究，提出了一整套钢衬钢筋混凝土压力管道非线性分析模型和压力管道结构优化设计方法，在三峡水电站压力管道的最终技术设计中得到采用。2003 年修编的《水电站压力钢管设计规范》（SL 281—2003）中增加了"钢衬钢筋混凝土压力管道"内容，他提出的一套计算分析方法被列入规范。先后出版了两部专著:《钢筋混凝土非线性有限元法原理与应用》(1993 年)和《钢衬钢筋混凝土压力管道设计与非线性分析》(1998 年)。

进入 21 世纪以后,董哲仁教授察觉到,生态环境保护已经成为制约我国可持续发展的瓶颈问题,于是他把研究工作聚焦于水利工程的生态影响问题。2003 年提出了构建生态水利工程学(Eco‐Hydraulic Engineering)的理论框架。主张吸收、融合生态学的理论和方法,补充完善传统的水利工程学,构建与生态友好的水利工程技术体系。面对挑战,已届花甲之年的董哲仁教授凭借他多年形成的学术功底,学习钻研生态学及其相关分支学科的大量文献专著,向国内外生态学家请教。带领科研团队开展大量的河湖野外考察和生态修复工程实践,不断完善了生态水利工程学的内涵,在多项国家科技支撑项目的支持下,二十年磨一剑,基本形成了较为完整的生态水利工程学学科体系。先后出版的三部专著《生态水利工程原理与技术》(与孙东亚合著)(2007 年)、《河流生态修复》(2013 年)和《生态水利工程学》(2019 年),奠定了生态水利工程学的理论基础。生态水利工程学的创立,为全国河湖生态保护与修复工作提供了有力的理论和技术支撑。发表的论文也受到学界的广泛引用。"生态水利工程学"被列为中国大百科全书(第 3 版)学科类词条。基于生态水工学原理,2020 年水利部发布了《河湖生态系统保护与修复工程技术导则》(SL/T 800—2020),该《导则》由董哲仁教授担任主审。

董哲仁教授五十年如一日,秉承科学精神,锲而不舍地追求真知,淡泊名利,老老实实做学问。他工作勤奋,无论是在科研岗位还是兼有行政工作,无论是在职还是退休,一直对事业孜孜以求,不断跟踪科技前沿,思考新问题,探索新方向。他笔耕不辍,先后出版专著 6 部,文选 3 部,主编图书11 部。

相信本书的出版对我国生态文明建设以及河湖生态保护事业会有所裨益,我由衷祝贺文选的出版,并荣幸地为之作序。

中国科学院院士 清华大学教授

张楚汉

2020 年 11 月 10 日

作者的话

呈现在读者面前的这本文选是从作者发表论文中精选出 70 篇结集而成，它反映了作者近 20 年来在生态水利工程学研究方面的主要成果，基本涵盖了河湖保护与修复的主要科学问题和方法。

这些论文涉及的领域十分广泛，分为 10 个专题：河湖生态模型，开发与保护的辩证关系，生态水工学理论框架和研究进展，河流生态修复规划，生态流量和水库生态调度，水资源管理和应急管理，河湖调查监测与健康评估，学习与借鉴，哲学思索与文化蕴涵，人物缅怀。

在河湖生态模型构建方面，为建立河流生态系统结构功能统一模型，作者提出了河流生态系统结构功能整体性概念模型（HCM），它力图从理论上揭示河流生态系统的整体性、多样性和异质性特征。三流四维连通性生态模型（3F4DCEM）力图描述河湖水系物质流、物种流、信息流关键生态过程，在纵向、侧向、垂向及动态的连通结构中的生态响应。

在河湖生态修复方面，构建了以自然河流为参照、以河流生态系统演替趋势为基本规律，包括水文情势、河流地貌、物理化学、生物群落四大类生态要素指标矩阵式河流生态状况分级系统；提出了河湖生态修复基本原则；提出了河流生态修复负反馈调节规划设计方法；梳理了生态流量的定义、内涵以及研究进展；在国内率先提出了水库多目标生态调度方法。

生态水利工程学（Eco - Hydraulic Engineering）简称生态水工学是作者创立的由水利工程学与生态学交叉融合形成的新兴学科，是国际上生态工程学（Ecological Engineering）的延续和发展。2003 年发表的《生态水工学的理论框架》，提出了学科的定义、内涵和理论框架，开启了新学科的研究历程。收入文选的一组论文，反映了生态水工学由初期阶段到日臻完善的发展脉络。

在哲学思索与文化蕴涵方面，探索了我国古典哲学的自然观和生态观，指出老庄哲学"返璞归真"的朴素自然观，本质上是自然主义的。老子提出的"人法地，地法天，天法道，道法自然"的著名论断，表明人类要尊重自然，顺应自然，遵循自然规律。庄子认为："天地有大美而不言"。河湖的美学价值是全人类共同的自然遗产和精神财富。对山川湖泊自然景观的审美愉悦，古今相通，不分地域，超越时空。保护河湖美学价值是河湖生态修复的应有之义。

作者历年发表的论文，特别是生态水工学和河湖生态修复方面的论文，受到了学界的广泛关注和引用。截至2020年作者发表论文123篇，中国引文数据库（CNKI-CCD）记录论文被引用5455次。中国科学技术信息研究所发布的《中国期刊高被引指数》高被引作者排名榜，2007年和2009年进入全国高被引作者TOP100，分别为40和52。在水利工程学科排名榜中，2006年作者排名第2，2007年作者排名第1，2008年作者排名第1，2009年年作者排名第1，2010年作者排名第2。这些高被引论文大多被本书收录。

在这些论文的基础上，作者先后出版了三部专著：《生态水利工程原理与技术》（与孙东亚合著）（2007年）、《河流生态修复》（2013年）和《生态水利工程学》（2019年），奠定了生态水利工程学的理论基础。生态水利工程学的创立，为全国河湖生态保护与修复工作提供了有力的理论和技术支撑。2020年水利部发布的《河湖生态系统保护与修复工程技术导则》（SL/T 800—2020）是基于生态水工学理论编写并由作者担任主审。"生态水利工程学"被列为中国大百科全书（第3版）学科类词条。2021年"生态水利工程"被列入国家高等职业教育本科专业目录。

全书10个专题相对独立，读者可以选择性阅读。为便于阅读，每个专题开篇附有引言，介绍文章写作背景和要点。本书的"我的学术生涯"回顾总结了作者从事科研工作50年的学术轨迹和治学经验。

承蒙中国科学院院士、清华大学张楚汉教授慨然应允为本书作序，多年来张楚汉院士一直关注和支持我的研究工作且多有勉励。承蒙中国工程院院士、中国水利水电科学研究院王浩教授对本书的出版给予了鼎力支持。承蒙水利部黄河水利委员会董保华先生提供封面照片。在本书付梓之际，对他们表示由衷的感谢。

中国水利水电科学研究院蒋云钟教授、赵进勇教授、张晶教授为本书的出版和统稿做了大量工作；研究生刘一潇、陈天鹏、王文统、周子栖为汇集整理文稿作出了贡献，在此一并致谢。

本书的出版得到了中国水利水电科学研究院离退休科研人员学术著作与科学研究专项经费和中国水资源战略研究会暨全球水伙伴中国委员会（Global Water Partnership China）的支持，专此鸣谢。

受作者理论水平和经验限制，本书的谬误和不足在所难免，诚恳期待社会各界读者批评指正。

于中国水利水电科学研究院

2020 年 11 月 16 日

目　录

序

作者的话

■ **第1篇　河湖生态模型** ………………………………………… 1

引言 …………………………………………………………… 3

河流生态系统研究的理论框架 ………………………………… 5

论水生态系统五大生态要素特征 ……………………………… 17

河流生态系统结构功能模型研究 ……………………………… 26

河流生态系统结构功能整体性概念模型 ……………………… 35

三流四维连通性生态模型 ……………………………………… 47

湖泊生态系统模型 ……………………………………………… 58

河流形态多样性与生物群落多样性 …………………………… 62

蜿蜒型河流水力条件多样性对鱼类生境适宜性影响研究 …… 70

■ **第2篇　开发与保护的辩证关系** ……………………………… 85

引言 …………………………………………………………… 87

在发展与保护间寻找和谐平衡点

　　——与美国自然遗产研究所所长托马斯的对话 ………… 89

水利工程对生态系统的胁迫 …………………………………… 93

筑坝河流的生态补偿 …………………………………………… 101

怒江水电开发的生态影响 ……………………………………… 109

维护河流健康与流域一体化管理 ……………………………… 117

水利工程经济效益与生态功能综合评价的矩阵方法 ………… 122

■ **第3篇　生态水工学理论框架和研究进展** ………………… 129

引言 …………………………………………………………… 131

生态水工学的理论框架 ………………………………………… 133

探索生态水利工程学 …………………………………………… 141

生态水工学进展与展望 ………………………………………… 151

河流治理生态工程学的发展沿革与趋势 ……………………… 161

河流生态学相关交叉学科进展 ·································· 166

■ 第4篇　河流生态修复规划 ·································· 179

引言 ·································· 181
试论生态水利工程的基本设计原则 ·································· 183
河流生态恢复的目标 ·································· 191
河流生态修复的尺度、格局和模型 ·································· 198
河流生态修复负反馈调节规划设计方法 ·································· 207
论恢复鱼类洄游通道规划方法 ·································· 215
河流湿地生态修复技术 ·································· 226
湖滨带生态修复 ·································· 233
河流保护的发展阶段及思考 ·································· 240
基于图论边连通度的平原水网区水系连通性定量评价 ·································· 244

■ 第5篇　生态流量和水库生态调度 ·································· 253

引言 ·································· 255
环境流理论进展述评 ·································· 256
生态流量的科学内涵 ·································· 266
环境流计算新方法：水文变化的生态限度法 ·································· 274
水库多目标生态调度 ·································· 285
基于水文-生态响应关系的环境水流过程线估算方法
　　——以三峡水库和长江中游河段为例 ·································· 293
黄河水量统一调度与调水调沙对河口的生态水文影响 ·································· 309
美国的水库生态调度实践 ·································· 318

■ 第6篇　水资源管理和应急管理 ·································· 327

引言 ·································· 329
《中国水展望》序 ·································· 332
水资源管理的新理念——写在2005年世界水日 ·································· 335
亟待建立突发性水污染事故应急管理体系 ·································· 337
汶川震区堰塞湖处理咨询报告 ·································· 339
防洪减灾的科技保障
　　——水利部"988"防洪减灾科技计划背景介绍 ·································· 344
受污染水体的生物-生态修复技术 ·································· 349

■ 第7篇　河湖调查监测与健康评估 ·································· 357

引言 ·································· 359

建设水资源实时监控管理系统

  ——水利现代化的技术方向 ……………………………… 360

恢复河湖水系连通性生态调查与规划方法 …………………… 365

河流健康的内涵 …………………………………………… 374

可持续利用的生态良好的河流 ……………………………… 381

河流健康评估的原则和方法 ………………………………… 383

在中国寻找健康的河流 ……………………………………… 389

国外河流健康评估技术 ……………………………………… 394

基于主导生态功能分区的河流健康评价全指标体系 ………… 401

河流生态状况分级系统及其应用 …………………………… 414

■ 第8篇　学习与借鉴 …………………………………… 423

引言 ………………………………………………………… 425

莱茵河《鲑鱼-2000计划》 ………………………………… 427

多瑙河《鲟鱼-2020计划》 ………………………………… 429

荷兰围垦区生态重建的启示 ………………………………… 431

美国大沼泽地生态修复 ……………………………………… 437

美国基西米河生态恢复工程的启示 ………………………… 441

《欧盟水框架指令》的借鉴意义 …………………………… 450

《生态生物监测手册》序 …………………………………… 453

《欧洲水质管理制度与实践手册》序 ……………………… 455

■ 第9篇　哲学思索与文化蕴涵 ………………………… 459

引言 ………………………………………………………… 461

天人合一与生态保护 ………………………………………… 462

天人合一视角下的黄河生态保护

  ——第四届黄河国际论坛大会主旨演讲 ………………… 468

道法自然的启示

  ——兼论水生态修复与保护准则 ……………………… 475

以史为鉴话生态

  ——从一首红旗歌谣说起 ……………………………… 483

浮雕主题《上善若水》

  ——在中国水利水电科学研究院清华校友向母校敬献纪念浮雕仪式上的致辞 … 487

善待江河 …………………………………………………… 489

河流的美学价值解读 ………………………………………… 492

王维山水田园诗的生态伦理 ………………………………… 499

百年黄河一梦遥 …………………………………………… 505

■ 第10篇　人物缅怀 ··· 507

引言 ·· 509

李仪祉先生与西方科技
　　——在"李仪祉诞生120周年纪念大会"上的发言 ········· 512

上善若水　高山仰止
　　——深切悼念冯钟豫学长 ································· 516

海纳百川，有容乃大 ·· 519

■ 第11篇　我的学术生涯 ··· 521

家世和教育 ·· 523

三峡工程超巨型压力管道非线性分析 ······························· 534

开创生态水利工程学 ·· 539

我的治学之道 ·· 547

后记 ·· 553

附录1 ·· 554

附录2 ·· 557

第1篇
河湖生态模型

图例

①常年溪流　　　　⑨非饱和层

②季节性溪流　　　⑩饱水层　　　　▽　a地下水位

③间歇溪流　　　　⑪透水层

④降雨　　　　　　⑫不透水层　　　　　b通过含水层的地下水流

⑤蒸散发　　　　　　　　　　　　　　　c坡面漫流

⑥湿地（旱季）　　　　　　　　　　　　d水流及物质、生物传输

⑦开敞水面（旱季）　　　　　　　　　　e河水侧向溢流及物质、生物传输

⑧雨季向河漫滩溢流，湿地水塘扩展　　　f孤立水塘水体交换

　　　　　　　　　　　　　　　　　　　g地表水－地下水物质、生物交换

引　言

生态系统（ecosystem）是在一定空间范围内，植物、动物、微生物及其群落与其非生命环境，通过能量流动和物质循环而形成的相互作用、相互依存的动态、复杂功能单元。水域生态系统（aquatic ecosystem）是在水域系统中植物、动物、微生物及其群落与大气、淡水、底质及近岸环境，通过能量流动和物质循环而形成的相互作用、相互依存的开放、动态复杂功能单元。内陆水域包括河流、湖泊、水库、湿地及河口等。

自 20 世纪 80 年代以来，为抽象表述河流生态系统的结构、功能和过程，科学家们通过不懈的努力，提出了多种河流生态模型，诸如河流连续体概念（river continuum concept，RCC）、洪水脉冲概念（flood pulse concept，FPC）、自然水流范式（nature flow paradigm，NFP）等。构建河流生态模型的目的，是通过模型研究和运算，加深对河流生态系统结构、功能和过程规律的理解，也可对河流生态系统的演变趋势进行预测。这些模型针对不同的河流类型，研究的空间尺度和维数不同，涉及的生命和非生命变量不同，所描述的系统功能和结构各有侧重。这些模型提出时都是以概念模型形式出现的，随后的研发工作则是使概念模型定量化，以便发挥模型的分析和预测功能。这些模型有的经过现场观测数据的验证，有一些模型尚缺乏现场数据的支持。由于河流生态系统的高度复杂性，河流生态模型的发展需要包括生态学、水文学、景观生态学、河流地貌学和生态水力学在内的多学科合作。正因为如此，这些模型的可靠性一直存在着争议。

Brierley G 和 Fryirs K 于 2008 年在评论了现存的河流生态系统结构功能模型以后指出："至今还没有提供一个统一的、对于所有类型河流都适用的，反映自然条件和生物结构与功能相互关系的河流功能概念模型。进一步讲，现存模型往往缺乏对空间尺度和时间尺度的清晰定义，在这些时空尺度内，能够应用该模型并通过有限的数据检验其有效性。"他们还指出："关键问题是如何应用跨学科框架，明确回答在生态过程中，受到在时空变化的地理、地貌、水文、化学和生物等因素影响下的河流功能问题。"

自 2008 年始，笔者开始致力于河流生态系统统一模型构建。研究工作的第 1 阶段是建立合理的河流生态系统研究框架。人们已经认识到，河流生态系统是一个复杂、开放、动态、非平衡和非线性系统，为认识它的客观规律，就需要遵循一种合理的研究思路，形成一个宏观的研究框架。这个框架内容如下：①需要解决时空尺度问题。确定合理的研究尺度才能体现生态系统的完整性原则。本研究采用的空间尺度为流域、河流廊道、河段、地貌单元和微栖息地。对应不同的空间尺度，需要规定相应的时间尺度。②设定河流生态系统的研究背景。不但要考虑自然系统这个大背景，还要考虑人类活动对于河流生态系统的巨大影响，即研究自然力和人类活动双重作用与河流生态系统的正负反馈调节关系。③在诸多生态因子中，需要识别对于河流生态系统的结构与功能产生重要影响的生态因子，建立关键生态因子与生态过程相互作用的耦合关系。④形成反映河流生态系统客观规律的范式、概念和模型。⑤在范式、概念和模型的指导下，遵循人与自然和谐理念，制订符合自然规律的流域可持续管理战略。⑥研究保护和修复河流生态系统的工程技术。

研究工作的第2阶段是概括水生态要素的基本特征。水生态要素包括水文情势、连通性、河湖地貌形态、水体物理化学特征、食物网结构和生物组成等。生态要素的基本特征概括起来共有5项，即水文情势时空变异性、河湖地貌形态空间异质性、河湖水系三维连通性、适宜生物生存的水体物理化学特性范围以及食物网结构和生物多样性。水生态完整性（aquatic ecosystem integrity）是指水生态系统结构与功能的完整性。基于生态完整性概念，如果各生态要素特征发生重大改变，就会对整个生态系统产生重大影响。生态完整性是生态管理和生态工程的重要概念。通过对生态系统整体状况和各生态要素状况评估，可以分析不同生态要素对整个水生态系统的影响程度，进而制定合理的生态保护和修复策略。

研究工作的第3阶段是构建"河流生态系统结构功能整体性概念模型"（the holistic concept model for structure and function of river ecosystem，HCM），HCM旨在整合和完善业已存在的若干概念模型，形成反映生态系统整体性的河流结构功能统一模型。建模的核心问题是建立生境要素与生物间的相关关系。HCM不但考虑了自然力的作用，也考虑了人类大规模活动的生态影响。HCM概括了河流生态系统结构与功能的主要特征，其中心组分是生物，包括食物网、生物组成及交互作用、生物多样性等。在模型中选择了水文情势、水力条件和地貌景观这三大类生境要素，而水文情势时空变异性、河湖地貌形态空间异质性、河湖水系三维连通性以及水动力特征这些生态要素特征所包含的大量变量，则是HCM可以选择的参数。实质上，HCM模型就是建立各生态要素特征变量发生重大改变与所引起的生物响应之间关系。

HCM由以下四个子模型构成：河流四维连续体子模型4D-RCM，水文情势-河流生态过程耦合子模型CMHE，水力条件-生物生活史特征适宜性子模型SMHB，地貌景观空间异质性-生物群落多样性关联子模型AMGB。

研究工作以赤水河为研究对象，通过现场勘察调查和生态水力学模拟计算，定量研究了河段尺度蜿蜒型河流水力条件多样性对鱼类生境适宜性的影响。

在研究工作的第4阶段，对河流四维连续体子模型4D-RCM进行了发展，构造了"三流四维连通性生态模型"（three types flows via four dimensional connectivity ecological model，三流四维CEM）。三流四维CEM定义如下：在河湖水系生态系统中，水文过程驱动下的物质流M_i、物种流S_i和信息流I_i在三维空间（$i=x$，y，z）运动所引起的生态响应E_i是M_i、S_i和I_i的函数。定义中的三维空间是指用以描述河流纵向y的上下游连通性，河流侧向x的河道与河漫滩连通性，以及河流垂向z的地表水与地下水连通性。时间维度t反映生态过程的动态性。三流四维CEM除了考虑自然状态下的河湖水系连通性以外，还考虑人类开发活动对连通性的影响，主要包括水坝等河流纵向障碍物和堤防等河流侧向障碍物，地面不透水铺设和河道硬质衬砌对水体垂向渗透性影响。构建三流四维CEM，需要遴选关键生态响应特征值以及关键变量或参数，通过分析大量观测数据，用统计学方法建立连通性变化与生态响应的函数关系。

河流生态系统研究的理论框架[*]

[摘　要]　讨论了河流生态系统的时空尺度。论述了景观、流域、河流廊道和河段 4 种空间尺度间的关系。阐述了河流生态系统的 4 种背景系统，即自然系统、经济系统、社会系统和工程系统。归纳了水文情势、河流地貌、流态和水质等 4 个主要生境要素。在此基础上进一步讨论了科学范式和模型的概念，介绍了多种重要生态系统结构与功能模型，提出了描述非生命变量和生命变量之间关系的河流生态系统结构与功能整体模型。最后，探讨了科学研究对于制定流域管理战略的意义以及相关技术开发的方向。

[关键词]　河流生态系统；框架；结构；功能；尺度；河流地貌；流态；水文情势；连续体

河流生态系统是一个复杂、开放、动态、非平衡和非线性系统，人们为认识它的客观规律，需要遵循一种合理的研究思路，形成一个宏观的研究框架，这种主观设计的研究框架应尽可能接近客观存在。生态系统结构包括营养结构、空间与时间结构、层级结构、系统的整体性以及正负反馈等。生态系统功能包括在外界环境驱动下的物种流动、物质循环、能量流动和信息流动，生物群落对于各种非生命因子的适应性和自我调节，以及生物生产等。框架中首要解决的是研究尺度问题。确定合理的研究尺度才能体现生态系统的整体性原则。其次，要设定河流生态系统的研究背景，不但要考虑自然系统这个大背景，还要考虑人类活动对于河流生态系统的巨大影响，研究自然力和人类活动双重作用与河流生态系统的正负反馈调节关系。再者，在诸多生境因子中，需要识别对于河流生态系统的结构与功能产生重要影响的生境因子，建立关键生境因子与生态过程相互作用的耦合关系。在设定了尺度、背景、关键生境因子的基础上，发展河流生态系统的科学范式，形成反映系统客观规律的概念和模型。认识自然规律的一个重要目的是为正确处理人与自然的关系提供理论基础。在上述范式、概念和模型的指导下，以人与自然和谐为目标，制订符合自然规律的流域可持续管理战略，研究保护和修复河流生态系统的工程技术。本文即按此总体思路建议了河流生态系统研究的理论框架（图 1）。

1　时间尺度与空间尺度

景观生态学中的所谓"尺度"（scale）是指在研究某一生态现象时所采用的空间和时间单位，同时又可以指某一生态现象或生态过程在空间和时间上所涉及的范围和发生的频

* 董哲仁. 河流生态系统研究的理论框架 [J]. 水利学报，2009，40（2）：129 -137.

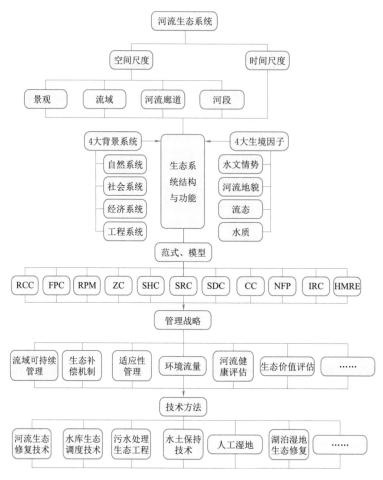

图 1 河流生态系统研究的理论框架

率[1]。前者是从研究者的角度定义的单元,带有很强的主观性。后者是自然现象的客观存在。人们认识客观世界,并努力使主观认识与客观的自然现象相符合,尽可能使研究尺度与客观时空尺度相一致。

1.1 河流生态系统的时间尺度

河流生态系统的演进是一个动态过程,确定合理的时间尺度才能正确反映系统的动态性。对河流产生重要影响的地貌和气候变化,其时间尺度往往是数千年到数百万年,因此如果要追溯河流的演进历史,其时间尺度起码要跨越数千年。靠人工适度干预的河流生态修复规划的时间尺度往往需要数十年,比如湿地的恢复和重建就需要 15～20年。另外,同一种过程也会有不同的时间尺度,比如对于河流变化产生重要影响的土地利用方式改变的时间尺度就有多种:农业种植结构变化的尺度要几年、城市化进程要数十年、森林植被变化要数百年,如此等等。总之,要基于不同的研究目标选择适当的时间尺度。

1.2 河流生态系统的空间尺度

设定河流生态系统空间尺度的目的是体现生态系统的整体性原则，不可能孤立地研究单一尺度的生态系统。生态系统的完整性包括生命支持系统的完整性和生物完整性。不同尺度的河流生态系统之间是相互作用的，生态系统的诸多功能比如物质运动（径流、泥沙、营养物质等）、能量运动（食物网）、生物迁徙等都是在不同尺度的生态系统之间进行的。这可以解释为某一尺度的生态系统的外部环境是一个尺度更大的生态系统。一方面，该系统的结构、功能是更大尺度系统的一部分（但是不可线性叠加）；另一方面，该系统与较大尺度的系统存在着输入-输出关系。比如河流廊道尺度被流域尺度所环绕，在流域尺度发生的物质运动、能量运动、物种迁徙等，对于河流廊道来说是一种外部环境。同时物质、能量是在河流廊道与流域之间进行交换和相互作用，生物体也在二者间进行迁徙运动。

在景观生态学中用 3 种基本元素定义特定尺度下的空间结构，这 3 种基本元素是基底（matrix）、斑块（patch）和廊道（corridor）。每一级尺度在其层次内都具有自身的空间格局。不同尺度对应的空间结构要素具有不同定义和不同的空间格局，因此需要考察尺度与空间结构元素之间的相关关系。

河流生态系统的空间尺度有多种划分，笔者认为可以划分为景观、流域、河流廊道和河段等 4 种。

（1）景观。生态学把生物圈划分为 11 个层次，依次是生物圈、生物群系、景观、生态系统、群落、种群、个体、组织、细胞、基因和分子。这里所说的"景观"（landscape）是指第 3 层次上的尺度，可见景观是相当大的一种尺度。在实际应用时，可以定义为自然地理区域（region），也可以定义为特大型河流流域，如长江、黄河、珠江流域等，或者定义为跨流域的空间尺度。景观可以定义为土地覆盖（land cover）的陆地格局，这种覆盖包括两类即自然覆盖（森林、灌丛、沼泽、荒漠等）和人工构筑物（城市、道路、村镇等），反映自然地域和人类活动地域。景观的空间结构中的基底，通常是占支配地位的自然植被群落（如草原型、森林型、湿地型、沙漠型等）或者是以耕地、牧场为主的生态系统。斑块有两类：具有自然属性的斑块包括森林、湖泊、湿地等和具有社会属性的斑块包括耕地、城市带、开发区、村庄等。廊道包括河流、峡谷、道路等。

（2）流域。严格说，采用流域作为一种尺度不很确切，因为不同的流域尺度在几何意义上相距甚远。但是大小不同的流域却有类似的生态结构特征，所以流域尺度常被采用。在本文中，流域尺度主要指中小型河流流域和特大型河流的支流流域。

流域的自然地理、气候、地质和土地利用等要素决定着河流的径流、河道、基底类型、水沙特性等物理及水化学特征，这些因素对河流生态系统具有深远影响。在流域内进行着水文循环的动态过程，包括植被截留、积雪融化、地表产流、河道汇流、地表水与地下水交换、蒸散发等。河流生态系统的生态过程包括系统的结构、功能、景观异质性、斑块性、植被、生物量等因子与水文过程密切相关，生态过程所发生及涉及的范围，与水文过程的范围往往在流域尺度中重合。换言之，水文过程与生态过程在流域这种空间单元内实现一定程度的耦合。流域集水区的土壤水滋润着大部分陆生植被，无数溪流和支流成为陆生生物与水生生物汇集的纽带，从而形成完善的食物网。在流域尺度上，更关注水系、上中下游、河口三角洲、洪泛滩地、河床结构等这些空间基本元素。

（3）河流廊道。河流廊道（river corridor）包括河道、两岸植物群落、洪泛滩区和支流等，也可按照某一频率下洪水的淹没范围划定河流廊道宽度。河流廊道具有很高的生态功能。一方面，河流廊道是河流生态系统的物质流、能量流、信息流的重要通道，又是连接流域的上中下游以及洪泛平原的纽带。另一方面，河流本身又是大量水生动植物、鸟类、水禽和无脊椎动物的栖息地，有其自身的空间结构元素组合。两岸森林和灌丛是河流廊道的主要基底。空间格局中的斑块包括自然部分如湿地、草灌、牛轭湖、江心岛等和人工部分包括居民区、开发区、游览休闲区等。

（4）河段。可以理解河段（reach）是相对较小的栖息地与生物群落的组合，关键生境因子是河流地貌形态及其对应的水流流态。比如河流纵坡、蜿蜒性、河床断面材质和几何形状等所相应的流速、水深、脉动压力等水力学条件，由此产生不同的栖息地空间异质性。而生物群落多样性则与空间异质性条件具有正相关关系[2]。所以河段的特征往往用急流、缓流、静水区等描述。结构元素中斑块包括深潭、浅滩、池塘、河滩水生植物区等。从河流利用角度，也常按照物理、化学、生物等属性划分河段，如水功能区、自然保护区等。

2 背景系统

不可能孤立地研究河流生态系统，需要考察其存在和演进的大背景。在生态学诞生后的几十年内，生态学家的兴趣一直集中于原始状态的河流，提出的许多概念和模型大多是针对"纯自然"河流。但是近百年来全球经济发展、人口增加、环境污染和城市化进程，已经极大地改变了河流的面貌。据统计，全世界大约有 60% 的河流经过了人工改造，包括筑坝、筑堤和河道整治等[3]。在我国，除西南和东北边远地区尚有几条未建枢纽工程的大河外，绝大多数的江河都已经不同程度被开发利用。如果继续墨守成规，拘泥于自然河流的研究，将会严重脱离客观现实。实际上，近年来生态学界已经把更多的注意力放在研究在自然力和人类活动双重作用下的河流生态系统演变，促进全球的经济社会可持续发展。研究河流生态系统的大背景应该包括自然系统、经济系统、社会系统和工程系统。

2.1 自然系统

自然系统为河流生态系统提供了能源（太阳能）以及在太阳能驱动下的气候变化和水文循环，提供了丰富的营养物质。在自然河流经历的数万以至数百万年的演变过程中，承受着多种自然力的作用，表现为各种干扰效应，生态学中称为胁迫（stress）。由于各种胁迫效应不同，河流演变呈现渐变和突变的两种过程。渐变过程是由于地壳变化、气候变化以及土壤侵蚀、泥沙运动与淤积、河床冲蚀所致，引起地貌与河势的渐进变化。而地震、火山爆发、山体滑坡、飓风、大洪水等剧烈运动的冲击导致河流发生突变。对于这种突变，河流系统的响应或者恢复到原有状态，或者滑移到另外一种状态寻找新的动态平衡。

2.2　经济系统

在庞大的经济系统中涉水的行业和部门繁多，诸如工农业和生活供水、防洪、农业、水电、航运、渔业、养殖、林业、牧业、旅游等。无论哪一个部门对于水资源的过度开发利用都会对河流生态系统造成胁迫，宜采用更大的空间尺度考察这种胁迫效应。在生境方面，需从水、大气和土地三方面考察，涉及水体、土地和大气污染、超量取水、毁林、围垦、城市化、水土流失、荒漠化等诸多因素（图2）。至于因温室气体排放导致全球气候变化对于河流生态系统的影响，是一个大时间尺度科学问题。具体到对特定流域的影响还存在计算模型尺度转换问题，故尚难有定论。但仅从现象上看，极端气候对于河流生态系统的胁迫，却是一个现实问题。在生物方面，因贸易、旅游等原因导致的生物入侵以及鱼类过度捕捞是使土著物种退化的直接原因。

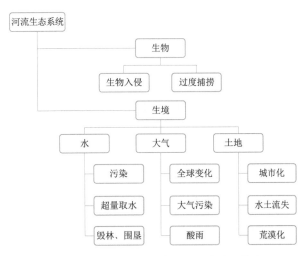

图2　经济活动造成的直接与间接胁迫效应

2.3　社会系统

由于水资源过度开发引起的河流生态系统的退化，以市场经济主导的经济系统无法得到正确的反馈信息，也无法理智地调节自身的行为，这是由市场机制本质所决定。由此，保护生态系统的任务就责无旁贷地落到了政府决策者的肩上。人类改造自然河流的威力强大，因此一个国家的政治意愿和政策制订将成为影响河流生态系统变化的大事。所以，开展河流生态系统的研究，不能不考察国家立法、河流管理、资金走向以及流域战略规划等重大社会背景。

2.4　工程系统

严格讲，工程系统应归入经济系统。但是，人们为开发利用水资源采用工程手段对河流进行的改造已经极大地改变了河流的水文情势和河流地貌特征，成为河流生态系统的重要胁迫因素，因此有理由将工程系统单独列出以突出其影响[2]（图3）。

水利水电工程对于河流生态系统的胁迫可以归纳为三大类：一是自然河流的人工渠道化，包括河流平面几何形态的直线化，河流横断面的几何规则化以及护坡材料的硬质化；二是自然河流的非连续化，包括筑坝对于顺水流方向以及筑堤对于洪水侧向漫溢这两个方向的非连续化，另外，各类闸坝工程对河流、湖泊和湿地之间连通性的破坏也属此类；三是跨流域调水工程引起调水区、受水区和运河沿线的生态胁迫效应。最后，在各类水利工程运行中，自然水文情势被人工径流调解所代替由此引发的生态过程变化，也是一种胁迫效应。

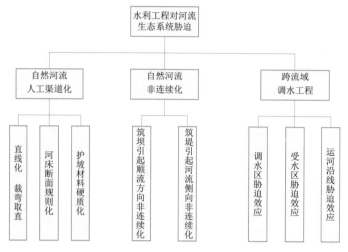

图3 水利工程对河流生态系统的胁迫

3 生境要素

河流生态系统主要生境要素分别为：水文情势、河流地貌、流态和水质。其中，水文情势要素主要在景观和流域尺度上影响生态过程和系统的结构与功能，而河流地貌、流态和水质主要在河流廊道和河段的这样相对较小的尺度上发挥作用。

3.1 水文情势

水文情势（hydrological regime）既包括流量、水量，也包括水文过程，其特征用流量、频率、持续时间、时机和变化率等参数表示。水文情势是河流生物群落重要的生境条件之一，特定的河流生物群落的生物构成和生物过程与特定的水文情势具有明显的相关性。年周期的水文情势变化是相关物种的生理学需求，引发不同的行为特点（behavioral trait），比如鸟类迁徙、鱼类洄游、涉禽的繁殖以及陆生无脊椎动物的繁殖和迁徙。骤然涨落的洪水脉冲把河流与滩区动态地联结起来，形成了河流-滩区系统有机物的高效利用系统，促进水生物种与陆生物种间的能量交换和物质循环，完善食物网结构，促进鱼类等生物量的提高。就我国情况而言，在实际管理工作中对于环境流量、生态基流已经有了一定认识，但是对于自然水文过程的恢复问题较少关注。

3.2 河流地貌

河流地貌是景观格局（landscape pattern）的重要组成部分之一。所谓景观格局指空间结构特征包括景观组成的多样性、结构和空间配置。空间异质性（spatial heterogeneity）是指系统特征在空间分布上的复杂性和变异性。大量观测资料表明，生物群落多样性与非生物环境的空间异质性存在着正相关关系，这种关系反映了生命系统与非生命系统之间的依存与耦合关系[4]。在河流廊道尺度的景观格局中，河流地貌的各种成分的空间配置及其复杂性具有重要意义。自然河流地貌的空间异质性在纵向表现为河流的蜿蜒性；河流横断面表现为几何形状多样性；在沿水深方向表现出水体的渗透性。另外，良好的河流地貌景观格局是河流与洪泛滩区、湖泊、水塘与湿地之间保持良好的连通性，为物质流、能量流和信息流的畅通提供了物理保障。由此可见，河流地貌特征是决定自然栖息地（physical habitat）的重要因子。

3.3　流态

河流流态可以理解为河流的水力学条件。由流速、水深、水温、脉动压力、水力坡度等因子构成了河流的流场特征，这些特征在时间尺度上随水文条件和气温条件的变化而变化，在空间尺度上随河流地貌特征变化沿程发生变化，呈现出空间异质性特征。流场特征是水生生物的重要栖息地条件之一。不同的水生生物物种都对应有适宜的水动力学条件。如果河流在纵、横、深三维方向都具有丰富的景观异质性，就会形成"浅滩深潭交错，急流缓流相间，植被错落有致，水流消长自如"的景观空间格局，为鱼类和其他水生生物提供了多样的栖息地、产卵场和避难所。无论是自然因素还是人为因素造成水动力学条件的改变，都会对水生生物的生物过程产生影响。

3.4　水质

从本质上讲，水质问题不属于重要自然生境要素。但是，我国工业、农业和生活造成的水污染，已经对河流生态系统形成了重大威胁，导致不少河流的生态系统退化。如果不计及环境污染的影响，那么对于河流生态系统的认识就会是不完整的。如果不首先解决治污问题，河流生态系统修复也将失去前提。

以上四类生境要素与生态过程之间的关系是十分复杂的，其作用往往是综合、非线性、耦合与反馈关系。而且，四类生境要素也是相互作用、互为因果的。首先，河流的动力学作用，包括泥沙输移、淤积以及侵蚀作用，改变着河流地貌特征。其次，河流地貌特征是水流运动的边界条件，又是河流水系连通性的物理保障。再者，水文条件的年周期丰枯变化，又使水力学条件呈现时间异质性特征，也使河流-洪泛滩区系统呈现淹没-干燥、动水-静水的空间异质性。至于污染物的迁移、扩散以及与生物体的交互作用，也是在河流流场内依据水力学条件实现的。

4　范式和模型

范式（paradigm）是现代科学哲学中一个很重要的概念。范式是科学群体所共同承认并运用的，由世界观、置信系统（belief system）以及一系列概念、方法和原理组成的体系。也可以理解范式是一种"大理论"，它为科学家提供研究路线和学科思路。在科学发展史中，随着人们对自然界认识的深化，各种科学范式也不断发生完善和革新。仅就生态学领域来说，传统意义上的以自然均衡理论为基础的平衡范式，逐步被多平衡及非平衡范式所补充或取代[5]。

　　模型是人们对于客观存在的自然现象的简化或抽象，其目的在于探索规律，进行比较与评估，预测未来状况等。生态学涉及不同的尺度、格局、元素、因子，生态过程又是具有易变性、开放性、非线性等复杂特征的过程，因此生态学模型的发展往往是从概念性模型发端，逐步向可以在计算机实际运算的数学模型发展。

4.1　10 种河流生态系统结构功能概念与模型

　　在河流生态系统研究流域，河流生态系统结构功能模型或概念始终是研究热点之一。迄今提出的较有影响的河流生态系统结构与功能的概念模型主要有 10 种，这些概念模型基于对若干河流的调查，旨在建立河流生态系统结构和功能与非生命变量之间的相关关系[6]。其中 7 种概念模型是针对未被干扰的自然河流，3 种模型的设计考虑了人类活动因素。各种概念模型的尺度不同，从流域、景观、河流廊道到河段，其维数从顺河向的一维发展为侧向、垂向再加上时间变量的四维。各个模型采用的非生命变量有不同侧重点，包括水文学、水力学、河流地貌学和水质 4 类。生态功能主要考虑了包括鱼类在内的生物群落对各种非生命变量的适应性；在外界环境的驱动下营养物质的循环方式；生物生产量与栖息地质量的关系等。生态结构主要涉及鱼类和底栖生物的区域特征；流域内物种分布和物种多样性；食物网构成；摄食群落转移等。尽管这 10 种模型各自有其局限性，但是它们提供了从不同角度理解河流生态系统的概念框架。

　　（1）地带性概念。Huet Illies[7] 提出的地带性概念（zonation concept，ZC）是河流生态系统整体性描述的首次尝试。生物地带性概念的内涵是按照鱼类种群或大型无脊椎动物种群特征把河流划分成若干区域，地带性反映了不同区域水温和流速对于水生生物的影响。

　　（2）河流连续体概念。Vannote[8] 和 Ward[9] 提出的河流连续体概念（river continuum concept，RCC）是一个影响深远的理论。RCC 描述了从源头到河口的水力梯度的连续性；分析了上中下游非生命要素的变化引起的生物生产力的变化；不同颗粒的有机物质输移、遮阴效应影响以及河床基底碎石作用对于食物网的影响等。

　　（3）溪流水力学概念。Statzner 等[10] 提出的溪流水力学概念（stream hydraulics concept，SHC）认为，溪流物种组合的变化是与溪流水力学条件变化（包括流速、水深、基底糙率和水面坡度等参数变化）密切联系的，这些参数又与地貌特征和水文条件密切相关。SHC 促进了其后发展起来的生态水力学的研究。

　　（4）资源螺旋线概念。Wallace 等[11] 提出的资源螺旋线概念（spiralling resource concept，SRC）是对 RCC 理论的补充。SRC 定义了一个营养物质向下游完成输移循环的空间维度，这就形成一种开口循环的螺旋线。螺旋线可以用单位长度 S 量测，S 的定义是当完成一个营养单元（如碳）循环的河流水流的平均距离。螺旋线长度 S 越短，说明营养物质利用效率越高，即在给定的河段内营养单元会多次进行再循环。

　　（5）串联非连续体概念。串联非连续体概念（serial discontinuity concept，SDC）是 Ward 等[12] 为完善 RCC 提出的理论，意在考虑梯级布置的水坝对河流的生态影响。SDC 定义了 2 组参数来评估水坝对于河流生态系统结构与功能的影响。一组参数称为"非连续性距离"，另一组参数为强度（intensity），反映水坝运行期内人工径流调节造成影响的强烈程度。

（6）洪水脉冲理论。Junk等[13]于1989年提出了洪水脉冲概念（flood pulse concept，FPC）。认为，洪水脉冲是河流-洪水滩区系统生物生存、生产力和交互作用的主要驱动力。洪水脉冲把河流与滩区动态地联结起来，形成了河流-滩区系统有机物的高效利用系统，促进水生物种与陆生物种间的能量交换和物质循环，完善食物网结构，促进鱼类等生物量的提高。在FPC提出后的10余年内，不少学者对于这个概念进行了实地观测验证和完善，使RCC成为河流生态学中一个具有广泛影响的理论。

（7）河流生产力模型。河流生产力模型（riverine productivity model，RPM）是Thorp等[14]提出的一种假设。RPM针对有洪泛滩区的河流，重点考察河流侧向的物质和能量的交换过程。RPM认为不仅河流本身传输营养物质，而且岸边带的种植物以及从陆地向河流的物质输入也都作出了贡献。

（8）流域概念。流域概念（catchment concepts，CC）是Nainan等[15]于1986年提出的，这个概念强调了河流与整个流域时空尺度的关系，并且建议了河流栖息地从河道直到池塘、浅滩和小型栖息地的分级框架。其后一些学者发展了流域概念，Gardiner[16]认为在不同的空间和时间尺度下，综合的结构和功能特征是在不同的干扰情势下产生的。Townsend[17]提出了在流域尺度上河流和河段的动态的分级框架概念，试图预测在流域范围内生态变量的空间与时间格局。

（9）自然水流范式。Poff等[18]于1997年提出的自然水流范式（nature flow paradigm，NFP）认为未被干扰状况下的自然水流对于河流生态系统整体性和支持土著物种多样性具有关键意义。自然水流用5种水文因子表示：水量、频率、时机、延续时间和过程变化率，认为这些因子的组合可以描述整个水文过程。动态的水流条件对河流的营养物质输移转化以及泥沙运动产生重要影响，这些因素造就了河床-滩区系统的地貌特征和异质性，形成了与之匹配的自然栖息地。在河流生态修复工程中，可以把自然水流作为一种参照系。

（10）近岸保持力概念。Schiemer等[19]提出了近岸保持力概念（inshore retentivity concept，IRC）。IRC研究的对象是渠道化的或人工径流调节的河流。IRC认为，近岸地貌与水文因子的交互作用创造了生物区地貌栖息地条件。河流沿线的沙洲、江心岛和河湾等地貌条件以及水文条件，决定了局部地区流速和温度分布格局，而流速和温度对于岸边物种的生态过程十分重要。近岸保持力对鱼类的小型栖息地意义重大。近岸区域依靠增加浮游生物和较高温度，为幼鱼发育度过脆弱期以及降低死亡率创造了条件。

4.2　河流生态系统结构功能整体模型

为了发展和整合业已存在的若干模型，笔者提出了河流生态系统结构功能整体模型（holistic model of river ecosystem structure and function，HMRE）[20]，建立河流流态、水文情势和地貌景观这3大类生境因子与河流生态系统的结构功能相关关系，以期涵盖河流生态系统的主要特征。河流生态系统结构功能整体模型由以下3种子模型构成：河流流态-生态结构功能四维连续体模型；水文情势-河流生态过程耦合模型；地貌景观空间异质性-生物群落多样性耦合模型[15-16]。

4.3　交叉学科的发展

河流生态系统研究方式是一种跨学科的研究。通过学科间的交叉、融合发展富有生命力的新的学科领域（图4）。

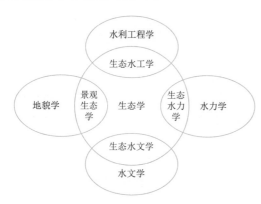

图4　与河流生态学有关的交叉学科举例

生态学与水文学的交叉形成了生态水文学，主要是研究水文过程与生态过程间的相关关系。生态学与水力学的交叉形成了生态水力学，其要义是建立水力学变量与河流生态系统结构功能间的相关关系。生态学与地貌学的交叉形成了景观生态学，其目的是通过对于地貌的拓扑分析探索生态过程和系统的结构与功能[21-22]。生态学与水利工程学的融合形成生态水利工程学，其目标是改进传统规划设计方法，使水利工程在具备社会、经济功能的同时兼顾河流生态系统的健康需求[23]。

5　管理战略及技术开发

生态保护的实施取决于决策者的政治意愿。需要在科学范式和概念的指导下，制定正确的管理战略，其目的是维持经济发展、社会公平和生态保护三者的动态平衡。主要手段是通过立法、机制与体制改革，处理好两类关系，第一类是调整人与河流的关系，约束人类自身的行为，包括流域可持续管理、河流污染控制战略、河流生态修复战略、生态功能区划、环境流量、河流健康评估等；第二类是调整因经济发展和生态保护派生出来的人与人的关系，以体现社会公平理念。这包括生态补偿机制、社会公众参与机制以及水资源综合管理等。

保护和修复河流生态系统，需要在基础理论的指导下，研究开发相关的工程技术。近年开发的河流生态修复技术、污水处理技术、水库生态调度技术和人工湿地技术等都是十分活跃的领域。

参 考 文 献

［1］　董哲仁. 河流生态修复的尺度、格局和模型 [J]. 水利学报，2006，37（12）：1476-1481.

［2］　董哲仁. 水利工程对生态系统的胁迫 [J]. 水利水电技术，2003（7）：1-5.

［3］　BROOKES A，SHIELDS F D. River channel restoration：guiding principles for sustainable projects [M]. John Wiley & Sons，Chichester，England，2001.

［4］　董哲仁. 探索生态水利工程学 [J]. 中国工程科学，2007（1）.

［5］　邬建国. 景观生态学-格局、过程、尺度与等级 [M]. 北京：高等教育出版社，2004.

［ 6 ］ LORENZ C M，et al. Concepts in river ecology：implication for indicator ［J］. Regulated River：research & management，1997，13：501 - 516.

［ 7 ］ HUET M. Biologie，profiles en travers des eaux courantes ［J］. Bull. Fr. Piscicul. ，1954，175：41 - 53.

［ 8 ］ VANNOTE R L. The river continuum concept ［J］. Canadian Journal of Fisheries and Aquatic Sciences，1980 (37)：130 - 137.

［ 9 ］ WARD J V. The Four - dimensional nature of lotic ecosystem ［J］. Canadian Journal of Fisheries and Aquatic Sciences，1980 (37)：130 - 137.

［10］ STATZNER B，HIGLER B. Stream hydraulics as a major determinant of benthic invertebrate zonation patterns ［J］. Freshwat. Biol. ，1986，16：127 - 139.

［11］ WALLACE J B，WEBSTER J R，WOODALL W R. The role of filter - feeders in flowing waters ［J］. Arch. Hydrobiol. 1977，79 (4)：506 - 532.

［12］ WARD J V，STANFORD J A. The serial discontinuity concept of lotic ecosystem ［Z］// Fontaine T D，Bartell S M (Eds)，Dynamics of Lotic Ecosystems，Ann Arbor Science，Ann Arbor，1983：29 - 42.

［13］ JUNK W J，WANTZEN K M. The flood pulse concept：New aspects，approaches and applicationan update ［C］// Proceedings of the second international symposium on the management of large river for fisherie，2003.

［14］ THORP J H，DELONG M D. The riverine productivity model：an view ofcarbon sources and organic processing in large river ecosystem ［Z］. Oikos，1994，70：305 - 308.

［15］ NAINAN R J，et al. General principles of classification and the assessment of conservation potential in river ［M］// Boon P J，Clown (Eds)，River conservation and management. John Wiley & Sons Ltd. Chichester，1992：93 - 123.

［16］ GARDINER J L. River project and conservation—a manual for holistic appraisal ［M］. Wiley & Sons，Chichester，1991：236.

［17］ TOWNSEND C R. Concepts in river ecology：pattern and process in the catchment hierarchy ［J］. Algol. Stud. ，1996，113：3 - 24.

［18］ POFF N L，ALLAN J D，et al. The natural flow regime—a paradigm for river conservation and restoration ［J］. Dec. 1997 BioScience，1997，47 (11).

［19］ SCHIEMER F. KECKEIS H. "The inshore retention concept" and its significance for large river ［J］. Arch. Hydrobiol. Sppl. ，2001，12 (2 - 4)：509 - 516.

［20］ 董哲仁，赵进勇. 河流生态系统结构功能模型研究 ［J］. 水生态学杂志，2008，1 (1)：3 - 8.

［21］ KONDOLF G M，PIEGAY H. Tools in fluvial geomorphology ［M］. CNRS，John Wiley & Sons Ltd，England 2003.

［22］ GARY J Brierley，KIRSTIE A Fryirs. Geomorphology and river management - application of the river styles framwork ［M］. Blackweel Science Ltd，Australia 2005.

［23］ 董哲仁，孙东亚，等. 生态水利工程原理与技术 ［M］. 北京：中国水利水电出版社，2007.

Frame work of research on fluvial ecosystem

Abstract：The temporal and spatial scales for research on river ecosystem are discussed and the relationships among different spatial scales such as landscape，river basin，river corridor and river section are analyzed. The background systems including nature system，economy system，social system and engineering system are demonstrated. The key habitat factors including the hydrological regime，fluvial geomorphology，flow pattern and water quality are summarized. On this basis the concept of fluvial paradigm and relevant model are discussed. Some existing important concepts of river ecosystem and models are reviewed. The holistic river ecosystem structure and function model describing the relationship between abiotic variable and biologic variable are suggested. The methodology for constituting river management strategy based on study of river ecosystem is recommended. Finally，the development trend of river ecological technology is discussed.

Key words：fluvial ecosystem；research framework；scale；fluvial geomorphology；hydrological regime；river management strategy；river ecological technology

论水生态系统五大生态要素特征*

[摘　要]　水生态完整性是指水生态要素的完整性。各生态要素交互作用，形成了完整的结构和功能。生态要素各具特征，对整个水生态系统产生重要影响。水生态要素特征概括起来共有五项，即水文情势时空变异性；河湖地貌形态空间异质性；河湖水系三维连通性；适宜生物生存的水体物理化学特性范围以及食物网结构和生物多样性。河湖生态修复的任务是修复水文、地貌、水体化学物理性质和生物这些生态要素，部分恢复水生态要素的特征。

[关键词]　水生态完整性；生态要素；水文情势；变异性；空间异质性；三维连通性；食物网；生物多样性

水生态完整性是指水生态要素的完整性，从本质上讲是水生态系统结构与功能的完整性[1]。水生态要素包括水文情势、河湖地貌形态、水体物理化学特征和生物组成及交互作用。各生态要素交互作用，形成了完整的结构和功能。这些生态要素各具特征，对整个水生态系统产生重要影响。水生态要素特征概括起来共有五项，即水文情势时空变异性；河湖地貌形态空间异质性；河湖水系三维连通性；适宜生物生存的水体物理化学特性范围以及食物网结构和生物多样性。

1　水文情势时空变异性

自然水文情势（nature hydrological regime）是指人类大规模开发利用水资源及改造河流之前，河流基本处于自然状态的水文过程。自然水文情势是维持生物多样性和生态系统完整性的基础。

1.1　水文情势时空变异性是生物多样性的基础要素

在时间尺度上，受到大气环流和季风的影响，水文循环具有明显的年内变化规律，形成雨季和旱季径流交错变化，洪水期与枯水期有序轮替，造就了有规律变化的径流条件，形成了随时间变化的动态生境多样性条件。对于大量水生和部分陆生动物来说，在其生活史各个阶段（如产卵、索饵、孵卵、喂养、繁殖、避难、越冬、洄游等）需要一系列不同类型的栖息地，而这些栖息地是受动态的水文过程控制的。水文情势随时间变化，引起流量变化，水位涨落，支流与干流之间汇流或顶托，主槽行洪与洪水侧溢，河湖之间动水与静水转换等一系列水文及水力学条件变化，这些变化形成了生物栖息地动态多样性，满足

* 董哲仁. 论水生态系统五大生态要素特征 [J]. 水利水电技术，2015，46（6）：42-47.

大量水生生物物种的生命周期不同阶段的需求，成为生物多样性的基础。在空间尺度上，由于在流域或大区域内降雨的明显差异，由此形成了流域上中下游或大区域内不同地区水文条件的明显差异，造就了流域内或大区域内生境差异，在流域或大区域内形成了不同的生物区（biota）。总之，水文情势的时空变异性导致流域或大区域的群落组成、结构、功能以及生态过程都呈现出多样性特征。

水文过程承载水域物质流、能量流、信息流和物种流过程。所谓"物质流"和"能量流"，是指水流作为流动的介质和载体，将泥沙、无机盐和残枝败叶等营养物质持续地输送到下游，促进生态系统的光合作用、物质循环和能量转换。所谓"信息流"是指河流的年度丰枯变化和洪水脉冲，向生物传递着各类生命信号，鱼类和其他生物以此为依据进行产卵、索饵、避难、越冬或迁徙活动，完成其生活史各个阶段。比如长江四大家鱼在洪水上涨其产卵达到高峰。同时，河流的丰枯变化也抑制了某些有害生物物种的繁衍。所谓"物种流"是指河流的水文过程为鱼卵和树种的漂流，洄游类鱼类的洄游提供了必要条件。因此可以说，水文情势时空变异性是河流物质流、能量流、信息流和物种流的驱动力。

1.2 水文情势五种要素

根据自然水文情势理论，水文过程可以分为低流量过程、高流量过程和洪水脉冲过程三种生态流组分。每一种水文组分可用流量、频率、持续时间、出现时机和变化率等五种水文要素来描述。自20世纪90年代，国外学者提出了多种自然水文情势的量化指标体系，其中以美国Richter（1996—2007年）和Mathews等（2007年）提出的5类33个水文变化指标（indicators of hydrological alteration IHA）[2]；Fernandez（2008年）依据《欧盟水框架指令》定义的21个河流改变指标[3]；Gao 2003年提出的8项广义指标（generalized indicators）具有代表性[4]。其中IHA指标简明实用，应用较为广泛。Richter 2007年把IHA修正为五类流量水文组分、34个指标体系，开发了相关计算软件[5]。

1.3 水文情势的生态响应

在流量要素方面，低流量是常年可以维持的河流基流。河流基流是大部分水生生物和常年淹没的河滨植物生存所必不可少的基本条件，基流也为陆生动物提供了饮用水。高流量维持水生生物适宜的水温、溶解氧和水化学成分；增加水生生物适宜栖息地的数量和多样性；刺激鱼类产卵；抑制河口咸水入侵。脉冲流量的生态影响包括：促进河湖连通和水系连通，为河湖营养物质交换以及为鱼类洄游提供条件；洪水脉冲还为漂流性鱼卵漂流、仔鱼生长以及植物种子扩散提供合适的水流条件，洪水脉冲还抑制河口咸潮入侵，为河口和近海岸带输送营养物质、维持河口湿地和近海生物生存[6]。其他水文要素包括发生频率、持续时间、出现时机和变化率等，都有相应的生态响应。

以长江中下游为例，说明水文情势的生态影响。图1绘出2000年长江宜昌水文站的流量过程线，区分出3种流量过程，即低流量过程、高流量过程和洪水脉冲过程，对应这3种流量过程，其生态响应分别为：

（1）低流量过程。流量普遍降至6000m³/s以下，水流在主河槽流动，水位较低，流速较小，流态平稳，利于鱼类越冬；洞庭湖和鄱阳湖的水流向长江，两湖维持在合适水位，为越冬候鸟提供越冬场。

（2）高流量过程。5月、6月的高流量过程，高流量的涨水过程是青鱼、草鱼、鲢鱼、鳙鱼四大家鱼产卵的必要条件。另外，10月、11月的高流量过程，此时的河床底质普遍洁净，水质较好，流速大小适宜，长江重要濒危鱼类中华鲟的产卵正好发生在这一时期。

（3）洪水脉冲过程。7月、8月、9月的洪水脉冲过程，长江中游水流普遍溢出主河道，流向河漫滩区，促进了主河道与河漫滩区的营养物质交换，形成了浅滩、沙洲等新栖息地，为一些鱼类的繁殖、仔鱼或幼鱼生长提供了良好的繁育场所。洪水过程也是塑造长江中游河床形态的主要驱动力。

2　河湖地貌形态空间异质性

空间异质性（spatial heterogeneity）是指某种生态学变量在空间分布上的不均匀性及其复杂程度。河湖形态空间异质性是指河湖地貌形态的差异性和复杂程度。河湖地貌形态空间异质性决定了生物栖息地的多样性、有效性和总量。大量观测资料表明，生物多样性与河湖地貌空间异质性成正相关关系[7-8]。

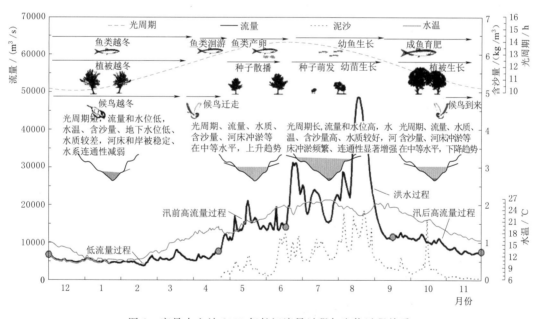

图1　宜昌水文站2000年长江流量过程与生物过程关系

2.1　河流形态空间异质性

在河流廊道尺度内，水流常年对地面物质产生的侵蚀和淤积作用，引起地貌结构持续变化，使河流形态在纵、横、深三维方向都显现出高度空间异质性特征，从而创造了多样的栖息地条件[9]。

2.1.1 河型多样性和形态蜿蜒性

河流平面形态多样性，表现为河流具有多种河型，包括蜿蜒型、微弯顺直型、辫状型、网状型和游荡型[7]。不同河型的河流生物多样性特征不同。辫状型河段和游荡型河段的生物多样性相对较低，而蜿蜒型河段较高。平原河流最常见的蜿蜒性河流，沿河形成深潭—浅滩序列。地貌格局与水力学条件交互作用，形成了深潭与浅滩交错、缓流与湍流相间的格局。对于鱼类而言，深潭—浅滩序列具有多种功能，深潭里有木质残骸和其他有机颗粒可供食用，所以深潭里鱼类生物量最高。幼鱼喜欢浅滩，因为在这里可以找到昆虫和其他无脊椎动物作为食物。浅滩处水深较浅，存在湍流，有利于增加水体中的溶解氧。贝类等滤食动物生活在浅滩能够找到丰富的食物供应。

2.1.2 河流横断面的地貌单元多样性

河流横断面主要组成为干流河槽、河滨带和河漫滩。河槽断面多为几何非对称形状，具有异质性特征。除了干流河槽、河滨带和河漫滩以外，地貌单元还包括季节性行洪通道、江心洲、洼地、沼泽、湿地、沙洲、台地，以及古河道和牛轭湖。多种地貌单元随水文情势季节性变化，创造了多样栖息地环境。

2.1.3 河流纵坡比降变化规律

一般情况下，纵坡比降的基本规律是：从河源到河口，河流纵坡比降由陡变缓，水动力由强变弱，泥沙颗粒由粗变细，据此确定了相应的河型，创造了多样的生境。

2.2 湖泊形态空间异质性

湖盆地貌形态是重要的生境要素。地貌形态特征包括形状、面积、水下地貌形态和水深，这些因素均对湖泊生态系统结构与功能产生重要影响[11]。

2.2.1 水平方向地貌变化影响生态功能

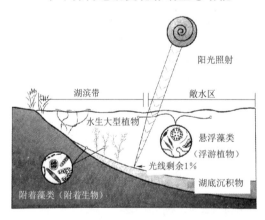

图2 湖泊水平分区：敞水区和湖滨带

湖泊在水平方向划分为湖滨带和敞水区。湖滨带位于水陆交错带，有来源于陆地的营养物输入，而且水深较浅，辐照度较强，能够支持茂密的生物群落。敞水区是湖泊的开放水面，水深高于湖滨带，阳光辐照度低，只能生长浮游的小型藻类（图2）。

2.2.2 垂直方向水深变化影响光合作用

湖泊水体中植物光合作用率取决于适宜辐射。在透光带，如果有营养物投入，那里的光合作用率就会很高。随水深增加，辐照度逐渐衰减，光合作用率也随之衰减。在辐照度为湖面辐照度1%的位置，光合作用接近零。在超过这个深度的无光带，浮游植物不能生存。一些湖泊在夏季出现温度分层现象。水温的垂直变化直接影响湖泊的化学反应、溶解氧和水生生物生长等一系列过程。

2.2.3 岸线不规则程度影响栖息地面积和风力扰动程度

岸线不规则程度高的湖泊，具有较大的湖滨带面积，拥有更多适于鱼类、水禽生长的栖息地和湿地，也拥有较多的湖湾免受风力扰动。另外，不规则的岸线具有较长的水-陆边界线，能够接受更多的源于陆地的氮、磷等物质。

3 河湖三维连通性

河湖三维连通性是指河流纵向、垂向和侧向连通性以及河湖连通性。水是传递物质、信息和生物的介质，因此河湖水系的连通性也是物质流、能量流、信息流和物种流的连通性。三维连通性使物质流（水体、泥沙和营养物质）、物种流（洄游鱼类、鱼卵和树种漂流）和信息流（洪水脉冲等）在空间流动通畅，为生物多样性创造了基本条件。河湖连通性与水文连通性是交互作用的。河湖地貌连通性是物理基础，水文连通性是河湖生态过程的驱动力。河湖连通性是一个动态过程，而不是静态的地貌状态。由于气候变化、水文情势变化和地貌演变，河湖连通性也处于变化之中，所以要重视河湖连通性的易变性。连通性的相反概念是生境破碎化（Habitat Fragmentation）。人类活动包括工程构筑物（大坝、堤防、道路等）和水库径流调节等活动，破坏了三维连通性条件，引起景观破碎化，导致水生态系统受损[10]。

3.1 河流纵向连通性：上下游连通性

河流纵向连通性是许多物种生存的基本条件。纵向连通性保证了营养物质的输移，鱼类洄游和水生生物的迁徙以及鱼卵和树种漂流传播。在一些河流上建设的大坝，阻断了河流纵向连通性，造成了景观破碎化；阻塞了泥沙、营养物质的输移；洄游鱼类受到阻碍。

3.2 河流垂向连通性：地表水与地下水连通性

河流垂向连通性是指地表水与地下水之间的连通性。垂向连通性的功能是维持地表水与地下水的交换条件，维系无脊椎动物生存。地表水与地下水之间的水体交换，也促进了溶解物质和有机物的交换。城市地面硬化铺设以及河岸不透水护坡影响了垂向连通性，引起一系列生态问题。

3.3 河流侧向连通性：河道与河漫滩连通性

河流侧向连通性是维持河流与河岸间横向联系的基本条件。侧向连通性促进岸边植被生长，形成了水陆交错的多样性栖息地，也保证了营养物质输入通道。侧向连通性还是洪水侧向漫溢的基本条件。河流与河漫滩之间的构筑物（堤防、道路）阻隔，妨碍陆生动物靠近河滨带饮水、觅食、避难和迁徙。缩窄河滩建设的堤防以及道路设施，对河流侧向连通性都会产生负面影响。

3.4 河流湖泊连通性

河流与湖泊间的连通性，保证了河湖间注水、泄水的畅通，同时维持湖泊最低蓄水量和河湖间营养物质交换,河湖连通还为江河洄游型鱼类提供迁徙通道。年内水文周期变化和脉冲模式,为湖泊湿地提供动态的水位条件,促进水生植物与湿生植物交替生长。河湖连通、交互作用、吞吐自如、动态的水文条件和营养物,使湖滨带成为鱼类、水禽和迁徙鸟类的理想栖息地。由于自然力和人类活动双重作用,不少湖泊失去了与河流的水力联系,出现河湖阻隔现象。人类活动方面,包括围湖造田、建设闸坝等活动,造成江湖阻隔。河湖阻隔后,湖泊水文条件恶化、蓄水量减少、水位下降或者湖泊与河流间泄水不畅。水文情势改变后,水体置换缓慢,水体流动性减弱。加之污水排放和水产养殖污染,湖泊水质恶化,使不少湖泊从草型湖泊向藻型湖泊退化,引起湖泊富营养化,导致湖泊生态系统严重退化。

4   水体物理化学特性范围

4.1   水温

各种水生生物都有其独特的生存水温承受范围。大部分水生动物都是冷血动物,无法调节自身体温,它们的新陈代谢必须依靠外界热量。如果水温升高,将提高整个食物链的代谢和繁殖率,这是正面效应。水温升高的负面效应是使溶解氧(DO)降低,如果鱼类和其他水生生物长期暴露在 DO 浓度为 2mg/L 或更低的条件下时则会死亡。水温升高还会导致有毒化合物增加,耗氧污染物危害加剧。

4.2   溶解氧

溶解氧是鱼类等水生生物生存的必要条件。溶解氧(DO)反映水生生态系统中新陈代谢状况。溶解氧浓度可以说明大气溶解、植物光合作用放氧过程和生物呼吸耗氧过程三者之间的暂时平衡。水中的氧气主要通过水生植物、动物和微生物的呼吸而流失。当水中的植物生物量过多时会消耗大量氧气。农业施肥和养殖业等生产活动向河湖排入大量需氧有机污染物,产生生物化学分解作用,大量消耗水中的溶解氧。

4.3   营养物

除了二氧化碳和水以外,水生植物(包括藻类和高等植物)还需要营养物质支持其组织生长和新陈代谢,氮和磷是水生植物和微生物需要量最大的元素。人类生产的化肥和洗衣剂等化学产品排入湖泊后,释放出大量溶解氮和溶解磷,改变湖泊营养状况,形成富营养化,严重破坏湖泊生态系统结构和功能。

4.4   pH 值、碱度和酸度

水的酸性或碱性一般通过 pH 值来量化。pH 值为 7,代表中性条件;pH 值小于 5 表明中等酸性条件,pH 值大于 9 表明中等碱性条件。许多生物过程如繁殖过程,不能在酸性或碱性水中进行。低 pH 值水体中物种丰度降低。pH 值的急剧波动也会对水生生物造成压力。河流水体酸性来源于酸雨和溶解污染物。湖泊水体酸碱度取决于地表径流、流域

地质条件以及地下水补给。

4.5　重金属和有毒有机化学品

在环境污染方面所说的重金属主要是指汞、镉、铅、锌等生物毒性显著的元素。酸性矿山废水、废弃煤矿排水、老工业区土壤污染以及废水处理厂出水等都是重金属污染源。如果重金属元素未经处理被排入河流、湖泊和水库，就会使水体受到污染。重金属累积会对水生生物造成严重的不利影响。重金属进入生物体后，导致慢性中毒甚至死亡。如果人类进食累积有重金属的鱼类和贝类，重金属就会进入人体产生重金属中毒，重者可能导致死亡。

有毒有机化学品（TOC）是指含碳的合成化合物，如多氯联苯（PCB）、大多数杀虫剂和除草剂。由于自然生态系统无法直接将其分解，这些合成化合物大都在环境中长期存在和不断累积。TOC可通过点源和非点源进入水体。

5　食物网和生物多样性

水生态系统的核心是生命系统。非生命部分的生态要素直接或间接对生命系统产生影响，特别是影响河流湖泊的食物网和生物多样性。

5.1　食物网结构：二链并一网

河流生态系统实际存在两条食物链，这两条食物链联合起来又形成一个完整的食物网。作为河流食物网基础的初级生产有两种，一种称为"自生生产"，即河流通过光合作用，用氮、磷、碳、氧、氢等物质生产有机物。初级生产者是藻类、苔藓和大型植物。如果阳光充足和有无机物输入，这些自养生物能够沿河繁殖生长，成为食物链的基础。这条食物链加入河流食物网，形成的营养金字塔是：初级生产→食植动物→初级食肉动物→高级食肉动物。另一种初级生产称为"外来生产"，是指由陆地环境进入河流的外来物质如落叶、残枝、枯草和其他有机物碎屑。这些粗颗粒有机物被大量碎食者、收集者和各种真菌和细菌破碎、冲击后转化成为细颗粒有机物，成为初级食肉动物的食物来源，从而成为另外一条食物链基础。这条食物链加入河流食物网，形成的营养金字塔是：流域有机物输入→碎食者→收集者→初级食肉动物→高级食肉动物。由此可见，靠初级食肉动物或称二级消费者把两条食物链结合起来，形成河流完整的食物网。这就是所谓"二链并一网"的食物网结构（图3）。

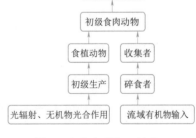

图 3　水生态系统二链并一网食物网结构

与河流生态系统类似，湖泊生态系统的初级生产分为两种。一种是通过光合作用，使太阳能与氮、磷等营养物相结合生成新的有机物质。湖泊从事初级生产的物种因湖泊分区有所不同。湖滨带的初级生产者主要有浮游植物、大型水生植物和固着生物三类。敞水区的初级生产者主要有浮游植物和悬浮藻类两类。另外一种初级生产是流域产生的落叶、残枝、枯草和其他有机物碎屑，这些有机物靠水力和风力带入湖泊，成为微生物和大型无脊椎动物的食物。以上两种初级生产，又成为食植动物的食物，其后通过初级食肉动物、高级食肉动物的营养传递，最终形成湖泊完整的食物网。这种食物网结构与河流食物网相似，都是通过初级食肉动物把两条食物链结合起来，构成完整的食物网，形成所谓"二链并一网"的食物网结构。

5.2 河湖生物多样性

河流动态水文情势是河流生态系统的驱动力，河流地貌的空间异质性提供了栖息地多样性条件，成为河流生物多样性的基础。河流是动水系统，经过长期演变过程，在河流系统生活的生物，从形态和行为上都已经适应了动水环境。

河流系统的分区不同，生物的分布格局各异。河道是河床中流动水体覆盖的动态区域，是水生生物最重要的栖息地之一。河道内栖息地生存着各种鱼类、甲壳类和无脊椎动物，与藻类和大型植物构成复杂的食物网。河滨带具有水陆交错特征，加之生境的高度动态性，使河滨带生物多样性十分丰富。河滨带的生物集群中包括大量的细菌、无脊椎动物、鸟类和哺乳动物。河漫滩是洪水漫滩流量通过时水体覆盖的区域。季节性洪水是河漫滩生态系统的主要驱动力。河漫滩的初级生产者主要有藻类和维管植物。

5.3 湖泊生物多样性

湖泊是相对孤立的生境，生物群落和生态系统类型具有很强的区域性。湖泊与河流不同，属静水区域。在湖泊生活的物种通过长期演化已经在形态和行为上适应了湖泊的静水环境特点。湖滨带处于水陆交错带的边缘，具有多样的栖息地条件。湖滨带光合作用强，初级生产者特别是大型水生植物生物量巨大，能够支持丰富的生物群落。生物物种数量多，包括大中型鱼类、水禽和水生哺乳动物。湖滨带的丰富食物还吸引了众多陆地哺乳动物和鸟类。敞水区的初级生产者以浮游植物和悬浮藻类为主，其数量大，实际控制了整个湖泊生态系统的营养结构。在泥沙淤积层生活着丰富的动物，包括大型和小型无脊椎动物，如甲壳类动物、昆虫幼卵、软体动物和穴居虫。

6 结语

生态完整性是生态系统生态学的基本概念[12]。维护和修复生态完整性是生态管理和生态工程的基本目标。由于人类大规模活动引起各生态要素特性的改变，损坏了生态完整性，使整个水生态系统受损。河湖生态修复的目的是修复水文、地貌、水体化学物理性质和生物这些生态要素，最大限度恢复水生态要素的特征[13]。河湖生态修复的目标，不能定位在某种单一要素上，比如仅仅修复水文条件以保障生态需水；或者仅仅改善水质等。这种单一目标的河流生态修复，不能满足生态完整性的要求。再者，各生态要素的修复目标，不能靠主观确定，而应该以自然状况下的生态要素特征为理想标尺，根据生态现状、经济合理性和技术可行性论证确定。

参 考 文 献

［1］　董哲仁. 河流生态系统研究的理论框架［J］. 水利学报，2009，40（2）：129－137.

［2］　RICHTER B D，BAUMGARTNER J V，POWELL J，et al. A method for assessing hydrologic alteration within ecosystems［J］. Conservation Biology，1996，10（4）：1163－1174.

［3］　FERNANDEZ J A，MARTINEZ C，SANCHEZ F J，et al. IAHRIS：new software to assess hydrological alteration［C］// The proceedings of 4th ECRR conference on river restoration. Venice：European Center for River Restoration，2008.

［4］　GAD Y，VOGEL R M，KROU C N，et al. Development of represen tative indicators of hydrologic alteration［J］. Journal of hydrology，2009，374（1－2）：136－147.

［5］　POFF N L，RICHTER B D，ARTHINGTON A H，et al. The ecological limits of hydrologic alteration（ELOHA）：A new framework for developing regional environmental flow standards［J］. Freshwater Biology，2010，55（1）：147－170.

［6］　BENKE A C，CHAUBEY A，WARD G M，et al. Flood pulse dynamics of an unregulated river floodplain in the southeastern U. S. coastal plain［J］. Ecology，2000，81（10）：2730－2741.

［7］　董哲仁，孙东亚，等. 生态水利工程原理与技术［M］. 北京：中国水利水电出版社，2007.

［8］　董哲仁，等. 河流生态修复［M］. 北京：中国水利水电出版社，2013.

［9］　GENE E Likens. River Ecosystem Ecology－Encyclopedia of inland of water［M］. NY：Elsevier，2010.

［10］　董哲仁，王宏涛，赵进勇，等. 恢复河湖水系连通性生态调查与规划方法［J］. 水利水电技术，2013，44（11）.

［11］　GENE E Likens. Lake ecosystem ecology－A Global Perspective［M］. Manhattan：Academic Press，2010.

［12］　董哲仁，孙东亚，赵进勇，等. 河流生态系统结构功能整体性概念性模型［J］. 水科学进展，2010（4）：550－559.

［13］　PHILIP R，MARTIN L，SUSANNE M，et al. Stream and Watershed Restoration－A Guide to Restoring Riverine Processes and Habitats［M］. UK：John WILEY & Sons，2013.

On features of five dominant ecological components of aquatic ecosystem

Abstract：The integrity of aquatic ecosystem refers to the integrity of the dominant component of aquatic ecology. The dominant ecological components interact with each other，and then constitute an integrated structure and function of the aquatic ecosystem. All the dominant ecological components have their own features and bring important impacts on the whole aquatic ecosystem. Generally，the dominant ecological components include five items，i. e. the temporal and spatial variability of hydrological regime，the spatial heterogeneity of river and lake morphology，the 3－D connectivity of river－lake system，the range of the physico－chemical property of water suitable for the survival of organisms as well as the structure of food web and biodiversity. The task of the eco－restoration of river and lake is to rehabilitate the dominant ecological components of the hydrology，morphology，physico－chemical property of water and biology therein，and thus partly restore the features of the dominant ecological components.

Key words：aquatic ecosystem integrity；dominant ecological components；hydrological regime；variability；spatial heterogeneity；3－D connectivity；food web；biodiversity

河流生态系统结构功能模型研究 *

[摘　要] 回顾了河流生态系统结构功能模型的研究进展，介绍了多种重要的概念和模型。在此基础上，提出了河流生态系统结构功能整体模型，它是由河流流态-生态结构功能四维连续体模型、水文情势-河流生态过程耦合模型、地貌景观空间异质性-生物群落多样性耦合模型 3 个子模型组成。整体模型建立了河流流态、水文情势和地貌景观这 3 大类生境因子与河流生态系统结构功能和生态过程的相关关系，基本上抽象概括了河流生态系统的主要特征。在模型中除了考虑自然力因素以外，还考虑了水利水电工程设施的干扰作用。

[关键词] 河流；生态系统结构；功能模型；整体模型；流态；水文情势；地貌景观

河流生态系统的结构与功能是研究河流生态系统的核心问题，其本质是研究河流生命系统与生命支持系统的相互关系。近 20 多年来，各国学者提出了不少概念和模型，试图从这个复杂、开放、动态、非平衡和非线性的河流生态系统中抽象、概括出一些主要特征，增进对系统的理解。这些概念和模型大多是在不同的空间尺度上，分别考虑了不同的生境因子，试图建立起生态过程与生境因子之间的相关关系。随着生态学的理论发展和河流生态修复的实践经验积累，有必要对现存的概念和模型进行整合和发展，构成河流生态系统结构功能整体模型。

1　河流生态系统结构功能模型研究进展

迄今提出的较有影响的河流生态系统结构与功能的概念模型有多种，这些概念模型基于对不同自然区域不同类型河流的调查，探索河流生态系统结构和功能与非生命变量之间的相关关系[1]。多数概念模型是针对未被干扰的自然河流，少数概念模型考虑了人类活动因素。各种概念模型的尺度不同，从流域、景观、河流廊道到河段，其维数从顺河向一维到包括时间变量的四维。各个模型采用的非生命变量有不同侧重点，大体包括水文学、水力学、河流地貌学 3 类。生态系统结构主要研究水生生物的区域特征和演变、流域内物种多样性、食物网构成和随时间的变化、负反馈调节等。生态系统功能主要考虑了包括鱼类在内的生物群落对各种非生命因子的适应性，在外界环境驱动下的物种流动、物质循环、能量流动、信息流动的方式，生物生产量与栖息地质量的关系等。尽管这些模型各自有其局限性，但是它们提供了从不同角度理解河流生态系统的概念框架。现择要介绍如下。

---

* 董哲仁. 河流生态系统结构功能模型研究 [J]. 水生态学杂志，2008，1（1）：1-7.

1.1　地带性概念

Huet[2]和 Illiex 等[3]提出的地带性概念（zonation concept）是河流生态系统整体性描述的首次尝试。生物地带性概念的内涵是按照鱼类种群或大型无脊椎动物种群特征把河流划分成若干区域，地带性反映了不同区域水温和流速对于水生生物的影响。

1.2　河流连续体概念

Vannote[4]提出的河流连续体概念（river continuum concept，RCC）是河流生态学发展史中试图描述沿整条河流生物群落结构和功能特征的首次尝试，其影响深远。RCC 概念是针对北美未被干扰的自然河流，强调河流生物群落的结构和功能与非生命环境的适应性。RCC 描述了从源头到河口的水力梯度的连续性；分析了上中下游非生命要素的变化引起的生物生产力的变化；不同颗粒的有机物质输移、遮阴效应影响以及河床基底碎石作用对于食物网的影响等。RCC 问世后，一些河流的观察资料验证了这个理论，但是也有一些河流现场观测资料并不遵循这个理论，这主要取决于气候、地貌、水质、局地特征以及支流情况等多种因素。RCC 概念的意义在于提供了一种未被干扰的自然河流参照体系，指出了河流顺河方向水力连续性和生物组分分布连续性的相关性。其后，鉴于 RCC 未能考虑汛期洪水向洪泛滩区侧向漫溢所引起的生态过程，并且为强调河流生态系统的动态特征，Ward 等学者将连续体概念进一步发展为具有纵向、横向、竖向和时间尺度的河流四维连续体[5]。

1.3　溪流水力学概念

Statzner 和 Higler[6]提出的溪流水力学概念（stream hydraulics concept，SHC）认为，溪流物种组合的变化是与溪流水力学条件变化（包括流速、水深、基底糙率和水面坡度等参数变化）密切联系的，这些参数又与地貌特征和水文条件密切相关。SHC 分析了流速场随时间和空间发生的变化对生物区系特别是底栖无脊椎动物和藻类产生的影响。SHC 促进了其后生态水力学的研究和发展。

1.4　资源螺旋线概念

Wallace 等[7]提出的资源螺旋线概念（spiralling resource concept，SRC）是对 RCC 理论的补充。SRC 详细描述了营养物质沿河流的输移循环过程。SRC 定义了一个营养物质向下游完成输移循环的空间维度，这就形成一种开口循环的螺旋线。螺旋线可以用单位长度 S 量测，S 的定义是当完成一个营养单元（如碳）循环的河流水流的平均距离。螺旋线长度 S 越短，说明营养物质利用效率越高，即在给定的河段内营养单元会多次进行再循环。螺旋线是下游传输率和保持力的函数。基于水流条件的传输率越高则螺旋线越长；保持力是在生态系统中营养物的再循环，包括树木残枝、漂石、大型植物河床以及沉积物等物理储藏、生物储藏作用。保持力高则螺旋线尺度越短。一般来说，在森林覆盖的河流上游、河流两岸和洪泛滩区保持力都较高，对应的 S 较短。

1.5 串联非连续体概念

串联非连续体概念（serial discontinuity concept，SDC）是 Ward 和 Starford[8]为完善 RCC 而提出的理论，意在考虑水坝对河流的生态影响。因为水坝引起了河流连续性的中断，导致河流生命和非生命参数的变化以及生态过程的变化，需要建立一种模型来评估这种胁迫效应。SDC 定义了两组参数来评估水坝对于河流生态系统结构与功能的影响。一组参数称为"非连续性距离"，定义为水坝对于上下游影响范围的沿河距离，超过这个距离水坝的胁迫效应明显减弱，参数包括水文类和生物类；另一组参数为强度（intensity），定义为径流调节引起的参数绝对变化，表示为河流纵向同一断面上自然径流条件下的参数与人工径流调节的参数之差。这组参数反映水坝运行期内人工径流调节造成影响的强烈程度。SDC 也考虑了堤防阻止洪水向洪泛滩区漫溢的生态影响，以及径流调节削弱洪水脉冲的作用。在 SDC 中非生命因子包括营养物质的输移和水温等。

1.6 洪水脉冲理论

Junk 基于在亚马孙河和密西西比河的长期观测和数据积累，于 1989 年提出了洪水脉冲概念（flood pulse concept，FPC）[9]。Junk 认为，洪水脉冲是河流-洪水滩区系统生物生存、生产力和交互作用的主要驱动力。如果说河流连续体概念重点描述沿河流流向的生态过程，那么，洪水脉冲概念则更关注洪水期水流向洪泛滩区侧向漫溢产生的营养物质循环和能量传递的生态过程，同时还关注水文情势特别是水位涨落过程对于生物过程的影响。因此可以说，洪水脉冲概念是对河流连续体概念的补充和发展。在 FPC 提出后的 10余年内，不少学者对于这个概念进行了实地观测验证和完善，从而使 RCC 成为河流生态学中一个具有广泛影响的概念。洪水脉冲把河流与滩区动态地联结起来，形成了河流-滩区系统有机物的高效利用系统，促进水生物种与陆生物种间的能量交换和物质循环，完善食物网结构，促进鱼类等生物量的提高。洪水脉冲系统以随机的方式改变连通性的时空格局，从而形成高度异质性的栖息地特征。洪水水位涨落引起的生态过程，直接或间接影响河流-滩区系统的水生或陆生生物群落的组成和种群密度。洪水脉冲强化了河流的信息流功能，引发不同的行为特点，比如鸟类迁徙、鱼类洄游、涉禽的繁殖以及陆生无脊椎动物的繁殖和迁徙。总之，洪水脉冲增加了生物生产力，提高了生物群落多样性。

1.7 河流生产力模型

河流生产力模型（riverine productivity model，RPM）是 Thorp 和 Delong[10]提出的一种假设。RPM 针对有洪泛滩区的河流，重点考察河流侧向的物质和能量的交换过程。RPM 认为不仅河流本身传输营养物质，而且岸边带的乡土种植物以及从陆地向河流的物质输入也都做出了贡献。生物群落的组分和次级生产力在河流的不同地点是不同的，这主要取决于当地栖息地状况和营养物质的供应方式。在近岸区域因栖息地的多样性以及河岸地区具有的对于有机物的保持力，因此可以发现这些地带的大型无脊椎动物的密度较高。

1.8　流域概念

流域概念（catchment concept）是 Frissel 等[19]于 1986 年提出的，强调了河流与整个流域时空尺度的关系，并且建议了河流栖息地从河床直到池塘、浅滩和小型栖息地的分级框架。其后一些学者发展了流域概念，Gardiner[11]和 Naiman[12]认为在不同的空间和时间尺度下，综合的结构和功能特征是在不同的干扰情势下产生的。Petts[20]进一步总结了河流生态系统的 5 项特征；描述河流是一个三维的，被水文条件和河流地貌条件所驱动，由食物网形成特定结构的，以螺旋线过程为特征，基于水流变化、泥沙运动、河床演变的系统。Townsend[13]提出了在流域尺度上河流和河段的动态的分级框架概念，试图预测在流域范围内生态变量的空间与时间格局。比如预测在流域各部分的有机物质源，包括河流传输、河边输入、河床内源等；他还强调了动态环境中时间维度的重要性，像水流过程变化和洪水脉冲等这些依时性因子都会影响系统的结构与功能。

1.9　自然水流范式

Poff 和 Allan 等[21]于 1997 年提出的自然水流范式（nature flow paradigm，NFP）认为，未被干扰状况下的自然水流对于河流生态系统整体性和支持土著物种多样性具有关键意义。自然水流用 5 种水文因子表示：水量、频率、时机、延续时间和过程变化率。这些因子的组合不但表示水量，也可以描述整个水文过程。动态的水流条件对河流的营养物质输移转化以及泥沙运动产生重要影响，这些因素造就了河床-滩区系统的地貌特征和异质性，形成了与之匹配的自然栖息地。可以说，依靠大变幅的水流在河流系统内创造和维持了各种形态的栖息地。人类活动包括土地使用方式改变和水利工程，改变了自然水文过程，打破了水流与泥沙运动的平衡，还造成水流中断，水系阻隔，在不同尺度上改变了栖息地条件。在河流生态修复工程中，可以把自然水流作为一种参照系统。如果定义了自然水流条件，就可以分析人类活动是改变了自然水流的哪些因子并借以反映人类活动的影响。如何针对特定的河流确定自然流，是一个复杂的问题，但是绝对不可用平均流量。因为生态系统过程是非线性的。比如，一半适宜流量并不能激发一半数量的鱼类；一半平滩流量并不能淹没一半滩区等等。在河流修复工程中，不可能完全恢复自然水流情势，需要各利益相关者的协商，确定合理、可行的目标。

1.10　近岸保持力概念

Schiemer 等[14]基于对奥地利境内多瑙河的研究，提出了近岸保持力概念（inshore retentivity concept，IRC）。IRC 研究的对象是渠道化的或人工径流调节的河流。IRC 认为，近岸地貌与水文因子的交互作用创造了生物区地貌栖息地条件。河流沿线的沙洲、江心岛和河湾等地貌条件以及水文条件，决定了局部地区流速和温度分布格局，而流速和温度对于岸边物种的生态过程十分重要。IRC 认为河流的蜿蜒度和水体保持力是影响生物生产力的重要因素，有充分的证据说明河流浮游动物在具有良好保持力的近岸区域内繁殖，在水位升高、水体交换增强以后进入到河床。近岸保持力对鱼类的小型栖息地意义重大。幼鱼从临近的河道内产卵场漂流到近岸地区，幼鱼被限制在近岸的低流速区域。近岸区域的高度蜿蜒性提供了生物个体早期发育所需要的动态小型栖息地，当主河道发生大水时近岸区域又成为幼鱼的避难所。近岸区域依靠增加浮游生物和较高温度，为幼鱼发育度过脆弱期、降低死亡率创造了条件。治河工程改变了沿岸群落交错带的结构性质，降低了主流与滩区的连通性，从而降低了近岸保持力。

对上述 10 种概念模型的综合分析见表 1。

表 1　　　　　　　　　　河流生态系统结构功能概念模型的综合分析

概念	河流类型	尺度与维数	关键非生命变量	系统功能特征	系统结构特征
地带性概念	未干扰自然河流	顺河向	流速、温度	鱼类适应性、底栖动物对温度和流速的适应性	鱼类和底栖动物群区域
河流连续体概念	未干扰自然河流	顺河向	河流大小、能源、有机物、光线	有机物输移和处理	摄食群落功能转移
溪流水力学概念	温带的未干扰的自然河流	顺河向	流速、水深、河床糙率、水面坡降	底栖动物对水力学干扰的适应性	底栖动物群落区
资源螺旋线概念		顺河向	流速、自然保持力机制、营养限制	螺旋线	生物群落（食物网）
串联非连续体概念	受控制的河流或滩区	顺河向	水坝位置	有机物输移过程和生物多样性	功能性摄食群落比例向上游或下游变化
洪水脉冲理论	大型平原河流	侧向	洪水脉冲：洪水延时、频率、发生时机和洪峰。水质、洪泛滩区的尺寸和特征	增加生物生产力，营养物质在滩区的再循环	在洪泛滩区水-陆相的转化，栖息地和物种多样性
河流生产力模型	具有滩区的窄长型大河	侧向	岸区的类型和密度、保持力结构、近岸区流速	营养物质和泥沙输移转化	功能性取食群体的变化
流域概念	全流域	顺河向、侧向、垂直、时间	时间、空间尺度、非生命变量尺度	在流域尺度的营养循环	物种在流域尺度上的分布
自然水流范式	未被干扰自然河流	顺河向	水文参数：水量、频率、时机、延续时间、变化率	栖息地质量	物种变化
近岸保持力概念	筑坝和渠道化河流	顺河向、侧向	流速、温度、蜿蜒度	鱼类适应性	幼鱼生长和避难、浮游生物

2　河流生态系统结构功能整体模型

上述概念模型都是从不同的角度对河流生态系统结构与功能的不同侧面进行描述和概括。随着河流生态学理论的发展和河流生态修复经验的积累，有必要按照整体论方法对于各种概念模型进行整合和发展。作为一种探索，笔者提出了"河流生态系统结构功能整体模型"，试图形成统一的整体概念模型。所谓"整体模型"意在建立河流流态、水文情势和地貌景观这 3 大类生境因子与河流生态系统的结构功能相关关系，以期涵盖河流生态系统的主要特征。构建河流生态系统结构功能整体模型的目的，一是探索河流生态系统的自然规律，二是提供流域可持续管理等实践活动的科学基础。河流生态系统结构功能整体模型由以下 3 种子模型构成：河流流态-生态结构功能四维连续体模型，水文情势-河流生态过程耦合模型，地貌景观空间异质性-生物群落多样性耦合模型[15-16]。

2.1 河流流态-生态结构功能四维连续体子模型

所谓"河流流态-生态结构功能四维连续体模型"是基于对河流生态系统结构功能特征的认识（图 1）。这个模型强调了生物群落与河流流态的依存关系，描述了河流流态沿河流三维方向存在着连续性，由此产生了生物群落沿河流三维连续分布特征以及生态系统结构功能的三维连续性特征。河流流态-生态结构功能四维连续体模型是由以下 4 种连续性概念组成的：河流流态的三维连续性，生物群落结构三维连续性，物质流、能量流和信息流的三维连续性，河流生态系统结构和功能的动态性。

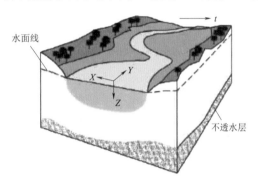

图 1　河流四维方向
X—河流侧向漫溢方向；*Y*—河流流动方向；
Z—河流垂直渗透方向；*t*—沿时间流向

所谓"河流流态"可以理解为河流的水力学条件。纵向 *Y* 方向代表河流的流动方向，是主导方向，河流的流速、流量、水位、脉动压力、水温等沿上中下游都是连续分布的，反映了河流顺水流方向的连续性。当洪水发生时，河水向侧向 *X* 方向漫溢，使主流、河滩、河汊、静水区和湿地连成一体，形成复杂的水流系统，这就是河流侧向 *X* 轴的连通性。竖向 *Z* 轴是地表水与地下水连接的通道，通过渗透的方式向地下水补给，因此在 *Z* 方向水体的连续性可以理解为水体渗透性。

河流生物群落结构连续性是指生物群落随河流水力学参数连续性特征呈现的连续性分布特征。这不仅反映在沿河流岸边植被的连续性分布，而且反映在水生动物、无脊椎动物、昆虫、两栖动物、水禽和哺乳动物等都是遵循连续分布的规律，形成丰富有序的食物链（网）。这种连续性的产生是由于在河流生态系统的演替过程中，生物群落对于水域生境条件不断进行调整和适应，反映了生物群落与淡水生境的适应性和相关性。

物质流、能量流和信息流的连续性，是由于河流是生态系统营养物质输移、扩散的主通道，不仅在顺水流 *Y* 方向，而且通过向地下含水层的补给（*Z* 向）以及在汛期河水向洪泛滩区的漫溢（*X* 向）完成营养物质的输移和扩散。另外，河流还肩负着传递信息流的任务。河流通过水位的消涨、流速以及水温的变化，为诸多的鱼类、水禽、鸟类和其他水生生物传递着生命节律的信号。

人类活动的影响主要表现在建设水坝和堤防对于连续性的干扰。水坝造成了河流纵向的非连续性，不仅对鱼类的洄游形成障碍，更重要的是改变了营养物质的输移条件（图2）。防洪堤防妨碍了汛期主流的侧向漫溢，使主流与洪泛滩区、湿地、静水区、河汊之间无法沟通，阻碍了物种流、物质流、能量流和信息流在侧向连续流动，形成了一种侧向的河流非连续性。

2.2 水文情势−河流生态过程耦合子模型

水文情势（hydrological regime）既包括流量、水量，也包括水文过程。水文情势是河流生物群落重要的生境条件之一，河流系统的生物过程对于水文情势的变化呈现明显动态响应。反之，生物过程对水文循环要

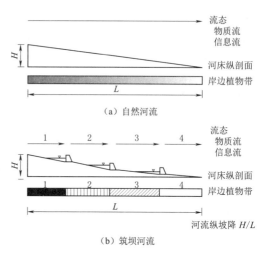

（a）自然河流

（b）筑坝河流

图2　河流流态−生态结构功能四维
连续体子模型示意

素也产生重要的影响，包括涵养水分、局地气候等，二者形成了一种耦合关系。

天然河道内需要保持一定的流量维持河岸带和水域生物处于健康状况，保证地下水补给，具有一定的输沙能力以及维持景观的审美价值。特别是存在用水竞争的河流，维持其正常生态系统功能所拥有的水量尤为必要。

水文过程的年丰枯变化，引发大量物种的不同行为特点（behavioral trait），与物种的生物过程相耦合。观测资料表明，鱼类和其他一些水生生物依据水文情势的丰枯变化，完成产卵、孵化、生长、避难、洄游和迁徙等生命活动。在汛期，洪水脉冲成为河流−洪泛滩区系统生物生存、生产力和交互作用的主要驱动力。洪水把河流与滩区动态地联结起来，形成了河流−滩区系统有机物的高效利用系统，促进水生物种与陆生物种间的能量交换和物质循环，完善食物网结构，促进鱼类等生物量的提高。

人类活动的主要影响主要表现在：从河道超量引水，导致河流径流大幅度下降，以致无法保证河流生态系统的基本需求。另外水库调度遵循防洪和兴利调度原则，呈现水文过程均一化特征，导致洪水脉冲作用削弱。再者，由于堤防的强约束使洪水脉冲作用范围减少，加之大量的闸坝阻挡了河流与湖泊、湿地之间的连通，使洪水脉冲失去其物理基础。

2.3 地貌景观空间异质性−生物群落多样性耦合子模型

景观格局（landscape pattern）指空间结构特征，包括景观组成的多样性和空间配置。空间异质性（spatial heterogeneity）是指系统特征在空间分布上的复杂性和变异性。在景观生态学中，景观格局是用缀块、廊道和基底的组合进行描述的。河流生态系统生境格局因子包括水文、气象、地貌等。大量资料表明，生物群落多样性与非生物环境的空间异质性存在着正相关关系，这种关系反映了生命系统与非生命系统之间的依存与耦合关系[5]。实际上，一个区域的生境空间异质性越高，就意味着创造了多样的小生境，允许更多的物种共存。在河流廊道（river corridor）尺度的景观格局包括两个方面：一是水文学和水力

学因子时空分布及其变异性，二是地貌学意义上各种成分的空间配置及其复杂性。后者的景观格局空间异质性在三维方向的特征表现为：在河流纵向表现为河流的蜿蜒性，河流横断面表现为几何形状多样性，在沿水深方向表现出水体的渗透性。河流地貌和形态学特征是水流的水力学边界条件，如果河流在上述三维方向都具有丰富的景观异质性，就会形成浅滩与深潭交错、急流与缓流相间、植被错落有致、水流消长自如的景观空间格局。

大规模的治河工程使河流的地貌景观格局发生了不同程度的变化。自然河流被人工渠道化，蜿蜒性的河流被裁弯取直；河流横断面改变成矩形、梯形等规则几何断面；采用不透水的硬质材料作堤防或河岸护坡等，导致自然河流地貌景观空间异质性明显下降[17-18]。

3　小结

河流生态系统结构功能概念模型研究，一直是河流生态学关注的热点。河流生态系统结构功能整体模型是对现存的相关模型的整合和发展。河流生态系统结构功能概念模型明确了河流流态、水文情势和地貌景观是河流生境的 3 大要素，注重河流生命系统与生命支持系统的动态的耦合关系；同时克服了原有模型以自然河流为对象的局限性，综合考虑了人类经济活动和工程设施的干扰作用。

河流生态系统结构功能整体模型属于概念性模型，进一步的研究工作似应聚焦于模型的定量化或半定量化。生态水力学、生态水文学和景观格局分析等可能作为技术工具对于模型的完善和发展发挥作用。

参　考　文　献

[1] LORENZ C M, et al. Concepts in river ecology: implication for indicator [J]. Regulated River: research & management, 1997, 13: 501 - 516.

[2] HUET M. Biologie, profiles en travers des eaux courantes [J]. Bull. Fr. Piscicul., 1954, 175: 41 - 53.

[3] ILLIEX J, BOTOSANEANU L. Problemes et methedes de la classification et de la zonation ecologiques des eaux courantes, considerees sutout du point de vue faunistique [J]. Mitt. Internat. Verein. Verein. Limnol., 1963, 12: 1 - 57.

[4] VANNOTE R L. The river continuum concept [J]. Canadian Journal of Fisheries and Aquatic Sciences, 1980, 37: 130 - 137.

[5] WARD J V. The Four-dimensional nature of lotic ecosystem [J]. Can. J. Fish. Aqua. Sci., 1980, 37: 130 - 137.

[6] STATZNER B, HIGLER B. Stream hydraulics as a major determinant of benthic invertebrate zonation patterns [J]. Freshwat. Biol., 1986, 16: 127 - 139.

[7] WALLACE J B, WEBSTER J R, et al. The role of filter-feeders in flowing waters [J]. Arch. Hydrobiol., 1977, 79: 506 - 532.

[8] WARD J V, STANFORD J A. The serial discontinuity concept of lotic ecosystem [C]//Fontaine T D and Bartell S M. Dynamics of Lotic Ecosystems. Ann Arbor: Ann Arbor Science Publishers, 1983.

[9] JUNK J W, BAYLEY P B, SPARKS R E. The flood pulse concept in river-floodplain system [C]//

Dodge D P. Proceedings of the International Large River Symposium. Ottawa: Can. J. Fish Aquat. Sci. Spec. Publ. , 1989.

[10]   THORP J H, DELONG M D. The riverine productivity model: an view of carbon sources and organic processing in large river ecosystem [J]. Oikos, 1994, 70: 305 – 308.

[11]   GARDINER J L. River Project and Conservation – A Manual for Holistic Appraisal [M]. Chichester: John Wiley & Sons Ltd., 1991.

[12]   NAINAN R J, LONZARICH D G, BEECHIE T J, et al. General principles of classification and the assessment of conservation potential in river [C] // Boon P J, Clown. River conservation and management. Chichester: John Wiley & Sons Ltd., 1992.

[13]   TOWNSEND C R. Concepts in river ecology: pattern and process in the catchment hierarchy [J]. Algol. Stud. , 1996, 113: 3 – 24.

[14]   SCHIEMER F, KECKEIS H. "The inshore retention concept" and its significance for large river [J]. Hydrobiol. Sppl. , 2001, 12 (2 – 4): 509 – 516.

[15]   KONDOLF G M, PIEGAY H. Tools in fluvial geomorphology [M]. England: John Wiley & Sons Ltd. , 2003.

[16]   GARY J B, KIRSTIE A. Fryirs, Geomorphology and River Management – Application of the river styles framwork [M]. Australia: Blackweel Science Ltd., 2005.

[17]   董哲仁. 探索生态水利工程学 [J]. 中国工程科学, 2007, 9 (1): 1 – 7.

[18]   董哲仁, 孙东亚, 等. 生态水利工程原理与技术 [M]. 北京: 中国水利水电出版社, 2007.

[19]   FRISSEL C A, LISS W J, et al. A hierarchical framework for stream habitat classification: viewing stream in a watershed context [J]. Environ. Mgmt, 1986, 10: 199 – 214.

[20]   PETTS G E. River: dynamic component of catchment ecosystems [M] // Calow P and Petts G E. The River Handbook. Hydrological and Ecological Principles, Vol. 2. Oxford: Blackwell Scientific Publication, 1994.

[21]   POFF N L, ALLAN J D, et al. The Natural Flow Regime—A paradigm for river conservation and restoration [J]. BioScience, 1997, 47 (11): 769 – 784.

The research on structure and function model of river ecosystem

Abstract: The development of river ecosystem ecology and some of most important structural and functional concepts of river ecosystem were reviewed. The holistic river ecosystem structure and function model is proposed. The holistic model consisted of 3 sub – model such as 4 – dimension continuum model for structure and function of ecosystem concerning hydraulic condition, the hydrological regime and ecological process coupling model, the diversity of biocenose and heterogeneity of geomorphology landscape coupling model. The relationship between ecological process and main habitat factors including hydraulic condition, hydrological regime and geomorphology landscape is established. The holistic model generalizes the major traits of the river ecosystem. In addition to natural factors, the holistic model also takes the impact of hydraulic engineering into account.

Key words: river; structure of ecosystem; function model; holistic model; flow condition; hydrological regime; geomorphology landscape

河流生态系统结构功能整体性概念模型*

[摘　要]　在完善与整合现有河流生态系统结构功能概念及模型的基础上，提出河流生态系统结构功能整体性概念模型。水文情势、水力条件和地貌景观格局是对河流生态系统结构与功能具有关键影响的 3 大生境要素，结构功能模型的核心是建立以 3 大生境要素为构架的生命支持系统与河流生命系统之间的相互作用和相互制约关系，同时考虑由于人类活动引起生境要素变化对于河流生态系统的影响。河流生态系统结构功能整体性概念模型由以下 4 种模型组成：河流四维连续体模型、水文情势-河流生态过程耦合模型、水力条件-生物生活史特征适宜模型以及地貌景观空间异质性-生物群落多样性关联模型，这 4 种模型的一体化整合，基本概括了河流生态系统结构功能的整体特征。

[关键词]　河流生态系统；结构功能；连续体；水力条件；水文情势；洪水脉冲；景观格局；概念模型

河流生态系统是一个复杂、开放、动态、非平衡和非线性系统。认识河流的本质特征，核心问题是认识河流生态系统的结构与功能，特别是需要研究河流生命系统和生命支持系统的相互作用及耦合关系[1]。近 20 多年来，各国学者提出了多种河流生态系统结构与功能的概念模型，这些概念模型基于对不同自然区域不同类型河流的调查，分别在在不同的时空尺度上研究河流生命系统变量与非生命系统变量之间的相关关系[2]。

迄今提出的较有影响的河流生态系统结构与功能概念模型按发表时间顺序计有：地带性概念（zonation concept），河流连续体概念（river continuum concept），溪流水力学概念（stream hydraulics concept），资源螺旋线概念（spiralling resource concept），串联非连续体概念（serial discontinuity concept），洪水脉冲概念（flood pulse concept），河流生产力模型（riverine productivity model），流域概念（catchment concepts），自然水流范式（nature flow paradigm），近岸保持力概念（inshore retentivity concept）[3-18]。在这些概念模型中，生态系统结构主要研究水生生物的区域特征和演变、流域内物种多样性、食物网构成和随时间的变化、负反馈调节等。生态系统功能主要考虑了包括鱼类、底栖动物、着生藻类等在内的生物群落对各种非生命因子的适应性，在外界环境驱动下的物质循环、能量流动、信息流动、物种流动的方式，生物生产量与栖息地质量的关系等。多数概念模型是针对未被干扰的自然河流，少数概念模型考虑了人类活动因素。各种概念模型的尺度是不同的，从流域、景观、河流廊道到河段，其维数从顺河向空间一维到空间三维加

　* 董哲仁、孙东亚、赵进勇、张晶. 河流生态系统结构功能整体性概念模型［J］. 水科学进展，2010，21（4）：550 –559.

时间变量的四维。各个模型采用的非生命变量有不同侧重点，主要包括水文学和水力学两大类参数。尽管这些模型各自有其局限性，但是它们提供了从不同角度理解河流生态系统的概念框架。

需要指出，上述结构功能模型存在若干不足。首先，按照生态系统的整体性原则，生态系统是一个整体，系统一旦形成，各生态要素不可分解成独立的要素孤立存在。同时，生境要素不可能孤立地起作用，而会产生多种综合效应，并与各种生物因子形成耦合关系。上述各种概念模型多为建立某几种生境变量与生态系统结构功能的关系，反映了河流生态系统的某些局部特征，但是无法反映生态系统的整体性。其次，这些概念模型中生境因子主要是水文学和水力学因子，对于地貌学因子较少涉及。最后，这些概念模型大多以未被干扰的自然河流为研究对象，对于人类活动的影响考虑不多。

为弥补现存模型的不足，本文提出了"河流生态系统结构功能整体性概念模型"（holistic concept model for the structure and function of river ecosystems，HCM）[19]，其目的是在发展和整合业已存在的若干概念模型的基础上，形成统一的反映河流生态系统整体性的概念模型。河流生态系统结构功能整体性概念模型抽象概括了河流生态系统结构与功能的主要特征，既包括河流生态系统各个组分之间相互联系、相互作用、相互制约的结构关系，也包括与结构关系相对应的生物生产、物质循环、信息流动等生态系统功能特征。在模型中选择了水文情势、水力条件和地貌景观这 3 大类生境因子，建立它们与生态过程、河流生物生活史特征和生物群落多样性的相关关系，以期涵盖河流生态系统的主要特征。考虑到近百年人类对于水资源的大规模开发和对于河流的大规模改造，必须重视人类活动因素对于河流生态系统的重要影响。河流生态系统结构功能整体性概念模型由以下 4 个模型构成：河流四维连续体模型（4 - dimension river continuum model，4 - D RCM）；水文情势-河流生态过程耦合模型（coupling model of hydrological regime and ecological process，CMHE）；水力条件-生物生活史特征适宜模型（suitability model of hydraulic conditions and life history traits of biology，SMHB）；地貌景观空间异质性-生物群落多样性关联模型（associated model of spatial heterogeneity of geomorphology and the diversity of biocenose，AMGB）。图 1 表示了河流水文、水力和地貌等自然过程与生物过程的耦合关系，标出了 4 个模型在耦合关系中所处的位置，同时标出了相关领域所对应的学科。

1　河流四维连续体模型

水流是水体在重力作用下一种不可逆的单向运动。如果在河流的某一横断面建立三维坐标系，定义水流的瞬时流动方向为 Y 轴（纵向），在地平面上与水流垂直方向为 X 轴（侧向），与地平面垂直的为 Z 轴（竖向）（图 2）。在纵向 Y 轴方向河流的流动是主导方向，表现出河流顺水流方向的连续性。当洪水发生时，河水向侧向 X 轴方向漫溢，使主流、河滩、河汊、静水区和湿地连成一体，形成复杂的河流-河漫滩系统，这就是河流侧向 X 轴的连续性。在竖向 Z 轴是地表水与地下水双向渗透的方向，这种水体交换过程直接影响河床底质内的生物过程，表现为竖向 Z 轴的连续性。

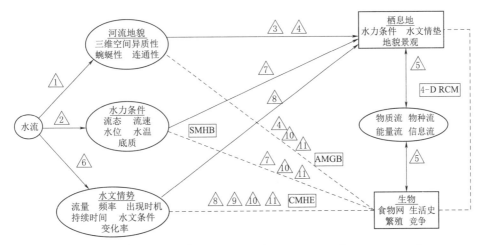

①—河流动力学；②—水力学；③—景观生态学；④—河流地貌学；⑤—河流生态学；⑥—陆地水文学；

⑦—生态水力学；⑧—生态水文学；⑨—物候学；⑩—行为生态学；⑪—生理生态学；

图 1　整体性概念模型示意图

河流四维连续体模型反映了生物群落与河流流态的依存关系，描述了与水流沿河流三维方向的连续性相伴随的生物群落连续性以及生态系统结构功能的连续性。四维连续体模型包含以下 3 个概念：生物群落结构三维连续性；物质流、能量流、物种流和信息流的三维连续性以及河流生态系统结构和功能的动态性。

河流四维连续体模型是在 Vannote 提出的河流连续体概念以及其后一些学者研究工作的基础上进行改进后提出的[5-6]，把原有的

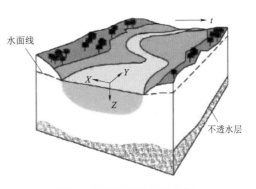

图 2　河流廊道的四维坐标

河流内有机物输移连续性，扩展为物质流、能量流、物种流和信息流的三维连续性。

1.1　河流生物群落结构连续性

生物群落随河流水流的连续性变化，呈现出连续性分布特征。尽管大型河流可能穿越不同的气候分区，同时河流沿线的纵坡有很大变化，但是沿河流的生物群落仍然遵循连续性分布的规律。这不仅反映在沿河流岸边植被的连续性分布，而且反映在水生动物、无脊椎动物、昆虫、两栖动物、水禽和哺乳动物等都遵循连续性分布的规律。这种连续性的产生是由于在河流生态系统长期的演替过程中，生物群落对于水域生境条件不断进行调整和适应，反映了生物群落与生境的适应性和相关性。

1.2　物质流、能量流、信息流和物种流的连续性

河流的连续性不仅是生物群落分布的连续性，更是生态系统生物学过程的连续

性。由于水体具有良好的可溶性和流动性，使河流成为生态系统营养物质输移、扩散的主通道。河流的纵向（Y 轴）流动把营养物质沿上中下游输送。汛期洪水的漫溢，又在横向（X 轴）把营养物质输送到河漫滩、湖泊和湿地。水位回落又带来淹没区的动植物腐殖质营养物。在河流的竖向（Z 轴）河水与地下水相互补给，同时沿竖向还进行着营养物质的输移转化。正因为如此，大多数河床底质内存在着丰富的生物量。在上述 3 个方向营养物质的输移转化以及在食物网内的能量流动，反映了物质流与能量流的空间连续性，使得河流上游与下游、水域与滩区及地表与地下的生态过程直接相关。

河流也是信息流和物种流的通道。河流通过水位的消涨、流速以及水温的变化，为诸多的鱼类、底栖动物及着生藻类等生物传递着生命节律的信号。例如，在汛期，当洪水侧向漫溢到河漫滩、水塘和湿地时，一些鱼类离开河流主槽游到河滩、河汊及湿地寻找避难所或产卵。当水位消落时，鱼类又回到河流主槽。鱼类的这些生命活动是对水位变化的一种响应。河流既是植物种子通过漂流传播扩散的通道，也是洄游鱼类完成其整个生命周期的通道。

1.3 河流生态系统结构和功能的动态性

河流生态系统存在着高度的可变性。在河流四维连续体模型中，需要设定时间作为第四维度，以反映河流生态系统的动态特征。在较长的时间尺度中，由于气候变化、水文条件以及河流地貌特征的变化导致河流生态系统的演替。在较短的时间尺度中，随着水文条件的年周期变化导致河流水位的涨落，引起河流扩展和收缩，其连续性条件呈依时变化特征。

1.4 人类活动影响

由于水资源的开发利用，造成河流水文、水力学和河道地貌特征的改变。水坝造成了河流纵向的非连续化[20]，不仅对鱼类的洄游形成障碍，更重要的是改变了营养物质的输移条件（图 3）。水库形成后，动水生境变成静水生境，泥沙在库区淤积，清水下泄引起下游河道冲刷等。这些都会对栖息地条件和结构功能的连续性产生重大影响。防洪堤防阻碍了汛期主流的侧向漫溢，使主流与河漫滩、湿地、静水区和河汊之间无法沟通，阻碍了物种流、物质流、能量流和信息流在侧向的连续流动，出现一种侧向的河流非连续性特征。不透水的防护结构也阻隔了地表水与地下水的交换通道。

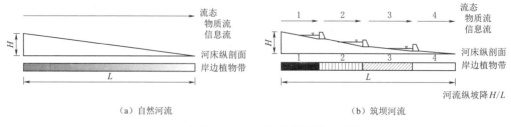

（a）自然河流　　　　　　　　　（b）筑坝河流

图 3 水坝对于河流连续性的影响示意图

2　水文情势-河流生态过程耦合模型

　　水文情势-河流生态过程耦合模型描述了水文情势对于河流生态系统的驱动力作用，也反映了生态过程对于水文情势变化的动态响应。

　　水文情势可以用5种要素描述，即流量、频率、出现时机、持续时间和水文条件变化率。水文情势-河流生态过程耦合模型反映了水文过程和生态过程相互影响、相互调节的耦合关系。一方面，水文情势是河流生物群落重要的生境条件之一，水文情势影响生物群落结构以及生物种群之间的相互作用。另一方面，生态过程也调节着水文过程，包括流域尺度植被分布状况改变着蒸散发和产汇流过程从而影响水文循环过程等[21]。

2.1　水文情势与动态栖息地

　　河流年内周期性的丰枯变化造成河流-河漫滩系统呈现干涸-枯水-涨水-侧向漫溢-河滩淹没这种时空变化的特征，形成了丰富的栖息地类型。对于大量水生和陆生生物来说，完成生活史各个阶段（如产卵、孵卵、喂养、繁殖、避难、越冬、洄游等）需要一系列不同类型的栖息地。这种由水文情势决定的栖息地模式，影响了物种的分布和丰度，也促成了物种自然进化的差异。河流系统的生物过程对于水文情势的变化呈现明显动态响应，水生和陆生生物一旦适应了这种环境变化，就可以在洪涝或干旱这类看似恶劣的条件下存活和繁衍。可以说，水文情势在维护河流及河漫滩的生物群落多样性和生态系统整体性方面具有极其重要的作用[22-23]。

　　各个水文情势要素与生态过程存在着相关关系。首先，可以把年内时间-流量过程曲线划分为两部分，即常年可以维持的基流部分和具有脉冲特征的中高流量部分（图4）。基流部分流量对于部分水生生物和常年淹没的河滨植物是必不可少的，也为陆生动物提供了饮用水源。具有脉冲性质的中高流量其生态影响主要有3个方面，一是洪水侧向漫溢，为河漫滩提供了

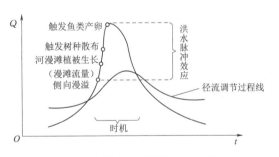

图4　自然水文情势的生态响应

丰富的营养物质，促进河流与河漫滩之间的物质交换；二是在河流-河漫滩系统形成动态的栖息地条件，为不同物种的不同生活史阶段提供适宜的栖息地；三是洪水脉冲带来了强烈的生命节律信号。

　　水文事件的发生时机是水文情势的另一个重要因素。许多水生生物和河岸带生物在生活史不同阶段，对于水文条件有不同的适应性，表现为或者利用，或者躲避高低不同的流量。如果丰水期与高温期相一致，对于许多植物生长会十分有利。河漫滩的淹没时机对于一些鱼类来说非常重要，因为这些鱼类需要在繁殖期进入河漫滩湿地。如果淹没时间与繁殖期相一致，则有利于这种鱼类的繁殖[24]。

　　某一流量条件下水流过程持续时间的生态学意义在于检验物种对于持续洪水或持续干

旱的耐受能力。比如河岸带不同类型植被对于持续洪水的耐受能力不同，水生无脊椎动物和鱼类对于持续低流量的耐受能力不同，耐受能力低的物种逐渐被适应性强的物种所取代[25]。

水文条件变化率会影响物种的存活和共存。例如，在干旱地区的河流出现大暴雨时，非土著鱼类往往会被洪水冲走，而土著鱼类能够存活下来，从而保障了土著物种的优势地位。

2.2 水文情势与物种生命节律

洪水水位涨落也会引发生物不同的行为特点，比如鸟类迁徙、鱼类洄游、涉禽的繁殖以及陆生无脊椎动物的繁殖和迁徙等。每一条河流都携带着生物的生命节律信息，它本身就是一条信息流[26]。观测资料表明，一些河漫滩植物的种子传播与发芽在很大程度上依赖于洪水脉冲，即在高水位时种子得以传播，低水位时种子萌芽。美国密西西比河的观测资料显示，洪水脉冲是白杨树树种传播的主要驱动力[27]。观测资料表明，鱼类和其他一些水生生物依据水文情势的丰枯变化，完成产卵、孵化、生长、避难和迁徙等生命活动。长江的四大家鱼每年 5—8 月水温升高到 18℃ 以上时，如逢长江发生洪水，家鱼便集中在重庆至江西彭泽的 38 处产卵场进行繁殖。产卵规模与涨水过程的流量增量和洪水持续时间有关。如遇大洪水则产卵数量多，家鱼往往在涨水第一天开始产卵，如果江水不再继续上涨或涨幅很小，产卵活动即告终止[28]。在巴西 Pantanal 河许多鱼种适应了在洪水脉冲发生时产卵[29]。另外，依据洪水信号，一些具有江湖洄游习性的鱼类以及在干流与支流洄游的鱼类，在洪水期进入湖泊或支流，随洪水消退回到干流。中国国家一级保护动物长江鲟主要在宜昌段干流和金沙江等处活动。长江鲟春季产卵，产卵场在金沙江下游至长江上游。在汛期，长江鲟则进入水质较好的支流活动[28]。

2.3 人类活动影响

兴建水库的目的是通过调节天然径流在时间上的丰枯不均，以满足防洪和兴利的需要，这导致了河流自然水文情势的改变。从水库中大量取水，或者引水式电站把水引入隧洞和压力管道，引起下游河段径流大幅度下降甚至干涸、断流，无法满足下游生物群落的基本需求，导致包括河滨植被退化和底栖生物大量死亡这样灾难性的生态后果。另一方面，经过人工径流调节后的河流会呈现水文过程均一化特征，从而引起自然水文过程的重大改变，特别是洪水脉冲效应明显削弱。尽管为适应这种变化会有少数物种的繁殖能力大幅提高，但是这通常以土著物种和整个系统的生物群落多样性下降为代价，造成一些湖泊鱼类成功入侵水库。另外，洪水发生的时机改变也会使鱼类产卵下降，整个食物网都会因为水文情势的改变而发生变化。同时，洪水持续时间的重大变化会改变植被丰度。

3 水力条件-生物生活史特征适宜性模型

水力条件-生物生活史特征适宜性模型描述了水力条件与生物生活史特征之间的适宜性。水力条件可用流态、流速、水位、水温等指标度量。河流流态类型可分为缓流、急流、湍流、静水、回流等类型[30]。生物生活史特征指的是生物年龄、生长和繁殖等发育阶段及其历时所反映的生物生活特点。鱼类的生活史可以划分为若干个不同的发育期，包括胚胎期、仔鱼期、稚鱼期、幼鱼期、成鱼期和衰老期，各发育期在形态构造、生态习性以及与环境的联系方面各具特点[31]。多数底栖动物在生活史中都有一个或长或短的浮游幼体阶段。幼体漂浮在水层中生活，能随水流动，向远处扩散。藻类生活史类型比较复杂，包含营养生殖型、孢子生殖型、减数分裂型等。

水力条件-生物生活史特征适宜性模型是基于如下几个基本准则：生物不同生活史特征的栖息地需求可根据水力条件变量进行衡量；对于一定类型水力条件的偏好能够用适宜性指标进行表述；生物物种在生活史的不同阶段通过选择水力条件变量更适宜的区域来对环境变化做出响应，适宜性较低区域的利用频率降低。

3.1 水力条件对生物生活史特征的影响

流态、流速、水位和水温等水力条件指标对生物生活史特征产生综合影响。在急流中，水体含氧量几乎饱和，喜氧的狭氧性鱼类通常喜欢急流的流态类型，而流速缓慢或静水池塘等水域中的鱼类往往是广氧性鱼类[32]。鱼类溯游行为模式可分为3个区域：减速-休息区，休息-加速区，加速-休息区，因此，河道中需提供不同流态以符合其行为模式[30]。对于不同的流态，比如从急流区到缓流区，鱼类的种类组成、体型和食性类型的变化比较明显[30]。对中华鲟葛洲坝栖息地野外量测和数值模拟的研究成果表明，中华鲟最适宜的流速为 1.3～1.5m/s，水深为 9～12m[33]；对鲫鱼适宜生长水动力条件的试验研究表明，0.20m/s 流速比较适宜鲫鱼的生长[34]。

水流对于生物分布和迁移具有很大作用，河流可以把各种水生动物和它们的卵及幼体远距离传送。例如，在长江中上游天然产卵场产卵的四大家鱼的卵和幼鱼没有游泳能力，但它们能顺水流到江河下游，并在养料丰富的洪泛区及河湖口地区生长发育[32]。

鱼类的产卵时期受水温的影响显著，决定鱼的产卵期（和产卵洄游）的主要外界条件是水温和可使鱼达到性成熟的热总量[32]。对于鱼类而言，水温对鱼类代谢反应速率起控制作用，从而成为影响鱼类活动和生长的重要环境变量。水温通过对鱼类代谢的影响，从而影响到鱼类的摄食活动、摄食强度以及对食物的消化吸收速率等生理机能。水温还通过对水域饵料生物的数量消长（季节和地区变化）以及其他理化因子（包括光照、溶氧、降雨量、风力、冰冻等）的影响对鱼类的生长起间接作用[31]。底栖动物的生存、发展、分布和数量变动除与底质、水温、盐度、营养条件有密切关系外，与流速、水深等水力条件也密切相关。有些调查表明，底栖动物的多样性随着流速、水深等栖息地条件的多样性增加而增加[35]，说明水力条件对底栖动物的生活史有较大影响。着生藻类受水流条件影响较小，但对水质变化反应敏感，是比较理想的水环境监测生物指标[36]。

生物生活史特征既受水力条件的制约，又具有对水力条件的适应性。对栖息环境适应的概念是生理生态学的核心[37]。不同的生物生活史特征对水力条件表现出不同的适应性。一般而言，在河流上游，水流湍急，但其底质多岩块、砾石，植物可以固着，因此上游鱼类多为植食性鱼类。随着到中游，底质逐渐变为砂质，由于水流经常带走底砂，导致底栖植物难以生长，多数鱼类只好以其他动物为食料。到了下游，流速降低，底栖植物增多，植食性鱼类重新出现[32]。

3.2 模型的核心问题

水力条件-生物生活史特征适宜性模型的核心问题,是建立不同生物生活史特征与水力条件之间的相关关系,这种相关关系可以表达为偏好曲线。图5为鲑鱼、鳟鱼稚鱼期的适宜性指标与流速、水深的偏好曲线,适宜性指标表示对象生物与水力参数之间的适宜程度[38]。通常情况下,偏好曲线主要通过对生物的生活史特征进行现场观察或通过对相关资料进行收集分析来建立。利用在不同水力条件下观察到的生物出现频率,就可以绘出对应不同水力变量的偏好曲线。这种方法的难点是所收集到的数据局限于进行调查时的水力变量变化范围,最适宜目标物种的水力条件可能没有出现,或者仅仅出现了一小部分,因此需要通过合理的数据调查、处理方法解决这个问题。另外,流态之外的其他因素也可能对生物生活史特征产生重要影响,比如光照、水质、食物、种群间相互作用等,应对这些因素进行综合分析,以全面了解生物生活史特征与水力条件之间的相关关系。

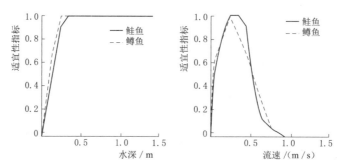

图5 鲑鱼、鳟鱼稚鱼期的适宜性指标与水深和流速的偏好曲线

3.3 人类活动影响

河流渠道化、河床过水断面规则化以及岸坡的硬质化等治河工程改变了自然河流的水流边界条件,引起流场诸多水力因子及底质条件的变化,对生物生活史特征产生了明显影响,并可导致河流生态系统结构功能的变化。虽然生物对于流态的变化有一定的适应能力,但当流态变化过于剧烈时,生物将不能进行有效的自我调节,从而对其生长、繁殖等生活史特征构成胁迫。特别是河床、岸坡的硬质化对于底栖无脊椎动物的胁迫作用更为明显,其栖息地条件因河底渗流通道被截断,导致氧气和营养物质供给中断,致使底流区生物受到严重影响。

4 地貌景观空间异质性-生物群落多样性关联模型

地貌景观空间异质性-生物群落多样性关联模型描述了河流地貌格局与生物群落多样性的相关关系,说明了河流地貌格局异质性对于栖息地结构的重要意义[39-40]。

4.1　河流形态与栖息地特征

对河流地貌形态的认识是理解河流自然栖息地结构的基础。河流地貌的形成是一个长期的动态过程。水流对地面物质产生侵蚀，引起岸坡冲刷、河道淤积、河道的侧向调整以及河势变化，构造了河漫滩和台地。河流在径流特别是洪水的周期性作用下，形成了多样性的地貌格局，包括纵坡变化、蜿蜒性、单股河道或分汊型河道、河漫滩地貌以及不同的河床底质及级配结构。由于河流形态是水体流动的边界条件，因而河流的地貌格局也确定了在河段尺度内河流的水力学变量，如流速、水深等。另外，河流形态也影响与植被相关的遮阴效应和水温效应。

河流形态的多样性决定了沿河栖息地的有效性、总量以及栖息地的复杂性。河流的生物群落多样性对于栖息地异质性存在着正相关响应。这种关系反映了生命系统与非生命系统之间的依存与耦合关系。实际上，一个区域的生境空间异质性和复杂性越高，就意味着创造了多样的小生境，允许更多的物种共存[30]。栖息地格局直接或间接地影响着水域食物网、多度以及土著物种与外来物种的分布格局[40]。

4.2　河流廊道的景观格局与生物群落多样性

景观格局（landscape pattern）指空间结构特征，包括景观组成的多样性和空间配置，可用缀块、基底和廊道的空间分布特征表示。物种丰度（richness index）与景观格局特征可以表示为以下一般性函数：

$$G = F(k_1, k_2, k_3, k_4, k_5, k_6, \cdots) \tag{1}$$

式中：G 为物种丰度；k_1 为生境多样性；k_2 为缀块面积；k_3 为演替阶段；k_4 为基底特征；k_5 为缀块间隔程度；k_6 为干扰。

在河流廊道（river corridor）尺度下的景观格局包括两个方面：一是水文和水力学因子时空分布及其变异性；二是地貌学意义上各种成分的空间配置及其复杂性。前者在上文已讨论，后者的景观格局空间异质性在三维方向的特征表现为：在河流纵向表现为河流的蜿蜒性；河流横断面表现为几何形状多样性；沿河流竖向表现出河床底质及其渗透性。如果河流在空间三维方向（纵向、横向、竖向）都具有较高的景观异质性，就会形成浅滩与深潭交错，急流与缓流相间，植被错落有致，水流消长自如的景观格局。

河流栖息地包括河道内栖息地、岸边带栖息地、河漫滩栖息地以及季节性洪水湿地等，与之对应，自然河流地貌景观格局的一个主要特征是河流、河漫滩、湖泊、水塘与湿地之间保持良好的连通性，为物质流、能量流和信息流的畅通提供物理保障。由于不同生物体具有不同的运动能力和不同栖息地范围，所以它们对于景观格局异质性的反应也不同。在具有高度连通性的栖息地内，鱼类的物种多样性会达到较高水平。而在连通性较低的栖息地，两栖动物则表现出较高的物种多样性。生物群落最大物种丰度对应的条件则可能介于这两种极端条件之间。

4.3　人类活动影响

大规模的治河工程使河流的地貌景观格局发生了不同程度的变化。建设防洪堤防，往往缩窄河漫滩，并且限制了洪水的侧向漫溢，降低了河流与湖泊、湿地及河漫滩之间的连通性。自然河流被人工渠道化，蜿蜒性的河流被裁弯取直成为折线或直线型河流；河流横断面改变成矩形、梯形等规则几何断面；采用不透水的硬质材料进行河道岸坡防护等，导致生物栖息地数量减少，质量下降。无序的河道采砂生产活动，破坏了自然河流的良好栖息地结构。

5 结语

（1）河流生态系统结构功能整体性概念模型是对现存相关模型的整合与发展。主要有以下几点改进：①明确了水文情势、水力条件以及河流地貌景观是河流生境的3大要素，体现了3者对于河流生态系统结构功能影响的综合性和整体性；②改进了河流连续体的概念，按照描述河流生态功能的物质流、能量流、信息流和物种流的连续性重新予以定义；③提出了河流地貌景观格局复杂性与生物群落多样性的正相关关系；④克服原有模型大多以自然河流为对象的局限性，综合考虑了人类活动的干扰作用。

（2）河流水文情势、水力条件和地貌景观三者相互作用，互为因果。这表现在：①河流的动力学作用，包括泥沙输移、淤积以及侵蚀作用，改变着河流地貌景观。②水文情势的年周期变化，一方面使水力条件出现时间周期性变化特征，另一方面也使河流地貌景观在空间上呈现淹没-干燥，动水-静水的空间异质性特征。③河流地貌既是生物栖息地条件也是河流水力学过程的约束条件。总之，这3类因子是相互关联、不可分割的，其引起的生态响应也是综合的。正因为如此，在进行生态评估和分析时，4种模型应该作为一个整体综合应用。需要强调的是，生物群落对于生境变化的生态响应是非线性的，多因子影响结果不能进行线性叠加。

（3）4种模型分别对应不同的空间尺度。四维连续体模型的尺度为河流廊道；水文情势-河流生态过程耦合模型对应流域和河流廊道尺度；水力条件-生物生活史特征适宜模型适用于河段尺度；地貌景观空间异质性-生物群落多样性关联模型适用于河段和河流廊道尺度。

河流生态系统结构功能整体性概念模型属于概念性模型，进一步的研究工作重点是模型的定量化以及与信息技术的结合。

参 考 文 献

［1］ 董哲仁. 河流生态系统研究的理论框架［J］. 水利学报，2009，40（2）：129-137.

［2］ LORENZ C M，VAN DIJK G M，VAN HATTUM A G M，et al. Concepts in river ecology：Implications for indicator development［J］. Regulated River：Research & Management，1997，13：501-516.

［3］ HUET M. Biologie，profiles en travers des eaux courantes［J］. Bull Fr Piscicul，1954，175：41-53.

［4］ ILLIEX J，BOTOSANEANU L. Problemes et methedes de la classification et de la zonation ecologiques des eaux courantes，considerees sutout du point de vue faunistique［J］. Mitt Internat Verein Limnol，1963，12：1-57.

［5］ VANNOTE R L. The river continuum concept［J］. Canadian Journal of Fisheries and Aquatic Sciences，1980，37：130－137.

[6]　WARD J V. The Four－dimensional nature of lotic ecosystem ［J］. Journal of the North American Benthological Society，1989，8（1）：2－8.

[7]　STATZNER B，HIGLER B. Stream hydraulics as a major determinant of benthic invertebrate zonation pattern ［J］. Freshwater Biology，1986，16：127－139.

[8]　WALLACE J B，WEBSTER J R，WOODALL W R. The role of filter－feeders in flowing waters ［J］. Arch Hydrobiol，1977，79（4）：506－532.

[9]　WARD J V，STANFORD J A. The serial discontinuity concept of lotic ecosystem ［C］∥Fontaine T D，Bartell S M. Dynamics of Lotic Ecosystems. Ann Arbor：Ann Arbor Science Publishers，1983：29－42.

[10]　JUNK J W，BAYLEY P B，SPARKS R E. The flood pulse concept in river－floodplain system ［J］. Can J Fish Aquat Sci，1989，106：110－127.

[11]　THORP J H，DELONG M D. The riverine productivity model：an view of carbon sources and organic processing in large river ecosystem ［J］. Oikos，1994，70：305－308.

[12]　FRISSELL C A，LISS W J，WARREN C E，et al. A hierarchical framework for stream habitat classification：Viewing stream in a watershed context ［J］. Environmental Management，1986，10：199－214.

[13]　GARDINER J L. River project and conservation：A manual for holistic appraisal ［M］. Chichester：Wiley & Sons，1991：236.

[14]　NAINAN R J，LONZARICH D G，BEECHIE T J，et al. General principles of classification and the assessment of conservation potential in river ［C］∥ BOON P J，CALOW P，PETTS G E. River conservation and management. Chichester：Wiley & Sons，1992：93－123.

[15]　PETTS G E. River：Dynamic component of catchment ecosystems ［C］∥CALOW P，PETTS G E. The river handbook：Hydrological and ecological principles. Vol 2. Oxford：Blackwell Scientific Publication，1994：3－22.

[16]　TOWNSEND C R. Concepts in river ecology：Pattern and process in the catchment hierarchy ［J］. Algol Stud，1996，113：3－24.

[17]　POFF N L，ALLAN J D，BAIN M B，et al. The natural flow regime－a paradigm for river conservation and restoration ［J］. BioScience，1997，47（11）：769－784.

[18]　SCHIEMER F，KECKEIS H. "The inshore retention concept" and its significance for large river ［J］. Hydrobiol Sppl，2001，12（2／3／4）：509－516.

[19]　董哲仁. 河流生态系统结构功能模型研究 ［J］. 水生态学杂志，2008，1（1）：1－7.

[20]　毛战坡，王雨春，彭文启，等. 筑坝对河流生态系统影响研究进展 ［J］. 水科学进展，2005，16（1）：134－140.

[21]　HARPER D，ZALEWSKI M，PACINI N. Ecohydrology：Processes，models and case studies ［M］. Trowbridge：Cromwell Press，2008.

[22]　WELCOMME R L，HALLS A. Some consideration of the effects of differences in flood patterns on fish population ［J］. Ecohydrology and Hydrobiology，2001，13：313－321.

[23]　BENKE A C，CHAUBEY I，WARD G M，et al. Flood pulse dynamics of an Unregulated River floodplain in the Southeastern US coastal plain ［J］. Ecology，2000，81（10）：2730－2741.

[24]　TREPANIER S，RODRIGUEZ M A，MAGNAN P. Spawning migrations in landlocked Atlantic salmon：Time series modeling of river discharge ［J］. Journal of Fish Biology，1996，48：925－930.

[25]　CLOSS G P，LAKE P S. Drought，differential mortality and the coexistence fish species in a south east Australian intermittent stream ［J］. Environmental Biology of Fishes，1996，47：17－26.

[26] 董哲仁，张晶. 洪水脉冲的生态效应 [J]. 水利学报，2009，40 (3)：281-288.

[27] MIDDLETON B. Flood pulsing in wetland：Restoring the nature hydrological balance [M]. New York：John Wiley & Sons，Inc，2002.

[28] 蒋固政，张先锋，常剑波. 长江防洪工程对珍稀水生动物和鱼类的影响 [J]. 人民长江，2001，32 (7)：15-18.

[29] WANTZEN K M，MACHADO F A，VOSS MAREN，et al.，Seasonal isotopic shifts in fish of the Pantanal wetland，Brazil [J]. A-quatic Sciences，2002，64：239-251.

[30] 林镇洋. 生态工法技术参考手册 [M]. 台北：明文书局股份有限公司，2000：3-4.

[31] 殷名称. 鱼类生态学 [M]. 北京：中国农业出版社，1993：11.

[32] 孙儒泳. 动物生态学原理 [M]. 北京：北京师范大学出版社，2001：108.

[33] 杨宇. 中华鲟葛洲坝栖息地水力特性研究 [D]. 南京：河海大学，2007.

[34] 刘稳，诸葛亦斯，欧阳丽，等. 水动力学条件对鱼类生长影响的试验研究 [J]. 水科学进展，2009，20 (6)：812-817.

[35] 段学花，王兆印. 生物栖息地隔离对河流生态影响的试验研究 [J]. 水科学进展，2009，20 (1)：86-91.

[36] 王朝晖，胡韧，谷阳光，等. 珠江广州河段着生藻类的群落结构及其与水质的关系 [J]. 环境科学学报，2009，29 (7)：1510-1516.

[37] 戈峰. 现代生态学 [M]. 北京：科学出版社，2002.

[38] DUNBAR M J，IBBOTSON A T，GOWING I M，et. al. Ecologically acceptable flows phase Ⅲ：Further validation of PHABSIM for the habitat requirements of Salmonid Fish [R]. Bristol：Environment Agency，UK，2001.

[39] 董哲仁. 河流形态多样性与生物群落多样性 [J]. 水利学报，2003，34 (11)：1-7.

[40] BRIERLEY G J，FRYIRS K A. Geomorphology and river management：Application of the river styles framework [M]. Australia：Blackweel Science Ltd，2005.

Holistic conceptual model for the structure and function of river ecosystems

Abstract：By modifying and integrating existing concepts and models for describing the structure and function of a river ecosystem，a holistic conceptual model is developed. The hydrological regime，flow conditions and geomorphological patterns are three major habitat factors that have profound impacts on the structure and function of a river ecosystem. The central piece in a holistic conceptual model is to establishing the interrelationship between the life supporting system that is mainly driven by the three factors and the river life system. The human-induced variability of habitat factors and its effect on the river ecosystem are considered during the modeling process. A holistic conceptual model usually consists of four sub-models，which are the 4-dimensional river continuum model，the coupled hydrological regime and ecological process model，the suitability model integrating of hydraulic conditions and biological and life history traits，and the spatial heterogeneity of geomorphology and biocenoses diversity model. The integration of these four models can provide essential aspects of describing the structure and function of a river ecosystem.

Key words：structure and function of river ecosystems；hydrological regime；continuum；flow condition；flood pulse；landscape pattern；spatial heterogeneity

三流四维连通性生态模型*

[摘　要]　为了改善河湖水系间的物理连通关系和水力关系，从理论上系统描述河湖水系连通性特征概况，回顾了连通性相关生态模型的发展沿革，分析了河流在三个几何维度上的连通性特征，并阐述了以水为载体的物质流、物种流和信息流在三维空间流动的生态影响。在此基础上，从生态系统的结构、功能和过程出发，提出了三流四维连通性生态模型及其参数和判据，用以系统、整体地概括描述河湖水系连通性的生态学机理。结果表明，三流四维连通性生态模型一方面可以通过建立参照系统和分级系统对河湖水系连通性现状进行评估；另一方面可以对连通的生态过程进行仿真模拟计算，对河湖水系连通性特征进行模拟和分析，促使河湖水体恢复天然的水文及其伴随过程节律及生态系统功能，提高水生态修复工程的科学性和可靠性，达到改善水生态系统整体性、保障生态系统服务功能的目的。

[关键词]　连通性；物质流；物种流；信息流；生态模型

河湖水系连通性是河湖生态系统的主要特征之一[1]。河湖水系连通性的生态学机理，已经成为近十几年国际河流生态学领域的研究重点之一[2]。迄今为止，各国学者提出了多种较有影响的河流生态模型，这些模型基于对不同自然区域内不同类型河流的调查，试图抽象概括河流生态系统生命要素与非生命要素之间的相关关系。各种模型的尺度不同，从流域、景观、河流廊道到河段，其维数从顺河向一维到空间三维加上时间变量的四维[2-3]。本文在回顾连通性相关生态模型的基础上，针对物质流、物种流和信息流，在河流纵向、侧向和垂向三个空间维度及动态的时间维度上，概况提出了三流四维连通性生态模型。通过调节河湖水系间的三流四维连通程度，恢复物理连通关系和水力关系，顺畅水系间物质、能量、信息流动和传播，使河湖水体尽可能地保留天然的水文及其伴随过程节律及生态系统功能，达到总体改善水生态系统整体性的目的，保障生态系统服务功能。

1　与连通性相关的生态模型回顾

与连通性密切相关的生态模型有河流连续体概念（river continuum concept，RCC）[1]、洪水脉冲模型（flood pulse concept，FPC）[4]、串联非连续体概念（serial discontinuity concept，SDC）[5]和自然水流范式（nature flow paradigm）[6]等，它们反映了河流物质流、物种流和信息流的特征。

---

* 董哲仁，赵进勇，张晶. 3流4D连通性生态模型 [J]. 水利水电技术，2019，50 (6)：134 - 141.

1.1 河流连续体概念

Vannote[1]提出的河流连续体概念（river continuum concept，RCC）是河流生态学发展史中试图描述沿整条河流生物群落结构和功能特征的首次尝试，其影响深远。RCC概念是针对北美温带森林覆盖，且没有被干扰的溪流提出的，强调了河流生物群落的结构和功能与非生命环境的适应性（见图1）。RCC描述了从源头到河口包括流量、流速、水温、纵坡降等水力因子梯度的连续性。生物群落为适应外界环境的连续变化，也相应沿河形成特有的"生物梯度"。这种生物梯度是可以识别的，表现为一定种类的物种按照上下游的顺序逐渐被其他物种代替。这样河段或整个水系的生物群落就以一种固定的模式相互连接起来。

RCC模型分析了沿河水流和地貌条件变化引起的生产力变化，分析了沿河不同河段光合作用与呼吸作用的比率 P/R 变化（photosynthesis/respiration）。RCC模型认为，溪流

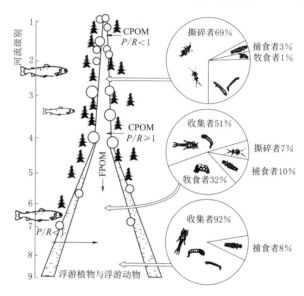

P/R—光合作用率/呼吸作用率；CPOM—粗颗粒有机物粒径 $d>1mm$；FPOM—细颗粒有机物粒径 $d<1mm$

图1 河流连续体概念示意

上游有森林覆盖，接收了大量木质残枝落叶成为营养物来源，加之因遮阴作用减少了自养生产，这样水生态系统的光合作用与呼吸作用的比率 $P/R<1$，反映上游河段呼吸作用起支配作用。在中游河段，河宽增大，水深较浅，光合作用增强，上游进入水流的木质残枝落叶作用相对减弱，$P/R>1$，说明水生生物能够从太阳能获得用于生长繁殖的净能量。在下游河段水深增加，加之水体浑浊，削弱了光合作用，初级生产明显减少。而上游漂流下来的木质残屑经过碎食者和收集者的加工，已经从粗颗粒有机物（CPOM）变成细颗粒有机物（FPOM），便于食植动物摄食，这导致下游河段 $P/R<1$。

RCC模型问世后，一些河流的观察资料验证了这个理论，但是也有一些河流观测资料并不遵循这个理论[7]，说明RCC模型的适用性还受到气候、地貌、水质、局地特征以及支流情况等多种因素限制。一些学者质疑RCC，认为这个概念只强调了沿河流流向的河流特征，而忽视了沿河流侧向及沿河流垂向的生态过程[8]。

1.2 洪水脉冲概念

Junk基于在亚马孙河和密西西比河的长期观测和数据积累，于1989年提出了洪水脉冲概念（flood pulse concept，FPC）[4,9-10]。Junk认为，洪水脉冲是河流-河漫滩系统生物生存和交互作用的主要驱动力。洪水脉冲概念是对河流连续体概念的补充和发展。洪水脉

冲功能有以下两个方面：形成河流–河漫滩系统侧向连通系统；形成生物生命节律信息流。

1.2.1　形成河流–河漫滩系统侧向连通系统

当汛期河道水位超过平滩水位以后，水流开始向河漫滩漫溢，形成河流–河漫滩侧向连通系统。洪水脉冲作用以随机的方式改变连通性的时空格局，从而形成高度异质性的栖息地特征。在高水位下，河漫滩中的洼地、水塘和湖泊由水体储存系统变成了水体传输系统，即从静水系统发展为动水系统，为不同类型物种提供了避难所、栖息地和索饵场。强烈的水流脉冲导致大量的淡水替换，同时输移湖泊、水塘中的有机残骸堆积物，调节水域动植物种群。当河流水位回落，河流与小型湖泊、洼地和水塘之间的连通性削弱，河漫滩的水体停止运动，滞留在河漫滩的水体又恢复为静水状态。总之，洪水脉冲作用把河流与河漫滩动态地联结起来，形成了河流–河漫滩有机物高效利用系统。

1.2.2　形成生物生命节律信息流

每一条河流都携带着生物生命节律信息，河流本身就是一条信息流。在洪水期间洪水脉冲传递的信息更为丰富和强烈。观测资料表明，鱼类和其他一些水生生物依据水文情势的丰枯变化，完成产卵、孵化、生长、避难和迁徙等生命活动。在巴西 Pantanal 河许多鱼种适宜在洪水脉冲时节产卵。在澳大利亚墨累–达令河如果出现骤发洪水，当洪水脉冲与温度脉冲之间的耦合关系错位，即洪峰高水位时出现较低温度，或者洪水波谷低水位下出现较高温度，都会引发某些鱼类物种的产卵高峰[9]。

1.3　串联非连续体概念

串联非连续体概念（serial discontinuity concept，SDC）是 WARD 等[5]为完善 RCC模型而提出的理论，意在考虑水坝对河流的生态影响。串联非连续体指水坝引起了河流纵向连续性的中断，导致河流生命参数和非生命参数的变化以及生态过程的变化，需要建立一种模型来评估这种胁迫效应。SDC 定义了 2 组参数来评估水坝对于河流生态系统结构与功能的影响。一组参数称为"非连续性距离"，定义为水坝对于上下游影响范围的沿河距离，超过这个距离水坝的胁迫效应明显减弱，参数包括水文类和生物类；另一组参数为强度（intensity），定义为径流调节引起的参数绝对变化，表示为河流纵向同一断面上自然径流条件下的参数与人工径流调节的参数之差。这组参数反映水坝运行期内人工径流调节造成影响的强烈程度。SDC 也考虑了堤防阻止洪水向河漫滩漫溢的生态影响，以及径流调节削弱洪水脉冲的作用。在 SDC 中非生命因子包括营养物质的输移和水温等。

2　河流四维坐标系统

水流是水体在重力作用下一种不可逆的单向运动，具有明确的方向。根据河流的结构特点，在河流的某一横断面建立笛卡尔坐标系，规定水流的瞬时流动方向为 Y 轴（纵向），在地平面上与水流垂直方向为 X 轴（侧向），对于地面铅直方向为 Z 轴（竖向）。再按照曲线坐标系的原理，令坐标原点沿河流轴线移动，逐点形成各自的坐标系。

由于降雨和水文过程以及河流地貌演变的动态性，形成了河湖水系连通的易变性（variability），这就需要考虑时间维度，定义一个时间坐标 t，以反映河湖水系连通的动态特征（见图2）。

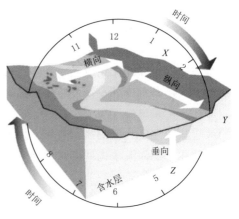

图2 河流四维坐标系统

3 河湖水系四维连通性

河流纵向 Y 连通性表征了河流上下游连通性；河流侧向 X 连通性表征了河道与河漫滩的连通性；河流垂向 Z 连通性表征了地表水与地下水之间的连通性[15]。河湖水系连通性包括物理连通性和水文连通性。物理连通性表征河湖水系地貌景观格局，它是连通性的基础。水文连通性表征动态的水文特征，它是河湖生态过程的驱动力。两种因素相结合共同维系河湖水系栖息地的多样性[16]。

3.1 河流纵向 Y 连通性——上下游连通性

河流纵向 Y 的连通性是指河流从河源直至下游的上下游连通性，也包括干流与流域内支流的连通性以及最终与河口及海洋生态系统的连通性[17]。河流纵向连通性是诸多物种生存的基本条件。纵向连通性保证了营养物质的输移，鱼类洄游和其他水生生物的迁徙以及鱼卵和树种漂流传播[18]。

3.2 河流侧向 X 连通性——河道与河漫滩连通性

河流侧向 X 连通性是指河流与河漫滩之间的连通性[19]。当汛期河流水位超过平滩水位以后，水流开始向河滩漫溢，形成河流-河漫滩连通系统。由于水位流量的动态变化，河漫滩淹没范围随之扩大或缩小，因而河流-河漫滩连通系统是一个动态系统。河流侧向连通性的生态功能是形成河流-河漫滩有机物高效利用系统。洪水漫溢向河漫滩输入了大量营养物质，同时，鱼类在主槽外找到了避难所和产卵场。洪水消退，大量腐殖质和其他有机物进入主槽顺流输移，形成高效物质交换和能量转移条件[20]（见图3）。

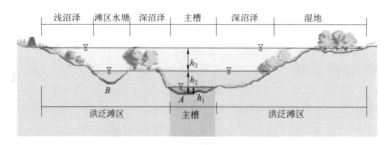

图3 河流-河漫滩系统横断

h_1—枯水期水深；h_1+h_2—漫滩水深；$h_1+h_2+h_3$—洪峰水深

3.3 河流垂向 Z 连通性——地表水与地下水连通性

河流垂向连通性是指地表水与地下水之间的连通性。垂向连通性的功能是维持地表水与地下水的交换条件，维系无脊椎动物生存条件[21-22]。降雨渗入土壤，先是通过土壤表层，然后进入饱和层或称地下含水层。在含水层中水体储存在土壤颗粒空隙或地下岩层裂隙之间。含水层具有渗透性，容许水体缓慢流动，使得地表水与地下水能够进行交换。当地下水位低于河流等地表水体水位高程时，河流向地下水补水；反之，当地下水位高于河流等地表水体水位时，地下水给河流补水。地表水与地下水之间的水体交换，也促进了溶解物质和有机物的交换。

3.4 连通性的动态性

水文连通性具有动态特征。随着降雨和径流过程的时空变化，水位和流量相应发生变化，河流 Y，X，Z 三个方向的连通状况相应改变[23]。河流纵向 Y 连通性会出现常年性连通或间歇性连通不同状况；水网连通会出现水流正向或反向连通状况；河湖连通会出现河湖间水体吞吐单向或双向连通多种状况。河流侧向 X 连通性出现水流漫滩或不漫滩；漫滩面积扩大或缩小等不同状况。河流垂向 Z 连通性随着地下水/地表水水位相对关系变化，出现向地下水补水或向河流补水等不同状况[24]。

4 物质流、物种流和信息流的连续性

水流是物质流、物种流和信息流的载体。河湖水系连通性保证了物质流、物种流和信息流的通畅[25]。

物质流包括水体、泥沙、营养物质、木质残骸和污染物等[26]。物质流为河湖生态系统输送营养盐和木质残骸等营养物质；担负泥沙输移和河流塑造任务；也使污染物转移、扩散。

在物种流中，首先是鱼类洄游[27]。根据洄游行为，可分为海河洄游类和河川洄游类。海河洄游鱼类在其生命周期内洄游于咸水与淡水栖息地，分为溯河洄游性鱼类和降河洄游性鱼类。我国的中华鲟、鲥鱼、大马哈鱼和鳗鲡等属于典型的海河洄游鱼类。河川洄游鱼类，也称半洄游鱼类，属淡水鱼类，生活在淡水环境。河川洄游鱼类为了产卵、索饵和越冬，从静水水体（如湖泊）洄游到流水水体（如江河）或相反方向进行季节性迁徙。我国四大家鱼（草、青、鲢、鳙）就属半洄游鱼类。物种流还包括漂浮型鱼卵和汛期树种漂流传播[28]。

河流是信息流的通道。河流通过水位的消涨，流速以及水温的变化，为诸多鱼类、底栖动物及着生藻类等生物传递着生命节律的信号。河流水位涨落会引发不同的行为特点（behavioral trait），比如鸟类迁徙、鱼类洄游、涉禽的繁殖以及陆生无脊椎动物的繁殖和迁徙。据我国 20 世纪 50—60 年代和 80 年代的调查结果，长江的四大家鱼每年 5—7 月水温升高到 18℃ 以上时，每逢长江发生涨水过程，四大家鱼便集中在重庆至江西彭泽的 36 处产卵场进行繁殖。产卵规模与涨水过程的流量增加幅度和涨水持续时间有关。流量增加幅度越大、涨水的持续时间越长，四大家鱼的产卵规模越大。另外，依据洪水信

号，一些具有江湖洄游习性的鱼类或者在干流与支流洄游的鱼类，在洪水期进入湖泊或支流，随洪水消退回到干流。我国国家一级保护动物长江鲟主要在宜昌段干流和金沙江等处活动。长江鲟春季产卵，产卵场在金沙江下游至长江上游。在汛期，长江鲟则进入水质较清的支流活动[29]。

5 人类活动对连通性的影响

在自然力和人类活动双重作用下，河湖水系连通性发生退化或破坏。在较短的时间尺度内，人类活动影响更为显著[30-31]。在河流纵向，大坝阻断了河流纵向连通性，造成景观破碎化，首当其冲的影响应是鱼类溯河洄游被阻隔。同时水库径流调节导致下游水文过程平缓化，使得洪水脉冲作用减弱，鱼类产卵受到影响。此外，大坝阻塞了泥沙、营养物质的输移，引起生态阻滞现象发生。为围湖造田和防洪等目的，建设闸坝等工程设施，造成江湖阻隔，使一些通江湖泊变成孤立湖泊，失去了与河流的水文连通性，导致湖泊萎缩，生态系统退化[32]。在河流侧向，堤防工程形成对水流的约束，限制了汛期洪水向河漫滩扩散的范围，使河流与河漫滩之间的水文连通受到阻隔，削弱了洪水脉冲的生态过程，给外来物种入侵以可乘之机。河流垂向连通性的功能是维持地表水与地下水的交换条件，堤防迎水面以及河湖护岸结构采用混凝土或浆砌块石等不透水砌护结构，既限制了河流垂向连通性，阻隔了地表水与地下水的交换通道，也使土壤动物和底栖动物丰度降低；在流域尺度上，城市地区不透水地面铺设造成城市水系垂向连通性受阻，其结果导致地表径流急剧增加，增大城市内涝风险。

6 三流四维连通性生态模型概念

6.1 三流四维连通性生态模型定义

为表述河湖水系连通性的生态学机理，本文提出了"三流四维连通性生态模型"（three types flows via four dimensional connectivity ecological model）。三流四维连通性生态模型的定义如下：在河湖水系生态系统中，水文过程驱动下的物质流 M_i、物种流 S_i 和信息流 I_i 在三维空间所引起的生态响应 E_i 是 M_i、S_i 和 I_i 的函数，同时，生态响应 E_i 随时间维的变化 ΔE_i 是 M_i、S_i 和 I_i 变化 ΔM_i、ΔS_i 和 ΔI_i 的函数。空间上考虑河流纵向 Y 的上下游连通性；河流侧向 X 的河道与河漫滩连通性；河流垂向 Z 的地表水与地下水连通性。三流四维连通性生态模型的数学表达式如下

$$E_i = f(M_i, S_i, I_i) \quad (i = X, Y, Z) \tag{1}$$

$$\Delta E_i = f(\Delta M_i, \Delta S_i, \Delta I_i) \quad (i = X, Y, Z) \tag{2}$$

$$\Delta M_i = M_{i,t_2} - M_{i,t_1} \quad (i = X, Y, Z) \tag{3}$$

$$\Delta S_i = S_{i,t_2} - S_{i,t_1} \quad (i = X, Y, Z) \tag{4}$$

$$\Delta I_i = I_{i,t_2} - I_{i,t_1} \quad (i = X, Y, Z) \tag{5}$$

式中：E_i 为生态响应，其特征值如表1所列；ΔE_i 为 E_i 随时间的变化量；M_i 为物质流；

S_i 为物种流；I_i 为信息流，其变量/参数亦如表 1 所列；ΔM_i 为物质流变化量；ΔS_i 为物种流变化量；ΔI_i 为信息流变化量；M_{i,t_2} 和 M_{i,t_1}，分别为在 t_2 和 t_1 时刻的物质流 M_i；S_{i,t_2}、S_{i,t_1} 分别为在 t_2 和 t_1 时刻的物种流 S_i；I_{i,t_2}、I_{i,t_1} 分别为在 t_2 和 t_1 时刻的信息流 I_i。

如果 t_1 是反映自然状况的参照系统发生时刻，t_2 为当前时刻，则 ΔE_i 为相对自然状况生态状况的变化。

除了考虑自然状态下的河湖水系连通性以外，三流四维连通性生态模型还考虑人类对水资源和水能资源开发对连通性的影响，主要包括水坝等河流纵向障碍物、堤防等河流侧向障碍物、地面不透水铺设和河道硬质衬砌对河流垂向渗透性影响。三流四维连通性生态模型示意图如图 4 所示。

图 4　三流四维连通性生态模型示意

针对具体河湖水系连通系统，构建三流四维连通性生态模型，需要遴选关键生态响应特征值以及关键变量或参数，通过分析大量观测数据，用统计学方法建立连通性变化与生态响应的函数关系。

6.2　模型的变量和判据

为使三流四维连通性生态模型定量化，需要在三维空间和时间 t 维度上选择生态响应特征值；物质流、物种流和信息流的多种变量/参数如表 1 所列[12]。在水文参数方面，可按 Poff 等提出的自然水流范式（nature flow paradigm）用 5 种水文组分，即流量、频率、时机、延续时间和过程变化率，以及 32 个水文指标变化描述[6]。针对不同类型的连通性问题，选择的水文组分有所侧重，比如河流纵向坝下泄流问题中，5 种水文组分都具有重要功能；而在河流侧向信息流传递问题中，反映脉冲强度的水文过程变化率以及与生物生活史相关的水文事件时机，都是河流与河漫滩连通性的模型参数，也是导致洪水脉冲效应的主要因素。环境流量同样是重要的生态要素，在河流纵向物种流流动问题中，环境基流既是参数也是判据。在水体物理化学参数方面，选择泥沙、水质和水温的相关指标做模型参数，以反映物质流的主要特征。在地貌、地质参数方面，河流纵向上，物理障碍物（水坝、闸、堰）的数量和规模无疑是连通性的重要参数；河流垂向上，地表渗透性能、土壤/裂隙岩体渗透系数、降雨入渗率是反映雨水入渗和地表水与地下水交换的重要参数。在生物参数方面，在河流纵向和侧向，海河洄游和河川洄游鱼类和大型无脊椎动物物种多样性指数和丰度；鱼类庇护所数量；鱼类洄游方式/距离；漂浮性鱼卵传播距离；河流竖向底栖动物和土壤动物的丰度；河漫滩湿地数量，河漫滩植被盖度；河漫滩物种多样性指数、丰度等都可选择为生态响应特征值。

河湖水系连通是一个动态过程。由于流量增减等水文过程因素以及边界条件变化因素，水流运动方向也随之发生变化，即在纵向 Y、横向 X 和竖向 Z 发生转换，水流承载的物质流、物种流和信息流方向也随之发生改变。需要设定判据以判断 3 种流的空间方向。水流从河流纵向 Y 转变为侧向 X，临界状态是河流开始漫溢，其判据应是漫滩水位/流量。地表水与地下水交换的判据应是二者水位的相对关系。降雨后形成的坡面径流部分入渗形成地下潜流，地表渗透性能和降雨入渗率是主要判据。在河湖连通问题中，水流是注入还是流出的判据应是河湖水位的相对高程关系。复杂水网水流的往复方向，取决于动态的水位关系，应设定河段的相对水位关系判据。针对连通性的持续特征，应设定判断常年连通或间歇连通的水文判据（见表1）。

表1　三流四维连通性生态模型特征值、参数、变量和判据

	项目	横向 X	纵向 Y	竖向 Z
物质流	变量/参数	水文（流量、水位、频率），河流-河滩物质交换与输移，闸坝运行规则	水文（流量、频率、延时、时机、变化率），水库径流调节，水质指标，水温，含沙量，物理障碍物（水坝、闸、堰）数量和规模	水文（流量、频率），地下水位，土壤/裂隙岩体渗透系数，不透水衬砌护坡比例，硬质地面铺设比例，降雨入渗率
	生态响应特征值	洪水脉冲效应，河漫滩湿地数量，河漫滩植被盖度；河漫滩物种多样性指数、丰度	鱼类和大型无脊椎动物的物种多样性指数、丰度；鱼类洄游方式/距离、漂浮性鱼卵传播距离；鱼类产卵场、越冬场、索饵场数量；鱼类产卵时机；河滨带植被；水体富营养化；河势变化	底栖动物和土壤动物物种多样性和丰度
	状态判据	漫滩水位/流量	河湖关系（注入/流出）、水网河道（往复流向）、常年连通/间歇连通的水文判据	地表水与地下水相对水位，降雨入渗率
物种流	变量/参数	漫滩水位/流量	水文（流量、频率、延时、时机、变化率）。水质指标，水温，物理障碍物（水坝、闸、堰）数量	地表水与地下水相对水位，降雨入渗率
	生态响应特征值	河川洄游鱼类物种多样性，鱼类庇护所数量	海河洄游鱼类种多样性，洄游方式/距离，漂浮性鱼卵传播距离，汛期树种漂流传播距离	底栖动物和土壤动物物种多样性、丰度
	状态判据	漫滩水位/流量	有无鱼道，生态基流满足状况	

	项目	横向 X	纵向 Y	竖向 Z
信息流	变量/参数	洪水脉冲效应，堤防影响	洪水脉冲效应，（流量、频率、时机、变化率），流速、水深等水动力学特征，水库径流调节与自然水流偏差率，单位距离筑坝数量	
	生态响应特征值	河漫滩湿地数量，河漫滩植被盖度；河漫滩物种多样性指数、丰度	下游鱼类产卵数量变化，鸟类迁徙、鱼类洄游、涉禽陆生无脊椎动物繁殖	
	状态判据	漫滩水位、流量	水生生物适宜性栖息地面积	

6.3　模型的用途

三流四维连通性生态模型的用途，一是用于河湖水系连通性评估。其步骤是利用历史和调查资料，对模型各参数赋值，建立起大规模开发水资源和水能资源前的连通性生态模型，成为参照系统。按照河流生态状况分级系统方法[14]，对连通性进行分级，进而对河湖水系连通性现状进行评估。二是对连通的生态过程进行仿真模拟计算。以洪水漫溢的侧向连通性为例，涨水期间，洪水漫溢向河漫滩输入了大量营养物质，洪水消退，大量有机残骸物和其他有机物进入主槽顺流输移，完成高效的物质交换和能量转移过程。连通性生态模型用物质流概念（水体、营养物质、有机残骸物的流动）代替水流概念。同时，涨水期间鱼类进入主槽外的河漫滩，找到避难所和产卵场。洪水消退鱼类回归主槽。在本模型中，采用物种流概念更能反映鱼类生活史习性。另外，用水文过程变化率作为反映洪水脉冲强度的参数；用水文事件时机与鱼类产卵期的耦合程度反映水文条件的适宜性；用漫滩水位作为水流方向改变的判据。应用这些概念构成的连通性生态模型的模拟结果，更能接近洪水漫溢的自然过程。

7　结语

（1）在总结前人连通性相关生态模型的基础上，分析了连通性在河流纵向、侧向和垂向三个空间维度及动态的时间维度上的特点，论证了以水为载体的物质流、物种流和信息流的流动特征。

（2）建立河流四维坐标系，提出三流四维连通性生态模型，用以表述河湖水系连通性的生态学机理。通过在三维空间和时间 t 维度上分别设置物质流、物种流和信息流的多种参数使模型定量化，并通过设置判据判断连通性状况变化。

（3）通过建立三流四维连通性生态模型，采用开发前连通性生态模型作为参照系统，按照相关方法对连通性进行分级，可对河湖水系连通性现状进行评估，还可对连通生态过程进行仿真模拟计算，例如通过采用科学的参数及其判据模拟洪水漫溢的自然过程。通过对河湖水系连通性特征的模拟和分析，使河湖水体恢复天然的水文及其伴随过程节律及生态系统功能，提高水生态修复工程的科学性和可靠性，达到改善水生态系统整体性、保障生态系统服务功能的目的。

参 考 文 献

[1] VANNOTE R L. The river continuum concep [J]. Canadian Journal of Fisheries and Aquatic Sciences, 1980, 37: 130-137.

[2] 董哲仁. 河流生态系统结构功能模型研究 [J]. 水生态学杂志, 2008, 1 (1): 1-7.

[3] 董哲仁, 孙东亚, 赵进能, 等. 河流生态系统结构功能整体性概念模型 [J]. 水科学进, 2010, 21 (4): 550-559.

[4] JUNK W J, WANTZEN K M. The flood pulse concept: New aspects, approaches and application-an update [C] // Proceedings of the second international symposium on the management of large river for fishery, 2003.

[5] WARD J V, STANFORD J A. The serial discontinuity concept of lotic ecosystem [M]. In Fontaine T D, Bartell S M, eds, Dynamics of Lotic Ecosystems. Ann Arbor Science, Ann Arbor, 1983: 29-42.

[6] POFF N L, ALLAN J D, BAIN M B. The nature flow regime: a paradigm for river conservation and restoration [J]. BioScience, 1997, 47: 769-784.

[7] STATZNER B, HIGLER B. Questions and comments on the river continuum concept [J]. Canadian Journal of Fisheries and Aquatic Sciences, 1985, 42 (5): 1038-1044.

[8] CULP J M, DAVIES R W. Analysis of longitudinal zonation and the river continuum concept in the oldman-south saskatchewan river system [J]. Canadian Journal of Fisheries and Aquatic Sciences, 1982, 39 (9): 1258-1266.

[9] 董哲仁, 张晶. 洪水脉冲的生态效应 [J]. 水利学报, 2009, 40 (3): 281-288.

[10] 张晶, 董哲仁. 洪水脉冲理论及其在河流生态修复中的应用 [J]. 中国水利, 2008, 609 (15): 1-4.

[11] WARD J V, STANFORD J A. The serial discontinuity concept of lotic ecosystem [M]. In Fontaine T D, Bartell S M, eds, Dynamics of Lotic Ecosystems. Ann Arbor Science, Ann Arbor, 1983: 29-42.

[12] 董哲仁, 王宏涛, 赵进勇, 等. 恢复河湖水系连通性生态调查与规划方法 [J]. 水利水电技术, 2013, 44 (11): 8-13.

[13] 董哲仁, 张晶, 赵进勇. 环境流理论进展述评 [J]. 水利学报, 2017, 48 (6): 670-677.

[14] 董哲仁, 张爱静, 张晶. 河流生态状况分级系统及其应用 [J]. 水利党报, 2013, 44 (10): 1233-1238.

[15] 董哲仁, 等. 河流生态修复 [M]. 北京: 中国水利水电出版社, 2013.

[16] 董哲仁. 论水生态系统五大生态要素特征 [J]. 水利水电技术, 2015, 46 (6): 42-47.

[17] COTE D, KEHLER D, BOURNE C, et al. A new measure of longi-tudinal connectivity for stream networks [J]. Landscape Ecology, 209, 24: 101-113.

[18] FULLERTON A H, BURNETT K M, STEEL E A, et al. Hydrological connectivity for riverine fish: Measurement challenges and research opportunities [J]. Freshwater Biology, 2010, 55: 2215-2237.

[19] BENDA L, POFF NL, MILLER D, et al. The network dynamics hypothesis: How channel networks structure riverine habitats [S]. Bio-Science, 2004, 54: 413-427.

[20] PAILLEX A, DOLEDEC S, CASTELLA E, et al. Large river flood-plain resloration: Predicting species richness and trait responses to the restoration of hydrological connectivity [J]. Journal of Applied Ecology, 2009, 46: 250-258.

[21] BANKS E W, SIMMONS C T, LOVE A J, et al. Assessing spatial and temporal connectivity between surface water and groundwater in a regional catchment: Implications for regional scale water quantity and quality [J]. Journal of Hydrology, 2011, 404: 30-49.

[22] BENCALA K E. Stream-groundwater interacions [M]. In: Wilderer P, Treatise on water sci-

ence. Academic Press，Oxford，UK. 2011：537 – 546.

[23] Office of Research and Development U. S. Environmental Protection Agency，Connectivity streams and wetlands to downstream waters：a review synthesis of the scientific evidence [R]. EPA/600/R – 14/475E January 2015.

[24] LARSEN L G，CHOI J，NUNGESSER M K，et al. Directional connectivity in hydrology and ecology [J]. Ecological Applications，2012，22：2204 – 2220.

[25] PRINGLE C M，JACKSON C R. Hydrologic connectivity and the contribution of stream headwaters to ecological integrity at regional scales [J]. Journal of the American Water Resources Association，2007，43：5 – 14.

[26] COOK B J，HAUER F R. Effects of hydrologic connectivity on water chemistry，soils，and vegetation structure and function in an intermontane depressional wetland landscape [J]. Wetlands，2007，27：719 – 738.

[27] HALL C J，JORDAN A，FRISK M G. The historic influence of dams on diadromous fish habital with a focus on river herring and hydrologic longitudinal connectivity [J]. Landscape Ecology，2011，26：95 – 107.

[28] AMOROS C，BORNETTE G. Connectivity and biocomplexity in waterbodies of riverine floodplains [J]. Freshwater biology，2002，47：761 – 776.

[29] 蒋固政，张先锋，常剑波. 长江防洪工程对珍稀水生动物和鱼类的影响 [J]. 人民长江，2001，32 (7)：15 – 18.

[30] RAYFIELD B，FORTIN M J，FALL A. Connectivity for conservation：A framework to classify network measures [J]. Ecology，2010，92：847 – 858.

[31] LIKENS G E. River ecosystem ecology：a global perspective [M]. Elsevier，NY USA，2010.

[32] HERMOSO V，KENNARD M J，LINKE S. Integrating multidirectional connectivity requirements in systematic conservation planning for freshwater systems [J]. Diversity and Distributions，2012，18：448 – 458.

Three types flows via four dimensional connectivity ecological model

Abstract：To improve the physical connectivity and hydraulic relationship between rivers and lakes，describe the connectivity characteristics theoretically and systematically，the development of related connectivity ecological models is reviewed. The connectivity characteristics are analyzed on three spatial dimensions，which are flows from upstream to downstream in the length – ways，the flood overflow in lateral，and flows exchange between surface water and groundwater in vertical respectively. The ecological impacts of the material flow，species flow and information flow in three spatial dimensions are discussed. Based on the above analysis，considering the structures，functions and processes of ecosystem，three types flows via 4D connectivity ecological modelisproposed to summarize the connectivity mechanism of river and lake system integratedly. The parameters of connectivity ecological model and the criterion to determine the transition of different connectivity conditions areput forward. The result shows that，three types flows via 4D connectivity ecological model can be used to evaluate the connectivity status of rivers and lakes by establishing a reference system and a grading system. On the other hand，it can be used to simulate and calculate the connectivity characteristics and the ecological processes，which will promote the restoration of natural hydrological processes and the relevant ecosystem functions，improve the scientificity and reliability of water ecological restoration projects，and improve the integrity of aquatic ecosystems and ensure the service functions of ecosystems.

Key words：connectivity；material flow；species flow；information flow；ecological model

湖泊生态系统模型*

[摘 要] 湖泊生态系统与河流不同，它是静水生态系统，其结构、功能和过程具有自身特点。湖泊生态系统模型的核心问题是建立湖泊生物要素与非生命要素之间的关系。湖泊生态系统的结构、功能和过程异常复杂，如果试图模拟所有生态现象，那将是不可能实现的任务。现实的方法只能是根据研究需要，确定有限目标，解决主要问题，以获得合理的结果。

1 概述

1.1 建模目的

湖泊生态模型是依靠已有的信息数据对于湖泊生态系统进行定量分析和预测的工具。湖泊生态系统建模的目的，一是为湖泊管理服务，通过预测和情景分析，为污染控制、调度和生态修复等管理目标提供支持；二是研究目的，通过预测分析，揭示生态系统规律，包括多种因素作用下生态系统特征、群落构成、生产力以及生物-化学过程等，有助于加深对湖泊生态系统规律的理解。

1.2 变量和数据

湖泊生态系统模型由一系列反映生物要素与非生命要素之间关系的方程式构成，这些关系式包含有大量变量。按照性质分类，这些变量可以分为生物类、物理类、化学类和地貌类。变量的单位可以用通量（fluxes）表示，即单位时间的质量或能量，如含沙量单位为 kg/s。在生态系统模型中，常采用下标缩写方法标记通量。通量 F_{ab} 标记表示：生态系统 a 层到 b 层的通量，如湖泊表层 w_s 到湖泊深层 w_d 的通量记做 $F_{w_s w_d}$。变量的单位也可以用单位面积的量值表示，如生物量（biomass）用 kg/m^2 表示。

湖泊生态模型的变量所代表的物质，不仅来源于湖泊本身，而且也源于湖泊所处流域。通过流域尺度的水文过程，水体挟带营养物、污染物、泥沙、植物残枝败叶和其他物质一起注入湖泊，这些物质极大地影响湖泊生态系统过程。反映特定湖泊特征的变量（包括数值和变率）称为湖泊特征变量（lake - specific variables），特征变量需要现场调查测定。例如反映湖泊规模（深度、面积）、水文特征（如水力停留时间）、水体中溶解物质或悬浮物质特征数据。这些数据是模型运行需要的输入数据。另一类数据称为通用变

---

* 董哲仁. 生态水利工程学 [M]. 北京：中国水利水电出版社，2019：113 -116.

量（generic variables），通用变量是指模型中使用的且在大多数湖泊生态系统都具典型意义的变率和数值。

1.3 模型校准

一旦准备好了包含特征变量和通用变量的方程组，模型还需要用特定的湖泊校准（calibration）。校准的目的是通过调整模型中的变量（参数），提高模型预测精度。模型校准时必须输入特定湖泊的实测特征变量数值，模型运行后，用输出的预测数据与现场实测进行比较，以校验模型的可靠性。经常出现的情况是，对于特定湖泊进行首次校核时，模型预测结果出现较大偏差。研究人员会试图发现错误在什么地方，如果可疑的错误被发现，就需要一次或多次调整校准变量（参数），直到获得误差较低的模型预测结果。需要指出的是，模型中包含有若干方程式，它们相互之间可能是互为抵触的。当结果出现较大偏差时，仅仅依靠调整参数的方法获得较好的预测结果，尚不能说明模型的正确性。需要从方程组的物理意义分析入手，论证建模的合理性。如果一种模型已经在一个或几个生态系统预测中应用并经过校验，再把这个模型用于状况类似的其他生态系统，并且不进行校准，如果预测结果合理，这就意味着模型获得确认（validation）。同时也说明后者生态特征与前者在总体上是类似的。这也提醒我们需要注意模型的应用范围。如果模型是在非常接近校准条件下运行，其预测结果会是良好的。如果预测湖泊状况失败，则说明预测对象与校准条件差别很大。

2 影响-负荷-敏感度模型

一个成熟的湖泊生态模型具有两个特点，一是模型简单易行，即用清晰、简单的方式描述生态系统的相关过程。尽管从数学角度考虑，建立复杂的生态系统模型是可能的，但是研究者应该避免用数学方法表达生态系统从细胞水平直到生物、群落和种群的所有关系。一般来说，合理的建模尺度以生态系统尺度为宜，并且选择有限的关键变量。二是需要的数据可在现场监测获得，具有可达性。

湖泊生态系统"影响-负荷-敏感度"模型（effect – load – sensitivity，ELS）是一种定量模型，其基本特征是建立非生命物质输移过程与生物响应之间的关系。ELS 模型是由 Richard Vollenweider 首先提出的，故 ELS 模型也称为 Vollenweider 模型。ELS 模型的功能是输入营养物或污染物质量数据，通过模型计算分析，预测重要的生物状况指示值（bioindicator）。ELS 模型由 3 个子模型组成，按照计算流程顺序分别是：物质传输子模型、物质平衡子模型和非生物变量与生物指示变量关系子模型。

由于人类大规模活动如土地利用方式变化、水污染、水土流失以及种群类型变化等，对于湖泊生态系统都会产生影响。ELS 模型首先通过流域尺度的物质传输子模型，模拟营养物、污染物和泥沙在流域尺度上生成及传输过程。流域尺度的湖泊物质传输过程包括降雨、地表径流形成、入流和出流、点污染源物质排放和扩散、面污染源物质的扩散、营养物质输入、初级生产、颗粒物质运动等（图 1）。依靠传输子模型可以计算出湖泊营养负荷。

按照计算流程，下一步是建立物质平衡子模型（图 2）。它的功能是在湖泊尺度内，

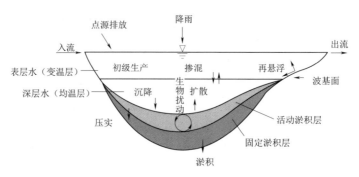

图1　湖泊的物质传输过程

基于物质平衡原理计算出营养物质浓度。模型需区分水体中物质是溶解性的还是颗粒状的。颗粒状物质可以在水体中淤积或悬浮，而溶解物质则不能。水体中不同物质构成可以用分布系数表示。模型还需给出颗粒向深水沉降的沉降系数和再悬浮系数。通过建模，可以模拟泥沙颗粒从水体到淤积层的淤积过程；从淤积层返回水体的再悬浮过程；由淤积层向水体扩散过程；水体在表层与深层间的混合以及有机物和无机物间相互转换过程。

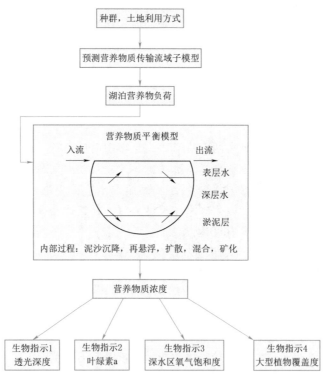

图2　水体富营养化模型（ELS）原理示意

计算流程的下一个步骤是建立非生物变量与生物状况关系的子模型，它是一种经验性的定量模型。建模的具体方法是建立营养物质浓度与生物状况指示值之间的经验性关系，通过这种关系可计算出一个或多个能够代表生物状况的指示值（bioindicator），诸如鱼类生产、藻类生物量、叶绿素a、大型植物覆盖度、深水区氧气饱和度和透光深度等。需要通过大量调查统计，才能构造出非生物变量转化为生物信号（biotic signal）的经验关系式。

实际上，在湖泊管理实践中，非生物变量转化为生物信号（biotic signal）的经验性关系是十分有用的。比如依靠大量现场观测数据进行衰退分析构造出注入湖泊的磷浓度与浮游植物（用叶绿素 a 表示）之间的关系式。这种关系式不仅可以在 ELS 模型中应用，也可以用于湖泊管理。具体过程是依据管理目标，先确定可以接受的藻类生长水平（可以用叶绿素 a 表示），然后反推计算入湖磷浓度和允许入湖磷总量，同时可以计算水利调度方案。

应用 ELS 模型时，选择合适的尺度十分重要。每一种 SLS 模型都是针对一定尺度范围设计的。大尺度模型需要更多的数据支持，因涉及大量数据收集的可达性，会遇到不少困难。现实的方法是根据实际情况选择中等尺度为宜。ELS 模型具有很强的实用性，但是也存在局限性。首先，ELS 模型不能处理浮游藻类生物量的临时变化，因而不能考虑藻类生物量的峰值，只能用藻类生物量平均值。其次，初期开发的 ELS 模型没有考虑富营养湖泊中磷从泥沙逸出的分量即磷的内负荷。因为有些自养型湖泊，仅靠控制磷的外源方法是不合适的。

3　基于功能组的食物网模型

湖泊管理涉及生产力，群落构成，生物量等，需要建立基于功能组的食物网模型。所谓功能组是按照摄食习惯划分，具有相同摄食习惯的生物归并为同一功能组，如初级生产者、食植动物、食肉动物以及分解者等。食物网建模的基本概念，涉及初级生产、次级生产、消费、代谢作用效率，层级内生物量转化，摄食选择和鱼类迁徙等。为建立食物网模型，需要对生物主要群体的数量和生物量进行测量。更精确的测量包括供食试验，确定某一种类型的消费者与一种或多种食物之间的关系。例如，肉食性鱼类既可消费植食性底栖动物，也可消费肉食性底栖动物。此外，还可以应用同位素追踪推断食物来源，定量评估多种食物对特定消费者生物量的不同贡献。通过食物网分析，可以显示能量从一个营养级向另一个营养级传递的效率。湖泊生态系统物种繁多，不可能都包含在模型中，而是需要选择指示生物（bioindicator）作为代表，这是因为指示生物蕴含着整个生态系统的特征。例如为模拟汞的生物富集，需要建立食物网模型，建模工作从顶级食肉动物中汞的富集着手。因为顶级食肉动物靠食物网扩展影响到较低层次的动物，一直影响到营养动力基础部分，即所谓"下行效应"（top - down）。因此，基于功能组的食物网模型应体现营养级联（trophic cascades）概念。图 3 是典型湖泊食物网示意图，图中左列为湖滨带食物链，右列为湖泊敞水区食物链。

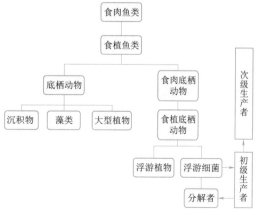

图 3　典型湖泊食物网示意图

（左列为湖滨带食物链，右列为湖泊敞水区食物链）

河流形态多样性与生物群落多样性 *

[摘　要]　本文阐述了生物群落与生物环境的统一性，归纳了河流形态多样性的5 种特征，指出了河流形态多样性是流域生物群落多样性的基础。水利工程可能引起河流形态的均一化及非连续化，从而降低生物群落多样性的水平，造成对河流生态系统的一种胁迫。水利工程建设应注意保护和恢复河流多样性，以满足生态系统健康的需求。

[关键词]　河流形态；生物群落；多样性

生物群落与生境的统一性是生态系统的基本特征。河流形态多样性是流域生态系统生境的核心，是生物群落多样性的基础。水利工程在不同程度上造成河流形态的改变，会降低生物群落多样性，影响河流生态系统的健康，从而使系统的服务功能下降，反过来损害人类的自身利益。在改进工程理念和开发新技术方法的前提下，水利工程建设应该在满足人类社会对水需求的同时，兼顾生态系统的健康需求。

1　河流生态系统结构和服务功能

生物多样性（biodiversity）是地球生命系统的核心组成部分，是人类社会赖以生存发展的基础。生物多样性具有丰富的内涵，包含了多层次的概念。生物群落多样性（community diversity）是生物多样性的重要组成部分。所谓"生物群落"是指在特定的空间和特定的生境下，由一定生物种类组成，与环境之间相互影响、相互作用，具有一定结构和特定功能的生物集合体。一般所说的"生物群落多样性"指生物群落的组成、结构和功能的多样性。实际上，生物群落多样性问题是在物种水平上的生物多样性。

1.1　淡水生态系统的组成与结构

一般认为，生态系统是指一定空间中的生物群落（动物、植物、微生物）与其环境组成的系统，其中各成员借助能量交换和物质循环形成一个有组织的功能复合体。从大类划分，生态系统首先是由非生物部分与生物部分组成，非生物部分是由无机物质组成的，包含有气象、地貌、地质、水文、水质等条件，它是生物部分的环境，是生命支持系统。在生态学中，具体的生物个体和群体生活地区内的生态环境称为"生境"（habitat）。由形形色色的生物组成的生物部分，在生态学中按照不同的功能和地位分为生产者（producer）、消费者（consumer）和分解者（domposer）这三类。

＊董哲仁. 河流形态多样性与生物群落多样性 [J]. 水利学报，2003（11）：1-6.

淡水生态系统包括非感潮的河流、湖泊和水库的生态系统。其边界不应仅限于水面，还应该包括河流、湖泊及水库周边的淡水湿地。淡水环境与陆地有很大差别，主要是弱光、缺氧、密度大、温差小，水生生物在形态，结构和生理等方面都能适应这种生境。在水面下，藻类和水草是生产者，它们通过光合作用制造有机物，成为鱼类、底栖动物和浮游动物的食物。淡水的消费者是以藻类和水草为食的浮游动物，鱼类和底栖动物。而在水底的土壤中有数量巨大的微生物在从事有机物质的分解工作。在周边的湿地，由于处于陆地与水域的交错带，生物群落更为丰富。水陆之间进行着复杂的物质循环和能量流动。周边湿地物质流动的过程是：太阳能通过光合作用进入绿色植物形成生物能，继而沿着食物链转移到昆虫、软体动物和小鱼小虾等食植动物，再流动到水禽、涉禽、两栖动物和哺乳动物，量后微生物将残枝、残体分解、还原成为无机物质。这样的物质循环过程周而复始地进行。

1.2 淡水生态系统的特点

1.2.1 生物群落与生境的统一性

有什么样的生境就造就了什么样的生物群落，二者是不可分割的。如果说生物群落是生态系统的主体，那么，生境就是生物群落的生存条件。一个地区丰富的生境能造就丰富的生物群落，生境多样性是生物群落多样性的基础。如果生境多样性受到破坏，生物群落多样性必然会受到影响，生物群落的性质、密度和比例等都会发生变化。在生境各个要素中，水又具有特殊的不可替代的重要作用。水是生物群落生命的载体，又是能量流动和物质循环的介质。地球上不同地区的降雨量多寡，对于形成不同类型的生态系统起决定性作用。

1.2.2 生态系统结构的整体性

从生物群落内部看，整体性是生态系统结构的重要特征。一旦形成系统，生态系统的各要素不可分割而孤立存在。如果硬性分开，那么分解的要素就不具备整体性的特点和功能。在一个淡水水域中，各类生物互为依存，互相制约，互相作用，形成了食物链结构。研究表明，一个生态系统的生物群落多样性越丰富，或者说食物链越复杂，形成三维的称为食物网的网状结构，那么，这种复杂的食物网组成的生态系统比简单的直线型食物链的稳定性要高得多，其抵抗外界干扰的承载力也高得多。如果食物链（网）的某些重要环节缺省，即在生态学中称为"关键种"（keystone species）的缺省，对一个生态系统将产生重大影响。另外，从生物群落多样性角度看，一个健康的淡水生态系统，不但生物物种的种类多，而且数量比较均衡，没有哪一种物种占有优势，这就使得各物种间既能互为依存，也能互相制衡，使生态系统达到某种平衡态即稳态。反之，如果一个淡水生态系统的生物群落内比例失调，会造成整个系统恶化。比如人类向江河湖库倾倒营养物质及有机质，水中氮、磷等物质增加，导致蓝藻加快繁殖，水中生物群落比例失调，造成水体富营养化和生态系统失衡。

1.2.3 自我调控和自我修复功能

淡水生态系统结构的另一个重要特征是具有自我调控和自我修复功能。在长期的进化过程中，形成了同种生物种群间、异种生物种群间在数量上的调控，保持着一种协调关系。在生物群落与生境之间是一种物质、能量的供需关系，在长期的进化过程中也形成了相互间的适应能力。比如淡水周边的湿地生物群落，需要适应干旱与洪涝两种生境的交替变化，形成了湿地植物既耐旱又耐涝的特征。在大型湖泊和水库中，生物群落与生境的供需关系，体现为以水为载体的牧食食物链的能量流动。水体自我修复能力，也是淡水生态系统自我调控能力的一种。通过自我修复，在外界干扰条件下，保持水体的洁净。由于具有这种自我调控和自我修复能力，才使淡水生态系统具有相对的稳定性。所谓稳定性具有两层含意，一是指对于外界干扰的适应力或称为弹性，二是在受到干扰后回到原平衡态的恢复能力。需要指出的是，生态系统的稳定性是相对的，其适应性也是有限的。所谓弹性限度也就是淡水生态系统对外界干扰的承载力。当超过某一个弹性限度，生态系统将出现一种不断远离平衡点的正反馈，加快系统失稳，常以爆发的方式导致系统的全面恶化。

总之，一个稳定的淡水生态系统，是一个生物群落多样性丰富的系统，是一个食物链（网）结构复杂面完善的系统，是一个物质循环、能量流动及物种流动通畅的系统。

1.3　水生态系统服务功能

在生态学中，把由生态系统为人类提供的物质和生存环境的服务功能称为生态系统服务功能（ecosystem services）。研究生态系统服务功能可以清晰地了解人类对于生态系统的高度依赖性，可以更深刻地理解人类对生态系非理智的破坏行为，反过来会给人类自身造成重大损害。

淡水生态系统对于人类的生态系统服务是多方面的。水城、湿地为人类提供食品及其他物资；对气温，云量和降雨进行调节，在全球、流域、地区和小生境等不同的尺度上影响着气候；对水文循环起调节作用、具有缓解旱涝灾害的功能；岸边植物能涵养水分，有利水土保持；优美的水域景观具有休闲旅游功能，其本身就是一种文明财富。特别要强调的是，淡水生态系统具有的净化环境的功能，对于人类的生存环境具有关键意义。湿地历来就有"地球之肾"的美称，对干水体具有很强的净化功能。水生植物可以吸收、分解和利用水域中氮、磷等营养物质以及细菌、病毒，并可富集金属及有毒物质。

2　河流形态多样性

淡水生态系统可以分为两类：一类是动水生态系统，即河流生态系统；另一类是静水生态系统，主要指湖泊、水库生态系统。河流生态系统的生境与陆地或湖泊水库生境相比有其特点，正是这些特点造就了河流生物群落的多样性。生物群落与生境间的关系体现了二者间的统一性。河流形态多样性表现为以下 5 个方面。

2.1　水-陆两相和水-气两相的联系紧密性

与湖泊相对照，河流是一个流动的生态系统。河流与周围的陆地有更多的联系、水-陆两相（two - phase）联系紧密，是相对开放的生态系统。水域与陆地间过渡带是两种生境交汇的地方，由于异质性高，使得生物群落多样性的水平高，适于多种生物生长，优于陆地或单纯水域。在水陆联结处的湿地，聚集着水禽、鱼类、两栖动物和鸟类等大量动物。而植物就有沉水植物、挺水植物和陆生植物以层状结构分布。另外，河流又是联结陆地与海洋的纽带，河口三角洲是滨海盐生沼泽湿地，热带及亚热带的河口三角洲常造就红树林生态系统。

由于河流中水体流动，水深又往往比湖水浅，与大气接触面积大，所以河流水体含有较丰富的氧气，是一种联系紧密的水–气两相结构。特别在急流、跌水和瀑布河段，曝气作用更为明显。与此相应，河流生态系统中的生物一般都是需氧量相对较强的生物。

2.2   上、中、下游的生境异质性

我国的大江大河多发源于高原，流经高山峡谷和丘陵盆地，穿过冲积平原到达宽阔的河口。上、中、下游所流经地区的气象、水文、地貌和地质条件有很大差异。以长江为例，长江流域地势西高东低呈现三大台阶状。长江流域内的地貌类型众多，据统计，流域的山地、高原面积占全流域的 71.4%，丘陵占 13.3%，平原占 11.3%，河流、湖泊等水面占 4.0%。形成峡谷型河段、丘陵型河段及平原型河段。与长江干流相连的湖泊众多。长江流域为典型亚热带季风气候，因流域辽阔，地理环境复杂，各地气候差异很大，且高原峡谷河流两岸常有立体气候特征。流域内形成了急流、瀑布、跌水、缓流等不同的流态。需要指出，除了气象、地貌等生态因子（ecological factors）外，河流的流态、流速、流量、水质以及水文周期等水文条件也应该作为重要的生态因子考虑。

河流上、中、下游由多种异质性很强的生态因子描述的生境，形成了极为丰富的流域生境多样化条件，这种条件对于生物群落的性质、优势种和种群密度以及微生物的作用都产生重大影响。在生态系统长期的发展过程中，形成了河流沿线各具特色的生物群落，形成了物种丰富的河流生态系统。

2.3   河流纵向的蜿蜒性

自然界的河流都是蜿蜒曲折的，不存在直线或折线形态的天然河流。在自然界长期的演变过程中，河流的河势也处于演变之中，使得弯曲与自然裁弯两种作用交替发生。但是弯曲或微弯是河流的趋向形态。另外，也有一些流经丘陵、平原的河流在自然状态下处于分岔散乱状态。一些分岔散乱状态的河流归入主槽，形成明显的干流，往往是由于人类治河工程的结果。需要强调指出，蜿蜒性是自然河流的重要特征。河流的蜿蜒性使得河流形成主流、支流、河湾、沼泽、急流和浅滩等丰富多样的生境。由于流速不同，在急流和缓流的不同生境条件下，形成丰富多样的生物群落，即急流生物群落和缓流生物群落。急流生物为了在高流速中生存，或具有适于游泳的流线型的体型，或具有适于钻入石缝以防被冲走的扁平体型。有的生物可以持久附着在固体上（如淡水海绵）；有的具有吸盘和钩作为吸附器（如网蚊）；有的下表面具有黏着性（涡虫）等。

2.4   河流横断面形状的多样性

蜿蜒型自然河流的横断面也多有变化。河流的横断面形状多样性表现为非规则断面，也常有深潭与浅滩交错的布局出现。显然，自然界不存在严格意义上的梯形、矩形等断面的河流。浅滩的生境，光热条件优越，适于形成湿地，供鸟类、两栖动物和昆虫栖息。积

水洼地中，鱼类和各类软体动物丰富，它们是肉食性候鸟的食物来源，鸟粪和鱼类肥土又促进水生植物生长，水生植物又是植食鸟类的食物，形成了有利于珍禽生长的食物链。由于水文条件随年周期循环变化，河湾湿地也呈周期变化。在洪水季节水生植物种群占优势。水位下降后，水生植物让位给湿生植物种群，是一种脉冲式的生物群落变化模式。而在深潭里，太阳光辐射作用随水深加大而减弱。红外线在水体表面几厘米即被吸收，紫外线穿透能力也仅在几米范围。水温随深度变化，深水层水温变化迟缓，与表层变化相比存在滞后现象。由于水温、阳光辐射、食物和含氧量沿水深变化，在深潭中存在着生物群落的分层现象。

2.5　河床材料的透水性和多孔性

一条纵坡比降不同、蜿蜒曲折的河流中，河床的冲淤特性取决于水流流速、流态，水流的含沙率及颗粒级配以及河床的地质条件等。由悬移质和推移质的长期运动形成了河流的动态河床。需要指出的是，除了在高山峡谷段由冲刷作用形成的河段，其河床材料是透水性较差的岩石以外，大部分河流的河床材料都是透水的，即由卵石、砾石、沙土、黏土等材料构成的河床。具有透水性能又呈多孔状的河床材料，适于水生和湿生植物以及微生物生存。不同粒径卵石的自然组合，又为鱼类产卵提供了场所。同时，透水的河床又是联结地表水和地下水的通道，使淡水系统形成整体。

总之，水-陆两相和水-气两相的紧密关系，形成了较为开放的生境条件；上、中，下游的生境异质性，造就了丰富的流域生境多样化条件；河流纵向的蜿蜒性形成了急流与缓流相间；河流的横断面形状多样性，表现为深潭与浅滩交错；河床材料的透水性和多孔性为生物提供了栖息所。由于河流形态多样性形成的在流速、流量、水深、水温、水质、水文周期变化、河床材料构成等多种生态因子的异质性，造就了丰富的生境多样性，形成了丰富的河流生物群落多样性。所以说，河流形态多样性是维持河流生物群落多样性的重要基础。

3　水利工程对河流生态系统的胁迫

自然界及人类活动对生态系统造成的不利影响，生态学中称为胁迫（stress）。人类活动对于河流生态系统的胁迫主要有以下一些方面：工农业及生活污染物质对河流造成污染；从河流、水库中超量引水，使得河流本身流量无法满足最低生态流量的需要；引入外来物种造成乡土种消失和生态系统水平退化；水利工程降低了河流的生境多样性，从而导致生物群落多样性水平的降低，生态系统服务功能的下降。本节重点讨论水利工程的影响问题。

从人类幼年时代开始至今在地球表面上进行的大规模生产活动，除土地农业垦殖和森林砍伐利用以外，兴建水利工程是一种在流域和地区水平上对生境多样性产生重大影响的事件。近代兴建水利工程的目的，是为满足人们供水、防洪、灌溉、发电、航运、渔业及旅游等需求。水利工程对于经济发展，社会进步发挥了巨大推动作用。同时，在生态建设方面也同样具有积极作用。通过调节水量丰枯，抵御洪涝灾害对生态系统的冲击干扰，改善于旱与半干旱地区生态状况以及调节生态用水等方面，水利工程同样做出了巨大贡献。但是，事物无不具有两重性。一些水利工程的兴建，在不同程度上降低了河流形态的多样性，生境的变化导致水域生物群落多样性的降低，使生态系统的健康和稳定性都受到不同程度的影响。

3.1　河流形态的均一化和非连续化改变了生境多样性

河流形态的均一化主要是指在河流整治工程中将自然河流渠道化或人工河网化。具体表现为：

（1）平面布置上，河流形态直线化。即将蜿蜒曲折的自然河流改造成直线或折线型的人工河流或人工河网。采用这种规划设计方法的理由是：直线型的渠道工程量小，节省耕地，减少移民搬迁。

（2）渠道横断面几何规则化。把自然河流的复杂形状变成梯形、矩形及弧形等规则几何断面。规则的渠道断面输水能力强，也可减少占地。设计时易于计算，建设时易于施工。

（3）河床材料的硬质化。渠道的边坡及河床采用混凝土、砌石等硬质材料。防洪工程的河流堤防和边坡护岸的迎水面也采用这些硬质材料。原因是渠道工程中可减少渠水的渗漏，以利节水。光滑的渠坡减少表面糙率，提高输水效率。在岸坡防护方面，采用硬质材料的原因是其抗冲、抗侵蚀性及耐久性好。

（4）河流的裁弯取直工程。河流形态的非连续化是指在河流筑坝形成水库，造成水流的非连续性，有的河流进行梯级开发，更形成多座水库串联的格局。水库淹没了原有的陆生植物，又将搬迁的城镇及废弃的农田沉入库底，未清除的垃圾，工业废料及农药残留统统进入水库。水库又使丘陵和平原岛屿化和片断化，改变了陆生动物的栖息条件。水体在水库中形成相对静水，其流速、水深、水温及水流边界条件都发生了重大变化。

3.2　生境多样性的降低对于生物群落多样性的影响

河流的渠道化和裁弯取直工程彻底改变了河流蜿蜒型的基本形态，急流、缓流相间的格局消失，而横断面上的几何规则化，也改变了深潭、浅滩交错的形态，生境的异质性降低，水域生态系统的结构与功能随之发生变化，特别是生物群落多样性将随之降低，可能引起淡水生态系统退化。具体表现为河滨植被、河流植物的面积减少，微生境的生物多样性降低，鱼类的产卵条件发生变化，鸟类、两栖动物和昆虫的栖息地改变或避难所消失，这造成物种的数量减少和某些物种的消亡。河床材料的硬质化，切断或减少了地表水与地下水的有机联系通道，本来在沙土、砾石或黏土中辛勤工作的数目巨大的微生物再也找不到生存环境，水生植物和湿生植物无法生长，使得植食两栖动物、鸟类及昆虫失去生存条件。本来复杂的食物链（网）在某些关键种和重要环节上断裂。如上所述，河流生态系统的重要特点是系统的整体性，即生态系统的各要素不能被分割而孤立存在。水，是河流生态系统的重要因素，是河流生态系统的动脉。当人类开发和利用水资源时，如果硬要把水与生物群落分割开来，放到一个直线流路、规则断面并由人工材料建设的人工河道中，很显然，这种新的河流生态系统将不再具备原来河流生态系统的整体功能和特点。

自然河流的非连续化，造成的影响是将动水生境改变成了静水生境，二者分别对应着动水生物群落和静水生物群落。由于水库水深远大于河流水深，太阳光辐射作用随水深加大而减弱，在深水条件下，光合作用较为微弱，所以水库生物生产力（productivity）较低，物质循环和能量流动都不如河流生态系统通畅。水库的淡水生态系统是一个相对封闭的系统，与河流生态系统相比较为脆弱，表现为抗逆性较弱，自我恢复能力也弱。退化的水库一般难于自我恢复，需要人类干预才有可能。水库形成以后，原来河流上、中、下游蜿蜒曲折的形态在库区消失了，主流、支流、河湾、沼泽、急流和浅滩等丰富多样的生境代之以较为单一的水库生境，生物群落多样性在不同程度上受到影响。另外，筑坝以后给洄游鱼类造成了难以逾越的障碍。如果没有建设适合鱼类习性的鱼道，对某些濒危的洄游鱼类将是致命的打击。

3.3　生物群落多样性下降对于生态系统服务功能的影响

河流生态系统服务功能，为人类提供的不仅仅是淡水，也不仅仅是食品等各类产品，还有多方面重要服务功能，比如调节气候、减缓洪涝旱灾，维持生物多样性和保存基因库、有害生物控制及净化水质和大气等全方位的服务。生态系统服务功能依赖于河流生态系统的维持。一个健康的河流生态系统需要占据一定的空间的生境和生物群落多样性水平。一旦系统遭到外界因素的破坏，大自然无偿提供给我们的服务功能将下降，破坏程度达到某临界值时，服务功能甚至会丧失。

人们往往容易看到水利工程对于供水、灌溉、发电等取得的经济效益，却难以看到水利工程由于改变河流形态多样性造成的负面后果，难以看到对于河流生物群落多样性造成的损害会降低生态系统的服务功能，反过来对人们的利益造成损害。究其原因，河流生态系统功能降低以至破坏，往往是一个缓慢的发展过程，又是多因素作用的结果，当人们发现其恶果时，可能情况已经变成不可逆转。

4　保护和恢复天然河流形态多样性

综上所述，河流生态系统多方面的服务功能是由一个健康的河流生态系统提供的，而生物群落多样性是这样的生态系统的保障。河流形态多样性是维持河流生物多样性的基础。过去建设的水利工程侧重于满足人类社会对水的多种需求，相对忽视了维护一个健康的河流生态系统的稳定性需求。由于水利工程可能引起河流形态的均一化和非连续化，改变了生境多样性，对河流生态系统形成了一种胁迫，这种胁迫可能引起河流生态系统的退化，随之也会降低河流生态系统的服务功能，最终对人们的利益造成损害。水利工程建设要正视这个问题，以积极的态度解决这个问题。

我国为发展经济，作为基础设施的水利工程将会继续兴建。未来水利工程不仅是能够满足人们供水、灌溉、防洪、航运、发电及旅游需求的工程，也应该是有利于生态建设的环境工程。从技术层面上看，水利工程建设中保护河流多样性问题，似有以下问题值得重视和研究[1,2]。

（1）从水利工程的规划设计的指导思想看，建设水利工程的目的不仅应满足人们对水的需求，同时要满足维持河流生态系统健康的需求，其中的关键是尽可能保护河流形态的多样性。

（2）保持河流的蜿蜒性是保护河流形态多样性的重点。在河流整治工程中，尊重天然河道形态，避免直线和折线型的河道设计。灌溉渠道设计也要考虑模仿河流自然形态的特点。对于河流的裁弯取直工程要充分论证，取慎重态度。

（3）保持河流断面形状的多样性，尊重河流原有的自然断面形态。河道整治工程中应尽可能避免采用几何规则断面，疏浚工程施工中避免河道断面的均一化。

（4）河道防护工程的岸坡采用有利植物生长多孔的透水材料，特别注意采用当地天然材料，还要发掘、发展传统治河工法和材料。开发和推广供输水渠道使用的利于植物生长同时具有一定防渗性能的衬砌材料和施工工艺。

（5）水利工程设计应为植物生长和动物栖息创造条件。提供鱼类产卵条件以及鸟类和水禽栖息地和避难所。建设符合生态学原理的过坝鱼道。开发新型丁坝、人工浮岛等。

（6）新建大坝工程要对河流生态系统影响进行充分论证，采用必要的补偿工程措施和生物措施。研究有利于生态系统健康的水库调度方式。

（7）开展已建水库的生态系统健康评估与预测。注重水库生态系统退化的恢复及富营养化控制问题。通过水库库区生态建设及水生生物的合理结构设计，提高水库水体自净能力和自我修复能力。充分利用乡土种生物，慎重引进外来种，注意防止生物入侵。

参　考　文　献

［1］　董哲仁. 生态水工学的理论框架［J］. 水利学报，2003（1）：1－7.
［2］　董哲仁. 生态水工学的工程理念［J］. 中国水利，2003（1）：63－66.
［3］　董哲仁，刘蒨，曾向辉. 受污染水体的生态修复技术［J］. 水利水电技术，2002（2）：1－4.

Diversity of river morphology and diversity of bio – communities

Abstract：The unity of bio – community and environment is expounded and the characteristics of river morphology are classified into five categories. It is pointed out that the diversity of river morphology is the basis of the diversity of bio – communities in a river basin. The existence of water projects may lead to the uniformity and discontinuity of river morphology，which may cause the reduction of diversity of river bio – communities and threaten the river eco – system. It is recommended that considerations should be given to the protection and rehabilitation of river morphology before the construction of water projects so as to meet the need of the establishment of a healthy eco – system.

Key words：river morphology；bio – communities；diversity：water project：eco – system

蜿蜒型河流水力条件多样性对鱼类生境适宜性影响研究*

[摘 要] 作为世界上分布最广的河流平面形态，蜿蜒型河流包含多种空间异质性地貌单元，在与河流水文过程的交互作用下形成多样化水力条件，为水生生物营造了丰富的生境空间，对于稳定河流物理结构和维持生态系统具有重要意义。以赤水河下游蜿蜒河段和顺直微弯河段为研究对象，通过地形数据采集、水文资料分析和鱼类资料整理，选取长江流域特有鱼类岩原鲤为指示物种，在构建岩原鲤成鱼流速、水深和河道指数的适宜性曲线的基础上，采用River2D生态水力学模型对不同流量工况下岩原鲤生境适宜性进行了模拟计算和统计分析。结果表明：地貌空间异质性较高的蜿蜒河段具有更为稳定和多样化的水力条件，相应的加权可利用栖息地面积（WUA）比例较高。蜿蜒河段加权可利用栖息地面积比例曲线在洪水期出现峰值，表明蜿蜒河段可以在汛期为鱼类提供避难所。

[关键词] 蜿蜒型河流；水力条件多样性；生态水力学；岩原鲤；生境适宜性

河流是高度非线性动态系统，在长期的历史演变中，塑造了缤纷多彩的平面形态[1]。河流平面形态是河流地貌空间异质性的直观表现方法，根据河流平面形态可以对地貌进行分类，董哲仁[2]将河流平面形态分为三种类型：蜿蜒型（sinuosity/meandering）、微弯顺直型（straight-low sinuosity）和分汊型（multi-channels），其中分汊型又可分为辫状型（braided）、网状型（anastomosing/anabranching）和游荡型（wandering）。弯曲率（rate of curving）是表征河流蜿蜒型的方式，弯曲率在1.3~3.0范围的河道属于蜿蜒型河流[3]。作为世界上分布最广的河流形态[4]，蜿蜒型河流充分体现了河流的自组织行为[5]，在河流呈现出"顺直—微弯—蜿蜒—裁弯"的演变过程中[6]，形成了多种空间异质性地貌结构，河漫滩区地貌结构包括黏土塞（clay plug）、牛轭湖、蜿蜒河湾（meander scroll）、自然堤（nature levee）、河漫滩沼泽（back swamps）等，主河道内的地貌结构是深潭-浅滩序列（pool-riffle sequence），这些地貌单元在与河流水文过程的交互作用下形成多样化水力条件。

生物群落多样性和空间异质性的关系反映了生命系统与非生命系统之间的依存和耦合关系[7]，大量研究表明自然河流生物多样性与河流空间异质性呈正相关关系[8-12]。董哲仁[13]提出的"河流生态系统结构功能整体性概念模型"（holistic concept model for the

* WANG H T, ZHANG J, ZHAO J Y, et al. Analysis of the interactive relationship between meandering river hydraulic characteristics and habitat. 12th ISE 2018, Tokyo, Japan.

structure and function of river ecosystems，HCM），选择了水文情势、水力条件和地貌景观 3 大类生境因子，建立它们与生态过程、河流生物生活史特征和生物群落多样性的相关关系，形成了统一反映河流生态系统整体性的概念模型。水力条件多样性是河流空间异质性的重要组成，也是水文情势动态变化和地貌空间异质性综合作用的结果，对水生生物繁衍生息具有重要的影响，流态、流速、水位、水温、底质等水力条件多样性对鱼类生境适宜性的影响逐步成为研究热点[14]。

水力条件多样性鱼类对生境适宜性影响评价主要有基于专家经验判断评估法、数学统计法、人工智能评价法以及原胞自动机模型等[15]，基于专家经验判断评估法包括适宜度曲线法[16]和模糊逻辑法[17]。作为一门新兴的交叉学科，生态水力学研究水力条件对水生态环境的影响[18]，为适宜度曲线法提供了有效的技术工具，生态水力学模型是水动力学模型和生态学模型的耦合模型，逐渐成为评价河流栖息地适宜性、保护水生态系统健康、指导兼顾生态的水利工程建设和运行调度的重要技术手段。自然栖息地模型（physical habitat simulation system，PHABSIM）是最早诞生的生态水力学模型，由一维水动力学模型（hydraulic model）和栖息地模型（habitat model）两部分构成。由于一维水动力学模型不能模拟水流在横断面的横向变化，采用连续个别点所组成的网格面模拟河流模各区域的水力特性的二维或三维模型在后期得到了极大发展[19-20]，如 River2D，MIKE11，SSIM。但由于生物与生境之间存在复杂的非线性反馈关系[21-22]，以往研究多从目标河段的水力模拟出发，分析多种水文径流过程下指示鱼类的生境适宜性，较少开展不同弯曲率条件下地貌空间异质性对鱼类物种的影响。

研究以赤水河下游蜿蜒河段和顺直微弯河段为研究对象，通过地形数据采集、水文资料分析和鱼类资料整理，选取长江流域特有鱼类岩原鲤为指示物种，在构建岩原鲤成鱼流速、水深和河道指数的适宜性曲线的基础上，采用 River2D 生态水力学模型对不同流量工况下岩原鲤加权可利用栖息地面积（WUA）进行了模拟计算和统计分析。研究有利于揭示和评价蜿蜒型河流水力条件多样性对生境适宜性的影响机理，研究成果可为长江上游支流河流生态修复提供理论支撑。

1　研究区域

流经云贵川三省的赤水河是长江上游右岸一级支流，发源于云南省镇雄县，至四川省合江县汇入长江[23]。干流全长 436.5km，总落差 1475m，平均比降 3.4‰，河口多年平均流量 247m³/s。赤水河流域地处云贵高原与四川盆地接壤地带，地势东、南、西三面高，北部低，大部分为山区，局部为丘陵和冲积盆地。流域地跨云南、贵州、四川 3 省 13 个县（市）辖区[24]，流域面积 20440km²（图 1）。

赤水河是长江上游目前唯一未被开发的一级支流，全流域（除部分支流外）保持着天然的河流属性，尤其是中下游河段蜿蜒性明显，并且水质良好，受人类活动干扰较小，成为长江上游特有鱼类及多种水生生物的重要栖息地或产卵场。在长江上游干、支流大规模水电开发的背景下，以人类活动影响较小的赤水河流域典型蜿蜒河段为研究区域，有利于揭示和评价蜿蜒型河流水力条件多样性对生境适宜性的影响机理，赤水河生态系统可以作为长江上游支流河流生态系统参照系统和制定生态修复目标的模板。

研究选择赤水河下游两个弯曲率不同的典型河段开展研究（图2），结合河段平面形态分析，得到河段（a）弯曲率 $\varepsilon_1=1.05$，河段（b）弯曲率 $\varepsilon_2=1.98$，基于董哲仁归纳的河道平面形态分类标准[1]，当弯曲率为 1.0～1.29 时，称为顺直微弯河道。1.3～3.0 属于蜿蜒型河道。因此，河段（a）为顺直微弯河道，河段（b）为蜿蜒型河道。河道基本形态参数见表1。

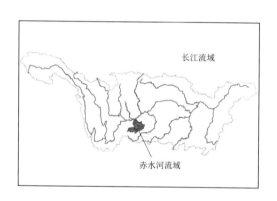

图 1 赤水河与长江流域位置关系图

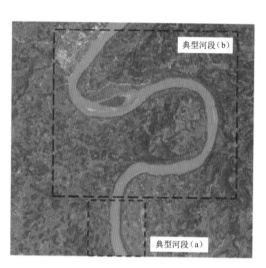

图 2 典型河段位置及范围图

表 1 模拟河段河道主要形态参数

河段类型	中心轴线长度/m	直线长度/m	弯曲率	平均河宽/m
顺直微弯河段	1583	1510	1.05	248
蜿蜒河段	5625	2835	1.98	362

2 材料与方法

2.1 地形数据采集

地形数据分为水上地形和水下地形数据的采集两个部分，水上地形数据采用 Trimble GPS5800 的 RTK（real-time kinematic）定位技术获取地形数据，并结合 Google Earth 确定蜿蜒型河段 18 个断面、直线型河段 4 个断面共计 22 个实测断面位置（图 3），通过 SSH 型便携式超声波水深仪和测距仪开展水下地形测量。

图 3　典型河段实测断面分布示意图

2.2　水动力学模型构建

2.2.1　模型简介

River2D 模型全称为河流水动力学和鱼类生境的二维平均深度模型（Two Dimensional Depth Averaged Model of River Hydrodynamics and Fish Habitat），由加拿大阿尔伯特大学 2002 年研发。River2D 模型可以模拟天然河道中河流水动力条件和鱼类生境，广泛应用于河道治理、污染物迁移和鱼类栖息地评价[25]。River2D 模型基于 Petrov - Galerkin 迎风守恒格式和用有限元法离散的数值模拟，显著特点是对于计算河道的边界部分采用了近似超临界法和干湿区域解算法，同时，River2D 模型提供区域单独划分功能，可以为计算区域单独划分更为详细的网格，从而满足对大空间尺度内部小区域的单独解算，有利于水动力学和栖息地的精确求解。

River2D 的水动力学模型基于二维平均水深的圣维南方程。这三个方程分别代表了水体的质量守恒方程和两个方向的动量守恒方程。

（1）质量守恒方程：

$$\frac{\partial H}{\partial t}+\frac{\partial q_x}{\partial x}+\frac{\partial q_y}{\partial y}=0 \tag{1}$$

（2）x 方向的动量守恒方程：

$$\frac{\partial q_x}{\partial t}+\frac{\partial}{\partial x}(Uq_x)+\frac{\partial}{\partial y}(Vq_x)+\frac{g}{2}\frac{\partial}{\partial x}H^2=gH(S_{0x}-S_{fx})+\frac{1}{\rho}\left[\frac{\partial}{\partial x}(H\tau_{xx})\right]+\frac{1}{\rho}\left[\frac{\partial}{\partial y}(H\tau_{xy})\right] \tag{2}$$

（3）y 方向的动量守恒方程：

$$\frac{\partial q_y}{\partial t}+\frac{\partial}{\partial x}(Uq_y)+\frac{\partial}{\partial y}(Vq_y)+\frac{g}{2}\frac{\partial}{\partial y}H^2=gH(S_{0y}-S_{fy})+\frac{1}{\rho}\left[\frac{\partial}{\partial x}(H\tau_{yx})\right]+\frac{1}{\rho}\left[\frac{\partial}{\partial y}(H\tau_{yy})\right] \tag{3}$$

其中　　　　　　　　　　　　　　$q_x=HU;q_y=HV$

式中：H 为水深；q_x 和 q_y 分别为与流速相对应的流量值；U 和 V 分别为 x 和 y 方向的水深平均流速；g 为重力加速度；ρ 为水的密度；S_{0x} 和 S_{0y} 分别为 x 和 y 方向的河床底坡斜率；S_{fx} 和 S_{fy} 分别为 x 和 y 方向相对应的摩擦比降；τ_{xx}、τ_{xy}、τ_{yx}、τ_{yy} 分别为各水平方向的切应力值。

2.2.2 参数率定及模型校核

结合顺直微弯河段实测地形数据构建模型，通过对各断面流速的实测值和模拟值进行对比分析，评价模型的模拟精度，并通过对粗糙高度率定对模型进行完善，进而确定该河段不同底质条件的粗糙高度值。由各断面实测值和模拟值对比及误差分析可知，模型精度符合要求，模型参数选择较为合理。

利用赤水河干流赤水水文站实测及插补的年径流系列（1956—2008年）分析计算各站的设计径流。并选取四个时期（枯水季、平水季、丰水季和洪水期）的不同水文频率条件进行水力模拟和栖息地适宜性评价，不同情境流量情况见表2。

表2 不同情景流量情况

编号	模拟时期	频率	流量/(m³/s)	编号	模拟时期	频率	流量/(m³/s)
1	枯水季	$P=90\%$	102.8	7	丰水季	$P=90\%$	406.2
2		$P=50\%$	136.8	8		$P=50\%$	540.4
3		$P=10\%$	176.4	9		$P=10\%$	697.1
4	平水季	$P=90\%$	230.7	10	洪水期	$P=90\%$	1925
5		$P=50\%$	306.9	11		$P=50\%$	3260
6		$P=10\%$	395.9	12		$P=10\%$	5020

出流条件根据赤水站实测水位-流量关系，结合河床比降、河床形态特征、底质构成和河道植被生长情况推算顺直微弯河段和蜿蜒河段的出流断面水位-流量关系，并结合模型校核过程进行比对调整，得到出流断面水位-流量关系见表3。

表3 出流断面水位-流量关系

赤水站		顺直微弯河段出流断面		蜿蜒河段出流断面	
H/m	$Q/(m^3/s)$	H/m	$Q/(m^3/s)$	H/m	$Q/(m^3/s)$
222	50	212	50	209	50
223	300	213	300	210	300
224	650	214	650	211	650
225	1080	215	1080	212	1080
226	1560	216	1560	213	1560
227	2150	217	2150	214	2150
228	2750	218	2750	215	2750
229	3360	219	3360	216	3360
230	4000	220	4000	217	4000
231	4660	221	4660	218	4660
232	5350	222	5350	219	5350
233	6080	223	6080	220	6080
234	6840	224	6840	221	6840
235	7790	225	7790	222	7790
236	8830	226	8830	223	8830
237	9890	227	9890	224	9890
238	10950	228	10950	225	10950

2.3　栖息地适宜性模拟

鱼类栖息地的计算模块则是基于 IFIM 法中 PHABSIM 模型的权重有效面积的方法，适应于不规则几何区域三角形网格的应用。采用 River2D 模型模拟鱼类生境，栖息地模拟基于以下三点假定：①栖息地适宜性与流量存在一定相关关系；②水深、流速等河流微生境因子的变化是影响物种分布和数量的主要因素；③河床地形在模拟的过程中始终保持不变。

2.3.1　指示鱼类选择及特性分析

结合文献调查[26-27]，赤水河鱼类共有 136 种，结合鱼类珍稀程度、生态位宽度、食性以及产卵特性，选取鲤形目鲤亚科的岩原鲤作为指示物种。岩原鲤（*Procypris rabaudi*，Tchang）为长江中上游流域特有物种，主要分布于长江上游及其支流。但由于长江上游水体污染、过度捕捞以及流域水电建设引起的水力条件变化，岩原鲤的天然资源量大大下降，被《中国濒危动红皮书》列为易危物种[28]，并列为国家二级珍稀鱼类保护品种。

结合相关[29]研究成果，岩原鲤生态位宽度介于 2～3 之间，营养级为 2.82，属于广食性鱼类；其主要食物成分为软体动物、摇蚊幼虫、蜉蝣目和毛翅目幼虫等，其次是硅藻类和高等植物碎片，偶尔亦有少数浮游动植物。岩原鲤属于广温性鱼类，生活适应温度范围为 2～36℃，最适摄食长生温度 18～30℃，最佳摄食生长溶氧量 3mg/L 以上，正常活动及摄食生长的 pH 值范围为 6.5～8.8。岩原鲤在天然水体中常栖息于水流较缓而底层为砾石及岩石缝、深坑洞的江河水体中，喜欢集群栖息于较暗的底层缓流水体中活动，故为底栖型鱼。冬季在江河河床的岩石缝、深坑及有缓流水的岩石洞中越冬。雄性个体 3 龄性成熟，雌性个体 3 龄以上性成熟。岩原鲤在水温在 12℃ 以上时开始溯水上游到长江上游的干流及与长江相通的支流中摄食生长及产卵[30]。产卵季节为每年的 2—4 月以及 8—9 月，产卵处流速常见为 1m/s 左右，水质清，底质为砾石，产黏性卵，固着在石块上。

岩原鲤在四川境内河流中分布较广，合江是岩原鲤人工繁殖中亲鱼收集的主要地点之一，基于 AFLP 遗传多样性分析表明：合江河段岩原鲤个体间遗传相似程度高，遗传多样性贫乏。而且岩原鲤的人工繁殖技术尚未成熟，养殖成功率较低，繁殖规模较为有限。因此，采用岩原鲤作为指示物种，基于水力学模拟对其生境进行分析，为岩原鲤鱼类繁殖和成长提供科学参考，有助于从提高其生境异质性方面保护其天然资源，也对长江上游和支流的岩原鲤保护具有积极意义。

2.3.2　适宜性曲线确定

根据栖息地适宜性指数（habitat suitability indices，HSI）得到的适宜性曲线表征了鱼类对于整个研究区域流速、水深、河道指数等因子的适应性范围。栖息地适宜性指数是栖息地模拟结果是否准确的决定性因素，常用于量化物种对栖息地的适宜程度。栖息地适宜性指数取值范围为 0～1，0 表示完全不适宜，1 表示完全适宜，值越大则表示适应性越好。

基于以往文献分析，结合目前国内相关岩原鲤生态习性、繁殖习性、游泳能力研究成果，考虑岩原鲤对于环境因子变动的响应情况，构建岩原鲤成鱼的流速、水深和河道指数的适宜性曲线见图4。

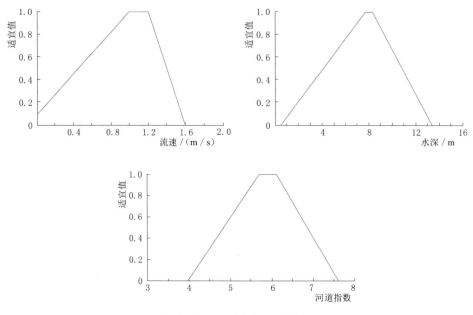

图4 岩原鲤成鱼适宜性曲线

2.3.3 加权可利用栖息地面积（WUA）计算

栖息地模拟首先根据目标鱼类对于各微生境因子的适宜性曲线得到每个单元各影响因子适宜性值，然后将其组合得到每个单元的组合适宜性值，最后计算研究河段的加权可利用栖息地面积 WUA（Weighted Usable Area）。

$$CSF_i = V_i D_i C_i \tag{4}$$

$$WUA = \sum_{i=1}^{n} CSF(V_i, C_i, D_i) A_i \tag{5}$$

式中：WUA 为研究河段加权可利用栖息地面积；$CSF(V_i, D_i, C_i)$ 为每个单元的组合适宜性值；i 为划分的单元个数；D 为水深适宜性指数；V 为流速性适宜指数；C 为河道指数适宜性指数（包括基质和覆盖物）；A_i 为每个单元的水平面积。

3 结果

3.1 水力条件多样性分析

针对顺直微弯河段和蜿蜒河段2种地貌类型，通过对12个流量工况共计24个情景进行流速和水深模拟计算，得到顺直微弯河段和蜿蜒河段最大流速和水深分别与流量关系见图5和图6。由图6可知：最大流速值与流量呈对数相关关系，模拟河段的最大流速及最大水深随流量增大逐渐增大，相同流量条件下蜿蜒河段最大流速和水深均高于顺直微弯河段。这说明，弯曲率的提高使河道具备更加丰富的流速和水深条件，可以为适合不同流速和水深的生物提供有效的栖息地条件。从地貌格局上分析，由于蜿蜒河段地貌空间异质性较强，具有多深潭-浅潭、岛屿、汊道等多样化的地貌单元，为水力条件多样性的形成提供了有效的边界条件。另外，蜿蜒河段最大流速变化率比顺直河段较低，表明蜿蜒河段对于水文径流过程具有更好的调节能力，蜿蜒程度高的河段对流速的调节能力更强。

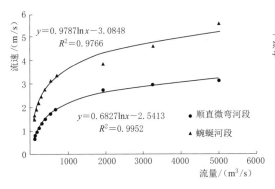

图 5   顺直微弯河段和蜿蜒河段最大流速与
流量关系图

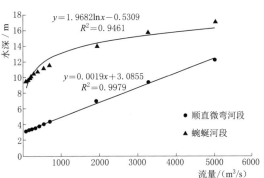

图 6   顺直微弯河段和蜿蜒河段最大水深与
流量关系图

3.2   栖息地适宜性分析

3.2.1   综合适宜性指数分布情况分析

在水力条件模拟的基础上，加载河道指数文件和鱼类适宜性曲线文件，得到各流量工况下顺直微弯河段和蜿蜒河段岩原鲤成鱼综合适宜性指数分布情况，并分析得到综合适宜性指数最大值与流量关系见图 7，说明蜿蜒河段综合适宜性指数最大值与流量呈现显著的对数相关关系。此外，在丰水季和洪水期的相同流量工况下，蜿蜒河段具有更为连续稳定的综合适宜性指数，特别是在枯水季、平水季和丰水季适宜性较低的蜿蜒河段汊道和岛屿周边在洪水期（Q 为 1925m³/s、3260m³/s、5020m³/s）有了明显提高，

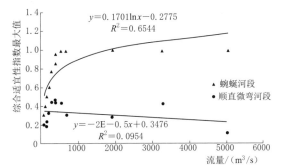

图 7   顺直微弯河段和蜿蜒河段综合适宜性
指数最大值与流量相关关系

说明洪水期支流汊道和岛屿可以为鱼类躲避洪水不利影响提供适宜的栖息地条件。

3.2.2   加权可利用栖息地面积分析

加权可利用栖息地面积（WUA）可以直观表征岩原鲤栖息地适宜性，结合 River2D 模型对各工况流量下加权可利用栖息地面积的模拟结果，提取各工况流量下三种模拟河段加权可利用栖息地面积（WUA）及总栖息地面积（TA）及加权可利用栖息地面积比例（AR），并建立流量-加权可利用栖息地面积比例的相关曲线见图 8。

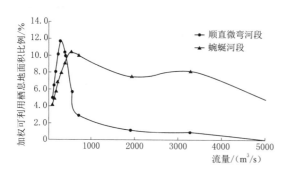

图8 顺直微弯河段和蜿蜒河段流量-加权可利用栖息地面积比例曲线

由图8可知：顺直微弯河段加权可利用栖息地面积先增加后减小，在平水季内流量 $Q = 306.9\text{m}^3/\text{s}$ 时最大，所占总面积比例为 11.67%。顺直微弯河段在丰水季和洪水期难以为岩原鲤提供有效的栖息空间，2年一遇洪水情况下（$Q = 3260\text{m}^3/\text{s}$）加权可利用栖息地面积比例降至 0.92%，5年一遇洪水（$Q = 5040\text{m}^3/\text{s}$）加权可利用栖息地面积比例仅为 0.07%。

蜿蜒河段加权可利用栖息地面积呈现双峰形式，具有深潭-浅滩结构的蜿蜒河段在丰水季内 $Q = 540.4\text{m}^3/\text{s}$ 达到最大值后降低，并在两年一遇洪水流量（$P = 50\%$）$Q = 3260\text{m}^3/\text{s}$ 有所提高，随后降低。最大加权可利用栖息地面积占总面积比例为 10.40%。岩原鲤产卵最适流速为 $1.0\sim1.2\text{m/s}$，随着流量不断增大，河流水流流速随之增加，造成该河段水流流速偏离岩原鲤产卵最适值，从而引起栖息地面积减小。与顺直微弯河段相比，蜿蜒河段具有多样化的地貌结构单元，由于岛屿在枯水期出露面积大，造成枯水季低流量工况下岩原鲤加权可利用栖息地面积相对顺直微弯河段较少。随着流量增大，其面积所占比例逐渐增加，岛屿形成的汊道可以在洪水期为鱼类提供躲避洪水冲击的庇护场所，岛屿周边也可以为鱼类提供理想的栖息场所。同时，结合岛屿生长了大量的植被，岛屿附近也可以为鱼类提供大量的食物来源。

生物在自然演替过程中，形成了与环境相适应的生理周期，岩原鲤主要产卵期集中在2—4月和8—9月，顺直微弯河段和蜿蜒河段可以分别为其提供有效的加权可利用栖息地面积，但枯水期径流偏枯年份（$P = 90\%$）和丰水年份（$P = 10\%$）下栖息地面积有一倍的差距，说明在2—4月增大赤水河干流流量，可以提高岩原鲤成鱼加权可利用栖息地面积。因此，限制赤水河支流水电站开发，保持原有自然水文情势，对于赤水河鱼类保护具有积极意义。

4 讨论

4.1 水力条件与栖息地质量相关分析

水力条件多样性是鱼类栖息地质量高低的评价标准，为评价水力条件对于岩原鲤栖息地质量的影响，结合网格划分成果，将各节点栖息地流速适宜性指数和水深适宜性指数统计汇总，并划分为优、良、中、差4个级别（表4），统计分析各级别流速面积和水深面积所占总面积比例，并据此建立顺直微弯河段和蜿蜒河段各级别流速面积和加权可利用栖息地面积相关关系图9和图10。

表 4   适宜性指数级别划分标准表

适宜性指数	1（优）	2（良）	3（中）	4（差）
V 流速适宜性指数	0.75～1	0.50～0.75	0.25～0.50	0～0.25
D 水深适宜性指数	0.75～1	0.50～0.75	0.25～0.50	0～0.25

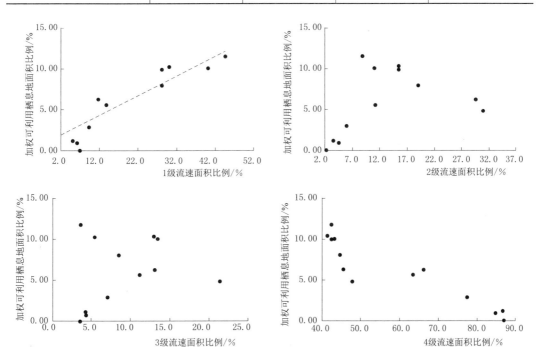

图 9   顺直微弯河段各级流速面积比例与加权可利用栖息地面积比例相关关系

由图 9 和图 10 所示，结合回归分析和假设检验，顺直微弯河段和蜿蜒河段 1 级流速面积比例与加权可利用栖息地面积比例存在显著的正相关关系，表明 1 级流速面积大小对于加权可利用栖息地面积大小具有重要的影响作用。由于岩原鲤成鱼流速最适值范围为 $1.0～1.2\text{m/s}$，基于 1 级流速分类标准，计算得到 1 级流速范围为 $0.675～1.3\text{m/s}$，该流速范围内面积比例可以作为相近河段评价岩原鲤栖息地质量的水力条件。

顺直微弯河段 1 级流速面积比例（x）与加权可利用栖息地面积比例（y）相关关系式为

$$y = 0.278x + 0.0046 \quad (R^2 = 0.865) \qquad (6)$$

蜿蜒河段线性 1 级流速面积比例（x）与加权可利用栖息地面积比例（y）相关关系式为

$$y = 0.555x + 0.0137 \quad (R^2 = 0.812) \qquad (7)$$

4.2   蜿蜒河段河道断面形态与栖息地质量相关关系分析

蜿蜒河段存在着多种地貌单元和多样化的河道断面型式。在加权可利用栖息地面积最大对应的流量工况 $Q = 540.4\text{m}^3/\text{s}$ 情景下，分析该流量工况下蜿蜒河段实测断面的断面变

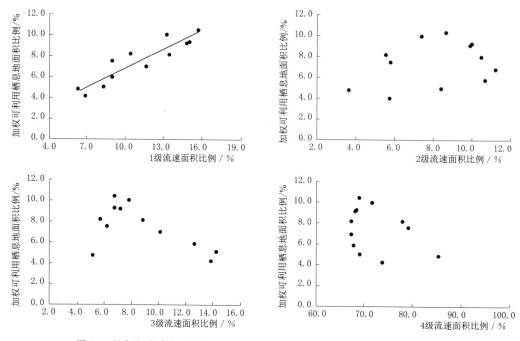

图10 蜿蜒河段各级流速面积比例与加权可利用栖息地面积比例相关关系

化率、湿周及水力半径与该断面平均综合适宜性指数的相关关系。断面变化率（Δ）定义为湿周（χ）与河道宽度（B）的比值［式（8）］，反映了相应水深下河道横断面形态复杂情况，其值越大，说明横断横断面越复杂。

$$\Delta = \chi / B \tag{8}$$

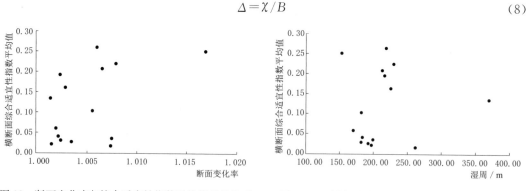

图11 断面变化率与综合适宜性指数平均值相关关系   图12 湿周与综合适宜性指数平均值相关关系

水力半径（R）为过流面积（A）与湿周（χ）的比值［式（9）］，反映了河道横断面的过流能力，水力半径越大，过流能力越大。

$$R = A / \chi \tag{9}$$

在式（8）和式（9）中，湿周（χ）、宽度断面（B）和过流面积（A）的获取均依据实测断面在CAD图形中量取，过流面积根据实测横断面型式和流量工况下水面高程共同确定。

断面变化率、湿周、水力半径与断面平均综合适宜性指数的相关关系如图11～图13所示。由图可知和显著性假设检验可知，综合适宜性指数平均值与断面变化率以及湿周两个评价指标间不存在相关关系，而与单一河道水力半径存在线性正相关关系，其线性关系式为：$y = 0.045x - 0.0397$（$R^2 = 0.4475$）。表明在相同流量条件下，断面水力半径越大，断面上综合适合度指数平均值较大。

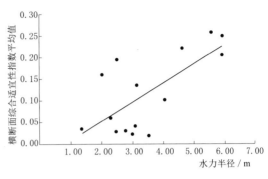

图13 水力半径与综合适合度指数平均值相关关系

5 结论

研究基于适宜度曲线法，通过构建水动力学和生态学相耦合的生态水力学模型，开展蜿蜒河流水利条件多样性对鱼类生境适宜性影响分析，结果表明：①自然蜿蜒河流具有更加多样和稳定的水力条件，河道弯曲度的提高可以有效增加河段对于水文径流过程的调节能力；②蜿蜒河段为岩原鲤提供的加权可利用栖息地面积比例较高，并具有更为连续稳定的综合适宜性指数；③蜿蜒河段加权可利用栖息地面积比例曲线在洪水期（$Q = 3260\text{m}^3/\text{s}$）出现峰值，表明蜿蜒河段可以在汛期为鱼类提供避难所；④赤水河保留了自然河流的生态特征，赤水河生态系统可以作为长江上游支流河流生态系统参照系统和制定生态修复目标的模板。

河流鱼类群落是复杂且高度多样化的物种集群，单一的物种难以代表多样化鱼类群落的水力需求，研究以赤水河特有珍稀鱼类岩原鲤为对象开展相应的生境适宜性研究的全面性和整体性不足。同时，由于鱼类各生活史阶段对相同流速、水深和河道指数的适宜性也有不同，因此，有必要通过现场调查、室内试验和生物监测等方式确定岩原鲤生活史不同阶段的生境适宜性曲线，进而开展岩原鲤各生活史阶段的系统生境适宜性评价。

参 考 文 献

［1］ FRASCATI A，LANZONI S. Morphodynamic regime and long－term evolution of meandering rivers［J］. journal of geophysical research，2009（114）：1－12.

［2］ 董哲仁，等. 河流生态修复［M］. 北京：中国水利水电出版社，2013.

［3］ BRIERLEY G J，KIRSTIE A F. Germorphology and river management［M］. UK：Blackwell，2004.

［4］ 张俊勇，陈立，王家生. 河型研究综述［J］. 泥沙研究，2005（4）：76－81.

［5］ GIBLING M R，DAVIES N S. Palaeozoic landscapes shaped by plant evolution［J］. Nature Geology，2012，（5）：99－105.

［6］ 殷瑞兰. 蜿蜒性河流演变机理研究［J］. 长江科学院院报，2002，19（3）：15－18.

［7］ 董哲仁，孙东亚，赵进勇，等. 河流生态系统结构功能整体性概念模型［J］. 水科学进展，2010，21（4）：550－559.

［8］ 董哲仁. 河流形态多样性与生物群落多样性［J］. 水利学报，2003（11）：1－7.

［9］ MACARTHUR R H，WILSON E O. An equilibrium theory of insular zoogeography［J］. Evolution，1963（17）：373－383.

［10］ 董哲仁，孙东亚，王俊娜，等. 河流生态学相关交叉学科进展［J］. 水利水电技术，2009，

40 (8)：36－43.

[11] SIMPSON G G. Species Density of North American Recent Mammals [J]. Systematic Zoology, 1964 (13)：57－73.

[12] EDWIN T P, RONALD G, JOSE H V. Benthic macroinvertebrate community structure in relation to food and environmental variables [J]. Hydrobiologia, 2004 (519)：103－115.

[13] 董哲仁. 河流生态系统结构功能模型研究 [J]. 水生态学杂志, 2008, 1 (1)：1－7.

[14] KONDOLF G M. River restoration and meanders [J]. Ecology and Society, 2006, 11 (2)：42－51.

[15] 易雨君, 张尚弘. 水生生物栖息地模拟方法及模型综述 [J]. 中国科学：技术科学, 2019, 49 (4)：363－377.

[16] ARMOUR C L, TAYLOR J G. Evaluation of the instream flow incremental methodology by U. S. fish and wildlife service field users [J]. Fisheries, 1991 (16)：36－43.

[17] CHEN Q W, YANG Q R, LIN Y Q. Development and application of a hybrid model to analyze spatial distribution of macroinvertebrates under flow regulation in the Lijiang River [J]. Ecology Information, 2011 (6)：407－413.

[18] 姜跃良, 王美敬, 李然, 等. 生态水力学原理在城市河流保护及修复中的应用 [J]. 水利学报, 2003 (8)：75－78.

[19] STEFFLER P, BLACKBURN J. Two－dimensional depth averaged model of river hydrodynamics and fish habitat, introduction to depth averaged modeling and user's manual [M]. Edmonton University of Alberta, 2002.

[20] CLIFFORD N J, SOAR P J, HARMAR O P, et al. Assessment of hydrodynamic simulation results for eco－hydraulic and eco－hydrological applications: a spatial semivariance approach [J]. Hydrological Processes, 2005 (19)：3631－3648.

[21] THORNES J B. The ecology of erosion [J]. Geography, 1985 (70)：222－235.

[22] Baas A C W. Chaos, fractals and self－organization in coastal geomorphology: simulating dune landscapes in vegetated environments [J]. Geomorphology, 2002, 48 (1－3)：309－328.

[23] 《赤水河保护与发展调查》专家组. 赤水河流域生态环境与社会经济发展报告 [R]. 贵州：2007.

[24] 杨荣芳, 赵先进, 曾得峰. 赤水河流域生态补偿机制的建立 [J]. 水利水电快报, 2012, 33 (1)：35－38.

[25] PETER Steffler, JULIA Blackburn. River2D Two－Dimensional Depth Averaged Model of River Hydrodynamics and Fish Habitat: Introduction to Depth Averaged Modeling and User's Manual [M]. University of Alberta, 2002.

[26] 伍律. 贵州鱼类志 [M]. 贵阳：贵州人民出版社, 1989.

[27] 中国科学院水生生物研究所. 长江上游鱼类自然保护区选址与建区方案的研究报告 [R]. 北京：中国科学院, 1995.

[28] 乐佩琦, 陈宜瑜. 中国濒危动物红皮书（鱼类）[M]. 北京：科学技术出版社, 1998.

[29] 刘飞. 赤水河鱼类群落生态学研究 [D]. 北京：中国科学院大学, 2013.

[30] 蔡焰值, 蔡烨强, 何长仁. 岩原鲤的生物学初步研究 [J]. 水利渔业, 2003, 23 (4)：17－19, 21.

Analysis on the effects of hydraulic diversity on habitat suitability of fishes in meandering rivers

Abstract：Abstract：Meandering river, as the most widely distributed channel planforms in the world, contains various geomorphic units with spatial heterogeneity，which makes it form a variety of hydraulic conditions under the interaction with river hydrological processes，and creates a rich habitat space for aquatic organisms. It is of great significance for stabilizing the physical structure of rivers and maintaining ecosystems. In this study，meandering reach and straight - low sinuosity reach of the lower Chishui river are taken as the research objects. At the same time，Yangtze River basin endemic fish *Procypris rabaudi* are selected as an indicator species through topographic measurement，hydrological data analysis and fish data collation. On the basis of constructing the habitat suitability curve of flow velocity，water depth and river channel index，the River2D ecological hydraulics model is used to simulate and analyze the habitat suitability of *Procypris rabaudi* under different flow conditions. The results indicate that the meandering reach has a higher habitat WUA because of the more various hydraulic conditions，which can also provide shelter for fishes in the flood season.

Key words：meandering river；hydraulic diversity；ecohydraulics；*Procypris rabaudi*；habitat suitability

第 2 篇

开发与保护的
辩证关系

引　言

几十年来，水利水电工程特别是大坝工程的生态影响问题在世界范围内受到广泛关注，它也是国际环境保护领域极具争议的话题。20 世纪 70 年代在西方国家就发生过大坝是否是"河流杀手"的论争。形成世界规模的反对建设大坝运动则始于 20 世纪 80 年代中期，其标志事件是 1984 年由戈德史密斯等撰写的《大型水坝的社会与环境影响》（*Social and Environmental Effects of Large Dams*）一书的出版。这本书汇集了反对大坝建设的主要论点，得到了一些环保组织的积极响应。其后以反对大坝建设为主题的国际会议持续不断，每次会议都会发表声明和宣言。1997 年在瑞士的格兰德召开的一次会议上，确定由世界银行和世界保护联盟（IUCN）指导，成立一个独立的委员会来对全球大坝的生态影响问题进行调查和评估，世界大坝委员会（WCD）由此诞生。WCD 在 2000 年发表的《关于大坝新决策框架的建议报告》中，明确指出："大坝改变了自然景观，造成了不可逆转的影响。了解、保护以及恢复河流生态系统对于人类发展和所有物种繁荣都是十分必要的。在河流开发方案选择评估和决策过程中，需要优先考虑避免这些影响，然后把不利于河流系统健康和完整性的危害降至最小。"WCD 报告一经公布就引起了世界范围的极大关注。不少发展中国家包括建坝大国印度、土耳其等国家的政府明确表示 WCD 的报告是"不受欢迎的"，是对于他们国家大坝建设的干涉。一些涉及大坝建设的著名国际组织，如国际大坝委员会（ICOLD）、国际水电协会（IHA）和国际灌排委员会（ICID）都否定了WCD 的结论。尽管世界银行是 WCD 的资助机构，但是它发布报告《水资源行业战略》表明，他们无意采纳 WCD 的核心原则。但是，另一方面，联合国环境署和世界卫生组织则对 WCD 的报告表示了赞扬和支持。一些欧洲国家如英国、荷兰、德国和瑞典等不同程度上采纳了 WCD 的建议。不少国际环保组织对于报告表达了强烈的正面响应。令 WCD 始料未及的是，它提出的结论报告不但没有按其初衷"给治愈大坝对于自然界造成的巨大伤害提供一种框架和管理模式"，相反，它的报告又进一步引发了世界范围一轮新的更大规模的辩论。

在这种国际背景下，开放的中国自然不会置身其外。我国关于大坝建设的辩论始于 2004 年，辩论的范围远远超出水电行业和工程界。一些环保和媒体人士认为大坝严重破坏了河流生态系统。世界已经进入了"后大坝"时期，需要进行"冷思考"。他们认为，外国都在拆坝，我国却逆潮流而动，继续大力建坝，因此表达了明确反对建坝立场。另外，也有专家针对怒江的水电开发规划，提出了"保留一条原生态河流"的建议。还有一些专家对西南地区水电开发"跑马圈水"的无序状况提出了尖锐的批评。辩论的另一方强调发展是硬道理，认为大坝水库具备防洪、发电、供水等多种功能，对经济社会做出了巨大贡献，况且水库也有利河流生态系统，大坝本身就是"生态工程"。据此，他们主张最大限度开发水电资源。还有一种声音认为国外反对建坝别有用心，是西方反华势力遏制中国崛起的阴谋。

在这样的背景下，笔者作为水利水电战线的一名老兵，以极大的热情积极参与了这场关乎我国水电事业发展战略的讨论。2004 年 11 月笔者应邀在"联合国水力发电可持续发展研讨会"上发言；2005 年 8 月应邀在《今日中国论坛》发起的"水利工程生态影响研讨会"上发表主旨演讲；同年 10 月在《第二届黄河国际论坛》发表主旨演讲。在这些会议上，笔者试图阐述水电开发与生态保护的辩证关系，提出了若干宏观政策建议。同期，发表了一系列论文。这些会议报告和论文的主要观点是：①讨论大坝建设问题，应采取实事求是的态度，立足于我国国情和水情。面对我国社会经济格局和人口布局与水资源时空分布不协调的矛盾，建设大坝、水库是我国发展经济的必然选择。另外，为落实应对全球气候变化我国政府承诺，开发水电这种可再生清洁能源是合理的选项。②必须充分认识到水利水电工程改变了河流地貌特征和水文情势，改变了生物栖息地条件，对水生态系统构成胁迫效应。一些案例表明，这种负面影响甚至导致水生态系统的严重退化。③面对这些挑战，正确的态度应以辩证的思维方式，处理好水电开发与生态保护的关系，既不能因噎废食，也不能回避矛盾，力求全面权衡、趋利避害，既要开发水电资源，又要尽可能降低对于水生态系统的负面影响，力求在水电开发与生态保护之间找到平衡点。④建议国家相关部门在可持续发展理念指导下，科学确定全国和大型流域水电开发规模和程度。在立法、政策、环评、规划等层面做出调整。建议通过环境影响评价对新建水电工程提出生态保护的措施要求，对于已建水电工程实施必要生态补偿措施或工程改建。建议政府相关部门推动水生态保护和修复的科技创新。⑤建议开展河流生态服务功能价值量化评估，以法律的形式纳入国民经济核算体系。用以在大型水利水电工程立项决策时，全面权衡工程的直接社会经济效益与生态系统服务功能损失之间的利弊得失，以避免为获得直接经济效益的短期行为。这种评估也可以定量地提出工程项目业主应该提供的生态补偿资金数额。

这场大辩论，折射出社会各界对我国河湖生态保护的高度关切和积极参与的热情。尽管有些观点有失偏颇，但是不同观点的碰撞往往会促进人们更深刻的思考，为科学民主决策提供依据。

在 2005 年颁布的《中华人民共和国国民经济和社会发展第十一个五年计划纲要》中提出了"在保护生态基础上有序开发水电"的原则，也许可以看作是这场水电开发大辩论的积极成果。

在发展与保护间寻找和谐平衡点 *
——与美国自然遗产研究所所长托马斯的对话

　　2005 年 3 月 17 日在中国水利水电科学研究院的会议室里,《中国水利报》记者高立洪作为本刊"观点"栏目的主持人与全球水伙伴（GWP）中国技术顾问委员会主席董哲仁和美国自然遗产研究所所长格列高里·托马斯,就大坝对河流生态的影响进行了对话。

　　高立洪:下午好,很高兴能和两位非政府组织的负责人一起探讨有关大坝和河流生态的问题。我知道,董哲仁教授是全球水伙伴中国技术顾问委员会主席,而格列高里·托马斯是美国自然遗产研究所的创始人和所长,在大坝和河流的问题上,两人都持积极的建设性的态度。董先生,这次托马斯先生来,您想和他谈些什么?

　　董哲仁:你可能已经注意到,近年来,大坝建设对生态系统的影响引起了中国社会的广泛关注,我本人作为一名学者和非政府组织 GWP 的中国主席,也投入了很大精力研究和讨论这个问题。托马斯先生多年来一直从事全球自然生态的保护事业,这次到中国来,今天上午拜会了水利部汪恕诚部长,进行了很好的交谈,还带来了与中方合作的意愿,我首先表示欢迎。我注意到,从 20 世纪 70 年代开始,美国社会上出现了强烈反对建设大坝的舆论。目前在中国也出现了反对建设大坝和主张建设大坝的争论,有些反对建设大坝的专家和人士提出,美国现在都已经拆除大坝了,进入了"后大坝"时期,我们为什么还要建设大坝,同时他们提出来,应该让河流"自由奔流",我想了解托马斯先生对这些观点有什么看法?

　　托马斯:董哲仁先生是国际知名专家,有丰富学识,能有机会和董哲仁先生探讨大坝对河流生态的影响,我非常高兴。我认为,在现阶段中国有些专家提出这样的问题是非常自然的。在大坝建设方面,美国长时间以来似乎是世界各国的榜样,美国对待大坝的态度,会在世界上产生一些影响。但是,美国人口比中国要少许多,美国对水能资源的开发程度达到了 60%,虽然对能源的需求还在增加,但是和中国比起来,增加的速度要慢许多。中国有世界上最丰富的水能资源,水能资源大概只开发了 17%,所以毫无疑问要对水能资源进行开发,并且资源开发的速度在短时间内会增加很快。中国的水能资源如此丰富,所以中国有权利、也有条件决定在何时何地进行水能资源开发。如果不这样的话,那倒是令人惊奇的事了。对于其他国家来说,情况可能就不一样,他们资源有限,同时他们工程建设经验有限,所以选择的空间就不像中国这么大。40 年以前,美国选择了一些自然景观特征明显、景区特别漂亮的河流进行生态保护,像这样只进行自然保护、不进行开发的河流大约只占美国河流的 3%,虽然百分比不大,但它却作为国家的一笔财富保存了下来。它们像国家公园那样,是有生命力的,因为它是由流动的水构成的。通过制定一些

---

　　* 董哲仁. 在发展与保护间寻找和谐平衡点——与格列高里·托马斯的对话［N］. 中国水利报,2005 -03 -26.

法律，对这些河流进行保护。中国是不是也可以考虑，选择一些河流使它处于一种完全自然的状态，对它进行永久的保护，而对于其他大多数已经进行开发的河流，进行开发和利用。这也是解决保护与开发这一矛盾的途径之一。

高立洪：董先生，刚才托马斯先生谈到了中国的水能开发，谈到了中国经济发展对能源的需要。您认为，除了能源外，中国修大坝还有哪些考虑？

董哲仁：中国水资源分布有它的特殊性，中国的气候受季风控制，从降雨来讲，时间、空间分布都不均匀。比如，从空间分布上看，水资源南多北少，东多西少；从时间分布上讲，夏季降雨大，冬季干旱。而不同地区，人口的分布有很大差异，因此我们不得不采取一些工程措施建坝、修建水库。修建水库的目的是，解决水资源时间分布不均的问题。比如说，北京的供水 70% 来源于密云水库，如果按照某些学者的建议，让潮白河水"自由奔流"到渤海湾，那么北京干渴的 1200 万人就只能望洋兴叹了。所以，中国离不开水库。为解决水资源空间分布不均的问题，我们也不得不采取南水北调措施，来解决水资源在空间上"南多北少"的问题。从水电开发上看，中国是燃煤大国，煤炭产量世界第一，二氧化硫等大部分温室气体排放量，中国已占世界第一位，只有二氧化碳排放量仅次于美国，排在第二位，《京都议定书》生效后，中国在国际上面临着很大的压力。开发水电资源，也是为了尽可能代替燃煤火力发电。何况，中国水电资源在世界蕴藏量排在第一位，所以我们选择水电开发应该是从全球环境保护的战略高度来考虑的，目标也是为了尽可能减少中国的温室气体排放量，对全球环境保护做贡献。

托马斯：修大坝，建设水利工程还能考虑更多一些。对于南水北调工程和解决北京的供水问题来说，是不是需要在解决这些问题的同时，再考虑这个工程是不是对环境产生效益。比如，这项工程能不能给黄河提供一些环境流量，来保护生态系统，如果中线工程可以帮助海河入海，将是件了不起的事情，哪怕只是一段河段。

高立洪：看来，在中国修大坝不可避免。但在中国，还是有一些反对修大坝的声音。董先生，您认为问题到底出在哪里？

董哲仁：我本人是水利工程师，在 20 世纪 60 年代初，在清华大学学习水利工程和大坝的设计方法，这几十年参加了大坝的建设和包括三峡工程在内的一些大坝复杂结构的科学研究，参加了三峡工程的审查、验收，我对大坝充满了感情。但是最近几年我在反思，在西方国家反对建设大坝的浪潮里，有多少合理的因素。我经过考察、大量的阅读，发现在这个声音里有很多合理的成分。大坝的建设的确对河流的生态系统带来了负面的影响，在生态学中称为"胁迫"。到现在为止，我们国家对大坝的规划、设计和管理方法从原理上说还是传统的，主要的问题在于规划、设计和管理大坝的时候，我们几乎 99% 地考虑人的需要，考虑发电、灌溉、防洪、供水的需要，基本上没有考虑河流生物群落的需要。所以，不管是在水库、大坝的上游还是下游，都出现了不同程度的生态问题。我主张应该改进大坝和水利水电工程的设计、规划和管理的方法。特别是需要转变观念，认识水利水电工程一方面要满足社会经济的需求，同时也要兼顾生态系统的需要。现在中国形成两种截然相反的观点：一个是一定要充分开发水电资源，强调发展是硬道理，讳言确实存在的生态问题；另外一个观点是反对建设大坝，保护生态。我不赞成这两种极端的思维方式。我认为应该按照中国古代思想家孔子的哲学思想，在两方面之间取得平衡点——中庸的观点。

高立洪：托马斯先生，您怎么看这个平衡点的问题？

托马斯：董哲仁先生最近考虑了一些很富有哲理的问题。我来自排放温室气体最多的国家，但是，美国没有签署《京都议定书》，我感到汗颜。我认为，在这个时代，从某种程度来说，在保护环境方面，中国起到了领头羊的作用。以前拜读了汪恕诚部长的文章，上午又和他进行了会谈，我相信，在这方面，汪恕诚部长在全球范围内是很有感召力的。有一点我非常同意，就是在发展与保护之间寻找一个和谐的平衡点。在许多方面，可以通过许多途径来达到这种平衡。在找平衡点过程中，我们可以对少部分的河流实行保护，然后对其他大部分的河流进行开发；还可以通过一些技术手段、工程手段，来减少自然保护与人类需求的冲突。在这一方面，全世界应该携起手来，共同应对我们面临的挑战。我还主张，对自然界所做的每一个改变，都不该给环境造成损失。比如，我们建一个水库，效益不应该仅仅是水电开发、供水、灌溉、防洪，同时，也应该对环境的恢复有益处。

高立洪：其实中国也在开始通盘考虑发展和保护的关系，致力于恢复一些地方的生态。

董哲仁：是的。海河水利委员会已经制定了一个海河流域生态恢复的水资源保障的规划，希望结合南水北调工程，改善海河的生态状况。

托马斯：这是非常有益处的事情，让人人都感到环境是在改善的。但这件事做起来，实际还是很困难的，需要新的理念和态度。像汪恕诚部长阐述的那样，我们还需要一些新的手段和工具来实现它。所以，未来清华的工程师们，不仅要知道如何建设大坝，而且还要有创造性地知道如何重新把这些工程进行调整，来实现这些目的。

高立洪：我知道，董先生主张通过立法把生态系统的价值量化，并作为政府工作业绩的考核指标。您出于何种考虑？

董哲仁：托马斯先生是著名的环境立法方面的专家，现在中国一些专家支持这样的观点，就是把生态系统服务功能价值的定量化评估，以及自然资本的评估，这些指标纳入国民经济发展指标体系当中。这样，就可以对大型的工程建设，包括对大坝带来的效益以及对于生态系统带来的损失进行评估。同时，研究如何进行补偿。《中国21世纪议程》提出要把生态系统服务功能的评估纳入国民经济体系中，真正能够通过立法把生态系统价值定量化，和其他国民经济的指标进行权衡。这实际上包含对于各级政府业绩的评估。中国在过去的20多年里，各个地方主要是把GDP的增长作为一个主要指标，但是对生态和环境的评估没有多少反映。国民经济增长和生态保护之间需要用立法的方式体现出来，然后做出全面评估。

高立洪：托马斯先生，您在这方面的有什么意见和看法？

托马斯：通过立法来解决生态问题的想法很超前，问题是政府如何评价生态保护，应该做些什么事情。实际上政府低估了对生态和环境的保护影响，力量投入不够。环境破坏了以后去治理，要花很多钱，但如果能提前预防，成本要小得多。对于生态系统来说，成本和效益在不同时期是不一样的。对于整个社会来说，现在的人采取一些措施，保护现在的生态系统，受益的是我们的下一代，所以这样一件事情有时候做起来很难。现在的人保护未来的环境，花费的是我们当代人的财富。换句话说，用现在的努力去保护未来的财富，对现代人来说，往往认为是一种奢侈。

高立洪：还有中国是个发展中国家，东部比较发达，西部相对落后。这种情况会对环境保护带来什么影响？

董哲仁：在中国确实是这种情况，东南沿海地区相对很发达了，已经把生态保护提到议事日程，浙江省就提出浙江要建设生态省，但在西北这些贫困地区，人们仍然在考虑一些生活的基本需求。

托马斯：中国的情况是两种发展阶段进程并存，有一些地区属于发展中国家的阶段，有些地区，比如像北京，经济已经非常发达了。这样一来，环境保护的投入和努力，对有些处于发展中的地区就是一种奢侈了，对一些发达地区来说，环境保护就成了人们生活质量的一部分，成了人们愿意去做的事情。我想中国在环境保护这方面的努力，在近期会有突飞猛进的变化，人们对环境保护会越来越重视。我注意到在很多方面，中国人的意识、理念比美国人都先进一些。比如说，在"全球变暖"这个问题上，中国人就比美国人走在前面。再比如，中国人在植树造林、水土保持方面也是成效显著。中国在环保方面还有很长的路要走，一个是因为中国的人口问题，压力很大，还有就是贫困问题。中国的未来还是非常令人鼓舞的。

高立洪：这次托马斯先生带来了一个合作的建议，董先生您怎么看这个合作建议？

董哲仁：这次托马斯先生提出了一个和中国有关的部门合作的建议，这是一个涉及全球范围的项目，目的是通过改善水库的运行方式能够恢复环境功能、生态系统的服务功能，也能使人们的经济生活得到改善。所以要对大坝和对下游生态的影响，进行一次全世界性的调查。

托马斯：中国是筑坝最多的国家，是具有领导地位的国家，大坝数量和高度影响都非常大。所以想在中国选取若干大坝的示范工程案例，开发一种模型，来进行大坝调度，有利于下游生态的恢复，同时又能发挥水库的效益。

董哲仁：今天上午，汪恕诚部长对您的观点表示赞赏，认为这个项目和水利部当前的目标是很吻合的。我觉得，从思路上来讲，美国自然遗产研究所站在非常积极的立场上对待大坝的建设和管理问题。所以，我很赞赏这个计划，我也希望这个计划能在中国顺利实施。

水利工程对生态系统的胁迫*

[摘　要]　文中阐述了水域生态系统的特点，指出河流形态多样性是生物群落多样性的基础。水利工程对于生态系统胁迫的主要原因，是由于水利工程在不同程度上造成河流形态的均一化和不连续化导致生物群落多样性的下降。最后，提出了保持生态系统健康性与完整性的技术对策要点。
[关键词]　水利工程；生态系统；胁迫；人类活动

1　引言

人类活动对于生态系统造成的不利影响，在生态学中被称为胁迫（sterss）。对于河流生态系统的胁迫主要来自以下5个方面：①工农业及生活污染物质对河流造成污染；②从河流、水库中超量引水，使得河流本身流量无法满足生态用水的最低需要；③通过对湖泊、河流滩地的围垦挤占水域面积以及上游毁林造成水土流失，导致湖泊、河流的退化；④在河流的水库中，不适当地引入外来物种造成生物入侵，使乡土种消失和生态系统水平的退化；⑤水利工程对于生态系统的胁迫。本文重点讨论水利工程的影响问题。

众所周知，兴建的大量水利工程满足了人们对于供水、防洪、灌溉、发电、航运、渔业及旅游等需求，水利工程对于经济发展、社会进步的作用巨大。水利工程在生态建设方面也同样具有积极作用。通过调节水量丰枯，抵御洪涝灾害对生态系统的冲击，改善干旱与半干旱地区生态状况以及调节生态用水等方面，水利工程同样贡献巨大。

那么，"水利工程对生态系统造成胁迫"这个命题又从何谈起呢？

事物无不具有两重性。从人类幼年时代开始至今在地球上进行的大规模生产和经济活动，首推大片土地的农业垦殖及城市利用，其次是森林大规模砍伐，自工业化社会以来的温室气体排放等，都是引起全球生态系统变化的重要因素。而自远古至今兴建的水利工程是一种在流域和区域水平上对生态系统产生重大影响的事件。人类为自身的安全和经济利益，在疏导河流、整治河道、筑坝壅水等方面，不仅明显地改变着地理地貌，影响着局部气候，同时也大幅度地改变着河流自身的形态，特别是在不同程度上降低了河流形态多样性。河流形态多样性降低的后果是严重的，它将导致水域生物群落多样性的降低，使生态系统的健康和稳定性都受到不同程度的影响。

一般认为，生态系统是指一定空间中的生物群落（动物、植物、微生物）与其环境组成的系统，其中各成员借助能量交换和物质循环形成一个有组织的功能复合体。从大类划

*　董哲仁. 水利工程对生态系统的胁迫 [J]. 水利水电技术，2003，34（7）：1-5.

分，生态系统首先是由非生物部分与生物部分组成。非生物部分是由无机物质组成的，包含有气象、地貌、地质、水文等条件，它是生物部分的环境，是生命支持系统。

在生态学中，具体的生物个体和群体生活地区内的生态环境称为"生境"（habitat）。在生境各个要素中，水又具有特殊的不可替代的重要作用。水是生物群落生命的载体，又是能量流动和物质循环的介质。生境中的主要因素称为生态因子（ecological factors）。在水域生态系统中，河流的流速、流量、水温、水深、水质以及水文周期等，都是重要的生境因子。笔者认为，河流形态也应该是重要的生态因子，需要给予高度的重视。为了分析河流形态变化的影响问题，先要讨论淡水生态系统的特点，再论述河流形态变化对生物群落多样性的影响，最后讨论保持河流生态系统健康性与完整性的技术对策要点。

2 淡水生态系统的特点

2.1 生物群落与生境的统一性

有什么样的生境就造就了什么样的生物群落，二者是不可分割的。如果说生物群落是生态系统的主体，那么，生境就是生物群落的生存条件。一个地区丰富的生境能造就丰富的生物群落，生境多样性是生物群落多样性的基础。如果生境多样性受到破坏，生物群落的性质、密度和比例等都会发生变化，生物群落多样性必然会受到影响。在生境各个要素中，水又具有特殊的不可替代的重要作用。地球上不同地区的降雨量多寡，对于形成不同类型的生态系统起决定性作用。正因为如此，对应各个区域不同的降雨量，造就了森林生态系统、草原生态系统、荒漠生态系统和湿地生态系统等不同的生态系统。

2.2 生态系统结构的整体性

从生物群落内部看，整体性是生态系统结构的重要特征。一旦形成系统，其内部各要素不能被分割而孤立存在。如果硬性分开，那么分解的要素就不具备整体性的特点和功能。在一个淡水水域中，各类生物互为依存，互相制约，互相作用，形成了食物链结构。研究表明，一个生态系统的生物群落多样性越丰富，或者说食物链越复杂，形成三维的网状结构称为"食物网"，那么，这种复杂的食物网组成的生态系统比简单的直线型食物链的稳定性要高得多，其抵抗外界干扰的承载力也高得多。如果食物链（网）的某些重要环节缺省，即在生态学中称为"关键种"（keystone species）的缺省，对一个生态系统将产生重大影响。另外，从生物群落多样性角度看，一个健康的淡水生态系统，不但生物物种的种类多，而且数量比较均衡，没有哪一种物种占有优势，这就使得各物种间既能互为依存，也能互相制衡，使生态系统达到某种平衡态即稳态，这样的生态系统功能肯定是完善的。反之，如果一个淡水生态系统的生物群落内比例失调，会造成整个系统恶化。比如人们向江河湖库倾倒营养物质及有机质，水中氮、磷等物质增加，导致蓝藻加快繁殖，水中生物群落比例失调，造成水体富营养化和生态系统失衡。

淡水生态系统还具有明显的分层现象（stratification），显示其空间结构的有序性。形成层状结构的根本原因是对于太阳光的利用程度。淡水动物的分层现象表现为在水的表层聚集着浮游生物，中间是鱼类和浮游动物的生存空间，在底层的污泥中生活着细菌等微生物，其结构有序而协调。

2.3　自我调控和自我修复功能

淡水生态系统结构的另一个重要特征是具有自我调控和自我修复功能。在长期的进化过程中，形成了同种生物种群间、异种生物种群间在数量上的调控，保持着一种协调关系。在生物群落与生境之间是一种物质、能量的供需关系，在长期的进化过程中也形成了相互间的适应能力。比如淡水周边的湿地生物群落，需要适应干旱与洪涝两种生境的交替变化，形成了湿地植物既耐旱又耐涝的特征。水体自我修复能力，也是淡水生态系统自我调控能力的一种。在外界干扰条件下，通过自我修复，保持水体的洁净。由于具有这种自我调控和自我修复能力，才使淡水生态系统具有相对的稳定性。

所谓稳定性具有两层含意，一是指对于外界干扰的适应力或称为弹性，二是在受到干扰后回到原平衡态的恢复能力。需要指出的是，生态系统的稳定性是相对的，其适应性也是有限的。所谓弹性限度也就是淡水生态系统对外界干扰的承载力。当超过某一个弹性限度，生态系统将出现一种不断远离平衡点的正反馈，加快系统失稳，常以爆发的方式导致系统的全面恶化。

综上所述，一个稳定的淡水生态系统，是一个生物群落多样性丰富的系统，是一个食物链（网）结构复杂而完善的系统，是一个物质循环、能量流动及物种流动通畅的系统。

3　河流形态多样性是生物群落多样性的基础

生物群落与生境的统一性是生态系统的基本特征。在流域生态系统的各种生境因素中，河流形态多样性是流域生态系统最重要生态因子之一。河流形态多样性及与生物群落多样性的关系可以归纳为以下 5 个方面。

3.1　水-陆两相和水-气两相的联系紧密性

与湖泊相对照，河流是一个流动的生态系统。河流与周围的陆地有更多的联系，水-陆两相（two-phase）联系紧密，是相对开放的生态系统。水域与陆地间过渡带是两种生境交汇的地方，由于异质性高，使得生物群落多样性的水平高，适于多种生物生长，优于陆地或单纯水域。在水陆联结处的湿地，聚集着水禽、鱼类、两栖动物和鸟类等大量动物。而植物就有沉水植物、挺水植物和陆生植物以层状结构分布。另外，河流又是联结陆地与海洋的纽带，河口三角洲是滨海盐生沼泽湿地。

由于河流中水体流动，水深又往往比湖水浅，与大气接触面积大，所以河流水体含有较丰富的氧气，是一种联系紧密的水-气两相结构。特别在急流、跌水和瀑布河段，曝气作用更为明显。

3.2　上中下游的生境异质性

我国的大江大河多发源于高原，流经高山峡谷和丘陵盆地，穿过冲积平原到达宽阔的河口。上、中、下游所流经地区的气象、水文、地貌和地质条件有很大差异。以长江为例，长江流域地势西高东低呈现三大台阶状。长江流域内的地貌类型众多，据统计，流域的山地、高原面积占全流域的71.4%，丘陵占133%，平原占11.3%，河流、湖泊等水面占4%。形成峡谷型河段、丘陵型河段及平原型河段。与长江干流相连的湖泊众多。长江流域为典型亚热带季风气候，流域辽阔，地理环境复杂，各地气候差异很大，且高原峡谷河流两岸常有立体气候特征。流域内形成了急流、瀑布、跌水、缓流等不同的流态。

河流上中下游由多种异质性很强的生态因子描述的生境，形成了极为丰富的流域生境多样化条件，这种条件对于生物群落的性质、优势种和种群密度以及微生物的作用都产生重大影响。在生态系统长期的发展过程中，形成了河流沿线各具特色的生物群落，形成了丰富的河流生态系统。仍以长江流域为例，流域大部分处于中亚热带植被区，介于暖温带和南亚热带之间，并有青藏高原高寒植物和垂直地带性植物，种类极为丰富。在我国植物3980个属、近3万种种子植物中，长江流域的植物分别占属的2/3和种的1/2。长江流域在世界大陆动物区系中，分属古北界青藏区、东洋界西南区和东洋界华中区三大区。生活着白唇鹿、藏羚、野牦牛、麋鹿、猕猴、华南虎、石貂以及大鲵、丹顶鹤等多种动物。珍稀动物就有大熊猫、白鳍豚、朱鹮等22种。长江水系约有鱼类370种，其中纯淡水鱼类294种，咸淡水鱼类22种，海水鱼类45种，海淡水洄游鱼类9种，像中华鲟是溯源产卵洄游鱼类，每年秋季从大海逆流而上到长江上游产卵，幼鱼顺江游到大海。

3.3 河流的蜿蜒性

自然界的河流都是蜿蜒曲折的，不存在直线或折线形态的天然河流。在自然界长期的演变过程中，河流的河势也处于演变之中，使得弯曲与自然裁弯两种作用交替发生。但是弯曲或微弯是河流的趋向形态。另外，也有一些流经丘陵、平原的河流在自然状态下处于分岔散乱状态。一些分岔散乱状态的河流归入主槽形成明显的干流，往往是由于人类治河工程的结果。需要强调指出，蜿蜒性是自然河流的重要特征。河流的蜿蜒性使得河流形成主流、支流、河湾、沼泽、急流和浅滩等丰富多样的生境。由此形成了丰富的河滨植被、河流植物，为鱼类的产卵创造条件，成为鸟类、两栖动物和昆虫的栖息地和避难所。由于流速不同，在急流和缓流的不同生境条件下，聚集着不同的生物群落-急流生物群落和缓流生物群落。

3.4 河流断面形状的多样性

自然河流的横断面也多有变化。河流的横断面形状多样性，表现为非规则断面，也常有深潭与浅滩交错的布局出现。显然，不存在梯形或矩形等几何规则断面的自然河流。河流浅滩的生境，光热条件优越，适于形成湿地，供鸟类、两栖动物和昆虫栖息。积水洼地中，鱼类和各类软体动物丰富，它们是肉食候鸟的食物来源，鸟粪和鱼类肥土又促进水生植物生长，水生植物又是植食鸟类的食物，形成了有利于珍禽生长的食物链。由于水文条件随年周期循环变化，河湾湿地也呈周期变化。在洪水季节水生植物种群占优势。水位下降后，水生植物让位给湿生植物种群，是一种脉冲式的生物群落变化模式。而在深潭里，太阳光辐射作用随水深加大而减弱。红外线在水体表面几厘米即被吸收，紫外线穿透能力也仅在几米范围。水温随深度变化，深水层水温变化迟缓，与表层变化相比存在滞后现象。由于水温、阳光辐射、食物和含氧量沿水深变化，在深潭中存在着生物群落的分层现象。比如浮游动物一般是趋于弱光的。它们白天多分布在较深的水层，夜晚则上升到表层。

3.5　河床材料的透水性

河床的冲淤特性取决于水流流速、流态、水流的含沙率、颗粒级配以及河床的地质条件等。由悬移质和推移质的长期运动形成了河流动态的河床。需要指出的是，在高山峡谷湍急的河段，河床由冲刷作用形成，其河床材料是透水性较差的岩石，除此之外，大部分河流的河床覆盖有冲积层，河床材料都是透水的，即由卵石、砾石、沙土、黏土等材料构成的。具有透水性能的河床材料，适于水生和湿生植物以及微生物生存。不同粒径卵石的自然组合，又为鱼类产卵提供了场所。同时，透水的河床又是联结地表水和地下水的通道，使淡水系统形成整体。

综上所述，水-陆两相和水-气两相的紧密关系，形成了较为开放的生境条件；上中下游的生境异质性，造就了丰富的流域生境多样化条件；河流形态的蜿蜒性形成了急流与缓流相间；河流的横断面形状多样性，表现为深潭与浅滩交错；河床材料的透水性为生物提供了栖息所。由于河流形态多样性形成的在流速、流量、水深、水温、水质、河床材料构成等多种生态因子的异质性，造就了丰富的生境多样性，形成了丰富的河流生物群落多样性。所以说，河流形态多样性是维持河流生物群落多样性的基础。

4　水利工程如何对河流生态系统造成胁迫

水利工程对河流生态系统造成某种胁迫，具体表现是一些水利工程建设造成河流形态的均一化和不连续化，其后果是生物群落多样性水平下降。

4.1　河流形态的均一化和不连续化改变了生境多样性

所谓河流形态的均一化主要是指自然河流的渠道化或人工河网化。具体表现为：①平面布置上，河流形态直线化。即将蜿蜒曲折的天然河流改造成直线或折线型的人工河流或人工河网。采用这种规划设计方法的理由是：直线型的渠道工程量小，同时节省耕地，减少移民搬迁。②渠道横断面几何规则化。把自然河流的复杂形状变成梯、矩形及弧形等规则几何断面。规则的渠道断面输水能力强，也可减少占地。设计时易于计算，建设时易于施工。③河床材料的硬质化。渠道的边坡及河床采用混凝土、砌石等硬质材料。防洪工程的河流堤防和边坡护岸的迎水面也采用这些硬质材料。原因是渠道工程中可减少渠水的渗漏，以利节水。光滑的渠坡减少表面糙率，提高输水效率。在岸坡防护方面，采用硬质材料的原因是其抗冲、抗侵蚀性及耐久性好。④河流的裁弯取直工程。

所谓河流形态的不连续化是指在河流筑坝形成水库，造成水流的不连续性。有的河流进行梯级开发，更形成多座水库串连的格局。水库淹没了原有的河流两岸的植被，又将搬迁的城镇及废弃的农田沉入库底，未清除的垃圾、工业废料及农药残留统统进入水库。更重要的是，水体在水库中形成相对静水，其流速、水深、水温及水流边界条件都发生了重大变化。水库的生态系统比河流生态系统相对要脆弱。

4.2　河流形态多样性降低对生物群落多样性的影响

河流的渠道化和裁弯取直工程彻底改变了河流蜿蜒型的基本形态，急流、缓流、弯道及浅滩相间的格局消失，而横断面上的几何规则化，也改变了深潭、浅滩交错的形势，生境的异质性降低，水域生态系统的结构与功能随之发生变化，特别是生物群落多样性将随之降低，可能引起淡水生态系统退化。具体表现为河滨植被、河流植物的面积减少，微生境的生物多样性降低，鱼类的产卵条件发生变化，鸟类、两栖动物和昆虫的栖息地改变或避难所消失，这造成种的数量减少和某些物种的消亡。河床材料的硬质化，切断或减少了地表水与地下水的有机联系通道，本来在沙土、砾石或黏土中辛勤工作的数目巨大的微生物再也找不到生存环境，水生植物和湿生植物无法生长，使得植食两栖动物、鸟类及昆虫失去生存条件。本来复杂的食物链（网）在某些关键种和重要环节上断裂，这对于生物群落多样性的影响将不是局部的，而是全局性的。如上所述，河流生态系统的重要特点是系统的整体性，即生态系统的各要素不能被分割而孤立存在。水，是河流生态系统的重要因素，是河流生态系统的动脉。当人们开发和利用水资源时，如果硬要把水与生物群落分割开来，放到一个直线线路、规则断面并由人工材料建设的人工河道中，很显然，这种新的河流生态系统将不再具备原来河流生态系统的整体功能和特点。

自然河流的非连续化，造成的影响是将动水生境改变成了静水生境，二者分别对应着动水生物群落和静水生物群落。由于水库水深远大于河流水深，太阳光辐射作用随水深加大而减弱，在深水条件下，光合作用较为微弱，所以水库生境的生态系统生产力（productivity）较低，物质循环和能量流动都不如河流生态系统那样通畅。水库的淡水生态系统是一个相对封闭的系统，与河流生态系统相比较为脆弱，表现为抗逆性较弱，自我恢复能力也弱。退化的水库一般难于自我恢复，需要人类干预才有可能。水库形成以后，原来河流上中下游蜿蜒曲折的形态在库区消失了，主流、支流、河湾、沼泽、急流和浅滩等丰富多样的生境代之以较为单一的水库生境，生物群落多样性在不同程度上受到影响。另外，筑坝以后给洄游鱼类造成了不可逾越的障碍。如果没有建设适合鱼类习性的鱼道，将对某些洄游鱼类造成致命的打击。

4.3　生物群落多样性下降的后果

在生态学中，把由生态系统为人类提供的物质和生活环境的功能称为生态系统服务功能（Ecosystem services）。研究生态系统服务功能可以清晰地了解人类对于生态系统的高度依赖性，可以更深刻地理解人类对生态系统非理智的破坏行为，反过来会给人类自身造成的重大损害。

淡水生态系统对于人类的生态系统服务是多方面的。水域、湿地为人类提供食品及其他生活物资；对气温、云量和降雨进行调节，在全球、流域、地区和小生境等不同的尺度上影响着气候；对水文循环起调节作用，具有缓解旱涝灾害的功能；植物能涵养水分，有利水土保持；优美的水域景观具有休闲旅游功能，雄伟秀丽的高山大川本身就是一种文明财富。特别要强调的是，淡水生态系统具有的净化环境的功能，对于人类的生存环境具有关键意义。湿地历来就有"地球之肾"的美称，对于水体具有很强的净化功能。水生植物可以吸收、分解和利用水域中氮、磷等营养物质以及细菌、病毒，并可富集金属及有毒物质。研究结果表明：挺水植物如慈菇、菱白、水花生以及沉水植物伊乐藻对水体中的氮的去除率达75%，菱白、伊乐藻对水体中的磷的去除率达75%，芦苇、慈菇对磷的去除率达65%。而在水中的鱼类和浮游动物也对植物、藻类和微生物进行吸收、分解．生物净化过程，是在淡水生态系统的食物链（网）中进行的复杂的生物代谢和物理化学过程。通过这个过程，水体中的各种有机物和无机物溶解物和悬浮物被截留，有毒物质被转化，可以防止物质的过分积累所形成的污染，从而清洁了水体。水体的自我净化、自我修复功能，是水域生态系统极为宝贵的服务功能。

人们容易看到水利工程在供水、灌溉、发电等方面给人们带来的直接、有形的效益，却往往忽略水域生态系统为人类带来的利益，更难于看到因水利工程改变河流形态多样性，导致生态系统服务功能下降给人们带来的负面后果以及对人类利益造成的长远的隐形的损害。一旦生态系统遭到外界因素的破坏，大自然无偿提供给我们的服务功能将下降，当破坏程度达到某临界值时，这种服务功能甚至会丧失。

河流生态系统功能降低以至破坏，往往是一个缓慢的发展过程，又是多因素作用的结果，当人们发现其恶果时，可能情况已经变得不可逆转。比如当人们实施河道整治工程后，建成了直线型渠道，砍伐了"排列不规则"的树木和"野生杂草"。同时，采用梯形断面，对侧坡及河底全面进行坚固的混凝土衬砌，种植了整齐的树木，达到了人们认为美观的"两线三面"质量要求，被评为"优质工程"。不长时间人们发现，在河道里找不到鱼类，在岸边看不到昆虫，树上鸟类也属罕见，随之渠道里的水质变差了。当排入河流的污染物继续增多超过某一个限度时，河流生态系统的自净能力进一步下降以至完全丧失。这个事例说明，当人们悠然享受着水利工程带来种种有形的直接效益时，河流生态系统长期为人们无偿提供各种服务功能，却在大刀阔斧的工程建设中不知不觉地消失了。

5 新的工程理念与技术对策要点

对于水利工程对于生态系统的胁迫，存在着两种认识及两种对策。其中一种是片面强调水利工程对生态系统的负面影响，全盘否定水利工程建设的积极作用，不分青红皂白对新建大坝和水利工程一律反对。在西方国家一些极端环保主义组织和人士就持这种态度。由于出现这样一股思潮和社会力量，使得一些国家特别是发展中国家政府筹划的解决供水、防洪或具有发电、灌溉效益的水利工程项目被封杀在图纸中。除了某些政治因素外，从思想方法角度看，用"因噎废食"来描述这种认识恐不夸张。对于水利工程对生态系统的负面影响，正确的认识应该是正视这些负面影响，对水利工程的工程理念进行反思，以"趋利弊害"的态度，改进和完善水利工程的规划和设计技术。从建设目标看，水利工程不仅能满足人们对水的种种需求，还能兼顾维持生态系统健康性的种种需求，促进人与自然的和谐共存。换言之，未来的水利工程应具有双重功能，即不但是具有直接功效的供水、防洪、发电、航运工程，而且还应该是有利于生态系统健康与稳定的生态工程。

为消除水利工程对于生态系统的负面影响，从技术层面上看，似有以下问题值得重视和研究。

（1）研究生态水工学。所谓"生态水工学"（Eco Hydraulie Engineering）是水利工程学的一个新的分支，是研究水利工程在满足人的需求的同时，兼顾水域生态系统健康性与稳定性需求的原理与技术方法的工程学。

（2）水利工程要尽最大可能保护和恢复河流形态的多样性。新建水库工程要充分论证由于水库建设改变河流生态系统为静水生态系统的利弊得失，采取必要的补偿工程措施和生物措施。

（3）开展已建水库的生态系统健康评估与预测，加强库区生物群落调查。重视水库生态系统退化的恢复及富营养化控制问题。

（4）合理调度水库及其他水利设施。水库调度在满足人的需求的同时，兼顾生态系统的健康性及稳定性的需求，克服静水、深水对于生物群落的不利影响。通过水库库区生态建设及水生生物的合理结构设计，提高水库水体自净能力和自我修复能力。充分利用乡土种生物，慎重引进外来种，注意防止生物入侵。

（5）保持河流的蜿蜒性是保护河流形态多样性的重点之一。在河道整治工程中，尊重天然河道形态，避免直线和折线型的河道设计。灌溉渠道设计也要注意模仿河流自然形态的特点。对于河流的裁弯取直工程要充分论证，取慎重态度。

（6）保持河流断面形状的多样性，尊重河流原有的自然断面形态。河道整治工程中应尽可能避免采用几何规则断面，疏浚工程施工中避免河道断面的均一化。

（7）河道防护工程的岸坡采用有利植物生长的透水材料，特别注意采用当地天然材料。注意整理、发掘和发展我国各地的传统治河工法和材料。开发和推广输水渠道新型衬砌材料，可供植物生长并具有一定防渗性能。

（8）水利工程设计应为植物生长和动物栖息创造条件。提供鱼类产卵条件以及鸟类和水禽栖息地和避难所。建设符合生态学原理的过坝鱼道。开发新型丁坝、人工浮岛等。

参 考 文 献

［1］ 董哲仁. 生态水工学的理论框架［J］. 水利学报，2003（1）.

［2］ 董哲仁. 生态水工学——人与自然和谐的工程学［J］. 水利水电技术，2003（1）.

筑坝河流的生态补偿*

[摘　要]　从河流的连续性特征出发分析了大坝对于河流生态系统的胁迫问题。指出要在自然-社会-经济复合生态系统中全面权衡筑坝的利弊得失。讨论了对于筑坝河流进行生态补偿的可行性，建议开展河流生态系统功能价值评估，建立生态补偿的合理机制。

[关键词]　大坝；河流；生态补偿；生态恢复；补偿机制

近来，国内有专家对于我国西南河流的水电开发计划提出了质疑，主张"保留一条原始态生态河流"。还有专家认为西方国家都在拆除大坝，我国为什么还要建设大坝？看来，20世纪70年代在西方国家出现的大坝建设的利弊之争，经过30年后终于波及中国。

据统计，截至2003年，全世界坝高超过15m或水库库容超过100万 m^3 的大坝有49697座。建坝最多的国家依次为中国、美国、苏联、日本和印度[1]。我国是一个大坝建设大国，随着生态意识的提高，社会各界关注大坝对生态的影响问题是完全可以理解的。

本文讨论的问题是：大坝对于河流生态系统是否存在负面影响？如何权衡人类社会经济发展与维护自然生态系统健康之间的利弊得失？对于筑坝的河流进行补偿是否可行？如何形成补偿机制？

1　大坝对于河流生态系统的胁迫

大坝工程对于满足人类社会的防洪、发电、灌溉、供水、航运等需求的作用巨大，为社会安全和经济发展提供了保障[2-3]。大坝对于生态系统的作用是双重的，一方面水库为生物生长提供了丰富的水源，也缓解大洪水对于生态系统的冲击等，这些因素对河流生态系统是有利的。另一方面，大坝对于河流生态系统产生干扰。自然界或人类对于生态系统的干扰，在生态学中称为"胁迫"（stress）。水利水电工程对于河流生态系统的胁迫主要表现在两方面：一是自然河流的渠道化；二是自然河流的非连续化[4]。大坝工程属于第二类问题，即顺水流方向的非连续化问题。这里提出河流的"连续性概念"（continuum concept），用以说明河流生态系统是一种开放的、流动的生态系统，其连续性不仅指一条河流的水文学意义上的连续性，同时也是对于生物群落至关重要的营养物质输移的连续性[5]。营养物质以河流为载体，随着自然水文周期的丰枯变化以及洪水漫溢，进行交换、扩散、转化、积累和释放。沿河的水生与陆生生物随之生存繁衍，相应形成了上中下游多

---

*　董哲仁. 筑坝河流的生态补偿 [J]. 中国工程科学，2006，8（1）：5-10. 另载《联合国水力发电可持续发展研讨会论文集》2004，11.

样而有序的生物群落，包括连续的水陆交错带的植被，自河口至上游洄游的鱼类以及沿河连续分布的水禽和两栖动物等，这些生物群落与生境共同组成了具有较为完善结构与功能的河流生态系统。研究成果还表明，洪水周期变化对于聚集在河流周围的生物是一种特殊的信号，这些生物依据这种信号进行繁殖、产卵和迁徙，也就是说河流还肩负着传递生命信息的任务。概括地讲，河流是生态系统物质流、能量流和信息流的载体。河流的连续性，不仅包括水流的水文连续性，还包括营养物质输移的连续性、生物群落的连续性和信息流的连续性。大坝将河流拦腰斩断，形成了河流的非连续性特征，改变了连续性河流的规律。

从现象上看，大坝对于河流生态系统的影响包括两个方面：一是大坝与水岸本身带来的负面影响，二是在大坝运行过程中对生态系统的胁迫。前者的影响主要是造成大坝上下游河流地貌学特征的变化。后者的影响主要是造成自然水文周期的人工化。

首先是河谷变成了水库，原有陆地及丘陵生境被破碎化、片断化，陆生动物被迫迁徙。流动的河流变成了相对静止的人工湖，流速、水深、水温及水流边界条件都发生了变化，水库中出现明显温度分层现象。由于水库泥沙淤积，也截留了河流的营养物质，促使藻类在水体表层大量繁殖，在库区的沟汊部位可能产生水华现象。在热带和亚热带地区的森林被水库淹没后，还会产生大量的二氧化碳、甲烷等温室气体。由于水库的水深高于河流，在深水处阳光微弱，光合作用减弱，与河流相比其生物生产量低。另外，不设鱼道的大坝对于洄游鱼类是致命的屏障。在大坝下游，因为水流挟沙能力增强，加剧了水流对于河岸的冲刷，可能引起河势变化。由于水库泥沙淤积及营养物质被截流，大坝下游河流廊道的营养物质输移扩散规律也发生改变。这些因素都会使生物栖息地特征发生改变。另一方面，自然河流的水文周期年内有明显的丰枯变化，河流生物同样随之呈现脉冲式的周期变化。而大坝运行期间，水库的调度服从于发电和防洪等需求，使年内径流调节趋于均一化，这些都会对河流廊道产生压力。另外，如果从水库中超量引水用于供水、灌溉等目的，使大坝下游水量锐减，引起河流干涸与断流，也会导致生态系统的退化。最后，兴建水库造成移民搬迁，淹没文物古迹或改变自然景观，这不仅涉及社会和文化问题，从宏观上看是造成一种社会-经济-自然复合生态系统的综合问题。

从机理分析看，河流、湖泊和水库都是生物地球化学循环过程中物质迁移转化和能量传递的"交换库"。而在湖泊与水库中往往滞留时间长，一些物质的输入量大于输出量，其滞留量超出生态系统自我调节能力，由此导致污染、富营养化等，这种现象称为"生态阻滞"。

总之，大坝对于河流生态系统的胁迫是客观存在的事实，不容回避。在我国水利水电建设中，不仅需要正视这种负面影响，更重要的是主动研究对于河流生态系统的补偿技术、政策和管理措施问题，探索与生态环境友好的大坝建设新模式。

2 在自然–社会–经济复合生态系统中选择优化策略

在国际资源与环境研究领域有两种对立的理论，一种称为资源主义（resourcism），主张最大限度持续地开发可再生资源。另一种称为自然保护主义（preservationism），其主要观点是对于自然界中的尚未开发区域，反对人类居住和进行经济开发。资源主义强调了满足人类经济发展的重要性，却忽视了维护健康生态系统对于人类利益的长远影响。而自然保护主义虽然高度重视维护自然生态系统，但是反对一切对自然资源的合理开发利用，其结果往往会脱离社会经济发展的实际而成为空洞的观点。反对建设大坝，主张一律拆除大坝的观点，就属于这一类[6]。实际上，人类社会生活离不开水库大坝，大规模拆除大坝也是完全不现实的。统计资料表明，西方国家拆除的水坝数量是很小的，比如美国在20世纪90年代共拆除了180座小型水坝，而且其中多数是到达服务寿命应该退役的水坝。可以说，这两种理论都带有相当的片面性。比较现实的思维方法是放大研究问题的尺度，把问题放到自然-社会-经济复合生态系统中去考察，分析如何在既满足人类社会经济需求又较少损害生态系统健康中寻找平衡点，实现可持续发展的目标。讨论问题的方法也要结合各国的国情，不同的自然、社会与经济状况，需要采取不同的对策，不存在各国统一的准则。

如果简单地反对一切大坝建设，主张大范围地拆坝，肯定脱离社会经济发展实际，是一种因噎废食的观点。相反，回避大坝给生态系统带来的胁迫问题，忽视对于生态系统的补偿，无疑会给人类长远利益带来损害。世界上不存在百利而无一害的工程技术，权衡利弊，趋利避害是辩证的思维方法。实践表明，大坝对于河流生态系统的负面影响，可以通过工程措施、生物措施和管理措施在一定程度上避免、减轻或补偿。寻找相对优化的技术路线是解决问题的合理思维方式。

我国筑坝的目的是防洪、发电、灌溉、供水及航运等，多数大坝工程具有综合效益。我国水资源的特点之一是时间年内分布不均匀，降雨集中在夏季，而冬季是枯水季节，大部分水库的建设目的就是调节水量丰枯，满足社会需求。

我国建设的高坝多数以水力发电为主要效益，而高坝对于河流生态系统的影响相对要大。如果说发展水电会造成生态环境问题，那么有什么可以替代的能源形式对于生态环境影响相对要小呢？分析我国的能源结构，2002年我国一次能源产量为 1.387×10^9 t 标准煤。其中煤炭产量 1.38×10^9 t，居世界第一位。发电装机容量 3.57×10^5 MW，发电量 1.654×10^9 MW·h，居世界第二位，其中水电发电量 2.28×10^8 MW·h，居世界第四位。已成为世界第二大能源消费国，又是一个燃煤大国。

我国在能源发展上面临着环境污染的严重挑战。其中尤以大气污染严重。我国二氧化硫排放量居世界第一位，二氧化碳排放量仅次于美国居世界第二位。造成大气质量严重污染的主要原因是我国以煤为主的能源结构，烟尘和二氧化碳排放量的70％、二氧化硫的90％、氮氧化物的67％来自燃煤。有专家对2020年我国能源需求的预测指出：2020年我国一次能源的需求在 $25 \times 10^8 \sim 33 \times 10^8$ t 标准煤之间，至少是2000年的2倍。据专家预测，到2020年，即使按照污染物产生量最少的情景，如不采取脱硫脱氮措施，二氧化硫、氮氧化物预计分别达到 4×10^7 t 和 3.5×10^7 t。届时在全球气候变化问题上我国会面临更大的国际压力。

至于选择其他能源技术的可能性，发展风力发电和太阳能发电的困难是千瓦造价高难于形成规模。至于利用氢能技术，目前还处于探索阶段。从我国的能源资源结构看，水能资源居世界第1位，煤居第3位，石油第12位，天然气第22位。我国水电开发的程度较发达国家低，目前为23%。发达国家的水电开发程度已经很高，平均在60%以上。其中美国为82%，加拿大为65%，德国为73%。我国具有如此丰富的水电资源，开发水电资源自然成为能源战略的必然选择。我国大陆部分水电的理论蕴藏容量为$6.944\times10^5\,MW$，其中技术可开发容量为$5.416\times10^5\,MW$。如果开发$2.3\times10^5\,MW$，相当于减少年烧煤约$6.9\times10^8\,t$，等于2002年我国实际燃煤总量的1/2。而且要注意水能是可再生的资源，利用100年相当减少$6.9\times10^{10}\,t$燃煤。这对于大幅度减少温室气体排放意义重大，这不仅仅是对中国，也将是对全球环境保护的重大贡献。

可见，观察和研究筑坝环境影响问题，既要研究自然问题，还要考察相关的社会经济问题；既要研究一条河流、一个流域的问题，更要宏观地研究全球尺度的环境保护问题。也就是在全球自然-社会-经济复合生态系统中考虑我国水电发展和筑坝问题。在各种比选的技术路线中，"两利相权取其重，两害相权取其轻"，寻找相对优化方案。水力发电不污染大气，不产生废料，只要太阳不熄，水能资源不断。毫无疑问，水电是一种可再生的清洁能源。可是，近年来由于国际反对建坝的声浪高涨，在国内外一些有关能源政策的报告中，水电在可再生清洁能源的名单中消失了，这显然是片面的也是不科学的。

3 对筑坝河流进行生态补偿的可行性

不建设大坝或者拆除大坝，并非保护河流生态健康的唯一选择。理论与实践表明，通过工程措施、生物措施和管理措施，对于筑坝河流进行生态补偿，可以在一定程度上避免或减轻大坝对于河流生态系统的胁迫，建设与生态友好的大坝工程是可能的。

3.1 大坝工程项目的环境评估

我国高度重视环境影响评价工作，2003年9月开始实施《中华人民共和国环境影响评价法》（以下简称《环评法》）。《环评法》指出："环境影响评价必须客观、公开、公正、综合考虑规划或者建设项目实施后对各种环境因素及其所构成的生态系统可能造成的影响，为决策提供科学依据。"《环评法》的颁布实施对于建设与生态环境友好的大坝工程具有重要促进作用。当前我国急需按照《环评法》的原则，制定《大坝工程环境影响评价实施细则》，全面规范大坝环评工作。

按照《环评法》规定，环境评价分为两类，一类是区域、流域、海域的建设、开发规划以及包括水利、能源等有关专项规划的环境评价。另一类是建设项目的环境评价。对于大坝工程来说，无论是在河流建设的单座大坝还是梯级开发，建成后对于生态系统的影响范围是全流域的。所以，要按照《环评法》的要求，重视流域规划中河流建坝后环境影响的分析预测和评估，对于全流域各种生境因子和生物因子间的相互关系进行综合、整体研究。

环境评价的时间尺度也很重要。大坝引起河流生态系统的演进是一个动态过程。一些工程案例表明，经过十几年到几十年的时间，大坝对于河流生态系统的影响才逐步显现出来。因此，进行长期的生物、水文监测，掌握长时间尺度的河流生态演变信息，并在此基础上进行动态评估是十分必要的。

大坝环境评价的重点应是筑坝对于河流生态系统的健康和可持续性的影响，内容是对于河流生态系统的结构和功能影响的分析、预测和评估。大坝项目的环境评价应更多地关注生物群落多样性的变化。

目前大坝环境影响评价往往是从个别学科或局部功能的需要出发，孤立地研究水库淹没区的濒危或特殊动植物的保护问题，或者孤立地研究对于水质的影响问题等，缺乏对于生态系统各个组分之间的相互作用，相互联系，相互依存，相互转化的系统评估分析。

《环评法》规定："国家鼓励有关单位，专家和公众以适当的方式参与环境影响评价。"大坝的环境影响评价是一种涉及多专业、多学科和多部门的复杂问题，应该提倡多学科的合作，开展相关的科学研究，摸索规律，提高评估工作的科学性。另外，通过论证会、听证会等多种形式广泛吸收社会公众的积极参与，这将有助于推动重大工程项目决策的科学化民主化进程。

3.2 探索和开发生态补偿技术

50 多年来我国在大中型水电站建设中，客观上存在着重视发电经济效益，忽视河流生态建设问题。当前需要进行调查研究总结经验教训，对于因水电开发引起的河流生态退化原因进行分析，结合借鉴国外经验，探索生态补偿技术措施。关于河流生态受损可以举出的典型例子是四川岷江上游在干支流建设 10 余座水电站，多为引水式，枯水季支流断流，加之两岸森林砍伐，陡坡开荒，形成河床岩石裸露，山体崩塌、滑坡现象屡屡发生，汛期洪水冲刷严重。20 纪 60 年代中期，笔者在当地进行水电工程勘察时随处可见的珍稀哺乳动物、鸟类和鱼类，在这里早已销声匿迹。

从技术层面上看，建有水坝河流的生态建设，主要是通过生态补偿，减轻或缓解河流生态系统的退化。河流生态补偿实际上是一种河流生态恢复行动。所谓"恢复"并不意味着恢复到筑坝以前的状态，这是因为河流生态系统在自然界和人类活动双重作用下始终处于一种动态演进的过程，这种过程是不可逆转的。美国土木工程师协会对于"河流恢复"有以下定义："河流恢复是这样一种环境保护行动，其目的是促使河流系统恢复到较为自然的状态，在这种状态下，河流系统具有可持续特征，并可提高生态系统价值和生物多样性。"[7]生态补偿的方法包括工程措施、生物措施和管理措施[8-9]。河流生态修复的任务有三类：水文条件的改善；河流生物栖息地建设；濒危或特殊物种恢复。总的目的是改善河流生态系统的结构与功能，标志是生物群落多样性的提高[10]。

所谓工程措施，首先需要改进和完善水利水电工程的规划设计方法，使工程在满足人类社会需求的同时，兼顾水域生态系统健康与可持续性需求[11]。水工枢纽不仅要具备预期的发电、防洪、供水等功能，还要具备有利河流动物、植物生存繁衍的功能，建设成与河流生态系统友好的工程。在进行水电工程方案比选时，应优先选用对河流生态系统负面影响较小的方案，比如高坝方案与低坝群组水电站方案比较，尽管前者经济效益指标占优势，但是如果兼顾生态影响，全面权衡利弊就有可能选择后者。同样理由，如果在干流与支流上筑坝进行比选，综合分析的结果可能选择支流筑坝方案。大坝坝址位置的选择，应避免可能造成国家自然保护区或著名自然遗产和文化遗产淹没。在大坝设计中，要在充分研究洄游鱼类习性的基础上设计合理的鱼道，为洄游鱼类的繁衍创造条件。大坝泄水孔口布置要充分考虑水库的温度分层现象，在水库泄水时为鱼类生存提供适宜的水温。大坝是有寿命的，到达其服务年限后，存在着退役拆除问题，以实现水能资源的可持续利用。在大坝设计中应该提前为其拆除退役或替代方案留有余地。生物栖息地建设包括水库库区的水土保持以及地质灾害的防治等，为生态重建创造条件。大坝下游的栖息地建设重点是改善与恢复河流地貌特征的多样性，为恢复生物群落多样性创造条件。河流地貌学特征的改善包括：尽可能保持河流的蜿蜒性，恢复河流的横向联通性，保持河流横断面形态的多样性，防止河床材料的硬质化，采用透水、多孔的护坡结构为鱼类产卵与栖息创造条件。

实施生物措施的基础是建立河流生物监测网络及评估体系，重点工作是濒危、珍稀及特有动植物的保护，恢复库区及下游河道水陆交错带的植被，促进河流廊道形成健全的食物网。管理措施是指在大坝和水电站运行期间的调度方式需兼顾河流生态健康需求。首先，水库调度要保证下游河道有一定的生态用水量，防止河道萎缩和生态退化。在水库泥沙方面，采用"蓄清排浑"方式合理调度水库解决水库泥沙淤积问题，我国已经积累了丰富的经验。今后似应更加关注由于泥沙输移规律的改变，导致附着在泥沙颗粒表面的各种营养物质输移规律的改变，由此造成对于下游水生生物生长的影响问题。另外，水库形成后，传统上按照发电、供水等需求进行调度，使水文周期具有均一化趋势，改变了自然河流年内丰枯变化和脉冲式规律，可能对于水生生物生长造成影响。如何在水库调度中模拟自然水文周期，应是水库调度的重要任务。另外，合理调度水库使泄水水温适合下游鱼类生存，也应是管理的重要课题。进一步讲，如果水库运行管理进步与全流域水环境保护和治污工作全面结合，河流的生态恢复就会有更大的收效。

我国西南地区是水电资源基地，有广泛的开发前景。当前，正处于水电建设高潮。各投资集团和大型企业纷纷介入，出现了一种无序竞争的局面。在经济效益优先思想指导下，仓促立项、仓促上马，对于生态环境影响问题往往论证不足[12]，应引起高度关注与重视。

4 河流生态服务效益价值评估与生态补偿机制

河流生态系统提供的服务功能维持着人类赖以生存的条件，同时还为人类社会提供了各种福利。包括维持生物多样性；提供食品、药品和材料；淡水的净化；水分的涵养与旱涝的缓解；局部气候的稳定；废弃物的解毒和分解；种子的传播和养分的循环；人类审美需求的满足等。这些服务功能一部分是实物型的生态产品，比如食品、药品和材料，其经济价值可以在市场流通中得到体现。另一部分是非实物型的生态服务，包括生物群落多样性、环境、气候、水质、人文等功能。这些功能往往是间接的、却又对人类社会经济产生深远、重要的影响。

长期以来，人们认为河流生态系统的服务功能是大自然的无偿恩赐，是可以免费得到的。人类自认为是地球的宠儿，更是受之无愧。特别是在商品社会中，有形的生态产品还能为人们所重视，而大量的非实物型的生态服务价值往往被忽视。当大规模的治河工程给人们带来巨大的、直接的经济利益时，却发现河流丧失了若干服务功能，这对于人类社会经济的影响可能是间接的，但其后果严重。这部分功能的价值如何计算评估，成为当前可持续发展领域的热点课题[13-14]。国际社会认识到需要深入研究生态系统服务功能的效益，量化其经济价值，同时将其纳入国民经济核算体系，才能显示生态系统为人类提供的巨大贡献。1992 年联合国环发大会（UNCED）通过的《21 世纪议程》明确提出，要开展生态价值和自然资本的评估研究。1994 年我国颁布的《中国 21 世纪议程》提出："将可持续能力纳入经济决策，首先要比较明确地衡量环境作为自然资本的来源以及作为人类活动所产生的副产物的承载体的重大作用。传统的国民经济衡量指标——国内生产总值（GDP）或国民生产总值（GNP）既不反映经济增长所导致的生态破坏，环境恶化和资源代价，也未计及非商品劳务的贡献，……需要建立一个综合的资源环境与经济核算体系来监控整个国民经济的运行。"

　　如果对于河流生态服务功能的价值开展评估并进行量化，以法律的形式纳入国民经济核算体系，其作用巨大。首先，在大型水利水电工程立项决策时，可以全面权衡工程的直接社会经济效益与生态系统服务功能损失之间的利弊得失，以避免为获得直接经济效益的短期行为。其次，也可以促使工程项目业主采取更多的生态补偿措施，缓解对于河流生态系统的胁迫，减少服务功能损失的总价值。最后，这种评估也可以定量地提出工程项目业主应该提供的生态补偿资金数额。

　　在环境保护管理领域，"谁污染，谁付费"的原则，已经得到了国际社会的普遍赞同。参照这个原则，在大坝建设政策方面，建议明确"谁损害，谁补偿"的原则，明确大坝工程业主是负责生态补偿的主体。补偿的标准不仅仅局限在保护濒危、珍稀动植物或者库区植被恢复等资金需要，似应以河流生态系统服务功能损失总价值作为补偿标准的依据。补偿的范围不应仅仅局限于水库和大坝下游局部，应该是针对全流域的。补偿的时间应与大坝寿命一致，也就是说，大坝边运行边补偿。补偿的方式除采取生态工程措施外，还应制定法规，明确规定水库调度方式要有利于河流生物生长繁衍，由此造成的发电量减少的经济损失，也确定为一种补偿方式。

参　考　文　献

［1］　贾金生，等. 2003 年中国及世界大坝情况［J］. 中国水利，2004（13）：25-32.

［2］　潘家铮. 千秋功罪话水坝［M］. 北京：清华大学出版社，2000：10-48.

［3］　潘家铮. 水电与中国［C］// 联合国水电与可持续发展研讨会论文集. 2004.

［4］　董哲仁. 河流形态多样性与生物群落多样性［J］. 水利学报，2003（11）：1-7.

［5］　VANNOTE R L, et al. The river continuum concept［J］. Can J Fish Aqua Sci, 1980, 37: 130-137.

［6］　HART D D, POFF N L. Dam removal and river restoration: special section［J］. BioScience, 2002, 52: 653-747.

［7］　ASCE River Restoration Subcommittee on Urban Stream Restoration. Urban stream restoration［J］. Journal of Hydraulic Engineering ASCE, July, 2003, 491-493.

［8］　BROOKES A, SHIELDS J R. River channel restorstion［M］. John Wiley & Sons, UK, 2001.

［9］　董哲仁. 河流生态恢复的目标［J］. 中国水利，2004（10）：1-5.

［10］　董哲仁. 生态水工学的理论框架［J］. 水利学报，2003（1）：1-6.

[11] 董哲仁. 试论生态水利工程的设计原则 [J]. 水利学报，2004（10）：1-5.

[12] 徐乾清. 水力发电开发应建立在江河综合规划基础上 [C]//联合国水电与可持续发展研讨会论文集. 北京，2004.

[13] COSTANZA R，D'ARGE R，GROOT R D，et al. The value of the world's ecosyatem services and natural capital [J]. Nature，1997，387：253-260.

[14] 徐中民，张志强，程国栋. 生态经济学-理论方法与应用 [M]. 郑州：黄河水利出版社，2003：110-117.

Ecological compensations for damed rivers

Abstract：The stresses of dams on river ecosystems are analyzed based on river continuity characteristics. It is pointed out that the advantage and disadvantage of hydropower should be comprehensively evaluated in the compound ecosystem of nature，society and economy. It is feasible to implement ecological compensations for damed rivers by river restoration engineering. It is suggested to conduct value evaluation of river ecosystem services for decision-making of large hydropower projects and establish compensation mechanism.

Key words：dam；river restoration；ecological compensation；compensation mechanism

怒江水电开发的生态影响*

[摘　要]　论述了发展水电对于减少燃煤、控制温室气体排放的作用，特别强调对于我国这样的燃煤大国所具有的重要环保意义。开发蕴藏丰富的怒江水电资源在全国能源格局中占据重要地位。指出怒江丰富的生物资源的原始性、自然性和独特性使其成为我国生物多样性和天然基因宝库，具有重要的经济价值、环境价值和美学价值。阐述了河流的"连续性概念"（continuum concept），指出河流的连续性，不仅包括水力学、水文学意义上的连续性，还包括营养物质输移、生物群落分布以及信息流的连续性。解决怒江水电开发问题的关键，应该是在可持续发展的原则下，寻找经济发展与生态保护之间的相对平衡点。需要正确面对大坝的生态胁迫问题，积极研究如何对生态系统实行补偿的技术和机制，建设与生态友好的大坝工程。在规划方面，需要合理掌握流域水电开发的程度。在工程技术方面，应研究开发降低大坝的胁迫效应以及对河流生态修复的技术措施。在管理政策方面，需要开展生态价值和自然资本的评估研究，建立生态补偿的合理机制。

[关键词]　怒江；水电；生态；影响；胁迫；补偿

2003年起围绕怒江水电开发的生态影响问题，引起了社会各界的广泛关注和讨论。讨论内容涉及怒江流域的生态价值；大坝建设对于怒江生态系统的负面影响；怒江流域生态保护的策略等问题。本文重点探讨怒江水电开发的生态影响问题。试图把研究问题的尺度放在社会-经济-自然复合生态系统中[1]，立足于我国国情，在经济发展与生态保护中寻求相对合理的、务实的解决方案。

1　开发水电资源的环保意义

我国能源结构不尽合理，各类能源中以煤炭为主，我国是当今世界上最大的燃煤大国。2002年煤炭产量13.8亿t，居世界第一位。燃煤造成了严重的大气污染。全球环境的已经成为国际社会关注的焦点，亟待提高我国参与全球环境变化合作的能力。

按照我国制定的全面建设小康社会的规划，2020年要实现国内生产总值翻两番的目标。据测算，届时国家需电力总装机容量要从目前约4亿kW发展到9.3亿kW，才能满足GDP增长的需求。这个任务是十分艰巨的。一方面能源建设要服从国家的总体发展目

* 董哲仁. 怒江水电开发的生态影响 [J]. 生态学报，2006，26（5）：1591-1596.（据"今日中国论坛"主旨报告整理，2005-08-01）

标，一方面我国将成为世界第一号温室气体排放大国，污染着全球的大气。如何解决？在多种比选方案中，调整我国的能源结构，特别是优先发展水电，是一种最现实和经济的优化选择。从我国的能源资源结构看，水电资源居世界第 1 位，煤居第 3 位，石油第 12 位，天然气第 22 位。我国大陆部分水电的理论蕴藏容量为 6.944 亿 kW，其中技术可开发容量为 5.416 亿 kW。我国水电开发的程度相对发达国家较低，目前仅为 23%。发达国家的水电开发程度已经很高，平均在 60% 以上。其中美国为 82%，加拿大为 65%，德国为 73%。我国具有如此丰富的水电资源，开发水电资源自然成为能源战略的必然选择。如果我国水电总装机从现在的约 1 亿 kW，发展到 2020 年的 2.5 亿 kW，即在电力结构中的比例从 24% 左右增长到 26.8%，届时水力发电相当减少年燃煤 7.5 亿 t，等于 2002 年我国实际燃煤的 54.3%。这对于大幅度减少温室气体排放意义十分重大，不仅仅是对中国，也将是对全球环境保护的重大贡献[2]。而且水电不仅是清洁能源，也是可再生能源，我国今年颁布的《可再生能源法》以立法的形式再次肯定了水能作为可再生能源的优先发展的地位[3]。

按照上述计划，15 年内需增加水电装机 1.5 亿 kW，每年新增 1000 万 kW，其规模相当于不到两年就要建设一座三峡水电站，任务十分艰巨。再来看看怒江的水能资源。怒江发源于青藏高原唐古拉山南麓，流经西藏自治区和云南省流出国境，进入缅甸境内称萨尔温江。我国境内干流长 2020km，流域面积 13.6 万 km²，年径流量 710 亿 m³。怒江上中游地处横断山脉的高山峡谷，干流落差达 4840m，水能资源丰富，全流域水能资源理论蕴藏量达 4474 万 kW，技术可开发量 3200 万 kW，其中干流约 3000 万 kW。由于怒江的落差大，又集中在上中游河段，开发的单位千瓦造价低，可以说是我国的一座水电富矿。开发后除了向我国东部输送电力外，其环保功能也将是巨大的。如果怒江开发 1500 万 kW 的水电，相当可减少年燃煤约 3800 万 t。其环境效益不仅是对于中国，而且也是对全球大气保护的宝贵贡献。

2 怒江流域生态现状

怒江地处横断山脉峡谷，由于印度板块和欧亚板块的撞击，在缝合线上形成南北并列的山脉和峡谷，在纵向形成了生物南来北往的通道。横断山是热带边缘和亚热带的基地上出现的高山，在垂向形成了比较完整的垂直气候带，这对于动植物的生长非常有利。正因为如此，横断山成为我国三大生物物种聚集中心之一。横断山地区位居我国 17 个生物多样性保护关键区之首，在我国生物多样性保护中具有重要的价值。怒江流域的高等植物占全国 20% 以上，包括 200 余科、1200 余属，6000 余种。峡谷区内的珍稀植物资源丰富，属国家级保护的有桫椤、秃杉、贡山厚朴、长蕊木兰、红花木莲、水青树、董棕等 20 余种，省级保护的有 30 多种。怒江流域珍稀的野生稻是我国重要而珍贵的基因库。流域陆生动物较多，有兽类 154 种，鸟类 419 种，两栖类 21 种，爬行类 56 种，昆虫 1690 种，其中有亚洲象、羚羊、雪豹、白眉长臂猿等多种濒危珍稀动物。怒江现有 7 类 48 种鱼，其中 17 种为怒江所特有，角鱼、缺须盆唇鱼、裸腹叶须鱼及长须黑鱼等 4 种鱼类被列入《中国濒危动物红皮书》。怒江流域内有著名的世界自然遗产——"三江并流"，高黎贡山和南滚河两个国家级自然保护区，以及怒江、小黑山和永德大雪山 3 个省级自然保护区。著名的怒江大峡谷、怒江第一湾、石月亮等独特的自然景观，更是显现了自然造化之神奇，具有极高的美学价值。总之，怒江丰富生物资源的原始性、自然性和唯一性使其成为我国生物多样性和天然基因宝库，具有重要的科学价值、经济价值、环境价值和美学价值，保护该区域的生物多样性和遗传基因具有极其重要的意义。

怒江流域地处我国云南和西藏少数民族地区，在流域内涉及的 11 个自治州（区）内，居住着藏族、独龙族、怒族、佤族、傈僳族、彝族、傣族等众多少数民族。其中怒江傈僳族自治州，就居住着 22 个民族，少数民族人口占总人口比重达 92.2%。在高山峡谷生活的各个民族，在特殊的自然、地理、文化背景下，形成了独特的传统文化和习俗。由于流域地处偏远，交通闭塞，科技、教育、文化发展相对落后，制约了经济发展，许多地方至今还保留着原始的生产生活方式。地区经济发展明显滞后，增长速度一直低于全国平均水平。例如地处中游峡谷区的怒江州 50 万人口，所辖 4 县均为国家扶贫开发重点扶持县，农民人均年纯收入仅 970 元。

从怒江流域生态现状看，生态系统面临着严重退化的威胁。20 世纪 50 年代怒江州的森林覆盖率达 53%，经过"大跃进"和"文革"时代的砍伐破坏以及近年来毁林开荒，目前怒江两岸高程 1500m 以下的原始森林已荡然无存，高程 1500～2000m 之间的植被也破坏严重。根据 1999 年详查，仅怒江傈僳族自治州的水土流失面积就达 3933km²，占该州国土面积的 26.75%。

怒江流域生态受到破坏的根本原因是当地的土地资源极度匮乏。中游地区 76% 的面积都是 25° 以上的坡地，水土流失严重，土地贫瘠，耕种困难。人口不断增加，国家生态保护补偿政策不到位，使低水平的生产活动仍然对生态系统造成破坏。另外，流域内大量的泥石流和山体滑坡，也严重威胁着群众的生命安全[4]。

3　大坝对于河流生态系统的胁迫

大坝对于生态系统的作用是双重的，一方面水库为生物生长提供了丰富的水源，也可缓解大洪水对于生态系统的冲击等，这些因素对河流生态系统是有利的。另一方面，大坝对于河流生态系统产生胁迫。大坝拦截水流形成水库，造成了河流的非连续化问题。这里提出河流的"连续性概念（continuum concept）"，借以说明河流生态系统是一种开放的、流动的生态系统，其连续性不仅指一条河流的水力学和水文学意义上的连续性，同时也是对于生物群落至关重要的营养物质输移的连续性[5]。营养物质以河流为载体，随着自然水文周期的丰枯变化以及洪水漫溢，进行交换、扩散、转化、积累和释放。沿河的水生与陆生生物随之生存繁衍，相应形成了上中下游多样而有序的生物群落，包括连续的水陆交错带的植被，自河口至上游洄游的鱼类以及沿河连续分布的水禽和两栖动物等，这些生物群落与其生境构成了具有较完善结构与功能的河流生态系统。研究成果表明，洪水周期变化对聚集在河流周围的生物是一种特殊的信号，这些生物依据这种信号进行繁殖、产卵和迁徙，这表明河流还肩负着传递生命信息的任务。概括地讲，河流是生态系统物质流、能量流和信息流的载体。河流的连续性，不仅包括水流的水力学、水文学意义上的连续性，还包括营养物质输移的连续性、生物群落的连续性和信息流的连续性。大坝将河流拦腰斩断，形成了河流的非连续性特征，改变了连续性河流的规律。

从现象上看，由于大坝蓄水后，河谷变成了水库，原有陆地及丘陵生境被破碎化、片断化，陆生动物被迫迁徙。流动的河流变成了相对静止的人工湖，流速、水深、水温及水流边界条件都发生了变化，水库中出现明显温度分层现象。由于水库泥沙淤积，也截留了河流的营养物质，促使藻类在水体表层大量繁殖，在库区的沟汉部位可能产生水华现象。在热带和亚热带地区的森林被水库淹没后，还会产生大量的二氧化碳、甲烷等温室气体。另外，对于大型水库，由于水库水面蒸发量加大，水热条件改变，河流下垫面条件变化等造成水文循环模式改变，对于局部气候可能会产生影响，对于流域内陆地生态系统也可能产生不利影响。由于水库的水深高于河流，在深水处阳光微弱，光合作用减弱，与河流相比其生物生产量低。对于不设鱼道的大坝对于洄游鱼类是致命的屏障。在大坝下游，因为水流挟沙能力增强，加剧了水流对于河岸的冲刷，可能引起河势变化。由于水库泥沙淤积及营养物质被截流，大坝下游河流廊道的营养物质输移扩散规律也发生改变。这些因素都会使生物栖息地特征发生改变。另一方面，自然河流的水文周期年内有明显的丰枯变化，河流生物同样随之呈现脉冲式的周期变化。而大坝运行期间，水库的调度服从于发电等需求，使年内径流调节趋于均一化，这些都会对河流廊道（river corridor）产生压力[6]。最后，兴建水库造成移民搬迁，淹没文物古迹或改变自然景观，这又涉及社会和文化问题，从宏观上看是造成一种社会-经济-自然的综合问题。

从机理分析看，河流、湖泊和水库都是生物地球化学循环过程中物质迁移转化和能量传递的"交换库"。而在湖泊与水库中往往滞留时间长，一些物质的输入量大于输出量，其滞留量超出生态系统自我调节能力，由此导致污染、富营养化等，这种现象称为"生态阻滞"。由于每一条河流的自然、社会、经济条件不同，建坝以后的环境影响程度也各不相同，需要进行具体分析。

4　怒江水电开发的生态影响

在怒江流域进行水电梯级开发，对生态系统肯定会造成胁迫效应，否认或者讳言这种影响不是一种科学的态度。由于国内目前对于大坝的生态影响问题的讨论，多为抽象的建议和理论上的议论，少有具体的现场观测和分析工作，更缺乏定量的数值模拟和科学试验。加之受到当前科学发展水平和人们认知能力的限制，目前对于怒江水电开发的生态影响缺乏全面、深入的预测和评估。这主要表现在以下 4 个方面：

一是缺乏怒江梯级开发后对于河流生态系统整体影响分析预测和评价，而不仅限于某些珍稀、濒危物种的分析。特别要注重对河流生态系统结构与功能的影响，预测评估河流生态系统的整体变化。研究范围以河流廊道为主，兼顾全流域。

二是缺乏对于怒江的生态价值的定量分析，特别是生态服务功能的定量分析。现在讨论怒江生态保护问题，比较重视经济价值和旅游价值的自然资源。实际上，怒江的生态价值，绝不仅仅局限于在商品经济中可直接利用的价值，它对于气候稳定、水体自净、水土保持等方面的价值更为重要，这些都需要进行研究论证。至于怒江生态系统的非利用价值，还没有触及，包括自然物种和基因库、生物多样性和雄伟奇险的自然景观。

三是缺乏对于筑坝产生的生态响应的长时间尺度分析。筑坝后，泥沙淤积以及河势变化引起的栖息地质量变化、水库运行造成水文周期的人工化对于水生生物的效应等，都是一个缓慢的演进过程，也许需要数十年、上百年或更长的时间逐渐显现。因此需要在长期、系统的生态监测的基础上进行预测和评估。目前，怒江的生物监测工作十分薄弱，尚未建立流域生物监测系统，现有的生物调查资料时间尺度较短。在这样的条件下，进行筑坝后的生态长期影响评估和预测自然是十分困难的。

四是缺乏不同方案的情景分析。对于开发与不开发的生态影响的情景分析比较；如果实施开发，不同的梯级开发布置方案的生态影响的情景分析比较。这些都需要建立水文、水力学因子与生物因子的关系模型，针对水电不同的开发程度，分析不同梯级数目，不同水电站位置和布置方式对于标志性生物的胁迫程度，从而探求优化的开发程度和合理方式。

5　生态补偿技术与机制

在国际资源与环境研究领域有两种对立的理论，一种称之为资源主义（resourcism），主张最大限度持续地开发可再生资源。另一种称之为自然保护主义（preservationism），其主要观点是对于自然界中的尚未开发区域，反对人类居住和进行经济开发。资源主义强调了满足人类经济发展的重要性，却忽视了生态保护对于人类长远利益的作用。而自然保护主义虽然高度重视维护自然生态系统，但是反对一切对自然资源的合理开发利用，其结果往往会脱离社会经济发展的实际而成为空想和空谈[7]。解决难题合理的路线应该是在可持续发展的原则下，寻找发展与保护之间的相对平衡点。在我国近年关于大坝建设利弊争论中，更需要在权衡工程项目的利弊时，"两利相权取其重，两害相权取其轻"，提倡"趋利避害"，不必"因噎废食"，正确面对大坝对于生态的负面影响，积极研究如何对生态系统实行补偿的技术和机制，建设与生态友好的大坝工程。

从规划的层面讨论，先要确定怒江水电开发的合理比例。目前的怒江中下游水电规划报告中推荐松塔等 13 级水电站梯级开发方案，总装机容量 2132 万 kW，已占怒江干流水能技术可开发量的 71%，其值明显偏高。可以预想，各个梯级电站建成后，奔腾的怒江将变成 13 个首尾相接的人工湖，生境条件完全改变，严重的生态阻滞将不可避免。因此，需要重新论证合理的开发比例，留出若干段足够长度的自然河段，以保留河流作为流动生态系统的基本特征。比如开发利用 40% 左右的水能，通过情景分析研究生态响应状况。即便如此，规划也应该分期实施，不宜全面开花。在建成第一座水电站后，加强生物监测和跟踪评估，为规划的动态调整留有余地。与此同时，建议以立法的形式划定哪些河段内永远不得筑坝，也不得成为水库的回水区[8-9]。这些河段包括世界自然遗产区、著名景观河段、重要生物栖息地河段、河流生境多样性集中河段。具体应包括怒江大峡谷、怒江第一湾、石月亮等独特自然景观区以及与国家自然保护区，国家风景名胜区相关的河段。根据我国的《水法》要求，怒江的水电开发规划必须服从怒江水资源综合规划。怒江水资源综合规划应全面统筹水电、防洪、供水和灌溉等多方面资源利用，权衡资源开发与生态保护的关系，协调干流与支流水电开发的关系，避免单一专业规划的片面性。

在工程技术层面，应加紧研究最大限度降低大坝的胁迫效应以及对河流实施生态补偿的技术措施[10]。在水电站结构方面，应吸取岷江等流域引水式电站造成河道生态萎缩退化的教训，尽量避免采用引水式结构。目前规划中的丙中洛电站采用隧洞引水结构方案，将会导致约10km河段断流或基流过小，影响河流生态，不宜采用。另外，在大坝设计中，要在充分研究洄游鱼类的习性的基础上设计合理的鱼道，为洄游鱼类的繁衍创造条件。大坝泄水孔口布置要充分考虑水库的温度分层现象，在水库调度中可以在泄水时为鱼类生存提供适宜的水温条件。生物栖息地建设包括水库库区的水土保持以及地质灾害的防治等，为生态重建创造条件。大坝下游的栖息地建设重点是保护河流的蜿蜒性，断面形态的多样性，特别注意在施工期间的弃土废渣的处理以防止淤塞河道，改变河势[11-12]。

在规划设计阶段就应该做出水库生态调度预案，目的是在水电站运行期间的调度方式需兼顾河流生态健康需求。传统的调度方式是按照发电需求进行水库调度，其结果使水文条件均一化，改变了自然河流年内丰枯变化和脉冲式规律，产生对水生生物生长的不利影响。水库调度还应保证下游河道有一定的生态用水量，防止河道萎缩和生态退化，并且合理调度防止水库淤积[13]。

如何建立生态补偿机制问题？需要建立新的理念，制定新的政策。建议国家以怒江为试点开展生态系统服务价值评估工作。我国当前的情况是，经济发展包括水电开发的效益是有形的，可以用货币定量，而河流生态系统的服务功能是无形的。人们的传统概念认为这是大自然的无偿赐予，是免费获得的，从而对生态的损坏也是抽象的。1992年联合国环发大会通过的《21世纪议程》明确提出，要开展生态价值和自然资本的评估研究。1994年我国颁布的《中国21世纪议程》提出："需要建立一个综合的资源环境与经济核算体系来监控整个国民经济的运行。"建议以这种评估为基础，全面权衡工程的直接社会经济效益与生态系统服务功能损失之间的利弊得失，以避免单纯获得直接经济效益的短期行为[14-15]。

应以法律形式明确谁是负责河流生态补偿的主体，怒江开发可以作为试点工程。在环境保护管理领域，"谁污染，谁付费"（污染者付费）的原则，已经得到了国际社会的普遍认同。参照这个原则，在大坝建设方面，建议明确"谁受益，谁补偿"（受益者补偿）的原则，明确大坝工程业主是负责生态补偿的主体。不能再走"业主经济受益，政府环境善后"的老路。补偿的范围不仅仅局限在保护濒危、珍稀动植物或者库区植被恢复等方面，费用的核算应以河流生态系统服务功能损失总价值作为补偿标准的依据。补偿的范围不应仅仅局限于水库和大坝下游局部，应该是针对全流域的。补偿的时间应与大坝寿命一致，也就是说，大坝边运行边补偿。补偿的方式除采取生态工程措施外，还应制定规章或法规，明确规定水电站应采取生态调度运行方式，有利于河流生物生长繁衍，由此造成的发电量减少的经济损失，也确定为一种补偿方式。

水库移民问题，同样需要在社会-经济-自然综合生态系统中考察，制定合理的政策、标准。要贯彻"以人为本"的方针，建立长效补偿机制，当地居民以其居住权和土地使用权，在实施水库移民后，应在水电企业中占有一定股份，参与年度利润分红。除了足量的经济补偿外，还要按照建设和谐社会要求，充分尊重少数民族的传统、习俗、宗教、文化，心理，尊重他们的居住和迁徙的意愿，给予必要的社会帮助和人文关怀。

最近，国家明确提出了"在保护生态基础上有序开发水电"的方针，应在这个原则的指导下论证怒江水电开发与生态保护问题。如上述，怒江开发的生态影响是一个非常复杂的问题，目前的调查研究和环评工作还远远不能为工程决策提供支撑。当前，亟待开展全面的生态调查，建立生物监测网络系统，进行长期观测。特别是开展大坝生态影响的调查和科学研究，对于水电资源不同的开发程度和开发方式进行模拟分析，借以评估水电开发的利弊得失。同时，积极组织开展生态补偿技术和补偿机制的研究，探索与生态友好的水电建设技术，努力寻求开发与保护的相对平衡点。特别需要组织多学科的专家进行讨论与合作，避免认识的片面性，只有在充分调查、研究、评估和论证的基础上才能做出决策。

参 考 文 献

［1］　马世骏，王如松. 社会-经济-自然复合生态系统［J］. 生态学报，1984，4（1）：6－11.

［2］　董哲仁. 筑坝河流的生态补偿［J］. 中国工程科学，2006，8（1）：5－10.

［3］　潘家铮. 千秋功罪话水坝［M］. 北京：清华大学出版社，2000：10－48.

［4］　长江水利委员会. 正确处理保护与开发的关系，合理开发怒江流域水能资源［J］. 中国水利，2005（4）：1－6.

［5］　VANNOTE R L，et al. The river continuum concept［J］，Can. J. Fish. Aqua. Sci. ，1980，37：130－137.

［6］　董哲仁. 河流形态多样性与生物群落多样性［J］. 水利学报，2003（11）：1－7.

［7］　HART D D，POFF N L，Eds. Dam removal and river restoration：special section［J］. BioScience，2002，52：653－747.

［8］　BROOKES A，SHIELDS JR F D. River Channel Restoration［M］. UK：John Wiley & Sons，2001.

［9］　GERES D. River Restoration 2004［C］// Proceedings 3rd ECRR International conference on River Restoration in Europe，Hrvatske Vode－Croatian Waters，Netherlands，2004：297－315.

［10］　ASCE River Restoration Subcommittee on Urban Stream Restoration. Urban stream Restoration［J］. Journal of Hydraulic Engineering ASCE，July 2003. 491－493.

［11］　董哲仁. 生态水工学的理论框架［J］. 水利学报，2003（1）：1－6.

［12］　DONG Z R. On the design principles eco－hydraulic engineering［J］. Journal of Hydraulic Engineering，2004（10），1－5.

［13］　董哲仁. 莱茵河-治理保护与国际合作［M］. 郑州：黄河水利出版社，2005：127－138.

［14］　COSTANZA R，D'ARGE R，GROOT R D，et al. The value of the world's ecosystem services and natural capital［J］. Nature，1997，387：253－260.

［15］　徐中民，张志强，程国栋. 生态经济学——理论方法与应用［M］. 济南：黄河出版社，2003：110－117.

Ecological impacts of hydropower development on the Nujiang River，China

Abstract：The ecological impacts of the Nujiang River hydropower development have been intensively debated in China in recent years. It is a complicated problem that involves both socioeconomic development and environmental protection，and hence needs to be investigated and evaluated in the context of the nexus of society, economy, and nature. This paper discusses the effects of reducing coal – burning and greenhouse gas emission through hydropower development, emphasizing its significance for environmental protection in a large coal – consuming country such as China. The Nujiang hydropower development plays an important role in the energy supply of China.

This paper first introduces the ecological status of the Nujing River Basin and then describes the unique nature of the rich bio – resources in the basin that make it an invaluable national reserve of biodiversity and pristine genes. Its importance is derived from its high economic, environmental and aesthetic values. Many minorities with unique traditional cultures and habits live in the mountains and valleys along the Nujiang River. The economies of those regions are rather underdeveloped for various reasons. Most regions along the middle and upper reaches of the Nujiang River are poor. Farming activities on steeply sloping land and deforestation have caused severe soil erosion and forest damage.

This paper utilizes the "continuum concept" of rivers, illustrating that the continuum of a river implies not only hydraulic and hydrologic continuity but also that of nutrient transport, biological communities, and information flow. Dam construction creates discontinuities on a river, changing its previous characteristics. Reservoir operation alters the natural hydrological regime characterized by wet and dry cycles. These changes introduce a variety of new stresses to the river, resulting in damaged biological habitats, reduced biodiversity and degraded ecological systems.

At present, environmental assessments of the Nujiang River hydropower development are inadequate, lacking systematically monitored data and in – depth research, and involving little forecasting analysis. The following activities are urgently needed: comprehensive analysis, prediction and assessment of hydropower cascade impacts on river ecological systems (not just a limited analysis for a few endangered species); quantification of the ecological value of the Nujiang River, in particular, its ecological service functions; evaluation of long term ecological responses to dam construction; scenario analyses for building and not building dams, various configurations of cascade, and different dam layout plans. Decisions about hydropower development in the upper and middle reaches of the Nujiang River must be made on the basis of in – depth study and assessment.

The key to the Nujiang River hydropower development problem is to find the best tradeoff between economic development and ecological protection based on the principles of sustainable development. It will be necessary to cope with the ecological stress associated with dam construction, to study the techniques for and processes of ecological compensation, and to construct ecologically friendly dams. Hydropower development needs to be managed at an appropriate level in the planning hierarchy. Techniques for alleviating the ecological stresses of dams and restoring river ecological systems should be studied and developed. At the management and policy level, valuation of ecological systems and natural capital needs to be further investigated so as to establish an appropriate mechanism for ecological compensation.

Key words: Nujiang River; hydropower; ecosystem; impact; stress; compensation

维护河流健康与流域一体化管理*

[摘 要] 河流健康的概念既强调了保护河流生态系统的重要性，也承认人们适度开发水资源的合理性。把维护河流健康作为流域管理的战略目标是管理理念的重大突破。维护河流健康不仅需要工程技术的支持，也需要进行立法和机制体制改革，实行流域一体化管理。

[关键词] 河流健康；生态价值；一体化管理

我国经过 50 余年对河流大规模的开发建设以后，开始重新思考河流的价值，探求人与自然和谐的发展道路，维护河流健康已经开始成为水资源管理的重要战略目标。

1 河流是人类社会与生态系统共享的资源

水，是人类社会发展最重要的不可替代的自然资源，水又是生态系统须臾不可或缺的生境要素。无论是人类社会系统还是自然生态系统，对于河流都存在着高度的依赖性。河流不但哺育了自古就"择水而居"的人类，河流也是数以百万计的生物物种的栖息地。河流、湖泊、湿地、洪泛平原、河口与生物群落和人类社会交织在一起形成了河流生态系统。河流生态系统为当代人类提供了生态服务功能，这包括河流直接提供的食品、药品和工农业所需材料，间接功能包括河流水体的自我净化功能；水分的涵养与旱涝的缓解功能；对于洪水控制的作用；局部气候的稳定；各类废弃物的解毒和分解功能；植物种子的传播和养分的循环以及江河内在的巨大美学价值。从长远看，河流还留给子孙后代各种自然物种和生物多样性等，这些宝贵的财富，为人类的可持续发展提供了基础条件。工业社会以来人类的大规模开发活动对于河流生态系统形成了胁迫，反过来，河流生态系统的退化会直接或间接损害人类的利益。

如何正确对待河流生态系统？现代生态学理论已经摒弃了曾经流行的"维持生态平衡"观念，而单纯的"保护生态"理念也已经被淡化。这些传统理念之所以被改变，有两层含意。第一点认为生态系统始终处于一种动态的演替过程中，变化是绝对的，而平衡和稳定是一种例外，所以人们要适应变化。第二点认为，要承认在生态系统承受能力的范围内人类合理开发自然资源的合理性，同时要认识到当代人类活动是对生态系统的主要胁迫因子之一，需要主动对生态系统进行修复和补偿，以维护生态系统的完整性和可持续性。简言之，即水资源的开发与生态系统保护应该并重。现在，趋于成熟的理念更多提倡对生态系统的一体化管理，在自然—社会—经济复合生态系统中探讨社会系统和自然系统两者

* 董哲仁. 维护河流健康与流域一体化管理 [J]. 中国水利，2006 (11)：23-25.

的可持续发展，以实现人与自然的和谐。

2 河流健康的内涵

2.1 管理理念的重大突破

在新的生态理念的引导下，国际资源环境学术界对于河流的评价方法从传统的单纯水文评价，扩展到包括水文、水质、生物栖息地质量、生物指标等综合评价方法，相应出现了"河流健康"的概念[1]。河流健康概念是河流管理的工具。河流健康评价是试图建立起一种基准状态，由这个基准出发来评价河流出现的长期变化，判断在河流管理过程中产生的影响。

在我国河流管理工作中提出河流健康的概念，其意义远远超过改善河流评价方法的范畴。近年来，水利部提出把维护河流健康作为水资源管理的重要目标。这说明河流的管理者正在实现从传统的水资源开发利用向资源开发与生态保护并重的战略转移，这是管理理念的重大突破。

2.2 健康工作河流

科学界普遍认为近一二百年人类大规模的经济活动是损害河流生态系统健康的主要原因。人类活动对于河流生态系统的胁迫主要来自以下几个方面：①工农业及生活污染物质对河流造成污染；②从河流、水库中超量引水，使得河流本身的流量无法满足生态用水的最低需要；③土地利用方式的改变，农业开发和城市化进程改变了河流水文循环的条件，对湖泊、河流滩地的围垦挤占水域面积，上游毁林造成水土流失，导致湖泊、河流的退化；④在河流、湖泊和水库中，不适当地引入外来物种造成生物入侵，引起生态系统的退化；⑤水利工程对于河流生态系统的胁迫，表现为栖息地质量的降低。

一些学者将河流恢复的目标定位在恢复到河流的原始状态；而将河流保护的目标定位在保护原生态河流，反对任何开发活动。有的学者指出"生态健康是一种生态系统的首选状态，在这种状态下，生态系统的整体性未受到损害，系统处于沉睡的、原始的和基准的状态"[2]。

但是，对于河流的大规模开发利用，已经彻底地改变了河流的原始面貌。在我国经过几千年的治理，几乎很难找到没有人类活动痕迹的自然河流，建立原生态的河流基准点已经不可能，何况即使建立起了人类活动干扰前的自然河流基准点，人们也无法以此作为健康标准进行修复。这是由于河流生态系统始终处于一种动态的演进过程中，河流系统永远不可能返回到原始的健康状况。

国际水资源管理领域对于河流健康的概念有多种定义和表述，笔者认为"健康工作河流"的概念更具有实用性从而值得借鉴。"健康工作河流"（health working river）的概念来源于澳大利亚的墨累河（River Murray）的环境评价工作（MDBC，2003）。"健康工作河流"的概念提供了一种社会认同的、在河流生态现状与水资源利用现状之间的进行折中的标准，力图在河流保护与开发利用之间取得平衡。"健康工作河流"概念的关键点是，被管理的河流是在一种合适的工作水平上，又处在一种合适的健康状态。所谓"工作"是指供水、发电、航运及旅游等具有经济效益的功能；"工作水平"是可以用水文及水质参数定量规定的，如防洪安全水位，供水及灌溉安全，河道侵蚀或淤积程度，水库蓄水量等。在管理过程中，一旦发现河流低于健康工作水平就会给管理者一种预警信息。

提出"健康工作河流"概念的意义在于，它既强调保护和恢复河流生态系统的重要性，也承认了人类社会适度开发水资源的合理性；既划清了与主张恢复河流到原始自然状态、反对任何工程建设的绝对环保主义的界线，也扭转了"改造自然"、过度开发水资源的盲目行为，力图寻求开发与保护的共同准则。

2.3 健康河流理念在中国

由于河流健康对于我国水利界是一个新概念，如何结合我国国情准确把握这个概念，促进河流生态建设，有若干问题需要探讨。

（1）我国当前维护河流健康的首要任务是治污。根据《2003年全国水资源质量公报》，在评价的河长 134593km 中，Ⅰ类水占 5.7%，Ⅱ类水占 30.7%，Ⅲ类水占 26.2%，Ⅳ类水占 10.9%，Ⅴ类水占 5.8%，劣Ⅴ类水占 20.7%。江河水体污染主要是有机污染，主要超标项目是氨氮、高锰酸盐指数、化学需氧量、五日生化需氧量和挥发酚等。工农业及生活废水污染是河流健康的最大威胁。现阶段我国维持河流健康的首要任务是水污染的治理与控制。在治理策略方面，强化末端治理同时加强源头预防和全过程控制，提倡清洁生产和探索循环经济的实践。

（2）遵循河流保护发展阶段的一般规律。制定我国河流环境保护战略，有必要研究和借鉴发达国家河流保护的经验教训，特别需要研究其河流环境治理的发展历程。西方发达国家针对二战后工业急剧发展造成的水污染问题，从20世纪50年代开始了以水质恢复为中心的河流保护战略行动。经过30多年的不懈努力，到80年代初河流污染问题得到基本缓解，开始了以河流生态修复为中心的战略转移。包括生物栖息地建设，恢复河流的生物群落多样性等，其目标是恢复河流生态系统的结构和功能。从西方国家的发展阶段看，综合污染防治在先，河流生态建设在后，治污是河流生态恢复的前提和基础。

我国与发达国家在河流保护方面的差距至少有50年。这是因为我国江河湖库水质恶化趋势未能得到有效遏制，我国河流保护工作总体处于水质改善阶段，在治污方面还要走很长的路，全面进入河流生态恢复建设尚待日时。总之，改善河流生态状况的根本措施是治污，超越治污阶段试图改善河流生态状况的努力必然会事倍功半或归于失败。

（3）对于为改善生态的跨流域调水工程要持慎重态度。维护河流健康的工程技术措施是多方面的，这包括水质的改善，最低生态需水量的保持，水文周期条件的自然化，河流地貌条件的恢复，生物栖息地质量的提高，生物群落多样性的恢复等。保持生态需水量是其中的一个措施而不是全部措施。"有水就有生态"的提法是有特定条件的。实践证明，靠增加水量改善生态对于沙漠绿洲生态系统和湿地生态系统会有明显效果，而对于工业污染严重、人口密集地区效果不显著，或者带有暂时性。最近，有些流域、省（自治区）正规划兴建大规模跨流域调水工程，以解决河湖污染问题。这些调水工程的立项需要反复论证，慎之又慎。特别需要深入研究跨流域调水工程对受水区和调水区生态系统的长远影响，深入研究打破各个流域生态系统之间的现存格局可能出现的变化。

（4）对于我国现阶段维护河流健康的建议。在维护河流健康方面结合我国国情建议开展以下工作：①加强对河流生态状况的综合监测和动态评价，研究河流生态系统的演进趋势；②研究制定河流生态恢复的中长期规划的方法和示范；③加强新建水利水电工程的环境影响评价；④加强湖泊水库和河口湿地的生态保护；⑤研究水库的生态调度方法；⑥开展中小型河流生态修复工程试点等。

3 3E——水资源一体化管理理念

3.1 什么是水资源一体化管理

工程技术是实现维护河流健康目标的重要手段，但不是唯一的手段。保护河流的工作不可能仅靠工程技术就可以实现，而是需要综合包括立法保障、执法监督和机制体制的改革，特别是推行水资源的一体化管理等一系列措施，通过综合论证，形成战略性的框架规划才有可能达到预定的目标。

水资源一体化管理理念，是在《都柏林原则》和1992年在里约热内卢召开的联合国环境与发展大会通过的《21世纪议程》的精神指导下提出的。它的表述如下：

水资源一体化管理，是以公平的方式，在不损害重要生态系统可持续性的条件下，促进水、土及相关资源的协调开发和管理，以使经济和社会财富最大化的过程。

简言之，就是在经济发展（economy）、社会公平（equity）和环境保护（environment）这3E间寻求平衡。其中"经济和社会财富的最大化"的核心是提高水资源的利用效率。社会公平的目标是保障所有人都能获得生存所需要的足量的、安全的饮用水的基本权利，特别要关注贫困人口的饮水安全问题。"不损害重要生态系统可持续性"的原则，主要是确定河流开发的限度，充分考虑维护河流的健康和可持续性。

3.2 保护河流生物群落多样性

上述"不损害重要生态系统可持续性"原则，需要保证河流生态系统具有足够的恢复力以面对来自自然界和生态系统两方面的胁迫。所谓恢复力（resilience）是指胁迫消失后系统克服干扰及反弹回复的容量。具体指标是对干扰的恢复效率及对干扰的抵抗力。如果恢复力降低到一定程度，生态系统失去了"弹性"，脆弱性增强，干扰就变得不可逆转，引起生态系统退化。恢复力相当于一种缓冲器，它是通过生物群落多样性起作用的。生物群落多样性越高，系统对于干扰的抵抗力以及干扰后的恢复力就越强。因此，维护生物群落多样性是维护河流健康的重要目标。

为保护河流生物多样性，作为流域管理的目标，要确定水资源开发的合理程度，保证最低生态需水量；确定水电资源开发的合理程度，科学布置河流的梯级开发模式，保证河流一定的连续性（continuum）；确定治污的水质目标，防止水污染；确定提高生物栖息地质量的目标，维持河流地貌特征的多样性，防止河流的渠道化；确定濒危和珍稀生物的保护目标，维护生态系统的完整性。

3.3 建立维护河流健康的共同参与机制

水资源一体化管理强调以流域为单元的水资源管理。在流域内以水文循环为脉络，强调在各个水文环节的一体化管理。这包括上中下游和左右岸、河流径流（蓝色水）与土壤水（绿色水）、地表水与地下水、水量与水质、土地利用与水管理等的一体化管理。

　　维护河流健康，不仅需要工程技术的支持，更重要的是政策、管理以及体制和机制的改革。在处理开发与保护、不同开发目标之间利益冲突时，需要建立解决矛盾的协调机制和评价体系。维护河流健康，必然涉及政府各个部门，包括经济计划、水利、环保、国土资源、林业、农业、交通、科技、旅游等部门，需要跨部门的合作。水资源的开发与生态保护应建立在共同参与的基础上。共同参与应包括政府部门、流域管理机构、规划部门和各个层次的用水户代表。建立各利益相关者的协调机制是共同参与的保障。水环境治理和维护河流健康关系到流域环境质量和人居环境，与全流域居民的切身利益息息相关。水资源的开发与保护涉及不同的利益集团和社会公众利益，需要建立一种协商机制，在河流的开发者、保护者及社会公众之间达成健康标准的共识，形成一种被各方可以接受的折中方案。需要扩大公众参与的范围和深度，保障公众的知情权、参与权和决策权。参与方式包括发布河流环境与生态状况公报，公众参加立法、决策、规划、立项等各类听证会和咨询会等。维护河流健康工作还应包括在社会上传播促进人与自然和谐的先进理念，对于青少年进行热爱自然、亲近自然的河流生态知识的普及教育。

参 考 文 献

[1] SCRIMGEOUR G J，WICKLUM D. Aquatic ecosystem health and integrity：problem and potential solution [J]. Journal of North American Benthlogical Society，1996，15（2）：254 – 261.

[2] KARR J R. Ecological integrity，and ecological health are not same [M]. In Schulze P. C. （ed），National Academy of Engineering，Engineering Within Ecological Constraints. National Academy Press，Washington，DC，1996：97 – 109.

[3] LADSON A R，WHITE L J. Measuring stream condition [M]. In Brizga S，Finlayson B. River Management，The Australasian Experience. John Wiley and Sons，Chichester，2000：265 – 285.

[4] MALIN Falken. Water Management and Ecosystems：living with Change [D]. Global Water Partnership Technical Committee Background Papers No9，2003.

[5] 董哲仁. 河流保护的发展阶段与思考 [J]. 中国水利，2004（17）.

[6] 董哲仁. 河流健康的内涵 [J]. 中国水利，2005（4）.

[7] 董哲仁. 国外河流健康评估技术 [J]. 水利水电技术，2005（11）.

Sustaining health of rivers with integrated river basin management

Abstract：The concept of healthy rivers lays emphasis on the importance of protection of river ecosystem and also accepts the rationality of appropriate development of water resources. It is a major breakthrough of defining sustaining health of rivers as the strategic target of river basin management. Sustaining health of river basins not only needs engineering and technical support，but also reforms of legislation and institutional system as well as integrated river basin management.

Key words：health of rivers；ecological value；integrated management

水利工程经济效益与生态功能
综合评价的矩阵方法 *

[摘　要]　本文介绍了现存的河流生态功能评价的多种方法以及水利工程经济效益评价所包括的内容，这两种评价都是以评分的方式表达的。本文在此基础上提出了对于工程经济效益与生态功能进行综合评价的数学方法。首先建立综合评估矩阵，然后对于全部矩阵元素按照人类社会和生态系统需求的双重准则进行区域划分，在确定矩阵元素下标后，对评价对象进行状态定位，从而获得综合评价结果。文中还给出了算例。

[关键词]　经济效益；生态功能；综合评价函数；评价矩阵

　　水利水电工程经济效益和生态功能综合评价的原则是既承认适度开发水利水电资源的合理性，也承认减轻对于河流生态系统干扰以及进行生态补偿的必要性。其目的是在人类社会需求与河流生态系统需求之间权衡利弊，探求在经济发展与生态保护二者间合理的平衡点。

1　建立综合评价方法的目的

　　建设与生态友好的水利水电工程，需要对于工程的经济效益和生态功能进行综合评价，以实现既能满足人类社会需求又能兼顾河流生态系统健康与可持续性需求的目标[1]。这种评价的作用有两种，一是用于水利水电工程建设立项论证，以确定水资源开发利用与河流生态系统保护之间的相对关系，权衡开发与保护的利弊；二是用于水利水电工程建设的后评估，对于工程的经济效益与工程建成后的生态功能进行综合评价，以确定是否需要进行河流生态修复，或者研究是否需要放弃某些经济利益换取生态功能，比如进行水库生态调度时放弃一定的发电效益换取河流生态功能改善。在进行经济效益与生态功能的综合评价时，需要建立一套指标体系，并且力求评价定量化。国外现有的经济效益-生态功能综合评价方法是进行描述和图形表示，缺乏定量的方法[2]。本文的目的是建立一种数学表达方法，以求实现经济效益-生态功能综合评价的定量化。

　　所谓满足人类社会需求，是指该项工程所具备的功能可以满足经济发展需要，其范围包括防洪、发电、灌溉、供水、航运等。在进行工程建设的后评估时，满足人类社会需求的程度可以用工程的实际效益与工程效益设计指标进行比较，比如实际年发电量、实际总灌溉面积、实际供水保证率、实际过船吨位和年运量等，这些指标与设计指标比较，可以

* 董哲仁. 水利工程经济效益与生态功能综合评价的矩阵方法［J］. 水利学报，2006，37（9）：1038-1043.

定量确定满足人类社会需求的程度。在评价中可以用定量记分方法表示，建议记分时设定 3 个等级，它们分别为：经济效益不满意、经济效益可以接受和经济效益满意。比如某一个以灌溉为主要目的的水库和灌溉系统项目，建成后经过后评估，灌溉面积达到设计面积的 75%，记分评定经济效益为"可以接受"等级。

2　河流生态功能评价方法介绍

河流生态系统的功能评价需要建立综合的评价体系，其目的是评价在自然力与人类活动的双重作用下，河流生态系统演替的变化趋势[3]。对于建设有水利工程的河流，在较短的时间尺度下，重点是评价工程对于河流的生态影响[4-6]。河流生态功能评价的内容一般包括以下 4 个方面内容：①物理-化学评价；②生物栖息地质量评价；③水文评价；④生物评价。

物理-化学评价中的物理量测参数包括流量、温度、电导率、悬移质、浊度、颜色。化学量测参数包括 pH 值、硬度、盐度、生化需氧量、溶解氧、有机碳等。传统意义上的水质评估已有较为成熟的技术方法，河流健康评估中物理-化学评估更侧重于分析物理-化学量测参数对河流生物的潜在影响[7]。

生物栖息地质量评价的主要内容是评估河流的物理-化学条件、水文条件和河流地貌学特征对于生物群落的适宜程度。生物栖息地质量的表述方式，可以用适宜的栖息地的数量表示，或者用适宜栖息地所占面积的百分数表示，也可以用适宜栖息地的存在或缺失表示。评价内容包括：河流地貌特征；岸坡稳定性；渠道化程度；河道构造；岸边植被状况；河流周围社会经济发展状况及城市化等。

美国《栖息地评估程序》HEP（habitant evaluation procedure）和《栖息地适宜性指数》HSI（habitat suitability index,）是美国鱼类和野生动物服务协会（1980 年，2000 年）颁布的[5]。它提供了 150 种栖息地适宜性指数（HSl）标准报告。HIS 模型方法认为在各项指数与栖息地质量之间具有正相关性。HSI 模型包括 18 个变量指数，并认为这些指数可以控制鲑鱼在溪流生长栖息的条件，这些指数是：水温，深度，植被覆盖度，DO，基质类型，基流/平均流量等。栖息地适宜性指数按照 0.0～1.0 范围确定。

美国环境署（U. S. E. P. A）提出的《快速生物评估草案》RBP（rapid bioassessment protocol）是一种综合方法，涵盖了水生附着生物、两栖动物、鱼类及栖息地的评估方法[8]。栖息地评估内容包括：①传统的物理-化学水质参数；②自然状况定量特征，包括周围土地利用、溪流起源和特征、岸边植被状况、大型木质碎屑密度等；③溪流河道特征，包括宽度，流量，基质类型及尺寸。这种方法对于河道纵坡不同的河段采用不同的参数设置。

在调查方法中还包括栖息地目测评估方法。RBP 设定了一种参照状态，称为可以达到的最佳状态，通过当前状况与参考状况总体的比较分析，得到最终的栖息地等级，反映栖息地对于生物群落支持的不同水平。对于每一个监测河段等级数值范围 0～20，20 代表栖息地质量最高。

美国陆军工程师团《河流地貌指数方法》HGM（hydrogeomorphic）侧重于河流生态

系统功能的评估[9]。在这种方法中列出了河流湿地的 15 种功能，共分为 4 大类：水文（5 种功能）；生物地理化学（4 种功能）；植物栖息地（2 种功能）；动物栖息地（4 种功能）。

水文评价既包括传统的水文参数评价，也包括水流的季节性特征和水文周期模式、基流、水温、水位涨落速度等，重视这些因素的变化对于鱼类和其他生物的栖息繁衍产生的影响。造成这些因子变化的原因包括土地使用方式变化、水库径流调节、水力发电泄流等。水文条件的变化对于河流生态系统结构与功能产生重要影响。因此，需要研究泄流全过程，以便认识相关的生态演替和地貌演变的全过程，同时需要建立河流水文特性与生态响应之间的关系，特别是水流变动性与生态过程的关系。

从生态角度评估水流的模式变化，可以采取简化的方法，把长时间的水流过程分解成为对于河流地貌和河流生态系统产生重要影响的若干部分或事件。这包括下列方面：断流，基流，维持水质需要水流，分别对于河流地貌和生物群落具有意义的水流现象。对应于以上 5 方面，相关考虑水位、频率、持续时间、发生时机和变化速率。一些研究者在分析保护珍稀物种所需要的水文条件的基础上，认为影响河流生态和河流地貌的最重要因素是流速变化和水流变动性。

《修订的年径流偏离比率方法》AAPPD（amended annual proportion now deviation）是由 Ladson（1999）先提出来的，后又经修正完善。这种方法以月径流为基础，用实际状况与参照状况月平均径流之比率表示。其后他又进行了修订，建议建立径流变动指数，用于描述鱼类多样性相关关系。澳大利亚在执行 ISC（河流状况指数）中使用这种方法时，AAPED 的记分标准范围为 0～10。后来，又增加了两个二级指数：①即考虑城市化造成流域渗透性变化引起日径流变动；②由于水电站发电峰值引起的日径流变动。

生物评价具体是分析水文条件、水质条件和栖息地条件的变化对于河流生物群落的影响程度。可能产生的变化包括：河流生物群落物种成分变化；栖息地生物优势种群的变化；物种枯竭；整个种群死亡率；生物行为变化；生理代谢变化；组织变化和形态畸变等。基本评价方法是选择几种标志性的物种与参照河段的生物状况进行对比，以记分的方式进行评价。

欧洲有上百种生物评估方法，2/3 是基于大型无脊椎生物。采用较多的是"生物参数法"（biotic parameters）和"生物指数法"（bioindicators），从 2000 年 12 月起执行的《欧盟水框架指令》（*EU Water Framework Directive*）具有代表性。《欧盟水框架导则》的定位是"在成员国开展河流生态状况评估的方法框架"，这个标准提出了较为完整的准则和方法[10-11]。这个文件规定的生物评价内容包括：物种多样性；生物指数；河流生物群落代谢；大型植物群落结构；鱼类群落结构等。

生物评估的目的是确认河流的生物状况。具体是分析水文条件、水质条件和栖息地条件发生变化对于河流生物群落的影响程度。可能产生的变化包括：水域生物群落物种成分变化；栖息地生物优势种群的变化；物种枯竭；整个种群死亡率；生物行为变化；生理代谢变化；组织变化和形态畸变。基本评估方法是与参照河段的生物状况进行对比，以记分的方式进行评估。"参照河段"一般选取水质、河流地貌以及生物群落基本未受到干扰的河段。人们认识到，如果对于河流所有的生物群落成分进行监测取样是不现实的，变通的办法是选择几种标志物种。在选择具体标志性物种时，往往在藻类、大型无脊椎动物和鱼类中选择最适合的物种。

对于以上 4 个方面的评价内容进行综合评价，最后按照定量记分方法给出一个河流生态系统功能评价指数，比如采取 100 分制或 10 分制。对于各种记分制，建议设定为 3 个等级，分别为：生态系统不满意、生态系统可以接受和生态系统满意。比如，以灌溉为主要目的的水库和灌溉系统项目，建成后经过后评估，由于水库出现富营养化，加之水库下游灌溉超量用水，河流间断性干涸，造成河流廊道的生态系统退化。经评价记分列为"生态系统不可接受"等级。这样综合评价结果是"经济效益可以接受，生态系统不可接受"。针对这个评价结果就可以权衡人类社会需要和生态系统需要之间的利弊得失，需要推动农业节水工作，调整水库运用方式，库区的生态修复等措施，寻求既满足灌溉需求又兼顾生态需求的技术措施和管理方案。

3　综合评价矩阵的建立和分区

定义坐标轴 f 为工程经济效益，坐标轴 e 为河流生态功能。

在 f-e 平面上定义 $F(f,e)$ 为综合评价函数，f 为经济效益指数，e 为生态功能指数，分别是经济效益和生态功能评价的定量评价结果。设 f 取 n 记分制，e 取 m 记分制，（如 10 分制、100 分制等）。

在综合评价函数 $F(f,e)$ 中

$$0 < f \leqslant n, 0 < e \leqslant m \tag{1}$$

在 e-f 平面上将由 f 轴，e 轴，$f=n$，$e=m$ 所包围的面积划分为 $m \times n$ 个单元，每个单元用元素 a_{ij} 表示，形成了一个 $m \times n$ 阶矩阵 $\boldsymbol{A}$。

定义 $\boldsymbol{A}$ 为评价矩阵，a_{ij} 为评价矩阵的元素，i，j 为下标，为整数。为适应 e 轴坐标方向，第一行位于矩阵的下方，行数自下向上记数。则

$$\boldsymbol{A} = (a_{ij}) = \begin{bmatrix} a_{m1} & a_{m2} & \cdots & a_{mn} \\ \vdots & \vdots & & \vdots \\ a_{21} & a_{22} & \cdots & a_{2n} \\ a_{11} & a_{12} & \cdots & a_{1n} \end{bmatrix} \tag{2}$$

如图 1，在 f 轴上定义 f_1 为经济效益可以接受的起点，f_2 为经济效益满意的起点，反映了人类社会的需求。在 e 轴上定义 e_1 为生态系统可接受的起点，e_2 是生态系统满意的起点。如上述，$f_3 = n$ 是经济效益满意的最大值，$e_3 = m$ 是生态系统满意的最大值。

如图 1，在由 f 轴，e 轴，$f=n$，$e=m$ 所包围的面积上划分 9 个区域，表示为区域 Ⅰ～Ⅳ，依次定义为：人类社会与生态系统均不接受；生态系统可接受，人类社会不可接受；人类社会可接受，生态系统不可接受；生态系

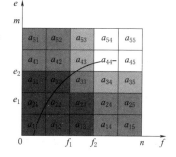

图 1　在 f-e 平面上的特征分区

统满意，人类社会不接受；人类社会满意，生态系统不接受；生态系统可接受，人类社会可接受；生态系统满意，人类社会可接受；人类社会满意，生态系统可接受；生态系统和人类社会都满意（表1）。通过这种分区可以对水利工程经济效益和生态功能进行综合评价。

在表1中，区域Ⅰ和Ⅸ是2个极端状况，区域Ⅰ是工程经济效益低下，而工程又对河流生态系统造成了严重胁迫，其结果是人类社会和生态系统均不能接受，工程建设失败，这在我国水利建设历史上也有个别案例。区域Ⅸ是人类社会和生态系统都满意的理想状况，在区域Ⅰ和区域Ⅸ之间还存在着7种复杂的情况。比如上述某灌溉工程的案例在图1中的位置应在区域Ⅲ，属于人类社会可以接受而生态系统不可接受的类型，这种状态反映了在处理开发与保护的关系上出现失衡需要调整，宜着手研究生态修复的措施，遏制生态退化的趋势。

表 1 经济效益与生态功能综合评价分区

区域定义	Ⅰ	Ⅱ	Ⅲ	Ⅳ	Ⅴ	Ⅵ	Ⅶ	Ⅷ	Ⅸ
生态系统不接受	√		√		√				
生态系统可接受		√				√		√	
生态系统满意				√			√		√
人类社会不接受	√	√		√					
人类社会可接受			√			√	√		
人类社会满意					√			√	√

为确定工程当前的综合状况，就需要确定综合评价函数 $F(e, f)$ 落在图1的哪个区域，这可以通过已知的 e 和 f 值，用下式确定矩阵元素 a_{ij} 的下标。

$$e \leqslant i < e+1, f \leqslant j < f+1 \tag{3}$$

矩阵元素 a_{ij} 确定后即可按照表2确定 a_{ij} 所在区域位置。对于 m，n 值较大的矩阵，可以用计算机对于 a_{ij} 的位置进行识别。

表 2 各分区中元素 a_{ij} 的下标

分区类别	下标区间	分区类别	下标区间
Ⅰ	$0 < i \leqslant e_1$，$0 < j \leqslant f_1$	Ⅵ	$e_1 \leqslant i \leqslant e_2$，$f_1 \leqslant j \leqslant f_2$
Ⅱ	$e_1 \leqslant i \leqslant e_2$，$0 < j \leqslant f_1$	Ⅶ	$e_2 \leqslant i \leqslant m$，$f_1 \leqslant j \leqslant f_2$
Ⅲ	$0 < i \leqslant e_1$，$f_1 \leqslant j \leqslant f_2$	Ⅷ	$e_1 \leqslant i \leqslant e_2$，$f_2 \leqslant j \leqslant n$
Ⅳ	$e_2 \leqslant i \leqslant m$，$0 < j \leqslant f_1$	Ⅸ	$e_2 \leqslant i \leqslant m$，$f_2 \leqslant j \leqslant n$
Ⅴ	$0 < i \leqslant e_1$，$f_2 \leqslant j \leqslant n$		

因为河流生态系统的演替是一个动态过程，水利工程经济效益和生态功能的综合评价也应该是动态进行的。在水利工程投入运行后，应对工程进行跟踪式的综合评价。如果把历年的各坐标点连接起来就可以绘制评价函数 $F(e, f)$ 的曲线，从而掌握生态演替和工程经济效益变化的发展趋势。图1中的曲线表示经过6年综合评价获得的评价函数 $F(f, e)$ 的示意图。

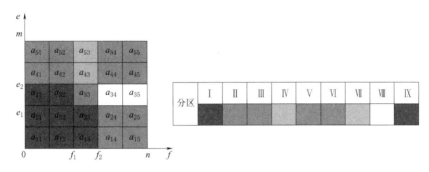

图 2　评价矩阵和特征分区

表 3　　　　　　　　　　分 区 及 矩 阵 元 素

区域编号	区域定义	矩阵元素	区域编号	区域定义	矩阵元素
I	生态和人类社会均不接近	a_{11}，a_{12}，a_{21}，a_{22}	VI	生态接受，人类社会接受	a_{33}
II	生态接受，人类社会不接受	a_{31}，a_{32}	VII	生态满意，人类社会接受	a_{43}，a_{53}
III	生态不接受，人类社会接受	a_{13}，a_{23}	VIII	生态接受，人类社会满意	a_{34}，a_{35}
IV	生态满意，人类社会不接受	a_{41}，a_{42}，a_{51}，a_{52}	IX	生态和人类社会都满意	a_{44}，a_{45}，a_{54}，a_{55}
V	生态不接受，人类社会满意	a_{14}，a_{15}，a_{24}，a_{25}			

4　算例

假设生态功能评价和经济效益评价的记分制均取 5 分制，即 $m=n=5$。在 f-e 平面上划分出 25 个单元，每个单元用元素 a_{ij} 表示，则形成一个 5×5 阶的评价矩阵 A，如图 2。假设 $f_1=2$，$f_2=3$，$e_1=2$，$e_2=3$；则可划出 9 个分区，分区特征和矩阵元素列表如表 3。

如西南山区某小型水电站工程，在规划设计阶段没有进行环境评价，不恰当地采用引水式电站方案，又缺乏生态补偿措施，一方面在施工中对于河流廊道植被、鱼类和其他动物造成严重破坏，另一方面，在水电站运行期间造成一些河段断流、干涸，河床岩石裸露，原来茂密的树木枯萎，鱼类种群大幅度减少，某些珍稀野生动物濒临灭绝。尽管这个水电站发电已经达到设计的发电能力，取得了明显的经济效益，但是对于生态系统却造成了严重的破坏。这个水电站建成后的生态功能评价综合值为 $e=1.92$，经济效益评价综合值为 $f=3.95$，用式（3）计算元素下标值，则 $i=2$，$j=4$，该区域可用矩阵元素 a_{24} 表示。查表 3，a_{24} 在 f-e 平面落在区域 V 范围内，说明该状况是"人类社会满意，生态系统不接受"。在这种情况下，有关管理部门就需要全面权衡经济效益和生态效益的利弊，采取措施改变这种失衡的状态。

参 考 文 献

[1]　董哲仁. 生态水工学的理论框架 [J]. 水利学报，2003（1）：1-6.

[2] National Research Council. Restoration of Aquatic Ecosystems [M]. National Academy Press，Washington D. C，1992.

[3] 董哲仁. 筑坝河流的生态补偿 [J]. 中国工程科学，2006，8 (1)：7 - 12.

[4] 董哲仁. 河流健康的内涵 [J]. 中国水利，2005 (4)：15 - 18.

[5] 董哲仁. 河流健康评估的原则和方法 [J]. 中国水利，2005 (10)：17 - 19.

[6] 董哲仁. 国外河流健康评估技术 [J]. 水利水电技术，2005 (11)：15 - 19.

[7] CUDE C G. Oregon water quality index [J]. Journal of the American Water Resources Association，2001，37 (1)：125 - 137.

[8] BARBOUR M T. Rapid Bioassessment protocols for Use in Streams and Wadeable River：Peiiphyton，Benthic Macroinvertehrates and Fish [M]. 2ndedn，EPA 841 - B - 99，USEPA. 1999.

[9] BRINSON M M，HAUER F R，LEE L C，et al. A Guide - book for application of hydrogeomorphic assessments to river wetlands [R]. Technical Report WRPDE11，U5 Army Engineer Waterways Experiment Station，Vicksburg，MS. 1995.

[10] Environment Agency. River Habitat Survey：1997 Field Survey Guidance Manual，Incorporating SERCON [R]. Center for Ecology and Hydrology，National Environment Research Council，UK. 1997.

[11] KLLIS G，BUTLER D. The EU Water Framework Directive：measures and directives [J]. Water Policy，2001 (3)：124 - 125.

Matrix method of comprehensive evaluation on economic benefits and ecological functions of hydraulic engineering

Abstract：The existing assessment systems for ecological function of rivers and economic benefit of hydraulic engineering are introduced. It is pointed out that the results of both assessment systems are expressed by scores. On this basis，a mathematical method for comprehensively assessing both the economic benefit and ecological function is proposed. In this method，a matrix of comprehensive assessment is established and then the elements of the matrix are classified according to the criterion of social development of mankind and ecological demand respectively. After the subscripts of the elements are identified the state of the objective is defined and the comprehensive assessment result can be obtained. An example is given for demonstration.

Key words：economic benefit；ecological function；comprehensive assessment；assessment matrix

第3篇

生态水工学理论框架和研究进展

引　言

　　生态水利工程学是国际上生态工程学的延续和发展。1962 年著名生态学家 Odum 提出将生态系统自组织行为（self – organizing activities）运用到工程之中。他首次提出"生态工程"一词，旨在促进生态学与工程学相结合。1993 年美国科学院主办的生态工程研讨会根据著名生态学家 Mitsch 的建议，提出了"生态工程学"（ecological engineering）的定义："将人类社会与其自然环境相结合，以达到双方受益的可持续生态系统的设计方法"。

　　2003 年董哲仁提出生态水利工程学（eco – hydraulic engineering）的理论框架，其定义是：生态水利工程学作为水利工程学的一个新的分支，是研究水利工程在满足人类社会需求的同时，兼顾淡水生态系统健康与可持续性需求的原理与技术方法的工程学。

　　这个定义具有以下几层含义：①水利工程不但要满足社会经济需求，也要符合生态保护的要求。生态水工学是对传统水利工程学的补充和完善。②生态水工学的目标是构建与生态友好的水利工程技术体系。③生态水工学是融合水利工程学与生态学的交叉学科。④淡水生态系统保护的目标是保护和恢复淡水生态系统健康与可持续性。

　　传统意义上的水利工程学，重点研究河流湖泊的水文和水资源特征，以达到开发利用水资源的目的；而生态水工学研究的对象不仅是具有水文特征的河流湖泊，而且是具备生命特性的河湖水生态系统。传统水利工程设计方法注重工程的防洪兴利等多种经济社会功能；生态水工学在保障水资源为人类服务的前提下，注重缓解工程设施对水生态系统的压力，并且为河湖生态修复创造条件。生态水工学吸收生态学的理论及方法，促进水利工程学与生态学的交叉融合，用以改进和完善水利工程的规划、设计和管理方法。

　　生态水利工程学自主创新研究成果包括：在自然力和人类活动双重驱动下，水生态系统结构功能全要素、全过程、多尺度调查评价方法；水利水电工程生态影响机理分析；河流生态系统结构功能整体性概念模型；三流四维连通性生态模型；矩阵式河流生态状况分级系统及评价方法；基于生态系统自修复、自组织原理的河湖修复自然化准则和技术体系；兼顾生态保护的水库多目标调度方法；基于负反馈调节原理的生态水利工程适应性管理决策支持平台；涵盖水文、地貌、水质和生物修复的多尺度、多功能河湖生态修复工具箱。

　　董哲仁及其科研团队在多项国家科技支撑项目和水利部公益性行业专项的支持下，通过理论研究、河湖生态修复工程实践和大型河流湖泊考察，不断完善了生态水利工程学的内涵，经过近 20 年的努力，基本形成了较为完整的生态水利工程学学科体系。生态水利工程学的研究成果，集中反映在先后出版的几本专著中，它们是《生态水利工程原理与技术》（与孙东亚合著，2007 年）、《河流生态修复》（2013 年）、《生态水利工程学》（2019 年）。读者可以从本篇收集的几篇文章中了解生态水利工程学由初期阶段到日臻完善的发展脉络。

生态水工学的创立，为国家河湖生态保护与修复战略提供了有力的技术支撑，产生了广泛的学术影响。"生态水工学"被列为中国大百科全书（第 3 版）学科类词条。截至 2019 年发表论文 123 篇，论文在中国引文数据库（CNKI - CCD）中被引用 5455 次。中国科学技术信息研究所编《中国期刊高被引指数》高被引作者排名，2007 年和 2009 年进入高被引作者 Top100，分别为 40 和 52。《生态水工学概论》被列为普通高等教育"十三五"系列教材、工程教育专业认证教材。生态水工学被列为国家自然基金研究方向。2019 年成立了中国水利学会生态水工学专委会。2020 年发布的《河湖生态系统保护与修复工程技术导则》（SL/T 800—2020）是基于生态水工学理论编写的，并由董哲仁担任主审。

生态水工学的理论框架 *

[摘　要]　在健全的生态系统中水体与生物群落相互依存，相互作用，形成了江河湖泊的自净能力。水工学应吸收、融合生态学的理论，建立和发展生态水工学，在满足人们对水的各种不同需求的同时，还应满足水域生态系统完整性、依存性的要求，恢复与建设洁净的水环境，实现人与自然的和谐。

[关键词]　理论框架；生态水工学；生态系统；污染

1　引言

1.1　江河湖库水环境现状

我国江河、湖泊和水库普遍受到污染，至今仍在迅速发展。水污染加剧了水资源短缺，直接威胁着饮用水的安全和人民的健康，影响到工农业生产和农作物安全。据初步估计，水污染造成的经济损失约为国民生产总值的 1.5%～3%。水污染已成为不亚于洪灾、旱灾甚至更为严重的灾害。

据 2000 年统计，我国河流水质在 11.4 万 km 评价河长中，符合和优于Ⅲ类水的河长占评价河长的 58.7%，比上年下降 3.7%。关于湖泊水质，在评价的 24 个湖泊中，9 个湖泊水质符合或优于Ⅲ类水，4 个湖泊部分水体受到污染，11 个湖泊水污染严重。在对 93 座水库进行营养化程度评价时，处于中营养化状态的水库 65 座，处于富营养化状态的水库 14 座。这些情况说明我国江河湖库水体污染状况严重，且有明显恶化趋势。

近 20 余年我国经济迅猛发展，由于工业结构不合理和粗放式的发展模式，工业废水造成的水污染占水污染负荷 50% 以上，未经处理的工业废水排放是最重要的点污染源。农田施用化肥、农药后形成的农田径流，畜禽养殖业排放的废水、废物，是我国水环境的重要面污染源。湖泊、水库、河流、海湾的底部沉积物蓄积着多年来排入的大量污染物，称为内污染源，目前已是水体富营养化和赤潮形成的重要因素之一。内源污染还会释放出蓄存的重金属、有毒有机化学品成为二次污染源，对生态和人体健康造成长期危害。解决水环境污染问题的根本方法是对污染源的控制和治理，特别是加强源头治理。

从我国生态环境的总体状况看，生态环境恶化的趋势一直未得到遏制，主要表现在：森林覆盖率低，增长缓慢，部分地区覆盖率减少；草地生态破坏加重；水土流失仍然严重；荒漠化面积扩大。为了遏制这种恶化的趋势，近年来国家已将生态环境建设提到十分

* 董哲仁. 生态水工学的理论框架 [J]. 水利学报，2003（1）：1-6.

重要的地位，制定规划，加大投资。生态环境建设主要包括两类内容：一类是以封育保护和植树种草为主要手段的植被建设；另一类是生态环境的综合治理，包括水土保持和荒漠化防治。这些重大举措必然对我国江河湖库水环境的改善产生深远的影响。

1.2 运用水利工程改善生态环境的重要实践

近几年来，为改善流域的水环境，恢复生态系统，水利部加强了流域的综合管理，通过统一调度，使黄河、塔里木河及黑河等流域的趋于恶化的生态系统得到了初步恢复。

黄河全长 5464km，多年平均径流量 580 亿 m³，仅为长江的 1/17，属资源性缺水。加之管理粗放，用水无序无度，自 1972 年到 1999 年，有 22 个年份发生断流。2000 年起实行统一调度管理，初步扭转黄河干流 10 年来持续断流的局面，使黄河三角洲地区生态系统得到明显改善。

塔里木河是我国最大的内陆河，流域面积 102 万 km²，全长 1321km，水资源总量 429 亿 m³。流域平均年降雨量仅 40mm，属于极端干旱区。加之水资源管理不善，用水无度，水资源利用效率低，导致下游大西海子以下 363km 河道自 20 世纪 70 年代起断流。生态系统严重破坏，胡杨林面积减少。草场退化，沙漠化面积增加。为了抢救塔里木河下游日益恶化的生态系统，2000 年 5 月起，水利部组织 4 次向塔河下游应急输水，博斯腾湖累计输出超过 13 亿 m³，大西海子水库下泄 7 亿 m³，重现台特玛湖，结束了塔河下游超过 300km 河道近 30 年的断流历史；挽救了濒临消亡的沙漠植被，胡杨柳复苏，天鹅返回，生态系统呈现恢复势头。《塔里木河流域综合治理方案》已经国务院批准。

黑河起源于祁连山，全长 821km，跨青海、甘肃、内蒙古三省（自治区），处于严重干旱区。自 20 世纪 80 年代以来黑河下游河湖干涸、荒漠化趋势严重。胡杨林及下游地区林灌草甸草地面积大幅度减少，草地植物群落也由原来的草甸草地群落向荒漠草地群落演替。为了缓解生态系统恶化的局面，自 2000 年 7 月起对黑河水量实施统一调度。2002 年 7 月第 7 次"全线关闭，集中下泄"调水，到达下游干涸十年之久的东居延海。随着湖区水面的形成和扩大，一群群鱼鹃和水鸭子迁徙湖区，成群的骆驼赶来饮水，生态系统出现复苏的趋势。为进一步对黑河进行综合治理，《黑河近期治理规划要点》已经批准。

以上事实说明，水利工程不但在防洪、供水等方面作用巨大，而且在改善江河湖泊流域的生态系统方面也是大有作为的，流域生态系统的改善对流域的经济社会的可持续发展作用更大。生态建设已经成了水利工作的重要任务。在这样的大背景下，我们所关心的问题是：一个地区，一个流域生态系统的恢复与改善，反过来对于改善水质会产生什么影响；新建的水利工程如何避免或降低对原有生态系统的负面影响，进而使水利工程建设除了能满足人对水的多种需求的同时，还能维持生态系统的完整性。

2 在一个健全生态系统中的水

讨论的问题是：考察水质状况与生态系统的关系，考察水在生态系统中扮演的角色，进而讨论在一个健全的生态系统中的水质问题。为说明问题，先分析两个案例和一项技术。

2.1　河北省两座水库对比引起的思考

洋河水库位于秦皇岛市抚宁县，总库容 3.586 亿 m³，控制流域面积 755km²。另从其以北的桃林口水库通过引青济秦渠道引水到洋河水库，但近年引水量减少。洋河水库的主要功能是通过管线为秦皇岛年供水 5500 万 m³。近年来，水库水质测验为 Ⅳ～Ⅴ 类，主要污染因子为 COD、TP、NH₃-N，藻类（水华）浓度高，初步认为是铜绿微囊藻或是水华微囊藻，这种水对人体肝脏危害较大。洋河水库水质恶化，富营养化严重，已经引起秦皇岛市的不满，以至计划另辟供水水源。从污染源调查看，实际上水库周边并没有工矿企业，仅在秋季周边农民加工淀粉制作粉条，废水排入水库，另外就是农田面源污染及附近 3 个村镇的生活污水造成的轻度污染。

与洋河水库形成鲜明对照的是与其相距几十公里的桃林口水库。桃林口水库水质为 Ⅰ～Ⅱ 类，水体清澈透明，这在海河流域实为难得。原因何在，桃林口水库周围生长着华北地区罕见的茂密森林，已经被严格封山保护，水陆交错带水生植物、陆生灌木错落有致，库区内水鸟飞翔，鱼类潜泳。再看洋河水库的生态环境。水库周围山上林木覆盖率低，不少山峰近乎是秃山。水陆交界带裸露，近乎空白。库内几乎无大型水生植物。人们不禁要问：两座水库的降雨量（60～700mm）、气温等自然条件几乎相同，为什么水质出现如此大的差异。

2.2　莱茵河"鲑鱼 2000 计划"的缘由

莱茵河是欧洲的大河，流域面积 18.5 万 km²，河流总长 1320km。流域内有瑞士、德国、法国、比利时和荷兰等 9 国。二次大战以后莱茵河沿岸国家工业急剧发展，环境管理工作滞后，造成污染不断蔓延，污染主要来源于工业污染和生活污染。到 20 世纪 70 年代污染风险加大，专家认为"莱茵河状态近于昏迷"。大量未经处理的有机废水倾入莱茵河，导致莱茵河水的氧气含量不断降低，生物物种减少，最具代表性的鱼类—鲑鱼开始死亡。1986 年，在莱茵河上游史威查豪尔（Schweizerhalle）发生了一场大火，有 10t 杀虫剂随水流进入莱茵河，造成鲑鱼和小型动物大量死亡，其影响间段长达 500 多 km，直到莱茵河下游。事故如此突然和巨大，无疑对莱茵河如同雪上加霜。欧洲社会舆论哗然，立即成了公众的焦点。成立于 1950 年的莱茵河保护国际委员会（ICPR）于 1987 年提出了莱茵河行动计划，得到了莱茵河流域各国和欧共体的一致支持。这个计划的鲜明特点是以生态系统恢复作为莱茵河重建的主要指标，这是以流域敏感物种的种群表现对环境变化进行评估的方法。主攻目标是：到 2000 年鲑鱼重返莱茵河，故将这个河流治理的长远规划命名为"鲑鱼-2000 计划"。这个规划详细提出了要使生物群落重返莱茵河及其支流所需要提供的条件，治理总目标是莱茵河要成为"一个完整的生态系统的骨干"。沿岸各国投入了数百亿美元用于治污和生态系统建设。到 1995 年，对行动计划的执行进行了检查。报告指出，工业生产的环境安全标准已经在严格执行；建设了大量的湿地、恢复森林植被，建立了完善的监测系统，为使鲑鱼及其他动物群落重返莱茵河，完成了一批新型鱼道建筑物的工程计划。到 2000 年莱茵河全面实现了预定目标，沿河森林茂密，湿地发育，水质清澈洁净。鲑鱼已经从河口洄游到上游瑞士一带产卵，鱼类、鸟类和两栖动物重返莱茵河。

莱茵河整治经验是，水环境改善的目标不是简单用若干水质指标来衡量，而是将月标确定为恢复一个完整的流域生态系统。这种目标建立在这样的理念基础之上：洁净的河流应该是个健全生态系统的骨干。

2.3　生态方法修复水体技术带给我们的启示

生态方法水体修复技术，是利用培育的植物、动物或培养，接种的微生物的生命活动，对水中污染物进行转移、转化及降解作用，从而使水体得到净化的技术。生态方法水体修复技术包括：人工湿地处理技术、生物膜法处理技术、土地处理技术及生物操纵技术等。人工湿地是利用自然生态系统中的物理、化学和生物的三重共同作用来实现对污水的净化。其工作原理是：污染物与植物的茎部的接触靠电化学作用产生沉淀效果；植物的根与茎的吸收去除污染物质；附着在植物茎部和根部上的微生物的吸附分解作用对水进行净化。生物膜法是指天然材料（如卵石）、合成材料（如纤维）为载体，在其表面形成一种特殊的生物膜，可为微生物提供较大的附着表面，有利于加强对污染物的降解作用。其反应过程是：基质向生物膜表面扩散；在生物膜内部扩散；微生物分泌的酵素与催化剂发生化学反应；代谢生成物排出生物膜。土地处理技术是以土地为处理设施，利用土壤-植物系统的吸附、过滤及净化作用和自我调控功能，达到某种程度对水的净化，生物操纵技术的原理主要是利用营养级链状效应达到净化水的目的。比如在湖泊水库中投放经选择的鱼类，用以吞食另一类小型鱼类，借以保护某些浮游动物不被小型鱼类吞食，这些浮游动物的食物正是人们所讨厌的藻类。生态方法水体修复技术具有以下优点：处理效果好，工程造价相对较低，运行成本低廉，还可以结合景观改善及城市地区场所休闲建设。这种技术在国内外都已经有一些成功的工程实例。生态方法处理污水技术给我们的启示是：自然界本身对于江河湖泊就具备一种很强的净化能力，生态方法处理污水技术不过是对自净能力的一种强化，是人们遵循生态系统自身规律的一种尝试。

那么水体自净能力的机理是什么，生态系统自身规律又是什么。众所周知，所谓生态系统（ecosystem）是指一定空间中的生物群落（动物、植物、微生物）与其环境组成的系统，其中各成员借助能量交换和物质循环形成一个有组织的功能复合体。在这里"系统"一词有两层基本含义：一是它由一些相互依赖、相互作用的部分所组成；二是这些部分按照一定的规律组织在一起，从而使这个整体具备了统一的功能特性。

生态系统是一个很广的概念，可以是从含有藻类和原生动物的一滴水到巨大的长江流域，甚至是地球本身。不论系统巨大或微小，其相互依存性、整体性、规律性和功能性都是一样的。

水是生态系统的重要组成部分，河流、湖泊中的水与数以百万计的物种（包括动物、植物、微生物）共存，处于复杂的平衡之中。通过食物链、养分循环、能量交换、水文循环以及气候系统，相互交织在一起。在这五种循环和作用中，我们水利工程师对于在地球生物圈中水在气候系统中的运动，以及在水文循环中水的迁移转换规律有较多的研究和深刻的认识，但是对于水在生态系统中与生物群落之间进行的能量交换、食物链、养分循环关心不足。实际上，生物之间存在食物链（或食物网）的相互联系。太阳能由绿色植物光合作用转换为生物能，并借食物链（或食物网）流向动物和微生物；水和营养物质（碳、氧、氢、磷等）通过食物链（食物网）不断地合成和分解，在环境与生物之间反复地进行着生物-物理-化学的循环作用。以生物为核心的能量流动和物质循环，是生态系统最基本的功能和特征。在一个健全的水生态系统中，动物、植物、微生物又处于一种食物链的复杂关系，是一种相生相克的平衡制约关系，有可能抑制某些物种（如某些藻类）的过度生长与蔓延。

水是生物群落生命的载体，又是能量流动和物质循环的介质。可以说，水，是生态系统的组成部分，与动物、植物、微生物共生共存，水为生物群落提供生命之源，反过来，生物群落又净化了水，使得流水不腐，清水长流，形成了自然界的特殊功能，也形成了水体自然净化的机制。早在人类出现以前，大自然就是依此规律运行，使得江河湖泊保持着洁净。历史发展到了农业社会，那时还没有工业社会的污染，人类也没有现代社会"改造自然"的雄心壮志，基本保留了生态系统的原貌，才使水域环境如诗如画，才使高山流水一直成为我国古代文学与绘画的风骨，才有了古人诗词中"舍南舍北皆春水，但见群鸥日日来"（杜甫：《客至》），"日出江花红胜火，春来江水绿如蓝"（白居易：《忆江南》），这些描述一个健全的水域生态系统的优美诗句，体现出具有生命的江河湖泊的美学价值。

生态系统是一个整体，任何一种要素发生变化，当其超出某种承载能力，就会引起生态系统的失衡。任何一种因素的减少，都会引起生态系统的失衡。人类要尊重生态系统的平衡，更要防止由于人类的自身活动破坏这种平衡。一旦出现失衡现象，人类要竭尽努力恢复这种平衡。江河湖库的水体也不例外，水必须与生物群落共存，水不能从水生态系统中分割出来，更不能离开它的好朋友——生物群落（动物、植物和微生物）。在一个健全的生态系统中，水质洁净是必然的结果。

3　水工学需要与生态学结合

现在的水利工程学简称水工学（hydraulic engineering），是以对水流的控制为目标建造水工建筑物，经过计算设计，保证水工建筑物承载的安全性（强度、稳定及耐久性），以满足人们对于供水、防洪、水力发电、航运等需求。

水利工程满足了人们对于水的各种不同的需求，但是水体自身的需求往往被忽视。水的需求是它喜欢留在一个完整的、健全的生态系统之中。人们为了控制水流，把水从生态系统中分割出来，放到了一个在空间由人工设定的特定的或规则的形状中，再用人工材料如混凝土、金属、塑料等为水体制作出的某种人工环境。在这样的人工环境中，水体脱离了生物群落，自净能力降低，如有外界干扰因素的出现，比如污水加入，水体的腐败就将是时日早晚的问题。

具体地说，目前的水工学的不足是：

（1）忽略了河流形态的多样化。自然状态的河流多呈弯曲形状，也有不少自然状态的河流处于分汊散乱状态。在自然界长期的演变过程中，河流的河势也处于演变之中，使得弯曲与裁弯两种作用交替发生。但是弯曲或微弯是河流的主要形态。在自然河流的横断面上，浅滩与深潭相间，也显示出多样性的变化。当人们为了防洪需要或对河流进行开发时，往往将散乱状态的河流集中成一条主流。对于弯曲的河流未经充分论证而实施裁弯取直工程，把河流自然状态的弯曲形状改变成直线或折线。其影响除了引起河段冲淤变化，对行洪造成影响外，也使自然河流中主流、浅滩和急流相间的格局改变。这导致浅滩中的湿地消失，而喜欢在急流中游泳的鱼类减少甚至绝迹，也会使其他动植物种类的减少。在横断面上，改造过的河床常用输水性能好又便于施工的梯形断面等规则断面，使得水流流速均一化。另外，河道疏浚工程，往往忽视原有河道断面的生态合理性，也使得河道断面出现均一化倾向。这些都可能使生物群落失去栖息生长的条件。需要强调的是，河流形态的多样化是生物物种多样化的前提。河流形态的规则化、均一化，会在不同程度上对生物多样性造成影响。

（2）忽略了河流湖泊与岸上生态系统的有机联系。河流整治工程着眼于河道本身，忽视了河流周围的生物群落的存在，更忽视了整治后原有生物群落的恢复。

（3）渠道或改造过的河道断面、江河堤防迎水坡面采用硬质材料，如混凝土、浆砌块石等，使得植物难以生长，进而又影响到鱼类、两栖类动物和昆虫的栖息，而这些动物又是鸟类的食物，于是食物链就此中断。

（4）人们为争取土地，缩窄了江河两岸堤防间距，使得河流失去浅滩和湿地。浅滩具有曝气作用，使水净化，又增加氧气供给，为无脊椎动物生存提供方便。浅滩又为鱼类产卵提供栖息地。

（5）水库建成后，有时忽略了库区的植被建设，特别是忽略了恢复原有陆生及水生植物，为鱼类、鸟类及两栖动物的栖息与繁殖提供条件。

（6）城市为建筑停车场，采用了大量沥青或混凝土的硬质不透水路面，不但植物无法生长，也隔断了补给地下水的通道。

（7）在城市水域整治的景观建设中，往往将水流置于诸如楼台亭阁等混凝土与砌石形成的人工环境之中，目的是使人们赏心悦目，取悦于人的感官。这种人工环境也使河流失去了自身的美学价值，失去了在自然环境中生机勃勃的河流的生命。

4 人类与自然和谐共处的工程理念

可持续发展已经成为全球共识的大背景下，传统意义上的水工学需要革新，或者说在水工学的基础上，吸收、融合生态学的理论，建立和发展新的工程学科，作为水工学的一个分支，不妨称之为"生态水工学"（ecological - hydraulic engineering，简称为 eco - hydraulic engineering）。

人与自然和谐共处是生态水工学的指导思想。未来的水利工程既能够实现人们期望的开发利用水的功能价值，又能兼顾建设一个健全的河流湖泊生态系统，实现水的可持续利用。未来的水利工程不仅是满足人们对水需求的工程，也是有利于改善和恢复健全的生态系统工程，是有利于环境保护的可持续发展工程。

我们可以对生态水工学的框架作一些粗线条的设想：

（1）现有的水工学的理论基础，除了规划阶段以水文学为基础以外，主要是以水力学、结构力学、岩土力学等工程力学为基础。生态水工学则是以工程力学和生态学为其理论基础。

（2）生态水工学运用技术手段协调人们在供水、防洪、发电、航运效益与生态系统建设的关系。利用已建水利工程的调度、管理等手段，为江河湖库的水生态系统恢复提供支持。

（3）水工学中以满足人对水的开发利用的需求为目标，而在生态水工学中，在满足人对水的开发利用的需求同时，还要兼顾水体本身存在于一个健全生态系统之中的需求。全面权衡满足人的需求的经济效益与环境效益之间的关系，正确把握两种需求的尺度。有必要建立起工程项目经济技术-生态环境效益评估指标体系，改变现行单一的经济技术评估指标体系。

（4）把江河湖泊中的水体看作是生态系统中的重要组成部分。不但要掌握水在气候系统、水文循环中的运移转换规律，还要掌握在特定的生态系统中，特定的生物群落与水体的相互依存的关系。

（5）除进行常规的水文、地质的测验勘查外，加强相关范围的生态系统调查，重点是生物群落（动物、植物、微生物）的历史与现状调查。

（6）在开发利用水流时，明确河流与其上下游、左右岸的生物群落处于一个完整的生态系统中，进行统一的规划、设计和建设。

（7）在对江河湖泊进行开发的同时，尽可能保留江河湖泊的自然形态（包括其纵横断面），保留或恢复其多样性，即保留或恢复湿地、河湾、急流和浅滩。

（8）为当地野生的水生与陆生植物、鱼类与鸟类等动物的栖息繁衍提供方便条件，提供相应的技术方法和工程材料。

（9）规划设计有利于提高水体自净能力的库区或河岸、湖岸的植被种植和水生动物的放养。在充分利用当地野生物物种的同时，慎重地引进可以提高水体自净能力的其他物种。

（10）水利工程设施要造成一种人与自然亲近的环境，城市景观设计注意保留江河湖泊天然的美学价值。现代的景观设计，应更多地从建设一个健全的生态系统着眼，营造一个取悦于生物群落的环境，满足水对于一个健全生态系统的需求，从长远看，人们也会从良好的环境中受益无穷。水利设施还要为公众广泛参与和对学生进行环保教育创造条件。

水利工程结合生态建设，是一个发展的必然趋势。在实践上，要根据我国国情逐步实现，特别是依据国家的经济不同发展阶段以及不同地区的实际情况分步实施。但是，作为一门新兴学科——生态水工学应该超前开展研究。生态水工学将是一门交叉学科，需要水利工程界与环保界、生物界的密切合作，通过科学研究、典型设计、工程示范、总结经验和制定技术规范从而得到发展完善。在欧美、日、韩等国，"与自然亲近的治河工程"理念已经提出，一些示范性工程正在建设。其中包括新的河道整治工程设计，如可为鱼类及动物提供繁衍生息的空间的护岸工程设计、新型材料及新型过坝鱼道；具有曝气功能又有利于鱼类产卵栖息的新型丁坝；为鱼类和无脊椎动物提供栖息地的人工岛等。一些河流生态工程咨询与技术开发公司也应运而生，他们提供建筑产品，如用于堤防渠道护岸工程的生态型建筑砌块，生态型的城市雨洪利用排水系统，人工浮岛等生态型水体净化装置等，这些进展，说明以水利工程为骨干的河流湖泊生态系统建设方兴未艾。在这样的背景下，生态水工学将有可能较为系统、更为科学地得到发展。

参 考 文 献

[1]　董哲仁，刘蒨，曾向辉. 受污染水体的生物-生态恢复技术 [J]. 水利水电技术，2002，340（2）：1 - 5.

[2]　董哲仁，刘蒨，曾向辉. 生态方法水体修复技术 [J]. 中国水利，2002，465（3）：8 - 10.

Theoretical framework for eco – hydraulics

Abstract：In a complete and sound ecosystem，water bodies and biological groups rely and affect on each other. Consequently，the self – cleaning capability of rivers and lakes is enhanced. The hydraulics would absorb and be integrated with the theory of ecology. The eco – hydraulics would be established and developed. When satisfying the people's various needs for water，it is also vital to maintain a complete and mutually reliant aquatic ecosystem，restore a clean water environment and achieve harmony co – existence between mankind and nature.

Key words：theoretical framework；eco – hydraulics；ecosystem；restoration of water environment

探索生态水利工程学 *

[摘　要]　人类社会与生态系统对于河流都具有高度的依赖性，人类应该与生态系统共享水资源。水利工程是对河流生态系统的胁迫因子之一。需要建立新的准则和开发新的技术方法，使水利工程在满足人类社会需求的同时，兼顾河流生态系统健康和可持续性的需求，构建与生态友好的水利工程技术体系。
[关键词]　生态；水利工程学；胁迫；非连续化；异质性；反馈式设计

水利水电工程在防洪、灌溉、发电、供水、航运、养殖和旅游等诸多方面对于保障社会安全、促进经济发展发挥了巨大的作用。这些工程设施的建设和运行，对于河流生态系统具有双重影响。一方面，筑坝形成水库，为干旱、半干旱地区的植被和生物提供了较为稳定的水源。另一方面，则对河流生态系统形成了负面影响。当前，有必要对传统的水利水电工程规划设计和运行的理念与技术方法进行反思，进一步吸收生态学的理论知识，探索与生态友好的水利水电工程技术体系，这是实现与自然和谐相处目标的时代需求。

1　人类社会与生态系统共享水资源

众所周知，所谓生态系统是指一定空间的生物群落（动物、植物、微生物）与环境组成的系统，其中各成员借助能量交换和物质循环形成一个有组织的功能复合体。水是生物群落生命的载体，又是能量流动和物质循环的介质。在陆地生态系统中，水的功能如同血液，河流如同动脉。河流系统作为纽带，把人类社会与自然生态系统交织在一起。

水利工程学以工程设施为手段，控制和改造河流，达到为人类社会谋取经济利益的目的。水利工程学对于河流价值的基本认识是：水资源是重要的自然资源，河流是开发利用的对象。随着现代科学对生态系统性质的探索不断深入，对于河流的价值需要有更加全面的把握。

1.1　人类对水的依赖性

水，是人类社会发展最重要的不可替代的自然资源。在社会系统中，对于支持人类生命、食物生产、能源生产有着基本的功能作用。无论是供水、灌溉、发电、还是航运、养殖和旅游，都离不开淡水和河流。

根据《2004 年水资源公报》[1]，2004 年我国水资源总量为 $24130 \times 10^8 \, m^3$。全国平均降水量 601mm，折合降水总量为 $56876 \times 10^8 \, m^3$。全国产水总量占降水总量的 42.4%。

---

* 董哲仁. 探索生态水利工程学 [J]. 中国工程科学，2007，9（1）：2-7.

2004 年全国总用水量 $5548 \times 10^8 m^3$，占当年水资源总量的 23%。以水源划分，地表水源供水量占 81.2%，地下水源供水量占 18.5%，其他水源供水量占 0.3%。以用途划分，生活用水占 11.7%，工业用水占 22.2%，农业用水占 64.6%，生态用水（仅包括人为措施供给的城镇环境用水和部分河湖、湿地补水）占 1.5%。全国人均综合用水量 $433m^3$。2003 年我国水电发电量 $2830 \times 10^8 kW \cdot h$，2004 年水电总容量突破 $1 \times 10^8 kW$。可见水资源是保障人民健康，保障粮食安全，保障能源安全，保障生态安全的重要战略资源。

1.2　生态系统对水的依赖性

水是生态系统须臾不可或缺的环境要素。生态系统包括生命系统和生命支持系统。生命支持系统的第一要素是太阳能。太阳能通过绿色植物光合作用转换为生物能，并借食物链（食物网）流向动物和微生物；第二要素是把各个系统联系起来循环的水。水和营养物质（碳、氧、氢、磷等）通过食物链（食物网）不断地合成和分解，在环境与生物之间反复地进行着生物-地球-化学的循环作用。河流与数以百万计的物种共生共存，通过食物链、养分循环、能量交换、水文循环以及气候系统，相互交织在一起。

河流作为营养物质的载体，既是陆地生态系统生命的动脉，也是水生生态系统的基本生境。首先，水是陆地生态系统植被光合作用的原料。有学者估计，陆生生态系统大约消耗了 2/3 的陆地降雨，总量估计达到 $71.8 \times 10^9 m^3$，主要以蒸发蒸腾的方式加入水文循环。陆地生态系统直接影响河流径流条件。其次，在水生生态系统中，河流是各类生物群落的栖息地，是鱼类、无脊椎动物等动物生存繁殖的基本条件和水生植物生长的基础。河流的流量、流速、水深、水温和水文周期以及河流的地貌学特征，直接影响生物栖息地质量。

1.3　河流的生态价值

按照生态系统价值的一般分类方法，河流的价值可以分为两大类，一类是利用价值，一类是非利用价值。利用价值又分为直接利用价值和间接利用价值。直接利用价值是可直接消费的产出和服务，包括河流直接提供的食品、药品和工农业所需材料，也包括对水资源的开发利用价值。间接利用价值是指对生态系统中生物的支撑功能，也是对于人类的服务功能，包括河流水体的自我净化功能；水分的涵养与旱涝的缓解功能；对洪水控制的作用；局部气候的稳定；各类废弃物的解毒和分解功能；植物种子的传播和养分的循环。此外，无论是高山大川、急流瀑布，还是潺潺溪流以及荷塘秋月，其本身具有的巨大美学价值，可以满足人们对于自然界的心理依赖和审美需求。

非利用价值不同于河流生态系统对于人们的服务功能，是独立于人以外的价值。非利用价值是对于未来的直接或间接可能利用的价值，比如留给子孙后代的自然物种、生物多样性以及生境等。还包括人类现阶段尚未感知的但是对于自然生态系统可持续发展影响巨大的自然价值。

水资源带给人们的经济利益或者实物型的生态产品（食品、药品和材料等）价值，在市场流通中可以得到体现，为人们所重视。而非实物型的生态服务，包括生物群落多样性、环境、气候、水质、人文等功能，往往是间接的、却又对人类社会经济产生深远、重要影响的，往往为人们所忽视。一旦这些生态功能受到破坏而不可逆转，人们才可能悔悟到曾经享受的大自然的赐予是多么的宝贵。

1.4　对河流生态系统的胁迫[2]

在自然河流经历的数万以至数百万年的演变过程中，受到自然界和人类活动的双重干扰，这种干扰或者压力在生态学中称为胁迫（stress）。

对于自然界的重大干扰，比如地壳变化、气候变化、地震、火山爆发、山体滑坡等，河流系统的反应或是恢复到原有的状态，或者滑移到另外一种状态，寻找新的动态平衡，逐步走入良性轨道。在此过程中，河流系统一般表现出一种自我恢复功能。而人类活动特别是近一、二百年的大规模经济活动对于河流生态系统的干扰所造成的影响往往是系统自身难以恢复的，严重的干扰往往是不可逆转的。

人类活动对于河流生态系统的胁迫主要来自以下几个方面：①工农业及生活污染物质对河流造成污染；②从河流、水库中超量引水，使得河流本身流量无法满足生态用水的最低需要；③土地利用方式的改变，农业开发和城市化进程改变了水文循环的条件；④对湖泊、河流滩地的围垦以及上游毁林造成水土流失，导致湖泊、河流的退化；⑤由于引进、贸易、移民、旅游、战争等诸多因素，在河流、湖泊和水库中不适当地引入外来物种造成生物入侵；⑥水利工程对于河流生态系统的胁迫。最后一种胁迫是一种物理类的胁迫，表现为河流地貌特征的变化以及水文、水力学条件的变化，引起栖息地质量的改变。

据联合国《世界水资源开发报告》（2002年）估计，在地球生态系统中，因河流开发和改造与陆地淡水密切相关的生物有24%的哺乳动物和12%的鸟类受到生存的威胁。目前考察过的占总数1/10的鱼类中，有1/3面临绝种。由于栖息地环境被干扰，陆地的水域生态多样性普遍下降。

1.5　人类社会与生态系统共享水资源[3]

综上所述，无论是人类社会系统还是自然生态系统，对于河流和淡水都存在着极大的依赖性。这两种依赖性可能是矛盾抑或是冲突的。问题在于我们需要理解并不是只有人类的生存依赖于河流和淡水资源。除了人类，自然生态系统也对河流存在高度的依赖性。河流不但哺育了自古就择水而居的人类，还是数以百万计的生物物种的栖息地。由河流、湖泊、湿地、洪泛平原、河口与生物群落和人类社会交织在一起形成了河流生态系统。还需要认识到，健康的生态系统为当代人类提供了生态服务功能，为子孙后代提供了可持续发展的条件。工业社会以来人类的大规模开发活动对于河流生态系统形成了胁迫，反过来，生态系统的退化会直接或间接损害人类的利益。因此，珍爱河流生态是包括工程界在内的全社会的共同责任。

如何保护和修复河流生态系统？需要指出的是，现代生态学理论已经摒弃了曾经流行的"维持生态平衡"观念，单纯的"保护生态"理念也已经被淡化。这些传统理念所以被改变，有两层含意。第一，认为生态系统始终处于一种动态的演替过程中，变化是绝对的，而平衡和稳定是一种例外，所以人们要适应变化。第二，要承认在生态系统承受能力的范围内人类合理开发自然资源的合理性，同时要认识到在许多情况下当代人类活动是对生态系统的主要胁迫因子，需要主动对生态系统进行修复和补偿，以维护生态系统的完整性和可持续性。现在，更多提倡对生态系统的综合管理，在自然-社会-经济复合生态系统中探讨社会系统和自然系统的可持续发展，以实现人与自然的和谐。

2 对水利工程学的反思

2.1 对河流的大规模改造

几千年人类为了自身的防洪安全与经济发展，对河流进行了大量的人工改造。特别是近一百多年来利用现代工程技术手段，对河流进行了大规模开发利用，兴建了大量工程设施，改变了河流的地貌学特征。河流一百年的人工变化超过了数万年的自然进化。有学者估计，至今，全世界有大约 60% 的河流经过了人工改造，包括筑坝、筑堤、自然河道渠道化、裁弯取直等（Brookes，2001）。据统计，全世界坝高超过 15m 或库容超过 $300 \times 10^4 m^3$ 的大坝有 45000 座。其中约 40000 座是 1950 年以后建设的。坝高超过 150m 或库容超过 $250 \times 10^8 m^3$ 的大坝有 305 座（ICOLD，2000）。建坝最多的国家依次为中国、美国、苏联、日本和印度。

2.2 水利工程对河流生态系统的胁迫[4]

水利工程对河流生态系统的胁迫主要表现在两方面：一是自然河流的渠道化，二是自然河流的非连续化。

2.2.1 自然河流的渠道化

（1）平面布置上的河流形态直线化。将蜿蜒曲折的天然河流改造成直线或折线型的人工河流或人工河网。

（2）河道横断面几何规则化。把自然河流的复杂形状变成梯形、矩形及弧形等规则几何断面。

（3）河床材料的硬质化。防洪工程的河流堤防和边坡护岸的迎水面采用混凝土、浆砌块石等硬质材料。

其结果是河流的渠道化改变了河流蜿蜒性的基本形态，改变了急流、缓流、弯道及浅滩相间的格局。横断面上的几何规则化，改变了深潭、浅滩交错的格局，生境的空间异质性降低，水域生态系统的结构与功能随之发生变化，特别是生物群落多样性将随之降低，引起淡水生态系统退化。

2.2.2 自然河流的非连续化

（1）构筑水坝引起顺水流方向的河流非连续化。论及构筑水坝引起顺水流方向的非连续化问题，需要援引河流的"连续性概念"（continuum concept），用以说明河流生态系统是一种开放的、流动的生态系统，其连续性不仅指一条河流的水文学意义上的连续性，同时也是对于生物群落至关重要的营养物质输移的连续性。营养物质以水流为载体，随着自然水文周期的丰枯变化以及洪水漫溢，进行交换、扩散、转化、积累和释放。沿河的水生与陆生生物随之生存繁衍，相应地形成了上中下游多样而有序的生物群落，包括连续的水陆交错带的植被，自河口至上游洄游的鱼类以及沿河连续分布的水禽和两栖动物等，这些生物群落与生境共同组成了具有较为完善结构与功能的河流生态系统。研究成果还表明，洪水周期变化对于聚集在河流周围的生物是一种特殊的信号，这些生物依据这种信号进行繁殖、产卵和迁徙，即河流还肩负着传递生命信息的任务。大坝将河流拦腰斩断，形成了河流的非连续性特征，改变了连续性河流的规律。流动的河流变成了相对静止的人工湖，流速、水深、水温及水流边界条件都发生了变化，水库中出现明显温度分层现象。由于水库泥沙淤积，也截留了河流的营养物质，促使藻类在水体表层大量繁殖，在库区的沟汊部位可能产生水华现象。由于水库的水深高于河流，在深水处阳光微弱，光合作用减弱，与河流相比其生物生产量低。另外，不设鱼道的大坝对于洄游鱼类是致命的屏障。

（2）构筑堤防引起的河流侧向的非连续化。堤防也有两面性。一方面保护了人类居住区免受洪水的侵害，另一方面也产生负面影响。在进行堤防建设时，往往为利用滩地缩窄主河道。堤防妨碍了汛期主流与岔流之间的沟通，阻止了水流的横向扩展，形成另一种侧向的水流非连续性。堤防把干流与滩地和洪泛区隔离，使岸边地带和洪泛区的栖息地发生改变。原来可能扩散到滩地、河汊和死水区的洪水、泥沙和营养物质，被限制在堤防以内的河道内。其结果是植被面积明显减少。鱼类无法进入滩地产卵和觅食，也失去了躲避风险的避难所，使鱼类、无脊椎动物等大幅度减少，导致滩区和洪泛区的生态功能退化。

2.2.3 水库运行期引起的生态胁迫

自然河流的水文周期有明显的丰枯变化，河流生物随之呈现脉冲式的周期变化。大坝运行期间，水库的调度服从于发电、供水和防洪等需求，使年内径流调节趋于均一化，这些都会对河流走廊产生压力。另外，如果从水库中超量引水用于供水、灌溉等目的，使大坝下游水量锐减，引起河流干涸与断流，也会导致生态系统的退化。在大坝下游，因为水流挟沙能力增强，加剧了水流对河岸的冲刷，可能引起河势变化。由于水库泥沙淤积及营养物质被截流，大坝下游河流走廊的营养物质输移扩散规律也发生改变。这些因素都会使生物栖息地特征发生改变。

2.3 水利工程学的目标分析

传统意义上的水利工程学作为一门重要的工程学科，以建设水工建筑物为手段，目的是改造和控制河流，满足人们防洪和水资源利用等多种需求。当人们认识到河流不仅是可供开发的资源，更是河流系统生命的载体，不仅要关注河流的资源功能，还要关注河流的生态功能，这时才发现水利工程学存在着明显的缺陷，就是在满足人类社会需求时，忽视了河流生态系统的健康与可持续性的需求。

3 构建与生态友好的水利工程技术体系

3.1 两种对立的理论

在国际资源与环境研究领域有两种对立的理论，一种称之为资源主义（resourcism），主张最大限度持续地开发可再生资源；另一种称之为自然保护主义（preservationism），主要观点是对自然界中的尚未开发区域，反对人类居住和进行经济开发。资源主义强调满足人类经济发展的重要性，却忽视了维护健康生态系统对于人类利益的长远影响。而保护主义虽然高度重视维护自然生态系统，但是反对一切对自然资源的合理开发利用，其结果往往会脱离社会经济发展的实际而成为空洞的观点。反对建设大坝，主张一律拆除大坝的观点，就属于这一类[5]。实际上，人类社会生活离不开水库大坝，离不开水利工程。比较现实的思维方法是：如何在满足人类社会经济需求与保护生态系统健康二者之间寻找适当的平衡点，实现可持续发展的目标。

如果简单地反对一切大坝建设，主张大范围地拆坝，肯定脱离了社会经济发展实际，是一种因噎废食的观点。相反，回避大坝给生态系统带来的胁迫问题，忽视对于生态系统的补偿，无疑会给人类长远利益带来损害。世界上不存在百利而无一害的工程技术，权衡利弊，趋利避害是辩证的思维方法。实践表明，大坝对于河流生态系统的负面影响，可以通过工程措施、生物措施和管理措施在一定程度上避免、减轻或补偿。寻找相对优化的技术路线是解决问题的合理思维方式。

3.2 生态工程学的发展沿革

面对河流治理中出现的水利工程对生态系统的某些负面影响，西方工程界对水利工程的规划设计理念进行了深刻的反思，认识到河流治理不但要符合工程设计原理，也应符合自然原理。在工程实践方面，20世纪80年代阿尔卑斯山区相关国家德国、瑞士、奥地利等，在山区溪流生态治理方面积累了丰富的经验。莱茵河"鲑鱼-2000"计划实施成功，提供了以单一物种目标的大型河流生态的经验。90年代美国的凯斯密河及密苏里河的生态修复规划实施，标志着大型河流的全流域综合生态修复工程进入实践阶段。

近20年来，随着生态学的发展，人们对于河流治理有了新的认识，认识到水利工程除了要满足人类社会的需求外，还要满足维护生物多样性的需求，相应发展了生态工程技术和理论。河川的生态工程在德国称为"近自然河道治理工程"，提出河道的整治要符合植物化和生命化的原理，在日本称为"多自然型建设工法"或"生态工法"，美国称为"自然河道设计技术"。一些国家已经颁布了相关的技术规范和标准。

1993年美国国家科学院所主办的生态工程研讨会中根据Mitsch的建议，将"生态工程学"定义为"将人类社会与其自然环境相结合，以达到双方受益的可持续生态系统的设计方法"。生态工程学的范围很广，包括河流、湖泊、湿地、矿山、森林、土地及海岸等的生态建设问题[6-7]。

3.3 如何借鉴国外经验

尽管发达国家在河流治理生态工程学方面已经积累了不少经验，但是其理论和技术方法目前还处于发展阶段。我国可以借鉴发达国家的经验，但是不可能照搬，原因是自然条件不同，经济发展阶段不同，需要结合我国国情进行河流生态治理。另外，发达国家水资源水能开发已经基本完成，而我国正处在水利水电的建设高潮。新建工程要吸取发达国家的经验教训，改进工程规划设计理念和技术，探索、发展我国自己的与生态友好的水利工程技术体系。

4　生态水利工程学的内涵

4.1　什么是生态水利工程学[3]

生态水利工程学（eco-hydraulic engineering）作为水利工程学的一个新的分支，是研究水利工程在满足人类社会需求的同时，兼顾水域生态系统健康与可持续性需求的原理和技术方法的工程学。

现代科学发展使我们认识到，传统意义上的水利工程学在满足社会经济发展的需求时，不同程度地忽视了河流生态系统本身的需求。而河流生态系统的功能退化，也会给人们的长远利益带来损害。未来的水利工程在权衡水资源开发利用与生态与环境保护二者关系方面，理性地寻找资源开发与生态保护之间的合理的平衡点。

从河流生态建设的全局看，生态水利工程将与河流环境立法、水资源综合管理、循环经济模式以及传统治污技术一起，成为河流生态建设的主要手段之一。

4.2　生态水利工程学的学科基础和研究对象

现在的水利工程学的学科基础主要是水文学和水力学、结构力学、岩石力学等工程力学体系。学科的进一步发展需要吸收生态学的理论和方法，促进水利工程学与生态学的交叉融合，改进和完善水利工程的规划方法及设计理论。生态水利工程学将是一门交叉学科，也是一门应用的工程学科。

传统意义上的水利工程学研究的对象是河流、湖泊等组成的水文系统。生态水利工程学关注的对象不仅是具有水文特性和水力学特性的河流，而且还是具备生命特性的河流生态系统。研究的河流范围从河道及其两岸的物理边界扩大到河流走廊（river corridor）生态系统的生态尺度边界。

生态水利工程学的技术方法包括以下内容：对于新建工程，提供减轻对河流生态系统胁迫的技术方法。对于已经人工改造的河流，提供河流生态修复规划和设计的原则和方法，提供河流健康评估技术，提供水库等工程设施生态调度的技术方法，提供污染水体生态修复技术等。

4.3　生态水利工程学的基本原则[8-9]

4.3.1　工程安全性和经济性原则

生态水利工程既要符合水利工程学原理，也要符合生态学原理。生态水利工程的工程设施必须符合水文学和工程力学的规律，以确保工程设施的安全、稳定和耐久性。必须充分考虑河流泥沙输移、淤积及河流侵蚀、冲刷等河流特征，动态地研究河势变化规律，保证河流修复工程的稳定性。对于生态水利工程的经济合理性分析，应遵循投入最小而经济效益和生态效益最大的原则。

4.3.2　保持和恢复河流形态的空间异质性原则

有关生物群落研究的大量资料表明，生物群落多样性与非生物环境空间异质性

(spacial heterogeneity) 存在正相关关系。非生物环境的空间异质性与生物群落多样性的关系反映了非生命系统与生命系统之间的依存和耦合关系。一个地区的生境空间异质性越高，意味着创造了多样的小生境，能够允许更多的物种共存。反之，如果非生物环境变得单调，生物群落多样性必然会下降，生物群落的性质、密度和比例等都会发生变化，造成生态系统的某种程度的退化。

河流生态系统生境异质性主要表现为：水—陆两相和水—气两相的联系紧密性；上中下游的生境异质性；河流纵向的蜿蜒性；河流横断面形状的多样性；河床材料的透水性和多孔性等。由于河流形态异质性形成了流速、流量、水深、水温、水质、水文脉冲变化、河床材料构成等多种生态因子的异质性，造就了丰富的生境多样性，形成了丰富的河流生物群落多样性。因此，保持和恢复河流形态异质性是提高生物群落多样性的重要前提之一。

在确定河流生态修复目标以后，就应该对于河流地貌历史和现状进行勘查和评估。在此基础上确定生境因子与生物因子的相关关系，必要时建立某种数学模型。对于新建工程，通过模型分析可以对大坝的坝址选择、河流梯级开发布置方案、水工枢纽布置方案进行生态影响的多方案的情景分析，进而获得生态胁迫最低的优化设计。河流修复工程，在模型分析的基础上，可以进行河流地貌学设计和生物栖息地设计。

4.3.3 生态系统自设计、自我恢复原则

生态系统的自组织功能表现为生态系统的可持续性。自组织的机理是物种的自然选择，某些与生态系统友好的物种，能够经受自然选择的考验，寻找到相应的能源与合适的环境条件。在这种情况下，生境就可以支持一个具有足够数量并能进行繁衍的种群。

生态工程的本质是对自组织功能实施管理[10-11]。将自组织原理应用于生态水利工程时，生态工程设计与传统水工设计有本质的区别。像大坝设计是一种确定性的设计，建筑物的几何特征、材料强度都是在人的控制之中，建筑物最终可以具备人们所期望的功能。河流修复工程设计与此不同，生态工程设计是一种"指导性"的设计，或者说是辅助性设计。依靠生态系统自设计、自组织功能，可以由自然界选择合适的物种，形成合理的结构，从而实现设计。成功的生态工程经验表明，人工与自然力的贡献各占一半。在利用自设计理论时，需要注意充分利用乡土种。引进外来物种时要持慎重态度，防止生物入侵。

4.3.4 流域尺度及整体性原则

河流生态修复规划应该在流域尺度和长期的时间尺度上进行，而不是在河段或局部区域的空间尺度和短期的时间尺度上进行。

所谓"整体性"是指从生态系统结构和功能出发，掌握生态系统各个要素间的交互作用，提出修复河流生态系统的整体、综合的系统方法，而不是仅仅考虑河道水文系统的修复问题，也不仅仅是修复单一动物或修复河岸植被。

水域生态系统是一个大系统，其子系统包括生物系统、广义水文系统和工程设施系统。一条河流的广义水文系统包括从发源地直到河口的上中下游地带的地下水与地表水系统；流域中由河流串联起来的湖泊、湿地、水塘、沼泽和洪泛区。广义水文系统又与生物系统交织，形成河流生态系统。[12]

河流生态修复的时间尺度十分重要。河流系统的演进是一个动态过程。需要对历史资料进行收集、整理，以掌握长时间尺度的河流变化过程与生态现状的关系。河流生态修复

是需要时间的。因此对于河流生态修复项目要有长期准备，需要进行长期的监测和管理。

4.3.5 反馈调整式设计原则

生态水利工程设计主要是模仿成熟的河流生态系统结构，力求最终形成一个健康、可持续的河流生态系统。在河流工程项目按照设计执行以后，就开始了一个自然生态演替的动态过程。这个过程并不一定按照设计预期的目标发展，可能出现多种可能性。

生态系统和社会系统都不是静止的，在时间与空间上常具有不确定性。除了自然系统的演替外，人类系统的变化及干扰也导致了生态系统的调整。这种不确定性使生态水利工程设计呈一种反馈调整式的设计方法。是按照"设计—执行（包括管理）—监测—评估—调整"流程以反复循环的方式进行的。在这个流程中，监测工作是基础。监测工作包括生物监测和水文观测。需要在项目初期建立完善的监测系统，进行长期观测。同时还需要建立一套河流健康的评估体系，用以评估河流生态系统的结构与功能的状况及发展趋势。

4.4　生态水利工程学的发展模式

探索和发展生态水利工程学，需要鼓励多学科的合作与融合；需要积极借鉴发达国家的经验，立足自主创新；需要在工程示范和实践的基础上提升理论，总结技术标准和规范。

参 考 文 献

[1] 中华人民共和国水利部.2004年水资源公报 [R]. 北京：水利部，2005.

[2] 董哲仁. 生态水工学的理论框架 [J]. 水利学报，2003 (1)：1－6.

[3] MALIN Falken. Water Management and ecosystems：living with change [C]//Global Water Partnership Technical Committee Background Papers. No9，2003：6－20.

[4] 董哲仁. 河流形态多样性与生物群落多样性 [J]. 水利学报，2003 (11)：1－7.

[5] HART D D，POFF N L，et al. Dam removal and river restoration：special section [J]. BioScience，2002，52：653－747.

[6] ASCE River Restoration Subcommittee on Urban Stream Restoration. Urban stream restoration [J]. Journal of Hydraulic Engineering ASCE，July 2003，491－493.

[7] BROOKES A，SHIELDS A，DOUGLAS F. River Channel Restoration [M]. John Wiley & Sons，UK，2001.

[8] 董哲仁. 试论生态水利工程的设计原则 [J]. 水利学报，2004 (10)：8－14.

[9] 董哲仁. 筑坝河流的生态补偿 [J]. 中国工程科学，2006，8 (1)：7－12.

[10] ODUM H T. Ecological engineering and self－organization [A]. Mitsch W J，Jorgensen S E，et al. Ecological Engineering：An Introduction to Ecotechnology [M]. Wiley，New York，1989：79－101.

[11] MITSCH W J，JORGENSEN S E. Ecological Engineering and Ecosy stem Restoration [M]. Published by John Wiley & Sons，Inc.，Hoboken，New Jersey，2004：134－137.

[12] 董哲仁. 怒江水电开发的生态影响 [J]. 生态学报，2006，26 (5)：1591－1596.

Exploring Eco－Hydraulic Engineering

Abstract：The dependence on rivers of both humans and ecosystems is high，and humans should share water resources with ecosystems. Hydraulic engineering is one of the stress factors to river ecosystem. It is required to establish new rules and develop new techniques，so as to enable the consideration of the requirement of the health and sustainability of river ecosystem while carrying on hydraulic engineering to meet human demands，thus establishing an ecological friendly hydraulic engineering technical system.

Key words：ecology；hydraulic engineering；stress；discontinuum；heterogeneity；feedback design

生态水工学进展与展望*

[摘　要]　生态水工学是在生态保护的大背景下产生和发展起来的新兴交叉学科，是对传统水利工程学的补充和完善。文章系统总结了十多年来生态水工学的主要进展，包括水利水电工程生态影响机理；河流生态修复规划方法；河流健康评估；兼顾生态保护的水库调度方法以及河流生态状况定量评价方法等。文章对生态水工学发展进行了展望，列举了包括水电资源开发程度战略研究，建立多种压力-响应生态模型，洄游鱼类保护技术，改善水库调度方法以及技术整合研发等若干学科发展前沿问题。

[关键词]　生态水工学；生态修复；河流健康；水库调度；洄游鱼类

1　生态水工学的缘起

水利工程学作为一门重要的传统工程学科，以建设水工建筑物为手段，通过改造和控制河流，以满足人们对防洪、水资源利用等多方面的社会经济需求。

自20世纪70年代以来，随着生态学的发展和应用，人们对于河流治理有了新的认识。水利工程除了要满足人类社会的需求以外，还需满足维护生态系统可持续性及生物多样性的需求，相应发展了生态工程技术和理论。德国 Seifert 于1938年首先提出了"亲河川整治"概念，指出工程设施首先要具备河流传统治理的各种功能，比如防洪、供水、水土保持等，同时还应该达到接近自然状况的目标[1]。20世纪50年代德国正式创立了"近自然河道治理工程学"，提出河道的整治要符合植物化和生命化的原理。1962年著名生态学家 Odum 提出将生态系统自组织行为（self-organizing activities）运用到工程之中。他首次提出"生态工程"（ecological engineering）一词，旨在促进生态学与工程学相结合[2]。1971年 Schlueter 认为近自然治理（near nature control）的目标，首先要满足人类对河流利用的要求，同时要维护或创造河溪的生态多样性[3]。1983年 Bidner 提出河道整治首先要考虑河道的水力学特性、地貌学特点与河流的自然状况，以权衡河道整治与对生态系统胁迫之间的尺度[4]。1985年 Hohmann 把河岸植被视为具有多种小生态环境的多层结构，强调生态多样性在生态治理的重要性，注重工程治理与自然景观的和谐性[5]。1989年 Pabst 则强调溪流的自然特性要依靠自然力去恢复[6]。1992年 Hohmann 从维护河溪生态系平衡的观点出发，认为近自然河流治理要减轻人为活动对河流的压力，维持河流环境多样性、物种多样性及其河流生态系统平衡，并逐渐恢复自然状况[5]。

---

*　董哲仁，孙东亚，赵进勇，张晶. 生态水工学进展与展望 [J]. 水利学报，2014，45（12）：1419-1426.

1993年美国科学院主办的生态工程研讨会根据著名生态学家Mitsch的建议,提出了"生态工程学"(ecological engineering)概念并且定义为:"将人类社会与其自然环境相结合,以达到双方受益的可持续生态系统的设计方法"[7]。河流的生态工程在德国称为"河川生态自然工程",日本称为"多自然型建设工法",美国称为"自然河道设计技术"[8]。

在工程实践方面,20世纪80年代阿尔卑斯山区相关国家——德国、瑞士、奥地利等国,在山区溪流生态治理方面积累了丰富的经验[9]。莱茵河"鲑鱼-2000"计划实施成功,提供了以单一物种目标的大型河流生态修复的经验。90年代美国的基西米河及密苏里河的生态修复规划实施,标志着大型河流的全流域综合生态修复工程进入实践阶段。在保护生态改善水库调度方案方面,美国科罗拉多河格伦峡大坝的适应性管理规划以及澳大利亚墨累-达令河的环境流管理都是一些典型案例。在洄游鱼类保护方面,建成于2002年的巴西依泰普水电站鱼道是全世界最长、爬高最高的鱼道,每年可以帮助40余种鱼洄游产卵。

一些国家和国际组织已经颁布了一系列淡水生态系统保护的法规和技术标准,最具代表性的是欧盟议会和欧盟理事会2000年颁布的法律《欧盟水框架指令》(*EU Water Framework Directive*)[10-11]。

构建我国与生态友好的水利工程技术体系,既要借鉴国外的先进理论和技术,更要结合我国的国情、水情和河流特征。其一,我国是一个水资源相对匮乏、洪涝灾害频发的国家,建设大坝水库以保障供水和调蓄洪水是我国治水的成功经验。其二,我国水能资源蕴藏量居世界首位,为落实我国政府关于减少温室气体排放的国际承诺,必然会大力发展水电。其三,我国具有几千年的水利史,大部分河流都经过人工改造,有些河流如黄河和海河,已经演变成高度人工控制的河流。在这样的河流上实施生态修复,要有新理论和新模式。其四,与西方国家不同,我国目前还处于水利水电建设高潮期。如何在新建工程中采取预防措施,防止和减轻对淡水生态系统的负面影响,需要有理论创新和技术研发。

2003年,董哲仁[12-13]提出生态水工学(eco-hydraulic engineering)概念,并给出定义如下:生态水工学作为水利工程学的一个新的分支,是研究水利工程在满足人类社会需求的同时,兼顾淡水生态系统健康与可持续性需求的原理与技术方法的工程学。这个定义具有以下几层含义:①水利工程不但要满足社会经济需求,也要符合生态保护的要求。生态水工学是对传统水利工程学的补充和完善。②生态水工学的目标是构建与生态友好的水利工程技术体系。③生态水利工程学是融合水利工程学与生态学的交叉学科。④淡水生态系统保护的目标是保护和恢复淡水生态系统健康与可持续性。

2 生态水工学进展

学科的发展依赖于相关行业的发展需求。水利部自2005年启动水生态系统保护与修复试点项目,2013年启动全国水生态文明城市创建工作,这些重大举措成为生态水工学发展的强大推动力。

自2003年提出生态水工学概念以来,在科技界产生了广泛影响。笔者有关生态水工学的论文引用指数在《中国期刊高被引指数》中连续五年居水利工程学科前列并进入全国作者排名百强[14]。10 多年来出版的代表性著作有：《生态水利工程原理与技术》（2007年）、《生态水工学探索》（2007 年）和《河流生态修复》（2013 年）[15-17]。

在一些科研机构和大学设置了生态水工学研究室，开设了生态水工学课程，增设了生态水工学博士招生方向。河流生态修复和水库生态调度等领域都在国家科技项目和公益行业科研专项中多有立项，许多科研单位和大学都取得了大量成果，极大丰富了生态水工学的内涵。以下仅归纳笔者科研团队在生态水工学研究方面所取得的主要成果。

2.1　水利水电工程生态影响机理研究

（1）建立了河流生态系统结构功能整体性概念模型。在完善与整合现有河流生态系统结构功能概念及模型的基础上，提出了河流生态系统结构功能整体性概念模型（HCM）[18]。河流生态系统结构功能整体性概念模型由以下 4 个子模型组成：河流 4 维连续体模型、水文情势-河流生态过程耦合模型、地貌景观空间异质性-生物群落多样性关联模型以及水力条件-生物生活史特征适宜模型，这 4 个子模型的一体化整合，基本概括了河流生态系统结构功能的整体特征。人类对河流的大规模开发活动，改变了自然状态的生境条件，进而引起河流生物多样性的变化。HCM 模型为深入研究人类活动生态影响机理提供了理论框架。

（2）水利水电工程生态影响机理分析[19]。从河流连续性、水文情势、景观格局以及水体物理化学性质等诸方面分析了水利水电工程生态影响机理。

在连续性方面，在河流上建设大坝造成了河流纵向的非连续化，使自然河流从源头至河口的连续体[20]变成了串联非连续体[21]，阻碍了物种流、物质流、能量流和信息流畅通。筑堤防洪缩窄了河道，阻碍了汛期洪水侧向漫溢，出现一种侧向的河流非连续性特征。不透水的堤防和护岸结构也阻隔了地表水与地下水的交换通道。

在水文情势方面，自然河流的水文周期有明显的丰枯变化，汛期洪水还具有脉冲特点。大坝运行期间，水库调度服从于防洪、发电或供水等需求，使年内径流趋于均一化，改变了自然河流丰枯变化的水文模式，也改变了河流生物群落的生长条件和规律。洪水的发生时机和持续时间，对于鱼类产卵至关重要，实际上，洪水脉冲是一些鱼类产卵的信号[22-23]。此外，水文过程均一化还会引起河漫滩植被退化，水禽鸟类丰度降低[24]。

在景观格局方面，治河工程往往导致自然河流被人工渠道化，蜿蜒性的河流被裁弯取直成为折线或直线型河流；河流横断面改变成矩形、梯形等规则几何断面；围湖造地和闸坝建设造成江湖水系阻隔。景观格局变化引起空间异质性下降，使栖息地数量和质量下降，导致生物群落多样性的降低[25-26]。

在水体物理化学条件方面，水库蓄水后，水库回水影响区水流流速降低，库区近岸水域和库湾水体纳污能力下降，致使库区近岸水域和库湾水体富营养化[27]。另外，由于水库存在水温分层和溶解气体过饱和现象，对于下游的物种、特别是鱼类生长繁殖会产生不同程度的影响[28-29]。

2.2　河流生态修复规划方法

全面梳理了河流生态修复的定义、目标和任务，提出了河流地貌三维修复概念；建立了河流生态状况分级系统；完善了基于适应性管理模式的负反馈调节规划方法。

（1）河流生态修复的定义和目标。河流生态修复的定义是：河流生态修复是在充分发挥生态系统自修复功能的基础上，采取工程和非工程措施，促使河流生态系统恢复到较为自然的状态，改善其生态完整性和可持续性的一种生态保护行动[13]。

（2）建立河流生态状况分级系统。河流生态修复目标应该是有客观自然状况作为依据的，而不是主观臆造的。修复目标还应该是定量的，能够监测和评估，而不是定性和抽象的。

为实现河流生态修复目标的定量化，提出了河流生态状况分级系统[30]。首先，定义人类对河流大规模开发活动前的生态状况为参照系统，即生态修复的理想状态。将生态状况分为生物质量、水文、物理化学和河流地貌 4 种要素，各个要素下设若干指标。将生态状况划分若干等级，定义参照系统各项指标为最高等级并分别赋值，然后依据与理想状态各个指标的偏离程度，确定其他各等级的分项指标量值，从而构造了河流生态状况分级系统。利用分级系统就可以获得生态修复规划目标的具体分项指标数据。

（3）河流生态修复的任务。河流生态修复有四大任务：一是水质改善；二是水文情势改善；三是河流地貌景观修复；四是生物群落多样性的维持与恢复。总目的是改善河流生态系统的结构、功能和过程，使之趋于自然化[31]。既要考虑生态系统的完整性，采取综合而不是单一的修复措施，又要通过对关键胁迫因子的识别，有针对性地对上述四类任务进行优先排序，确定修复工程的重点[32-33]。

在河流生态修复任务方面总结与创新要点包括：①改善水文情势不仅要保证生态基流，还要重视流量过程的修复以及洪水脉冲作用，以满足生物的生活史各阶段水文需求；②自然水文情势是水文条件修复的理想状态；③水文情势可以用 5 种具有生态学意义的要素描述，即流量、频率、出现时机、持续时间和水文条件变化率；④提高栖息地空间异质性和复杂性是维持生物多样性的前提；⑤"河流地貌修复三维修复原则"即沿河流纵向连续性修复、沿水流侧向的河道-河漫滩连通性与河流-湖泊连通性修复及沿垂向河床和岸坡透水性和多孔性的修复；在平面上河流形态蜿蜒性修复；横断面上河床断面几何形态多样性修复[34-37]。

（4）河流生态修复负反馈规划设计方法。在河流生态修复过程中，由于河流的各类自然过程和生态要素都存在极大的不确定性，这就为河流生态修复项目规划设计和管理方面带来了很大风险[38]。为了保证河流生态修复项目按照预期目标发展，需要在河流生态修复工程建设中采用适应性管理策略。提出的河流生态修复负反馈规划设计方法，以 GIS 和 RS 等信息技术为支撑，按照"规划设计—执行—管理—监测—评估—调整"这样一种流程以反复循环的方式进行，系统不断将控制后果与目标差进行比较，使得目标差在逐次调整中不断减小，最终实现生态修复目标[39]。

2.3 河流健康评估

河流健康不是严格意义上的科学概念，而是一种河流管理的评估工具。

（1）国外河流健康评估技术。从物理-化学评估、生物栖息地质量评估、水文评估和生物评估等方面对美国、瑞典、澳大利亚、英国、欧盟等国家和组织的河流健康评估技术进行了分析和归纳。

（2）河流健康的内涵。早在 2005 年就在国内率先全面阐述了河流健康的内涵，厘清了若干基本概念并且指出：河流健康评估作为一种管理工具，评估河流生态系统在自然力与人类活动双重作用下，在长期演化过程中的生态完整性和可持续性[40-41]。

（3）河流健康评估的原则和方法。河流健康评估需要建立生境因子与生物因子的相关关系，需要建立参照系统，需要明确水文条件、水质条件和栖息地质量三个要素，需要因地制宜地为每条河流建立健康评估体系、建立生物监测系统和网络。

（4）河流健康评估指标体系。河流健康评估有助于提高决策能力，推动流域综合管理。制定全国河流健康评价技术标准的关键是既能涵盖全国河流基本生态特征、又能反映不同流域的特点。基于这些理念，提出了基于主导生态功能分区的全国河流健康评价的全指标体系[42]。

2.4　兼顾生态保护的水库调度方法

2005 年 12 月，董哲仁与美国自然遗产研究所（Natural Heritage Institute）所长格列高里·托马斯（Gregory A. Thomas）共同发起和主持了在北京召开的"改善水库调度修复河流生态研讨会"，在国内首次提出了水库生态调度的概念并且对相关研究进行了展望。会议以后，我国兼顾生态保护的水库调度的理论研究和实践日渐增多[43]。

兼顾生态保护的水库调度是指在不显著影响水库防洪兴利效益的前提下，改善水库调度模式，部分恢复自然水文情势，保护与修复库区及大坝下游河流生态系统，实现防洪兴利和生态保护的双赢目标。系统总结了调整传统水库调度方式的 6 个主要步骤：①评价现行水库调度对河流生态的影响；②明确改善水库调度的生态目标；③建立水文情势改变与生态响应的量化模型；④构建基于生态保护目标的环境水流模型；⑤制定改善水库调度的技术方案；⑥基于负反馈设计方法开展改善水库调度试验[44]。

2.5　河湖生态状况定量评价

河流生态学研究是一种跨学科的研究，诸多学科与河流生态学的交叉、融合发展了富有生命力的新兴学科领域，这包括生态水文学、生态水力学、景观生态学等。这些新兴学科从流域、河段、景观等不同尺度，针对水文情势、水动力学条件、景观格局与水生态系统的关系展开研究，开发了一系列的河湖生态状况定量评价方法，为生态水工学发展提供了重要的科学支持，其重大作用是使河湖生态状况评价从定性描述转变为可以通过计算机运算的定量评价，这样就使生态水工学中的规划设计工作能够建立在较为精确的数据基础上[45]。同时，通过将这些定量评价方法与河流生态状况分级系统相结合，可为河湖生态状况的现状分析、目标设定、未来预测等提供定量化手段，从而弥补定性分析的不足。

3　生态水工学展望

近年，国家倡导尊重自然、顺应自然、保护自然的生态文明理念，并且要求把生态文明建设融入经济建设、政治建设、文化建设、社会建设各方面和全过程。在这样的大背景下，生态水工学迎来了新的发展机遇。

生态水工学的发展，既要借鉴国外先进经验，更要总结我国实践经验，自主创新，提升理论和研发技术。由于生态水工学的跨学科综合性，其发展需要多学科的合作与融合。在学科建设方面，近期似可开展以下领域研究。

3.1　水电资源开发程度战略研究

近年来，国家实施节能减排战略，落实应对全球气候变化我国政府承诺，水电作为清洁能源出现了大发展的新局面，随之而来提高水电开发程度的呼声越来越高。如何从国家可持续发展和生态文明建设高度，科学确定全国和流域水电开发规模，处理好开发与保护的关系，落实"在做好生态保护和移民安置的前提下积极发展水电"方针，是一项紧迫的战略性课题。

3.2　水利水电工程生态影响机理

水利水电工程生态影响机理研究的目的，是为河流生态保护与修复提供理论支持。

水文情势方面，要突破目前生态需水和环境水流研究的局限性，重视水文过程而不仅仅是流量，研究重点包括：①发展自然水流模型，构建环境水流[46]；②加强生物调查和生物监测工作，确定遴选指示物种的准则，梳理水文要素的生态学意义；③研究由于径流调节引起水文过程改变的包括鱼类的生物响应；④研究生物生命节律与河流水文时序规律匹配关系；⑤研究洪水脉冲的生态效应，建立洪水脉冲-生态过程关系模型[47]。

地貌景观格局研究方面，包括：①大型水利工程引起流域尺度景观格局变化；②景观格局分析与水文要素分析的耦合；③河流景观异质性与生物群落多样性的关系，河流景观异质性包括蜿蜒性、连续性、河湖水系连通性以及底质特征等；④河流景观破碎化、片断化的生物响应；⑤水库库区生态阻滞现象机理，开发防止库区水体富营养化技术；⑥修复河湖水系连通性的生态机理。

水生生物栖息地模拟研究方面，着眼于水动力模型的精细化、适宜性评价准则客观化、栖息地模拟尺度多元化的研究。除重视水力学因素对于生物的直接影响以外，还重视其间接影响，包括影响河床岸坡植被、水质（溶解氧、营养盐的分布）、水体温度场以及水生生物的食物分布等。

目前水利水电工程的生态影响研究大多停留在描述阶段。今后的研究可应用诸如"驱动力-压力-状态-影响-响应"等生态模型，通过实地监测调查，深入研究作用机理，寻找降低和缓解负面生态影响的多种技术对策。

3.3　洄游鱼类保护技术

我国水电工程建设洄游鱼类保护技术较发达国家有较大差距，洄游鱼类的有效保护问题日益凸显，当前似应开展以下工作。

（1）水电梯级开发河流鱼类普查及评价。在流域尺度上开展水电梯级开发对河流珍稀、濒危、特有鱼类的影响普查，进行渔业资源普查与监测，建立水文学、水力学、地貌条件及水体物理化学等生态要素变化与鱼类生存的压力-响应模型，重点评价梯级开发的生态影响，进行目标鱼类生态敏感性分析。

（2）水电梯级开发洄游鱼类保护规划。在调查、监测与评价的基础上，确定目标鱼类物种，量化生态目标，制定水电梯级开发河流洄游鱼类保护规划。保护措施方面，由于拆除已建大中型水电站已无可能，景观格局不可逆转，科研工作将聚焦于替代和补偿技术方案的选取论证，包括支流栖息地取代干流；在已建水电站增设过鱼建筑物；开发异地保护技术以及增殖放流等。

（3）过鱼设施技术。调查资料显示，迄今为止我国已建的大部分鱼道运行状况并不理想，存在一系列问题有待深入研究，包括鱼道水力学研究、鱼道下行保护技术等。另外，为解决大坝下泄低温水流对于鱼类的不利影响以及高速水流气体过饱和引起鱼类气泡病问题，需要进一步研发水工建筑物分层取水结构设计方法和改善水流中气体过饱和技术[48-49]。

3.4　兼顾生态保护的水库调度方法

兼顾生态保护的水库调度的目的，是通过改善传统的水库调度方式，在满足防洪与兴利要求的基础上，兼顾河流生态系统对水文情势的基本需求。

我国在水库生态调度研究方面起步较晚，至今仍处于科学研究阶段。借鉴国外经验，实施保护生态的水库调度不可能一蹴而就，而是经过放水试验—生物监测—调整方案多次反复，才有可能接近预期目标。兼顾生态保护水库调度方法研究的重点包括：①水库调度对河流生态影响评价方法和关键胁迫因子识别方法；②生态目标的确定方法；③建立水文因子与生态目标的定量关系；④构造基于生态目标的环境水流过程线方法；⑤综合防洪兴利与生态保护效益，建立水库优化调度模型的方法；⑥适应性管理方法的应用。

3.5　河流生态修复技术开发与整合

开发和整合河流生态修复技术，包括恢复河湖水系连通性规划设计方法、河流地貌修复规划设计方法、河道内栖息地加强技术、河湖生态疏浚技术、生物方法治污技术、湖泊水库蓝藻治理技术、湖泊水库的生物操纵技术、灌溉工程的生态保护与修复、水质生物监测技术（biological monitoring）等。

（1）恢复河湖水系连通性规划设计方法。由于河湖水系在水文、水环境、地形地貌、区域经济等方面的复杂性，对河湖水系连通及其环境影响还缺乏足够的认识，亟须针对自然力作用和人类经济活动造成的河湖阻隔或连通性削弱问题及河湖水系连通方面的战略需求，开展以水生态环境修复与保护功能为主，同时兼顾水资源配置和防洪减灾功能的河湖水系生态连通规划关键技术研究，在基础理论、调查技术、分析模型、总体布局、工程体系、效果评估、仿真平台及风险分析等方面开展创新研究，形成河湖水系生态连通规划关键技术体系。

（2）河道内栖息地加强技术。河道内栖息地加强结构类型一般分为五大类：砾石/砾石群、具有护坡和掩蔽作用的圆木、叠木支撑、挑流丁坝和堰坝。河道内栖息地加强结构的技术关键在于通过河道坡降及流场的局部改变，调整河道泥沙冲淤变化格局，形成相对蜿蜒的河道形态，使之具有深潭-浅滩序列特征；同时利用掩蔽物，增强水域栖息地功能。

工程设计中要致力于满足尽可能多的物种对适宜栖息地的要求，例如满足鱼类的洄游需求，维护生态系统的多样性等。

（3）河湖生态疏浚技术。生态疏浚技术是最近提出并且在局部实施的新技术，是为改善水质和水生态而进行的清淤，其特点是以较小的工程量最大限度地清除底泥中的污染物，同时为后续生物技术的介入创造生态条件。生态疏浚涉及环节多，技术复杂，底泥调查、清淤深度确定、淤泥吸取、施工机械、余水处理及淤泥处置等各个环节还没有形成统一的技术规范，有的还处于探索研究阶段[50]。

（4）水质生物监测技术。该技术是利用水环境中滋生的生物群落组成、结构等变化来预测、评价河湖水体的水质状况。我国在水质生物学监测技术方面起步较晚。未来的发展需要在大量监测数据基础上，建立适合我国的水质状况与指示生物关系表体系，借以完善我国目前的水质评价方法。

4 结语

生态水工学是在生态保护的大背景下产生和发展起来的新兴交叉学科，是对传统水利工程学的补充和完善。十多年来围绕全国水生态系统保护与修复工作，生态水工学取得了可喜的进展。具有创新意义的工作包括水利水电工程生态影响机理分析、河流生态修复规划方法、河流健康评估方法以及水库生态调度方法等方面。随着全国水生态文明建设的全面开展，将会对生态水工学的理论、方法和技术有更多的社会需求，这预示着生态水工学将会有更宽阔的发展空间。

参 考 文 献

[1] SEIFERT A. Naturnaeherer wasserbau [J]. Deutsche Wasser Wirtschaft, 1983, 33 (12): 361-366.

[2] ODUM H T. Ecological engineering and self-organization [C]// Mitsch W J, Jorgensen S E. Ecological Engineering: An Introduction to Ecotechnology. Wiley, New York. 1989: 79-101.

[3] SCHLUETER U. Ueberlegungen zum naturnahen ausbau von wasseerlaeufen [J]. Landschaft und Stadt, 1971, 9 (2): 72-83.

[4] BINDER W, JUERGING P, KARL J. Naturnaher wasserbau merkamale und grenzen [J]. Garten und Landschaft, 1983, 93 (2): 91-94.

[5] HOHMANN J, KONOLD W. Flussbaumassnahmen an der wutach und ihre bewertung aus oekologischer Sicht [J]. Deutsche Wasser Wirtschaft, 1992, 82 (9): 434-440.

[6] PABST W. Naturgemaesser wasserbau [J]. Schweizer Ingenieur und Architekt, 1989, 37: 984-989.

[7] MITSCH W J, JORGENSEN S E. Ecological engineering and ecosystem restoration [M]. New Jersey, USA: John Wiley & Sons, 2004.

[8] The Federal Interagency Stream Restoration Working Group (FISRW). Stream corridor restoration: principles, processes, and practices [Z]. GPO, 2001.

[9] RONI P, BEECHIE T. Stream and watershed restoration: a guide to restoring riverine processes

and habitats [M]. Chichester, UK：John Wiley & Sons, Ltd, 2013.

[10] KALLIS G, BUTLER D. The EU water framework directive：measures and directives [R]. Water Policy, 2001, 125 - 124.

[11] CHANDESRIS A, MENGIN N, MALAVOI J R, et al. Multi - scale system for auditing the hydro - morphology of running waters：diagnostic tool to help the WFD implementation in France [C]// Gumiero B, Rinaldi M, FokkensB. Proceedings of the 4th International Conference on River Restoration. Venice, 2008：349 - 356.

[12] 董哲仁. 生态水工学的理论框架 [J]. 水利学报, 2003 (1)：1 - 7.

[13] 董哲仁. 探索生态水利工程学 [J]. 中国工程科学, 2007 (1)：1 - 7.

[14] 中国科学技术信息研究所. 中国期刊高被引指数 [M]. 北京：科学技术文献出版社, 2006 (2007, 2008, 2009, 2010).

[15] 董哲仁, 孙东亚, 等. 生态水利工程原理与技术 [M]. 北京：中国水利水电出版社, 2007.

[16] 董哲仁. 生态水工学探索 [M]. 北京：中国水利水电出版社, 2007.

[17] 董哲仁. 河流生态修复 [M]. 北京：中国水利水电出版社, 2013.

[18] 董哲仁, 孙东亚, 赵进勇, 等. 河流生态系统结构功能整体性概念模型 [J]. 水科学进展, 2010, 21 (4)：550 - 559.

[19] 董哲仁. 怒江水电开发的生态影响 [J]. 生态学报, 2006 (5)：1591 - 1596.

[20] VANNOTE R L, MINSHALL G W, CUMMINS K W, et al. The river continuum concept [J]. Canadian Journal of Fisheries and Aquatic Sciences, 1980, 37：130 - 137.

[21] WARD J V, STANFORD J A. The serial discontinuity concept of lotic ecosystems [C]// Fontaine T D, Bartell S M. Dynamics of lotic ecosystems. Ann Arbor：Ann Arbor Science, 1983：29 - 42.

[22] WANTZEN K M, MACHADO F A, et al. Seasonal isotopic changes in fish of the Pantanal wetland [J]. Brazil Aquatic Sciences, 2002, 64：239 - 251.

[23] MIDDLETON B. Flood pulsing in wetland restoring the nature hydrological balance [M]. New York, USA：John Wiley & Sons, Inc., 2002.

[24] 赵学敏. 湿地：人与自然和谐共存的家园-中国湿地保护 [M]. 北京：化学工业出版社, 2004.

[25] ALLAN J D. Landscape and riverscapes：the influence of land use on stream ecosystems [J]. Annual Review of Ecology and Systematics, 2004, 35：257 - 284.

[26] WANG L Z, SEELBACH P W. Introduction to landscape influences on stream habitats and biological assemblages [J]. American Fisheries Society Symposium, 2006, 48：1 - 23.

[27] 邓春光. 三峡库区富营养化研究 [M]. 北京：中国环境科学出版社, 2007.

[28] 陈永柏, 彭期冬, 廖文根. 三峡工程运行后长江中游溶解气体过饱和演变研究 [J]. 水生态学杂志, 2009, 2 (5)：1 - 5.

[29] 陈永灿, 付健, 刘昭伟. 三峡大坝下游溶解氧变化特性及影响因素分析 [J]. 水科学进展 2009, 20 (4)：526 - 530.

[30] 董哲仁, 张爱静, 张晶. 河流生态状况分级系统及其应用 [J]. 水利学报, 2013, 44 (10)：1233 - 1238, 1248.

[31] 董哲仁. 试论生态水利工程的设计原则 [J]. 水利学报, 2004 (10)：1 - 6.

[32] 董哲仁. 水利工程经济效益与生态功能综合评价矩阵方法 [J]. 水利学报, 2006, 37 (9)：1038 - 1043.

[33] 董哲仁. 河流生态系统研究的理论框架 [J]. 水利学报, 2009, 40 (2)：129 - 137.

[34] 董哲仁. 河流生态修复的尺度、格局和模型 [J]. 水利学报, 2006, 37 (12)：1476 - 1481.

[35] 赵进勇, 董哲仁, 翟正丽, 等. 基于图论的河道-滩区系统连通性评价方法 [J]. 水利学报, 2011, 42 (5)：537 - 543.

[36] 董哲仁. 河流形态多样性与生物群落多样性 [J]. 水利学报, 2003 (11): 1-6.

[37] 董哲仁, 王宏涛, 赵进勇, 等. 恢复河湖水系连通性生态调查与规划方法 [J]. 水利水电技术, 2013, 43 (11): 8-13.

[38] GRAF W L. Sources of uncertainty in river restoration research [C]// River Restoration: Managing the Uncertainty in Restoring Physical Habitat. Chichester, UK: John Wiley & Sons, Ltd, 2008: 15-19.

[39] 赵进勇, 董哲仁, 孙东亚, 等. 河流生态修复负反馈调节规划设计方法 [J]. 水利水电技术, 2010, 41 (9): 10-14.

[40] KARR J R. Defining and measuring river health [J]. Freshwater Biology, 1999 (41): 221-234.

[41] 董哲仁. 河流健康评估的原则和方法 [J]. 中国水利, 2005 (10): 17-19.

[42] 张晶. 董哲仁, 孙东亚, 等. 基于主导生态功能分区的河流健康评价全指标体系 [J]. 水利学报, 2010, 41 (8): 883-892.

[43] 董哲仁. 水库多目标生态调度 [J]. 水利水电技术, 2007 (1): 28-32.

[44] 王俊娜, 董哲仁, 廖文根, 等. 基于水文-生态响应关系的环境水流评估方法——以三峡水库及其坝下河段为例 [J]. 中国科学: 技术科学, 2013 (6): 715-726.

[45] 董哲仁. 孙东亚, 王俊娜, 等. 河流生态学相关交叉学科进展 [J]. 水利水电技术, 2009, 40 (8): 36-43.

[46] POFF N L, RICHTER B D, ARTHINGTON A H, et al. The ecological limits of hydrologic alteration (ELOHA): A new framework for developing regional environmental flow standards [J]. Freshwater Biology, 2010, 55 (1): 147-170.

[47] 董哲仁, 张晶. 洪水脉冲的生态效应 [J]. 水利学报, 2009, 40 (3): 281-288.

[48] Food and Agriculture Organization of the United Nations. Fish passes: design, dimensions and monitoring [R]. FAO, 2002.

[49] 陈凯麒, 常仲农, 等. 我国鱼道的建设现状与展望 [J]. 水利学报, 2012, 43 (2): 182-188, 197.

[50] 陆桂华, 张建华, 马倩, 等. 太湖生态清淤及调水引流 [M]. 北京: 科学出版社, 2012.

Progress and prospect of eco-hydraulic engineering

Abstract: Eco-hydraulic engineering is a new cross-discipline produced and developed in the background of ecological protection, which is a supplement and improvement to the traditional hydraulic engineering. This paper summarized the main progress of eco-hydraulic engineering for past decade, including the mechanism of hydraulic and hydropower project ecological impact, the river restoration planning method, the river health assessment, and reservoir operation considering ecological conservation and quantitative evaluation method of river ecological status. This paper made a prospect for the development of eco-hydraulic engineering, putting forward several academic frontier problems such as strategic research of hydropower resources development level, establishment of various pressure-response ecological models, migration fish protection technology, improving the reservoir operation method and research and development of technology integration.

Key words: eco-hydraulic engineering; ecological restoration; river health; reservoir operation; migration fish

河流治理生态工程学的发展沿革与趋势 *

[摘　要]　传统意义上的水利工程学在满足社会经济发展的需求时，不同程度地忽视了河流生态系统本身的需求。文中分析了欧洲工程界在河川治理方面的生态工程建设的教训与经验，对各种生态工程理论进行了归纳与评价，并对生态水利工程学的内涵进行了讨论。

[关键词]　河流治理；生态工程学；生态水工学；发展沿革；趋势

自 20 世纪 80 年代开始，面对河流治理中出现的水利工程对生态系统的某些负面影响问题，欧洲的工程界对水利工程的规划设计理念进行了深刻的反思，认识到河流治理不但要符合工程设计原理，也要符合自然原理。特别随着现代生态学的发展，他们进一步认识到河流治理工程还要符合生态学的原理，也就是说把河流湖泊当作生态系统的一个重要组成部分对待，不能把河流系统从自然生态系统中割裂开来进行人工化设计。在欧洲陆续有一批河流生态治理工程获得成功，同时相应出现了一些河流治理生态工程理论和技术，这些理论、经验和技术值得我们思考和借鉴。

1　欧洲的河流生态工程实践

河流生态工程是从欧洲对山区溪流生态治理开始的。早在 19 世纪中期欧洲工业蓬勃发展，阿尔卑斯山区成为中欧的工业基地。由于开矿山、修公路、建电站，大规模砍伐森林，破坏植被，造成山洪、泥石流、雪崩等频繁发生，引起了地区各国的关注，1846—1884 年间制定了森林法及水资源利用法。为了与山洪和山地灾害斗争，兴建了大规模的河流整治工程。经过近百年的治理，大批工程设施发挥了作用，对山洪和山地灾害有所遏制。但是随着水利工程的兴建，伴随出现了许多负面效应。特别是随着大量移民迁入，山区旅游事业激增，这些负面效应愈显突出。主要是传统水利工程兴建后，生物的种类和数量都明显下降，生物多样性降低，人居环境质量有所恶化。社会舆论要求保护阿尔卑斯山区，呼吁回归自然。这使传统的河流治理工程设计理念受到挑战。工程师开始反思，认为传统的设计方法主要侧重考虑利用水土资源，防止自然灾害，但是忽视了工程与河流生态系统和谐的问题，忽视了河流本身具备的自净功能，也忽视了河流是多种动植物的栖息地，是大量生物的物种库这些重要事实。另外，从资源开发角度看，山区溪流地区还有登山、滑雪、休闲等功能，保护生态系统也是水资源开发利用的需要。

至 20 世纪 50 年代德国正式创立了"近自然河道治理工程"，提出河道的整治要符合

---

* 董哲仁. 河流治理生态工程学的发展沿革与趋势 [J]. 水利水电技术，2004 (1)：39–41.

植物化和生命化的原理。

阿尔卑斯山区相关国家，诸如德国、瑞士、奥地利等国，在河川治理方面的生态工程建设，积累了丰富的经验。这些国家制定的河川治理方案，注重发挥河流生态系统的整体功能；注重河流在三维空间内植物分布、动物迁徙和生态过程中相互制约与相互影响的作用；注重河流作为生态景观和基因库的作用。自 20 世纪 80 年代开始的"近自然河流治理"工程，至今虽然仅 20 多年，但是成效斐然。与传统工程方法比较，其突出特点是流域内的生物多样性有了明显增长，生物生产力提高，生物种群的品种、密度都成倍增加。比如 Oichtenbach 流域"近自然治理"前后动物种类由 44 种增加到 133 种，Melk 流域在治理前的 1987 年每百米河段鱼类个体数量 150 条，生物量 19kg，治理后的 1990 年分别提高到 410 条和 55kg。治理后另一个特点是河流自净能力明显提高，水质得到大幅度改善，实践证明，充分利用河流自净能力治污，是一种经济、实用的技术。

20 世纪 80 年代开始莱茵河的治理，又为河流的生态工程技术提供了新的经验。莱茵河是欧洲的大河，流域面积 18.5 万 km²，河流总长 1320km。流域内有瑞士、德国、法国、比利时和荷兰等 9 国。第二次世界大战以后莱茵河沿岸国家工业急剧发展，造成污染不断蔓延，污染主要来源于工业污染和生活污染。到 20 世纪 70 年代污染风险加大，大量未经处理的有机废水倾入莱茵河，导致莱茵河水的氧气含量不断降低，生物物种减少，标志生物——蛙鱼开始死亡。1986 年，在莱茵河上游史威查豪尔（Schweizerhalle）发生了一场大火，有 10t 杀虫剂随水流进入莱茵河，造成鲑鱼和小型动物大量死亡，其影响超过 500km，直达莱茵河下游。事故如此突然和巨大，欧洲社会舆论哗然。成立于 1950 年的莱茵河保护国际委员会（ICPR）于 1987 年提出了莱茵河行动计划，得到了莱茵河流域各国和欧共体的一致支持。这个计划的鲜明特点是以生态系统恢复作为莱茵河重建的主要指标。主攻目标是：到 2000 年鲑鱼重返莱茵河，所以将这个河流治理的长远规划命名为："鲑鱼-2000 计划"。这个规划详细提出了要使生物群落重返莱茵河及其支流所需要提供的条件，治理总目标是莱茵河要成为"一个完整的生态系统的骨干"。沿岸各国投入了数百亿美元用于治污和生态系统建设。到 2000 年莱茵河全面实现了预定目标，沿河森林茂密，湿地发育，水质清澈洁净。鲑鱼已经从河口洄游到上游瑞士一带产卵，鱼类、鸟类和两栖动物重返莱茵河。

2　各种生态工程理论及其评价

追溯河流治理的自然工程理论的形成历史，当推 1938 年德国 Seifert 首先提出"亲河川整治"概念。他指出工程设施首先要具备河流传统治理的各种功能，比如防洪、供水、水土保持等，同时还应该达到接近自然的目的。亲河川工程即经济又可保持自然景观。使人类从物质文明进步到精神文明、从工程技术进步到工程艺术、从实用价值进步到美学价值。他特别强调河溪治理工程中美学的成分。

如上述，20 世纪 50 年代德国正式创立了"近自然河道治理工程学"，提出河道的整治要符合植物化和生命化的原理。河流治理的生态工程理论逐渐走上科学的轨道，还是在现代生态学形成和发展之后的事。现代生态学发展始于 20 世纪 60 年代，逐步形成了自己独特的理论体系和方法论。一系列国际研究计划极大促进了现代生态学的发展。其中著名的 20 世纪 60 年代的"国际生物学计划",70 年代"人与生物圈计划",80 年代"国际地圈—生物圈计划"等。现代生态学的特点,首先是向宏观研究发展,采用系统方法及多变量和非线性模型。其次,随着学科的深入发展,一些分支学科如进化生态学、行为生态学、化学生态学和分子生态学相继出现,扩大了生态学的领域。从应用方面看,为应对 20 世纪中开始出现的人口、资源与环境危机,促进了生态学与其他学科的交叉及融合。不少科学家认为,生态学是解决人类面临的危机的科学基础之一。这些新的交叉学科可以归类称为"应用生态学"。比如始于 20 世纪 70 年代生态学与人类环境问题相结合逐渐形成了环境生态学,其后保护生物学、经济生态学、城市生态学等应运而生。而生态学与各类工程学的结合,主要是在工程设计理念中吸收生态学的原理和知识,改变传统的工程理念和技术方法,又形成了不少新的工程理论。

1962 年 H. T. Odum 提出将生态系统自组织行为 (Self - organizing activities) 运用到工程之中。他首次提出"生态工程"(ecological engineering) 一词,旨在促进生态学与工程学相结合。

受生态学的启发,人们对于河流治理有了新的认识,河流治理除了要满足人类社会的需求以外,还要满足维护生态系统稳定性及生物多样性的需求,同时把河流的自然状态或原始状态作为河流整治及人类干预的尺度,相应发展了生态工程技术和理论。

1971 年 Schlueter 认为近自然治理 (near nature control) 的目标,首先要满足人类对河流利用的要求,同时要维护或创造河流的生态多样性。1983 年 Bidner 提出河道整治首先要考虑河道的水力学特性、地貌学特点与河流的自然状况,以权衡河道整治与对生态系统胁迫之间的尺度。1985 年 Holzmann 把河岸植被视为具有多种小生态环境的多层结构,强调生态多样性在生态治理的重要性,注重工程治理与自然景观的和谐性。同年,Rossoll 指出,近自然治理的思想应该以维护河流中尽可能高的生物生产力为基础。到了 1989 年 Pahst 则强调溪流的自然特性要依靠自然力去恢复。1992 年 Hohmann 从维护河溪生态系平衡的观点出发,认为近自然河流治理要减轻人为活动对河流的压力,维持河流环境多样性、物种多样性及其河流生态系统平衡,并逐渐恢复自然状况。

河川的生态工程在德国称为"河川生态自然工程",日本称为"近自然工事",或"多自然型建设工法"。美国称为"自然河道设计技术"(natural channel design techniques)。一些国家已经颁布了相关的技术规范和标准。

1989 年 Mitsch 等对于"生态工程学"(ecological engineering) 给出定义,Mitsch 有时也使用"生态技术"(ecotechnology) 一词。1993 年美国科学院所主办的生态工程研讨会中根据 Mitsch 的建议,对"生态工程学"定义为:"将人类社会与其自然环境相结合,以达到双方受益的可持续生态系统的设计方法。"生态工程学的范围很广,包括河流、湖泊、湿地、矿山、森林、土地及海岸等的生态建设问题。

从以上简单介绍可以看出,有关河流的生态工程理论是多种多样的,但是可以归纳以下观点是共同的:

(1) 在学科的科学基础方面,强调工程学与生态学相结合。在河流整治方面,工程设计理论要吸收生态学的原理和知识。

（2）新型的工程设施既要满足人类社会的种种需求，也要满足生态系统健康性的需求，实现双赢是理想的目标。

（3）河流生态工程以保护河流生态系统生物多样性为重点。在治河工程中，尊重河流流域的自然状况，尊重各类生物种群的生存权利。水利工程设施要为动植物的生长、繁殖、栖息提供条件。

（4）认识和遵循生态系统自身的规律，充分发挥自然界自我修复和自我净化功能，生态恢复工程强调生态系统的自我设计功能（self‐design）。

（5）依据人文学理论，强调河流自然美学价值。在治河工程中，要设法保存河流的自然美，以满足人类在长期自然历史进化过程中形成的对自然情感的心理依赖。

3 生态水工学的内涵

具有各种不同目标和内容的河流治理生态工程学，是人们摒弃了"征服自然"的观念以后，更为理智的工程科学。它反映了人类与自然和谐共存的理念，是水利工程理论和其他相关工程理论发展的一个方向。

河流治理生态工程是一个十分广泛的概念。它包括水土保持、河流泥沙治理、水污染防治、地下水保护、河口治理等诸多方面。与此相对应，目前河流治理生态工程学涉及的领域也十分宽阔。发达国家近一、二十年的工程实践，其理论和技术方法也在不断发展。但是毕竟是新兴的工程理论，河流治理生态工程学也处于探索和发展阶段。

生态水利工程学（eco‐hydraulic engineering）简称"生态水工学"，是从减轻水利工程对河流生态系统负面影响的一个侧面，探讨水利工程新的工程理念和技术方法。

笔者认为，生态水利工程学作为水利工程学的一个新的分支，是研究水利工程在满足人类社会需求的同时，兼顾水域生态系统健康性需求的原理与技术方法的工程学。发展生态水工学的目的，是促进人类与自然相和谐，保证水资源可持续利用。

生态水工学是一门交叉学科，也是一门实用的工程学。它是立足于水利工程学，吸收、融合生态学的原理和知识，用以改善水利工程的规划与设计方法的工程学。其内涵似应包括两部分：生态水工学的基本原理和生态水工技术。

生态水工学的基本原理包括研究水域生态系统的特点；不同区域水文与水质因子与生物群落的相关关系；水利工程与水域生态系统的交互作用；生态型水利工程对生态系统补偿的原理和机制等。生态水工学的原理是遵循生态系统的自我设计、自我组织、自我修复和自我净化的规律。

生态水工技术的任务是水利工程在满足人对水的多种需求的同时，为保持和提高生物多样性提供必要的生境条件。生态水工技术具体包括：河道整治、水库工程、人工湿地及生态景观的生态水工技术等。

我国发展生态水工学及开发生态水工技术，可以借鉴发达国家的经验，但是不可能照搬。原因是自然条件不同，需要因地制宜地解决生态建设技术问题。同时，各国经济发展水平不同，在制定生态恢复目标方面也会有所不同。从工程规划角度看，在开发利用水流时，应明确河流与其上下游、左右岸的生物群落交织在一起共生共存，处于一个完整的生态系统中，规划中要考虑这一重要因素。重大水利工程建设，不仅仅要解决濒危生物或"明星生物"的栖息问题，还要从整个河流生态系统的健康性考虑问题。从工程建设角度看，水利工程设施首先要保证结构物的安全，达到强度、稳定和耐久性的技术要求，具备完善的功能，在此基础上，吸收生态学原理，为维持生物多样性创造条件。

　　如同任何工程建设一样，生态型的水利工程也要进行技术经济论证，保证技术的可行性和经济的合理性。生态恢复工程的经济分析，似应根据客观需要和实际经济支付能力，确定合理的生态恢复目标。在生态恢复工程中，开发廉价、实用的技术最合理的技术路线就是充分利用生态系统自我设计，自我修复的功能。实际上，自然界早在人类出现以前就能够有序地运行和演进，全靠生态系统自身的自我设计和自我修复功能。我们现在说的生态修复工程，也是遵循这些基本规律。自然界并不需要人类的"恩赐"，需要的是少一点"干预"。我们的任务是深入认识生态系统的规律，谨慎地遵循这些规律，而不需要创造什么规律。

　　生态水工学的发展需要水利工程学与生态学相结合，在学科的交叉、融合中得到发展。生态水工学将是一门实用的工程学，通过不同类型的示范工程，摸索经验，总结提高，逐步推广，在工程实践的基础上，逐步形成规范和标准。

参　考　文　献

[1]　MITSCH W J. Ecological engineering [M]. John Wiley & Sons Ltd. , 1989.

[2]　董哲仁. 生态水工学的理论框架 [J]. 水利学报，2003 (1).

[3]　董哲仁. 生态水工学——人与自然和谐的工程学 [J]. 水利水电技术，2003 (1).

[4]　董哲仁. 水利工程对生态系统的胁迫 [J]. 水利水电技术，2003 (6).

河流生态学相关交叉学科进展 *

[摘　要]　论述了近年来河流生态学发展的主要特点。指出河流生态系统研究是一种跨学科的研究，诸多学科与河流生态学的交叉、融合，发展了富有生命力的新兴学科领域。文中介绍了生态水文学、生态水力学、景观生态学和生态水工学的学科内涵、研究进展和学科发展趋势。指出学科的细化标志着对于河流自然规律认识的深化，交叉学科必然会遵循生态系统整体性原则，最终朝着建立综合的河流科学理论方向发展。

[关键词]　河流生态学；生态水文学；水文情势；环境水流；生态水力学；生物生活史；景观生态学；生态水工学

1　引言

近十几年来，在世界范围内河流生态学研究取得了长足进展，并且出现了一些新的特点，主要表现在以下几个方面：

（1）建立在全球水文圈—生物圈、流域、河流廊道和河段等多尺度的大量观测资料基础上的河流生态系统过程研究，不断丰富了河流生态学理论。

（2）改变了长期以来河流生态学以原始的自然河流为其研究对象的局面，把研究重点转向在自然力和人类活动双重作用下的河流生态系统的演替规律，适应了近百年来河流被大规模开发和改造的现实。

（3）社会需求的增长为河流生态学的发展提供了动力。河流生态学的应用领域不断扩大，特别是为流域一体化管理和河流生态修复提供了一种科学工具，为管理决策提供了多种选择。

（4）信息技术的发展，特别是遥感技术和地理信息系统技术，为河流生态学大尺度的景观格局分析提供了有用的工具。

（5）河流生态学与相关学科的交叉融合，形成了许多新的学科生长点，一批边缘交叉学科的兴起成为河流生态学发展的最重要特征。

河流生态系统研究的重点是研究河流生命系统与生命支持系统之间的复杂、动态、非线性、非平衡关系，其核心问题是研究生态系统结构功能与重要生境因子的耦合、反馈相关关系。这里所说的重要生境因子是指：水文情势、水力学特征、河流地貌等因素[1]，它们对应的学科分别是水文学、水力学和河流地貌学等。河流生态系统研究是一种跨学科的

---

　* 董哲仁，孙东亚，王俊娜，赵进勇. 河流生态学相关交叉学科进展 [J]. 水利水电技术，2009，40 (8).

研究，诸多学科与河流生态学的交叉、融合发展了富有生命力的新兴学科领域，这包括生态水文学、生态水力学、景观生态学和生态水工学等。目前，这些新的交叉学科正处于方兴未艾阶段，研究工作十分活跃。

2　生态水文学

2.1　生态水文学的内涵

生态水文学（ecohydrology）是水文学与生态学融合形成的边缘、交叉学科，其内涵是研究水文过程与生物过程的耦合关系。迄今，对于生态水文学内涵的表述多种多样，最早可以追溯到 1992 年在都柏林召开的水与环境国际会议，在那次会议上为解决全球水环境退化问题，提出了将水文学和生态学结合的构想。1997 年，Zalewski 等首先在联合国教科文组织国际水文计划（UNESCO IHP）-V 的技术手册中给出了生态水文学的概念。2008 年 Harper 和 Zalewski 等人对于生态水文学进一步给出了较为完整的定义："通过对流域内水文机制对生物区以及生物区对水文机制的双向调节的量化与模拟，认识二者变化与协同的整体性，以保护、增强或修复流域水生态系统的可持续利用能力为基本目标，缓解人类活动的影响。"[2]

Rodriguez 认为，生态水文学是寻求生态模式和生态过程的水文机制的一门科学。他认为植被是生态水文学的核心内容[3]。

Nuttle 认为，生态水文学所关心的是水文过程对生态系统配置、结构和动态性的影响，以及生物过程对于水循环要素的影响[4]。

以上定义中都重视水文要素与生物要素之间双重、交互的调节作用，主要体现在以下两个方面：一方面是水文过程对生态因子的影响，如河流、湖泊的水文情势影响着水生态系统中种群和种群间关系，两者的相互作用决定了水生态系统的动态变化；另一方面是生物因子反过来也调节着水文过程，如流域内植被通过改变蒸散发、径流量和土壤水与地下水间的分配影响着水文循环，岸边的植被和洪泛平原的湿地影响着流量的出现时机等。在Zalewski 的定义中，还强调了人类活动对于水生态系统的影响，并且明确了研究生态水文学的目的是为保护和修复水域生态系统提供科学支持。

生态水文学研究的范围包括：陆地上的气候—土壤—植被间的动态关系，探索生态格局和生态过程变化的水文学机制；水循环中的水文情势及其变化对水生生物和河流生态系统的影响[5]；近年来发展的流域生态水文学，聚焦于流域尺度上水文过程和生态系统的相互关系，为水资源的可持续性管理提供科学工具。

2.2　研究进展

自然水文情势（hydrological regime）指自然河流的特定的水文过程，可以用流量、频率、出现时机、延时和变化率等 5 个控制性要素描述[6]。研究表明，特定的水文情势往往与特定的河流生物群落的生物构成和生物过程具有明显的相关性。年周期的水文情势变化是相关物种的生理学需求，引发不同的行为特点，比如鸟类迁徙、鱼类洄游、涉禽的繁殖以及陆生无脊椎动物的繁殖和迁徙。水文情势也是河流栖息地的重要组成部分。水文情势随时间的变化形成了一系列不同类型的栖息地，栖息地的时空变化规律影响着物种的分布和丰度，以及生态系统的功能。骤然涨落的洪水脉冲把河流与滩区动态地联结起来，形成了河流滩区系统有机物的高效利用系统，促进水生物种与陆生物种间的能量交换和物质循环，完善食物网结构，促进鱼类等生物量的提高[1]。

人们对于水资源的大规模开发利用，导致了社会系统与生态系统在水资源配置方面的竞争。为防洪兴利建设的大量水库在运行中进行的人工径流调节，又使自然水文情势发生变化，特别是水文过程的均一化削弱了水文过程的脉冲作用。跨流域调水工程打破了河流水系的自然格局，改变了水文循环条件。研究表明，人类活动对水文情势的干扰，导致对于生物群落特别是一些濒危、珍稀和特有生物的生存构成威胁[7]。

在应用研究方面，近年来在我国十分活跃的领域当属环境水流（environm ental flow）研究。对于环境水流内涵的表述也有多种，其中较有代表性的 Tharme 等认为，河流环境水流评价可以简单定义为："为维持生态系统被认定的价值，评估在河道以及河漫滩中原始的水流情势需要维持在何种程度上。"[8] Dyson 等认为，"环境水流是指用水矛盾突出且水量可以调度的河流、湿地或沿海区域，为维持其正常生态系统及功能所拥有的水量。"[9] 目前，国内外使用过的环境水流计算方法可以分为四类，分别为：水文学法、水力学法、栖息地模拟法、整体法[10]。尽管我国在环境水流领域的研究成果不少，但是在基本概念上还存在若干歧义。笔者认为，环境水流概念不是一个纯科学的概念，环境水流评价也不是一个纯科学问题。环境水流评价是一种水资源配置的管理工具，是存在水资源竞争的条件下，水资源在经济社会与生态系统之间进行配置时所需要的妥协方法。环境水流评估可能提供一种水文情势改变程度的限制，使水生态系统的退化保持在人们可以接受的程度以内，成为利益相关者间进行协调的依据。

在陆地生态水文学研究方面，在人类大规模经济活动背景下，在森林、草原以及干旱—半干旱地区，变化的水文情势对于陆地生态系统格局与过程的影响研究取得了丰硕的成果。近年来，全球气候变化可能导致地球水文循环普遍加强，伴随降雨和蒸散发状况的变化以及极端水文事件的增加，陆地淡水生态系统对于这种剧烈的水文过程变化的响应机制是研究工作的热点课题[11]。

2.3　学科发展趋势

水文情势和生态过程耦合研究是河流生态水文学的基本内容，耦合模型的开发是量化和预测水文情势改变对生态过程影响的关键，也是调控水文情势的基础。研究内容包括：水域生态系统演替的水文机制；人类活动造成水文情势改变的生态响应机制；流域水循环过程与植被群落演替和生态过程的关系；生态水文过程的尺度转换；气候—水分—植被—土壤耦合模式等。虽然在国外这个领域研究开始较早，但是目前还未形成成熟的耦合机制模型，大部分成果停留在研究水生生物（鱼类、藻类、大型无脊椎动物和微生物等）对水文情势的响应方面。我国在这个领域的研究起步较晚，又受到生态监测系统不完善、生物监测资料严重缺乏这些因素的制约，因此进展不大，尚有较大的发展空间。

生态水文学关注的不仅是流量或水量的生态效应，更加关注水文过程对于生态系统结构与功能的影响。水文过程的生态响应，其过程、模式、机理与效应问题，将是研究的重点。作为河流—河漫滩系统驱动力的洪水脉冲作用，需要通过系统的现场监测和分析，认识其机理和构建模拟方法。我国在环境水流的研究中，关注水量、流量较多，但是缺乏水文过程以及洪水脉冲的生态效应研究，估计在此领域会有所发展。

遥感技术和地理信息系统技术的发展，为流域尺度的生态水文学发展提供了有用的工具。利用分布式水文模型，进一步引进生物要素，模拟水文情势与生物过程的耦合关系，可能成为生态水文学新的生长点。在河流生态修复和改善水库调度等领域，生态水文学的应用研究将会更加活跃。

3　生态水力学

3.1　生态水力学的内涵

生态水力学（ecohydraulics）是水力学与生态学融合形成的一门新兴交叉学科。国际水力学研究协会（International Association for Hydraulic Research，IAHR）于 1994 年在挪威召开了第一届国际栖息地水力学（生态水力学）研讨会，成为生态水力学发展为一门独立学科的标志，迄今这个研讨会已经举办了 7 届。

Nestler 认为，"生态水力学的目标，是将水力学和生物学结合起来，改善和加强对水域物理化学变化的生态响应的分析和预测能力，支持水资源管理。"[12] 生态水力学的研究尺度是河段或称中等栖息地和微观栖息地。

研究表明，生物生活史特征与水力学条件之间存在着适宜性关系并符合下列原则：生物不同生活史特征对于栖息地需求可根据水力条件变量进行衡量；对于一定类型水力条件的偏好能够用适宜性指标进行表述；生物物种在生活史的不同阶段通过选择水力条件变量更适宜的区域来应对环境变化而做出响应。

所谓水力学条件包括水流特征量（流速、流速梯度、流量、含沙量）、河道特征量（水深、底质类型和湿周）、无量纲量（弗劳德数、雷诺数）和复杂流态特征量。所谓生物生活史特征指的是生物年龄、生长、繁殖等发育阶段及其历时所反映的生物生活特点。就鱼类而言，其生活史可以划分为若干个不同的发育期，包括胚胎期、仔鱼期、稚鱼期、幼鱼期、成鱼期和衰老期，各发育期在形态构造、生态习性以及与环境的联系方面各具特点。

水力学条件各变量指标对生物生活史特征产生综合影响。在急流中，水中含氧量几近饱和，喜氧的狭氧性鱼类通常喜欢急流流态，而流速缓慢或静水池塘等水域中的鱼类往往是广氧性鱼类。河流也提供不同流态以符合鱼类溯游行为模式。对于不同的流态，比如从急流区到缓流区，鱼类的种类组成、体型和食性类型都有明显变化。水流还具有传播鱼卵和幼体的功能，例如，在长江中上游天然产卵场产卵的四大家鱼的卵和幼鱼不具备游泳能力，但它们能顺水流到江河下游，并在养料丰富的洪泛区及河湖口地区生长发育。水温对鱼类代谢反应速率起控制作用，从而成为影响鱼类活动和生长的重要环境变量。决定鱼的产卵期（和产鱼洄游）的主要外界条件是水温和使鱼类达到性成熟的热总量。

水生生物反过来也对水动力产生影响。河流—河漫滩—湿地系统存在着不同类型的植被组合，这些植被通过茎、叶的阻挡作用加大了岸滩的糙率，降低了行洪能力，也导致污染物运移、泥沙沉积和河床演变规律发生变化。

人类大规模的治河工程和开发，包括河流渠道化、疏浚和采砂等，改变了河流蜿蜒性等特征，也改变了水流的边界条件，使水力学条件发生重大变化，可能导致栖息地减少或退化。水坝不但切断了洄游鱼类通道，而且造成水库水体的温度分层现象。很多鱼类对水温变化敏感，一些鱼类随着水温的升高产量增加，一些则下降。另外，高坝泄水时，高速水流与空气掺混，出现气体过饱和现象，导致水坝下游长距离河道的某些鱼类患有气泡病。最后，进行电站日调节的水库，下泄流量的日变幅和小时变化率都较大，有时会在减水时段，因水位下降过快造成鱼类的搁浅[13]。

综上所述，生态水力学的任务在是，河段的尺度上建立起生物生活史特征与水力学条件的关系，研究水力学条件发生变化情况下的生态响应，预测水生态系统的演替趋势，提出加强和改善栖息地的流场控制对策。

3.2 研究进展

（1）水生生物栖息地模拟。生态水力学模拟的水生生物栖息地主要是中等栖息地（如河段的深潭—浅滩序列）和微观栖息地（如水生生物产卵等行为所利用的局部区域）。考虑的生境因子包括水流特征量（流速、流速梯度、流量、含沙量）、河道特征量（水深、底质类型和湿周）、无量纲量（弗劳德数、雷诺数）和复杂流态特征量。

早在 1982 年 Bovee 就提出了自然栖息地模拟模型——PHABSIM Model，用以描述目标物种在其某一生命阶段由于水流变化引起微栖息地的变化的生态响应。采用一维水动力学模型计算结果，通过单变量的栖息地适宜性曲线转换成表征可用栖息地的数量和质量的指标——栖息地的权重可利用面积，输出结果是栖息地的权重可利用面积和流量的关系曲线[14]。

Jorde 在 PHABSIM 模型的基础上提出的 CASIMIR 模型，用基于模糊逻辑并结合专家知识的方法计算栖息地的适宜性[15]。另外，Parasiewicz 等开发了中等尺度的栖息地模拟模型（Meso-HABSIM），以解决 PHABSIM 在应用到更大尺度上栖息地模拟的缺陷[16]。

我国的栖息地模拟研究起步较晚，主要是借鉴国外经验，在水动力模拟的基础上，采用单变量的适宜性评价准则，模拟某几种珍稀濒危水生生物栖息地，得出了有益的结论[17-19]。

（2）生态水力学模型。生态水力学模型是在理解水动力、水质、生物和生态之间的动力学机制的基础上，尽可能接近生物过程和生态系统的实际特征，采用数字计算和经验规律相结合的方法建立的计算机模型[20]。

生态水力学模型是水动力学模型和生态动力学模型的耦合模型。水动力学模型常采用数值解法。生态模型一般也采用类似水力学的空间均质的连续性方程，如水域多种群模型以及生命体运动方程等。为模拟自然界的空间异质性和许多生物过程如繁殖、捕食的非连续性，又不断有新的生态模型提出，如细胞自动化机器模式、基于个体模式、盒式模型等。

（3）流场控制技术。在生物监测和实验研究的基础上，可以得出生物体适宜生长—面临威胁—面临死亡这三种状态间相互转换的阈值，如适宜的水流条件和最差可接受的水流条件。人为造出一种特定的流场环境，使某些生命体生长、增殖；或使某些生命体的增殖受到抑制，以此来帮助或诱导某些生命体逃离危险环境，使濒危物种得到保护，这一措施称为生命体的流场控制技术[21]。美国爱荷华州立大学水力研究所（IIHR）通过对鲑鱼生态水力学特性的系统实验研究，采用流场控制技术，诱导鲑鱼苗成功通过哥伦比亚河的 7 座大坝[22]。我国采用流场控制技术，成功控制了钉螺随灌溉水流扩散，有效防止了血吸虫病在灌溉区流行[23]。

3.3　学科发展趋势

在水生生物栖息地模拟研究方面，预计将朝着水动力模型的精细化、适宜性评价准则客观化、栖息地模拟尺度多元化的方向发展。

重视学科整合。除重视水力学因素对于生物的直接影响以外，还要重视水力学因素的间接影响。水流影响河床地貌的演化和沉积物的分布，影响河床岸坡植被的生长和生物的多样性，以及影响水质（溶解氧、营养盐的分布）、水体温度场、栖息地格局、水生生物的食物分布、含沙量等。因此，生态水力学的研究将进一步朝着学科整合和一体化方向发展。

在应用研究方面，诸如河流生态修复工程优化设计和项目有效性评估，鱼道设计、减轻高坝泄流过饱和气体对鱼类影响，控制水库下泄水温变化，防治水库湖泊的富营养化等。

4　景观生态学

4.1　景观生态学的内涵

景观生态学（Landscape ecology）既是生态学的一个分支学科，也是融合生态学、地理学、系统论和信息技术等学科形成的一个新兴交叉学科。景观生态学起源于中东欧，德国地理学家 Troll 在 1939 年创造了景观生态学一词，并把景观生态学定义为研究某一景观中生物群落之间错综复杂的因果反馈关系的学科[24]。其后学科不断发展，1982 年成立了国际景观生态协会（International Association for Landscape Ecology，IALE）。这个时期景观生态学的研究重点是大尺度上不同生态系统的空间格局和相互关系，并且为土地规划与管理提供科学支持。至 20 世纪 80 年代后期以来，景观生态学在美国兴起，其理论成果重视景观空间异质性和格局—过程分析，进一步推动了学科的发展。

景观生态学是研究景观单元的类型组成、空间配置及其与生态学过程相互作用的综合性学科。强调空间格局、生态学过程与尺度之间的相互作用是景观生态学研究的核心所在[24,25]。

景观格局（landscape pattern）指空间结构特征，包括景观组成的多样性和空间配置[26]。景观空间格局是在自然力和人类活动双重作用下形成的。而人类历史上的农牧业生产活动、砍伐森林、工业化、城市化进程都大幅度改变着景观格局，其后果是原始景观格局发生了剧变。各种工程设施的建设，也改变了景观的空间配置，比如水库淹没土地后，造成原有陆地景观的"破碎化"。

建立景观格局与生态过程的关系的目的，是通过对于景观格局的分析来认识生态过程。生态过程相对较为隐含，而景观格局较为直观，可以用测量、调查或遥感（RS）、地理信息系统（GIS）等技术工具记录和分析，如果建立起景观格局与生态过程之间的相关关系，那么，通过对于景观空间格局的分析，就可以理解生态过程和进行生态评价[27]。

4.2　研究进展

景观生态学的研究重点主要包括：景观格局的形成和动态及其与生态学过程的相互作用；格局—过程—尺度之间的相互关系；景观的等级结构和功能特征以及尺度推绎；人类活动与景观结构、功能的相互关系；景观异质性的维持和管理。

河流景观生态学主要研究河流廊道或流域尺度下河流景观格局与生态过程之间的相关关系。景观格局可以用景观镶嵌体进行定量描述，如缀块的数量、大小、形状、空间位置和性质等，基底的类型、下垫面性质等，都是可以通过各种测量的方式进行定量描述。生态过程包括生物多样性、种群动态、动物行为、种子或生物体的传播、捕食者—猎物相互作用、群落演替、干扰传播、物质循环、能量流动等。通过对河流景观空间格局的分析，就可以认识生态过程并进行生态评价，并可利用景观空间格局理论作为技术工具进行生态规划，还可通过适度改善景观格局去影响生态过程，达到河流生态修复的目的。

河流廊道是陆地生态景观中最重要的廊道。河流廊道范围可以定义为河流及其两岸水陆交错区植被带，或者定义为河流及其某一洪水频率下的洪泛区的带状地区。广义的河流廊道还应包括由河流连接的湖泊、水库、池塘、湿地、河汊、蓄滞洪区以及河口地区。把河流廊道作为一个整体研究时，景观生态学具有很大的优势，能够将河流廊道的结构、功能和动态有机地结合起来[28]。

地理信息系统、遥感及全球定位系统（GPS）技术的发展，为河流景观生态学研究提供了十分有效的技术工具[29]。遥感作为一种获取和更新空间数据的有力工具，成为 GIS 的主要信息源。GPS 可以快速地获得地表特征的位置信息，成为 GIS 精确定位的控制系统。在遥感和 GPS 的支持下，GIS 作为空间数据处理、操作和分析的有力工具，促进了景观生态学的发展[30]。

景观生态学为恢复生态学提供了新的理论基础。传统上以物种保护为中心的自然保护途径，对于多尺度生物多样性格局和过程及其相互关联重视不够，具有一定片面性。景观生态学研究表明，物种保护应该同时考虑其生存的生态系统和景观的多样性和完整性。景观生态学的应用使自然保护从"物种模式"转变为"景观模式"，即应用景观生态学理论指导生态修复和自然保护的规划设计，这极大开拓了景观生态学的应用领域[31]。

4.3　学科发展趋势

目前景观生态学主要聚焦于有关格局和过程的研究，未来的研究将深入到对"过程"

和"变化"进行关联性探索，并向多元化和空间直观化方向发展。解决特定格局和过程的合适尺度并进行尺度推绎也是景观生态学发展中的关键课题[32]。

在河流生态应用研究方面，在流域尺度上研究景观格局与流域生态过程的耦合关系，探讨在气候变化和人类剧烈活动（城市化，工业化）条件下景观格局变化的流域生态响应，都将是具有挑战性的课题。在河流生态修复方面，研究水资源开发和人工径流调节引起的景观格局变化的生态学过程；通过河流廊道景观格局的多种选择进行河流生态修复规划方案优化等，都会具有相当的应用价值。

5　生态水工学

5.1　生态水工学的内涵

生态水利工程学（ecohydraulic engineering）简称生态水工学，是水利工程学吸收融合生态学的理论方法而形成的一门新兴交叉学科。董哲仁给出了生态水工学的定义："生态水利工程学作为水利工程学的一个新的分支，是研究水利工程在满足人类社会需求的同时，兼顾水域生态系统健康与可持续性需求的原理与技术方法的工程学。"[33]在这个定义中，既承认人类社会开发水资源的合理性，又强调保护河流生态系统的必要性，力图在矛盾的局面中寻找平衡，以实现开发与保护的双赢，促进人与自然的和谐。

1993年美国科学院所主办的生态工程研讨会中根据Mitsch的建议，对"生态工程学"定义为："将人类社会与其自然环境相结合，以达到双方受益的可持续生态系统的设计方法。"生态工程学的范围很广，包括河流、湖泊、湿地、矿山、森林、土地及海岸等的生态建设问题。河流的生态工程在德国称为"近自然河道治理工程"，提出了河道的整治要符合植物化和生命化的原理。在日本称为"多自然型建设工法"或"生态工法"，在美国称为"自然河道设计技术"。一些国家已经颁布了相关的技术规范和标准。

生态水工学的产生是对于传统水利工程反思的结果。传统意义上的水利工程学作为一门重要的工程学科，以构筑水工建筑物为手段，目的是改造和控制河流，以满足人们防洪和水资源利用等多种需求。当人们认识到河流不仅是可供开发的资源，更是河流系统生命的载体；认识到不仅要关注河流的资源功能，还要关注河流的生态功能，这时才发现水利工程学存在着明显的缺陷，就是在满足人类社会需求时，忽视了河流生态系统的健康与可持续性的需求。

生态水工学既借鉴了发达国家的河流生态工程理论经验，也立足于我国国情有所发展。发达国家水资源水能开发已经基本完成，而我国正处在水利水电的建设高潮，我国不但要解决被改造河流的生态修复问题，还要探索新建工程规划设计理论的改进与完善问题；不但要开发生态工程技术，还要研究水库调度和适应性管理等非工程措施，建立和发展与生态友好的水利工程技术体系。

5.2　研究进展

河流生态修复是指通过适度人工干预，促进河流生态系统恢复到较为自然状态的过程，在这种状态下河流生态系统具有可持续性，并可提高生态系统价值和生物多样性。20 世纪 80 年代阿尔卑斯山区相关国家——德国、瑞士、奥地利等国，在山区溪流生态治理方面积累了丰富的经验。随后，莱茵河"鲑鱼-2000"计划实施成功，提供了以单一物种目标的大型河流生态修复的经验。90 年代欧洲的多瑙河、美国的基西米河及密苏里河的生态修复规划实施，标志着大型河流的全流域综合生态修复工程进入实践阶段[34]。1988 年成立了国际生态修复协会（Society for Ecological Restoration International），1999 年成立了欧洲河流修复中心（European Center for River Restoration，ECRR），迄今已经召开了 4 届国际研讨会[35]。2006 年亚洲河流修复网络成立，我国也成立了相应的河流生态修复技术协作网。我国水利部于 2004 年启动了水生态系统保护与修复工作，目前全国已经开展了 10 个试点项目，同时开展了一批河流生态修复科研和推广项目，取得了可喜的进展。

对河流生态系统结构、功能和过程的理解，是河流生态修复的基础。所以，有关水域生态系统的河流泥沙过程、地貌过程、水文过程、生物过程以及生态系统相互关联的整体性研究，成为河流修复的应用基础性研究的重要方向[36]。水利水电工程包括水坝、防洪工程、跨流域调水工程的生态影响机理分析是重要的研究领域。对于目标河流关键生态胁迫因子的识别方法研究也取得了进展。考虑到河流生态修复存在的大量不确定性因素，因此河流修复的适应性管理方法，近年已成为研究者关注的热点[37]。生态监测与评估方法方面，包括水域生态系统的综合评估方法、河流栖息地评估方法、河流健康评估方法等研究领域都十分活跃。欧盟颁布的《欧盟水框架指令》代表了水资源与水环境评估体系的国际水平。我国在河流健康评估方法研究方面尽管成果不少，但在概念上还存在着若干歧义。

在水利水电工程生态影响的评价方法方面，发达国家大多是以物种或生境为对象，通过生境评价方法进行评估。我国目前已有的相关技术规范与导则主要是针对单一工程，在单一工程评价中又局限在诸如濒危、珍稀、特有物种保护和水温等局部因素问题，忽视了水文情势变化、河流地貌变化对栖息地的影响等众多因素，更缺乏对于河流生态系统完整性影响的总体评价。由于在评价的时间尺度、空间尺度和评价内容等方面均存在较大缺陷，现行的相关技术规范与导则还难以满足工程规划生态影响评价的要求。

兼顾生态的水库调度方法，是近年来国内外一个活跃的应用研究课题。这种水库调度方法是指在实现防洪与兴利多种社会经济目标的前提下，兼顾河流生态系统需求的水库调度方法[38]。这个问题的基本前提是：认识到人工径流调节对于水域生态系统的不利影响，采取改善水库调度的方法，部分恢复自然水文情势以改善水库上下游的生态系统结构与功能[39]。1996 年美国联邦能源委员会在水电站运行许可审查过程中，要求针对生态环境影响制定新的水库运行方案，包括增大最小泄流量、增加或改善鱼道、周期性大流量泄流和陆域生态保护措施等。兼顾生态的水库多目标调度方法是一个非线性、多目标、多约束的优化决策问题。其中生态目标是多样的，包括保护水生生物、控制有害物种、改善水质、泥沙输移、河口生态维持等。胡和平等[40]提出了基于生态流量过程线的水库生态调度方式。将此生态流量过程线作为水库调度流量变化的约束条件之一，建立水库生态调度模型，求出相对最优解。

在技术开发方面，河流栖息地保护与加强技术、岸坡防护生态工程技术、受损水体的生物修复技术以及水库生态修复技术等，国内外都有长足的进展和应用[41]。

5.3 学科发展趋势

对于生态水文学、生态水力学和景观生态学的一体化应用将是发展生态水工学的关键。在一体化应用中，首先要解决尺度问题。在流域尺度上应用生态水文学方法研究在人类活动胁迫和人工径流调节的条件下，水文过程与生物过程的耦合问题，为流域生态修复规划提供支持。在流域或河流廊道尺度上，应用景观生态学方法研究在自然力和人类活动作用下景观格局变化的生态响应，分析河流形态和地貌过程的生态影响，为河流修复设计优化提供支持。在河段尺度上，应用生态水力学方法和生态工程技术，研究目标河流物种适宜栖息地的保护和加强方案，为河流修复工程区的技术设计提供支持。

针对我国的社会经济需求，在兼顾水能资源开发与生态保护的原则指导下，研究河流水电梯级开发的阈值和总体布局问题，将具有重要的现实意义。另外建立完善的水利水电工程的环境影响评价体系，也是一项迫切的任务。

生态工程适应性管理方法和生态水利工程负反馈设计理论，都将进一步得到重视和发展。

兼顾生态的水库调度方法研究，需要结合各类示范项目进行。在总结实践经验的基础上，完善调度方法和模式。

在开发和整合生态工程技术方面，诸如生物治污技术、栖息地加强技术、水坝过鱼及鱼类保护技术等，都将在社会需求的有力推动下有所发展。

6 结语

河流生态系统是一个非线性、非平衡的复杂系统，在自然力和人类活动的双重作用下处于不断变化和演替过程中。各重要生境因子如水文、水质、水流流态和地貌等要素之间不是孤立存在的，而是交互作用的。各重要生境因子对于生命系统的作用更是综合的。实际上，水文过程、地貌过程、物理化学过程与生物过程总是相互作用而交织在一起的。

一个学科的发展过程常常是沿着"综合—分解—综合"这样不断反复的模式前进。生态学的产生，就是把生命科学领域的许多学科，诸如动物学、植物学等学科与地学科学诸如地理学、气象学、水文学等融合起来，形成了生态学新的领域。随着生态学研究的深入，对于水文、水质、水流流态和地貌等生境因子与生命系统的耦合关系又进行了深入研究，于是产生了生态水文学、生态水力学、河流景观生态学等这些新兴交叉学科，有力地推动了河流生态学的发展。

学科的细化标志着对于自然规律研究的深化，但是不意味着对河流生态现象和过程的孤立与分割[42-43]。学科的发展必然会遵循河流生态系统的整体性原则，最终朝着综合的方向，建立一体化的河流科学理论。

参 考 文 献

[1] 董哲仁. 河流生态系统研究的理论框架 [J]. 水利学报, 2009, 40 (2): 129-137.

[2] HARPER D, ZALEWSKI M, JORGENSEN S E. Ecohydrology: Processes, Models and Case Studies [M]. London: CABI Publ, 2008.

[3] Rodriguez I Ecohydrology: a hydrological perspective of clmiate-soil-vege tation dynamics [J]. Water Resources Research, 2000, 36 (1): 3-9.

[4] NUTTLE W K. Eco-hydrology's past and future in focus [J]. Eos Trans AGU, 2002, 83 (19): 205.

[5] ACREMAN M C. Hydro-ecology: Linking Hydrology and Aquatic Ecology [M]. Wallingford: IAHS Publ, 2001.

[6] POFF L R, ALLAN J D, BAIN M B, et al. The natural flow regime: A paradigm for river conservation and restoration [J]. Bioscience, 1997, 47: 1163-1174.

[7] XIE P, WU J, HUANG J, et al. Three-Gorges Dam: risk to ancient fish [J]. Science, 2003, 302: 1149.

[8] THARME R E, KING J M. Development of the building block methodology for instream flow assessment, and supporting research on the effects of different magnitude flows on riverine ecosystem [R]. Water Research Commission Report No. 576/1/98, 1998.

[9] DYSON M, BERGKAMP G, SCANLON J. 环境流量——河流的生命 [M]. 张国芳, 等译. 郑州: 黄河水利出版社, 2006.

[10] 桑连海, 陈西庆, 黄薇. 河流环境流量研究进展 [J]. 水科学进展, 2006, 17 (5): 754-760.

[11] 王根绪, 刘桂民, 常娟. 流域尺度生态水文研究评述 [J]. 生态学报, 2005, 25 (4): 892-903.

[12] JOHN M, NESTLEK K, ANDREW GOODWIN. A mathematical and conceptual framework for ecohydraulics [C]// Wood P J, Hannah D M, Sadler J P, et al. Hydroecology and ecohydrology: past, present and future [C]. England: John Wiley & Sons, Ltd, 2008.

[13] HALLERAKER H, SALTVEIT S, HARBY A, et al. Factors in fluencing stranding of wild juvenile brown trout (salmo trutta) duringrapid and frequent flow decreases in an artificial stream [J]. River Research and Application, 2003, 19: 589-603.

[14] BOVEE K D. A Guide to Stream Habitat Analysis Using the Instream Flow Incremental Methodology [R]. Washington, D. C.: U. S. Fish and Wildlife Service, 1982.

[15] JORDE K, SCHNEIDER M, ZOELLNER F. Analysis of instream habitat quality-preference functions and fuzzy models [A]. Wang Hu, et al. Stochastic Hydraulics [C]. Rotterdam: Balkema, 2000: 671-680.

[16] PARASIEWICZ P. Meso HABSIM: a concept for application of instream flow models in river restoration planning [J]. Fisheries, 2001, 26: 6-13.

[17] 吴凤燕, 付小莉. 葛洲坝下游中华鲟产卵场三维流场的数值模拟 [J]. 水力发电学报, 2007, 26 (2): 114-118.

[18] 杨宇, 严忠民, 常剑波. 中华鲟产卵场断面平均涡量计算及分析 [J]. 水科学进展, 2007, 18 (5): 701-705.

[19] 杨宇, 谭细畅, 常剑波. 三维水动力学数值模拟获得中华鲟偏好流速曲线 [J]. 水利学报, 2007 (10): 531-535.

[20] 陈求稳, 欧阳志云. 生态水力学耦合模型及其应用 [J]. 水利学报, 2005, 36 (11): 1273-1279.

[21] 姜跃良, 王美敬, 李然. 生态水力学原理在城市河流保护及修复中的应用 [J]. 水利学报, 2003,

34（8）：75 − 78.

[22]　ANDERSON J J. Diverting migrating fish past turbines [J]. Northwest Environm ental Journal，1988，4：109 − 128.

[23]　李大美，王祥三，赖永根. 钉螺流场实验模拟及其应用 [J]. 水科学进展，2001，12（3）：343 − 349.

[24]　邬建国. 景观生态学——格局、过程、尺度与等级 [M]. 北京：高等教育出版社，2000.

[25]　RISSER P G，KARR J R，FORMAN R T. Landscape ecology：Directions and approaches [M]. Champaign：Illinois Natural History Survey，1984.

[26]　FARINA A. Principles and methods in landscape ecology [M]. Landon：Chapm an and Hall，1998.

[27]　董哲仁. 河流生态修复的尺度、格局和模型 [J]. 水利学报，2006，37（12）：1476 − 1481.

[28]　周华荣. 干旱区河流廊道景观生态学研究 [M]. 北京：科学出版社，2007.

[29]　KONDOLF G M，PIEGAY H. Tools in fluvial geomorphology [M]. England：John Wiley & Sons Ltd，2003.

[30]　NEGRI P，CASOTTI V. The Mosaic Evaluation System（MOS. E. S）：a GIS based tool to support floodplain restoration [A]. Gumiero B，Rinaldi M，Fokkens B，et al. IVth ECRR Interational Conference on River Restoration 2008 Proceedings [C]. Venice：ECRR，2008.

[31]　PALIK B J，et al. Using landscape hierarchies to guide restoration of disturbed ecosystems [J]. Ecological Application，2000，10（1）：189 − 202.

[32]　冷文芳，肖笃宁，李月辉，等. 通过《Landscape Ecology》杂志看国际景观生态学研究动向 [J]. 生态学杂志，2004，23（5）：140 − 144.

[33]　董哲仁. 生态水工学的理论框架 [J]. 水利学报，2003，34（1）：1 − 6.

[34]　Federal In teragency Stream Restoration Working Group Stream Corridor Restoration：Principles，Processes，and Practices [M]. Washington，D. C.：USDA − Natural Resources Conservation Service，2001.

[35]　GUMIERO B，RINALDI M，FOKKENS B. IVth ECRR Interational Conference on River Restoration Proceedings [C]. Venice：ECRR，2008.

[36]　HABERSACK H，PIEGAY H，et al. Gravel − bed River Ⅵ：From Process Understanding to River Restoration [M]. Amsterdam：ELSEVIER，2008.

[37]　DARBY S，SEAR D. River Restoration − Managing Uncertainty in Restoring Physical Habitat [M]. England：John Wiley & Sons，Ltd，2008.

[38]　董哲仁，孙东亚，赵进勇. 水库多目标生态调度 [J]. 水利水电技术，2007，39（1）：37 − 41.

[39]　RICHTER B D，THOMAS G A. Restoring environm ental flows by modifying dam operations [J]. Ecology and Society，2007，12（1）：12.

[40]　胡和平，刘登峰，田富强，等. 基于生态流量过程线的水库生态调度方法研究 [J]. 水科学进展，2008，19（3）：325 − 332.

[41]　董哲仁，孙东亚，等. 生态水利工程原理与技术 [M]. 北京：中国水利水电出版社，2007.

[42]　GARY J B，KIRSTIE A. River future—An Intergrative Scientific Approach to River Repair [M]. Wanshington：Island Press，2008.

[43]　HAUER E R，LAMBERTI G A. Methods in Stream Ecology [M]. Amsterdam：Elsevier，2007.

Progresses of interdisciplines related to river ecology

Abstract：The main characteristics of the development of river ecology in recent years are discussed herein. It is pointed out that the study on river ecosystem is a kind of interdisciplinary research，and then is a new energetic field developed by crossing and syncretizing the river ecology with many related disciplines; in which the connotations, developments and trends of eco – hydrology, eco – hydraulics, landscape ecology and eco – hydraulic engineering are expatiated It is indicated that the refinements of these disciplines imply the profound understanding of the human being on the natural law of river The inter – discipline will definitely follow the principles of the ecosystem integrity and ultimately develop toward the establishment of the comprehensive theories for the river science.

Key words: river ecology; eco – hydrology; hydrological regime; environmental flow; eco – hydraulics; biotical life history; land – scape ecology; eco – hydraulic engineering

第4篇
河流生态修复规划

引　言

水生态修复（aquatic ecological restoration）的定义是指在充分发挥生态系统自修复功能的基础上，采取工程和非工程措施，促使水生态系统恢复到较为自然的状态，改善其生态完整性和可持续性的一种生态保护行动。

水生态修复的目标是促使河湖生态系统恢复到较为自然的状态。水生态系统的演进是不可逆转的，试图把已经退化的水生态系统完全恢复到原始生态状况是不现实的，而"重新创造"一个新的水生态系统更是不可能的。现实的目标是部分恢复水生态系统曾经存在的结构、功能和过程，改善生态系统的完整性和可持续性。为实现水生态修复的目标，一方面要采取适度的工程措施进行引导，另一方面，也要充分发挥自然界自修复功能，促进生态系统向健康方向演进。水生态修复采取的策略应是工程措施和非工程措施并重。

恢复水生态系统的完整性，是水生态修复的重要任务。这就意味着水生态修复应该是河湖生态系统的整体修复，修复任务应该是包括水文、水质、地貌和生物多样性在内生态要素的全面改善。恢复水生态系统的完整性，其核心是恢复各生态要素的自然特征，即水文情势时空变异性、河湖地貌形态空间异质性、河湖水系三维连通性、适宜生物生存的水体物理化学特性范围以及食物网结构和生物多样性。

国际著名生态学家 H. T. Odum 1989 年认为："生态工程的本质是对自组织功能实施管理"。生态工程设计是一种"指导性"设计。生态工程与传统水利工程具有本质区别。像设计大坝这样的水工建筑物是一种确定性设计，建成的大坝结构的几何特征、材料强度和应力、位移都在人的控制之中。与此不同，生态工程设计是一种指导性辅助设计。在河流生态修复项目的规划设计阶段，很难预测未来河流的生物群落和物种状况。只有由自然界选择合适的物种，形成合理的结构，从而最终完成和实现设计。成功的生态工程经验表明，人工与自然力的贡献各占一半。人工的适度良性干扰是为生态系统自设计、自组织创造必要条件。像增强栖息地多样性这样的工程，仅仅是为改善生物群落多样性创造了必要条件。

河流生态修复项目投入运行后，就开启了一个生态演替的过程，这个过程在时间与空间坐标中都具有不确定性。所谓"不确定性"是指人们无法全面、客观地把握自然界在时空中的复杂变化，或者说主观世界对于客观存在的瞬息万变的外在自然世界认知能力不足。这包括缺乏监测数据、自然现象无法度量、数据不合理、认知盲目性等。对于河流生态修复中大量不确定性，可采取负反馈式的适应性管理对策，以提高河流生态修复项目的成功率。董哲仁 2004 年提出了负反馈调整式设计方法，按照"规划-设计-执行（包括管理）-监测-评估-调整"这样一种流程以反复循环的方式进行。

生态水利工程设施必须满足水利工程相关设计规范要求，以确保工程的安全性和耐久性。工程设施必须满足相关设计标准规定，能够承受水压、地震、侵蚀、风暴、冰冻等自然力荷载。河流纵、横断面设计，应充分考虑河道侵蚀、冲刷、淤积等动态过程，确保边坡稳定性和河势稳定性。以最低的投入获得最大的生态效益，是生态水利工程经济合理性的理想目标。论证生态水利工程项目的经济合理性，需要进行效益-成本分析。

试论生态水利工程的基本设计原则 *

[摘　要]　本文简要分析了水利工程对于河流生态系统胁迫问题，提出应重视河流生态系统健康和可持续性的需求。生态水利工程学是水利工程学与生态学相融合产生的新分支学科，目的是改进和完善水利工程的规划设计方法。本文归纳了生态水利工程的五项基本原则，它们是：工程安全性与经济性原则；提高河流形态的空间异质性原则；生态系统自设计与自我恢复原则；景观尺度与整体修复原则；反馈和调整设计原则。

[关键词]　生态；水利；工程；设计；原则

水利工程对经济与社会发展的巨大作用毋庸置疑。但是也必须看到水利工程对河流生态系统造成了不同程度的干扰[1]。水利工程对于河流生态系统的胁迫主要表现在两方面：①自然河流的渠道化。包括平面布置上的河流形态直线化，即将蜿蜒曲折的天然河流改造成直线或折线型的人工河流。包括河道横断面几何规则化，即把自然河流的复杂形状变成梯形、矩形及弧形等规则几何断面。还包括河床和边坡材料的硬质化，即渠道的边坡及河床采用混凝土、砌石等硬质材料。②自然河流的非连续化。筑坝造成顺水流方向的河流非连续化，使流动的河流生态系统变成了相对静止的人工湖，流速、水深、水温及水流边界条件都发生了重大变化。库区内原来的森林、草地或农田统统淹没水底，陆生动物被迫迁徙。水库形成后也改变了原来河流营养盐输移转化的规律。由于水库截留河流的营养物质，气温较高时，促使藻类在水体表层大量繁殖，产生水华现象。藻类蔓延遮盖住大植物的生长使之萎缩，而死亡的藻类沉入水底，在那里腐烂的同时还消耗氧气。溶解氧含量低的水体会使水生生物"窒息而死"。由于水库的水深高于河流，在深水处阳光微弱，光合作用也弱，导致水库的生态系统比河流的生物生产量低，相对要脆弱，自我恢复能力弱。另外，河流泥沙在水库淤积，而坝下清水下泄又加剧了对河道的冲蚀。这些变化都大幅度改变了生态环境。由于靠水库进行人工径流调节，改变了自然河流年内丰枯的水文周期规律，即改变了原来随水文周期变化而形成脉冲式河流走廊生态系统的基本状况。最后，众所周知，不设鱼道的大坝对于洄游鱼类是致命的屏障。另一类非连续化是由于河流两岸建设的防洪堤造成的侧向水流的非连续性。堤防妨碍了汛期主流与岔流之间的沟通，阻止了水流的横向扩展。堤防把干流与滩地和洪泛区隔离，使岸边地带和洪泛区的栖息地发生改变。原来可能扩散到滩地和洪泛区的水、泥沙和营养物质，被限制在堤防以内的河道内，植被面积明显减少。鱼类无法进入滩地产卵和觅食，也失去了避难所。鱼类、无脊椎动物的减少，会导致滩区和洪泛区的生态功能退化。

* 董哲仁. 试论生态水利工程的基本设计原则 [J]. 水利学报，2004（10）：1-6，47.

概括地讲，被改造过的河流生态系统是由三个子系统组成。即：由动物、植物和微生物组成的生命系统，这是生态系统的主体。广义的水文系统，包括地表和地下水体、土地、气候系统等。再有就是工程设施系统，这是人类改造河流的结果。后面两个子系统组成生态环境，是生命支持系统。由于水利工程系统改变了河流形态，水库调度运行又改变了原有的水文规律，造成河流生态系统的环境变化，其结果可能造成河流生态系统生物群落多样性的下降，使生态系统退化。对于水利工程对河流生态系统的胁迫，应该采取正视而不是回避的态度。传统意义上的水利工程学作为一门重要的工程学科，以建设水工建筑物为手段，目的是改造和控制河流，以满足人们防洪和水资源利用等多种需求。现代科学发展使我们认识到，传统意义上的水利工程学在力图满足人的需求时，却在不同程度上忽视了河流生态系统本身的需求。而河流生态系统的功能退化，也会给人们的长远利益带来损害。未来的水利工程在权衡社会经济需求与生态系统健康需求这二者关系方面，似应强调水利工程在满足人类社会需求的同时，兼顾水域生态系统的健康和可持续性。从学科发展角度看，现在的水利工程学的学科基础主要是工程力学和水文学，水利工程规划设计主要对象是水文系统，往往忽视生命系统的现状和未来风险等问题。学科的进一步发展应吸收生态学的理论及方法，促进水利工程学与生态学的交叉融合，用以改进和完善水利工程的规划及设计理论，形成水利工程学的新的学科分支-生态水利工程学（eco-hydraulic engineering）。生态水利工程学是研究水利工程在满足人类社会需求的同时，兼顾水域生态系统健康与可持续性需求的原理与技术方法的工程学[2-3]。生态水利工程的内涵是：对于新建工程，是指进行传统水利建设的同时（如治河、防洪工程），兼顾河流生态修复的目标。对于已建工程，则是对于被严重干扰河流进行生态修复。

生态水利工程将与传统治污技术、清洁生产（生态产业）以及环境立法和资源管理一起，成为河流生态建设的主要手段之一。图 1 表示了生态水利工程在河流生态建设中的地位。图中右侧表示人类活动对自然河流生态系统的干扰过程，左侧表示人类活动对被干扰的河流生态系统的修复过程。

这里讨论的生态水利学的基本原则也是生态水利工程规划设计的基本原则，笔者试归纳为以下五项内容。

1 工程安全性和经济性原则

生态水利工程是一种综合性工程，在河流综合治理中既要满足人的需求，包括防洪、灌溉、供水、发电、航运以及旅游等需求，也要兼顾生态系统健康和可持续性的需求。生态水利工程既要符合水利工程学原理，也要符合生态学原理。生态水利工程的工程设施必须符合水文学和工程力学的规律，以确保工程设施的安全、稳定和耐久性。工程设施必须在设计标准规定的范围内，能够承受洪水、侵蚀、风暴、冰冻、干旱等自然力荷载。按照河流地貌学原理进行河流纵、横断面设计时，必须充分考虑河流泥沙输移、淤积及河流侵蚀、冲刷等河流特征，动态地研究河势变化规律，保证河流修复工程的耐久性。

对于生态水利工程的经济合理性分析，应遵循风险最小和效益最大原则。由于对生态演替的过程和结果事先难以把握，生态水利工程往往带有一定程度的风险。这就需要在规

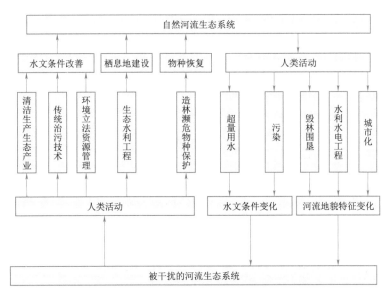

图1 河流生态恢复示意（↓代表人类活动干扰，↑代表恢复）

划设计中需要进行方案比选，更要重视生态系统的长期定点监测和评估。另外，充分利用河流生态系统自我恢复规律，是力争以最小的投入获得最大产出的合理技术路线。

2 提高河流形态的空间异质性原则

有关生物群落研究的大量资料表明，生物群落多样性与非生物环境的空间异质性（spacial heterogeneity）存在正相关关系。这里所说的"生物群落"是指在特定的空间和特定的生境下，由一定生物种类组成，与环境之间相互影响、相互作用，具有一定结构和特定功能的生物集合体。一般所说的"生物群落多样性"指生物群落的结构与功能的多样性。实际上，生物群落多样性问题是在物种水平上的生物多样性。

非生物环境的空间异质性与生物群落多样性的关系反映了非生命系统与生命系统之间的依存和耦合关系。一个地区的生境空间异质性越高，就意味着创造了多样的小生境，能够允许更多的物种共存。反之，如果非生物环境变得单调，生物群落多样性必然会下降，生物群落的性质、密度和比例等都会发生变化，造成生态系统的某种程度的退化。

河流生态系统生境的主要特点是：水-陆两相和水-气两相的联系紧密性；上中下游的生境异质性；河流纵向的蜿蜒性；河流横断面形状的多样性；河床材料的透水性等。水-陆两相和水-气两相的紧密关系，形成了较为开放的生境条件；上中下游的生境异质性，造就了丰富的流域生境多样化条件；河流纵向的蜿蜒性形成了急流与缓流相间；河流的横断面形状多样性，表现为深潭与浅滩交错；河床材料的透水性为生物提供了栖息所。由于河流形态异质性形成了在流速、流量、水深、水温、水质、水文脉冲变化、河床材料构成等多种生态因子的异质性，造就了丰富的生境多样性，形成了丰富的河流生物群落多样性。所以说，提高河流形态空间异质性是提高生物群落多样性的重要前提之一[4]。

由于人类活动，特别是大规模治河工程的建设，造成自然河流的渠道化及河流非连续化，使河流生境在不同程度上单一化，引起河流生态系统的不同程度的退化。生态水利工程的目标是恢复或提高生物群落的多样性，但是并不意味着主要靠人工直接种植岸边植被或者引进鱼类、鸟类和其他生物物种，生态水利工程的重点应该是尽可能提高河流形态的异质性，使其符合自然河流的地貌学原理，为生物群落多样性的恢复创造条件。

在确定河流生态修复目标以后，就应该对于河流地貌历史和现状进行勘查和评估。包括河流与相关湿地、湖泊的形状与构成、水下地形勘测、水位变化幅度、河流平面弯曲度、河流横断面形状及河床材料、急流与深潭比例、河床的稳定性及淤积及侵蚀状况等，建立河流地貌数据库。河流生物调查，包括植物、鱼类、鸟类、两栖动物和无脊椎动物等的物种分布地图以及规模和存量，建立生物资源数据库。遥感技术和地理信息系统（GIS）是水文、河流地貌和生物调查的有力工具。

关键的工作步骤是在以上两种调查工作的基础上，确定环境因子与生物因子的相关关系，必要时建立某种数学模型。河流环境因子包括河流河势、蜿蜒度、横断面形状及材料、流速、水位、水质、水温、泥沙、营养盐的迁移转化、水文周期变化等。研究的内容包括：调查单个生物因子的基本需求，评估各种生物因子的相互关系和制约条件，对于"关键种"或标志性生物的环境因子进行分类和评估。需要强调的是，在众多的环境因子中，识别那些对于系统的结构和功能具有重要意义的环境因子，在此基础上进行河流地貌学设计和生物栖息地设计。

3 生态系统自设计、自我恢复原则

有关生态系统的自组织功能的讨论始于20世纪60年代，以后有不同学科的众多学者涉足这个领域。以各种不同形式构成的自组织功能，是自然生态系统的重要特征。

生态学用自组织功能来解释物种分布的丰富性现象，也用来说明食物网随时间的发展过程。生态系统的自组织功能表现为生态系统的可持续性。自组织的机理是物种的自然选择，也就是说某些与生态系统友好的物种，能够经受自然选择的考验，寻找到相应的能源和合适的环境条件。在这种情况下，生境就可以支持一个能具有足够数量并能进行繁殖的种群。自组织功能原理与达尔文的进化论有相似之处，只是研究的尺度不同而已。达尔文的进化论研究是在地球生物圈所有种群的尺度上进行的，而自组织功能是在生态系统中种群之间发生的。

生态系统的自组织功能对于生态工程学的意义是什么，H. T. Odum 认为："生态工程的本质是对自组织功能实施管理。"[5] Mitsch 认为："所谓自组织也就是自设计"[6]。将自组织原理应用于生态水利工程时，生态工程设计与传统水工设计有本质的区别。像设计大坝这样的人工建筑物是一种确定性的设计，建筑物的几何特征、材料强度都是在人的控制之中，建筑物最终可以具备人们所期望的功能。河流修复工程设计与此不同，生态工程设计是一种"指导性"的设计，或者说是辅助性设计。依靠生态系统自设计、自组织功能，可以由自然界选择合适的物种，形成合理的结构，从而完成设计和实现设计。成功的生态工程经验表明，人工与自然力的贡献各占一半[7]。

我国古代传统哲学注重人与自然的和谐相处，老子主张："人法地，地法天，天法道，道法自然"。反映了一种崇尚自然，遵循自然规律的哲学观。在建筑理念方面，提倡"工不曰人而曰天，务全其自然之势"（《管氏地理指蒙》），"虽由人作，宛自天开"（《园冶》），都提倡一种效法自然，依靠自然的思想。国际生态学界一些学者认为，系统生态学的哲学理念应该追溯到公元前 11 世纪中国的周代。其中"阴阳五行"、万物竞争共存和相生相克等哲学思想，体现了促进与抑制，成长与腐朽，合成与异化之间的平衡与转化，这些正是现代生态学的哲学基础。

传统的水利工程设计的特征是对于自然河流实施控制。而设计生态水利工程时，要求工程师必须放弃控制自然界的动机，树立新的工程理念。因为依靠人力和技术控制自然界是不可能的，这种一厢情愿的企图最终往往归于失败。人们要善于利用生态系统自组织、自设计这个宝贵财富，实现人与自然的和谐。需要强调的是，地球上没有两条相同的河流，每一条河流的特点都是各不相同的。因此，每一项生态水利工程必须因地制宜，充分尊重每一条河流的自然属性和美学价值，寻求最佳的生态工程方案。

自设计理论的适用性还取决于具体条件。包括水量、水质、土壤、地貌、水文特征等生态因子，也取决于生物的种类、密度、生物生产力、群落稳定性等多种因素。在利用自设计理论时，需要注意充分利用乡土种。引进外来物种时要持慎重态度，防止生物入侵。

要区分两类被干扰的河流生态系统。一类是未超过本身生态承载力的生态系统，是可逆的。当去除外界干扰即卸荷以后，有可能靠自然演替实现自我恢复的目标。另一类是被严重干扰的生态系统，它是不可逆的。在去除干扰即卸荷后，还需要辅助以人工措施创造生境条件，再靠发挥自然修复功能，有可能使生态系统实现某种程度的修复。这就意味着，运用生态系统自设计、自我恢复原则，并不排除工程师和科学家采用工程措施、生物措施和管理措施的主观能动性。

4　景观尺度及整体性原则

河流生态修复规划和管理应该在大景观尺度、长期的和保持可持续性的基础上进行，而不是在小尺度、短时期和零星局部的范围内进行。在大景观尺度上开展的河流生态修复效率要高。小范围的生态修复不但效率低，而且成功率也低。

所谓"整体性"是指从生态系统的结构和功能出发，掌握生态系统各个要素间的交互作用，提出修复河流生态系统的整体、综合的系统方法，而不是仅仅考虑河道水文系统的修复问题，也不仅仅是恢复单一物种或修复河岸植被。

这里说的"景观"（landscape）是指生态学中的景观尺度。关于生态学的尺度问题，O'Neill，认为："生态学不可能建立在单一的时空尺度上，它应该适应所有尺度的调查研究[8]"。按照这种观点，尺度和层次成为生态学发展的关键。目前生态学理论把生物圈划分为 11 个层次，依次是生物圈、生物群系、景观、生态系统、群落、种群、个体、组织、细胞、基因和分子。景观尺度包括空间尺度和时间尺度。

在景观的大尺度上进行河流修复规划的原因在于：①水域生态系统是一个大系统，其子系统包括生物系统、广义水文系统和人造工程设施系统。一条河流的广义水文系统包括从发源地直到河口的上中下游地带的地表水与地下水系统，流域中由河流串联起来的湖泊、湿地、水塘、沼泽和洪泛区。广义水文系统又与生物系统交织在一起，形成自然河流生态系统。而人类活动和工程设施作为生境的组成部分，形成对于水域生态系统的正负影响。水域生态系统受到胁迫时，需要对于各种胁迫因素之间的相互关系进行综合、整体研究。如果仅仅考虑河道本身的生态修复问题，显然是把复杂系统简单割裂开了。②必须重视水域生境的易变性、流动性和随机性的特点，表现为流量、水位和水量的水文周期变化和随机变化，也表现为河流淤积与侵蚀的交替变化造成河势的摆动。这些变化决定了生物种群的基本生存条件。水域生态系统是随着降雨、水文变化及潮流等条件在时间与空间中扩展或收缩的动态系统。生态系统的变化范围从生境受到限制时期的高度临界状态到生境扩张时期的冗余状态。③要考虑生境边界的动态发展问题。由于动物迁徙和植物的随机扩散，生境边界也随之发生动态变动。Gosselink 在研究水域生态系统物种管理的尺度问题时认为，对于给定需要修复的物种，考虑的范围应是这个物种的分布区[9]。为便于理解，可以借用"流域"这个概念，比如一个地区野鸭的种群也有一个"鸭域"。所谓"鸭域"的范围应该包括物种个体在恶劣的条件下迁徙到的任何地方以及支持此物种的生态系统。这个范围的边界，应划定在某特定物种经常利用的一个很大的空间内。如果进一步扩展，还应该包括所谓"临时生境"，指在自然界对于物种产生胁迫的时期，成为该物种的避难所的地区。如果这个地区有若干种标志性动物，那么物种管理的范围边界将是这些物种"域"的包络图。另外，还要考虑流域之间的协调问题。考虑到河流生态系统是一个开放的系统，与周围生态系统随时进行能量传递和物质循环，一条河流的生态修复活动不可能是孤立的，还需要与相邻的流域的生态修复活动进行协调。④河流生态修复的时间尺度也十分重要。河流系统的演进是一个动态过程。每一个河流生态系统都有它自己的历史。需要对历史资料进行收集、整理，以掌握长时间尺度的河流变化过程与生态现状的关系。河流生态修复是靠时间作工作的。有研究指出，湿地重建或修复需要 15～20 年的时间。因此对于河流生态修复项目要有长期准备，同时进行长期的监测和管理。

需要说明的是，对于规划、评估、监测这些不同的任务，工作对象的空间尺度可能是不同的。监测工作应该在尽可能大的尺度内进行。比如修复一块湿地以吸引鸟类，经过一年或者更长的时间均告失败。这就需要考虑是否有质量更好的生境吸引了候鸟而改变了它们的迁徙路线，监测工作可能在大陆的范围内开展。而评估工作可能在跨流域的尺度上进行。规划工作的尺度可能是流域或河流廊道。所谓"河流廊道"（river corridor）泛指河流及其两岸与生物栖息地相关的土地，也有定义其范围为河流与对应某一洪水频率的洪泛区。至于河流修复工程项目的实施，一般在关键的重点河段内进行。

5 反馈调整式设计原则

生态系统的成长是一个过程，河流修复工程需要时间。从长时间尺度看，自然生态系统的进化需要数百万年时间。进化的趋势是结构复杂性、生物群落多样性、系统有序性及内部稳定性都有所增加和提高，同时对外界干扰的抵抗力有所增强。从较短的时间尺度看，生态系统的演替，即一种类型的生态系统被另一种生态系统所代替也需要若干年的时间，期望河流修复能够短期奏效往往是不现实的。

生态水利工程设计主要是模仿成熟的河流生态系统的结构，力求最终形成一个健康、可持续的河流生态系统[10-11]。在河流工程项目执行以后，就开始了一个自然生态演替的动态过程。这个过程并不一定按照设计预期的目标发展，可能出现多种可能性。最顶层的理想状态应是没有外界胁迫的自然生态演进状态。在河流生态修复工程中，恢复到未受人类干扰的河流原始状态往往是不可能的，可以理解这种原始状态是自然生态演进的极限状态上限。如果没有生态修复工程，在人类活动的胁迫下生态系统会进一步恶化，这种状态则是极限状态的下限。在这两种极限状态之间，生态修复存在着多种可能性。针对具体一项生态修复工程实施以后，一种理想的可能是：监测到的各生态变量是现有科学水平可能达到的最优值，表示生态演进的趋势是理想的。另一种差的情况是，监测到的各生态变量是人们可接受的最低值。在这两种极端状态之间，形成了一个包络图。一项生态修复工程实施后的实际状态都落在这个包络图中间。

意识到生态系统和社会系统都不是静止的，在时间与空间上二者常具有不确定性。除了自然系统的演替以外，人类系统的变化及干扰也导致了生态系统的调整。这种不确定性使生态水利工程设计不同于传统工程的确定性设计方法，而是一种反馈调整式的设计方法。是按照"设计-执行（包括管理）-监测-评估-调整"这样一种流程以反复循环的方式进行的。在这个流程中，监测工作是基础。监测工作包括生物监测和水文观测。这就需要在项目初期建立完善的监测系统，进行长期观测。依靠完整的历史资料和监测数据，进行阶段性的评估。评估的内容是河流生态系统的结构与功能的状况及发展趋势。常用的方法是参照比较方法，一种是与自身河流系统的历史及项目初期状况比较，一种是与自然条件类似但未进行生态修复的河流比较。评估的结果不外乎有几种可能：①生态系统大体按照预定目标演进，不需要设计变更；②需要局部调整设计，适应新的状况；③原来制定的目标需要重大调整，相应进行设计。

在反馈调整式设计过程中，提倡科学家、管理者和当地居民及社会各界的广泛参与，通过对话、协商，以寻求共同利益。提倡多学科的交流和融合，提高设计的科学性。

参　考　文　献

［1］　董哲仁. 水利工程对生态系统的胁迫［J］. 水利水电技术，2003（7）：1-5.

［2］　ASCE River Restoration Subcommittee on Urban Stream Restoration. Urban stream Restoration ［J］. Journal of Hydraulic Engineering ASCE，2003，129（7）：491-493.

［3］　董哲仁. 生态水工学的理论框架［J］. 水利学报，2003（1）：1-6.

［4］　董哲仁. 河流形态多样性与生物群落多样性［J］. 水利学报，2003（11）：1-7.

［5］　ODUM H T. Ecological engineering and self-organization ［D］. In：W. J. Mitsch and S. E. Jorgensen，eds.，Ecological Engineering：An Introduction to Ecotechnology. Wiley，New York，1989：79-101.

［6］　MITSCH W J，JORGENSEN S E. Ecological Engineering and Ecosystem Restoration ［M］. Published by John Wiley & Sons，Inc.，Hoboken，New Jersey，2004.

［7］　董哲仁. 荷兰围垦区生态重建的启示［J］. 中国水利，2003（11A）：45-47.

[8] O'NEILL, R, MARINI D, WAIDE J, et al. A Hierarchical Concept of Ecosystems [M]. New Jersey: Princeton University Press, Princeton, 1986.

[9] GOSSELINK J G. Landscape Conservation in a forested Wetland Watershed [J]. Bioscience 1990, 40: 588－600.

[10] MITSCH W J, GOSSELINK J G. Wetland [M]. 3rded. , New York: Wiley, 2000.

[11] 董哲仁. 河流生态恢复的目标 [J]. 中国水利, 2004 (10): 1－5.

[12] 董哲仁. 河流保护的发展阶段及思考 [J]. 中国水利, 2004 (1): 16－17.

On the design principles of eco－hydraulic engineering

Abstract: The concept of eco－hydraulic engineering is proposed. It integrates the technology of hydraulic engineering with ecology. Based on the analysis on coercive effect of hydraulic engineering on river ecological system, the requirements for ensuring healthy ecological system and sustainable development for river are suggested. These requirements include the principles in five scopes: engineering safety and economy, spatial heterogeneity of river morphology, self－design and self－remedial ability of ecosystem, landscape scale and overall rehabilitation ability of ecosystem, design methodology and process based on feedback and adjustment.

Key words: ecosystem; hydraulic engineering; design; principles of requirement

河流生态恢复的目标 *

[摘　要]　水利工程建设一方面给经济社会带来了巨大利益，一方面对于河流生态系统造成了胁迫。人们在反思中提出了如何恢复河流生态系统的问题，以对河流生态系统进行补偿。各国学者对河流生态恢复目标有不同的见解和定义，根据我国的国情，研究和实施河流生态恢复时，要立足河流生态系统现状，积极创造条件，发挥生态系统自我恢复功能，使河流廊道生态系统逐步得到恢复。

[关键词]　河流；生态；恢复；胁迫；目标

从 20 世纪 70 年代开始，水利工程与河流生态系统的关系问题，在国际科技界和工程界就引起了广泛的关注，成为环境科学领域中的一个热门话题。人们从不同的角度分析了水利工程对河流生态系统产生的负面影响，进而提出如何进行补偿的问题，在此基础上产生了河流生态恢复的理论与工程实践。本文介绍了国际上不同学派对于河流生态恢复的定义，讨论了如何结合我国国情研究和规划河流生态恢复问题。

1　生态恢复的缘起

1.1　历史简要回顾

在数百万年长期进化过程中，自然河流与周围的生物种群交织在一起，形成了复杂、有序、动态稳定的河流生态系统，依据其自身规律良性运行。人类历史与自然河流历史相比要短暂得多。比如，据科学家估计长江形成的历史，应追溯到约 300 万年前喜马拉雅山强烈运动时期，而人类有记载的历史不过几千年，与河流自然年代相比实在微不足道。但是在这几千年里，人类为了自身的安全与发展，对河流进行了大量的人工改造，特别是近一百多年来利用现代工程技术手段，对河流进行了大规模开发利用，兴建了大量工程设施，改变了河流的地貌学特征。河流一百年的人工变化超过了数万年的自然演进。有学者估计，至今，全世界有大约 60％ 的河流经过了人工改造，包括筑坝、筑堤、自然河道渠道化、裁弯取直等[2]。据统计，全世界坝高超过 15m 或库容超过 300 万 m³ 的大坝有45000 座。其中大约 40000 座大坝是在 1950 年以后建设的。坝高超过 150m 或库容超过250 亿 m³ 的大坝有 305 座（ICOLD，2000）。建坝最多的国家依次为中国、美国、苏联、日本和印度。

一方面，这些工程为人类带来巨大的经济和社会效益，另一方面却极大地改变了河流

---

* 董哲仁. 河流生态恢复的目标 [J]. 中国水利，2004（10）.

自然演进的方向。人们始料未及的是对于河流大规模的改造造成了对河流生态系统的胁迫，导致河流生态系统的不同程度的退化。这种退化也降低了河流生态系统的服务功能。

人们开始反思水利工程的功过得失，特别是讨论水利水电工程对于生态系统的负面影响问题。20 世纪 70 年代在西方国家就出现了反对建设大坝的观点和思潮，称大坝为"河流杀手"。到 20 世纪 80 年代以后，西方国家一些拟建的水利水电工程由于受到社会舆论的猛烈批评，致使计划终止。一些学者还进一步主张要拆除现存的大坝，还自然河流以本来面目。20 世纪 90 年代，发达国家开始小规模地拆除大坝，比如美国拆除了 180 座小型水坝，计划在 2001 年再拆除 30 座。

大规模的调水工程在苏联也受到致命性的打击。苏联自 20 世纪 30 年代开始建设大规模调水工程。至苏联解体为止，相继完成费尔干纳大灌渠（1939 年）、北克里木运河（1971 年）、卡霍夫主干渠（1979 年）和列宁一卡拉库姆运河（1980 年）等近百项规模不等的调水工程，主要分布在缺水的乌克兰、俄罗斯欧洲地区南部和中亚地区，调水线路总长 6000 多 km，年调水总量高达 861 亿 m³。到 20 世纪 80 年代中期，全国调水工程建设形成高潮，更大的调水工程还在规划中。但是形势却发生了急剧逆转。1985 年官方准许在媒体上公开批评调水工程，于是全国范围开展了一场关于调水工程合理性的大辩论。反对派的主要观点是调水工程存在着潜在的严重生态危机，而决策者和设计者对此问题评估不足。另外，反对派认为在经济上调水工程是一种挥霍浪费。认为对于南方干旱地区可以靠工业节水和改造灌溉系统等多种途径来解决。反对派中许多作家和知名学者反对调水工程的另外理由是工程给俄罗斯北部的中世纪城市、教堂、寺庙等历史文化遗产带来损害。在这种形势下，戈尔巴乔夫领导下的苏共中央和部长会议于 1986 年 8 月通过一项决议，要求暂停调水工程的设计工作，授权国家科委等单位组织开展对水资源再分配的科学问题研究，并进行全面经济和生态研究论证。随后几年，苏联局势急转直下，到苏联解体后，大规模调水工程计划也就从此束之高阁。

1.2　水利工程对河流生态系统的胁迫

自然与人类活动对于生态系统造成的压力，生态学中称为胁迫（stress）。人类活动对于河流生态系统的胁迫主要来自以下几个方面：①工农业及生活污染物质对河流造成污染；②从河流、水库中超量引水，使得河流本身流量无法满足生态用水的最低需要；③通过对湖泊、河流滩地的围垦挤占水域面积以及上游毁林造成水土流失，导致湖泊、河流的退化；④在河流的水库中，不适当地引入外来物种造成生物入侵，使乡土物种消失和生态系统水平退化。

水利工程对于河流生态系统的胁迫主要表现在两方面：一是自然河流的渠道化；二是自然河流的非连续化。

（1）自然河流的渠道化。所谓"河流渠道化"，是指：①平面布置上的河流形态直线化。即将蜿蜒曲折的天然河流改造成直线或折线形的人工河流或人工河网。②河道横断面几何规则化。把自然河流的复杂形状变成梯形、矩形及弧形等规则几何断面。③河床材料的硬质化。渠道的边坡及河床采用混凝土、砌石等硬质材料。防洪工程的河流堤防和边坡护岸的迎水面也采用这些硬质材料。河流的渠道化改变了河流蜿蜒型的基本形态，急流、缓流、弯道及浅滩相间的格局消失，而横断面上的几何规则化，也改变了深潭、浅滩交错的形势，生境的异质性降低，水域生态系统结构与功能随之发生变化，特别是生物群落多样性随之降低，可能引起淡水生态系统退化。

（2）自然河流的非连续化。筑坝是顺水流方向的河流非连续化。流动的河流变成了相对静止的人工湖，流速、水深、水温及水流边界条件都发生了重大变化。库区内原来的森林、草地或农田统统淹没水底，陆生动物被迫迁徙。水库形成后也改变了原来河流营养盐输移转化的规律。由于水库截留河流的营养物质，气温较高时，促使藻类在水体表层大量繁殖，产生水华现象，藻类蔓延遮盖住大植物的生长使之萎缩，而死亡的藻类沉入水底，腐烂的同时还消耗氧气，溶解氧含量低的水体会使水生生物"窒息而死"。由于水库的水深高于河流，在深水处阳光微弱，光合作用也弱，导致水库的生态系统比河流的生物生产量低，相对脆弱，自我恢复能力弱。河流泥沙在水库淤积，而大坝以下清水下泄又加剧了对河道的冲蚀，这些变化都大幅度改变了生境。由于靠水库进行人工径流调节改变了自然河流年内丰枯的水文周期规律，即改变了原来随水文周期变化形成脉冲式河流走廊生态系统的基本状况，最后，众所周知，不设鱼道的大坝对于洄游鱼类是不可逾越的障碍。

另一类非连续性是由于筑堤引起的。堤防也有两重性。一方面起防洪作用，另一方面又妨碍了汛期主流与汊流之间的沟通，阻止了水流的横向扩展，形成另一种侧向的水流非连续性。堤防把干流与滩地和洪泛区隔离，使岸边地带和洪泛区的栖息地发生改变，原来可能扩散到滩地和洪泛区的水、泥沙和营养物质被限制在堤防以内的河道内，植被面积明显减少，鱼类无法进入滩地产卵和觅食，也失去了躲避风险的避难所。鱼类、无脊椎动物等的大幅度减少，导致滩区和洪泛区的生态功能退化。

2　河流生态恢复和生态工程学的定义

人们对于水利工程给河流生态系统带来的胁迫进行反思和总结以后认为，应该缓解对河流生态系统的压力，对于各种胁迫因素给予补偿，恢复河流原有面貌，于是出现了"河流恢复"的概念和相应工程技术。美国土木工程师协会对于"河流恢复"有以下定义："河流恢复是这样一种环境保护行动，其目的是促使河流系统恢复到较为自然的状态，在这种状态下，河流系统具有可持续特征，并可提高生态系统价值和生物多样性。"[1]

河流生态恢复是生态工程学的一个分支。所谓生态工程学是 20 世纪 80 年代开始，为促进工程学与生态学相结合形成的一门新兴的交叉学科。1989 年 Mitsch 等对于"生态工程学"，（ecological engineering）给出定义，Mitsch 有时也使用"生态技术"（ecotechnology）一词。1993 年美国科学院所主办的生态工程研讨会上根据 Mitsch 的建议，把"生态工程学"定义为："人类社会与其自然环境相结合，以达到双方受益的可持续生态系统的设计方法。"生态工程学的范围很广，包括河流、湖泊、湿地、矿山、森林、土地及海岸等的生态建设问题。

2.1　河流生态恢复的目标

在"河流生态恢复"的目标方面，学术界存在着不同的表述，这些表述也反映了不同的学术观点，从过程、目标到相关措施都有很大的差别。对于河流生态恢复定义有以下主要表述：

"完全复原"（full restoration），定义为"使生态系统的结构和功能完全恢复到干扰前的状态"。完全复原首先是河流地貌学意义上的恢复，这就意味着拆除大坝和大部分人工设施以及恢复原有的河流蜿蜒性形态。然后，在物理系统恢复的基础上促进生物系统的恢复。

"修复"（rehabilitation），定义为"部分地返回到生态系统受到干扰前的结构和功能"。

"增强"（enhancement）[3]，定义为"环境质量有一定程度的改善"。

"创造"（creation）[3]，定义为"开发一个原来不存在的新的河流生态系统，形成新的河流地貌和河流生物群落"。

"自然化"（naturalization）。"自然化"的出发点是，由于人类对于水资源的长期开发利用，已经形成了一个新的河流生态系统，而这个系统与原始的自然动态生态系统是不一致的。在承认人类对于水资源利用的必要性的同时，强调要保护自然环境质量。通过河流地貌及生态多样性的恢复，达到建设一个具有河流地貌多样性和生物群落多样性的动态稳定的、可以自我调节的河流系统。

对应不同的恢复目标，采取不同的措施。概括各种措施不外以下几种：①人工直接干预通过人工栽种植被，改变植被结构，引进某些生物以达到生态恢复的目标②自然恢复。主要依靠生态系统自我设计、自我组织、自我修复和自我净化的功能，达到生态恢复目标。③增强恢复。是介于以上两种方法的中间路线。在初期的物质和能量的投入基础上，靠生态系统自然演替过程和河流侵蚀与泥沙输移实现恢复目标。

上述几种恢复目标中，实现"创造"这种目标主要靠人工直接干预，其余几种目标依靠增强恢复和自然恢复，不过侧重点有所不同。

2.2　各种恢复目标的异同

上述几种生态恢复目标存在着共同点。首先，都是从河流生态系统的整体性出发，确定恢复的着眼点是河流生态系统的结构和功能。研究表明，在一个淡水水域中，各类生物相生相克，形成了复杂的食物链（网）结构。一个物种类型丰富而数量又均衡的食物网结构，其抵抗外界干扰的承力力高，生态功能（如能量流动、物质循环、物种流动等）也会趋于完善和健康。其次，各种恢复目标都把生物群落多样性作为恢复程度的主要衡量标准，而不是仅仅恢复岸边植被或恢复某些单一物种。最后，从生物群落多样性与河流生境的统一性原理出发，都强调恢复工程要遵循河流地貌学原理。

至于几种恢复目标的差别，一些学者对于"完全恢复"这种目标提出质疑。到底恢复到什么历史时期的状况？几十年前抑或几百年前？由于缺乏河流干扰前的地图、文字或其他图像等科学资料，所以弄清楚干扰前的河流状况是十分困难的。何况近代社会人们在河流上已经建设了大量的水利设施，在经济社会发展中发挥着巨大效益，闸坝、堤防、航道等这些基础设施已经成了河流恢复的重要约束条件。如果全面拆除大坝及各种水利设施以恢复河流的原始面貌，从经济分析和防洪安全观点看可以说是完全不现实的。如美国在20世纪90年代拆除了180座小型水坝，仅占美国大坝总数0.23％，但拆坝之举在科学界引起了广泛争论。著名生态学家Mitsch 2004年指出，回顾20世纪90年代的拆除大坝行动，"对于拆坝带来的影响的科学研究论证很不充分，往往是零散片断地进行，采取的方法是一种'学院式'的方法而不是用整体式方法"。Hart[4]批评说："已往拆坝的科学论证工作是基于定性的观察而不是定性的测量。由于缺乏对总体因素比如泥沙输移和水温等重要因素的全面分析，拆坝行动论证中对于拆坝的理由和造成的影响分析往往基于错误的假设。"

其次，对于"创造"一个新的河流生态系统，也有不同观点。不少学者主张，应该更多地依靠自然界的力量，依靠自然演替过程实现生态恢复的目标。人工生态系统的建立具有很大的不确定性，何况创造新的人工生态系统的成本很高。欧洲和日本的河流恢复实践大多倾向于在承认河流开发现状的基础上，进行河流的生态恢复。在权衡满足经济社会需求与满足生态健康关系上，大体采取两者并重的立场。

3　如何结合我国的国情

如何结合我国的国情考虑河流生态恢复工程？首先，对于水利工程建设要采取面对现实的态度，充分肯定水利工程对于国家经济社会发展的重要作用，为了防洪、供水、灌溉、发电和航运等目的，现在和将来，社会还离不开水利工程。如果在我国侈谈为恢复河流生态而大规模拆除大坝，将是完全脱离社会实际的。如果简单引用西方学者观点一概反对建坝，恐怕也失之偏颇。我们要承认水利工程为经济社会服务这个基本现实，在此基础上，研究河流生态恢复问题。同样，针对工程对生态系统的胁迫问题，也应该采取面对现实的科学态度，而不是回避的态度，要承认并且深入研究这些负面影响，新建水利工程需要在充分论证对生态系统的影响基础上进行建设。对于新建和已建工程，要采取各种工程措施、管理措施和生物措施，尽可能减轻对于河流生态系统的压力，对于生态系统的胁迫给予补偿，在一定程度上恢复河流原有的面貌。总之，应该提倡"趋利避害"的原则，而不主张"因噎废食"的做法。

我国治水历史悠久，古籍记载的大禹治水约发生在公元前21世纪，这说明中华民族大规模的治水活动至今已经有4000余年的历史。古往今来大规模水利工程建设，包括筑坝、筑堤、裁弯取直、渠道化、人工河网化等，已经使我国众多的自然河流面貌发生了巨大的变化。尽管我国有大量的古籍记载了历代治水的历史、对策，但是仍然缺乏大中型河流的包括生态状况的自然演变和人类活动的科学资料。在美国可以讨论河流恢复的目标是欧洲移民到达前河流未受干扰的状况，其实那不过是二三百年前的历史，而对于我国来说，如果讨论恢复到干扰前的状况是完全缺乏科学基础的。退一步讲，即使讨论恢复到50年前大规模水利建设以前河流生态状态，在缺乏较完整的科学资料条件下，制定这样的生态恢复目标同样会遇到困难。我国河系的中下游地区，人口密集，土地利用率高，为防洪目的沿河筑堤已经成为河流恢复的主要约束条件。大范围地调整河流地貌学特征，对于大中型河流来说余地已经不多。

综上所述，在我国对大中型河流生态"完全恢复"可以说是不现实的。在我国需要全面介绍发达国家提出的"河流恢复"的战略规划和经验，全面介绍西方各种学派对于河流恢复的认识，不可简单地将某一种学派的结论照搬到我国河流整治的实践中来。实际上，主张拆坝，实现"完全恢复"河流原貌的也仅是一种学派主张，西方各国也是因地制宜地制定河流恢复的目标，制定河流恢复的规划并进行设计和实施的。

我们应实事求是地研究我国河流的保护问题。考虑到我国目前所处的经济发展阶段，从经济实力看，在我国多数地区还难以按照西方国家的高标准进行河流恢复建设。生态建设要进行经济分析，充分考虑投入产出关系，取得生态效益的最大化。在我国值得提倡的经济可行的技术路线是充分利用生态系统自我设计、自我组织的功能，实现生态系统的自我修复，重点是减轻人为对河流生态系统的胁迫，包括强化治污和污水排放控制，保持最低生态需水量等。在河流恢复工程中，在初期投入少量资金，建设必要的人工辅助措施，主要是恢复和构筑河流的自然形态和生物栖息地，最大限度地发挥生态系统自我修复功能。如果靠国家大量投资进行河流生态建设，力图"创造"一个新的生态系统，本质上说这也是"改造自然"的一种新翻版。

总之，在我国河流恢复的目标不可能是返回到某种本来不清楚的原始状态，也不是创造一个全新的生态系统，而是立足河流生态系统现状，积极创造条件，发挥生态系统自我恢复功能，使河流廊道生态系统逐步得到恢复。

按照我国的国情和治河经验，治河工程大多是综合治理，在我国现实可行的路线是，结合河流防洪、整治和城市水景观建设等工程项目，综合开展河流生态恢复建设。

重要的问题是水利工程建设如何处理好人与自然的关系，在权衡社会经济需求与生态系统健康需求这两者关系方面，结合我国的情况，要改变水利工程建设仅仅是为开发利用水资源这种单一目标，要强调水利工程在满足人类社会需求的同时，应兼顾水域生态系统的健康和可持续性。为此，需要吸收生态学知识，促进水利工程学与生态学的结合，改善水利工程的规划设计方法，发展生态水利工程学，尽量减少对于生态系统的胁迫，充分考虑生态系统健康的需求问题。

参 考 文 献

［1］ ASCE River Restoration Subcommittee on Urban Stream Restoration. Urban Stream Restoration ［J］. Journal of Hydraulic Engineering ASCE，July 2003.

［2］ BROOKES A，SHIELDS F D. River Channel Restoration：Guiding Principles for Sustainable Projects ［M］. John Wiley & Sons，Chichester，England，2001.

［3］ National Research Council. Restoration of Aquatic Ecosystems ［M］. National Academy Press Washington D. C. 1992.

［4］ HART D D，POFF N L，eds. Dam Removal and River Restoration：Special Section. BioScience 52：653－747，2002.

［5］ 董哲仁. 生态水工学的理论框架 ［J］. 水利学报，2003（1）.

［6］　董哲仁. 河流形态多样性与生物群落多样性 ［J］. 水利学报，2003（11）.

［7］　董哲仁. 水利工程对生态系统的胁迫 ［J］. 水利水电技术，2003（7）.

［8］　董哲仁. 河流治理生态工程学的发展沿革与趋势 ［J］. 水利水电技术，2004（1）.

［9］　董哲仁. 荷兰围垦区生态重建的启示 ［J］. 中国水利，2003（11A）.

［10］　杨立信，等. 国外调水工程 ［M］. 北京：中国水利水电出版社，2003.

河流生态修复的尺度、格局和模型 *

[摘　要]　通过分析水文过程与生态过程的耦合特征，指出流域尺度是编制河流生态修复规划的适宜尺度。讨论了景观空间异质性与物种多样性的相关关系，提出了在流域和河流廊道两种尺度上改善景观格局配置的方法。特别指出了在河流廊道尺度下提高景观空间异质性的两个要点，一是增强地貌学意义上的空间异质性，二是改善生态水文学和生态水力学意义上的水文、水力学条件。文章还介绍了景观格局分析方法和景观格局–生态过程模型。

[关键词]　尺度；景观；景观格局；空间异质性；河流廊道；物种多样性

河流生态修复是指通过适度人工干预，促进河流生态系统恢复到较为自然状态的过程，在这种状态下河流生态系统具有可持续性，并可提高生态系统价值和生物多样性。在制订河流生态修复规划时，需要选择合适的尺度，并把景观格局的合理配置和提高异质性作为生态修复的主要任务之一[1]。

1　河流生态修复的尺度

景观生态学中的所谓尺度（scale）不同于地理学中的比例尺，它是指在研究某一生态现象时所采用的空间单位，同时又可以指某一生态现象或生态过程在空间上所涉及的范围和发生的频率。前者是从研究者的角度定义的单位，带有较强的主观性，而后者是依据自然现象及过程的特征定义的，具有客观性。在研究过程中尽可能使研究者采用的尺度与客观存在的自然规律尺度接近。

进行河流生态修复规划的尺度应该是流域，而不是区域，也不能仅仅局限于河流廊道本身或者局限于具体河段[2]。所谓流域，在水文学中可以定义为地面分水线包围的汇集降落在其中的雨水流至出口的区域。流域的自然地理、气候、地质和土地利用等要素决定着河流的径流、河道、基质类型、水沙特性等物理及水化学特征，这些因素对河流生态系统具有深远影响。在流域内进行着水文循环的完整的动态过程，包括植被截留、积雪融化、地表产流、河道汇流、地表水与地下水交换、蒸散发等。河流生态系统的生态过程包括系统的结构、功能、景观异质性、斑块性、植被、生物量等，这些因子与水文因子和水文过程密切相关，生态过程所发生及涉及的范围，与水文过程的范围往往相重合，都在流域尺度内。换言之，水文过程与生态过程在流域这种空间单元内实现一定程度的耦合。

　　* 董哲仁. 河流生态修复的尺度格局和模型［J］. 水利学报，2006（12）：1476 –1481.
　　注：在原文基础上有局部修改。

以流域作为尺度进行河流生态修复规划更能反映生态系统整体性特征。河流具有上中下游连续性的特征，才使得河流成为物质流、能量流和信息流的载体，成为水生生物的生命线。下游的生态过程与上游的生态过程密切相关。河流生态修复，必须考虑河流的上中下游相互关系，而不可将河流的上下游、左右岸割裂开来，孤立地修复某一区域或者某一河段的生态。按照地貌学的简单划分，流域沿河流方向可以划分为河道、水陆交错带和高地。水陆交错带具有边界和梯度两个特点。既是高地植被与河流之间的桥梁，又具备保持物种多样性、拦截和过滤物质流的作用，有利于净化水体和鱼类繁衍。高地是水文学意义上的集水区。高地的土壤水滋润着大部分陆生植被，无数溪流和支流成为陆生生物与水生生物汇集的纽带，从而形成完善的食物网。

现代社会人类活动的影响也是大尺度的。进行河流生态修复的前提必须是实施污染控制和治污。由于污水废水排放形成的点源污染以及河道的内源污染都会沿河扩散；而由于农田化肥农药等造成面源污染，更是在流域范围内迁移、转化和扩散。因此，水域的污染防治也必须在流域的尺度上进行。反之，在小尺度内的治污往往是失败和低效的。

总之，在进行河流修复时应全面考虑所修复河段上下游、干支流的形势，要综合研究流域内河流、湖泊、水塘、湿地、地下水、农田、森林、草地、道路、城镇等斑块—廊道—基底镶嵌体的结构和生物过程，进行一体化的生态修复规划。当然，规划的尺度是流域，重点单元可能是若干区域，重点工程项目可能落在某些具体河段。

2　景观格局空间异质性与物种多样性

这里讨论的"景观"（landscape）是指生态学意义上的一种尺度。在景观生态学（landscape ecology）中，把景观理解为若干生态系统或土地利用模式组成的镶嵌体（mosaic）。

景观格局（landscape pattern）指空间结构特征包括景观组成的多样性和空间配置[3-4]。景观格局是在自然力和人类活动双重作用下形成的。降雨、气温、日照、地貌和地质等自然因素形成了大尺度的原始景观格局，而人类历史上的农牧业生产活动、砍伐森林、工业化、城市化进程等都大幅度改变着景观格局，其后果是土地利用方式的改变，草原和森林变成了农田、城镇或开发区，原始的景观格局发生了剧变。各种工程设施的建设，也改变了景观的空间配置。比如公路、铁路设施，对于野生动物的迁徙是致命的障碍。另外，水库淹没土地后，陆地景观变成水域，丘陵变成岛屿，造成原有陆地景观的"破碎化"。

空间异质性（spatial heterogeneity）是指某种生态学变量在空间分布上的不均匀性及其复杂程度。空间异质性是分析景观格局的重点。

2.1　空间景观模式——斑块、廊道、基底

景观的空间格局采用斑块、廊道和基底模式进行描述，这种模式为生态规划提供了一种有用的工具，可用于对不同景观进行识别与分析。

斑块 (patch) 是景观中的基础单元，泛指与周围环境在外貌或性质上不同，并具有一定内部均质性的空间单元。斑块可以是植物群落、湖泊、草原、农田和居民区等，各种斑块的性质、大小和形状都有许多区别。斑块的概念是相对的，识别斑块的原则是与周围环境有所区别且内部具有相对均质性。斑块对于景观格局的结构特征和生态功能具有基础性质。

廊道 (corridor) 是指景观中与相邻两边环境不同的线路或带状结构。常见的廊道包括河流、峡谷、农田中的人工渠道、运河、防护林带、道路、输电线等。其中，河流廊道是陆地景观中最重要的廊道，具有重要的生态学意义。

基底 (matrix) 是指景观中分布最广、连续性最大的背景结构，常见的有森林基底、草原基底、农田基底、城市用地基底等。

斑块、廊道和基底都是相对的概念，不仅在尺度上是相对的，而且在识别上也是相对的。比如，可以把基底看作是主导斑块，把廊道看成狭长形斑块。

由斑块、廊道和基底这些要素构成了三维空间的景观格局。景观格局可以用景观镶嵌体进行定量地描述。如斑块的数量、大小、形状、空间位置和性质等，基底的类型、下垫面性质等，都是可以通过各种测量方法进行定量描述。图1是河流景观斑块-廊道-基底模式示意图。图1中分布有森林、草地和农田三种基底作为景观基础背景。河流廊道盘桓在森林、草地和农田基底之上，穿梭于池塘沼泽、植被树丛和居民村镇等斑块之间，使物质流、能量流、信息流和生物流能够顺畅通过。河流廊道在陆地景观中的作用犹如人体的动脉，成为流域生态系统的生命线。

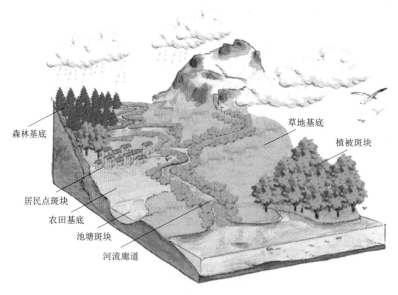

图1 河流景观斑块-廊道-基底模式示意图

2.2 景观空间异质性与物种多样性的正相关性

空间异质性是空间斑块性 (patchness) 和空间梯度 (gradient) 的综合反映。空间斑块性包括生境斑块性和生物斑块性两类。生境斑块性的因子包括气象、水文、地貌、地质、土壤等的空间异质性特征。生物斑块性包括植被格局、繁殖格局、生物间相互作用、扩散过程、疾病和生活史等。空间梯度指沿某一方向景观特征变化的空间变化速率，在大尺度上可以是某一方向的海拔梯度，在小尺度上可以是斑块核心区-斑块边缘的梯度。也有学者把空间异质性按照两种组分定义，即系统特征及其复杂性和变异性。系统特征包括具有生态意义的任何变量，如水文、气温、土壤养分、生物量等。异质性就是系统特征在空间和时间上的复杂性和变异性。研究结果表明，景观格局影响生态过程，如生物多样性、种群动态、动物行为和生态系统过程等，换言之，景观格局与生态过程具有相关性。

有关生物群落研究的大量资料表明，生物群落多样性与非生物环境的空间异质性存在正相关关系。非生物环境的空间异质性与生物群落多样性的关系反映了非生命系统与生命系统之间的依存和耦合关系。一个地区的生境空间异质性越高，就意味着创造了多样的小生境，能够允许更多的物种共存。

从原理和概念意义上，物种丰富度与景观格局特征可以表示为一般性函数关系如下[5]：

物种丰富度（或种数）＝F（生境多样性，斑块面积，演替阶段，基底特征，斑块间隔程度，干扰）

上式表明，生境多样性和景观结构等与物种丰富度具有正相关关系，通过提高生境多样性，改善景观格局等都可以增加物种丰富度。换言之，提高景观空间异质性，有利于生物多样性的增强，有利于生态修复。进一步的问题是如何利用斑块，廊道，基底模式的景观格局作为规划工具，提高景观空间异质性。

景观生态学把景观格局作为学科的核心问题，其目的是通过对于景观格局的识别来分析生态过程。因为生态过程相对较为隐含，而景观格局较为直观，可以用测量、调查或遥感、地理信息系统（GPS）等技术工具记录和分析，如果能够建立起景观格局与生态过程之间的相关关系，那么，通过对于景观空间格局的分析，就可以认识生态过程并进行生态评价。

2.3　提高景观空间异质性的通则

作为一种技术工具，景观格局理论可以有两方面的用途，一是作为生态识别工具，用于识别特定区域的景观格局，进而诠释区域的生态过程，对于生态状况进行评估。二是作为生态规划工具，在识别的基础上，通过适度改善景观格局的空间配置去影响生态过程，以达到保护和恢复生物多样性和可持续发展的目的。

在这两种应用中，都需要遵循景观格局理论的一些通用原则[3,6]。研究斑块的面积、形状、数量、分布及性质等配置问题，力求有足够数量的斑块，既要保证其核心区的稳定，又具备较多的"触角"和边缘与基底以及其他斑块相连接。要充分发挥廊道连接各个斑块的功能，防止生境"破碎化"。廊道应遵循连续性的原理，有利物质流、能量流、种子流和信息流的畅通，保证物种的运动和迁徙。因此廊道的数量和宽度都依据这些功能进行设计。由植物构成的廊道要充分利用乡土种，特别注意防止外来物种沿廊道入侵。需要改善公路、铁路对于野生动物运动的阻隔效应。

在景观格局的空间配置方面，Forman 主张不同尺度的斑块具有不同的生态功能，应该大小相间配置以提高空间异质性[7]。他认为，大斑块可以涵养水分，保护水体，为大型脊椎动物提供核心生境和避难所，为景观中的其他部分提供种源，并且具有一定的抗外界干扰与胁迫的恢复力和缓冲性。而小型斑块也具有不可替代的重要生态功能，它作为物种传播和濒危物种的定居地，特别为边缘的小型、稀有物种提供生境。把大斑块与小斑块合理搭配是提高空间异质性的重要途径[7]。另外，在自然保护区的规划中，建立核心区和缓冲区，在生物栖息地间建立廊道，恢复乡土种斑块，大体也是遵循这些准则。

2.4 增强河流景观格局空间异质性

河流廊道（river corridor）是陆地生态景观中最重要的廊道，对于生态系统和人类社会都具有生命源泉的功能。河流廊道范围可以定义为河流及其两岸水陆交错区植被带，或者定义为河流及其某一洪水频率下的洪泛区的带状地区。广义的河流廊道还应包括由河流连接的湖泊、水库、池塘、湿地、河汊、蓄滞洪区以及河口地区。河流廊道是流域内各个斑块间的生态纽带，又是陆生与水生生物间的过渡带。河流廊道的基本生态功能，一是水生和部分陆生生物的基本生境；二是鱼类和其他生物及其种子的运动和传输通道；三是起过滤和阻隔作用；四是物质与能量的源与汇。

提高河流景观的空间异质性应在流域和河流廊道两个尺度上进行。

（1）改善流域尺度的河流景观格局配置。河流廊道网络不是孤立存在的，它具有特定的基底（农田、森林、草地、城市等）背景，并与其他形式的廊道（林带、峡谷、道路、高压线等）一起，将不同性质和特征的斑块（湖泊、水塘、植被、居民区、开发区等）联通起来，共同形成了流域的空间景观格局。

在流域尺度下需要研究改善全流域景观的空间格局配置，达到河流生态修复的目的。需要合理规划各种类型的斑块的数量、几何特征、性质，充分发挥河流廊道连接孤立斑块的功能。还要研究河流廊道与其他形式的廊道的协调关系，比如沿河林带、沿河公路等。运用边缘效应、临界阈值理论、渗透理论、等级理论、岛屿生物地理学理论等景观生态学理论，采取调整土地利用格局，增加景观多样性，引入新的景观斑块，建立基础性斑块，运用不同尺度的斑块的互补效应等措施，谋求提高景观格局的空间异质性。按照景观空间格局理论，合理确定规划的分区，河流的分段。同时还要根据实际需要，确定和规划自然保护区。

我国南方地区纵横交错的河网，是景观镶嵌体中的物质流和能量流的传输网络，具有重要的生态功能。为充分发挥河流水网的联通作用，必须保持河流廊道网络的畅通。由于历史上为了防洪、取水、养殖等各种目的建设了涵闸控制工程或者对水网进行的围堵改造，导致水网不畅。应在历史调查的基础上，恢复历史上河网的连通性，同时进行必要的生态型疏浚。

（2）河流廊道尺度下提高景观空间异质性。在河流廊道尺度下，提高景观空间异质性包括两个方面，一是地貌学意义上的空间异质性增强，二是生态水文学和生态水力学意义上的水文、水力学因子的改善。

提高景观空间异质性的途径有：在平面形态方面，恢复河流的蜿蜒性特征；结合防洪工程，有条件的地方尽可能扩大两岸堤防的间距，给洪水有一定的空间，使得汛期主流与河汊、河滩、死水塘和湿地有可能发生连接。在河流横断面上，恢复河流断面的多样性，在水陆交错带恢复乡土种植被。在沿水深方向恢复河床的渗透性，保持地表水与地下水的联通。通过这些景观要素的合理配置，使河流在纵、横、深三维方向都具有丰富的景观异质性，形成浅滩与深潭交错，急流与缓流相间，植被错落有致，水流消长自如的景观空间格局[8]。

关于水文、水力学因子变化问题，由于筑坝等水利工程建设引起流量、流速、水温、水质和水文情势（hydrological regime）的变化，可能导致鱼类等水生生物生境条件发生变化，从而出现的一系列生态问题，也需要在河流廊道景观配置中考虑。比如如何保障河道最小生态需水量问题；克服水库水体温度分层影响，为鱼类繁衍提供适宜水温条件问题；克服水库调度造成水文过程均一化倾向，模拟自然河流的水文过程等。这些问题主要靠改善水库调度方式，实施水库多目标生态调度来解决。

3 景观格局–生态过程模型

地理信息系统（GIS）、遥感（RS）及全球定位系统（GPS）三者相结合即所谓"3S技术"。在3S技术的技术整合中，遥感作为一种获取和更新空间数据的有力工具，成为GIS的主要信息源。全球定位系统（GPS）可以快速、廉价地获得地表特征的位置信息，成为GIS精确定位的控制系统。在遥感和GPS的支持下，GIS作为空间数据处理、操作和分析的有力工具，可以对于环境空间数据的进行采集、管理和分析，用于环境管理、监测以及环境预测等诸多方面。在河流生态修复规划编制的各个阶段，在遥感与GPS支持下的GIS系统（以下仅称GIS）都是极有用的技术工具[9]。

3.1 历史与现状的流域景观格局分析

历史形成的自然河流有其天然合理性。河流生态修复的目标不是创造一种新的河流景观格局，而是尽可能恢复历史上的自然河流景观，因此历史上的河流景观格局是生态修复的重要参照物，而景观格局现状是进行生态修复规划的出发点。因此，需要进行历史和现状的流域景观分析。

景观空间布局分析的步骤如下：首先要收集和处理景观数据并且进行数字化，对于空间连续变量（地貌、生物量分布、种群等）编制数值图，对于空间非连续变量（如土地利用类型等）编制类型图。然后选择适当的景观格局分析方法进行分析，内容包括斑块类型和比例、空间配置与对比、连接性、空间自相关性、变化趋势以及幅度等，最后对于分析结果进行整合，对于空间异质性进行评估（图2）。

3.2 景观格局–生态过程模型

生态过程，包括物种多样性、种群动态、动物行为等，是一种在大尺度空间内发生

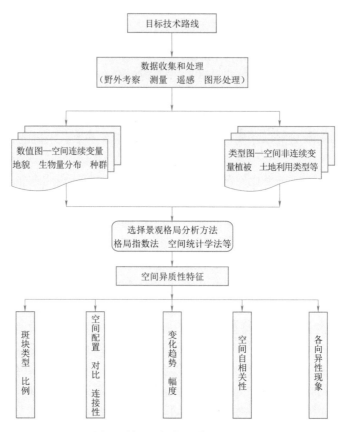

图 2 景观空间格局分析流程图

的复杂的演进过程，表现为较为隐含的形式。如果仅仅靠地面调查、测量工作，难以掌握流域尺度的生态系统演进规律。因此需要流域尺度的景观格局信息，然后通过建立景观格局与生态过程的数学模型，进一步识别和分析生态过程，为河流生态系统状况评估和预测服务。3S 技术的应用，使得人们可以通过遥感等技术获得大尺度的生态空间信息，对这些信息数字化以后，通过景观格局与生态过程之间的数学模型，进而识别河流生态系统的生态过程并进行评价。另外，也可以利用这种模型进行河流生态修复规划，通过适当改变景观格局某些因子，通过演算，模拟河流生态过程的变化，取得优化的规划方案。

景观格局与生态过程之间的关系是十分复杂的，往往是非线性的、复杂的、耦合与反馈关系。建立格局-过程模型是景观生态学的重要研究领域。景观格局涉及系统的生物、生境诸多因子，建立数学模型不可能包括全部因子，只能选择对于生态过程具有重要影响的关键因子以及对于人类社会影响巨大的部分因子。一个合理的模型为处理浩繁的生态空间数据提出一种实用的模型结构和方法，在此基础上，进一步建立空间异质性与生态系统结构与功能之间的关系。

依据不同的标准对于景观格局-生态过程模型有不同的分类[10]。如果按照模型涉及的内容分类，可以区分为干扰传播模型、复合种群模型、植被动态模型、土地利用模型等。

按照数学方法分类，可以分为解析模型和数值分析模型。传统的解析模型，大多为线性模型，尽管具有精确解，但是仅有少数几个变量，难以模拟生态系统的复杂过程，所以有很大的局限性。景观模型的发展趋势是利用信息技术和计算机技术模拟复杂生态演进过程，处理大量数据并且演算求解，即采用数值分析模型[11]。求解过程中对于现实的生态空间信息的数学处理方法，可以采用连续型模型，也可以采取离散型模型。一般认为，离散型模型在处理数学的场问题方面更具优势，比如位移场、流场、污染场等。离散型模型是把连续问题离散化，即划分为若干细小单元，在地理信息系统中称为"栅格"，每个栅格都包含有若干生态信息（水文、气象、土壤、植被类型、生物量、种群密度、养分含量等），每个栅格又具有精确的空间定位，成为所谓空间生态数据。由全部栅格组成了对象流域或区域的栅格网。这种栅格网可以反映生态系统的空间异质性，也可以反映各个栅格之间的相互耦合及反馈关系。有了这种离散型的数据结构，通过建立基本方程，进而可以模拟生态系统的结构与功能的动态演进过程。所谓离散型模型都存在着场问题的离散-整合的过程，最终求得全局的解。求解基本方程可以采用微分方程、差分方程的数值解法。与 GIS 相对应，空间景观模型，按照处理空间信息的方式可以分为栅格型景观模型（grid – based landscape model）和矢量型景观模型（vector – based landscape model）。

（基金项目：水利部科技创新项目 SCX2004 – 01，生态水工学关键技术研究）

参　考　文　献

［1］　董哲仁. 河流生态恢复的目标［J］. 中国水利，2004（10）：6 – 9.

［2］　董哲仁. 试论河流生态修复规划原则［J］. 中国水利，2006（13）：11 – 13.

［3］　邬建国. 景观生态学-格局、过程、尺度与等级［M］. 北京：高等教育出版社，2004.

［4］　FARINA A. Principles and Methods in Landscape Ecology［M］. London：Chapman & Hall，1998.

［5］　MACARTHUR R H，Wilson E O. An equilibrium theory of insular zoogeography［J］. Evolution，1963，17：373 – 383.

［6］　俞孔坚. 景观：文化、生态与感知［M］. 北京：科学出版社，2005.

［7］　FORMAN R T T. Land Mosaics：The Ecology of Landscapes and Regions［M］. Cambridge：Cambridge University Press，1995.

［8］　董哲仁. 河流形态多样性与生物群落多样性［J］. 水利学报，2003（11）：1 – 7.

［9］　JOHNSTON C A. Geographic Information System in Ecology［M］. Oxford：Blackwell，1998.

［10］　GOODCHILD M F，STEYAERT L T，PARKS B O，et al. GIS and Environmental Modeling：Progress and Research Issues［M］. Fort Collin：GIS World Books，1996.

［11］　BURROUGH P，MCDONNELL R A. Principles of Geographical Information Systems［M］. USA：New York Oxford University Press，1998.

The Scale，Pattern and Model of the River Ecological Restoration

Abstract：It is pointed out that the river basin is the appropriate scale for planning of river ecological restoration based on analyses for coupling feature between hydrological and ecological process in the paper. The correlativity between landscape spatial heterogeneity and species diversity is discussed. The methodology is put forwarded to improve the allocation of the landscape pattern on the both scale of the river basin and river corridor. It is indicated that two measures for enhancing landscape spatial heterogeneity in the river corridor scale, such as enhancing spatial heterogeneity based on morphology and improving upon hydrological and hydraulic property based on eco – hydrology and eco – hydraulics. The analyzing method on landscape pattern and the model of the landscape pattern – ecological process are introduced.

Key words: scale; landscape; landscape pattern; spatial heterogeneity; river corridor; species diversity

河流生态修复负反馈调节规划设计方法*

[摘　要]　本文建议的河流生态修复负反馈规划设计方法，是一种针对大量不确定性因素的适应性方法，力图在复杂多变的形势下处理和解决河流生态修复规划、设计和实施过程的决策方法问题。负反馈调节设计过程是按照"规划—设计—执行（包括管理）—监测—评估—调整"这样一种模式以反复循环的方式进行的，其目的是以累积的形式，不断缩小河流生态系统现状与修复目标之间的目标差，应用于河流生态修复立项、规划、设计、施工和后评估的全过程。

[关键词]　河流生态修复；不确定性；负反馈调节；评估；规划设计；水文；生物；地貌

1　概述

河流生态修复是一种环境保护行动，其目的是促使河流系统恢复到较为自然的状态，在这种状态下，河流系统具有可持续特征，并可提高生态系统价值和生物多样性[1]。河流生态修复的任务包括水质、水文条件的改善，河流地貌特征的改善以及生物物种的恢复，总目的是改善河流生态系统的结构和功能，主要标志是生物群落多样性的提高[2]。

河流过程包括水文、水力学过程、地貌过程、物理化学特性、生物过程等多种过程[3]。河流生态修复是针对被人类活动干扰的河流，通过恢复其多种自然过程，强化其生态系统功能，构建合理的景观格局，最终实现河流的可持续利用。在河流生态修复过程中，由于河流的各类自然过程和生态要素都存在极大的不确定性，这就为河流生态修复项目的立项、规划、设计、施工、监测等方面带来了巨大风险。为了保证河流生态修复项目按照预期目标发展，需要在河流生态修复工程建设各阶段采用负反馈方法进行适应性管理。

2　河流生态修复中的不确定性

河流生态修复中的不确定性存在于多个环节和方面，并以不同方式表现出来，比如立项分析阶段、规划设计阶段（包括水文水力学分析、生态系统特性分析及其反应预测等）、施工阶段、监测和维护阶段等。河流生态修复主要是模仿成熟河流生态系统的结构，力求最终形成一个健康、可持续的河流生态系统[3]。河流生态修复项目开始运行后，就开始了

　*　赵进勇，董哲仁，孙东亚，张晶. 河流生态修复负反馈调节规划设计方法 [J]. 水利水电技术，2010（8）.

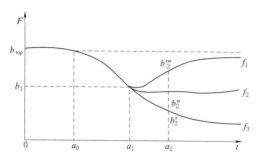

图 1 河流生态系统演进过程多种可能性示意

一个生态演替的过程，这个过程在时间与空间坐标中都具有不确定性，或者说存在多种可能性[2]。河流生态系统演进过程及生态修复项目的多种可能性如图 1 所示。图 1 中，横坐标 t 表示时间，纵坐标 F 表示河流生态系统状态。在坐标原点处生态系统基本处于原始状态，对应的 F 值为 b_{top}，代表一种理想状态。在时刻 a_0 由于胁迫作用生态系统开始退化，在时刻 a_1 开始了在人类适度干预下的生态修复工程，即开始了一个生态演替过程。这个过程并不一定按照设计预期的目标发展，将出现多种可能性。以 (a_1，b_1) 为拐点，可能出现 3 条曲线，即 f_1、f_2 和 f_3。其中，曲线 f_1 以 b_{top} 值为极值，生态演进的趋势是理想的，其状态是现有科技水平可能达到的最优值；曲线 f_2 代表生态状况恶化的趋势得到遏制，自时刻 a_1 后状态基本持平；曲线 f_3 代表生态系统继续恶化，人们修复的努力并没有发生正面作用，生态修复项目归于失败。曲线 f_1 与曲线 f_3 之间形成一个包络图，生态修复工程开始时刻 a_1 以后的河流生态系统的各种可能状况都应落在包络图中间。

河流生态修复中的不确定性来源于以下两个方面：

(1) 河流生态系统本身的可变性，包括气候可变性、水文地貌特征的可变性、景观和生态系统的可变性、河岸带生态系统的可变性、水域生态系统的可变性等[2]。

(2) 人们知识和认知能力的局限性，包括分析方法和工具的局限性；基础理论不完善，其在现象解释和发展预测方面能力不足；研究过程操作偏差；科研人员和决策者之间缺乏有效沟通；科研人员的主观性等[4-5]。

河流生态修复中的不确定性程度按照由小到大的顺序可以分为以下几类：不精确、缺乏监测数据、无法度量、数据不合理、可降低的认知盲目性、不明确、不可降低的认知盲目性[6]。自 20 世纪 90 年代以来，一些科学家和公共政策专家认为，由于对包括河流生态修复在内的环境问题中的不确定性来源和含义认识不足，导致研究人员、政策制定者和决策者对其有所忽视[5]。

对于河流生态修复中的不确定性，可采取的应对措施可能是多种多样的，其中包括：忽视不确定性，消除不确定性，减少不确定性，与不确定性共处，利用不确定性[7]。在河流生态修复中，常利用不确定性而并非对其回避，可以减少项目失败的可能性。不确定性并非全是负面的，比如水文情势的不确定性就可能会提高栖息地的空间异质性和生物群落多样性[8]。但如果回避不确定性，往往会导致对项目失控，最终影响项目目标的实现。

图 2 为在决策过程中采取利用不确定性应对措施的框架图[7]。图中将不确定性来源分为因知识局限性所带来的不确定性和因可变性而带来的不确定性。

3　河流生态修复负反馈调节规划设计原则

对河流生态修复过程中存在的大量不确定性，应采取负反馈式的适应性对策以提高河

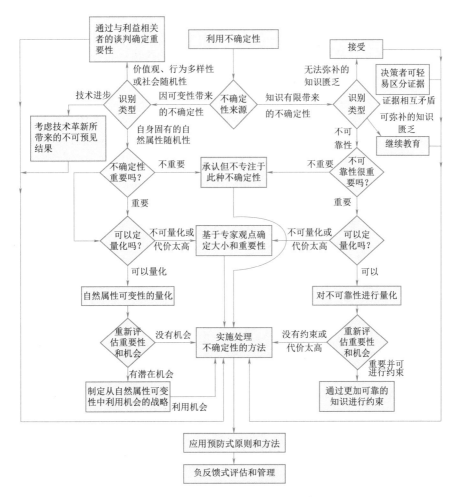

图 2　在决策过程中采取利用不确定性应对措施的框架
(修改自：Joseph M. Wheaton, 2008)

流生态修复项目的成功率。2004 年，董哲仁提出了生态水利工程的负反馈调整式设计原则，认为河流生态修复工程设计应不同于传统工程的确定性设计方法，而是一种反馈调整式的设计方法，是按照"规划—设计—执行（包括管理）—监测—评估—调整"这样一种流程以反复循环的方式进行的[8]。

　　所谓"负反馈调节"是大系统控制论的一个重要概念[9]。首先需要定义"目标差"概念，目标差是指一个大系统的现状与预定目标的偏离程度。负反馈调节的本质是设计一个使目标差不断减少的过程，通过系统不断将控制后果与目标差进行比较，使得目标差在一次次调整中逐渐减小，最后达到控制的目的。

　　在河流生态修复这一大系统中，河流生态系统是被控制系统，人们的规划设计与管理系统是控制系统。河流生态修复过程是控制系统与被控制系统相互作用的过程，见图 3。在生态修复过程初期，人们规划设计了一套河流生态修复方案，包括初步确定了修复目标。这个目标可以是依据历史参照系或类比参照系确定的目标，接近图 1 中 b_{top} 状况。项目开始实施后，人们按照制定的修复方案施工和管理，其实质是向河流生态系统输入一系列干扰，促使其向良性方向发展。河流生态系统对这种干扰持续地作出响应，其演进方向具有多种可能。对于干扰的生态响应，系统以信息的方式输出。输出的大量信息可以分为四大类型，即水文、水质、地貌和生物。通过监测系统长期、持续地进行水文、水质、地貌和生物监测。经过信息滤波和传输，进入生态状态评估系统。评估系统需要有适当的评估模型支持，能够对河流生态系统状况作出综合评估。目标差评估系统的作用是对于现状与历史状况进行对比分析和判断，分析生态系统的演进方向，判断生态现状与修复目标的偏离程度。如图1中，在时刻 a_2 开展了评估，需要判断河流生态状况到底在包络图的什么坐标位置，系统依据这些评估结果判断生态修复过程的方向是好转、持平或者恶化。如果没有好转，则需要对于项目规划设计或管理方法进行必要的调整。为此目的，需要建立合理的工作机制，即建立各利益相关者的协调机制，扩大公众参与，加强多学科合作，以克服来自社会、经济和科技方面的障碍或认知缺陷。规划设计方案修改包括修复目标的修改和修复措施的修改。按照新的方案实施后，就进入了新的一轮人工适度干扰过程。如此多次循环，使目标差不断减小，最终达到河流生态修复的目的。

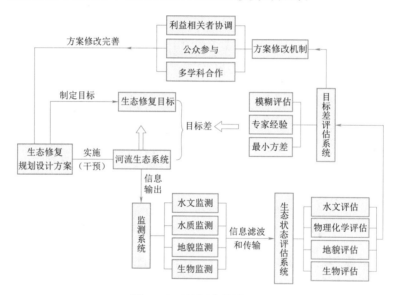

图 3　负反馈调节设计原理

4　河流生态修复负反馈规划设计方法

河流生态修复负反馈规划设计方法的总体思路为：基于负反馈调节原理，以 GIS 和RS 等信息技术为支撑，以调查与监测数据为基础，以河流生态评估模型为核心，对河流生态修复立项分析、项目规划、项目区施工、项目区后评估等阶段进行论证和检验，并基于信息反馈和新的认识，结合最新技术进展，对各阶段的目标、任务进行修改和完善。

河流生态修复负反馈规划设计方法所需要的数据包括基础地理信息、水文、气象、地貌、地质、生物、水环境、工程设施以及社会经济状况等方面的数据，需要对这些数据进行采集、整编、挖掘、加工等一系列整合处理。在河流生态修复负反馈规划设计过程中，河流生态修复相关的专家知识、经验参数、科学试验参数、数字化的相关政策法规以及行业标准，为各类评估模型的优化运行提供了依据。作为河流生态修复负反馈规划设计方法的核心，河流生态评估模型包括物理化学评估、水文评估、地貌评估、水力评估、生物评估及社会经济生态一体化评估。

　　河流生态修复规划设计与实施的全过程是：立项分析；制定河流生态修复总目标；项目规划；制定河流生态修复实施目标；项目区施工与监测；项目区后评估。在河流生态修复项目的总体和不同阶段实施负反馈式调整，以满足目标要求。在不同阶段评估对象的尺度不同，所使用的评估模型也有不同侧重。

　　河流生态修复负反馈规划设计方法如图4所示。

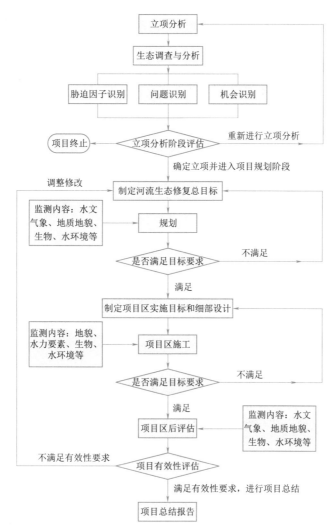

图4　河流生态修复负反馈规划设计方法示意

　　立项分析、项目规划、项目区实施和项目区后评估等不同阶段的目标和内容不同，所应用的数据、模型也各有侧重。

4.1 立项分析

立项分析阶段主要是提供项目立项必要性分析的方法，并对战略方案的选择提出建议。通过胁迫因子、问题与机会识别，在流域或河流廊道的尺度上论证立项的必要性，并在"被动修复"、"主动修复"和"被动/主动修复"这些战略性的方案中进行选择。

立项分析的结果有 3 种：①明确项目立项：当胁迫因子识别明确，问题突出，存在较大修复机会，人力、财力充足时。②明确项目终止：当胁迫因子识别明确，问题不突出，存在较小修复机会时；或人力、财力严重不足。③重新进行立项分析：当资料不全，问题突出，存在较小修复机会时；或资料不全，问题不突出，存在较大修复机会时。

将不同种类、不同形式、不同时期的基础地理信息、水文气象、水质、地质地貌、生物、遥感图、社会经济和工程设施等数据在 GIS 图层上进行存储、展现[10]。利用地貌评估模型得出河流廊道尺度内典型年的景观指数变化表、景观类型转移变化表，计算河流与周边水系、湿地等的连通程度，利用图论分形几何等数学方法对研究河段的形态多样性特征进行定量评价。利用生物评估模型得出流域或河流廊道尺度下的生物完整性等级分布图。流量、频率、持续期、时机和变化率 5 个水文情势评估要素通过直接或间接影响其他主要的生态完整性控制因素来影响生态完整性[11]，可利用水文评估模型得出各评估要素的使用条件和评判标准，并分析示范区典型断面的生态需水过程线。利用水环境评估模型得出水环境分区图。根据以上这些评估、分析结果可得出立项分析阶段的结论。

4.2 项目规划

项目规划阶段的任务是在流域的尺度上，动态地对于多种规划方案进行评估优选，并对优选出的方案是否满足设定目标进行判别。首先对现状及历史数据在 GIS 平台上进行分析，并制定河流生态修复总目标，目标制定时需要与社会经济目标、河流综合管理目标相结合。然后利用物理化学评估、水文评估、地貌评估、生物评估、社会—经济—生态效益一体化评估，对不同规划方案进行情景分析。其中，社会—经济—生态效益一体化评估主要侧重于通过效益费用等方法对社会经济与生态效益进行耦合评估，衡量生态系统生态服务功能的变化。生态系统的服务功能包括使用价值和非使用价值（存在价值），使用价值包括直接使用价值和间接使用价值，直接使用价值包括供水、航运、娱乐、渔业等，间接使用价值包括防洪、营养物循环、遗传和湿地等，存在价值主要体现在为生物提供栖息地方面[12]。最终通过综合评估对于规划方案进行优选。

4.3 项目区实施

这一阶段评估的特点是，对栖息地的细部设计可以利用生态水力评估模型进行生物适应性评估。生态水力评估模型在运用时需与现场调查相结合，并应侧重生物习性与可量化的生境特性之间相关关系的研究[13]。在设计方案确定前，应注意与各利益相关者的协调及反馈调整。项目区的实施往往是在河段尺度上进行，但是应在河流廊道上布置生态监测系统，以长时间地收集水文、水质、生物和地貌数据。在项目施工过程中，对监测数据进行定期分析，当出现不合理结果时，需结合项目起始阶段的河流历史、现状数据进行对比分析，并对项目实施目标、总体设计、细部设计进行重新调整。

4.4 项目区后评估

项目区后评估阶段，是在河流廊道或河段尺度上对项目的有效性进行动态评估，并且对管理措施进行必要的调整和改善。利用评估模型从以下三个方面进行项目有效性分析：项目区施工前后对照、与项目区实施目标相对照、项目趋势分析。通过项目区施工前后的对照，分析施工前后物理化学、水文、地貌、水力、生物、社会经济等方面的变化情况。通过与项目区实施目标相对照，分析项目区施工后是否达到了预定目标。通过项目趋势分析，预测分析各生境因子与生物的演变趋势，从而判断河流生态系统是否朝向健康方向发展。

5 结语

河流生态修复是一个多学科交叉融合、技术经济和社会问题交织在一起的新兴领域，加之河流生态系统本身的复杂性和可变性，而且人们对河流过程及其生态系统的认识又十分有限，因此对河流生态修复的有效性及其影响后果的预测十分困难，从而使河流生态修复项目存在诸多不确定性因素。本文所提出的河流生态修复负反馈规划设计方法，是一个在相互矛盾的形势下处理和解决各种河流生态修复问题的理念、方法的综合集成，允许对各种理论、技术和措施的实施效果通过调查、监测等手段进行论证和检验，并基于新的认识和信息反馈，结合最新技术进展，对原来的方案进行修改、补充和提高。

河流生态修复的负反馈规划设计方法体现在河流生态修复项目的总体构思和不同阶段工作中，并通过软件平台系统进行实现。在实现过程中，除了平台系统本身所具备的数据存储、分析、展现，评估模型分析，知识收集等功能外，还需要人机交互进行方案制定、尺度选择、情景分析等功能。

参 考 文 献

[1] ASCE River Restoration Sub - committee on Urban Stream Restoration. Urban stream restoration [J]. Journal of Hydraulic Engineering ASCE，2003 (7)：491 - 493.

[2] 董哲仁，孙东亚，等. 生态水利工程原理与技术 [M]. 北京：中国水利水电出版社，2007.

[3] MITSCH W J，GOSSELINK J G. Wetlands [M]. Third edition. New York：John Wiley & Sons，2000.

[4] LEMONS John，Reginald Victor. Uncertainty in river restoration [C] // River Restoration - Managing the Uncertainty in Restoring Physical Habitat. Chichester，UK：John Wiley & Sons，Ltd，2008. 3 - 13.

[5] GRAF W L，DIAMOND M，KRONVANG B. Sources of uncertainty in river restoration research [C] // River Restoration - Managing the Uncertainty in Restoring Physical Habitat. Chichester，UK：John Wiley & Sons，Ltd，2008. 15 - 19.

［6］ ASSELT M，ROTMANS J. Uncertainty in integrated assessment modeling—From positivism to pluralism ［J］. Climate Change，2002，54（1）：75 – 105.

［7］ JOSEPH M Wheaton，Stephen E Ddaby，David A Sear. The scope of unvertain ties in river restoration ［C］// River Restoration – Managing the Uncertainty in Restoring Physical Habitat. Chichester，UK：John Wiley & Sons，Ltd，2008. 21 – 39.

［8］ 董哲仁. 试论生态水利工程的基本设计原则 ［J］. 水利学报，2004（10）：1 – 6.

［9］ 金观涛，华国凡. 控制论与科学方法论 ［M］. 北京：新星出版社，2005.

［10］ David Gilvear，Robert Bryant. Analysis of Aerial Photography and Other Remotely Sensed Data ［C］// Tools in Fluvial Geomorphology. Chichester，UK：John Wiley & Sons，Ltd，2008. 135 – 170.

［11］ N LeRoy Poff，J David Allan，et al. The Natural Flow Regime – Aparadigm for river conservation and restoration ［J］. Bioscience，1997，47（11）.

［12］ Committee on River Science at the U. S. Geological Survey，National Research Council River Science at the U. S. Geological Survey ［M］. National Academies Press，2007.

［13］ DUNBAR M J，IBBOTSON A T，GOWING I M，et al. Ecologically Acceptable Flows Phase：Further Validation of PHABSIM for the Habitat Requirements of Salmonid Fish ［C］// Final R&D Technical Report to the Environment Agency. Bristol，UK：Environment Agency，2001.

Negative feedback regulation based planning and design method for river restoration

Abstract：The negative feedback regulation based planning and design method for river restoration proposed herein is an adaptive management method for treating with a large amount of uncertainties；which is aimed at solving the problems from the decision – making on the planning，design and implementation of river restoration under a complicated and changeable condition. The process of the negative feedback regulation based design is just carried out in accordance with such a mode. i e. "planning – design – implem entation（including management）– monitoring – assessment – adjustment"；of which the target is to continually reduce the difference between the status and the objective of river ecosystem a long with the pattern of accumulation，so as to be applied to the whole process of the project proposal，planning design，construction and the after – stage assessment concerned.

Key words：river restoration；uncertainty；negative feedback regulation；assessment；planning and design；hydrology；biology；geomorphology

论恢复鱼类洄游通道规划方法 *

[摘　要]　由于鱼类洄游是大尺度的水生动物迁徙运动，恢复鱼类洄游通道规划应在流域尺度进行。探讨了恢复鱼类洄游通道规划要点，包括河流鱼类调查及评价方法、规划范围和流域恢复洄游通道目标量化方法，提出了恢复鱼类洄游通道项目的优先排序方法，并以保护和恢复多瑙河鲟鱼规划作为典型案例进行了分析。优先排序方法中，应根据工程性质、特点和当地自然条件确定优先排序准则，从而选择重点河段和重点工程，解决洄游通道中的关键问题。优先排序准则包括有效性、栖息地适宜性、效益/投资分析、自然保护区范围、预期物种多样性、鱼类生产力和栖息地面积等。在保护和恢复多瑙河鲟鱼规划案例中，确定了多瑙河鱼类洄游障碍物的 5 个等级划分标准和评分等级，采用改进的多准则、多权重分级计分法，计算了各障碍物的排序指标。在 671 处障碍物中，29 处为最优先排序，99 处为中等排序，543 处为低等级排序；其中，位于多瑙河中游和下游的铁门水电站Ⅰ、Ⅱ级是流域内的主要障碍物。

[关键词]　鱼类洄游通道规划；目标鱼类；优先排序方法

河流上建设的水坝、水闸、船闸和堰坝等建筑物，成为鱼类洄游的障碍物，对于洄游鱼类生存和繁殖造成重大威胁。按照环境影响评价要求，新建水电工程应采取洄游鱼类保护措施；已建小水电工程应根据《水利部关于推进绿色小水电发展的指导意见》进行技术改造。当下实际情况是恢复洄游鱼类通道措施仅局限于单项水电工程过鱼设施建设，未能通盘考虑流域尺度洄游鱼类通道规划问题。众所周知，鱼类洄游是一种大尺度的生物迁徙活动，仅在水电工程所在地建设过鱼设施，忽视全流域鱼类洄游空间格局，显然具有很大的局限性[1-2]。针对河流中所有的障碍物恢复鱼类通道并不可行，需要同时考虑经济因素和生态因素来确定鱼类洄游通道恢复的重要地点[3]。

近 20 多年来，欧洲和北美的洄游鱼类保护大多是在流域范围内通盘考虑上下游的保护和恢复措施，然后分阶段对单项已建水利工程实施技术改造。在流域层面上确定优先恢复的鱼类洄游通道，美国华盛顿鱼类和野生动物部[4]提出了鱼道优先级指数；Roni 等[5]提出了鱼类通过项目优先排序指南，通过编制现有障碍的清单，收集每个障碍物上下的栖息地和鱼类存在信息，评估可能恢复措施的一般成本和效益；Prato 等[6]提出鱼类洄游通道优先权指数法，基于障碍物特征，河段长度、鱼类物种分布及迁徙行为，形成了优先级列表。欧美的经验值得借鉴。

＊董哲仁，张晶，赵进勇. 论恢复鱼类洄游通道规划方法 [J]. 水生态学杂志，2020，41 (6).

1 规划要点

1.1 鱼类调查与评价

1.1.1 鱼类及其生境调查

鱼类调查内容包括[7]：

（1）鱼类参数。包括物种组成、鱼类洄游习性（洄游距离、干流/支流、江湖洄游）、年龄、体长、重量、丰度。

（2）鱼类生境。包括河宽、平均流速、捕鱼平均深度、植物、河床基质类型、光照、风力、降雨、水体透明度、附近污染源。

（3）河流障碍物。包括干、支流障碍物数量及位置、障碍物类型、闸坝高度、水库回水长度、水库面积。

1.1.2 河湖水系阻隔成因分析

可把我国 20 世纪 50 年代的鱼类洄游通道状况作为参照系统，将现状与历史状况进行对比，识别河湖水系连通性的变化趋势[8]。在历史对比的基础上，进一步分析江湖水系阻隔的原因，通过分析识别是自然因素还是人为因素所致。自然原因包括泥沙淤积阻塞通道、气候变化、降雨量减少引起径流量减少、干流水位持续下降、河湖连通关系恶化。人为因素包括：

（1）建设闸坝、水电站阻断的洄游通道。

（2）围垦建圩引起河湖阻隔及湖泊群人工分割。

（3）农田、道路、建筑物侵占滩地。

（4）堤防间距缩窄隔断主流与滩区的水力联系。

1.1.3 生态服务功能评价

在历史对比的基础上，建立生态服务功能评价体系，评价由于水系阻隔造成的生态服务功能损失。具体评价河道中各类建筑物的阻隔作用所导致鱼类物种多样性和丰度变化；鱼类栖息地个数变化以及洲滩湿地和河漫滩植被类型、组成和密度变化。

1.2 规划范围

制定恢复洄游鱼类通道规划应在流域范围内进行。这是因为鱼类洄游是一种大尺度的生物迁徙活动，各种鱼类的洄游距离差异很大，从河流湖泊之间或干支流之间的局部洄游直到从河口至上游河源长距离洄游，但所有这些洄游现象都是在流域范围内发生；另外，降河洄游通道存在河流障碍物的累积效应，即使在某河段降河洄游性鱼类的通过率和成活率都较高，但一连串这样的河段累积效应会对鱼类造成严重的危害。在流域尺度上，应通盘考虑不同洄游鱼类的生活史内在需求、流域内干支流、湖泊和湿地的空间格局、现存障碍物的空间分布、水文情势等外部条件、综合技术经济制约因素，才有可能谋求优化的解决方案。反之，如果仅在河段或单项水利水电工程的尺度上制订恢复洄游鱼类通道规划，显然忽略了诸多因素以及各因素之间的关联性，难以获得全流域的优化方案。

1.3 目标量化

1.3.1 鱼类洄游目标

对于流域内的每条河流，都应确定鱼类洄游目标。目标有高低之分，理想目标是实现鱼类自由地从河口溯河洄游到上游河源，并保证流域内所有现存鱼种的洄游条件。但现实情况是水利水电工程布局已经形成，拆除河流障碍物受制于多种经济技术因素，难以全面展开。建设鱼道工程同样受经济技术条件和现场地形地貌限制，不可能全面铺开。基于这种认识，务实的目标可能是保证鱼类物种多样性不至于因洄游通道受阻或栖息地破碎化而进一步退化。

1.3.2 选择目标鱼类物种

目标物种的选择标准应是土著物种，恢复其种群数量具有可行性，对栖息地质量和连通性有较高要求，能够满足较多鱼类的栖息地需求，濒危、珍稀、特有鱼类优先，社会关注程度较高或经济价值较高鱼类优先。洄游目标鱼类物种应包括海河洄游型和河川洄游型[9]。

1.3.3 生态目标

包括生物、水文、栖息地在内的生态目标都需要量化。就溯河洄游性鱼类而言，需要确定目标鱼类物种，量化溯河洄游性鱼类物种数。就降河洄游性鱼类而言，需要确定目标鱼类物种，量化洄游入海鱼类物种的存活量和通过河口的百分率；另外，还应确定河道最大和最小流量，明确河段间适宜栖息地的数量。

1.4 恢复措施

恢复鱼类洄游通道措施包括建设过鱼设施、栖息地修复和拆除障碍物。过鱼设施包括鱼道、鱼闸、升鱼机等。鱼道是目前应用最广泛的过鱼设施，主要类型有池式、槽式和组合式。

1.5 规划协调

恢复鱼类洄游通道规划应在流域综合规划的框架内，与水生态修复规划、流域防洪规划、水资源保护规划、河湖水系连通规划等衔接，以谋求规划目标的一致性和投资效益的最大化。洄游鱼类保护应与其他相关问题一并考虑，包括水质改善、渔业管理、河流生态修复、生物多样性保护等，通常应有一个综合方案。

2 项目优先排序法

水系是由干流、支流构成的脉络相通的河流系统。经过几十年的建设，干支流上布置着大量水利、水电、航运建筑物，有的已经全部阻隔了洄游通道，有的部分阻隔。出于恢复洄游鱼类通道的目的，如果规划在流域内干支流上全部实现畅通无阻，既不现实也不经济，这就需要通过监测、调查和评价，识别主要洄游通道，特别要识别有重要溯河/降河性洄游鱼类种群通过的河段。对于干流、支流、湖泊、水库及拟实行的鱼道工程或者鱼类洄游障碍物拆除项目，编制优先排序规划，选择重点河段和重点工程，以解决洄游通道关键问题[10]。

2.1 优先排序规划

对于恢复洄游鱼类通道项目的优先排序要遵循科学的方法，既要符合鱼类洄游规律和流域总体格局及障碍物空间分布状况，又能符合资金合理使用的经济规律。通过修复项目排序，可以综合考虑资金、效益、技术可行性、土地利用以及移民等约束条件，使资金利用更为有效。通过优先排序明确项目的轻重缓急，可以使大型洄游通道修复项目分期实施。优先排序方法有多种，可以采用简单计算方法，也可以采用计算机模型。地理信息系统（Geographic Information System，GIS）是优先排序的有用工具。应用 GIS 技术，能够充分显示流域内河川湖泊的空间格局、水坝等障碍物的空间分布、目标物种的洄游路线、重点河段和重点水利水电工程的位置。

2.1.1 规划年限

编制恢复洄游鱼类通道项目的优先排序规划，需要确定规划现状基准年和规划水平年。影响项目工期的因素包括资金投入、项目规模、技术复杂性以及各个项目间的关联性；另外，项目完成与实际效果还存在时间滞后现象。例如，鱼道工程或者鱼类洄游障碍物拆除项目，一般在项目完成后即可见效。但鱼类栖息地恢复项目，如恢复河岸植被以遮阴、改善河床基质、河道内栖息地改善等工程，需要几年时间方可见效。在这种情况下，应在优先排序规划中说明项目全部效益达到所需的年限。

2.1.2 优先排序准则

编制恢复洄游鱼类通道项目的优先排序规划，需要先确定优先排序准则，准则应根据工程性质、特征和自然禀赋等条件，因地制宜地确定。以下列举 5 项准则供参考：

（1）有效性。如果一个修复项目能够促使生物多样性改善和提升，能够促进栖息地发生长期良性变化、栖息地面积得到恢复、质量能够持续改善，能够保护和恢复濒危鱼类或其他生物，而且项目成功的可能性较大，那么这个项目就应该取得优先地位。例如美国北部鲑鱼恢复计划优先排序，按照有效性（持久性、成功可能性、栖息地变化、鱼类丰度增加的可能性）原则编制。

（2）栖息地适宜性。在流域内会有诸多备选的鱼类栖息地修复项目。依据栖息地适宜性综合评估结果（包括水文、地貌、水质、生物多样性、经济社会要素），识别适宜性评分较高的栖息地项目；再应用历史资料数据，计算当前栖息地损失比例，得到可恢复的栖息地面积。显然，适宜性高且恢复面积大的项目，应该获得较高级别的排序。生命周期模型是较精确的栖息地适宜性评估方法[11]；这种方法针对特定保护鱼类，识别生命周期中哪个生命阶段以及何种类型栖息地是这种鱼类生产力的瓶颈。因此，优先修复这类栖息地就是顺理成章的事。

（3）效益/投资分析。通过同类修复项目的效益/投资分析，效益高的项目应获得较高级别的排序。在效益分析方面，生态修复工程与传统水利工程不同，其效益估算比较复杂，生态修复工程效益主要体现为生态系统服务效益。采用生态系统服务价值定量化方法，如市场定价法、预防成本法、置换成本法、机会成本法等进行估算。

（4）自然保护区范围．截至 2016 年 5 月，我国政府已经批准设立的国家级自然保护区共 447 处，其中包含不少珍稀濒危野生水生生物及其栖息地，特别是长江上游珍稀、特有鱼类国家级自然保护区，是一个地跨四川、贵州、云南、重庆四省（直辖市）的国家级自然保护区，范围大、保护目标明确；另外，还设有专门针对白鱀豚、大鲵、鳄蜥和细鳞鲑等珍稀、特有水生动物保护的国家级自然保护区。在修复项目优先排序时，位于自然保护区的项目应予优先级别。

（5）预期物种多样性、鱼类生产力和栖息地面积．按照预期鱼类物种多样性增加值，从该项目受益的稀有、濒危物种数目、修复栖息地面积恢复程度等指标优先排序；也可以采用预期鱼类密度、渔业生产力提高、单位鱼类产量所需资金投入等生产力指标进行优先排序。

2.2　多准则优先排序

2.2.1　排序准则

按照相关法律法规和技术标准，结合规划流域的具体情况，参照上节内容，从中选择若干优先排序准则。作为示例，表 1 显示在流域范围内恢复鱼类洄游通道项目优先排序准则。共选择了 4 项，包括栖息地预期质量综合评价、深潭-浅滩序列数量、预期物种多样性评价、预期恢复历史栖息地比例。

2.2.2　等级计分法

把每项准则的评价结果，划分成若干等级，按照不同等级计分。计分制可以选取 $1\sim5$ 或 $1\sim4$，但要求各项准则都选用相同的计分制。对于每个修复项目，计分累计相加得到总分，也称优先排序指数（Prioritization Index，PI）。

$$PI = \sum_{i=1}^{n}\big[(PI)_i\big] \tag{1}$$

式中：PI 为每个修复项目的优先排序指数；$(PI)_i$ 为等级计分值；n 为准则数目。

实际上，各项计分分级可以代表各项准则的权重。在等级计分法中，对于权重有两种处理方法。一种是各权重并列，最大值相同；另一种为了突出重要的准则，预设较大的权重。

把式（1）计算结果 PI 值分为若干等级（如 5 级），分别代表排序最高、很高、高、中、低。把排序分级标注在流域地图上，就得到流域生态修复工程项目优先排序分布图。最后，在优先排序的基础上，依靠专家判断和专业知识完成修复项目优先排序规划。

作为算例，表 1 中各项准则评价采用 5 级，计分制为 $1\sim5$。各计分累计相加得到总分。优先排序指数 PI 最大可能值为 20。假设算例中 4 项准则计分分别为 $PI_1=4$，$PI_2=3$，$PI_3=2$，$PI_4=4$，则 $\sum PI=13$。在该算例中，为突出栖息地预期质量准则，可以把 PI_1 扩大 2 倍处理，$PI_1\times2=8$，则 $PI=17$。这样就可以把预期栖息地质量较高的项目排到较为优先的位置。最终排序等级划分为：最高（$PI>14$），很高（$PI=9\sim14$），高（$PI=7\sim9$），中等（$PI=3\sim7$），低（$PI=1\sim3$）。

表1   恢复鱼类洄游通道项目优先排序计分举例

序号	准则	计分等级	序号	准则	计分等级
1	鱼类栖息地预期质量综合评价	$(PI)_1$	3	预期鱼类物种多样性	$(PI)_3$
	优	5		优	5
	良	4		良	4
	中	3		中	3
	差	2		差	2
	劣	1		劣	1
2	深潭-浅滩序列数量	$(PI)_2$	4	预期恢复历史栖息地比例/%	$(PI)_4$
	5	5		80~100	5
	4	4		50~80	4
	3	3		20~50	3
	2	2		10~20	2
	1	1		0~10	1

3 鲟鱼 2020-保护和恢复多瑙河鲟鱼规划

作为恢复洄游鱼类通道的案例,《鲟鱼 2020-保护和恢复多瑙河鲟鱼规划》(*Sturgeon 2020 - A program for the protection and rehabilitation of Danube sturgeons*)具有典型性。

3.1 多瑙河鲟鱼保护和恢复概况

多瑙河是欧洲第二大河,发源于德国西南部,自西向东流经 10 个国家,最后注入黑海。多瑙河全长 2850km,流域面积约 81.7 万 km²。河口年平均流量 6430m³/s,多年平均径流量 2030 亿 m³/a。多瑙河支流众多,形成了密集的水网,成为众多鱼类的栖息地;其中,鲟鱼是多瑙河丰富的生物资源,具有独特的生物多样性价值,被视为多瑙河流域(DRB)的自然遗产,是多瑙河的旗舰物种。在过去的几十年里,鲟鱼群落急剧退化已经成为欧洲社会普遍关注的生态问题,调查资料显示,产卵洄游受阻、栖息地改变以及过度捕捞使得野生种群濒临灭绝。6 种原生的多瑙河鲟鱼,有 1 种已经灭绝,1 种功能性灭绝,3 种濒临灭绝,还有 1 种属于脆弱易损。无论从科学角度(如"活化石"和良好的水与栖息地质量指标),还是从社会经济的角度来看(维持居民生计),对多瑙河鲟鱼直接和有效的保护是防止其灭绝的先决条件[12]。

60 多年来,多瑙河干流已建和在建的水电站共 38 座,总装机容量 5023MW,水能开发利用率为 65%。加上船闸等通航建筑物,多瑙河干流共有 56 座鱼类洄游障碍物,其 600 多条支流上也建设了大批水电站和其他建筑物。据统计,分布在多瑙河干流以及主要支流上(流域面积>4000km²)的鱼类障碍物和栖息地连通障碍物共超过 900 座。多瑙河干支流上的障碍物对于长距离洄游鱼类如鲟鱼、西鲱造成十分不利的影响。这些鱼类从黑海溯流而上,洄游数千公里到达多瑙河及其支流的上游地区产卵,但中途遇到阻隔,特别是位于中游-下游交界处的铁门水电站影响甚大。对于中等距离洄游鱼类（>200km）如鲷、乌鲂、小体鲟、赤梢鱼属、马鲅、软口鱼属、哲罗鱼和鲶，由于障碍物阻隔，洄游也受到相当程度的影响[13]。

鲟鱼群落急剧退化引起了多瑙河流域国家和欧盟委员会的高度关注。2011年6月通过的多瑙河地区欧盟战略（EUSDR），旨在协调统一的部门政策，为鱼类恢复提供合理的框架，使环境保护与区域社会和经济需求相平衡。2012年1月成立了科学家、政府和非政府组织"多瑙河鲟鱼特别工作组"（DSTF），以支持EUSDR目标的实现，提出《鲟鱼2020-保护和恢复多瑙河鲟鱼规划》，作为行动框架，其目标是"到2020年确保鲟鱼和其他本地鱼类种群的生存。"该《规划》作为行动框架，将环境与社会经济措施结合起来，不仅给鲟鱼提供保护，还通过保护多瑙河中下游的各项措施，改善多瑙河地区的经济状况，为社会稳定做出贡献；同时也是一项综合的行动框架，内容包括改善河流连通性、栖息地置换、改善水质、生物遗传库、改善关键栖息地、民众教育、执法、打击鱼子酱黑市等综合措施；其中洄游鱼类的连通性恢复是最重要的目标，多瑙河上游的重点在于栖息地恢复和建设功能性鱼道，中下游的保护重点是保护剩余的野生个体及其重要栖息地，恢复铁门水坝和加比奇科沃水坝的河流连通性。

3.2 恢复流域连通性的优先排序

多瑙河生态状况不能满足《欧盟水框架指令》（WFD）的环境要求，拆除鱼类洄游障碍物和设施是改善河流鱼类种群生态健康的关键，恢复流域连通性成为最主要的生态修复行动。多瑙河国际合作委员会（ICDDR）与流域各国合作，完成了多瑙河流域管理规划（DRBMP）。由于河道洄游障碍物数量大，而资金、土地、技术等资源有限，这就需要对于大量的障碍物进行优先排序，按照轻重缓急进行遴选，以此为基础制定连通性恢复行动计划，成为DRBMP的一个组成部分。优先排序采取改良的多准则多权重分级计分系统，用优先排序指数 PI 表示[12]。

为保证多瑙河流域连通性恢复工程的生态效果，ICDDR建立了5项准则，反映洄游鱼类的特殊需求（表2）。这5项准则分别是：

（1）洄游鱼类栖息地准则。恢复河流连通性首先要满足长距离洄游鱼类在干流洄游，其次满足长距离洄游鱼类在支流洄游，然后满足中等距离洄游鱼类的洄游需求，至于短距离洄游鱼类则排在最后。

（2）第一障碍物准则。鱼类从黑海溯源向多瑙河干流及其支流上游洄游产卵，多瑙河干流是长距离洄游鱼类的主要通道。所以位于多瑙河干流的河道障碍物，应给予较高排序。如果河道有多座障碍物，则处于靠下游位置的障碍物应获得比靠上游障碍物相对较高的排序。显然，最高级别的排序属于多瑙河干流最下游的障碍物，这是因为只有最下游的障碍物清除了，无论是长距离洄游还是中等距离洄游鱼类，其上游栖息地才能有效。

（3）距河口距离准则。障碍物距离河口越近、排序越高；反之，排序等级越低。

（4）重新连通栖息地长度准则。恢复连通后较长的河流栖息地赋予较高计分，具体按照河段尺度划分等级。

（5）保护区准则。如果障碍物位于"欧洲保护自然2000网络"（European Natura

2000 Network）范围内，就会赋予较高的权重。每项准则都划分为若干计分等级。按照改良的多准则多权重分级计分方法，每个障碍物的优先排序指数按照下式计算：

$$PI=M\times(1+F+D+L+P) \tag{2}$$

式中：PI 为优先排序指数；M 为洄游鱼类栖息地计分；F 为第一障碍物计分；D 为距河口距离计分；L 为重新连通栖息地长度计分；P 为保护区计分。

表2 多瑙河鱼类洄游障碍物排序准则和计分分级

序号	准则	计分
1	洄游鱼类栖息地准则	M
	在多瑙河干流长距离洄游	4
	在多瑙河支流长距离洄游	2
	中等距离洄游栖息地	1
	短距离洄游（河源）	0
2	是否位于多瑙河干流？	F
	是否河段内第一障碍物？	
	在多瑙河干流	
	是	2
	河段内第一障碍物	
	是	1
	不是	0
3	河段距河口距离准则	D
	河口上游第一河段	3
	河口上游第二河段	2
	河口上游第三河段	1
	河口上游第三河段的上游	0
4	重新连通栖息地长度准则（括号内数值针对多瑙河干流）	L
	>50km，（>100km）	2
	20～50km，（40～100km）	1
	<20km，（<40km）	0
5	保护区准则（Natura 2000）	P
	是	1
	不是	0

式（2）体现了改良的多准则多权重分级计分系统的设计原则。首先，为恢复连通性遴选出5项准则，但5项准则并非并列的，其中洄游鱼类栖息地准则是最重要的准则，高于其他4项。反映在公式中，洄游栖息地计分 M 是基础值，其他4项为权重。这种算法能够保证在干流阻隔长距离洄游鱼类的障碍物 PI 值高于支流，也高于妨碍中等距离洄游鱼类障碍物的 PI 值；其次，在各项准则中计分分级不同，使不同准则的权重有所区别。即 $M=0\sim4$，$F=0\sim2$，$D=0\sim3$，$L=0\sim2$，$P=0\sim1$。按式（2）计算，PI 最大可能

值是 36，最小值为 0（位于河源）。把 PI 值分为 5 级，即最高（$PI \geqslant 13$），很高（$PI = 10 \sim 12$），高（$PI = 7 \sim 9$），中等（$PI = 4 \sim 6$），低（$PI = 1 \sim 3$）。

在流域地图上标出每个障碍物的 PI 值（图 1），就可以清楚了解多瑙河连通性恢复项目的优先排序。从图 1 可以发现，处于多瑙河下游的障碍物获得最高排序，$PI > 20$；其次，妨碍长距离洄游鱼类的障碍物排序也较高（$PI = 8 \sim 10$）。在长距离洄游鱼类障碍物中，位于德国巴伐利亚州河段障碍物较奥地利 PI 较高，这是因为前者的重新连通栖息地长度较长（L 值），而且位于"欧洲自然保护 2000 网络"内（P 值）。支流障碍物距河口较近的 PI 值明显高于靠上游的障碍物。总体上，流域内 671 处参与排序障碍物中，有 29 处为最优先排序，99 处获得中等排序，543 处获得低等级排序；另外，还有超过 1/4 障碍物目前没有参与恢复连通性排序（$PI = 0$），这些障碍物或位于河源或位于人工渠道。

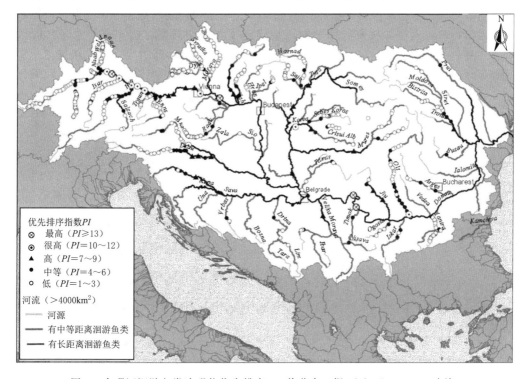

图 1　多瑙河洄游鱼类障碍物优先排序 PI 值分布（据 Philip Roni 2013 改绘）

流域内关键问题是位于多瑙河干流中游-下游间的铁门水电站Ⅰ、Ⅱ级（Ⅰ级水电站坝高 60.6m，库容 27.7 亿 m³，装机容量 205 万 kW；Ⅱ级水电站水头 8.0m，装机容量 43.2 万 kW），因其阻隔作用，使多瑙河最重要的鲟鱼沦为濒危物种，成为流域内严重的生态胁迫，直接影响了区域的渔业生产。多瑙河流域管理规划（DRBMP）要求下一步开展铁门水电站大坝改建可行性规划，目标是允许洄游鱼类特别是鲟鱼能够自由洄游。

优先排序提供了一种指导性意见，至于在什么位置以及什么时候开展连通性恢复工程，将取决于建设鱼道或者拆除障碍物的技术可能性，也涉及流域所在地的投资能力和国家生态修复规划。2015 年多瑙河流域国家确定的 108 项帮助洄游鱼类项目开工建设，在欧盟水框架指令 WFD 第二期（2021 年）和三期（2027 年）期间，将对 600 余个项目进行权衡，其中一些洄游障碍物由于技术或造价问题将不拆除。

4 结语

在河流上建设的水坝、水闸、船闸和堰坝等建筑物，是鱼类洄游的障碍物，严重影响鱼类的生存和繁殖。由于鱼类洄游是水生生物大尺度的迁徙运动，洄游现象发生在流域范围内；同时，连续的河流障碍物对洄游鱼类具有累积效应。因此，必须在流域尺度上制定恢复洄游鱼类规划。

考虑到现实性和经济性，恢复洄游鱼类通道无法拆除河流干支流上布置的全部水利、水电、航运建筑物，应在监测、调查和评价基础上，识别主要洄游通道，特别是识别有重要溯河洄游鱼类种群通过的河段，根据工程性质、特征和自然禀赋等条件，编制恢复洄游鱼类通道项目的优先排序规划，因地制宜地确定优先排序准则，选择重点河段和重点工程，以解决洄游通道关键问题。欧美国家在制定恢复鱼类洄游通道规划方面积累了一定经验，值得我国借鉴；同时，我国也亟待制定适应国情的技术标准。

参 考 文 献

[1] 胡望斌，韩德举，高勇，等. 鱼类洄游通道恢复-国外的经验及中国的对策 [J]. 长江流域资源与环境，2008，17（6）：898-903.

[2] 田志福，蒋固政. 欧洲河流鱼类洄游通道恢复的研究与实践 [J]. 水生态学杂志，2013，34（4）：10-13.

[3] BERGEROT B, LASNE E, VIGNERON T, et al. Prioritization of fish assemblages with a view to conservation and restoration on a large scale European basin, the Loire（France）[J]. Biodivers Conserv，2008，17：2247-2262.

[4] WDFW（Washington Department of Fish and Wildlife）. Fish passage barrier and surface water diversion-screening assessment and prioritisation manual [R]. WDFW, Washington, USA, 2000, pp：1-81.

[5] RONI P, BEECHIE T, BILBY R, et al. A review of stream restoration techniques and a hierarchical strategy for prioritizing restoration in Pacific Northwest watersheds North Am [J]. J Fish Manag，2002，22，1-20.

[6] PRATO E, COMOGLIO C, CALLES O. A simple management tool for planning the restoration of river longitudinal [J]. J. Appl. Ichthyol. 2011，27（Suppl. 3）：73-79.

[7] 董哲仁. 河流生态修复 [M]. 北京：中国水利水电出版社，2013.

[8] 董哲仁，孙东亚，等. 生态水利工程原理与技术 [M]. 北京：中国水利水电出版社，2007.

[9] 李志华，王珂，刘绍平，译. 鱼道-设计、尺寸及监测 [M]. 北京：中国农业出版社，2009.

[10] 董哲仁，孙东亚，赵进勇，等. 生态水工学进展与展望 [J]. 水利学报，2014，45（12）：1419-1426.

[11] REEVES G H, EVEREST F H, NICKELSON T E. Identification of physical habitats limiting the production of coho salmon in western Oregon and Washington [R]. Washington General technical reportpnw，1989.

[12] SCHMUTS S, TRAUTWEIN C. Developing a methodology and carrying out ecological prioritization of

continuum restoration in the Danube River Basin Management Plan Report prepared [R]. Vienna: International Commission for the Protection of the Danube River (ICPDR), 2009.

[13] RONI P, BEECHIE T. Stream and Watershed Restoration: A Guide to Restoring Riverine Processes and Habitats [M]. John WILEY & Sons, Ltd. UK, 2013.

[14] 董哲仁. 生态水利工程学 [M]. 北京：中国水利水电出版社，2019.

Planning theory on the restoration of fish migration routes

Abstract: Planning the restoration of fish migration should be carried out at the watershed scale because fish migration is large-scale movement. In this study, the key points of planning for fish migration restoration were addressed: fish survey and evaluation methods, the planning scope and quantitative methods for developing objectives to restore fish migration. A method for ranking restoration projects is presented and a program for protecting and rehabilitating the Danube sturgeon was analyzed as a case study. Prioritization criteria should be determined according to engineering characteristics and local natural conditions. River sections and projects should be selected to solve key migration route problems. Prioritization criteria include effectiveness, habitat suitability, cost-benefit analysis (CBA), nature reserve range, species diversity, fish productivity and habitat area. In ranking priorities, the first thing is to identify the main migratory passages, especially the river sections where important anadromous fish must pass. Given the status of some fish and economic efficiencies, not all migration barriers on the main stem of a river should be removed to restore a migration route. The prioritization index (PI) values of fish migration restoration projects are calculated using graded score rankings. European and American countries have experience planning the restoration of fish migration channels and this experience can be useful. In the case study for protecting and rehabilitating the Danube sturgeon, five ranking criteria were used calculate scores for migra tory barriers on the Danube River. An improved multi-criteria, multi-weighted scoring method was used to calculate the prioritization index of each obstacle. Among the 671 obstacles, 29 were ranked high priority, 99 were ranked moderate priority, and 543 were ranked low priority. The key obstacles in the basin were Iron Gates I and II located midstream and downstream in the Danube. The priority ranking method provides guidance for restoring fish migration. Where and when to carry out connectivity restoration projects depends on the technical possibilities of building fish passes or removing obstacles, and on national planning and investment for ecological restoration.

Key words: planning of fish migration passages; target fish; priority ranking method

河流湿地生态修复技术 *

著名生态学家 Mitsch[1] 给出的湿地修复（wetland restoration）。定义是："湿地修复是指将湿地由人类活动干扰或改变的状态，恢复到原有曾经存在的状态。"他还指出："湿地可能已经退化或水文条件已经发生变化，因此，湿地修复会涉及重建水文条件和重建原有植物群落。"

1　湿地修复设计原则

（1）遵循生态系统自设计、自组织原则。湿地自设计、自组织功能是指湿地系统以环境为依据，以自己的方式挑选物种和群落，通过持续的自然演替存活下来并趋于完善，最终形成健康的湿地生态系统。无论是湿地恢复、重建，还是扩大，都应遵循自设计、自组织原则，实施最低人工干预，充分发挥系统自修复功能，实现修复目标。具体措施包括尽可能利用自然力（降水、气温）修复植被；利用乡土种和当地种子库建立植物群落；利用当地水生土建立适宜生境；利用河流天然落差实现湿地与河湖之间自流补水。这里所说的自然演替是指在相对短的时间尺度内，靠生态系统本身的功能，使得生物群落多样性增加，物种均匀性提高，不存在某一物种占优势的情况出现，生态系统结构得到持续改善。

（2）设计自然化，避免人工化。尽量减少水闸、橡胶坝、扬水站等工程措施。引水渠采用自然边坡，如需护岸则采用生态型护岸结构。引水渠采用多样化断面，避免采用矩形、梯形、弓形等几何规则断面。维持与湿地连通河流的蜿蜒形态，避免人工裁弯取直。提高湿地岸线发育系数 D_L。

（3）重点恢复湿地生态功能。湿地修复的重点是恢复湿地生态功能，而不是湿地景观修复，前者是本质的，后者是显性的。湿地的主要生态功能包括：①生物多样性维持。②为鱼类、鸟类和两栖动物提供多样化的栖息地。③蓄水保水、调蓄洪水、调节局地气候。④水体净化功能。⑤美学价值和文化功能，包括休闲、运动、旅游、教育、科学等。具体项目湿地的生态功能可能有多种，但必须明确修复一种主要功能，兼顾其他功能。明确了主要功能，就确定了主要修复任务，进而选择适宜的修复技术。

（4）最低工程成本和最低维护成本。利用生态系统自修复规律修复湿地，本身就是降低工程成本的重要途径。减少工程设施以及利用乡土物种和当地水生土等方法，都可以节省工程成本。如果人工设施过多，工程建成后的维护费用将是一项沉重的负担。工程设计内容应包括项目完成后的管理养护计划。应充分发挥湿地生态系统自组织功能，主要依靠

---

* 董哲仁. 生态水利工程学 [M]. 北京：中国水利水电出版社，2019：371 -376.

湿地系统自身运行、演替，保持生态健康状态。人工管护作为辅助手段只在项目开展初期实施，诸如间歇性锄草等。

（5）多尺度景观背景下的规划设计。设计工作应在多景观尺度背景下进行，如果仅在项目湿地尺度上进行设计，将会产生一定局限性。这里所说的景观尺度是指湿地尺度、湿地集水区尺度、河段和湖泊尺度、流域尺度。在项目湿地尺度上，进行植物配置和栖息地改善工程设计；在湿地集水区尺度上评估污染水体汇入影响以及当地水生土利用可行性；在河段和湖泊尺度上，进行湿地与河湖连通设计，以及湿地与地表水、地下水交互作用论证；在流域尺度上，通过水资源配置论证，进行湿地补水设计。

2　湿地布置模式

重建一块湿地，首先需要研究湿地空间布置，其核心问题是解决湿地与地表水和地下水的交互作用，也就是湿地的补水和排水问题。

自然形成的河流湿地，其运行方式是依据年度水文情势变化，季节性为湿地补水。图1（a）显示了一种地下水位较高的自然河流湿地补水过程。在非汛期，湿地靠陆地地下水补给，湿地水位高于河流常水位，湿地通过土壤渗透向河流补水。在汛期河水水位上涨，当水位超过漫滩水位后，水流漫溢越过自然堤向湿地补水。湿地开始蓄水并逐步达到高水位。在汛后，洪水消退，水流归槽，湿地内泥沙、化学物质和腐殖质在河漫滩淤积和保存。这种自然湿地运行的主要特点是湿地补水的季节性。如果图1（a）案例换一种情景，地下水位较低，非汛期没有补水水源，湿地主要靠汛期洪水补水，这时就会出现旱季湿地水位逐渐下降，甚至出现干涸的情况。特别是遇有枯水年份或当年降水较少，湿地干涸的风险会更大。

根据湿地补水方式，湿地布置可有以下几种模式：

（1）自流补水湿地模式。仿照自然湿地的补水模式布置自流补水湿地，如图1（b）所示。图中显示按照季节性补水设计的重建湿地。开挖的湿地位于河流一侧，用引水渠和退水渠与河道连接。引水渠和退水渠与湿地分别在入口和出口衔接。根据湿地容积、河流年水位变化过程线计算湿地入口和出口的底板高程。当河道水位高于湿地入口底板高程，水体自流进入湿地补水。当湿地蓄水完成，水位超过出口底板高程，则水流从出口底板漫溢进入退水渠。退水渠的出口可以设在河道，也可以设在河漫滩。出口设置在河道内方案，能够使水体在河道一侧形成闭路循环，可节约水资源，这对缺水地区是很合适的。但是，如果当地洪水流量较大，遇有洪水时，退水渠水位受河道高水位顶托排水不畅，导致湿地水位上涨，可能对湿地产生破坏或产生大量的泥沙淤积。为避免这种情况发生，可将退水渠的出口布置在河漫滩，可以保护湿地免受破坏和淤积。引水渠和退水渠断面根据湿地蓄水量、补水时间和地形，通过水力学计算确定。自流补水湿地模式的优点是靠自然落差实现补水，注水和排水靠进出口底板高程控制。由于不设水泵等设备，工程造价和运行成本较低。缺点是补水保证率较低，湿地存在间歇式干涸的风险。如果项目现场的地下水水位较高，能够在非汛期为湿地补水，那么自流补水湿地也是一种不错的选项。

（2）有闸门的自流补水湿地模式。为有效控制湿地水位，防止湿地被洪水破坏，可选

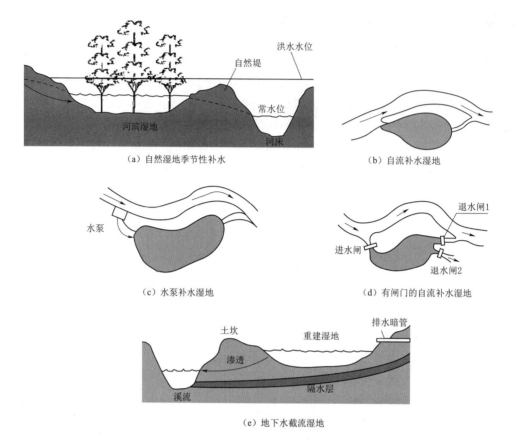

（a）自然湿地季节性补水　　　　　　　（b）自流补水湿地

（c）水泵补水湿地　　　　　　　（d）有闸门的自流补水湿地

（e）地下水截流湿地

图1　河滨湿地的空间布置

择闸门控制的自流补水模式［图1（d）］。这种模式是在自流补水模式基础上，在河道引水渠进口以及退水渠出口分别增设闸门。湿地退水渠出口为双孔，其中一孔与河道衔接，另一孔直接连接河漫滩，用于汛期向河漫滩排水。渠道出口处，均应做好底板护坦，以防止水流冲刷。闸门运行方式依据河道水位变化确定。在非汛期，引水闸和退水闸均开启，在河道一侧形成水流循环。在汛期，河道水位上涨，当湿地水位已经达到预定蓄水水位，关闭引水渠闸门，防止洪水涌入湿地造成破坏。同时，关闭退水闸与河道衔接的闸门，防止水流倒灌进入湿地。开启与河漫滩衔接的闸门，将水流排到河漫滩。闸门控制的自流补水湿地模式的优点是能够有效防止洪水破坏，但是与自流补水湿地模式比较，工程造价有所增加。

（3）水泵补水湿地模式。为维持湿地必要的水文条件，可以选择水泵抽水模式。水泵抽水模式可以弥补自流补水模式的不足，特别是在旱季河道水位较低，无法向湿地自流补水，通过水泵从河道抽水，经进水渠向湿地补水［图1（c）］。与自流补水模式相比，水泵补水模式提高了湿地水文保证率，降低湿地干涸风险。如果水泵补水模式与闸门控制模式结合，还能降低汛期洪水破坏湿地风险。当然，水泵补水模式的缺点是提高了工程造价和运行成本。一般来说，水泵补水模式适合水资源相对匮乏，河流多年平均流量较小的地区。

（4）地下水截流湿地模式。在地下水位相对较高地区，采用地下水截流湿地模式，有利于湿地维持期望的水位条件。图1（e）显示一块重建的河流湿地，湿地高程高于河道高程，在非汛期湿地通过渗透向河道补水。除此之外，河道还有支流汇入和地表径流的汇流方式。湿地高程位于不透水层以上，湿地接收的地下水属于表层水。为保证湿地有足够的水量，在湿地集水区范围内埋设透水的排水管网，收集浅层地下水注入湿地。这种模式不但有效地汇集浅层地下水，而且对于位于农业区的河流，还具有水质净化功能。这是因为排水暗管收集来自农田含高富集化学物质排水，注入湿地后，湿地生长的芦苇、菖蒲等水生植物，具有吸收氮磷等营养物质的功能。湿地作为河道的前置池，形成了面源污染控制屏障。地下水截流湿地模式属于自流型补水，只需一次性工程投资建设暗管系统，其维护运行费用低，在地下水位相对较高地区不失为一种合理的选择。

3　维持适宜的水文条件

修复或重建一块湿地的关键是创造和维持一个适宜的水文条件，具体体现为创造和维持一定的水位条件，为此需要寻找稳定可靠的水源。地下水与地表水比较，选择地下水更为适宜。一般来说，地下水具有可预测性，受季节影响较小，可以在干旱季节为湿地补水，能防止湿地水位过低，也能降低湿地干涸风险。而靠河流给湿地补水，往往受季节性影响，在干旱季节补水保证率下降。一些水位变幅较大的河流，干旱季节水位大幅下降，湿地自流补水难以为继。在水资源匮乏地区，在干旱年份为保证生活供水，即使抽水补水也会受到限制。值得注意的是，靠地表径流或小型河流单一水源补水的孤立湿地，因为补水保证率低，水体流动性差，容易变成蚊虫滋生的积水池塘，反而给人居环境带来负面影响，因此，要尽量避免规划这类湿地。

为维持湿地的基本生态功能，需要进行湿地生态需水计算。湿地生态需水是指为实现特定生态保护目标并维持湿地基本生态功能的需水。计算湿地生态需水量，首先要建立河流-湿地水文情势关系，然后建立湿地水文变化-生物响应关系模型，最后根据保护目标确定湿地生态需水。简单方法是按湿地水量平衡公式计算。需要指出，与任何供水工程一样，在湿地设计中，也应确定湿地项目的补水保证率。这就意味着在干旱季节的一定时段内允许湿地出现低水位，达不到湿地生态需水要求。注意到本乡土种湿生植物和水生植物对干旱等恶劣环境具有一定抗逆性，能够靠自身力量度过困难期并能自我恢复。而且有些湿地适应了湿润与干旱环境的交替转换，相应有水生生物、湿生植物以及陆生生物交替生长。如果盲目提高补水保证率而增加诸如抽水、蓄水、闸坝等工程设施，导致工程造价和运行成本全部上涨，那将是不经济的设计方案。

在河道外侧河滨带开挖形成的湿地，无论是河道原有堤防还是湿地挖方填筑的堤岸，都需要布置引水渠穿过堤岸结构并且设置控制装置（图2）。对于中小规模的湿地来说，控制装置应尽可能小型灵活，结构简单，手动操作，不但工程造价低，而且运行维护成本低。控制装置形式多样，有竖管式、叠梁插板式、组合式以及翻板式。图2（a）显示竖管式结构，由简单的圆形竖管和水平补水管组成。竖管顶端高程即取水高程，需经论证确定。图2（b）表示叠梁插板竖管结构，手动的叠梁插板可以调节进水水位，以适应河道水位变化。图

2（c）显示叠梁插板竖管的改良结构，即在竖管顶上加盖，防止人为损坏。图 3 为小型翻板式取水结构，翻板固定在两侧轮盘上，通过齿轮传动调节翻板角度以控制水位。

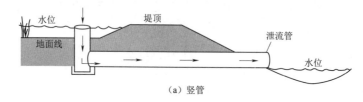

（a）竖管

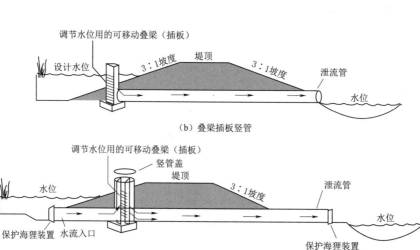

（b）叠梁插板竖管

（c）加盖的插板竖管

图 2　引水渠小型控制装置

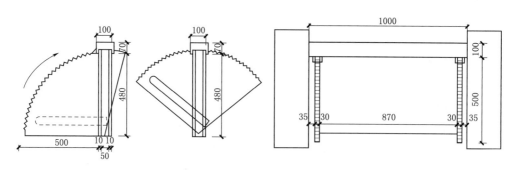

图 3　小型翻板式取水结构（单位：mm）

4　土壤选择

自然湿地土壤称为水生土。水生土处于生物、水体和气体的界面，在水分、营养物质、沉淀物、污染物、温室气体的运移过程中具有独特作用。水生土长期处于过湿状态，生物残体难以充分分解，使得土壤中积累了大量养分，尤其是泥炭土，其有机质养分含量很高。水生土长期处于水下或周期性洪水泛滥过程中，水体中的营养物质沉淀在土壤表层，增加了土壤肥力。所以说水生土是储存和提供营养物质的"营养库"。多年形成的水生土，足以支持湿地植被和整个生态系统。一般来说，水生土中已经建立了湿地植物的种子库，成为湿地的重要生物资源。因此，恢复、重建或扩大湿地，都要充分利用当地的水生土。在为新建湿地选址时，要选择在水生土上构筑湿地；在原有湿地基础上扩大湿地时，宜用挖方的水生土构筑堤岸。

5　植被修复

利用当地乡土物种是植物修复的最佳策略。乡土植物适应当地土壤气候条件，成活率高，病虫害少，维护成本低，有利于维持生物物种多样性和生态平衡。如前述，水生土包含的种子库，为利用乡土种提供了生物资源。所谓种子库（seed bank）是指埋藏在土壤中休眠状态长达一个生长季以上的全部植物种子。观测资料显示，由种子库中的种子萌发形成的植被比人工植被更接近原有植被状态，有利于向原有植被方向恢复。需要指出，不同类型湿地植被形成的种子库有很大区别。一般来说，丰水-枯水周期变化较为明显的湿地土壤中包含大量的一年生植物种子库，可以利用这些种子库进行湿地修复或重建。但是那些持续保持高水位的湿地中，种子库相对匮乏。水位较为稳定的湿地土壤中种子库一般发展不好。

植被修复有两种方法，一种方法是自然方法，即按照自然过程包括种子库的种子萌发生长，湿地系统以自己的方式挑选物种和群落，通过持续的演替，最终成活下来并逐步形成完整的湿地生态系统。用这种方法修复或重建的湿地称为"自设计湿地"（self-design wetlands），意指靠生态系统自设计、自组织功能形成的湿地。选择这种方法重建或修复的湿地，仅在项目开始时提供一些人工帮助，例如选择性锄草。另外一种方法靠人工引进若干植物物种，引进物种可能成活也可能失败，这些物种就成为这块湿地的成功或失败的指示物种。用这种方法修复或重建的湿地称为"设计湿地"（designer wetland），意指由人为设计的湿地。"设计湿地"方法认为，通过适当的工程措施和植物重建，可以加快湿地的恢复或重建过程。这种理论认为植物的生活史（种子的传播、生长、定居过程）是重要因子，可以通过强化物种的生活史来加快湿地的恢复。强化的措施主要指采用人工播种、种植幼苗、种植成树等。比较两种方法，显然自设计湿地的工程成本和维护费用比设计湿地要低，对于湿地的演替方向也有一定的预测性。但是，在有些情况下，设计湿地方法也有其优势。具体表现为，为了实现湿地的某些预期的主要功能，如景观功能，就需要引进一些观赏植物；而强化污染控制功能，就要引进一些具有水体净化功能的植物。

Reinatz[2]的研究发现，重建湿地初期引进多种物种，可以保证湿地长期的多样性和丰度。如果靠自然建群，可能会出现单一物种（如香蒲、芦苇）覆盖度高的局面。著名生态学家 Mitsch[1]认为，在一块重建的湿地上种植或不种植植物都无关紧要，最终环境将决定植物的存活和分布。他比较了外界环境基本相同的两块湿地，一块人工种植植物，一块没有种植植物，用对比方法来观察两块湿地的重建过程。在开始几年这两块湿地差别不大，随后出现差异，但是最终两块湿地发育得几乎一样。说明湿地具有自设计功能和自恢复功能，至于是否种植植物仅仅在发育过程中产生影响，但是对于最终结果不起主要作用。需要指出的是，湿地重建或修复大约需要 15～20 年的时间。

在植物配置方面，根据水深划分植物类型，依次为中生植物、湿生植物、水生植物，其中水生植物依次为挺水植物、浮叶植物和沉水植物。一般来说，挺水植物设计在常水位 1m 水深以内的区域，浮叶植物设计在常水位 0～2m 水深的区域，沉水植物设计在常水位 0.5～3m 水深的区域。

依据湿地主体功能，选择具有相应功能的植物。对于以改善水质为主体功能的湿地，宜选择具有良好净化功能的挺水植物，如芦苇、蒲草、荸荠、水芹、荷花、香蒲、慈姑等。浮叶植物有：睡莲、王莲、菱、荇菜等。以营造自然景观为主体功能的湿地，可以选择如樟树、栾树、木槿、乌桕、蓝果树、白杜、美人蕉等植物。

参 考 文 献

[1] MITSCH W J，ZHANG L，ANDERSON C J，et al. Creating riverine welands：Ecological succession, nutrient retention, and pulsing effects [J]. Ecological Engineering, 2005, 25 (5)：510-527.

[2] REINARTZ J A，WARNE E L. Development of vegetation in small created wetlands in southeastern wisconsin [J]. wetlands, 1993, 13 (3)：153-164.

湖滨带生态修复[*]

湖滨带是湖泊水-陆交错带，是陆生生态系统与水生生态系统间的过渡带，其范围是历史最高水位线和最低水位线之间的水位变幅区。在湖泊管理中，其范围可适当扩大，即分别向陆域方向和水域方向延伸一定距离。

湖滨带处于水陆交错带，具有多样的栖息地条件，加之水深较浅，阳光透射强，能够支持茂密的生物群落，导致湖滨带生物物种数量相对较多。湖滨带又是湖泊的缓冲带，其水-土壤（沉积物）-植物系统的过滤、渗透、吸收、滞留、沉积等物理、化学和生物作用，具有控制、减少来自流域地表径流中的污染物的功能，成为保护湖泊水体的天然生态屏障。

在自然界与人类活动的双重作用下，湖滨带受到了不同程度的破坏。湖滨带生态修复的主要任务，一是清除非法侵占湖滨带的建筑、设施、道路、农田、鱼塘，取缔非法挖沙生产，恢复湖滨带地貌特征；二是控源截污，截断流域污染物入湖通道，重建缓冲带结构。三是湖滨带植被恢复和重建。

本节主要讨论湖滨带调查与评估方法；湖滨带生态修复总体设计原则；湖滨带生态修复技术。

1　调查与评价

湖滨带调查与评价包括自然状况调查和人类活动干扰调查。有关水文地貌调查、污染源调查和生物调查前文已叙述。

人类活动干扰包括侵占湖滨带（围垦、耕种、房屋设施、道路以及挖沙生产等）；污水汇入（农业、水产养殖、禽畜养殖、生活污水、垃圾、旅游等）；以及生物入侵和船舶等。自然界干扰包括泥沙淤积、特大洪水、风浪、自然径流减少。这两类干扰导致水文、地貌、水质、基质、生物多样性、景观、河湖连通性以及岸坡稳定性的变化，人为与自然干扰对湖滨带的影响相关关系见表1。

开展湖滨带生态评价，需要建立湖滨带参照系统。所谓参照系统是指大规模人类活动前的湖滨带生态状况。通过历史资料分析、现场调研，掌握大规模人类活动前湖滨带的水文、地貌、水质、生物多样性等状况。对比现状与历史状况，计算出包括生境因子和生物因子在内的重要生态因子的变化率。根据各生态因子的不同变化率，可以分析变化率较高的关键生态因子。根据外界干扰因子与响应关系，分析不同干扰因子对关键生态因子的贡

＊董哲仁，张晶，张明．生态水工学概论［M］．北京：中国水利水电出版社，2020：161-168.

献大小，识别湖滨带退化的主要外因，从而确定湖滨带生态修复的主要目标。

表1 人为与自然干扰对湖滨带的影响

序号	干扰		响应							
			地貌形态	水位	水面面积	水质/基质	生物多样性	植被/景观	河湖连通性	岸坡稳定性
1	人为干扰	围垦	★	★	★		★	★	★	
2		农田				★	★	★	★	
3		房屋设施				★	★	★		
4		道路				★	★	★		★
5		挖砂	★	★	★		★	★		★
6		禽畜养殖				★	★			
7		生活污水				★	★			
8		生物资源				★	★			
9		旅游				★				★
10		船舶				★				★
11		生物入侵					★			
12	自然干扰	泥沙淤积		★	★	★				
13		大洪水	★	★	★					★
14		风浪								★
15		径流减少		★	★		★			

★ 代表该干扰因子对湖滨带的这种生态指标产生影响。

2 湖滨带生态修复原则

2.1 生态功能定位与分区

生态功能定位与分区是湖滨带生态修复设计的基础。总体上，湖滨带主要生态功能包括：生物多样性保护；缓冲带功能；岸坡稳定功能；景观美学功能；经济供给功能。对于具体的大中型湖泊而言，湖滨带不同区域的主体生态功能各有侧重。在湖泊生态修复工程设计中，为突出湖滨带不同区域的修复重点，需要进行生态功能定位和分区。根据规划湖泊的历史与现状特征分析，明确湖滨带不同区域预期恢复的主体生态功能，据此划分主体生态功能分区。每个区域除一种主体功能外，还可划分多种非主体功能。在进行生态修复设计中，以主体生态功能修复为重点，同时也应兼顾其他类型的生态功能修复。

（1）生物多样性保护区。具备下列条件的区域，可以划为生物多样性保护功能区：①湖滨坡度较缓、变幅带较宽的区域；②湖滨地形变化丰富、湖湾发育度高的区域；③水鸟、鱼类、两栖和爬行动物类比较丰富的区域。根据保护的对象，生物多样性保护区可进一步细化为：湖泊鱼类栖息地、湖泊底栖动物栖息地、水鸟栖息地、两栖和爬行动物栖息地、小型哺乳动物栖息地等保护区域；湖滨生境复杂的区域也可以单独划定。

（2）缓冲带功能区。湖滨带通过过滤、渗透、吸收、滞留、沉积等物理、化学和生物作用改善水质、以及控制、降低流域污染物进入湖泊敞水区。同时，湖滨带也可通过营养竞争、化感作用等抑制湖泊水华藻类，改善水质。富营养化严重的湖泊以及水华暴发风险较高的区域，可划定为缓冲带功能区。

（3）岸坡稳定功能区。湖滨带植被具有降低风浪冲刷，固岸、消浪的功能，能够降低风浪对湖岸的侵蚀，提高岸坡稳定性。凡湖滨带坡度较陡、风浪、地质、船舶等综合因素导致岸坡侵蚀潜在风险较高的区域；由于岸坡地貌、风浪、地质等原因，局部岸坡有滑坡、崩岸发生的区域，划为护岸功能区。

（4）景观美学功能区。湖泊特有优美的自然景观和时空变化性，使其具有高度的美学价值，体现了湖泊的文化、科学、教育、休闲的重要生态服务功能。依据历史和现状分析，可适当划分景观美学功能区。应严格控制景观美学功能区的范围，其面积一般不超过湖滨区域的10%。可适当布置少量亲水构筑物和观鸟平台，但是要尽量减少其他建筑物和娱乐休闲设施，以维持湖滨带的自然景观。

（5）植物资源利用区。湖滨带内植物资源利用价值高、且生长旺盛的区域，可划定为植物资源利用区。应严格控制植物资源利用区的面积，以维持湖泊的自然功能。

2.2　生态修复目标和任务

湖滨带修复是湖泊生态修复工程的组成部分，湖滨带生态修复设计原则服从湖泊修复的总体原则。湖滨带生态修复设计应从湖泊整体修复出发，按照自然化原则，以人类大规模活动干扰前的状态为参照系统，恢复湖滨带的生态功能。

针对湖滨带退化现状，生态修复的主要任务包括：

（1）加强岸线管理。湖泊岸线是一种生态保护红线。依法划定岸线，确权划界，制定管理办法，建立管理机构，严格执法，清除湖滨带内各类非法建筑物和道路、退田还湖，退渔还湖，取缔非法采砂活动。

（2）湖滨带地貌形态恢复。针对湖滨带被侵占的现状，对照参照系统的湖滨带地形地貌，制定湖滨带地貌设计方案。就湖滨带而言，要特别关注岸线发育系数 D_L、水下坡度 S、吹程 L_w 以及湖滨带宽度。岸线发育系数 D_L 定义为岸线长度与相同面积的圆形周长之比，D_L 值越高则表示岸线不规则程度越高，意味着湖湾多，湖滨带开阔，能减轻风扰动，适于水禽和鱼类的湿地数量多。水下坡度 S 是指湖泊横断面边坡比，用度数或百分数表示。水下坡度 S 影响湖滨带宽度、沉积物稳定性、大型植物生长条件以及水禽、鱼类和底栖动物的适宜性条件。吹程 L_w，定义为风力能够扰动的距离。取湖泊最大长度 L'；或等于 $(L'+W)/2$，式中 L' 为湖泊最大长度，W 为湖泊最大宽度。

（3）缓冲带加强措施。采取物理方法，用截污沟、截污管道或箱涵等措施截污，截断流域污染物入湖通道，成为缓冲带的外缘防线。

（4）湖滨带植被重建。根据历史与现状分析，重建湖滨带植被。优先选用土著种，乔灌草相结合，提高植物物种多样性，形成完善的缓冲带结构。

（5）水土保持，固岸护坡，维持岸坡稳定性。对于陡边坡和已经发生滑坡、崩岸的地段，进行岸坡稳定性计算和复核，布置护坡和挡土墙结构。同时，采用生态型护坡结构，以创造栖息地条件。

（6）自然景观营造。在景观美学功能区营造自然景观，创造人们亲水环境，使湖泊成为休闲、运动、科学、教育的公共空间，充分发挥湖泊的美学和文化功能。

2.3 湖滨带生态修复指标

湖滨带生态修复目标定量化，需建立湖滨带生态修复的指标体系。表2是建议的指标体系，具体指标可以根据项目特点制定。表2共分6类修复目标，下分24项具体指标，指标按照现状值和规划目标值两栏填写。目标值的确定原则是从现状出发，参考参照系统的历史状况，根据湖滨带主体功能定位和相关技术规范确定。

表2   湖滨带生态修复指标表

修复目标	岸线管理					湖滨带地形地貌修复					湖滨带植被重建					缓冲带加强			岸坡稳定			自然景观营造		
修复指标	农田	鱼塘	建筑物	采砂	道路	修复面积	平均宽度	岸线发育系数	水下坡度	景观连通性指数	植被盖度	植被物种数	植被平均生物量	生物多样性指数	特有物种保护	截污沟	截污管道	截污箱涵	生态型护岸结构	生态型挡墙	其他护岸结构	绿道和休闲设施	亲水设施	文化教育设施
现状值																								
目标值																								

注 表中"景观连通性指数"的定义为：为防止景观破碎化，每10km湖滨带被人工构筑物中断（>100m）不应超过2处，中断处应尽量通过宽度大于30m的绿色廊道连接。

3 湖滨带生态修复技术

3.1 湖滨带植被修复

湖滨带植被修复技术与河滨带有许多相似之处。以下仅讨论湖滨带若干特有问题。

根据湖滨带坡度，可以把湖滨带分为缓坡型和陡坡型湖滨带两类。一般认为，缓坡型湖滨带平均坡度小于20°，陡坡型湖滨带平均坡度大于20°。陡坡型湖滨带地势较陡，山体直接进入湖区，湖滨带宽度较窄，主要修复任务是水土保持。植被修复重点是陆生植被，应选择固土功能强的植物，以控制水流侵蚀。缓坡型湖滨带较为宽阔，可以按照不同水位分区选择植物种类，也可以依据主体功能区划分选择具有相应功能的植物。

依据不同水位选择植物种类。按照水位分为3个区段：Ⅰ区段：从岸坡顶部（堤顶）向下到高水位；Ⅱ区段：从高水位到常水位；Ⅲ区段：常水位以下。Ⅲ区段再划分3个高程区间，各区间植物类型根据水深依次为中生植物、湿生植物、水生植物，其中水生植物依次为挺水植物、浮叶植物和沉水植物。一般来说，挺水植物设计在常水位1m水深以内的区域，浮叶植物设计在常水位0~2m水深的区域，沉水植物设计在常水位0.5~3m水深的区域。

3.2　湖滨带动植物群落配置

（1）生态恢复阶段分期。恢复初期，首先筛选耐污性强、去除 N、P 能力强、生态位较宽的先锋植物物种，以适应初期的环境，补充缺失植物带，初步构建水生植物序列。恢复中期，植物配置以填补空白生态位为主，对群落结构进行优化，使原有群落逐渐稳定。恢复后期，应充分考虑湖滨带动物—植物整体生态系统的完整性，全面恢复鱼类、底栖动物、水鸟、昆虫、两栖和爬行动物和大型水生植物等生物群落，保育和维护湖滨带生物多样性。

（2）动植物群落优化配置。通过生境控制、人工捕捞收割、谨慎引入竞争种等，调整各种群组成的比例和数量以及种群的平面布局，以优化种群稳定性。通过调整水位、食物补充、人工招引和野化放归、恢复自然边坡以及布置生态型护坡、鱼巢砖等栖息地营造技术，促进湖滨带动植物群落优化配置。

（3）湖滨带特有物种恢复。收集、分析历史资料和动植物保护名录，识别湖滨带珍稀、濒危、特有物种。查明影响该物种变化的主导生境因子，通过物种筛选、生境营造、人工培育、野外放归等措施，恢复湖滨带的特有物种。

3.3　湖滨带地貌修复与改造

针对湖滨带被侵占与破坏的现状，恢复与改造湖滨带地貌，以满足生物需求。地貌修复与改造以湖滨带原有状态及其发育特征为参考，尽量减少工程措施。地貌修复与改造的主要任务包括：拆除侵占物、地形平整及基底重建、底泥疏浚及覆盖。侵占物拆除是指拆除侵占湖滨带的鱼塘、房屋等构筑物，退渔还湖，退房还湖。地形平整是指根据水生生物生存需求对地形进行整理，包括不合理的沟谷、凸脊、坑塘等平整和改造；以及植被重建区地表植物清理。以下列举 2 项典型基底改造技术。

（1）鱼塘基底改造。鱼塘型湖滨带是指在湖滨带建有大面积鱼塘，导致水质严重恶化、生态系统受损。鱼塘型湖滨带的修复方法，一般是改造成多塘湿地。将鱼塘的塘埂拆除至水面以下而仅保留塘基，上部石料与塘埂内的土料混合后，就地抛填在塘埂两侧形成斜坡，以恢复原来缓坡地形。水面以下部分应每间隔一定距离将塘基清除，使塘内外土层沟通，塘基呈散落状分布，同时覆土覆盖鱼塘污染底泥。针对基质污染较重、底泥较厚的鱼塘，应对污染底泥先进行清淤，再拆除塘基，防止退塘时淤泥再悬浮，污染湖泊水质。植物修复方面，可根据鱼塘水深、水位波动条件，种植挺水、浮叶、沉水植物。

（2）村落基底改造。①清除民房人工填筑的直立砌石基础，就近抛填在湖滨区，使湖滨带滩地恢复成原有平缓渐变的自然岸坡；②将宅基按自然坡比拆除至水面以下，上部石料与宅基内的土料混合后，就地抛填在宅基外侧，形成斜坡（图 1）。

3.4　自然型护岸结构

湖泊岸坡防护的目的是防止风浪对岸坡冲刷和侵蚀，保证岸坡的稳定性。自然型护岸技术是在传统护岸技术的基础上，混合使用人工材料和自然材料，特别是利用活体植物材料，开发出一系列既能满足护岸要求，又能提供良好栖息地条件，还能改善自然景观的护

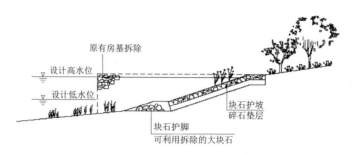

图1 房基拆除型湖滨带护岸示意图

岸结构。针对湖滨带外侧土地已被使用的情况，护岸布置可分为路堤型和与农田连接型。

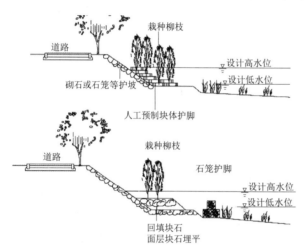

图2 路堤型湖滨带护岸示意图

（1）路堤型湖滨带护岸。为满足路基的稳定要求，一般需构建直立式挡墙或路堤斜坡护面结构；在坡脚抛掷块石、石笼或人工预制块体；采用多孔结构和天然植物、植物纤维垫等生态型护岸形式，护坡结构与土壤接触面设置反滤层见图2。

（2）与农田连接的湖滨带护岸。与农田连接的缓坡型湖滨带，根据水位变幅区的冲刷情况，布置生态型护坡，并设置植物绿篱带以降低人类活动的干扰。对于陡坡型湖滨带，宜在水位变幅区及其附近区域设置砌石、石笼等具有植物生长条件的多空隙护坡结构，并在坡脚位置抛石护脚。护坡结构与土壤接触面设置反滤层，见图3。

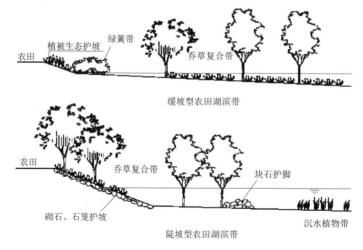

图3 农田型湖滨带护岸示意图

3.5　景观设计

　　湖泊是大自然赐给人类的宝贵遗产，具有高度的美学价值。湖泊景观设计应遵循自然化原则。所谓自然化就是恢复湖泊的自然地形地貌和水文条件，维持湖泊生物多样性。同时，尽量减轻人类开发活动干扰，避免湖泊人工化、园林化、商业化倾向，保持湖泊的自然风貌。

　　明确湖泊在河流-湖泊-湿地流域总体格局中的空间景观定位，保持湖泊景观与河流廊道和湿地景观的有机融合，形成既联系又各具特色的自然景观格局。

　　保持或恢复湖泊的地貌特征，主要是恢复湖湾地貌和湖滨带宽度。岸线发育系数反映湖泊地貌的空间异质性，岸线发育系数越高，表示湖湾越发育、数量越多。湖湾区风力较缓，地貌相对复杂，边滩湿地发育，成为鱼类和水禽的适宜栖息地。正因为如此，湖湾成为湖泊景观中最优美的精华区域，应重点保护和恢复。恢复湖滨带宽度是另一个重点任务。宽阔的湖滨带不但缓冲作用明显，而且为乔灌草植物错落有致布置提供了空间。

　　植被恢复以土著植物为主，注重植物的功能性，经论证适量引进观赏植物。按照不同水位，确定乔灌草各类植物搭配分区。植物搭配需主次分明，富于四季变化，营造充满活力的自然气息。采用自然型护岸结构，增添岸坡绿色，避免采用单调的传统混凝土或浆砌块石护岸结构。

　　尽量减少商业设施和建筑物，避免破坏自然景观及造成环境污染。创造人们亲近自然、休闲运动的条件，通盘考虑道路、交通、停车场布置。特别要重视环湖绿色步道和自行车道的沿湖布置。在景观美学功能区，适当布置亲水平台、栈道以及观鸟台和小型自然博物馆等文化教育设施。

河流保护的发展阶段及思考 *

[摘 要] 西方国家在河流保护工作中经历了单一水质恢复、河流生态系统恢复、大型河流生态恢复及流域尺度的整体生态恢复等若干阶段，指出河流由单纯的水质恢复发展到对河流生态系统的整体恢复是认识上的重大飞跃。我国的河流保护目前总体上处于水质恢复阶段。西方国家水能水资源开发已基本完成，而我国正处在水利水电建设的高潮时期，吸取西方国家的经验教训，可以使我们少走弯路。

[关键词] 河流；保护；生态；恢复

西方国家在经历了一百多年对于河流大规模开发利用的工程建设以后，从 20 世纪 50 年代开始，逐步把重点从开发利用转向了对河流的保护，河流生态恢复建设正处于方兴未艾的形势中。

1 河流保护行动的发展阶段

1.1 河流水质恢复

所谓水质恢复，是以污水处理为重点，主要以水质的化学指标达标为目标的河流保护行动。

由于西方国家在二次大战后工业急剧发展，城市规模扩大，工业和生活污水直接排入河流，造成河流污染严重。从 20 世纪 50 年代起，西方国家把河流治理的重点放在污水处理和河流水质保护上。为恢复河流水质，政府投入了巨额资金。通过加强管理，强化污水处理和控制排放，推行清洁生产。著名的工程案例是美国俄亥俄河、英国泰晤士河等的水质恢复工程。河流水质恢复的努力一直持续至今。

1.2 山区溪流和小型河流的生态恢复

自 20 世纪 80 年代初期开始，河流保护的重点从认识上发生了重大转变，河流的管理从以改善水质为重点，拓展到河流生态系统的恢复，这是一种战略性的转变。

西方国家这个阶段的河流生态恢复活动主要集中在小型溪流，恢复目标多为单个物种恢复。典型的案例是阿尔卑斯山区相关国家，诸如德国、瑞士、奥地利等国开展的"近自然河流治理"工程，20 多年取得了斐然成效，积累了丰富经验。这些国家制定的河川治

---

* 董哲仁. 河流保护的发展阶段与思考 [J]. 中国水利，2004 (17).

理方案，注重发挥河流生态系统的整体功能；注重河流在三维空间内植物分布、动物迁徙和生态过程中相互制约与相互影响的作用；注重河流作为生态景观和基因库的作用。河川的生态工程在德国称为"河川生态自然工程"，日本称为"近自然工事"或"多自然型建设工法"，美国称为"自然河道设计技术"。一些国家已经颁布了相关的技术规范和标准。

同一时期，一些国家的科学家和工程师对河流生态恢复工程开展了一些科学示范工程研究，较为著名的有英国的戈尔河（Gole）和思凯姆河（Skeme）等科学示范工程。

1.3　以单个物种恢复为标志的大型河流生态恢复工程

大型河流生态恢复工程大约始于20世纪80年代后期。具有典型性的项目是莱茵河的"鲑鱼-2000计划"和美国密苏里河的自然化工程。从恢复目标来看，大体是按照"自然化"的思路进行规划设计。从20世纪90年代开始，欧盟已经把注意力集中在河流及流域的生态恢复上，《生命计划和框架计划Ⅳ、Ⅴ》已经通过，其目的是增进人类活动对于生物多样性冲击的认识，恢复生物多样性的功能。从1993年开始，欧盟生命计划开始在丹麦和英国的主要河流上实施，主要是开展示范工程建设。

1.4　流域尺度的整体生态恢复

河流生态系统是由生物系统、广义水文系统和人工设施系统等3个子系统组成的大系统。生物系统包括河流系统的动物、植物和微生物。广义水文系统包括从发源地直到河口的上中下游地带，流域中由河流串联起来的湖泊、湿地、水塘、沼泽和洪泛区，以及作为整体存在的地下水与地表水系统。水文系统又与生物系统交织在一起，形成水域生态系统。而人类活动和工程设施作为生态环境的一部分，形成对水域生态系统的正负影响。因此，河流生态恢复不能只限于某些河段的恢复或者河道本身的恢复，而是要着眼于生态景观尺度的整体恢复。以流域为尺度的整体生态恢复，是20世纪90年代提出的命题。美国已经按照这种思路进行了部分河流恢复规划，未来20年美国将恢复60万km的河流或溪流。已经开展的大型河流按流域整体生态恢复工程的实例有上密西西比河、伊利诺伊河和凯斯密河。

2　河流保护工作给我们的启示

2.1　河流保护工作的重点从单纯改善水质到恢复河流生态系统，这是河流管理中一次认识的飞跃

通过研究和实践认识到，河流与周围的动物、植物及微生物组成了生机盎然的河流生态系统，河流是河流廊道生态系统的动脉。治河，不应孤立地处理河道里的水体，而要综合恢复整个河流的生态系统，促进其健康和具有可持续性。具备健全功能的生态系统，也包括了河流自我净化功能。水利工程对河流生态系统的胁迫，西方国家的学者进行了一些研究，指出水利工程的负面影响，一是改变了河流地貌学特征，二是改变了河流水文学特

征。两者的作用都是使河流生境单调化，导致生物群落多样性的降低。在研究的基础上，提出了"河流生态恢复"的概念。所谓"恢复"是创造条件使河流生态系统尽可能回到未受干扰的状态，至少达到一种接近自然的状态。这样就把河流水质恢复的内涵扩大为河流生态恢复，把河流管理的范围从河道及其两岸的物理边界扩大到河流走廊生态系统的生态尺度边界。河流管理者关注的对象不再是仅仅具有水文特性和水力学特性的河流，而是还具备生命特性的河流生态系统。这是一种认识的飞跃。

2.2 河流生态恢复的任务一是水文条件的改善，二是河流地貌学特征的改善，目的是改善河流生态系统的结构与功能，标志是生物群落多样性的提高，与水质改善为单一目标相比更具有整体性的特点，其生态效益更高

水文条件的改善包括：通过水资源的合理配置维持最小生态需水量；通过污水处理，控制污水排放以及提倡清洁生产改善河流水质；水库的调度除了满足社会需求外，尽可能接近自然河流的脉冲式的水文周期等。河流地貌学特征的改善包括：尽可能恢复河流的纵向连续性和横向连通性，尽可能保持河流纵向和横向形态的多样性，防止河床材料的硬质化。

近几年来，我国河流管理工作开始重视通过适度向生态脆弱地区调水，改善湿地、河流的生态条件，已经收到明显效果，但是在改善河流地貌学特征方面尚未引起重视。在全国范围内防洪和渠道工程中仍然大量采用混凝土或浆砌块石材料作为衬砌或防护材料。河流整治工程中自然河流仍然被渠道化，裁弯取直工程屡见不鲜。不少地方结合城市河流整治更多注重园林景观的建设，沿河建设不少亭台楼阁，然而忽视了生态景观的建设。更多的现象是人们把河流生态建设简单理解为沿河种草植树的绿化工作，而不是河流走廊生态系统结构与功能的全面恢复和改善。

从学科发展角度看，传统的水利工程学是以建设工程设施、改造河流和控制水流为手段，达到开发利用水资源的目的。学科的基础是水文学和工程力学等。传统的水利工程忽略了河流处于一个完整的生态系统之中这一基本事实，孤立地处理水资源中的水量、水质、水能等水文系统中的问题，忽略了河流生态系统中的动物、植物、微生物这些生命系统中的问题。其结果是在给人类带来巨大经济社会利益的同时造成对于河流生态系统的胁迫。对此反思的结论应该是：水利工程不仅能满足经济社会需求，还应该兼顾生态系统健康和可持续需求。传统的水利工程学需要吸收生态学的原理和方法，改善水利工程的规划和设计方法，发展"生态水利工程学"，形成新的交叉学科分支。

2.3 我国河流保护工作总体处于水质改善阶段，河流水质恶化趋势未能有效遏制，全面进入河流生态恢复建设尚待时日，但是，应该积极借鉴发达国家河流生态恢复的经验用于我国的水利建设，而不必再走西方国家的弯路

我国河流保护工作总体处于第一阶段即河流水质恢复阶段，在治污方面还要走很长的路。河流生态恢复工作应该是在治污基本达标的基础上开展的。实际上，利用河流生态系统的自净功能，是对于达到排放标准的水质的进一步加强。自净功能对于严重污染水体是无能为力的。所以，河流生态恢复一般是在治污基本完成的前提下开展的，河流保护的各

个阶段难以跨越。但是，结合我国的情况，应该积极借鉴发达国家的生态恢复方面的经验，不再走弯路。这体现在两个方面：一方面是对于已建工程，需要加强生态监测，进行生态系统演进的预测与评估。同时，加强水库库区的生态建设以及改善水库调度方式，加强被干扰河流的栖息地建设，目的是对于河流生态系统进行补偿。另一方面，西方国家水资源水能开发基本完成，而我国正处在水利水电建设的高潮时期，新建工程要吸取经验教训，改进工程规划设计理念和技术，主动研究和兼顾河流生态系统健康需求。这包括开展新建工程的生态系统变化的整体评估，加强工程立项的科学性。在工程规划和设计方面，积极吸收生态学的理论和方法，改进传统方法，在满足社会需求的同时，兼顾生态系统的健康和可持续性。比如避免或减少渠道化设计，增加河流的连通性。如果我们的规划设计仍然固守传统方法，继续搞河流直线化工程，继续搞裁弯取直工程，继续建设硬质岸坡，几年后一旦认识到这是对生态系统的胁迫，再进行改造，重新废除直线的人工运河，拆除混凝土护坡和衬砌，代之以可以长草、鱼类可以产卵的新型护坡等，其造价将是原来造价的若干倍。

2.4　需要研究对于受损生态系统补偿的政策，修订相关技术规程规范，开展科学研究和工程示范

河流生态系统对于人类的服务功能历来认为是大自然的恩赐，人们是可以免费获得的。这些服务功能没有明显的市场价值，往往得不到保护。有的西方学者认为，生态系统的服务功能应该使其价值定量化。比如由于河流上游滥伐森林发展木材加工业获得了利润，造成的后果是下游洪水泛滥，由谁来支付下游水灾的费用呢？应该靠财政手段通过税收让伐木公司和木材加工公司补偿下游水灾的经济损失。如上述水利工程对于河流生态系统造成胁迫，导致河流生态系统功能下降，是否应该研究相应的法规政策，通过财政手段收取补偿的费用，用于河流生态建设。

我国水利水电规划设计技术规程规范也应适应新的形势及时进行修订，特别是吸收发达国家的经验，补充与生态建设有关的内容。举个简单的例子，在堤防和渠道设计规范中，应列入生态型护岸结构。

在借鉴发达国家的经验时，应立足于我国的国情，综合考虑我国经济社会发展阶段以及特有的自然条件，研究我国流域管理中河流保护的战略方针，发展适合我国特点的河流生态建设理论和技术。积极开展示范工程建设，在总结经验的基础上全面推广。

基于图论边连通度的平原水网区
水系连通性定量评价 *

[摘　要]　河湖水系保持连通是流域内河流与湖泊、河道与河漫滩之间物质流、能量流、信息流和物种流保持畅通的基本条件，也是优化水资源配置战略格局、提高水利保障能力、促进水生态文明建设的有效举措。利用 GIS 平台和图论理论，研究河湖水系的系统性连通程度定量评价技术，以胶东地区为例，分析了胶东调水东线工程和引黄济青工程实施后山东半岛东部地区水网连通情况。结果表明，胶东调水东线工程实施后连通度可提高 50%。此方法可为平原水网区水生态保护与修复、河湖水系连通规划及闸坝调度方案优化等提供技术支持。

[关键词]　河湖水系；图论；边连通度；邻接矩阵；水生态保护与修复

河湖水系连通包括水系物理通道连通和水文连通。河湖水系物理连通性是流域内河流与湖泊、河道与河漫滩之间物质流、能量流、信息流和物种流保持畅通的基本条件，也是水生态系统结构参数之一；河湖间的自然连通保证了注水和泄水的畅通，维持着湖泊最低蓄水量和河湖间营养物质交换。水流在连通河湖水系内各种地貌单元的过程中发挥了重要作用，这种连通作用使碳和营养物质的交换成为可能，从而影响河湖系统的整体生产力，水文连通性在时空尺度上对大型无脊椎动物的组成和多样性均有重要影响[1]。因此，河湖水系连通性是其生态保护与修复、水生态文明建设工作中的一项重要内容；如河流健康评估指标、标准与方法[2]、健康长江评价指标体系[3]、健康珠江评价指标体系[4]以及水生态状况评价指标体系中[14]，均将水系连通性作为一个重要指标。在长江流域综合规划修编工作中，广泛吸取了近年来国内外生态系统研究的先进理念与技术成果，对生态系统的完整性与承载力、生物多样性、生态系统服务功能等生态学原理进行了解析与考虑[5]；其中河湖水系连通是保障水生态系统完整性、提高水生态系统承载力的重要基础。

目前，国内外对于河湖水系的连通性定量评价方法研究较少，大多数是利用河流地貌调查方法进行地貌特征的定性描述或通过水文情势数据的分析间接反映河湖水系的连通性。Vikrant 等[6]把河湖水系的连通性分为物理连接和物质输移 2 种类型，根据不同的连通条件，定义了连通性指数；Pedro 等[7]在分析葡萄牙塔霍河的连通性时，引入了中介性核心和整体连通性指数的概念；Fazlul[8]利用 MIKE11 建立一维水动力模型，按照时间序

* 赵进勇，董哲仁，杨晓敏，张晶，马栋，徐征和. 基于图论边连通度的平原水网区水系连通性定量评价 [J]. 水生态学杂志，2017，38（5）：1-6.

列模拟了澳大利亚塔利-墨累河流域自然-人工复合水系网络的连通性。河湖水系中，任何一条河道的连通与否均会对系统的整体性造成一定影响，因此可从系统论的整体性角度研究河湖水系连通等问题。

有学者利用图论理论并结合水系的水动力特性，在水系连通性定量评价方面陆续开展了一些工作[9-12]，但对图论方法的应用仍停留在初级阶段。根据河湖水系的构造特点和 GIS、图论方法的相关特性，可利用 GIS 平台提取河湖水系，并利用图论理论对河湖水系的物理通道进行数学概化，利用边连通度参数描述河湖水系的物理连通程度。本文提出了应用 GIS 和图论方法对流域尺度下的河湖水系连通性进行定量评价的方法。

1　研究过程与方法

1.1　基本概念

图论中的"图"是以一种抽象形式来表达事物之间相互联系的数学模型。为实际对象建立图模型后，可利用图的性质进行分析，为研究各种系统特别是复杂系统提供了一种有效的方法（图1）。

如果图 G 中存在连接点 u 和点 v 的路径，那么就称 u 和 v 是连通的；如果图 G 中每对不同顶点均连通，那么图 G 称为是连通图，否则称为不连通图。

设图 G 中有 n 个顶点，v_1，v_2，$\cdots$，v_n，则 $A=(a_{ij})_{n \times n}$ 为 G 的邻接矩阵，记为 $A(G)$，其中 $a_{ij}=\mu(v_i，v_j)$ 表示图 G 中连接顶点 v_i 和 v_j 边的数目。

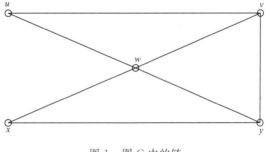

图1　图 G 中的链

$A(G)$ 的 k 次方记为 $A^k=[a_{ij}^{(k)}]_{n \times n}$，若 $\sum_{k=1}^{n-1} a_{ij}^{(k)}=0$，说明 $a_{ij}^{(1)}$，$a_{ij}^{(2)}$，$a_{ij}^{(3)}$，$\cdots$，$a_{ij}^{(n-1)}$ 均为 0，则根据连通图定义可判断图 G 是不连通图。从而可得出下面基于邻接矩阵图的连通性判定准则：对于矩阵 $S=(S_{ij})_{n \times n}=\sum_{k=1}^{n-1} A^k$，如果矩阵 S 中的元素全部为非零元素，则图 G 为连通图，否则如果矩阵 S 中存在 $t(t \geq 1)$ 个零元素，则图 G 为不连通图[13]。可见，利用图的邻接矩阵进行连通性判别，并借助计算机工具进行复杂的矩阵分析计算，可为图的连通程度分析提供数学基础。

在不同的连通图中，其连通程度是不相同的，连通图经删除某些边后最终可能变成不连通图。直观来看，需要删除较多边之后才不连通的连通图，其连通程度较强，即其连通性不容易遭受破坏。所谓从图 G 中删除若干边，是指从图 G 中删除某些边（定义为子集 E_1），但 G 中的顶点全部保留，剩下的子图记为 $G-E_1$。如果 $G \neq K_1$ 是一个非平凡图，

$\Phi \neq E_1 \subset E(G)$，若从图 G 中删除 E_1 所包含的全部边后所形成的新图不连通，即 $G-E_1$ 非连通，则称 E_1 是图 G 的边割，若边割 E_1 含 k 条边，也称 E_1 是 k 边割。若 $G=K_1$ 是一个平凡图，即图只包含 1 个顶点，则平凡图的边割 E_1 含 0 条边。由此得出图的边连通度定义：

$$\lambda(G) = \begin{cases} \min\{E_1\}, & G \neq K_1 \\ 0, & G = K_1 \end{cases} \tag{1}$$

$\lambda(G)$ 称为图 G 的边连通度，即非平凡图的连通度就是使这个图成为不连通图所需要去掉的最小边数，平凡图的连通度为 0。可见利用图的边连通度参数，可用使非平凡图变为不连通图所必须删除的最少边数来衡量一个非平凡图的连通程度，从而使图的连通程度分析定量化。

1.2 河湖水系图模型

河湖水系连通性通过横向和纵向的连通实现。水系图模型方法是指利用图论中的图模型概念，将水系连通性状况通过图形的方式简单明了表达出来。在河流纵向，连通性特征比较容易识别，河流横向的连通性特征相对复杂。在河流横向的地貌特征中，不同类型的河流将会产生不同类型的河漫滩。典型的河漫滩一般具有如下微地貌特点：

（1）牛轭湖或牛轭弯道。

（2）河漫滩水流通道。

（3）鬈岗地形。

（4）局部封闭小水域。

（5）自然堤。

河湖水系概化示意如图 2（a）所示。其中包括纵向和横向的干支流、湖泊、河漫滩水流通道、局部封闭小水域、牛轭湖、牛轭弯道等连通特征。

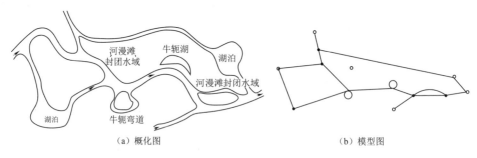

（a）概化图　　　　　　　　　　（b）模型图

图 2　河湖水系概化示意图和河湖水系图模型

水系图模型方法的重点是将水系中不同地貌特点利用图论中的相关元素进行表征。在河流纵向，一条河流可以用线来表示，河流汇合处用点来表示。在河流横向，主河槽与河漫滩共同组成河道-滩区系统，其连通性受到河漫滩的微地貌特征、地形特点、水文特性、滩槽水流动态交换等因素的综合影响。河道-滩区系统内错综复杂的水流通道构成系统连通网络，在不同的水位状况下，系统具有不同的连通程度。根据河道-滩区系统的特点以及图模型概念，牛轭湖或牛轭弯道可用环表示，单独的小型水域可用孤立点表示，仅与一条水流通道相通的小型水域可用悬挂点表示，鬃岗地形中沙坝之间多个低洼地形成的多条水流通道可用多重边表示，河漫滩水流通道或自然堤受水流冲积后形成的水流通道网络可用边表示，水流通道的汇合点可用顶点表示。两点间存在水流通道则表明其相邻，水流通道的形状不影响河道–滩区系统中点与点之间的邻接关系，可见图模型可用来表示整个水系的连通性状况。图 2（b）为河湖水系概化的模型示意图。

1.3　连通性评价方法和流程

在进行水系连通性措施效果评价时，应重点考虑的是相关工程措施对于整个水系连通性的改善效果，以便改进方案，满足有效性和经济性需求。对于单独的一条河流和一个湖泊，可以简单地判断为连通还是不连通，但对于整体系统而言，需要进行系统性综合分析，以便确定最优的工程措施。水系连通性的系统性分析可采用水系图模型连通度分析方法，其流程如图 3 所示。

（1）数据准备，包括对利用遥感图、实地调查等途径所获取的资料进行整理分析。

（2）通过水系连通性调查，提取河湖水网，建立水系图模型 G。

（3）根据图模型顶点和边的相互关系，得出图的邻接矩阵 $A(G)$。

（4）根据图的连通性判定准则进行矩阵运算，判断图是否连通。

（5）如果图不连通，结束程序流程，得出结论；如果图连通，则进行下面的边连通度判别。

（6）将图从边 1 到 k，依次删除一条边；利用所形成的新的邻接矩阵，判断删除 1 条边后所形成新图的连通性。若删除某条边后，所形成的新图不连通，则原图连通性为 1，结束流程，得出结论；如果删除任意一条边后所形成的新图仍然连通，则继续下一步。

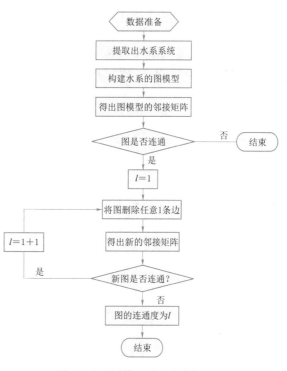

图 3　水系图模型连通度分析流程

（7）将图从 1 到 k，任意选择 2 条边进行删除，根据删除 2 条边后所形成的邻接矩阵判断所形成新图的连通性。若删除某 2 条边后，所形成的新图不连通，则原图连通性为 2，结束流程，得出结论；如果删除任意 2 条边后所形成的新图仍然连通，则继续下一步。

（8）依此类推，若删除某 $l(l<k)$ 条边后，所形成的新图不连通，则原图连通性为 l，同时说明非完全连通图的连通度就是使这个图成为非连通图的最小边割所包含的边的数目。

1.4 实例验证

本文以胶东地区为例,对胶东调水东线工程和引黄济青所在的山东半岛东部地区水网进行连通度分析。通过 1:1000 地形数据,采用 5m×5m 的网格建立 DEM,在 ArcGIS 平台中,经投影变化,再利用相关方式转换成不规则三角网 TIN,最后生成水平栅格分辨率为 10m 的 DEM,加载 DEM,提取出山东半岛东部地区不同规划方案下的水系图。根据山东水网的总体规划原则以及胶东调水和引黄济青两项调水工程,建立 3 种情形方案分析水网连通状况,即原始状态、引黄济青和胶东调水。

2 结果与讨论

所选区域左方以胶莱河和大沽河为界,右方以母猪河为界,上方和下方为水路交界处。首先分析原始状态下水系的连通状况图及其图模型,如图 4 所示。在连通状况图 4 (a) 中,不同颜色的曲线表示不同层次的河流,对于整个河湖水网中仅与 1 条河道相连通的点,若有小的水域形成,就设立悬挂点,否则不设置;对于整个河湖水系边界处仅与 1 条河道相连通的点,无论能否形成小的水域,都设立悬挂点。上述连通图中,其图模型 4 (b) 的邻接矩阵如图 4 (c) 所示。通过式 (1) 进行连通度定量分析,此时的河湖水系连通度为 2。

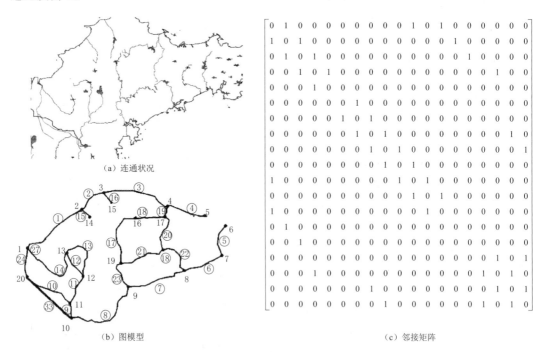

(a) 连通状况

(b) 图模型

(c) 邻接矩阵

图 4 原始状态下水系的连通状况图、图模型和邻接矩阵

在连通状况图 5 (a) 中,蓝色线为引黄济青工程及其所建立的泵站,上述图模型的邻接矩阵均可按照邻接矩阵的定义进行构建,所以不再列出矩阵(下同)。通过连通度定

量分析［图5（b）］，此时的河湖水系连通度为2。引黄济青工程及其泵站的修建，增加了新点20，由于新点的形成，使得点1和点20之间增加了水流通道㉔，并且在点10和20之间形成了一条新的水流通道㉝，但因是系统边界处连通状况改变，因此对整个系统的连通度并没有太大影响。

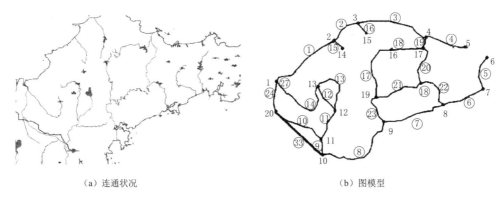

（a）连通状况　　　　　　　　　　（b）图模型

图5　引黄济青工程下水系的连通状况和图模型

在连通状况图6（a）中，紫色线为胶东调水东线工程及其所建立的泵站。通过连通度分析［图6（b）］，此时的河湖水系连通度为3，水系连通程度增加50％。胶东调水工程及其泵站的修建，增加了点21和22，由于新点的形成，使得点1和点21、点20和点21、点21和点22、点22和点14形成新的水流通道㉗、㉕、㉖、㉘，并且点14和点15、点15和点16、点17和点5以及边界点5和6之间也形成了水流通道㉙、㉚、㉛和㉜。新增加的水流通道使多个悬挂点与整体系统的连通状态得到改善，系统的整体连通性得到加强，但因连通路线主要将悬挂点与水系主体部分进行了连通，水系核心区域的连通路线仍然较少，所以连通程度的改善不是太强。

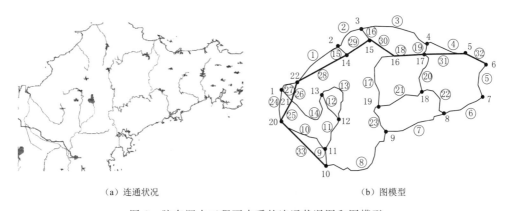

（a）连通状况　　　　　　　　　　（b）图模型

图6　胶东调水工程下水系的连通状况图和图模型

由此可见，引黄济青和胶东调水工程建设，对整个山东半岛蓝色经济区东部地区水网的连通度有直接影响。通过调水工程及其泵站的建立，使一些单独的水流河道串联起来，并且形成了新的水流通道，提高了整个河湖水系的连通度。

3 结语

(1) 基于图论边连通度理论，提出了河湖水系连通性定量评价方法。通过 ArcGIS 平台和 DEM 提取流域水系分布图，将水系中的水流通道、湖泊、闸坝等用图模型概化表述，建立图的邻接矩阵，计算河湖水系的边连通度，从而实现不同闸坝调度方案下河湖水系连通程度的定量化分析，这种对于水系连通度的量化表达可作为水域生态系统结构描述的一个重要参数。

(2) 水域生态系统中物质（含物种）循环和能量流动的结构化过程包含了特定的信息传递，水流本身是一个驱动因素，河湖水系连通格局是水流驱动因素作用于水生态系统关键过程的重要前提。

(3) 在考虑河湖水系的网格化地貌连通特征之外，需关注水流传递的动态过程以及不同连通格局和这种动态过程的响应关系；同时还需进一步考虑水流方向和闸坝开启程度对于河湖水系连通性的定量影响，从而为水生态修复工程中的水系河道比降确定、闸坝群调度方案制定等工作提供定量的技术支撑。

参 考 文 献

［1］ 董哲仁. 河流生态修复 ［M］. 北京：中国水利水电出版社，2013：4-7.

［2］ 中华人民共和国水利部. 河流健康评估指标、标准与方法（办资源 ［2010］ 484 号）［Z］. 中华人民共和国，2010.

［3］ 吴道喜，黄思平. 健康长江指标体系研究 ［J］. 水利水电快报，2007，28 (12)：1-3.

［4］ 金占伟，李向阳，林木隆，等. 健康珠江评价指标体系研究 ［J］. 人民珠江，2009 (1)：20-22.

［5］ 常剑波，陈小娟，乔晔. 长江流域综合规划中的生态学原理及其体现 ［J］. 人民长江，2013，44 (10)：15-17.

［6］ VIKRANT J，TANDON S K. Conceptual assessment of (dis) connectivity and its application to the Ganga River dispersal system ［J］. Geomorphology，2010，118：349-358.

［7］ PEDRO S，PAULO B，MARIA T F. Prioritizing restoration of structural connectivity in rivers：a graph based approach ［J］. Landscape Ecol，2013，28：1231-1238.

［8］ FAZLUL K. Modelling hydrological connectivity of tropical floodplain wetlands via a combined natural and artificial stream network ［EB/OL］. http：//onlinelibrary. wiley. com/doi/10. 1002/hyp. 10065/abstract. com.

［9］ 赵进勇，董哲仁，翟正丽，等. 基于图论的河道-滩区系统连通性评价方法 ［J］. 水利学报，2011，42 (5)：537-543.

［10］ 徐光来，许有鹏，王柳艳. 基于水流阻力与图论的河网连通性评价 ［J］. 水科学进展，2012，23 (6)：776-781.

［11］ 杨晓敏. 基于图论的水系连通性评价研究：以胶东地区为例 ［D］. 济南：济南大学，2014.

［12］ 陈星，许伟，李昆朋，等. 基于图论的平原河网区水系连通性评价：以常熟市燕泾圩为例 ［J］. 水资源保护，2016，32 (2)：26-34.

［13］ 贾进章，刘剑，宋寿森. 基于邻接矩阵图的连通性判定准则 ［J］. 辽宁工程技术大学学报，2003，22 (2)：158-160.

［14］　朱党生，张建永，李扬，等. 水生态保护与修复规划关键技术［J］. 水资源保护，2011，27（5）：
59 - 64.

Connectivity evaluation technology for plain river network regions based on edge connectivity from graph theory

Abstract：The connectedness of river - lake systems promotes the flow of material, energy and information and supports species diversity in river - lake and river - floodplain systems. Identifiying and evaluating the connectedness is important for optimizing water allocation, improving water conservation and promoting awareness of the water environment. Quantitative evaluation of river - lake connectivity using GIS and graph theory was the subject of this study. Modeling an aquatic system involves several steps. A digital map of the system is extracted and key elements, including water channels, lakes and reservoirs, sluices and dams and the operating modes of sluices and dams are gaphically modeled. An adjacency matrix for the graphical model is then constructed and the connectivity of the river - lake water system is calculated using the matrix analysis tool of MATLAB. A case study of the river - lake system in the Jiaodong area was carried out using the quantitative evaluation system and connectivity of the river - lake system under three conditions was analyzed：（1）the original connectivity，（2）connectivity after implementation of the water diversion project from the Yellow River into Qingdao and（3）connectivity after the implementation of Jiaodong water diversion project. The calculated connectivities under the three conditions were 2，2 and 3 respectively，and the results indicate that connectivity increased by 50% after the implementation of the Jiaodong water diversion project. The water diversion project from the Yellow River into Qingdao and the Jiaodong water diversion project directly influenced the connectivity of the water network in the eastern Shandong Peninsula. Newly established pump stations connected previously separated rivers and lakes，forming new water channels and increasing connectivity of the entire river - lake system. This evaluation method provides technical support for protecting water resources and restoring river networks in plain regions，planning river - lake connectivity and optimizing sluice and dam operations.

Key words：river - lake water system；graph theory；edge connectivity；adjacency matrix；water ecological protection and restoration

第 5 篇

生态流量和水库生态调度

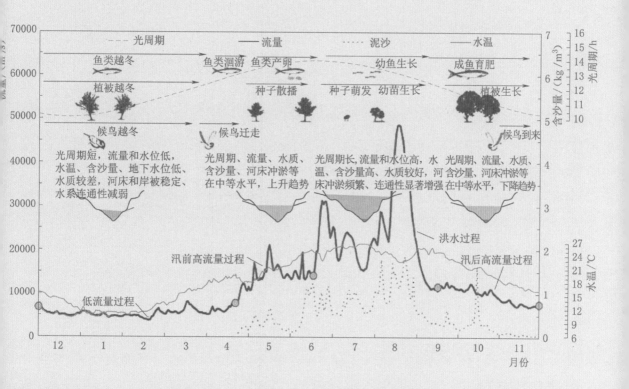

引　言

在进行水资源综合配置时，要通盘考虑经济社会需水与维持水生态系统健康用水。为保护水生态系统，有必要在人类开发水资源的背景下，确定维持河湖生态健康的基本水文条件。特别是那些水资源相对匮乏，经济社会用水与生态用水呈现竞争态势的流域或地区，更有必要实施生态流量管理。可以说，生态流量是约束人类自身行为的一种管理工具。

生态流量是一个不断发展的概念，其定义有多种。笔者给出的定义为：生态流量（ecological flows）是指为了部分恢复自然水文情势的特征，以维持河湖生态系统某种程度的健康状态并能为人类提供赖以生存的水生态服务所需要的流量和流量过程。

环境流量（environmental flow）是与生态流量类似的概念，不过比后者涉及的因素更为宽泛。上述生态流量集中关注水文情势变化对生态系统特别是对于生物的影响，更加突显水文情势的生态学意义。而在多种环境流量的定义中，除了河湖生态用水以外，还涉及社会经济用水、景观美学价值、文化特征等多种因素。笔者给出的环境流量定义为：环境流量（environmental flow）是指维持水域生物和河岸带处于健康状态的河道流量及水文过程，再加上人类社会在不危及河流健康价值的前提下所需流量及其水文过程之和。欧洲国家多采用生态流量概念，而美国、澳大利亚等国较多采用环境流量概念。

笔者在 2017 年发表的《环境流理论进展述评》一文中，梳理了环境流的概念、定义和理论要点，力图以科学的态度，正本清源，指出我国在引进和应用环境流概念时出现的若干不准确概念，提出了行业标准中一些值得商榷的问题。笔者在 2020 年发表的《生态流量的科学内涵》一文中，又进一步讨论了生态流量定义，提出了生态流量的理论要点如下：水文情势是维系河湖生态健康的关键因素；生态流量不仅规定最低流量，而且规定流量过程；把自然水文情势定义为生态流量的参照系统；评估当前水文情势与自然水文情势的偏离程度；建立水文情势改变-生态响应关系。

2005 年 3 月由笔者与美国自然遗产研究所所长格列高里。托马斯先生共同主持的"水库生态调度研讨会"在京举行。在那次会议上，笔者在国内首次提出了"兼顾生态保护的水库调度"概念，提出："兼顾生态保护的水库调度是指在不显著影响水库防洪、发电、供水、灌溉等社会经济效益的前提下，改善水库调度模式，保护与修复水库及大坝下游河流以及河口的生态系统。这种调度方式的目的在于协调水库的社会经济效益与生态效益，追求综合效益的最优化。"其后，科研团队以三峡水库生态调度和黄河水量统一调度与调水调沙对河口的生态水文影响进行了案例研究，相关论文均收入本书。

环境流理论进展述评 *

[摘　要]　本文回顾了环境流评价方法从简单的水文公式到水文变化生态限度方法（ELOHA）的发展历程。讨论了环境流的理论要点，如自然水流与径流调节水流的区别；水文情势改变-生态响应关系以及水生态系统阈值等问题。文章还评论了环境流方法应用的若干问题，包括生态需水概念；技术文件中引用国外文献的完整性和准确性；加强数值模型研究和软件开发；推行适应性管理策略。

[关键词]　环境流；流量历时曲线分析法；河流内流量增量法；自然水流范式；水文变化生态限度

河流生物群落对水文情势具有很强的依赖性。水资源的大规模开发和水库径流调节极大地改变了河流自然水文情势。水文情势的变化，引起河流生态系统结构与功能的变化，甚至导致淡水生态系统严重退化。为保护水生态系统，有必要在人类开发水资源的前提下，确定维持河流生态健康的基本水文条件。从 20 世纪 70 年代起，西方国家为加强河流生态保护，提出了环境流概念和评价方法，在其后 40 多年不断得到发展和完善。

所谓"环境流"（environmental flow）是指维持水域生物和河岸带处于健康状态的河道内流量及水文过程，再加上在不损害河流健康的前提下，为人类社会服务所需要的流量和水文过程。制定环境流标准的目的，在于实现淡水资源的社会经济价值与生态价值间的平衡[1]。环境流的核心科学问题是构建水文情势变化与生态响应的定量关系模型。其中如何定义水文情势组成和因子；不同类型生态响应与不同水文组分之间的特定相关关系；水文情势变化与生态响应关系模型分类、特征和构建方法以及生态阈值等问题，都是研究的重点。

本文回顾了环境流的发展沿革，总结了发展过程中若干趋势性的理论要点，讨论了我国在环境流理论应用方面的若干问题。

1　发展沿革

环境流的研究发轫于 20 世纪 70 年代初的美国。当时为执行环境保护新法规，也为满足大坝建设高潮中环境流评估的需求，美国一些州政府管理部门开始生态基流的研究和实践，其目标是定义河道中最小流量，以维持一些特定鱼类如鲑鱼生存和渔业生产。在其后的 30 多年，先后提出了一系列以水文条件为基础的环境流简易算法，这些方法因易于操作而得到广泛应用。

　* 董哲仁，张晶，赵进勇. 环境流理论进展述评 [J]. 水利学报，2017，48（6）：670-677.

流量历时曲线分析法（flow duration curve analysis，FDC）是通过河流低流量频率分析，确定环境流的方法[2]。所谓 dQ_T 法指重现期为 T 年可能发生一次，连续 d 日最小流量均值。如 $7Q_{10}$ 称为 10 年重现期 7 日低流量。美国有超过半数的环保机构用 $7Q_{10}$ 作为水质管理的重要指标。Q_P 法是以天然月平均流量为基础，选择不同频率 P 的最枯月平均流量作为基本环境流的最小值。常采用的频率为 90％或 95％，分别表示为 Q_{95} 和 Q_{90}。英国环境部采用 FDC 法进行水资源配置。基于 4 项敏感的河流要素（自然特征、大型水生植物、渔业和大型无脊椎动物）设置了水资源限度，定义低流量为频率 95％的流量 Q_{95}。

Tennant 方法是目前世界上广泛应用的方法[3]。它是由美国学者 Tennant 和美国渔业野生动物协会于 1976 年共同开发的。这种方法考虑了水文学、水力学和生物学因素，采用河流年平均流量百分比作为河流推荐环境流量。Tennant 法计算基准是自然水流。所谓自然水流是指大规模开发水资源以前的水流。在计算时，不但需要有足够长的水文序列，而且需要在长序列中选择大规模开发前的水文序列，以反映自然水流状况。这些以水文条件为基础的环境流简易算法，容易理解，操作简便，可以得到环境流的大致数值范围。但是，这些方法也有许多不足之处，主要是没有涉及水文变化-生态响应机理，所以其科学性受到质疑。

20 世纪 80 年代，继美国之后，澳大利亚、英国、新西兰和南非陆续开始了环境流的研究和实践。在此期间，栖息地分级评价方法（habitat rating methodology）得到发展。其中，湿周法产生于 20 世纪 80 年代初期，一般适用于宽浅型河道。湿周法已经把流量变化与栖息地有效性结合起来，可以认为它是栖息地评价方法的先驱。

栖息地分级评价方法的思路是根据鱼类生活史对水力条件需求（流速、水深等），制作适宜性曲线。通过水力学计算获得流场分布图，进而推求有效栖息地面积，同时确定有效栖息地对应的流量范围。评价结果通常以有效栖息地面积与河流流量关系曲线的形式表示。通过这条曲线，能够获得不同物种对应的适宜流量，作为确定环境流时的参考依据。应用最为广泛的栖息地分级评价方法是河流内流量增量法（instream flow incremental methodology，IFIM）[4]。河流内流量增量法是由美国鱼类和野生动物服务中心（U. S. Fish and Wildlife Service）首先提出的，目的在于确定某一关键鱼种如鲑鱼的最适宜栖息地条件。IFIM 方法还包含了很多分析方法和数学模型，研发了商用软件包。IFIM 的核心部分是"自然栖息地模拟"软件 - PHABSIM（Physical Habitat Simulation）。PHABSIM 软件和说明书可以从美国地质调查局（U. S. Geological Survey）网站（http：//www. fort. usgs. gov/products/software/phabsim/phabsim. asp）自由下载。IFIM 开始应用于融雪溪流的鲑鱼保护，以后推广到其他地区和其他类型溪流，至今仍在全球被广泛应用。此外，生物栖息地模型 RIVER2D 和河流泥沙和栖息地二维模型 SRH - 2D（sedimentation and river hydraulics - two dimensions）也都得到了广泛的应用，后者是由美国垦务局（USBR）开发的软件，可以在 USBR 网站免费下载。尽管栖息地评价方法得到广泛的应用，但是对这种方法的质疑始终没有间断。批评者认为，栖息地评价方法的环境参数仅采用水力学指标（流速、水位等）过于单一，实际上河流地貌（蜿蜒性、河湖关系）、溶解氧、水温、食物供给、生物关系（竞争、捕食）、营养等因素都对生物产生影响。另外，仅满足指示物种的环境需求，不一定满足整个淡水生态系统的需求。总之，栖息地评价方法在体现生态系统完整性方面有所欠缺。

20世纪90年代，在政策层面上，《欧盟水框架指令》（WFD）以法律形式实施环境管理，规划全部欧盟国家淡水生态系统按照时间表达到良好状况。在技术层面上，河道维护方法（channel-maintenance approach）得到了发展和应用[5]。河道维护方法需要建立两个模型：①生态模型，即地貌过程（如河道侧移、自然裁弯取直）与河漫滩的植物斑块类型变化（植物物种）的关系模型。具体方法是通过长序列遥感影像解译，分析河道演变过程与植物物种斑块演替关系。②洪水与地貌演变关系模型。通过长序列遥感影像解译，用回归分析建立河流地貌演替速度与对应的水文要素（如洪峰流量、频率、时机、持续时间）关系，计算斑块丰度随时间的变化（斑块占河漫滩面积比重）。河道维护法在美国扬帕河的应用成为典型案例。该案例用50年序列5组航空遥感影像计算河道演变速度，模拟了500年的河漫滩植物斑块演替过程，计算了1938—1989年的日平均流量，结论是如要保持河漫滩三叶杨成株斑块处于稳定状态，就需要保持洪峰流量必要的持续天数。

自然水流范式（nature flow paradigm，NFP）是Poff等[6]于1997年提出的。该理论认为，未被干扰的自然水流对于河流生态系统整体性和支持土著物种多样性具有关键意义。自然水流用5种水文组分表示：水量、频率、时机、延续时间和过程变化率。一些学者还进一步归纳总结了由于5种水文组分、32个水文指标变化分别引起的生态响应的定性关系[6]。

由于一些学者质疑利用指示物种作为确定环境流的方法，认为能够满足个别指示物种的水文条件，不一定能够满足河流生态系统的需求。因此，一些研究者建议采用自然水流范式确定环境流，其理由是基于生态完整性理论，自然水流能够支持河流大部分水生生物和河滨带植物，有理由假定自然水流模式是支持淡水生态系统的理想指标。由此推理，如果部分恢复自然径流模式，将会有利于河流生态系统的健康。

基于自然水流范式的变化幅度法（range of variability approach，RVA），采用5类组分32个水文指标统计该水文系列特征。通过比较自然水流和径流调节后的水流，计算出水文变化指数IHA（indicators of hydrologic alteration），据此综合评价自然水流被干扰前后水文情势的改变程度[7]。RVA也是构造环境流的重要方法。具体方法是以自然水流为基线，给出允许水文情势改变的幅度，拟定的环境流过程线应落在允许改变范围内。自然水流范式理论诞生以后，以生物为保护目标的环境流评价转向以河流生态系统为保护目标。在澳大利亚和南非，这一概念很快被转化为环境流政策目标[8]。我国丹江口水库计算了水库运行前后的5类水文组分指标，包括月均流量、年极值流量、年极值流量出现时间、高低流量的频率和持续时间、水流条件的变化率与频率，进而计算改变因子，评估改变等级。在此基础上分析水库调度对下游河流可能产生的生态效应。依据水库运行前后水文指标偏离程度和预测的生态响应，为制定环境流方案奠定了基础。但是一些学者指出，水文变化-生态响应是一种非线性关系。举例来说，恢复50%的洪峰流量，并不能实现50%的输沙；恢复50%的漫滩流量，并不能淹没50%的河漫滩。因此，单纯利用自然水流范式尚不能有效预测环境流的生态效果。

进入21世纪，在应对全球变化和淡水危机的大背景下，有学者提出了可持续边界与发展空间概念。针对大规模取水、径流调节和土地使用变化等压力，Postel等[9]于2003

年提出了可持续边界（sustainability boundary）概念。可持续边界为水量和水质设置了限度，成为制定环境流标准的基础，借以协同各个利益相关方，通过协商寻找共同利益，在水资源开发和淡水生态系统二者间取得平衡。King 等[10] 于 2010 年提出发展空间概念（development space）。通过建立水文改变引起生态退化的相关关系，确认流域现状与长远水资源开发状况的区别。认为超过了发展空间界限，生态退化造成的损失成本会高于水资源开发获利。在超负荷开发的流域，河流自然资源退化已经达到不可接受的程度，则发展空间被视为负值，在这种情况下，认定水文情势需要修复。

自 2010 年以后，环境流研究的重点放在建立水文变化-生态响应关系方面。Poff[11] 认为，水文变化-生态响应关系有 3 种类型，即线性、有阈值和非线性，其中有阈值的曲线具有突变特征。阈值标志着生态系统或有价值的生态要素已经超越弹性界限，反映系统崩溃或者出现一种不期望的生态状态。Peak[8] 提出了湿地"临界阈值"概念。临界阈值是基于生活史轨迹，耐受性、竞争优势以及植物特征分类，评估在没有发生洪水条件下，湿地植物能够坚持生存且具有恢复到基准状态能力的最大期限。Peak 还把包含河漫滩植物和动物种群的地貌-生态数据库与水文模型相连接，建立濒危或退化生物群落（鱼类、鸟类、哺乳动物、两栖动物、爬行动物等）与河流洪水的相关关系，进一步评估在不能满足生态需水的情况下，单个湿地及其生物多样性风险。

水文变化-生态响应关系研究最具代表性的工作当属 ELOHA 框架报告[12]。ELOHA 框架是美国大自然协会（the nature conservancy，TNC）于 2010 年组织 19 位河流科学家完成的一份框架报告，称之为"水文变化的生态限度"（ecological limits of hydrological alteration，ELOHA）。ELOHA 框架总结了十多年基于水文变化-生态响应建立环境流的研究成果，提供了一种基于水文情势变化-生态响应定量关系构建环境流标准的方法[11]。所谓"水文变化的生态限度"的含义，是指以生态退化的底线限制水文情势改变程度。ELOHA 框架步骤包括两大部分：第 1 部分是科研过程，建立水文情势变化-生态响应定量关系；第 2 部分是决策过程，由各利益相关者评估论证，对环境流标准进行决策。在科研过程中，要求对河流按照水文情势特征进行分类，相同类型河流的水文-生态关系具有相似性。ELOHA 要求对开发前后水文情势变化进行分析，计算现状水文条件与基准水文条件的偏离程度。ELOHA 认为水文情势变化是生态响应的主要驱动因素，提出了水文情势变化预期生态响应的若干假定，总结了一套为建立水文-生态关系采用的生态指标[13]。为建立水文-生态定量关系，需要建立大型水文和生物数据库，运用统计学方法（如回归分析）拟合水文-生态函数关系，绘制水文-生态关系曲线。在决策过程中，各利益相关者对水文变化引起的生态风险进行评估，认定可以接受的生态风险水平，再依据水文-生态曲线，确定环境流标准。

美国密歇根州采用了 ELOHA 方法确定环境流标准。首先，技术咨询委员会专家构建了水文变化-生态响应关系曲线，该曲线反映了密歇根州河流夏季取水对鱼群结构的影响。阐明了取水流量加大引起的鱼类种群减少的风险，同时提出了生态目标建议。决策者、科学家和各利益相关者经过生态风险评估和专业判断达成共识，确定生态目标是保证土著鱼类种群维持在自然状态的 90%。基于水文-生态曲线，对应生态目标的环境流标准是夏季取水为自然水流的 40%。也就是说，河道起码要保持同期自然水流 60% 的流量，这就意味着如果取水超过环境流标准，就会导致10%以上的土著鱼种群消失。确定的环境流标准，由决策部门转化为政策和管理办法。由河流管理部门负责执行，相应制定水资源配置规划，制定全年取水计划。同时开展河流水文、生物监测，验证环境流标准，评估是否实现了预定的生态目标。

基于水文变化-生态响应关系的ELOHA方法较以往方法有了很大的进步，在不少国家得到了实际应用[14-15]。ELOHA方法标志着环境流理论的发展方向。鉴于科学界对于水文驱动与生态响应机理的认知至今还相当有限，ELOHA方法还有待发展和完善。

我国自20世纪70年代开始探索环境流研究，截至目前已取得了一定的成果。对环境流的探索源于西北地区水资源开发中的最小生态流量研究，随着水资源短缺、水生态环境问题日益严重，流域管理机构开始关注水资源配置中的生态环境用水需求。21世纪以来，我国引入国外环境流计算方法，并加以改进，开展了各类水体环境流的研究。

在概念和内涵上，我国提出了类似的概念包括"生态需水""环境需水""环境流量""生态流量"和"生态基流"等，对应的内涵和组成也相应有所差别。刘晓燕等[16]提出，河流的环境流指在维持河流自然功能和社会功能均衡发挥的前提下，能够将河流的河床、水质和生态维持在良好状态所需要的河川径流条件；陈敏建[17]提出生态需水是在流域自然资源开发利用条件下，为了维护河流为核心的流域生态系统动态平衡，避免生态系统发生不可逆的退化所需要的临界水分条件；2013年，笔者[18]提出，环境流指维持水域生物和河岸带处于健康状态的河道内流量及水文过程，再加上人类在不危及河流健康价值的前提下所需流量及其水文过程之和。环境流应包含流量、水文过程和水质等要素。

在评估方法上，主要在结合我国国情的基础上借鉴国外方法，也涌现了一些新方法。刘晓燕等[16]从维护黄河健康出发，提出维护良好水沙通道、良好水质和良好生态的环境流量指标；王西琴等[19]提出段首控制法确定河道最小环境需水量。蒋晓辉等[20]采用流量恢复法计算了黄河下游鱼类的生态需水。郭文献等[21]采用通过改进湿周法，计算了长江中游宜昌、武汉断面的最小生态流量。班璇[22]用Tennant法和河道流量增量法模拟中华鲟的栖息地，计算出了中华鲟产卵时生态需水量范围。王俊娜等[23]提出了水文-生态响应关系法，以水文-生态响应的概念模型及其量化关系为基础，综合考虑大坝上、下游河段的生态保护需求，属于环境流评估整体法。

总的来说，国内虽然环境流研究方法从最初改进国外方法，发展至今针对我国河流实际情况已进行了多种计算方法的创新使用，但是国内环境流评估方法研究尚未形成体系，方法仍是以水文学法为主，新的计算方法区域性和局限性较强而难以推广，相关导则和规范中提出的方法仍存在争议，缺乏实践检验和验证，难以反映水文变化与生态响应的关系。

2　环境流理论要点

据统计，世界范围现有环境流方法有200余种，综合分析几十年环境流理论发展历程，以下观点大体是学术界的共识。

2.1　环境流评价是水资源管理工具

环境流理论认为，在进行水资源综合配置时，对于人类社会需水与维持生态健康需水要通盘考虑。与其说环境流是一个科学概念，毋宁说它是一个管理工具。特定河流环境流的配置，是在诸如生活、工业、农业、生态等多种用水目标中，由决策者、管理者、用水户等各个利益相关者共同论证取得共识的结果，是一种社会选择。因此，不宜把环境流标准绝对化，对于任何一条特定河流，不存在"唯一的""正确的"环境流方案，否则会使环境流变成僵化概念而陷入认知误区。

2.2　区分自然水流和径流调节水流

所谓自然水流是指人类大规模开发利用水资源或者径流调节之前的水流和水文情势。径流调节水流是指人类社会大规模取水和依靠水库径流调节的水流。径流调节不仅造成水量的减少，也改变了水文过程，比如在径流调节过程中，汛期削峰以及汛后水库蓄水造成下泄流量减少。此外，径流调节水流的水温和溶解氧也发生了变化。制定环境流标准时必须区分自然水流和径流调节水流。一些环境流计算方法是基于自然水流概念。如前述，Tennant 法计算基流的基准是自然水流。

2.3　建立参照系统

为制定环境流标准，需要建立水文条件参照系统，一般把大规模开发水资源、实施径流调节前的水文情势作为参照系统。这种参照系统接近自然水流状态。从理论上讲，建立参照系统的目的，是使环境流建立在客观存在的基础上，而不是建立在人们主观意愿的基础上。需要把现状水文情势与参照系统相比较，以判断现状水文情势偏离程度。二者不仅比较流量和流量过程，而是比较整体水文情势，具体可按照自然水流理论，比较具有生态学意义的流量、频率、延时、时机和变化率5种组分。例如，低流量的延时、洪水发生时机、日内或月内流量变化幅度等，都对鱼类产卵与洄游、河滨带和河漫滩植被生长等生物过程产生影响。这种方法比过去仅用流量和流量过程表示环境流更突显生态学意义。

2.4　建立水文情势改变-生态响应关系是环境流理论发展方向

回顾几十年环境流理论研究进展，最关注的问题是：为达到预期的生态目标，需要恢复什么样的水文情势？近十年的研究表明，建立水文情势改变-生态响应的定量关系，是环境流理论发展的方向。通过调查、监测和统计学方法建立水文-生态关系，依靠这种关系，识别水文情势改变程度以及相应的生态退化程度。通过论证，判断何种生态状况是可以接受的，进而设计环境流标准。基于水文-生态关系的环境流理论，具有较为坚实的科学基础。

2.5　生态阈值

生态阈值（ecological thresholds）问题一直是研究焦点[1]。所谓生态阈值是指生态系统或重要的生态要素已经超越弹性范围，反映系统崩溃或者变成一种不期望的状态。与水生态系统崩溃对应的水文条件对制定极端状态下的环境流标准具有重要作用。现在学术界关注的问题是如何针对特定河流确定生态系统崩溃判据，还有，某些指示物种濒危或死亡能否可以成为整个系统崩溃的判据。另外，除了水文过程是生态系统的主要驱动力以外，水质、水温、地形地貌等要素变化对水生态系统崩溃的作用如何综合考虑，同样是具有挑战性的问题。

3　讨论

我国在环境流理论研究方面起步较晚，自 20 世纪 90 年代开始引进环境流概念和方法，取得了一些应用成果。也注意到在引进和应用过程中还存在一些问题，主要表现为对一些基本概念的理解有待商榷，对引进计算方法的准确性尚需厘清。

近年来，随着信息技术和计算机技术的发展，环境流理论也有了新进展。我国环境流计算方法，不应仅停留在简单公式计算水平，而应该向现场调查监测、遥感技术应用和数学模型模拟相结合的定量化、精细化方向发展[24]。

3.1　生态需水概念商榷

频繁出现在我国相关论文和技术标准中的术语"生态需水"或"生态环境需水"，在国际学术界没有对应术语，其内涵与"环境流"并不一致。环境流理论认为，水文过程是河流生态过程的主要驱动力，水文情势变化引起河流生态系统结构功能的变化。基于水文情势改变-生态响应关系的环境流理论，建立在调查、监测和分析基础上，具有坚实的科学基础。"生态需水"的内涵则不同，它认为生物过程与水文过程的关系是供需关系。确定环境流的方法是先确定生态需要多少水（主要是生物需水），再确定环境流标准。不难看出，两个概念的区别在于，环境流理论认为水文过程与生态过程是因果关系，而不是供需关系。环境流理论认为，有什么样的水文情势，就有什么样的生态响应，出现什么样的河流生态特征。极而言之，即使河流干涸也会出现一种对应的河流生态状态。众所周知，河流生态系统始终处于变化和演进中，生态需水概念没有界定何种生态状态的需水，这就使人质疑生态需水概念的科学性。再者，若研究者指定某种生态状态，又难免带有一定的主观性。

3.2　河道外生态环境需水量概念商榷

在我国水利行业标准《河湖生态环境需水计算规范》（SL/Z 712—2014）以及一些相关论文中，采用术语"河道外生态环境需水量"。定义为："流域、区域内，实现给定的城乡建设生态环境保护目标需要人工供给的水量。"包括城镇绿地需水量、城镇环境卫生需水量、生态林草需水量和河湖沼泽补水量。实际上，所谓"河道外生态环境需水量"是指在水资源配置过程中，为解决城镇环境用水从河道引出的水量，它与生产用水、生活用水都是同一范畴的问题。这部分水量用于河湖以外的城镇地区，与河湖生态用水完全是两个系统的问题。把这部分用水与河湖生态用水相提并论，显然概念含混不清，在国际文献中也未见这种术语表述。

3.3 要完整准确地引进环境流计算方法

我国当前环境流计算方法，基本是从国外引进，这就需要保持引进方法的完整性和准确性，还要注意这些方法的使用条件。

Tennant 法不但需要有足够长的水文序列，而且要求在长序列中选择大规模开发前的水文序列，据此计算多年平均流量。我国水利行业标准《河湖生态环境需水计算规范》（SL/Z 712—2014）引用 Tennant 法时，只要求具备"长系列水文资料"，但是没有要求选择大规模开发前的水文序列，显然，这会导致计算结果偏低。再者，无论是枯水季还是丰水季，Tennant 法计算基准都是天然流量的全年平均流量。《河湖生态环境需水计算规范》引用 Tennant 法，把全年划分为枯水季和丰水季，环境流表述为"占同时段多年平均天然流量百分比"，显然，这会导致具有控制性的枯水季环境流计算值偏小[1,3,24]。

Tennant 法是针对北美温带小型河流，根据区域水文气象地貌条件确定环境流标准。如果用于我国，就需要通过现场调查、分析，对其进行校验、修正。

3.4 加强数值模拟和软件开发

目前我国环境流计算方法，还停留在流量历时曲线分析法、Tennant 法和湿周法这些简单公式水平上。随着信息技术和计算机技术的迅速发展，发达国家环境流计算方法有了重大进展。以建立水文改变-生态响应定量关系为核心，开发环境流模拟软件，结合快速、高精度野外测量调查技术，使用先进的高分辨率遥感技术，获取海量数据，建立水文和生物大型数据库，运用统计学方法拟合水文-生态函数关系，绘制水文-生态关系曲线。根据关系曲线，确定环境流标准。这套方法已经成功地解决了不同尺度的流域环境流计算问题，达到了实用化的水平。我国应加强数值模拟和软件引进及开发工作，尽快赶上国际先进水平。

3.5 推行适应性管理策略

水文-生态关系是非常复杂的自然现象，科学界对其规律的掌握远远不足，所以不能认为制定的环境流标准是一成不变的，相反，需要在执行过程中不断调整完善。执行环境流方案的过程应该是一个适应性管理过程，即在执行过程中，持续进行水文、生态监测，详细分析水文、生态监测数据，评估改善水文条件后的生态效果，不断修正环境流标准。

4 结语

水资源的大规模开发和水库径流调节，极大地改变了河流自然水文情势。水文情势的变化，引起河流生态系统结构与功能的变化，甚至导致淡水生态系统严重退化。为保护水生态系统，有必要在人类开发水资源的背景下，确定维持生态健康的基本水文条件。制定环境流标准的目的，在于实现淡水资源的社会经济价值与生态价值间的平衡。从 20 世纪 70 年代起，西方国家提出了环境流概念和评价方法，在其后 40 多年不断得到发展和完善，先后提出了流量历时曲线分析法（FDC）、栖息地分级评价方法（HRM）、Tennant

法、湿周法、河流内流量增量法（IFIM）、自然水流范式（NFP）、河道维护方法
（CMA）和水文变化生态限度方法（ELOHA）等典型方法，其中不少方法已经得到了广
泛应用。

当前环境流研究发展趋势是如何构建水文情势变化与生态响应的定量关系模型。其中
如何定义水文情势组成和因子；不同类型生态响应与不同水文组分因子之间的特定相关关
系；水文情势变化与生态响应关系模型分类、特征和构建方法以及生态阈值等问题，都是
未来研究的重点。特别是随着信息技术和计算机技术的迅速发展，环境流计算方法已经有
了重大进展。以建立水文改变-生态响应定量关系为核心，开发环境流模拟软件，结合快
速、高精度野外测量调查技术，使用先进的高分辨率遥感技术，获取海量数据，建立水文
和生物大型数据库，运用统计学方法建立水文-生态函数关系，这些都会成为环境流的研
究热点。

参 考 文 献

[1] ARTHINGTON A H. Environmental Flows – Saving Rivers in Third Millennium [M]. US Berkeley：University of California Press，2012.

[2] THAME R E. A global perspective on environmental flow assessment：emerging trends in the development and application of environmental flow methodologies for rivers [J]. River Research and application，2003，19：397 – 441.

[3] TENNANT D L. Instream flow regimes for fish，wildlife，recreation and related environmental resources [J]. Fisheries，1976，1（4）：6 – 10.

[4] STALNAKER C B. The Instream Flow Incremental Methodology：a Primer for IFIM [R]. Fort Collins，CO：US DEPT of the Interior National Biological Service，1995.

[5] GILLILAN D M，BROWN T C. Instream Flow Protection：Seeking a Balance in Western Water Use [M]. Washington D. C.：Island Press，1997.

[6] POFF N L，ALLAN J D，BAIN M B. The nature flow regime：a paradigm for river conservation and restoration [J]. BioScience，1997，47：769 – 784.

[7] RICHATER B D. Ecologically sustainable water management：managing river flows for ecological integrity [J]. Ecological Application，2003，13：206 – 224.

[8] PEAKE P，FITSIMONS J. A new approach to determining environmental flow requirements sustaining the nature values of the floodplains of southern Murray – Darling Basin [J]. Ecological Management and Restoration，2011，12：128 – 137.

[9] POSTEL S，RICHTRE B. River for Life：Managing Water for People and Nature [M]. Washington D. C.：Island Press，2002.

[10] KING J M，BROWN C A. Integrated basin flow assessment concept and method development in Africa and South – East Asia [J]. Freshwater Biology，2010，55：127 – 146.

[11] POFF N L，ZIMMERMAN J K. Ecological responses to altered flow regimes：a literature review to inform the science and management of environmental flows [J]. Freshwater Biology，2010，55：194 – 205.

[12] POFF N L，RICHTER B D. The ecological limits of hydrologic alteration（ELOHA）：a new framework for developing regional environmental flow standards [J]. Freshwater Biology，2010，55：147 – 170.

[13] RICHTER B D，DAVIS M M，APSE C，et al. A presumptive standard for environmental flow protection [J]. River Research and Applications，2012，28：1312 - 1321.

[14] RUSWICK F，ALLAN J，HAMILTON D，et al. The Michigan Water Withdrawal Assessment process：science and collaboratin in sustainaing renewable natural resources [J]. Renewable Resources Journal，2010，26：13 - 18.

[15] WEISKEL P K，BRANDT S L，DESIMONE L A，et al. Indicators of Stream Flow Alteration，Habitat Fragmentation，Impervious Cover，and Water Quality for Massachusetts Stream Basins [R]. U. S. Geological Survey Scientific Investigations Report 2009 - 5272，2010：70.

[16] 刘晓燕，连煜，黄锦辉，等. 黄河环境流研究 [J]. 科技导报，2008，26 (17)：24 - 30.

[17] 陈敏建. 水循环生态效应与区域生态需水类型 [J]. 水科学报，2007，38 (3)：282 - 288.

[18] 董哲仁，等. 河流生态修复 [M]. 北京：中国水利水电出版社，2013.

[19] 王西琴，刘昌明，杨志峰. 河道最小环境需水量确定方法及其应用研究（Ⅰ）——理论 [J]. 环境科学学报，2001，21 (5)：544 - 547.

[20] 蒋晓辉，Angela Arthington，刘昌明. 基于流量恢复法的黄河下游鱼类生态需水研究 [J]. 北京师范大学学报：自然科学版，2009，45 (S1)：537 - 542.

[21] 郭文献，夏自强. 对计算河道最小生态流量湿周法的改进研究 [J]. 水力发电学报，2009，28 (3)：171 - 175，163.

[22] 班璇. 中华鲟产卵栖息地的生态需水量 [J]. 水利学报，2011，42 (1)：47 - 55.

[23] 王俊娜，董哲仁，廖文根，等. 基于水文-生态响应关系的环境水流评估方法——以三峡水库及其坝下河段为例 [J]. 中国科学：技术科学，2013，43 (6)：715 - 726.

[24] 河湖生态环境需水计算规范：SL/Z 712—2014 [M]. 北京：中国水利水电出版社，2015.

Comments upon progress of environmental flows assessments

Abstract：The development of environmental flow assessments methods were reviewed in this paper，from simple hydrological formulas to ecological limits of hydrological alteration（ELOHA）. The major points of Environmental Flows were discussed，such as the difference between nature flow and regulated flow，hydrological alteration - ecological response relationships，thresholds of aquatic ecosystem and so on. The comments upon issue about environmental flows application were made，including concept of ecological water requirement，integrality and veracity of bibliographic citation in technique criterion，enhancement of models and software development，and adaptable management strategy.

Key words：environmental flow；flow duration curve analysis；instream flow incremental methodology；ecological limits of hydrological alteration；nature flow paradigm

生态流量的科学内涵*

[摘　要]　简要回顾了生态流量发展沿革，提出了生态流量定义，讨论了生态流量的理论要点，如水文情势是维系河湖生态健康的关键因素、把自然水文情势定义为生态流量的参照系统、建立水文情势改变－生态响应关系等，简要比较了水文法、水力学法、栖息地评价法和整体法等各类生态流量计算方法，针对水文学法、水力学法和生境模拟法给出了 3 个案例。

[关键词]　生态流量；环境流；自然水文情势；水文-生态响应

1　生态流量定义

生态流量（ecological flow）的研究 20 世纪 70 年代始于美国。为执行《清洁水法》，也为了满足大坝建设高潮中生态流量评估的需求，政府管理部门开始生态基流的研究和实践，确定河道中最小流量，以维持一些特定物种如鱼类生存和渔业生产。此后，发达国家为应对人类大规模活动改变自然水文情势引起水生态系统退化的挑战，开展了多方面的研究和实践。这里所说的改变自然水文情势的人类大规模活动有以下几种：①从河流、湖泊、水库大规模取水或调水；②水库蓄水；③通过水库实施人工径流调节。科学家们认为，为保护水生态系统，有必要在人类开发水资源的背景下，确定维持河湖生态健康的基本水文条件。

20 世纪 80 年代，欧盟及澳大利亚、南非等国家陆续开始了相关研究和实践。为将生态流量纳入第二轮欧盟流域管理规划，在《欧盟水框架指令》共同实施战略框架下，于 2015 年制定了《欧盟水框架指令》共同实施战略第 31 号指导文件。文件回顾了环境流量的概念和主要定义，提出《欧盟水框架指令》中"生态流量"的定义是：为实现《欧盟水框架指令》第 4 条（1）所述环境目标下的自然地表水体的水文情势。其中，第 4 条（1）所述环境目标指：①现状不退化；②实现自然地表水体良好生态状况；③保护区内遵守其保护标准和目标。

生态流量是一个不断发展的概念，现存生态流量定义有多种，本文给出生态流量的定义是：为了部分恢复自然水文情势的特征，以维持河湖生态系统某种程度的健康状态并能为人类提供赖以生存的水生态服务所需要的流量和流量过程。

环境流量（environmental flow）是与生态流量类似的概念，不过比后者涉及的因素更为宽泛。在多种环境流量的定义中，受水文情势变化影响的因素除了河湖生态系统以外，还涉及社会经济用水、景观美学价值、文化特征等多种因素。生态流量则集中关注水

＊董哲仁，张晶，赵进勇. 生态流量的科学内涵 [J]. 中国水利，2020（15）.

文情势变化对生态系统特别是对于生物的影响，更加突显水文情势的生态学意义。欧盟国家多采用生态流量概念，而美国、澳大利亚等国较多采用环境流量概念。一般来说，实施生态流量管理的流域或地区是水资源相对匮乏、人类经济社会用水与水生态系统需水呈现竞争态势的流域或地区。

2　生态流量理论要点

综合分析生态流量理论几十年发展历程，要点可以归纳如下：

2.1　水文情势是维系河湖生态健康的关键因素

水文过程是河湖生态系统的驱动力。水文情势的重大改变，引起水位、流速、水温等水力学因子变化，会直接影响鱼类和无脊椎动物的生存和繁殖，也会增加生物入侵的风险。水文情势重大改变会导致栖息地数量、质量和时空分布的变化，还会直接影响河漫滩植物的构成和盖度。可见在生境各项要素中，水文情势是关键要素。用生态流量控制改变水文情势的人类活动（取水、蓄水、径流调节）是流域管理的有效举措。

2.2　生态流量不仅规定最低流量，而且规定流量过程

早期生态流量只规定枯水期最低流量，近十余年的研究和实践表明，生态流量不仅要规定枯水期最低流量，而且应规定流量过程，包含流量、频率、时机、持续时间和变化率，只有考虑流量过程才能保证生态目标的实现。

2.3　把自然水文情势定义为生态流量的参照系统

自然水流范式（Nature Flow Paradigm，NFP）认为，未被大规模干扰的自然水流对于河流生态系统整体性和支持土著物种多样性具有关键意义。在生态流量理论中，把自然水文情势作为参照系统，即定义自然水文情势为水文理想状态。在实际应用时，可将人类大规模开发利用水资源或进行水库径流调节之前的水文情势作为自然水文情势，在长序列水文监测数据中经评估确定。如果缺乏长序列水文数据，可以依靠历史文献分析和专家经验确定。

2.4　评估当前水文情势与自然水文情势的偏离程度

采用合适的数学方法评估当前水文情势与自然水文情势的偏离程度，借以评估人类活动的水文胁迫程度，为制定生态流量标准提供依据。

水文情势可以进一步细分为5种水文因子，即流量、频率、时机、延续时间和过程变化率。这些因子的组合不但表示流量，也可以描述整个水文过程。自20世纪90年代起，国外学者先后提出了多种自然水文情势的量化指标体系，其中具有代表性的是美国Richter和Mathews等提出的5类33个水文变化指标（indicators of hydrological alteration，IHA）。为评估偏离程度，国外学者还研究了若干评估当前各项水文指标与自然水文情势的偏离率的计算方法，如RVA、HMA法。

2.5 建立水文情势改变-生态响应关系

为了回答"欲达到预期的生态目标,需要恢复什么样的水文情势?"这个核心问题,需要建立水文情势改变-生态响应定量关系,这也是近十余年生态流量研究的方向。通过调查、监测获得大量数据,用统计学方法和大数据分析,建立水文情势改变-生态响应关系,依靠这种关系识别水文情势改变的生态响应。所谓生态响应包括生物响应和栖息地数量、质量以及时空格局变化。在此基础上进一步论证保证达到预期生态目标的生态流量。

《欧盟水框架指令》(WFD)作为欧盟立法,要求成员国水体在 2015 年综合指标(水文、地貌、物理化学和生物)达到良好等级。欧盟水框架指令共同实施战略指导文件要求成员国为达到预定目标,必须制定相应的生态流量标准。其步骤包括建立自然水文情势参照系统;评估当前水文情势与参照系统的偏离程度;建立水文情势改变-生态响应关系;通过监测分析,评估规定的生态流量能否支持达到预定的综合指标。

2.6 实施生物、水文、水质和地貌的综合监测

生态流量的制定和实施必须有大量数据支持,因此建立水生态监测系统是实施生态流量管理的基础工作。水生态的监测内容应是综合的,包括生物、水文、水质和地貌。

2.7 基于适应性管理,将生态流量评价作为水资源管理工具

生态流量是一个科学概念,更是一个管理工具,需要在水资源综合配置时,通盘考虑人类社会与维持生态健康的需求。生态流量评价结果需考虑生活、生产、生态多种用途,由利益相关方共同论证、取得共识。由于涉及多方利益,公众参与尤为重要。同时,生态流量标准不宜绝对化,这是由于自然河流的生态系统和人类的认知均存在不确定性,特别是对水文-生态响应规律的认知尚不完善,即使是经过论证的生态流量标准,也应在实践中基于适应性管理技术,根据水文、生态持续监测结果,不断进行调整和修正。

3 生态流量计算方法比较

迄今为止国际上有 200 多种生态流量计算方法,主要为水文学法、水力学法、生境模拟法以及整体分析法这 4 类。常用的生态流量计算方法见表 1。目前这些方法仍在世界各地使用,我国引进了这些计算方法并在诸多生态流量相关的导则与指南中引用,如《水资源保护规划编制规程》(SL 613—2013)、《河湖生态保护与修复规划导则》(SL 709—2015)等均有相关内容,这些方法在实践中应根据当地实际情况和需求有所选择地进行使用。

表 1 常用的生态流量计算方法

评价方法分类	典型方法	主 要 原 理	优点	缺点
水文学法	Tennant、流量历时曲线、水文指标法、7Q10 法、RVA 法等	基于河流水文过程,选取多年平均流量的一定比例作为最低生态基流	算法简单,对于缺乏生态资料地区,依据水文数据记录资料可快速获得结果	未涉及水文变化-生态响应机理,方法的科学性存在不足

续表

评价方法分类	典型方法	主　要　原　理	优点	缺点
水力学法	湿周法、R2-Cross法、河道形态分析法等	选择简单的水力参数作为依据，如湿周、最大水深等，采用实测资料、水力学公式等，建立水力参数-流量关系	在一定程度上考虑了生物栖息地需求	计算水力参数时断面选取对结果有一定影响，需因地制宜根据河流实际情况来分析
生境模拟法	IFIM法、CASIMIR法等	在水力模型基础上，考虑河流流量变化引起的栖息地变化，并与目标物种的栖息地倾向性需求相结合	对于明确特定物种的生态流量需求具有较好的科学性	研究方法较上述两类方法复杂，仅关注某一物种，未能考虑河流生态系统的整体需求
整体分析法	BBM法、DRIFT法ELOHA法等	利用历史数据和监测数据，通过统计学分析，通过建立水文-生态响应关系，经利益相关决策后，综合确定生态流量阈值	具有较强的科学性和综合性	需要大量的水文、生态数据，科学界对水文驱动与生态响应机理的认知尚不完善

4　生态流量计算案例

4.1　水文学法计算案例

以沙河（白龟山水库-昭平台水库段）为例，根据河段所处流域及气候条件、Tennant法相关要求，以当地的汛期和非汛期进行时段划分，其汛期为6—9月，非汛期为1—5月和10—12月，其中汛期采用多年平均流量的20%、非汛期采用多年平均流量的10%作为确定保护鱼类、野生动物、娱乐和有关环境资源的最小生态流量。计算结果见表2。

表2　　　　　　　　　　　　汛期与非汛期生态流量

时　　　期	多年平均流量/（m³/s）	生态流量/（m³/s）
汛期	23.4	4.7
非汛期	11.2	1.1

4.2　水力学计算案例

湿周法是根据河道断面湿周与断面流量之间的关系，建立湿周-流量关系曲线，以曲线上的突变点对应流量作为河道最小生态流量，通常选取曲线中斜率为1曲率最大处的流量作为河道生态需水量。

以大宁河流域某支流为例，选取研究河段上、中、下游3处典型断面（见图1），利用实测断面数据、高程数据和经验公式计算湿周和流量。根据谢才公式和曼宁公式，流量计算公式如下：

$$Q = \frac{J^{1/2} A^{5/3}}{n p^{2/3}} \tag{1}$$

式中：Q 为流量，m^3/s；A 为过水面积，m^2；p 为湿周，m；J 为水力坡度（比降）；n 为糙率。

图 1 典型断面位置图

各断面通过湿周法计算的生态流量分别为 $2.5m^3/s$、$1.7m^3/s$、$3.1m^3/s$，因此选取最大值 $3.1m^3/s$ 作为该河段的生态流量。同时，还计算了 3 处断面的水力半径、流速等指标，见表 3。

表 3　　　　　　　　　　　研究河段典型断面计算结果汇总表

典型断面	坡度/(°)	面积/m²	湿周/m	水深/m	糙率	水力半径 R	流速/(m/s)	流量/(m³/s)
1	0.012	2.524	13.467	0.4	0.035	0.187	1.003	2.533
2	0.012	1.250	4.380	0.6	0.035	0.285	1.328	1.660
3	0.012	2.992	14.983	0.4	0.035	0.199	1.047	3.132

4.3 生境模拟法计算案例

应用 River2D 模型中的鱼类栖息地计算模块，基于 IFIM 法中 PHAB - SIM 模型的加权有效面积方法，以赤水河为例，确定生态流量。River2D 模型（Two Dimensional Depth Averaged Model of River Hydrodynamics and Fish Habitat）由加拿大阿尔伯特大学 2002 年研发，可以模拟天然河道中河流水动力条件和鱼类生境，广泛应用于河道治理、污染物迁移和鱼类栖息地评价。赤水河是长江上游目前唯一未被开发的一级支流，水质良好，受人类活动干扰较小，是长江上游特有鱼类及多种水生生物的重要栖息地或产卵场。选择赤水河下游两个典型河段开展研究，其中蜿蜒河段长度为 5625m、顺直微弯河段长度为 1583m。以长江流域特有鱼类岩原鲤为指示物种，构建岩原鲤成鱼流速、水深和河道指数的适宜性曲线，采用 River2D 生态水力学模型，计算有效栖息地面积（WUA），并建立有效栖息地面积与河流流量的关系曲线，确定岩原鲤的适宜流量，作为确定生态流量的参考依据。

（1）适宜性曲线构建。岩原鲤（Procypris rabaudi, Tchang）为长江中上游流域特有物种，被《中国濒危动物红皮书》列为易危物种，并被列为国家二级珍稀鱼类保护品种。鱼类对于栖息河段流速、水深、河道指数等因子具有其适应性范围，可用适宜性曲线表征。基于文献调查的结果，岩原鲤成鱼的流速、水深和河道指数的适宜性曲线见图 2。

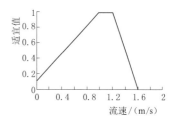

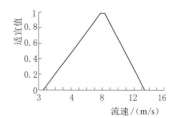

（2）流量条件确定。选取枯水期、平水期、丰水期和洪水期四个时期的不同水文频率条件进行栖息地适宜性评价。不同水文条件下研究河段流量见表 4。

（3）有效栖息地面积（WUA）计算。根据目标鱼类对于各微生境因子的适宜性曲线得到每个单元各影响因子适宜性值，然后将其组合得到每个单元的组合适宜性值，最后计算研究河段的有效栖息地面积。其中：

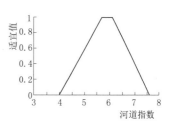

图 2　岩原鲤成鱼适宜性曲线

$$CSF_i = V_i D_i C_i \tag{2}$$

$$WUA = \sum_{i=1}^{n} CSF(V_i, C_i, D_i) A_i \tag{3}$$

式中：WUA 为研究河段有效栖息地面积；$CSF(V_i, C_i, D_i)$ 为每个单元的组合适宜性值；i 为划分的单元个数；D 为水深适宜性指数；V 为流速性适宜指数；C 为河道指数适宜性指数（包括基质和覆盖物）；A_i 为每个单元的水平面积。

表 4　　　　　　　　　　　　　　不同水文条件下流量情况

编号	模拟时期	频率	流量/（m³/s）
1	枯水期	$P=90\%$	102.8
2		$P=50\%$	136.8
3		$P=10\%$	176.4
4	平水期	$P=90\%$	230.7
5		$P=50\%$	306.9
6		$P=10\%$	395.9
7	丰水期	$P=90\%$	406.2
8		$P=50\%$	540.4
9		$P=10\%$	697.1
10	洪水期	$P=99\%$	1925
11		$P=50\%$	3260
12		$P=20\%$	5020

结合 River2D 模型对各流量下有效栖息地面积的模拟结果，计算各流量下三种模拟河段有效栖息地面积、总栖息地面积及有效栖息地面积比例，并建立流量-有效栖息地面积比例的相关曲线见图 3。

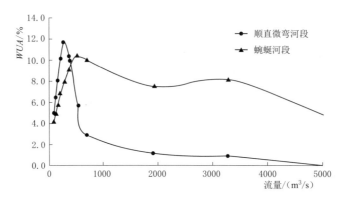

图 3　流量-有效栖息地面积比例曲线

由图 3 可知，顺直微弯河段加权可利用栖息地面积先增加后减小，在平水期内流量 $Q=306.9\text{m}^3/\text{s}$ 时最大，所占总面积比例为 11.67%；蜿蜒河段加权可利用栖息地面积呈现双峰形式，在丰水期内 $Q=540.4\text{m}^3/\text{s}$ 达到最大值后降低，并在 2 年一遇洪水流量（$P=50\%$）$Q=3260\text{m}^3/\text{s}$ 有所提高，随后降低，最大加权可利用栖息地面积占总面积比例为 10.40%。两个河段比较可知，顺直微弯河段在丰水期和洪水期难以为岩原鲤提供有效的栖息空间，2 年一遇洪水情况下（$Q=3260\text{m}^3/\text{s}$）有效栖息地面积比例降至 0.92%，5 年一遇洪水（$Q=5040\text{m}^3/\text{s}$）有效栖息地面积比例仅为 0.07%。因此，确定顺直微弯河段生态流量为 306.9m³/s，蜿蜒河段生态流量为 540.4m³/s。

5　结语

回顾生态流量几十年研究进展表明，生态流量概念是不断发展的，以自然水文情势为基础的生态流量对水生态系统的生物多样性和生态完整性至关重要。因此，需要建立水文情势改变-生态响应关系，评估水文变化与其他生态指标的关联性，获得水文变化对生态影响的阈值，从而确定生态流量标准。这是生态流量理论发展的方向。另外，从管理需求出发，生态流量标准不宜绝对化、僵化、一成不变，对于任何一条特定河流，不存在"唯一的""正确的"生态流量方案，在使用中需运用适应性管理理念持续修正；同时，虽然水文情势变化是生态响应的主要驱动因素，但是河流生态状况是许多因素影响的结果，需要采用统计技术，把水文改变的影响与其他环境压力区分开来。

参 考 文 献

［1］ ARTHINGTON A H. Environmental Flows - Saving Rivers in Third Millennium ［M］. US Berkeley：University of California Press，2012.

［2］　水利部国际经济技术合作交流中心，水利部中国科学院水工程生态研究所，译著.《欧盟水框架指令》共同实施战略第 31 号指导文件：生态流量计算指南 ［M］. 武汉：长江出版社，2019.

［3］　董哲仁，张晶，赵进勇. 环境流理论进展述评 ［J］. 水利学报，2017，48（6）.

［4］　董哲仁，等. 生态水利工程学 ［M］. 北京：中国水利水电出版社，2019.

［5］　POFF N L，ALLAN J D，et al. The Natural Flow Regime – A paradigm for river conservation and restoration ［J］. BioScience，1997（16）.

［6］　董哲仁. 河流生态系统研究的理论框架 ［J］. 水利学报，2009，40（2）.

［7］　董哲仁，等. 河流生态系统结构功能整体性概念模型 ［J］. 水科学进展，2010，21（4）.

［8］　RICHTER B D，BAUMGARTNER J V，POWELL J，et al. A Method for Assessing Hydrologic Alteration within Ecosystems ［J］. Conservation Biology，1996，10（4）.

［9］　MATHEWS R，RICHTER B D. Application of the Indicators of Hydrologic Alteration Software in Environmental Flow Setting ［J］. Journal of the American Water Resources Association，2007，43（6）.

［10］　THAME R E，A global perspective on environmental flow assessment：emerging trends in the development and application of environmental flow methodologies for rivers ［J］. River Research and application，2003，19.

［11］　TENNANT D L，Instream flow regimens for fish，wildlife，recreation and related environmental resources ［J］. Fisheries，1976，1（4）.

［12］　POFF N L，RICHTER B D，Arthington，et al. The ecological limits of hydrologic alteration（ELOHA）：a new framework for developing regional environmental flow standards ［J］. Freshwater Biology，2010，55.

［13］　董哲仁，赵进勇，张晶. 环境流计算新方法：水文变化的生态限度法 ［J］. 水利水电技术，2017，48（1）.

［14］　STEFFLER P，BLACKBURN J. River 2D Two – Dimensional Depth Averaged Model of River Hydrodynamics and Fish Habitat：Introduction to Depth Averaged Modeling and User's Manual ［M］. University of Alberta，2002.

［15］　乐佩琦，陈宜瑜. 中国濒危动物红皮书（鱼类）［M］. 北京：科学技术出版社，1998.

Scientific connotation of ecological flow

Abstract：The development of ecological flow was reviewed. The definition of ecological flow was put forward. The major points of ecological flow were discussed，such as hydrological regime as the key factor to maintain the ecological health of rivers and lakes，natural hydrological regime as the reference system of ecological flow，and hydrological alteration – ecological response relationships establishment. The ecological flow assessment methods，such as hydrological method，hydraulic method，habitat evaluation method and holistic method，were compared. 3 cases of hydrological method，hydraulic method and habitat evaluation method were given.

Key words：ecological flow；environmental flow；natural hydrological feature；hydrologic – ecological response

环境流计算新方法：水文变化的生态限度法 *

[摘　要]　水文变化的生态限度框架（ELOHA）是环境流理论最新成果。ELOHA 要求对河流按照水文情势特征进行分类，相同类型河流的水文-生态关系具有相似性。ELOHA 还要求对开发前后水文情势变化进行分析，计算现状水文条件与基准水文条件的偏离程度。ELOHA 提出了水文情势变化预期生态响应的若干假定，总结了一套为建立水文-生态关系采用的生态指标。在建立大型水文和生物数据库的基础上，运用统计学方法拟合水文-生态函数关系。最后，各利益相关者对水文变化引起的生态风险进行评估，认定可以接受的生态风险水平，再依据水文-生态曲线，确定环境流标准。

[关键词]　环境流评价；水文变化的生态限度；生态指标；水文情势改变；生态响应

水文变化的生态限度法，即 ELOHA 框架（ecological limits of hydrologic alteration）是美国大自然保护协会 TNC（The Nature Conservancy）于 2010 年组织 19 位河流科学家完成的一份框架报告。ELOHA 框架提供了一种通过建立水文情势变化与生态响应定量关系构建环境流标准的方法[1]。

ELOHA 主要针对河流大规模取水以及水库径流调节改变了自然水文情势的河流。通过应用 ELOHA 方法，建立特定河流水文情势变化与生态响应定量关系（简称水文-生态关系）。这种关系用于河流生态管理的两个方面：一方面，对于已经开发的河流，确定环境流标准，进而制定取水标准和改善水库调度方案，达到保护水生态系统的目的；另一方面，对规划中的大坝项目或其他水资源开发项目，预测大坝建设和河流开发后的生态响应，评估大坝及河流开发的生态影响，进而优化大坝、水库的规模以及梯级开发总体布置方案[2]。

1　文献分析[3]

ELOHA 框架总结归纳了以往环境流研究成果并加以发展。ELOHA 框架科学家小组收集了全球范围有关水文-生态关系 165 份文献，进行梳理分析，得到了以下认识：

（1）驱动因素。水文情势变化是生态响应的主要驱动因素，因此建立河流水文情势变化与生态响应定量关系，抓住了问题的关键。不少文献认为，探求水流情势变化与生态响

* 董哲仁，赵进勇，张晶. 环境流计算新方法：水文变化的生态限度法 [J]. 水利水电技术，2017，48（01）：11-17.

应的较清晰的相关性是可能的。据统计分析，有 70% 的文献聚焦于人工径流调节影响，也有一些报告考虑了其他环境驱动因素，包括泥沙、温度以及泥沙与温度的综合作用。另外，文献分析指出，引起水文情势变化的原因多数是运行大坝、水库的径流调节，也有娱乐用水、抽取地下水等原因。

（2）生态指标。统计 165 份论文所采用的生态指标，有 145 篇采用河滨带植物群落变化；水域初级生产力；大型无脊椎动物；鱼类；鸟类；两栖动物这些生物变量作为生态指标。其中，鱼类是所有研究报告中采用最多的指示物种。一般来说，在流量减少的条件下，鱼类的响应是负面的。80% 论文报告称，当流量变化幅度超过 50%，则鱼类的生物多样性减少 50%，说明鱼类是对水文变化敏感的指示物种。

（3）两类水流。未被干扰河流的水文情势可以认为是自然水流状态，可选用作为参照系统。未被干扰河流的水文情势和已被干扰河流的水文情势（包括径流调节、上游超量取水等）是两种不同的水文类型，二者所引起的生态响应差别较大。

（4）水文情势组分理论。ELOHA 框架的基本方法之一，是应用水文情势组分理论，即把水文情势划分为 5 种具有生态学意义的组分（component）（流量、频率、时机、延时和变化率），每种组分再划分若干水文变量，建立每种组分与生态响应的对应关系。

（5）小结。回顾现存文献普遍认为，通过监测、调查、文献分析和专家知识，发展河流的水文变化-生态响应定量关系是可能的。

2 按河流类型分类

这里讨论的河流类型分类是特指构建水文-生态关系时的分类。文献分析显示，相同类型河流水文情势变化引起的生态响应具有相似性[3]。按河流类型分类的目的，首先是通过汇集相同类型河流数据建立数据库，强化水文-生态关系的统计学意义，其次，可以把水文-生态关系推广到相同类型的河流（河段）中去，用于确定环境流标准。一些案例显示，直接采用相同类型河流（河段）的水文-生态关系，可以减少许多工作量。如美国康涅狄格州制定水库调度方案时，就直接引用了其他州的水文-生态定量关系。

河流类型主要按水文情势特征和水流补给来源划分，如雨洪补给河流、融雪补给河流、地下水补给河流等。同类河流的生态响应就有许多相似之处。用于区分河流类型的参数包括：①水文。采用多年日径流序列进行水文统计计算，主要计算水文变化指数 IHA（indicators of hydrologic alteration）。②生态区。按照生态功能区进行河流分类，增加水生生物多样性指标。③水温。水库调度和大规模取水都改变了自然水流的水温情势，影响到生物群落结构和功能。④流域特征。流域特征包括流域面积、河流长度、地质、地貌、高程、气象、水质、土地覆盖度等。引入流域特征参数，可进一步强化水文-生态关系的统计学特征。

3 基本假定

为构建水文-生态定量关系，要基于文献分析和专业判断，针对特定河流提出水文-生态关系基本假设[4]。所谓基本假设就是提出一个水文-生态定性关系，提出基本假定命题以后，需要利用大量历史数据和监测数据，通过回归分析等统计学手段，拟合出水文-生态函数和曲线，形成水文-生态定量关系。

基本假设内容是水文改变如何影响包括生物、地貌、物理、化学等在内的生态过程。假设应回答以下问题：①生物要素，物种还是种群？②水文，水文量级还是水文事件？③时段，是月还是季？④位置，河流还是河段？⑤生态响应为何发生？如何发生？

举例来说，以下一条假设包含了上述5个问题：夏季（时段）低流量（水文量级）减少了受控河段（位置）的基流，导致水温上升（为何发生），鲑鱼（生物物种）产卵下降（生态响应现象）。在总结相关文献的基础上，ELOHA提出了对水文情势变化预期生态响应的部分假定（见表1）。在这些假设中，列出了对极端低流量、低流量、小洪水和高流量脉冲以及大洪水的预期生态响应，这些响应包括河道地貌维持、栖息地条件变化、连通性变化、生物群落和物种变化（包括无脊椎动物和鱼类等）、初级生产力变化、外来物种的入侵和清除等。ELOHA假设仅是原则框架，对于特定的河流还要根据当地的自然条件、水文特征和监测资料具体确定。

表 1　　　　　　　　　　　对水文变化预期生态响应假定

水文特征	预 期 生 态 响 应
极端低流量	仅有部分河漫滩植物生存。极端低流量水流的消耗，引起湿润的浅滩栖息地退化，在浅滩干涸期，深潭面积减小、深度降低，有效栖息地斑块之间的连通性破坏，水质恶化，导致无脊椎动物和鱼类多样性和生物量的迅速损失
低流量	低流量的消耗，引起栖息地面积减小，质量下降，导致次级生产力持续下降。持续的低流量导致出现浅水栖息地，引起物种丰度和生物量降低
小洪水和高流量脉冲	提供鱼类迁徙和产卵的信号，为鱼类和水禽提供觅食机会。由于细沙充填河底空隙，引起底部无脊椎动物物种丰度减少
大洪水	维持河道的基本地貌形态，塑造河漫滩自然栖息地，输送岸边植物种子和果实，营养物质在河漫滩沉积，补给河漫滩地下水，从水域和河漫滩群落中清除入侵物种

4　生态指标的选取

水文情势变化的生态响应是多方面的。在建立水文-生态关系时，选择关键的生态响应作为生态指标。选取生态指标时应考虑生态响应的时间尺度，使发生生态响应的时间尺度在人们可以掌握的范围内。比如一些物种如藻类和无脊椎动物，它们对环境变化的响应是迅速的，相反，河滨带树木的响应就要慢得多。对于水文情势变化的生态影响可以分为两类：一类是直接影响；另一类是间接影响。像对生物区的影响（如洪水发生时机和过程对鱼类产卵的影响）大多是直接影响。而水文情势变化对栖息地的影响则是一种间接影响，它是通过水沙运动引起河流地貌演变等一系列过程导致栖息地变化的结果。Poff等[2]总结了一套为建立水文-生态关系采用的生态指标（见表2）。表中，响应类型包括响应方式、栖息地响应、响应速率、生物多样性、功能特征、生物水平和过程以及社会价值。对应以上响应类型，给出了具体的生态指标。

表 2　　　　　　　　　　建立水文变化-生态响应关系所用的生态指标[2]

响应类型	生 态 指 标
响应方式	对水流的直接响应（产卵、洄游）；对水流的间接响应（栖息地调整）
栖息地响应	栖息地变化（宽深比、湿周、水塘容积、河床基质）；径流调节后水质变化（泥沙输移、溶解氧、温度）；溪流内覆被变化（河岸下切、树根和木质残骸、倾倒树木、悬挂型植物）
响应速率	快速响应：适合小型生物，能快速繁殖。慢速响应：适合生命跨度较长的生物。短暂响应：树木种子传播；成鱼返回产卵场
生物和生物多样性	藻类与水生植物；岸边植物；大型无脊椎动物；两栖动物；鱼类；陆生物种（节肢动物、鸟类、水边哺乳动物）等。综合度量准则：如物种多样性及生物完整性指标
功能特性	生产力：营养共位群（trophic guilds）；地貌形态；生物行为；生活史；栖息地需求；功能多样性和补充
响应过程的生物水平和过程	遗传；个体（能量、生长率、行为轨迹）；种群（生物量、死亡率、多度、年龄分布）；群落（构成、优势物种、指示物种、物种丰度、组合结构）；生态系统功能（生产力、呼吸、营养结构复杂性）
社会价值	渔业生产；洁净水供水和其他经济价值；濒危动物保护；娱乐（水上运动、游泳、旅游）；独特文化及精神价值

5　水文情势改变-生态响应关系

如上述，水文情势改变-生态响应关系是指不断增加的人类活动压力引起水文情势改变导致生态状况下降的相关关系。水文-生态关系是建立环境流的基础。

5.1　表述形式

描述水文-生态关系，可以建立下列 3 种函数关系：

$$E = f(\Delta Q) \tag{1}$$

式中：E 为生态特征；ΔQ 为与自然水流相比水文状况改变。

$$\Delta E = f(\Delta Q) \tag{2}$$

式中：ΔE 为相对于参考状态的生态特征变化；ΔQ 为与自然水流相比水文状况改变。

$$E = f(Q) \tag{3}$$

式中：E 为期望生态特征；Q 为水文参数。

5.2　水文-生态关系类型

水文-生态关系有 3 种类型，即线性、有阈值和非线性。如图 1 所示，横坐标为水文改变，纵坐标为生态状况。生态状况分别为优、良、中、差。其中"优"表示生物群落的结构与功能有轻微变化；"良"表示有中等变化；"中"表示有较大变化；"差"表示有严重退化。A 线表示线性关系；B 表示有阈值；C 表示非线性关系。一般认为，水文-生态响应关系多为非线

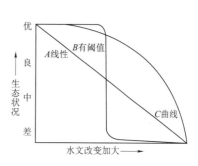

图 1　水文改变-生态响应关系示意

性。具有阈值的水文-生态关系，表示了一种突变形式。阈值标志着生态系统或有价值的生态要素已经超越弹性界限，反映系统崩溃或者出现一种不期望的生态状态。

5.3 定量分析

需要建立水文和生物数据的大型数据库，通过选择参数、加工分析最终建立水文-生态关系。选择水文数据时，不需要使用自然水流范式理论提出的 5 种组分、33 个指标的全部数据，只需要选择其中部分数据构建水文-生态关系。选择水文数据的原则是：能够表现水文情势变化特征；对于水文情势变化具有敏感性；易于计算；与生态响应具有明显的关联性；无冗余。比如极端低流量、小洪水、高流量脉冲、大洪水，洪水发生时机、低流量持续时间等都是常用的参数。

建立水文-生态关系曲线常用的方法是回归分析。通过回归分析，可以拟合水文-生态函数曲线。回归分析的方法很多，包括一元线性回归，抛物线回归，可化成线性回归的曲线回归等。目前在 ELOHA 中常用分位数回归（quantile regression）和广义线性模型 GLM（generalized linear modeling）。

需要指出，河流生态状况是许多因素影响的结果，水文情势因素固然重要，但是还有其他因素的作用。当前研究工作的一个焦点是采用统计技术，把水文改变的影响与其他环境压力区分开来，然后识别能够最佳表述生态对水文改变响应的水文和生态数据。

6 环境流标准

所谓环境流标准（environmental flow criteria）是指基于生态保护目标，允许水文情势改变的程度或范围。实际上，制定环境流标准过程是生态风险评估过程。借助已经建立的特定河流水文-生态定量关系，可以说明水文情势改变所带来的生态系统衰退风险。水文情势改变程度越高，带来的生态风险越大。这就需要由决策者、科学家和各利益相关者共同进行风险评估并且做出判断，判定何种程度的生态风险是可以接受的。根据维持水资源开发与水生态保护相平衡的原则，确定可接受的生态风险程度，明确生态目标。利用生态-水文关系曲线，由生态目标求出相应的水文情势改变的程度或范围，制定环境流标准。这样，确定的生态目标通过水文-生态关系曲线转化成环境流标准。

以美国密歇根州为例，其环境流标准如下：

美国密歇根州环境流标准项目的目标是，在保证土著鱼类种群数量减少控制在可接受程度的前提下，确定夏季从河道中取水限度[5]。图 2 表示已经构建的水文-生态曲线，曲线反映密歇根州河流夏季取水对鱼群结构的影响。横坐标表示从河道向外取水的百分数（0～1.0），反映水文状况变化；纵坐标表示土著鱼类种群数量保存百分数（0～1.0），反映生态响应。从图 2 可以发现，当横坐标为零即不取水时，纵坐标为"1"，说明土著鱼种群保存完好，系统处于自然水流状态。随着取水比例加大，土著鱼种群保存数量明显减少，当取水比例达到 90％时，鱼类种群几乎灭绝。技术咨询委员会提出了这条水文-生态关系曲线，阐明了取水流量加大引起的鱼类种群减少的风险，同时提出了生态目标建议。

决策者、科学家和各利益相关者经过生态风险评估和专业判断达成共识，确定生态目标是保证土著鱼类种群维持在自然状态的90％。基于水文-生态曲线，对应生态目标的环境流标准是夏季自然水流的40％。也就是说，河道起码要保持同期自然水流60％的流量，这就意味着如果取水超过环境流标准，就会导致10％以上的土著鱼种群消失。确定的环境流标准，由决策部门转化为政策和管理办法，由河流管理部门负责执行，相应制定水资源配置规划，制定全年取水计划。同时开展河流水文、生物监测，验证环境流标准，评估是否实现了预定的生态目标。

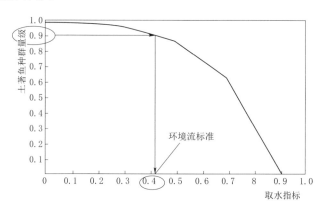

图 2　基于水文-生态曲线设定环境流标准

7　ELOHA 框架步骤

ELOHA 框架步骤包括两大部分。第一部分是科研过程，建立水文情势变化-生态响应定量关系；第二部分是决策过程，依据水资源综合管理理念，由各利益相关者协商与论证，对环境流标准进行决策，实现水资源的社会经济价值与生态环境价值间的平衡（见图3）。

7.1　科研过程

科研过程的目的是建立水文情势变化-生态响应定量关系，共有以下4个步骤：

步骤1，水文建模。定义未被干扰的水文状况为参照系统，或称水文基线。应用自然水文情势5组分理论，分别计算参照系统水文系列和开发后水文序列的水文参数频率曲线[6]。

步骤2，河流分类。按照水文情势5组分数据，结合河流地貌特征，识别河流类型（如雨洪补给河流、融雪补给河流、地下水补给河流等）。对于大中型河流，河流应以河段为单位进行分类，区分河流类型并沿着水流流向设立河段节点。对于梯级开发河流，每座大坝下泄方式各不相同，所以应以大坝为节点，分析河段的水文情势变化。

步骤3，水文情势变化分析。对于同一类型河流，选择能够基本反映水文特征的一、两种水文组分参数（如流量、水位、时机、延时等），将河流开发前后的水文组分频率曲线进行对照，分析每个节点开发前后水文情势变化，计算每个节点现状水文条件与基准水文条件的偏离程度。

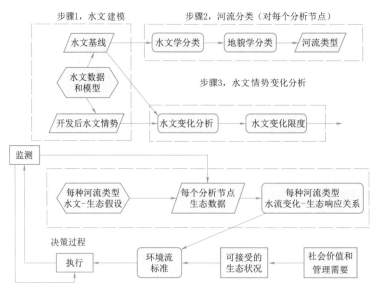

图 3 水文变化的生态限制（ELOHA）框架[2]

步骤 4，建立水文情势变化-生态响应关系。根据每种河流类型水文-生态假设（见表 1），选择对应的有代表性的若干生态指标（如鱼类、无脊椎动物、河滨带植被等），这些生态指标能够大体反映河流的健康状况（见表 2）。通过水文、水质、生物、地貌等相关资料收集，生物调查和监测以及专家知识，汇总成水文、生态数据库。分析每个节点的生态数据，解释水文情势变化引发的生态响应关系，通过统计学回归分析等手段，拟合水文-生物函数关系和曲线。

7.2 决策过程

继科研过程之后是决策过程（见图 3）。决策过程的目标是实现生态保护与水资源利用达到某种平衡。具体方法是通过科学家、决策者和管理者、水资源用户、社会公众团体等各利益相关者共同协商，确定环境流标准。

各利益相关者的首要任务是进行生态风险评估，采用的方法是风险基准（risk benchmark）方法或称临界风险水平（critical risk level）。所谓风险基准，即现状水文情势与参照水文情势的允许偏差程度。允许偏差程度越高，则生态风险越大。各利益相关者需要评估针对有价值的生态资产或生态服务（如自然风景、生物多样性、渔场等），认定何种程度的生态风险是可以接受的，即何种程度的生态退化是可以接受的。根据水文-生态关系曲线，就可以确定环境流标准（见图 2）。环境流标准可以是具体数值，也可以是一个数值范围。

环境流标准的执行方式，包括制定取水限制政策、改善水库调度方案、制定水资源配置规划等。在执行过程中，应持续进行生态调查和监测，除了一般性监测以外，监测重点是生态指标相关对象。需要认真分析各个节点的水文和生态监测数据，用于验证或调整水文-生态关系，特别需要验证执行了环境流标准以后，生态状况是否达到预期目标。如果水文-生态关系进行了调整，就需要进一步修正环境流标准。如此多次反复进行的过程，使环境流标准逐步完善，这个过程就是所谓适应性管理过程（见图3）。

以美国马萨诸塞州为例，对其环境流标准的决策过程如下述：

早在1987年为应对水量和水质问题，美国马萨诸塞州政府颁布了水管理法案（WMA），建立了取水许可制度系统。20年后，经评估发现法案未能实现其预期目标，特别是没有注重保护河流生态系统。为此，环保团体呼吁开展环境流研究。经过长时间的辩论，2009年州政府推出《马萨诸塞州可持续水管理倡议书》，建立了咨询委员会和技术委员会，组织了政府部门、供水商、水用户、农业、环保团体以及其他利益相关者的评估协调机制，由此展开了以ELOHA为指南的研发和管理工作[7]。

7.2.1 水文基础计算

采用美国地调局（USGS）开发的Sustainable - Yield Estimator（SYE）系统，首先评价了未径流调节的1960—2000年日径流水文序列，作为水文基线。对于没有水文测验记录的溪流，采取延时曲线回归法。又计算了2000—2004年现状流量过程线，模拟了因取水导致流量减少过程；模拟了部分河段地下水补给河流过程和水库蓄水过程。

技术委员会识别了四个季节性生物敏感期，重点关注鱼类群落和两栖动物生活史重要阶段对水流的需求。这四个敏感期是：①越冬和鲑鱼卵成熟期；②春季洪水；③育肥成熟期；④秋季鲑鱼产卵期。技术委员会认定，1月、4月、8月和10月，足以反映4个生物敏感期，从而简化了工作。

利用国家水文数据库（NHD），绘制了1395个嵌套的次流域单元及河段。每一个次流域单元，用上述方法计算流量状况。另外评估井水抽取和地下水渗透流量。按照水文统计计算范围，计算了水文基线和1月、4月、8月和10月的现状水文中值。通过现状水文状况与基线水文状况相比较，计算了水文条件改变。

7.2.2 建立水文改变-生态响应定量关系

应用了渔业和野生鱼类协会（Fisheries and Wild - life Fish Community）数据库的669个鱼类采样点数据，计算了所有采样点的水文变量。文献分析表明，对水文变化敏感的鱼类度量指数包括物种丰度、个体物种多度、按生活史物种分组多度。计算的环境变量包括采样点集水面积、湿地缓冲带盖度、不透水铺设百分数、梯级开发大坝密度（景观破碎化变量）。应用主成因分析法和斯皮尔曼等级相关法（spearman rank correlation），可以减少环境变量数目。

采用分位数回归分析（quantile regression），拟合水文情势改变与生态响应关系曲线。图4表示采用分位数回归分析，拟合的鱼类群落多度与8月流量减少之间的关系曲线。横坐标表示抽取地下水导致8月中值流量减少百分数，纵坐标表示鱼类多度（每小时捕获数）。曲线显示，流量衰减与河鳟和黑鼻鲑的多度具有明显的相关性。流量衰减加大，则河鳟和黑鼻鲑的多度以及鱼类物种多度均减少。

另外，还应用广义线性模型GLM进行分析，采用与流量变化敏感的8个化学和物理协变量，预测鱼类和野生动物群落的生态响应。其结果与分位数回归分析结果基本符合。图5表示拟合后的流量-生态关系，关系曲线显示由于抽取地下水引起8月份流量中值改变，在其他变量（如下垫面条件）保持不变的前提下，如果流量减少1%，会引起鱼类多度减少0.9%。

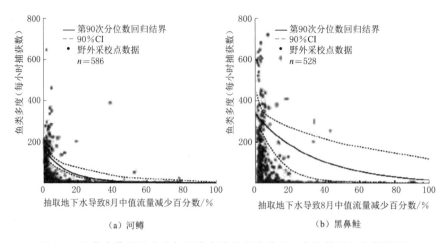

（a）河鳟　　　　　　　　　　　　（b）黑鼻鲹

图4　8月份中值流量改变与鱼类多度的相关关系（分位数回归分析结果）

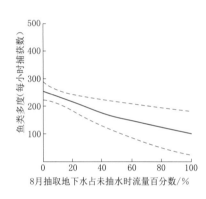

图5　8月中值流量改变与鱼类多度
的相关关系（广义线性模型计算结果）

7.2.3　水文情势改变限度

根据上述科研成果，马萨诸塞州政府水资源管理部门于2012年提出了《水文情势改变限度报告》（草案）。基于流量变化-生态响应关系曲线，确定了流量改变导致鱼类多度变化的定量关系，至于允许水文情势有多大程度的改变，则需要由决策者和利益相关者共同判断，判断何种程度生态退化的风险是可以接受的。为此，建立了"水文情势改变限度"，把因取水造成流量减少的程度分为5级，称为"流量水平"（见表3），可以理解为对应的生态状况级别分别为优、良、中、差、劣五级。根据流量-生态曲线，各方认定8月减少25%流量作为水文情势改变的底线，对应生态状况级别为"中"。换言之，如果流量减少超过25%，那么生态系统退化状况（表现为鱼类多度和物种多样性）是不可接受的。除8月以外，根据计算分析结果，也给出了10月、1月和4月的水文改变限度。

表3　　　　　　　　　　　　　水文改变限度（美国马萨诸塞州）

流量水平	8月流量水平流量改变范围/%（因抽取地下水）	按季节河流准则许可流量改变百分数/%（相对抽水前流量中值）			
		8月	10月	1月	4月
1	0～3	3	3	3	3
2	3～10	10	5	3	3
3	10～25	25	15	10	10
4	25～55				
5	55				

注　源自马萨诸塞州能源与环境事务行政办公室，2012。

为执行《水文情势改变限度报告》，水资源管理部门制定了新的取水许可制度，并设置监测系统，验证水生态系统保护的效果。

8 小结

ELOHA 框架总结了十多年环境流的研究成果，提出了构建环境流标准的新方法。"水文变化的生态限度"的含义，是指以生态退化的底线限制水文情势改变程度。通过调查、监测和统计学方法建立水文情势变化-生态响应定量关系，依靠这种关系，识别水文情势改变程度以及相应的生态退化程度。通过论证，判断何种生态状况是可以接受的，进而确定环境流标准。基于水文情势变化-生态响应定量关系的环境流理论，具有较为坚实的科学基础，它标志着环境流理论的发展方向。ELOHA 框架在不少国家得到了实际应用。

参 考 文 献

[1] ARTHINGTON A H. Environmental flows – saving rivers in third mil – lennium [M]. US Berkeley：University of California Press，2012：125 – 197.

[2] POFF N L，RICHTER B D，ARTHINGTON A H，et al. The ecological limits of hydrologic altera-tion（ELOHA）：a new framework for developing regional environmental flow standards [J]. Fresh-water biology，2010，55（1）：147 – 170.

[3] POFF N L，ZIMMERMAN J K. Ecological responses to altered flow regimes：a literature review to inform the science and management of environmental flows [J]. Freshwater biology，2010，55（1）：194 – 205.

[4] RICHTER B D，DAVIS M，APSE C，et al. A presumptive standard for environmental flow protec-tion [J]. River research and applications，2012，28（8）：1312 – 1321.

[5] RUSWICK F，ALLAN J，HAMILTON D，et al. The Michigan Water Withdrawal Assessment process：science and collaboratin in sustaining renewable natural resources [J]. Renewable resources journal，2010，26：13 – 18.

[6] POFF N L，ALLAN J D，BAIN M B. The nature flow regime：a paradigm for river conservation and restoration [J]. BioScience，1997，47：769 – 784.

[7] WEISKEL P K，BRANDT S L，DESIMONE L A，et al. Indicators of stream flow alteration，habi-tat fragmentation，impervious cover，and water quality for Massachusetts stream basins [J]. US Geological survey scientific investigations report，2010：2009 – 5272.

A new method for environmental flow assessment：
ecological limits of hydrological alteration（ELOHA）

Abstract：The framework of ecological limits of hydrological alteration（ELOHA）is the latest achieve-ment of environmental flows theory. According to ELOHA framework，rivers are classified by the hydrological regimes and the hydro – ecological relationships are similar for the same type rivers. Furthermore，not only the alterations of the hydrological regime before and after development is required to be analyzed，but the deviation degree between the present hydrological conditions and the reference hydrological conditions are also required to be calculated in ELOHA. Moreover, some assumptions about expected ecological responses of hydrological regime alterations are put forward, and then a set of ecological indices for the hydro – ecological relationship is sum – marized as well. On the basis of establishing large – scale hydrological and biological database, the hydro – ecological functional re – lationship is fitted by the statistical method. Finally, the ecological risks caused from the hydrological al – terations are evaluated by all the stakeholders for identifying the acceptable ecological risk level, and then the environment flow standard is determined in accordance with the hydro – ecological curve concerned.

Key words: environmental flow assessment; ecological limits of hydrological alteration; ecological index; hydrological regime change; ecological response

水库多目标生态调度*

[摘　要]　分析了现行水库调度方法的不足，指出应在实现社会经济多种目标的前提下，兼顾河流生态系统需求，实行水库的多目标生态调度。文中讨论了水库多目标生态调度的方法，包括建立相应法规体系；保证维持下游河道基本生态功能的需水量；模拟自然水文情势的水库泄流方式；进行水库泥沙调控及水库富营养化控制；减轻水体温度分层影响；进行防污调度以及增强水系连通性等方面的调度技术。

[关键词]　水库运行；多目标生态调度；河流生态系统

1　引言

水库蓄水运行后，对于河流上下游的物理性质的负面影响可以划分为两类：第一类问题是栖息地特征变化，主要指库区淹没、泥沙淤积、水库下游冲刷引起河势变化、河湖联通关系的变化等，由此引起栖息地特征的变化，进而影响生境质量。第二类问题是水文、水力学因子影响，即流量、流速、水温、水质和水文情势等变化，由于水文、水力学因子变化，引起生态过程的变化。解决第一类问题主要靠河流生态修复工程。解决第二类问题的手段，目前可能选择的办法是改善现行的水库调度方法，在不影响水库的社会经济效益的前提下，尽可能满足水生生物对于水文、水力学因子的需求。另外，采用新的水库调度模式对于减轻水库淤积、改善河湖联通性等也会带来益处。可以说，实施"水库的多目标生态调度"，是对筑坝河流的一种生态补偿（见图1）[1-2]。图1中左侧为水利工程生态影响机理，右侧为生态补偿方法。

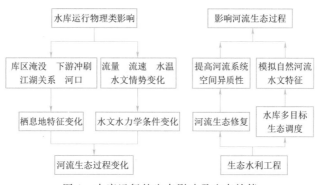

图1　水库运行的生态影响及生态补偿

* 董哲仁，孙东亚，赵进勇. 水库多目标生态调度 [J]. 水利水电技术，2007 (1)：28-32.

这里不妨给"水库多目标生态调度方法"这样的定义：水库多目标生态调度方法是指在实现防洪、发电、供水、灌溉、航运等社会经济多种目标的前提下，兼顾河流生态系统需求的水库调度方法。

2 现行水库调度方式的缺陷

至今沿用"水库调度方式"，是指依据水库担负的社会经济任务而制定的蓄泄规则。现行的水库调度方式主要有两大类，即防洪调度和兴利调度。我国的大多数水库都具有防洪、发电、供水、灌溉等综合功能，而每一座水库的功能有所侧重。现行水库调度方式的主要缺陷，是注重发挥水库的社会经济功能，力求经济效益的最大化，但是忽视对于水库下游及库区的生态系统需求。主要表现在以下方面。

2.1 河流生态最小需水量

以发电为主要功能的水库，在进行发电和担负调峰调度运行时，发电效益优先，往往忽视下游河流廊道的生态需求，下泄流量无法满足最低生态需水量的要求。还有一种情况是引水式水电站，运行时水流引入隧洞或压力钢管，进水口前池以下河道不下泄水流，造成若干公里的河段脱流、干涸，对于河流的沿河植被、哺乳动物和鱼类造成毁灭性的破坏。我国最典型的案例当数岷江干支流水电开发的生态影响问题。在我国北方，水库的兴建为发展灌溉事业和供水提供了巨大的机会。但是，通过水库和闸坝大量引水，导致下游河道的断流、干涸，河流廊道生态系统受到破坏。

2.2 水文情势变化对于生物的影响

水文情势（ecological regime）主要指水文周期过程和来水时间。未经改造的天然河流随着降雨的年内变化，形成了径流量丰枯周期变化规律。在雨季洪水过程陡峭形成洪峰，随后洪水消落，趋于平缓，逐渐进入枯水季节。在数以几十万年甚至数百万年的河流生态系统演变过程中，河流年内径流的水文过程是河流水生动植物的生长繁殖的基本条件之一。如同年内季节气温、降雨的周期变化一样，具有周期性的水文过程也是塑造特定的河流生态系统的必要条件，成为生物的生命节律信号。研究表明，水文周期过程是众多植物、鱼类和无脊椎动物的生命活动的主要驱动力之一。比如据 1965 年后多年调查资料显示，长江的四大家鱼每年 5—8 月水温升高到 18℃以上时，如逢长江发生洪水，家鱼便集中在重庆至江西彭泽的 38 处产卵场进行繁殖。产卵规模与涨水过程的流量增量和洪水持续时间有关。如遇大洪水则产卵数量很多，捞苗渔民称之为"大江"，小洪水产卵量相对较小，渔民称之为"小江"。家鱼往往在涨水第一天开始产卵，如果江水不再继续上涨或涨幅很小，产卵活动即告终止。在长江中游段 5—6 月家鱼繁殖量占繁殖季节的 70%～80%。另外，依据洪水的信号，一些具有江湖洄游习性的鱼类或者在干流与支流之间洄游的鱼类，在洪水期进入湖泊或支流，随洪水消退回到干流。比如属于国家一级保护动物的长江鲟，主要在宜昌段干流和金沙江等处活动。春季产卵，产卵场在金沙江下游至长江上游的和江处。在汛期，长江鲟则进入水质较清的支流活动[3]。

　　河流建设大坝以后，水库按照社会经济效益原则和既定的调度方案实施调度。在汛期利用水库调蓄洪水、削减洪峰，控制下泄流量和水位，确保下游防洪安全。在非汛期调度运行中，利用水库调节当地水资源的年内分布的丰枯不均。无论是发电、供水还是灌溉等用途，都趋于使水文过程均一化，改变了自然水文情势的年内丰枯周期变化规律，这些变化无疑影响了生态过程。首先是大量水生生物依据洪水过程相应进行的繁殖、育肥、生长的规律受到破坏，失去了强烈的生命信号。比如根据三峡水库设计的调度方案，5—6月上游来水主要通过电厂机组尾水下泄。尽管下泄流量比建坝前同期流量增大，但是经过水库调节后，缺乏明显的涨水峰值，这将使这一时段的家鱼繁殖受到不利影响。由于水文情势的变化，江湖关系、干支流关系发生变化，这对于洄游于江湖和干支流间的鱼类，可能由于江湖阻隔而受到负面影响。一些随水流漂游扩散的植物种子受阻，某些依赖于洪水变动的岸边植物物种受到胁迫。水文情势的变化也可能给外来生物入侵创造了机会。另外，由于一部分营养物质受到大坝的阻隔淤积在库区，加之下泄水流的水文情势变化，可能使大量营养物质无法依靠水流漫溢输移到滩地、湿地和湖泊[3]。

2.3　水库水温变化

　　多数水库都有垂向水温分层现象，但是表现有强弱之分。一般来说，库容大或者多年调节的水库或者库容较大而来年水量相对较小的水库，温度分层现象表现较为明显。Orlod（1983）认为可以将水库分为3种类型，即：①稳定分层型；②混合型；③介于以上二者间的过渡型。判断水库水温分层的类型采用 α 指标法[4]。

$$\alpha＝入库总流量/总库容 \qquad (1)$$

　　当 $\alpha<10$ 时，为稳定分层型；当 $\alpha>20$ 时，为完全混合型；$10<\alpha<20$ 时，为过渡型。

　　形成水库温度分层的机理是：水体的透光性能差，当阳光向下照射水库表层以后，以几何级数的速率减弱，热量也逐渐向缺乏阳光的下层水体扩散。由于水在4℃时密度最大，温度低的水体自然向湖底下沉，这就形成了温度分层现象（见图2）[4]。图2中曲线①表示入射光百分比，曲线②表示温度变化。水库与湖泊不同，水库可以通过操作闸门等泄流设施对于泄流进行人工控制，可以开启不同高程的闸门进行泄流（如表孔、中孔、深孔、底孔、水力发电厂尾水孔、旁侧溢洪道等）。在水体温度分层的情况下，水库调度运行中启用不同高程的闸门泄流，对于水体温度分层也产生很大影响。另外，强风力的作用可以断续削弱水体温度分层现象，有利于下层水体升温。

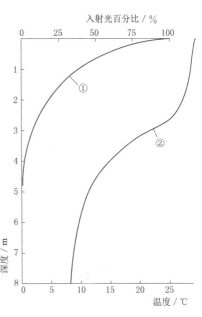

图2　水库水温随水深变化示意

　　水库水体水温分层现象，对于鱼类和其他水生生物都有不同程度的影响。以三峡工程为例，据测算，三峡蓄水后水体出现温度分层现象，到4月下旬上下层温差最高达

7.4℃。在长江中游段 5—6 月家鱼繁殖量占繁殖季节的 70%～80%。由于下泄水流的水温低于建坝前的状况,这将使坝下游的"四大家鱼"的产卵期推迟 20d[3]。

2.4 对于河口的生态影响

河口地区是河流与海洋的连接地带,是生态与环境相对脆弱的地带。河口既受河流水文情势的影响,又受海洋动力条件的作用,在二者相互作用和制约下,使河口形成独特的地貌的生态特征。在河流上建坝以后,水文情势发生变化,泥沙状况也相应发生改变,打破了历史上形成的动态平衡状态,从而影响河口的生态系统健康。一般来说,水库调节能力越强,水文情势变化越大,对于河口的影响越明显。水库调节对于河口的影响主要表现如下:

(1)咸潮入侵:在水库调节运行中,如果在汛后的蓄水时期下泄流量比建坝前明显减少,可能造成咸潮入侵的时间延长。咸潮入侵时河水内高浓度氯化物直接影响饮用水安全,也会造成电厂锅炉设备损坏等工农业生产损失。

(2)河口萎缩:由于水库的拦沙作用,泥沙在水库中淤积,造成水库下泄水流含沙量降低,可能使海岸线向陆地蚀退。比如埃及尼罗河的阿斯旺大坝建成后,水库拦沙使河流携沙减少,河口海岸因失去泥沙补给发生蚀退。

(3)河口盐渍化影响:在河流上建设水库以后,水文条件发生变化,可能对于已经形成的河口地区的水—盐动态平衡关系产生干扰,造成已经脱盐的土壤发生次生盐碱化,或者使原有盐土地区的盐渍化程度进一步加重。

(4)注入海洋的河流携带大量营养物质,成为近海生物的主要食物来源。主要营养物质氮、磷等都是以悬移质泥沙作为载体沿河输移。河口地带的营养物质输移量减少,对于近海鱼类和渔业资源可能产生影响。水库建成后,由于库区泥沙淤积,营养物质滞留于库区,水库下泄水流携带营养物质的总量可能会发生变化。另外水文情势的变化,也会改变原有的营养物质输移月际变化规律。特别是大型水库遇有蓄水期,下泄流量减少,对于近海鱼类和其他生物生长繁衍可能产生影响。

2.5 库区淤积与富营养化

河流建设水库以后,水库内即发生淤积。产生淤积的实质,是由于水位升高、过水面积加大、流速减缓从而使挟沙能力降低所致。由于挟沙能力与流速的高次方成比例,因此过水断面的些许改变,常引起挟沙能力大幅度降低[5]。水库淤积关系到水库寿命和工程效益的发挥,同时还引起库区生态与环境的复杂问题。

水库建成蓄水后,原来河流的水域面积扩大,形成淹没后的库区,河流的边界条件改变,原来对河流水环境造成威胁的污染源的成分发生明显变化。随着库水位的升高,库区流速迅速下降。其结果是减少了扩散输移能力和生化降解速率,导致污染物浓度增加[6]。由于河流变成水库,水面面积明显扩大,加之不同部位流速减缓程度不同,污染物扩散在平面上的分布出现较大差异。首先是在水库岸边污染混合区面积加大,其次,在库湾和库岔部位流速甚小,加之受到水库蓄水后的水位顶托,水流不畅,污染物聚集加剧。由于营养物质特别是 TP 和 TN 等浓度加大,在临近城镇和工业区的库区部位以及库湾、库岔等地方发生富营养化的风险加大。从机理分析看，河流和水库都是生物地球化学循环过程中物质迁移转化和能量传递的"交换库"。而在水库中往往滞留时间长，一些物质的输入量大于输出量，其滞留量超出生态系统自我调节能力，由此导致污染、富营养化等，这种现象称为"生态阻滞"。

2.6 闸坝调度运用不当造成河流污染加剧

闸坝本身对于河流的连续性就形成了胁迫效应，如果调度运用不当，会使这种胁迫效应加剧。比如，淮河流域现有水闸5400余座，这些闸坝的存在破坏了水系的连通性，导致淮河纳污能力大幅度下降。为保证灌溉等用水，大多数闸坝在整个枯水期基本封闭，排入河道的工业废水和生活污水在闸坝前大量聚集，当汛期首次开闸泄洪时，这些高浓度污水集中下泄，极易造成突发性污染事故。1994年、2001年、2002年和2004年相继发生大面积污染事故，使淮河干流沿线城镇供水中断，洪泽湖等水域鱼虾大量死亡[7]。

3 水库多目标生态调度方法

针对上述现行水库调度方法的缺陷，采用多目标生态调度技术，在实现防洪、发电、供水、灌溉、航运等社会经济多种目标的前提下，对于河流实行生态补偿。改善现行的水库调度方式，涉及众多方面，需要从立法和技术措施等多方面入手。

3.1 建立相应法规体系和协调机制

建议以法律和法规的形式确定以下原则：水库除满足社会经济需求外，还需兼顾生态健康的需求。需要建立权衡经济社会效益与生态效益之间关系的评估方法和指标体系。水库多目标生态调度是一种有效的生态补偿手段。要明确生态补偿的主体，即"谁受益，谁补偿"的原则，确定利用水库获取经济效益的水库业主是生态补偿的主体。各级政府部门应作为执法监督方实施有效的监督。同时还需建立水库上下游以及梯级水库群之间的协调机制，建立防洪、发电、灌溉、供水、航运、渔业、旅游等各个部门利益相关者的协调机制。

3.2 保证水库下游维持河道基本功能的需水量

应综合考虑确定水库下游维持河道基本功能的需水量，包括维持河流冲沙输沙能力的水量；保持河流一定自净能力的水量；防止河流断流和河道萎缩的水量；维持河流水生生物繁衍生存的必要水量。除了河流廊道以外，还要综合考虑与河流连接的湖泊、湿地的基本功能需水量，考虑维持河口生态以及防止咸潮入侵所需的水量。在计算河道基本功能需水量时，要注意以上各种需水量之间的重叠部分，同时还要正确估算由河道引出水量的回归值。近年来"生态基流"已经成为一个热点科研课题。实际上，河流的生态基流不仅与河流生态系统的结构和功能有关，而且与流域的气候、土壤、地质和其他诸多因素有关，同时还与河流水文的动态特征密切相关。所以，生态基流是一个极其复杂的问题，试图给出较为精确的河流"生态基流"量值计算方法可以说是十分困难的事情。从实用角度看，

"生态基流"是一个用于河流管理的工具，只要能满足生产需要并不需要过于复杂的计算方法。如同西方一些国家规定那样，最小生态需水量是河流多年平均流量的某一个百分数（比如10%）值，或者根据多年水文径流量资料，采用某一种保证率（比如90%或95%）的最枯月河流平均流量。这样，对于河流管理者有一个宏观的定量控制，避免社会经济用水过大，严重挤占生态用水，给河流健康带来损害。实际上，每条河流的自然状况以及流域的社会经济状况千差万别，不可能制定全国统一的维持河道基本功能的需水量标准，需要因地制宜地确定。同时，制定水库下游河道基本功能的需水量，需要探讨兼顾多种目标的方案，寻找各利益相关者一种可以接受的方案。

3.3 模拟自然水文情势的水库泄流方式

需要改变现行水库调度中水文过程均一化的倾向，模拟自然水文情势的水库泄流方式，为河流重要生物繁殖、产卵和生长创造适宜的水文学和水力学条件。这项任务的基础性工作是弄清水文过程与生态过程的相关关系。这就需要选择标志性物种，建立相应的数学模型。需要掌握水库建设前水文情势，包括流量丰枯变化形态、季节性洪水峰谷形态、洪水来水时间和长短等因子对于鱼类和其他生物的产卵、育肥、生长、洄游等生命过程的关系。调查、掌握水库建成后由于水文情势变化产生的不利生态影响。还需要对采取不同的水库生态调度方式影响生态过程进行敏感度分析。在以上研究的基础上，制定合理的生态调度方案。比如根据鱼类的繁殖生物学习性，结合来水的水文情势，形成有利于鱼类生长的"人造洪峰"，使之接近建坝前的水文情势，恢复鱼类产卵条件等。

3.4 水库泥沙调控及水库富营养化控制

为减缓水库淤积，我国经过几十年的研究和实践，已经总结出行之有效的"蓄清排浑"的水库调度运行技术。通过水库采取"蓄清排浑"的调度运行，结合调整运行水位，利用底孔排沙等措施，降低泥沙淤积，延长水库寿命。

为防止水库水体的富营养化，可以通过改变水库的调度运行方式，在一定的时段降低坝前蓄水位，缓和对于库岔、库湾水位顶托的压力，使缓流区的水体流速加大，破坏水体富营养化的条件。也可以考虑在一定时段内加大水库下泄量，带动库区内水体的流动，达到防止水体富营养化的目的。

3.5 合理运用大坝孔口，降低温度分层影响

根据水库水温垂直分层结构，结合下游河段水生生物的生物学特性，调整利用大坝的不同高程的泄水孔口的运行规则。针对冷水下泄影响鱼类产卵、繁殖的问题，可采取增加表孔泄水的机会，满足水库下游的生态需求。

高坝水库泄水，特别是表孔和中孔泄水，因水流消能导致气体过饱和，对于水生生物产生不利影响。特别是鱼类繁殖期，造成仔幼鱼死亡率提高，对于成鱼易发"水泡病"。针对这个问题，可以在保证防洪安全的前提下，延长泄洪时间，适当减少下泄最大流量。研究优化开启不同高程的泄流设施，使不同掺气量的水流掺混。另外，有条件的河流实行干支流水利枢纽联合调度，降低下游汇流水体气体含量[8]。

3.6 闸坝的防污调度

对于闸坝群实施水污染防治的调度运用，一方面保证社会经济用水需求，另一方面兼顾污染防治的目标，实施新的调度方案。近年来，淮河流域的沙颍河、涡河及淮河干流部分水闸，不再单纯从防洪、供水需求使用闸坝，而是兼顾防污目标进行调度，经常保持污水小流量下泄，又根据来水情况和水质状况，不断调整沙颍河下泄流量，避免了污染水量的聚集，又通过稀释和降解作用减轻了汛期泄洪造成的水污染。另外，为防止干流、支流的污水叠加，采取干支流污水错峰调度，以缓解对下游河湖的污染影响。同时加强水文水质监测及信息传递工作，使闸坝调度建立在信息分析和预测的基础上，更具科学性[8]。

3.7 恢复增强水系的连通性的调度方法

通过调整闸坝的调度运行方式，恢复、增强水系的连通性，包括干支流的连通性、河流湖泊的连通性等，缓解水利工程建筑物对于干支流的分割以及对于河流湖泊的阻隔作用。必要时可以辅以工程措施增加水系、水网的连通性。比如在世界自然基金会等机构的资助下"重建江湖联系、还长江生命之网"项目，已经使天鹅洲长江故道、武汉涨渡湖、洪湖、安庆白荡湖等阻隔湖泊试行季节性开闸通江。现场监测资料表明，2005 年 6—7 月开闸期间向涨渡湖引洪 1760 万 m³，引进泥沙 1662t，引入鱼苗 527 万尾，多年未见的银鱼、寡鳞飘鱼在湖内重新出现。

参 考 文 献

[1] 董哲仁. 生态水工学的理论框架 [J]. 水利学报，2003 (1).
[2] 董哲仁. 筑坝河流的生态补偿 [J]. 中国工程科学，2006 (1).
[3] 长江水利委员会. 三峡工程生态环境影响研究 [M]. 武汉：湖北科学技术出版社，1997.
[4] 陈永灿，张宝旭，李玉梁. 密云水库垂向水温模型研究 [J]. 水利学报，1998 (9).
[5] 韩其伟. 水库淤积 [M]. 北京：科学出版社，2003.
[6] 黄真理，李玉樑，等. 三峡水库水质预测和环境容量计算 [M]. 北京：中国水利水电出版社，2006：559.
[7] 索丽生. 闸坝与生态 [J]. 中国水利，2005 (16)：5-7.
[8] 蔡其华. 充分考虑河流生态系统保护因素 完善水库调度方式 [J]. 中国水利，2006 (2).

Multi – objective ecological operation of reservoirs

Abstract：This paper analyzes the limitations of them easures taken in current reservoir operations and points out that multi – objective ecological operation of reservoirs should be carried out in order to meet the needs of river ecosystems while implem enting various socioeconomic objectives. The paper discusses them ethods of multi – objective ecological operation of reservoirs，which covers the establishment of leg-islation systems；water demands for the basic ecological functions of downstream river channel；reservoird ischarge patterns simulating natural hydrological regimes；regulation and control of sedimentation and eutrophication of reservoirs；mitigation of the influences by water temperature stratification；the operation techniques in pollution prevention and connectivity reinforcement of water systems.

Key words：reservoir operation；multi－objective ecological operation；river ecosystem

基于水文-生态响应关系的环境
水流过程线估算方法

——以三峡水库和长江中游河段为例*

[摘　要]　定义了环境水流的概念，指出环境水流是一条包含多种水文要素特征、具有季节性涨落变化的动态过程线。揭示了河流水文过程与物理化学过程、地貌过程、生物过程之间的复杂等级关系，阐释了自然水文过程的低流量、高流量和洪水过程及5种水文要素与其他生态过程的天然契合关系，分别描述了自由流动河段和水库河段水文改变的生态响应。着重论述了水库作为不同于河流和湖泊的独特水生态系统，库水位的高水位、消落、低水位和蓄水过程与其他生态过程的矛盾关系，归纳了构成水库水文过程的8种具有生态学意义的水文要素：水位、频率、发生时间、持续时间、变化率、入库流量、出库流量和泄水口高程。在此基础上，提出了一种整体法，即基于水文-生态响应关系的环境水流过程线估算方法。论述了该方法的六项基本原则，介绍了它的五个主要步骤：调查河流生态状况，构建水文-生态响应关系的概念模型，筛选生态保护目标及其关键期，初步估算环境水流及基于适应性管理策略开展环境水流试验。以三峡水库和长江中游河段为例，应用上述方法初步得出研究区域内具有生态保护目标的、带有时间节点的、包含多种水文要素特征的环境水流过程线，验证了方法的合理性和可行性。

[关键词]　水文-生态响应关系；环境水流过程线；整体法；生态保护目标；环境水流组分；多种水文要素；三峡水库；长江中游河段

近十几年来，自然水文情势在维持河流生态系统完整性和本地生物多样性的关键作用在世界范围内得到了广泛的认可[1-4]。自然水流范式认为：自然水文情势的三种环境水流组分（低流量、高流量和洪水过程）和五种水文要素（流量、发生时间、持续时间、频率和变化率）均具有特定的生态作用[5-8]。筑坝、筑堤、引水等水资源开发利用行为，不但减少了河流的总径流量，还改变了水文过程的模式，甚至将部分河流生态系统变成水库生态系统。自然水文过程改变被认为是诸多河流生态问题产生的重要原因。[9-10]为了协调水资源开发利用和河流生态保护之间的矛盾，于是引出了环境水流的概念。河流环境水流是指维持水域生物和河岸带处于健康状态的河道内流量及水文过程，再加上人类在不危及河流健康价值的前提下所需流量及其水文过程之和。可见，环境水流同时包括了河流需水和人类需水。它不是一个常年固定的最小生态需水量[11]，也不仅仅是在不同季节（枯水期、

──────────
* 王俊娜，董哲仁，廖文根，李翀，冯顺新，骆辉煌，彭期冬. 基于水文-生态响应关系的环境水流过程线估算方法——以三峡水库和长江中游河段为例 [J]. 中国科学. 技术科学，2013，43（6）.

汛前期、汛期）阶梯式变化的标准流量[12]，而是一条包含多种水文要素特征、具有季节性涨落变化的动态过程线。

20世纪40年代至2013年已有200多种环境水流计算方法相继被提出，可分为四类：水文学方法、水力学方法、栖息地模拟法和整体法[13]。其中，前三类方法的保护对象多限于单一物种或单项生态保护目标，而整体法旨在评估与水文明显相关的整体河流生态系统的环境水流需求，被认为是计算环境水流的最合理、最具前途的方法[13,3]。目前，世界上共有10余种整体法，如BBM法（Building block methodology）[14]、DRIFT法（Downstream Response to Imposed Flow Transformations）[15]、水文改变的生态限制（the ecological limits of hydrologic alteration）[16]、专家组评价法（the expert panel assessment method）、基准法（Benchmarking methodology）等，这些方法大多由澳大利亚和南非的学者提出，并在南半球国家得到一定的应用。我国科学家尚未正式提出一种整体法，且已有的整体法在我国的应用也很少。这可能是因为这些整体法过多地依靠多学科专家的经验，需要大量的生态监测数据，同时对其他三类方法的兼容性不够，从而不太适合我国河流研究和管理的现状。

本文结合河流生态水文学的研究进展和我国的实际情况，提出了一种新的整体法——基于水文-生态响应关系的环境水流过程线估算方法。该方法主张在认识河流水文-生态响应关系的基础上，从维持河流生态完整性出发，针对河流的生态问题，提出环境水流的生态保护目标。依靠现有数据和资料，最大限度地梳理并量化水文与生态目标的响应关系，根据这种量化关系和生态目标估算环境水流。对于目前暂时无法量化的水文与生态目标响应关系，采用简单的环境水流计算方法，如水文学和水力学方法，粗略估算环境水流。而后，基于适应性管理策略开展环境水流试验，检验水文-生态响应关系，不断修正环境水流，最终得到可操作的环境水流过程线。

1 河流水文-生态响应关系的定性描述

1.1 河流生态过程的等级关系

河流生态过程包括水文过程、物理化学过程、地貌过程和生物过程[17]。其中，自然水文过程是自然河流生态系统的主要驱动力，又是河流生态系统的重要组分[1]。水文过程直接决定了不同河段的水动力条件和地下水水位变化。水流携带泥沙、热量、营养盐、溶解气体等物质向下游流动的过程维持了河流的理化特性，塑造了河流地貌。河流水文过程还携带着物种生命节律的信息，流量和水位涨落过程触发了诸如鱼类繁殖、鸟类迁徙、河漫滩植被种子传播等生物行为[18]。同时，自然水文条件与地貌、物理化学等其他非生物条件交织在一起为生物群落提供生存繁衍的栖息地。图1显示了水文过程对物理化学、地貌和生物过程的驱动作用，包括直接作用（竖直箭头）和间接作用（非竖直箭头）。可见，河流的各种生态过程之间具有等级性。

然而，水文过程并不是控制其他生态过程的唯一变量。其他生态过程还受到当地气候、地质等自然条件及流域土地利用状况、水利工程、水污染、捕捞等人类活动的共同作

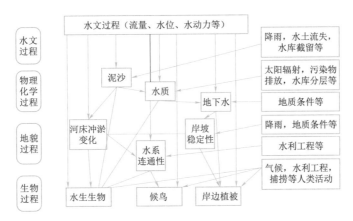

图 1 河流水文-生态响应的等级关系

用，如图 1 右侧所示。河流作为一个开放的生态系统，不仅内部存在复杂的等级关系，还与外部的气候条件、流域过程及人类活动发生密切的联系[4,19]。

1.2 自然河流的水文-生态响应关系

自然水文过程具有季节性脉冲式涨落变化的特点。年内水文过程可划分为三种环境水流组分：低流量过程、高流量过程（包括汛前和汛后）和洪水过程。分别指枯水期、枯水期和洪水期中间及洪水期的流量过程（图 2）。三种环境水流组分期间，光周期、流量、水位、水温、含沙量、地下水水位、污染物浓度、河口盐度、河床和岸坡稳定性、水系连通性及水生生物生活史等均呈现出各自的特点，如图 2 所示。由图可见，自然河流的环境水流组分与其他生态过程之间存在天然的契合关系。这种契合关系是河流生态系统长期演变而成的一种动态稳定状态。

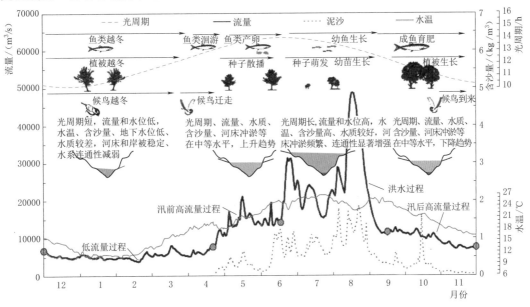

图 2 自然河流环境水流组分与其他生态过程的契合关系

环境水流组分或水文事件由 5 种具有生态学意义的水文要素构成。流量直接决定着流速、水深、湿周等水动力条件及栖息地数量和质量，是最基本的水文要素。在特定时段内，某种水文事件的发生频率过多或过少，都可能产生不利影响。比如，对于需要涨水刺激产卵的鱼类，如果繁殖期涨水次数过少，甚至不发生，将使繁殖受阻[20]。特定水文事件的发生时机与光周期、水温等环境因素以及生物生活史相互匹配才能发挥其生态功能[21]，见图 2。洪水脉冲与高温期一致，对植被和鱼类生长十分有利[22]。持续时间体现了物种对洪水、干旱等水文事件的耐受或适应能力。河岸带不同类型植被对持续洪水的适应能力不同，各种水生生物对于持续低流量的耐受能力不同，耐受能力低的物种逐渐被适应性强的物种所取代[1]。变化率指流量-时间曲线的斜率。生态学家更关心与生态过程相关的变化率，如与四大家鱼产卵量相关的高流量脉冲的涨水率[23]，影响植被幼苗存活的洪水脉冲的落水率[24]。

1.3 水文改变的生态响应关系

河流的水文改变可分为两类：一类在水库下游河段或引水河段，本文称之为自由流动河段；另一类在水库河段。前者仍保留着河流的基本属性，而后者却成为近似湖泊的水库生态系统。下文分别阐述这两种水文改变的生态响应。

1.3.1 自由流动河段

引水河段的水文过程改变表现为，不同时段流量的普遍降低，对其他水文要素的改变相对较小。而大坝下游河段的水文过程改变则复杂多样。供水水库的下泄流量可能减少，季调节或年调节水库下游的洪水流量和持续时间减少、低流量增加、变化率降低，日调节水库可能下泄剧烈的日波动水流。根据自然水文过程的生态作用（图 2），不同环境水流组分及其水文要素的改变，将引起相应的生态功能退化，生物生活史过程受阻，并逐级产生多方面的生态问题，最终导致生物多样性降低（毛战坡等，筑坝）。

在自由流动河段，自然水文过程的生态作用是预测水文改变的生态响应的主要依据。然而，对于水文改变，生态过程并非一味地被动响应，有时也会出现主动适应[25]。因此，全面认识水文改变前后的水文-生态响应关系及其演变发展，对科学评估环境水流至关重要。

1.3.2 水库河段

水库河段的水文过程、水动力条件、生物群落结构等都发生了巨大的改变。自然水文过程对其的参考意义不大。水库河段又分为河流段、过渡段和湖泊段，兼具河流和湖泊的双重属性，其水文-生态响应关系独具特性。

水库水流为吞吐流，受到库水位、入库流量与出库流量的多重影响。其中，库水位变化过程是控制水库生态系统的重要驱动力[26]。库水位呈现出枯水期高、汛期低的季节变化模式（图 3），与自然河流和湖泊正好相反。库水位年内变化过程可分为四种环境水流组分：高水位过程、消落过程、低水位过程和蓄水过程。有些水库可能没有明显的低水位和高水位过程。不同环境水流组分期间，库水位、入库和出库流量、流速、分层结构、水质、岸坡稳定性、消落带及水生生物所处的状态及可能诱发的生态问题如图 3 所示。

类似地，可认为库水位过程亦由水位、频率、变化率、发生时间、持续时间 5 种具有

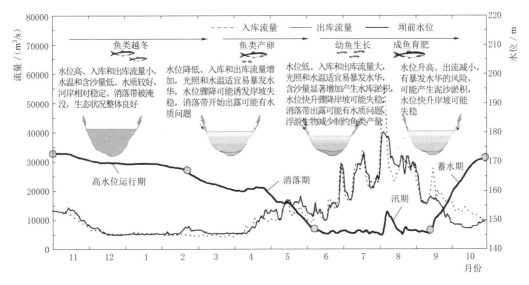

图 3　水库河段环境水流组分与其他生态过程的矛盾关系

生态学意义的水文要素构成。水位是水库生态系统最基本的水文要素，对库区水动力、分层结构、水质、泥沙输移、消落带及水生生物等产生广泛的影响。库水位升降的频率和变化率是影响库岸稳定性、消落带生物多样性、干支流水体交换、支流水体富营养化的重要因素[27-28]。特定水位过程的持续时间可能使库区生态过程产生或量变或质变的效应。譬如，汛期特定时段水库处于防洪汛限水位或更低水位的持续时间与泥沙和营养盐的输移量成正比；库水位上升率或下降率超过临界值的持续时间过长，可能引起水库边坡突然失稳。某种水位过程的发生时机对发挥其生态功能起着关键作用。当入库流量及其含沙量均高于一定水平或坝前出现泥沙异重流时，降低库水位方能达到最佳的排沙效果[29]。此外，鉴于水库为吞吐流、存在季节分层的特点，入库流量、出库流量及泄水口高程也是影响水库生态系统的重要水文要素。

　　当前水库的环境水流组分及其水文要素特征多是从发挥水库社会经济效益角度人工调控的结果，与其他生态过程的水文需求之间存在矛盾，从而诱发了诸多生态问题。在认识水库生态系统自身演变规律及其生态功能的前提下，分析多种水文要素特征与这些生态问题的因果关系是水库环境水流估算的基础。

2　基本原则

　　（1）以维护河流生态完整性为总目标，多种生态目标协调，主生态目标优先。环境水流估算要针对当前或未来的生态问题，提出全面又具体的生态目标，同时考虑各种生态目标间的优先性[11,30]。生态目标涉及水文学、环境水力学、泥沙动力学、鱼类生态学等多个学科，因而环境水流计算需要多学科的科学家参与。

　　（2）建立水文-生态响应关系。先构建水文-生态响应关系的概念模型，包括自然水文过程的生态作用和水文改变的生态响应。而后应用数学模型或方法量化水文因子与具体生态目标之间的关系，识别其中的拐点、阈值或峰值等非线性特征，便于水资源管理者了解不同水流情景的生态效应，进而做出更合理的决策。

（3）分河段估算环境水流，上游兼顾下游，大坝下泄的环境水流同时考虑库区和坝下河段。这是由于受当地气候条件、支流汇入和流出、水利工程建设等因素的影响，不同河段的生态特性差别较大，并且河流上下游之间存在紧密的水力学联系[6]。

（4）分时段整合不同生态目标对多种水文要素的需求。环境水流具有季节性，不同时段的环境水流组分存在显著差异，应区分时段。同一时段的环境水流具有多种生态功能，但不同生态目标在同一时段的水文需求可能并不一致，应协调多种生态目标的环境水流。

（5）环境水流是人类需水和河流需水相互协调的折中水流。环境水流估算时要通盘考虑人类社会需水与生态系统需水：一方面，要承认为社会经济发展有效使用水资源的合理性；另一方面，更需强调维持河流生态系统正常结构与功能所必要的水流。决策者要在特定河流的自然禀赋、社会经济发展、河流生态系统健康等多种利益关系中做出权衡，确定可操作的环境水流。

（6）与其他河流生态修复措施相结合。维持环境水流是维系河流健康的重要条件，但不是唯一条件。环境水流评估时要考虑污染治理、恢复河流地貌形态、增殖放流、清除外来物种等其他生态修复措施的可行性及达到生态目标的潜力，选择经济性最优的方案[31]。

3　步骤

基于水文-生态响应关系的环境水流过程线估算方法，包括以下 5 个基本步骤，流程图见图 4。

3.1　调查河流生态状况

生态状况调查是环境水流估算的基础性准备工作。调查内容包括：收集河流历史水文、水质、泥沙、地下水、地貌、水生生物等实测数据，必要时进行现场监测；查阅描述目标河流生态状况及类似河流水文-生态响应关系的文献资料；调查目标河流当前和规划中的水利工程建设和水资源开发利用情况；识别当前河流存在的主要生态问题及其胁迫因子。

3.2　构建水文-生态响应关系的概念模型

根据河网分布和水利工程布置情况，将目标河流分为若干河段。对自由流动河段而言，划分该河段自然水文过程的环境水流组分，并分析其生态效应，可参考 1.2 节；评估不同环境水流组分的改变程度，并预测其生态响应。对水库河段而言，从水库的生态问题着手，将生态问题与不同环境水流组分及其水文要素进行关联分析，初步得出特定时段的水库水文过程诱发生态问题的因果关系。

3.3　筛选生态保护目标及其关键期

环境水流的生态目标大致可分为 6 种：改善水文水质条件（包括维持水温、溶解氧、

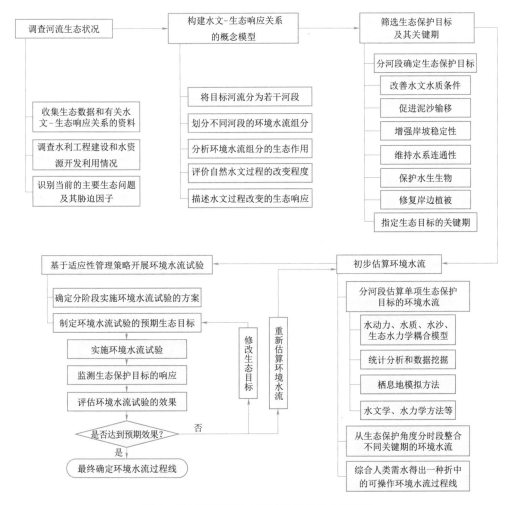

图 4　确定河流环境水流过程线的基本流程图

营养盐、盐度在适宜水平，抑制水体富营养化等）、促进泥沙输移以维持河床冲淤平衡、增强岸坡稳定性、维持水系连通性、保护水生生物和修复岸边植被。生态目标筛选应基于河流生态调查或健康评估结果，参考 2 节的基本原则（1），重点解决该河段当前或未来将存在的、对水文过程变化敏感的生态问题。

　　生态保护目标的关键期指为了实现生态目标而需要释放环境水流的时段。定义关键期基于如下考虑：①有些生态保护目标所针对的生态问题具有季节性发生的特点，如水体富营养化、水库淤积、湿地候鸟越冬等；②有些生态问题是由于个别时段的环境水流没有满足造成的。譬如，鱼类产量降低多是由于繁殖期的水文改变所引起；岸边植被的消亡主要归咎于洪水过程的缺失。

3.4　初步估算环境水流

　　由于河流生态系统的复杂性和大量不确定性，也限于人们的认知水平，科学家往往基于现有数据和经验性判断，初步估算环境水流。具体包括：①按照先物理化学目标，次地貌目标，再次生物目标的次序，逐次计算单项生态目标的环境水流，计算方法参见表1；若已算的环境水流显然能够满足另一些生态目标，可不必再计算它们的环境水流；②按照原则（3）和（4）进行分时段和分河段整合，得出生态保护角度的环境水流；③识别目标河段人类需水与河流生态需水的主要冲突，通过科学家、管理者及利益相关方的广泛参与和讨论，按照2节的基本原则（5）和（6），修正环境水流，得出具有生态保护目标的，带有时间节点的，包含多种水文要素的，可操作的环境水流过程线（可参见图6）。

表1　　　　　　　　　不同生态保护目标的环境水流计算方法及其适用性

生态保护目标	环境水流的估算方法	适 用 条 件
改善水文水质条件	一维、二维、三维水动力水质模型	水文、水动力、水质、地形数据齐全
	非线性回归、人工神经网络等	水文和水质数据充足
	水文学方法（历史流量法、7Q10法和10年最枯月均流量法）	水文数据充足，水质数据非常少，同时受人类活动干扰小的河流
促进泥沙输移以维持河床冲淤平衡	一维、二维水沙模型和沙量平衡分析	水文、水动力、含沙量、地形数据齐全
	非线性回归、人工神经网络等	水文和含沙量数据充足
	数学公式	实际监测数据较少
增强岸坡稳定性	岩土力学模型	水文、气象、岩土应力应变等数据
	统计分析（相关性分析等）	大量水文、气象和地质灾害监测数据
	专家评估法	一定的水文和地质灾害监测数据
维持水系连通性	一维、二维、三维水动力学模型	水文和最新的地形数据
	基于水文和遥感数据的统计分析	长时间系列的水文和遥感数据
保护水生生物	生态水力学模型（水体富营养化模型、种群生长模型、个体迁移模型等）	生境条件影响生物因子的机理明确；水文、水动力、水质、含沙量、地形和生物数据齐全
	统计分析或数据挖掘（相关性分析、主成分分析、对应分析、线性回归、人工神经网络、遗传规划、贝叶斯网络）	大量的水文、水动力、水质、含沙量、地形和生物数据
保护水生生物	栖息地模拟法	可获得生物对生境因子的适宜性曲线；充足的水文、水动力、水质、含沙量和地形数据
	水力学方法（湿周法和R2CROSS法）	仅有水文和某些断面的地形数据
	水文学方法（Tennant法、变化范围法等）	只有水文数据，河流受人类干扰小
修复岸边植被	地表水和地下水联合模型；水动力学和河流蜿蜒性模型；植被种群模型	河流水文过程、地下水、泥沙冲淤与岸边植被生活史过程的关系明确；水文、泥沙、地形、地下水和植被数据齐全
	统计分析方法（线性回归、logistic回归、高斯回归等）	大量的水文、地下水和植被监测数据

3.5 基于适应性管理策略开展环境水流试验

开展环境水流的现场试验，宜采用适应性管理策略，分阶段实施。试验之前需给出可检验的预期结果，并设计详细的生态监测方案。通过对试验前、后生态目标的监测，评估试验的实际效果，再与预期结果对比，比较二者的差异。分析差异的原因，进而修正生态目标或调整水文-生态响应关系，改进环境水流估算结果，再次开展环境水流试验。如此反复循环进行，不断缩小目标差，最终确定环境水流。环境水流确定后，要及时总结当前河流的水文-生态响应关系，以指导同类河流的环境水流估算和试验。

4 三峡水库和长江中游河段的环境水流过程线估算

4.1 研究区域概况

以三峡水库和长江中游三峡大坝至城陵矶河段（以下简称为长江中游河段）为研究区域，应用上述方法估算环境水流。研究区域的水文过程受到三峡-葛洲坝梯级水库的调控。三峡大坝 2003 年 5 月开始蓄水，2010 年 10 月首次蓄水至正常蓄水位 175m，在长江上游形成 600 余 km 的水库。葛洲坝位于三峡大坝下游 38km 处，主要对三峡水库日调节的非恒定流进行反调节，基本不改变三峡水库的日下泄流量。梯级水库联合调度实现防洪、发电、航运、供水等多种社会经济功能。

自三峡水库蓄水以来，库区和下游河段出现了一系列生态问题。库区问题包括：支流水体富营养化[28]，水库泥沙淤积[32]，库岸发生滑坡、崩塌、泥石流等地质灾害[33]，消落带生态环境问题[34]等。下游河段问题包括：溶解气体过饱和[35]，下泄水流水温过程改变[36]，长江中游河道冲刷[32]，洞庭湖枯水期水位降低[37]，一些本地鱼类，如四大家鱼和中华鲟的早期资源量和产量明显减少[38-39]等。显然，产生这些生态问题的原因除了水文改变以外，还包括气候变化、污染物排放、过度捕捞等。

4.2 水文-生态响应关系的概念模型

（1）水文过程的环境水流组分。根据蓄水前宜昌站（位于葛洲坝下 6km 处）的实测流量数据，将枯水期 12 月至次年 4 月归为低流量过程期，5 月和 6 月为汛前高流量过程期，7—9 月为洪水过程期，10 月和 11 月为汛后高流量过程期[40]。这三种环境水流组分的生态作用参见图 2。根据梯级水库的调度规程并结合最近几年的实际运行情况，三峡水库环境水流组分划分为：11 月至次年 2 月为高水位运行期，3—6 月上旬为消落期，6 月中旬至 9 月上旬为低水位运行期，9 月中下旬至 10 月为蓄水期。

（2）水文过程的改变及其生态效应。梯级水库调度运行对三峡水库和长江中游河段的水文改变及其生态效应见表 2。

表 2 三峡水库和长江中游河段的水文改变及其生态效应

河段	水 文 改 变	生 态 效 应
三峡水库	支流水深增加，流速大幅度降低，支流库湾流速降至 0.05m/s 以下	支流库湾水体呈现垂向分层，干支流水体交换减弱，透明度增加，加上营养盐过量，在 3—10 月光照和水温适宜时暴发支流水华
	水库水深增加，流速降至不足蓄水前的 20%[41]	汛期低水位运行期或蓄水期，水体输沙能力降低，导致水库淤积和下游河道冲刷
	消落期、低水位运行期和蓄水期的库水位上升率和下降率过快	引起库岸地下水水位、孔隙水压力和岸坡应力状态调整，从而导致滑坡、崩岸等岸坡失稳
	水库最高、最低水位的变幅增加	在消落期、低水位运行期和蓄水期形成消落带，消落带治理不善可能不利于水库水质
	水深增加，流速降低，季节性的水库分层，缺乏分层取水措施	下泄水流和长江中游河段的年内水温过程改变：3—5 月明显降低，10 月至次年 1 月水温明显升高
长江中游三峡大坝至城陵矶河段	水流通过表孔或底孔下泄时，出水口与下游河流存在较高的水头差	大坝泄流时水气强烈掺混，导致下泄水流及下游河段的溶解气体过饱和
	三峡水库下泄水流的含沙量显著降低	造成长江中游河道冲刷，同等流量下长江中游水位降低，洞庭湖出流量增加，枯水期湖水位降低
	低流量期 1—3 月和汛前高流量期 5 月至 6 月上旬的流量分别增加 1000～2000m³/s，3000～4000m³/s	由于长江中游河道冲刷，这两段时期下泄流量增加并没有带来长江中游水位显著增加，对鱼类越冬、长江与洞庭湖连通性等的影响较小
	三峡水库蓄水期 9 月中下旬和 10 月的流量显著降低 5000m³/s 以上	受下泄流量降低、荆江三口分流减少和河道冲刷的多重影响，长江中游河段蓄水期水位显著下降，与洞庭湖连通性减弱，枯水期湖水位明显降低
	水温过程改变和鱼类繁殖期水文过程（包括流量、变化率、持续时间等多种要素）的改变	鱼类繁殖期向后推迟，推迟后繁殖期的水文过程可能较原繁殖期有所改变，同时受过度捕捞影响，一些本地鱼类的早期资源量和产量明显下降

4.3 研究区域的生态保护目标及其关键期

三峡水库和长江中游河段的生态保护目标及其关键期见图 5。恢复水温过程和缓解消落带生态环境问题暂不作为库区生态目标。因为在无分层取水设施的前提下，改变下泄流量对恢复水温的作用有限；而三峡水库消落带研究还处于植被筛选和局部区域示范阶段，在消落带尚未形成稳定的植被群落之前很难提出环境水流需求。由于促进水库泥沙输移与减轻长江中游河道冲刷的环境水流基本一致，故后者不再单独列为生态目标。这里选择经济鱼类四大家鱼和濒危保护鱼类中华鲟为代表性鱼类。

4.4 环境水流过程线的初步估算结果

表 3 综合了现阶段作者及其他研究者针对不同生态目标的环境水流估算结果。其中，库区岸坡稳定性和长江中游江湖连通性与水文过程的关系尚无定量化的研究成果，本文采用专家建议暂时只给出了维持消落期库岸稳定的环境水流。维持江湖连通性的环境水流则按照长江中游水位不低于历史水位法的方式估算。随着今后研究的深入，表 3 中的结果将得到进一步修正。

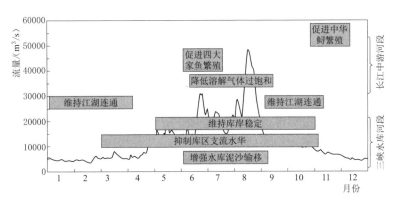

注：图中方块的左右边界为对应生态保护目标的关键期。

图5　三峡水库和长江中游河段的生态保护目标及其关键期

表3　　　　　　　　　　从生态保护角度不同生态保护目标的环境水流需求

生态目标	估算方法	环境水流估算结果
抑制库区支流水华	统计分析；水动力水质模型[28,42-43]	消落期：当支流发生水华时，在满足下游航运需求的基础上，降低下泄流量，形成日升幅大于0.5m/d、持续时间5d以上的库水位上升过程
		低水位运行期：在水华暴发时段，以日升幅大0.5m/d速度将库水位抬升4~6m，但不超过上限水位
		蓄水期：当8月末或9月初发生严重支流水华时，启动提前分期蓄水；9月初开始蓄水，采用先快后慢方式，蓄水初4~5d，水位日升幅1.0~1.5m/d，后期0.4m/d；水位升至一定高度时，暂停蓄水，之后再按照上述方式升高至175m
增强水库泥沙输移	水沙模型[44]	低水位运行期：采用多汛限水位：汛期中小流量（<35000m³/s）时，坝前水位维持在148~151m；出现汛情且流量更大后，水位降至145/143m；入库流量大于45000m³/s且短期预报将出现大于十年一遇洪水时，预泄洪水到135m
维持库岸稳定	专家评估法	消落期：库水位日下降速率不高于0.6m/d
降低溶解气体过饱和	水动力水质模型[45]	洪水期：控制三峡水库最大下泄流量不超过三峡电站的最大过机流量（约30000m³/s）
维持江湖水系连通	历史水位法	低流量期：1—3月流量在5000m³/s以上；未来随着长江中游进一步冲刷，可能要增加至6000m³/s以上（考虑长江中游冲刷，按蓄水后1—3月长江水位不低于蓄水前1—3月平均水位估算）
		洪水期末和汛后高流量期：9月流量在11200m³/s以上；10月流量在10000m³/s以上；未来需要进一步增加流量（考虑长江中游冲刷，按蓄水期长江水位不低于同期历史最低水位估算）
促进四大家鱼繁殖	数据挖掘；栖息地模拟[23,46]	汛前高流量期和洪水期初：在6月15日至7月20日之间、宜昌站水温在20~25℃时，发生1次以上的涨水过程，涨水过程的日涨水率为800~5400m³/s/d之间、流量为7630m³/s至三峡电站的最大过机流量、涨水持续时间为6~8d、日均涨水率为900~3100m³/(s·d)
促进中华鲟繁殖	栖息地模拟[47]	汛后高流量期：11月中下旬三峡水库最小下泄流量为8000m³/s

表3中不同生态目标的环境水流存在明显冲突的时段为：三峡水库低水位运行期，增强水库泥沙输移要求入库流量高于 $35000\text{m}^3/\text{s}$ 时，库水位降至143m，此时三峡大坝将启用坝身泄流，长江中游河段很可能发生溶解气体过饱和；假如水库冲沙期与四大家鱼繁殖期或支流严重水华期重合，考虑到冲沙和防洪的重要性，也很难兼顾鱼类和水质的环境水流需求。

从生态保护角度得到的环境水流与发挥三峡水库社会经济效益的下泄水流存在突出矛盾的时段包括：①消落期末，6月10日以前库水位必须以适当的日下降率降至防洪汛限水位，因此5月下旬和6月上旬库水位将处于降低的过程，无法满足抑制支流水华的环境水流；②低水位运行期，当遭遇10年一遇的洪水时，从减少水库淤积和长江中游河道冲刷的角度，希望库水位降至145m以下，比如135m[44]，但是从发挥水库的发电和航运效益来看，这种环境水流的可行性很低；③汛后蓄水期，为了蓄满水三峡水库不得不大幅度地降低下泄流量，加之长江中游河道的冲刷，尽管未来蓄水期的流量可能增加，也很难改变枯水期洞庭湖水位下降的态势[48]。对于上述矛盾，目前还做不到为了生态效益而大量地牺牲社会经济利益，只好暂时以发挥水库社会经济功能为主的方式下泄环境水流，同时积极探索其他生态修复措施。譬如：抑制支流水华与面源污染控制，恢复枯水期洞庭湖水位与疏浚荆江三口河道，促进水库泥沙输移与机械方式挖沙、输沙等措施相配合。对于其他生态保护目标而言，实施环境水流可能会带来一定的防洪、发电、航运效益损失，但还不至于阻碍水库原有功能的发挥，具有一定的可操作性[31]。

基于上述分析，按照3.4节的思路，初步模拟了2010年入库流量条件下，三峡水库和长江中游河段（宜昌站）的环境水流过程线，见图6。

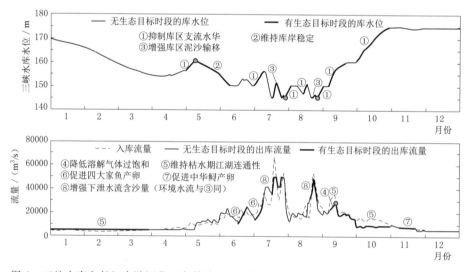

图6 三峡水库和长江中游河段（宜昌站）的环境水流过程线（以2010年入库流量为例）

4.5 环境水流试验

消落期维持库岸稳定（图6中的②）和1—3月维持长江与洞庭湖连通（图6⑤左侧）

的环境水流在现行调度中很容易实现。降低溶解气体过饱和仅在没有防洪和库区泥沙输移需求时兼顾，即入库流量小于 $35000 \mathrm{m}^3/\mathrm{s}$ 时，此时三峡水库为了增加发电或蓄水，一般会控制下泄流量不超过电站最大过机流量，也就避免了溶解气体过饱和。因此，上述三种环境水流不必开展专门的试验。

当前需要开展的环境水流试验为：抑制库区支流水华，增强库区泥沙输移，促进四大家鱼和中华鲟繁殖及蓄水期维持长江与洞庭湖的连通性。2011 年 6 月 12—19 日，梯级水库首次开展了真正意义上的环境水流试验，释放了一次为期 6d（期间有 1d 没有涨水），日均涨水率为 $1655 \mathrm{m}^3/(\mathrm{s} \cdot \mathrm{d})$，流量在 $9000 \sim 19500 \mathrm{m}^3/\mathrm{s}$ 的涨水过程。长江中游河段四大家鱼的早期资源量监测表明，此次涨水过程刺激了部分四大家鱼产卵，但产卵规模尚未达到预期效果。可能是因为此次涨水的发生时间较早（略早于表 3 中的环境水流），以及 2011 年春季长江中游和洞庭湖大旱影响了亲鱼的性腺发育[49]。此外，自 2008 年以来，三峡水库尝试逐步提前蓄水，以提高水库蓄满率，减少 10 月下泄流量降低值。目前，9 月维持江湖连通的环境水流基本能满足，10 月的虽不能满足，但基本在 $7000 \mathrm{m}^3/\mathrm{s}$ 以上，比不提前蓄水方案多 $1000 \sim 2000 \mathrm{m}^3/\mathrm{s}$。这在一定程度上有利于缓解枯水期洞庭湖水位降低。库区水质监测也表明，提前蓄水对抑制支流水华具有显著效果。当前研究区域的环境水流试验才刚起步，未来尚需开展大量的环境水流试验，以进一步拓展水文-生态响应关系，校正环境水流过程线。

5 结论

（1）河流生态过程之间存在复杂的等级关系。水文过程对物理化学过程、地貌过程和生物过程起直接或间接的层级驱动作用。其他生态过程除了受生态过程内部上层过程的影响，还受到外部自然条件和人类活动的共同作用。特定生态目标的环境水流释放有时应与特定气象条件及其他生态修复措施相结合。

（2）建立水文-生态响应关系是环境水流估算的基础。自由流动河段，自然水文过程的低流量、高流量和洪水过程与其他生态过程之间存在天然的契合关系；水文改变是诸多生态问题产生的重要原因。水库河段，库水位的高水位、消落、低水位和蓄水过程与其他生态过程之间存在一定的矛盾关系。基于上述定性认识，采用水动力、水沙、水质、生态水力学等数学模型，统计分析，栖息地模拟等技术方法，建立水文因子与生态目标的量化关系。

（3）环境水流是协调人类需水和社会需水的折中水流。环境水流估算应针对当前或未来存在的、对水文改变敏感的生态问题，从维持生态完整性出发，确定生态保护目标，建立水文与生态目标的响应关系，同时考虑不同水流方案对社会经济效益的影响，综合得出可操作的环境水流。基于适应性管理策略开展环境水流试验，在实践中不断完善环境水流。

（4）三峡水库和长江中游三峡大坝至城陵矶河段的环境水流计算。在分析自然水文过程的生态作用及水文改变的生态响应的基础上，选择抑制库区支流水华、增强水库泥沙输移、维持库岸稳定、降低溶解气体过饱和、维持江湖水系连通、促进四大家鱼和中华鲟繁殖为生态目标,采用多种方法并综合多家的研究成果,得出了具有生态保护目标的,带有时间节点的,包含多种水文要素特征的环境水流过程线。

(5)以上应用初步验证了基于水文-生态响应关系的环境水流过程线估算方法的合理性和可行性,同时为改进三峡-葛洲坝梯级水库调度,维持长江生态健康提供了方法支持和决策依据。

参 考 文 献

[1] POFF N L, ALLAN J D, BAIN M B, et al. The natural flow regime [J]. BioScience, 1997, 47 (11): 769 - 784.

[2] JOWETT I G, BIGGS B J. Application of the 'natural flow paradigm' in a New Zealand context [J]. River Res Appl, 2009, 25 (9): 1126 - 1135.

[3] ACREMAN M C, DUNBAR M J. Defining environmental river flow requirements? Areview [J]. Hydrol Earth Syst Sci, 2004, 8 (5): 861 - 876.

[4] 董哲仁, 孙东亚, 等. 生态水利工程原理与技术 [M]. 北京: 中国水利水电出版社, 2007.

[5] POSTEL S, RICHTER B D. Rivers for life: Managing water for people and nature [M]. Washington: Island Press, 2003.

[6] RICHTER B D, WARNER A T, Meyer J L, et al. A collaborative and adaptive process for developing environmental flow recommendations [J]. River Res Appl, 2006, 22 (3): 297 - 318.

[7] RICHTER B D, THOMAS G A. Restoring environmental flows by modifying dam operations [J]. Ecol and Soc, 2007, 12 (1): 12.

[8] 董哲仁. 河流生态系统研究的理论框架 [J]. 水利学报, 2009 (2): 129 - 137.

[9] RICHTER B D, BAUMGARTNER J V, Powell J, et al. A method for assessing hydrologic alteration within ecosystems [J]. Conserv Biol, 1996, 10 (4): 1163 - 1174.

[10] BUNN S E, ARTHINGTON A H. Basic principles and ecological consequences of altered flow regimes for aquatic biodiversity [J]. Environ Manage, 2002, 30 (4): 492 - 507.

[11] 倪晋仁, 崔树彬, 李天宏, 等. 论河流生态环境需水 [J]. 水利学报, 2002, (9): 14 - 19.

[12] 陈敏建, 丰华丽, 王立群, 等. 生态标准河流和调度管理研究 [J]. 水科学进展, 2006, 17 (5): 631 - 636.

[13] THARME R E. A global perspective on environmental flow assessment: Emerging trends in the development and application of environmental flow methodologies for rivers [J]. River Res Appl, 2003, 19 (5): 397 - 441.

[14] KING J M, THARME R E, WILLIERS M S. Environmental flow assessment for rivers: Manual for the building block methodology, 2008.

[15] ARTHINGTON A H, RALL J L, KENNARD M J, et al. Environmental flow requirements of fish in Lesotho rivers using the DRIFT methodology [J]. River Res Appl, 2003, 19 (5 - 6): 641 - 666.

[16] POFF N L, RICHTER B D, ARTHINGTON A H, et al. The ecological limits of hydrologic alteration (ELOHA): A new framework for developing regional environmental flow standards [J]. Freshwater Biol, 2010, 55 (1): 147 - 170.

[17] Federal Interagency Stream Restoration Working Group. Stream corridor restoration: Principles, processes, and practices [M]. United States National Engineering Handbook, Part 653. 1998.

[18] 董哲仁, 孙东亚, 赵进勇, 等. 河流生态系统结构功能整体性概念模型 [J]. 水科学进展, 2010,

21 (4)：550－559.

[19] 董哲仁，张晶.洪水脉冲的生态效应 [J].水利学报，2009 (3)：281－288.

[20] 易伯鲁，余志堂，梁志燊，等.葛洲坝水利枢纽与长江四大家鱼 [M].武汉：湖北科学技术出版社，1988.

[21] JACOBSON R B，GALAT D L. Design of a naturalized flow regime－an example from the Lower Missouri River，USA [J]. Ecohydrology，2008，1 (2)：81－104.

[22] JUNK W J，BAYLEY P B，Sparks R E. The flood pulse concept in river－floodplain systems. In：Dodge D P eds [C]// Proceedings of the international large river symposium. Canadian special publication of fisheries and aquatic sciences，1989：110－127.

[23] 王俊娜，李翀，段辛斌，等.基于遗传规划法识别影响鱼类丰度的关键环境因子 [J].水利学报，2012，43 (6)：92－101.

[24] ROOD S B，SAMUELSON G M，BRAATNE J H，et al. Managing river flows to restore floodplain forests [J]. Front Ecol Environ，2005，3 (4)：193－201.

[25] SIH A，FERRARI M C，HARRIS D J. Evolution and behavioural responses to human－induced rapid environmental change [J]. Evol Appl，2011，4 (2)：367－387.

[26] 韩博平.中国水库生态学研究的回顾与展望 [J].湖泊科学，2010，22 (2)：151－160.

[27] 毛战坡，彭文启，王世岩，等.三门峡水库运行水位对湿地水文过程影响研究 [J].中国水利水电科学研究院学报，2006，4 (1)：36－41.

[28] 杨正健，刘德富，纪道斌，等.三峡水库172.5m蓄水过程对香溪河库湾水体富营养化的影响 [J].中国科学：技术科学，2010，40 (4)：358－369.

[29] 张金良，王育杰，练继建.水库异重流调度问题的研究 [J].水利水电技术，2001，32 (12)：17－19.

[30] 罗华铭，李天宏，倪晋仁，等.多沙河流的生态环境需水特点研究 [J].中国科学E辑：技术科学，2004，(S1)：155－164.

[31] 王俊娜，董哲仁，廖文根，等.美国的水库生态调度实践 [J].水利水电技术，2011a，42 (1)：15－20.

[32] 三峡工程泥沙专家组.长江三峡工程初期蓄水 (2006—2008年) 水文泥沙观测简要成果 [R].北京：中国科学技术出版社业务二科，2009.

[33] 黄波林，许模.三峡水库水位上升对香溪河流域典型滑坡的影响分析 [J].防灾减灾工程学报，2006 (3)：290－295.

[34] 谭淑端，王勇，张全发.三峡水库消落带生态环境问题及综合防治 [J].长江流域资源与环境，2008，17 (S1)：101－105.

[35] 陈永灿，付健，刘昭伟，等.三峡大坝下游溶解氧变化特性及影响因素分析 [J].水科学进展，2009，20 (4)：526－530.

[36] 郭文献，王鸿翔，夏自强，等.三峡-葛洲坝梯级水库水温影响研究 [J].水力发电学报，2009，28 (6)：182－187.

[37] 赖锡军，姜加虎，黄群.三峡工程蓄水对洞庭湖水情的影响格局及其作用机制 [J].湖泊科学，2012，24 (2)：178－184.

[38] DUAN X，LIU S，HUANG M，et al. Changes in abundance of larvae of the four domestic Chinese carps in the middle reach of the Yangtze River，China，before and after closing of the Three Gorges Dam [J]. Environ Biol Fish，2009，28 (1)：13－22.

[39] 陶江平，乔晔，杨志，等.葛洲坝产卵场中华鲟繁殖群体数量与繁殖规模估算及其变动趋势分析 [J].水生态学杂志，2009，2 (2)：37－43.

[40] 王俊娜.基于水文过程与生态过程耦合关系的三峡水库多目标优化调度研究 [D].北京：中国水

利水电科学研究院，2011.

[41] 黄真理，李玉樑，陈永灿，等. 三峡水库水质预测和环境容量计算［M］. 北京：中国水利水电出版社，2006.

[42] 纪道斌，刘德富，杨正健，等. 汛末蓄水期香溪河库湾倒灌异重流现象及其对水华的影响［J］. 水利学报，2010，41（6）：691－696.

[43] 三峡大学. 改善库区支流水华的三峡水库调度方案与示范效果评估［R］. 宜昌：三峡大学，2011.

[44] 周建军，林秉南，张仁. 三峡水库减淤增容调度方式研究——多汛限水位调度方案［J］. 水利学报，2000，31（10）：1－11.

[45] 陈永柏，彭期冬，廖文根. 三峡工程运行后长江中游溶解气体过饱和演变研究［J］. 水生态学杂志，2009，2（5）：1－5.

[46] 王俊娜，李翀，廖文根. 三峡-葛洲坝梯级水库调度对坝下河流的生态水文影响［J］. 水力发电学报，2011b，30（2）：84－90.

[47] 蔡玉鹏，万力，杨宇，等. 基于栖息地模拟法的中华鲟自然繁殖适合生态流量分析［J］. 水生态学杂志，2010，3（3）：1－6.

[48] 毛北平，梅军亚，张金辉，等. 洞庭湖三口洪道水沙输移变化分析［J］. 人民长江，2010，19（2）：38－42.

[49] 中国水利水电科学研究院，中国水产科学研究院长江水产研究所. 补偿下游河流水生生物繁殖条件的三峡-葛洲坝联合调度技术方案与示范效果评估［R］. 北京：中国水利水电科学研究院，2011.

[50] ARTHINGTON A H，BUNN S E，POFF N L，et al. The challenge of providing environmental flow rules to sustain river ecosystems［J］. Ecol Appl，2006，16（4）：1311－1318.

[51] 崔瑛，张强，陈晓宏，等. 生态需水理论与方法研究进展［J］. 湖泊科学，2010（4）：465－480.

[52] 中国水利水电科学研究院，中国水产科学研究院长江水产研究所，长江水利委员会三峡水文局，等. 三峡水库泄水溶解气体过饱和及其对鱼类影响和保护措施研究［R］. 北京：中国水利水电科学研究院，2009.

[53] 毛战坡，王雨春，彭文启，等. 筑坝对河流生态系统影响研究进展［J］. 水科学进展，2005（1）：134－140.

黄河水量统一调度与调水调沙对河口
的生态水文影响 *

[摘　要]　从具有生态学意义的流量、频率、出现时间、持续时间和变化率等 5 种水文要素出发，采用水文变化指标体系定量评估了黄河水量统一调度与调水调沙对河口段生态水文情势的影响，讨论了河口环境水流需求以及调水调沙后水文情势对环境水流的满足程度。研究结果表明，与水量统一调度前相比，水量统一调度与调水调沙后利津断面水文情势有所改善，年极小值流量明显增加，但是水文过程变化率降低，洪水漫滩过程消失，水文过程趋于平缓。目前河口段水文情势能够满足枯水期适宜生态流量需求，汛前 4—5 月关键期无法满足适宜生态流量与流量脉冲过程，汛期除缺乏洪水脉冲过程外，基本能够满足高流量输沙需求。

[关键词]　黄河水量统一调度；调水调沙；水文情势；水文变化指标体系；生态响应；环境水流

1　研究背景

1999 年黄河开始实施水量统一调度，有效遏制了黄河下游断流现象，2002 年利用小浪底水利枢纽工程进行调水调沙，实现下游河道冲刷减淤作用。水量统一调度与调水调沙对河口产生积极的生态环境效应，如抬升河岸地下水位[1]、遏制三角洲湿地急剧萎缩等[2]。产生生态效应的原因复杂多样，其中最根本的是河流水文情势的改变。河流水文过程是河流生态过程的重要组成部分，对河流生态系统起着重要的驱动力作用[3]，对其他生态过程亦起主导作用[4]。因此有必要客观评价黄河水量统一调度与调水调沙对河口水文特征的影响，识别产生生态效应的主导因子。

水文过程的定量表征，经历了从只计算平均流量，到关注极值流量，再到建立全面描述水文情势的生态水文指标体系的过程。自 20 世纪 90 年代，国内外学者提出了多种量化水文过程的水文指标体系，如美国 Richter 等[5] 提出的 5 类 33 个水文变化指标（indicators of hydrologic alteration，IHA），澳大利亚 Growns 等[6] 提出的 7 类 91 个指标，张洪波等[7] 提出了包含 7 类 50 个生态水文指标的黄河生态水文指标体系。此外，Olden 等[8] 在总结已有的 171 个生态水文指标基础上，对这些指标进行冗余分析，研究表明 IHA 指标基本能够反映 171 个水文指标的信息，该指标体系因此而得到广泛应用[9-11]。

*　张爱静，董哲仁，赵进勇，王俊娜. 黄河水量统一调度与调水调沙对河口的生态水文影响 [J]. 水利学报，2013，44 (8).

本文从具有生态学意义的流量、频率、出现时间、持续时间和变化率 5 种水文要素出发，采用 IHA 指标体系定量评估水量统一调度与调水调沙对河流生态水文情势的影响，进一步识别了水文情势变化的生态响应及响应机制，为改善黄河河口生态环境提供科学支撑。

2 研究方法

2.1 水文过程划分

本研究以黄河利津站 1950—1959 年、1987—1998 年、2002—2010 年流量过程分别作为自然条件下、水量统一调度前、水量统一调度与调水调沙后 3 个时期的水文过程。根据环境水流组分的划分方法[12]，将利津站水文过程划分为低流量、高流量和洪水脉冲过程 3 种水流组分。具体划分方法为：将流量由小到大排列，小于等于 50% 的流量归为低流量过程，大于 67% 的流量归为高流量过程；流量为 50%～67% 时，如果当天流量比前一天流量增加 20% 则认为高流量开始，若后一天流量比当天流量减少 10% 则认为高流量结束，高流量以外的被认为是低流量；高流量中大于平滩流量的水文过程归为洪水脉冲过程，利津站断面的具体平滩流量值参考[13]。

2.2 生态水文指标计算

水文变化指标 IHA 是用于定量评价水文情势变化的生态水文指标体系[14]。IHA 指标体系包含能够描述流量、频率、发生时间、持续时间和变化率 5 种水文要素的 33 个指标，表 1 为 IHA 指标体系及其生态学意义。此外加入洪水漫滩次数、漫滩持续时间两个指标用于定量表征洪水脉冲过程。本文分别计算了自然条件、水量统一调度前、水量统一调度与调水调沙后 3 个时期的 35 个生态水文指标，为评估黄河水量统一调度与调水调沙对生态水文情势的影响，采用偏离因子，即调水调沙后生态水文指标相对于水量统一调度前水文指标的变化程度作为评价生态水文情势改变程度的评价因子。

表 1　　　　　　　　　　　IHA 指标体系及其生态学意义[9,12]

IHA 指标组	水文指标（33 个）	生 态 学 意 义
月平均流量	各月平均流量 （共 12 个指标）	水生生物的栖息地
		植物所需的土壤湿度
		陆生动物供水
		影响水体水温、溶解氧水平和光合作用
年极值 流量的大小	年 1 日、年 3 日、年 7 日、年 30 日、 年 90 日平均最小流量 年 1 日、年 3 日、年 7 日、年 30 日、 年 90 日平均最大流量 零流量的天数 基流指数：年 7 日最小流量/年均流量 （共 12 个指标）	提供植被定植场所
		平衡竞争性、杂草性和耐受性生物体
		通过生物和非生物因子构造水生生态系统
		塑造河床形态和栖息地物理条件
		河道与河漫滩区的营养物质交换
		改变河道、湖泊和河漫滩区植物群落的分布
		持续高流量利于污染物扩散和产卵场通风

续表

IHA 指标组	水文指标（33 个）	生 态 学 意 义
年极值 流量的出现时间	年最大流量出现日期（罗马日） 年最小流量出现日期（罗马日） （共 2 个指标）	与生物体的生活史吻合
		生物体胁迫的可预见性与规避
		鱼类迁徙和产卵信号
		生活史策略和行为机制的进化
高、低流量的 频率与持续时间	年低流量的谷底数 年低流量的平均持续时间 年高流量的洪峰数 年高流量的平均持续时间 （共 4 个指标）	植物土壤湿度胁迫、植物厌氧胁迫的频率与大小
		河漫滩区水生生物栖息地的可利用性
		河道与河漫滩区营养物质和有机物的交换
		水鸟摄食、栖息和繁殖场所的通道
		改变河道、湖泊和河漫滩区植物群落的分布
		影响泥沙输移、河道沉积物的结构（大脉冲）
水流条件的 变化率与频率	涨水率：连续日流量的增加量 落水率：连续日流量的减少量 每年涨落水次数（共 3 个指标）	退水时对植物的干旱胁迫
		涨水时生物体滞留在岛屿和河漫滩区上
		消除外来物种

3　结果与讨论

3.1　环境水流组分划分

　　图 1 显示利津站 3 个时期环境水流组分的划分结果。由图 1 可知，12 月至次年 5 月基本为低流量过程；洪水脉冲过程发生在 8 月、9 月；其余 6 月、7 月和汛后 10 月、11月基本为高流量过程。自然条件下，3 种水流组分均具有重要的生态意义，例如低流量过程能够为水生生物生存提供必要的生存空间，高流量过程流量增加，扩展了水生生物的栖息空间和食物来源，洪水脉冲时期能够为沿岸湿地补水，促进湿地发育（见表 2）。

表 2　　　　　　　　　　　**3 种水流组分对河流生态系统的意义**

水流组分	河流栖息地特征	生 态 学 意 义
低流量过程	流速缓慢，水流在主河槽流动，水位较低	河道保持一定基流，维持河流的连续性；为水生生物越冬与生存提供必要的栖息空间和觅食空间；4—5 月流量脉冲过程一方面刺激鱼类产卵繁殖，另一方面降低河口附近海域盐度，利于河口鱼类洄游迁移，同时为植被种子萌发与扩散提供信息[15]
高流量过程	流速增加，水位、河宽增加，泥沙输移增加	鱼类繁殖生长和植被生长的关键时期；提供植被生长所需水分和营养盐；决定植被群落分布与丰度；扩展水生生物栖息地的面积和食物来源；泥沙输移增加加快了黄河三角洲造陆过程[15]
洪水脉冲过程	水流漫出主河道，与滩区相连	促进主河道与河漫滩区之间的能量交换与物质循环，为鱼类生长发育提供良好的繁育所和充足的食物来源。洪水脉冲为沿岸湿地补给大量淡水资源，提高湿地水位，促进滩区植被的顺向演替。河道-滩区系统形成具有高度空间异质性的动态联通系统，成为维持生物群落多样性的关键[16]。黄河口洪水漫滩过程有利于泥沙输送和河道冲刷，成为塑造河床形态的主要驱动力

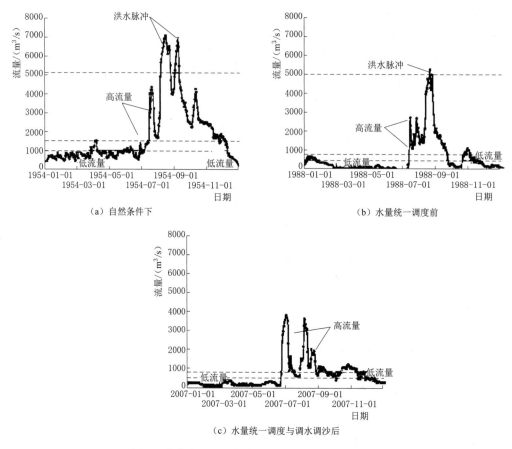

图 1 利津站 3 个时期典型年的三种环境水流组分

3.2 黄河口水文情势变化

3.2.1 调水调沙后与黄河水量统一调度前水文变化指标的对比

表 3 显示了黄河水量统一调度前、水量统一调度与调水调沙后月均流量的变化。与水量统一调度前相比，调水调沙后利津断面年均流量略有增加，流量年内分配发生明显变化。5—10 月月均流量变化显著，汛期 8～9 月月均流量减少，5—7 月与 10 月流量增加，由于 6 月中下旬小浪底水库的调水调沙实践，利津断面 6 月月均流量增加幅度最大（增加 $750 \mathrm{m}^3/\mathrm{s}$），同时作为植被生长与鱼类繁殖的重要时期，5 月月均流量增加也比较大，汛期 8 月月均流量下降最明显（减少 $600 \mathrm{m}^3/\mathrm{s}$）。非汛期 11 月至次年 4 月月均流量变化相对较小。

表 3　黄河水量统一调度与调水调沙对月均流量的改变

生态水文指标	自然条件下均值	水量调度前均值	调水调沙后均值	偏离因子
1 月均流量	484	341	253	−0.26
2 月均流量	639	222	164	−0.26

续表

生态水文指标	自然条件下均值	水量调度前均值	调水调沙后均值	偏离因子
3月均流量	793	159	152	−0.04
4月均流量	1009	147	156	0.07
5月均流量	832	126	284	1.24
6月均流量	938	218	980	3.50
7月均流量	2516	612	1026	0.68
8月均流量	3690	1472	864	−0.41
9月均流量	2840	1007	744	−0.26
10月均流量	2195	398	847	1.13
11月均流量	1547	434	549	0.27
12月均流量	713	356	298	−0.16
年均流量	1516	458	526	0.15

注　表中计算结果为多年平均值,偏离因子＝(调水调沙后水文指标均值−水量统一调度前水文指标均值)/调度前水文指标均值;流量单位:m³/s。

表4显示了除月均流量外其他生态水文指标的计算结果。黄河水量统一调度对年极小流量改变非常大,年1日、年3日、年7日、年30日平均最小流量与基流指数明显增加,自2000年始利津断面保持全年不断流,因此断流天数减少为零。调水调沙时期与水量统一调度前相比,利津断面年极大流量略有增加,6月下旬小浪底水库的调水调沙使断面流量出现年洪峰值,因此年最大流量出现时间提前15d。调水调沙时期,低流量、高流量过程发生频率无明显变化,低流量平均持续时间明显增加、高流量过程持续时间略有降低。水文过程的日间涨水率、退水率降低,水文过程趋于平缓。水量统一调度前,利津断面分别于1988年、1996年发生了1次洪水漫滩现象,但调水调沙后由于河道的冲刷减淤效果,断面平滩流量有所增加,没有洪水漫滩过程发生。

表4　　水量统一调度前、水量统一调度与调水调沙后生态水文指标计算结果

生态水文指标		自然条件均值	水量调度前均值	调水调沙后均值	偏离因子
最小流量	年1日平均最小流量	193	0	66	
	年3日平均最小流量	210	0	73	
	年7日平均最小流量	249	0	80	
	年30日平均最小流量	440	14	104	6.50
	年90日平均最小流量	635	72	147	1.05
最大流量	年1日平均最大流量	6794	3048	3338	0.10
	年3日平均最大流量	6547	2841	3230	0.14
	年7日平均最大流量	5956	2538	3118	0.23
	年30日平均最大流量	4414	1798	1886	0.05
	年90日平均最大流量	3302	1168	1251	0.07
零流量天数		0	74	0	−1.00

续表

生态水文指标		自然条件均值	水量调度前均值	调水调沙后均值	偏离因子
基流指数		0.1665	0.0004	0.1622	436.18
年极值流量的出现时间	年最大流量出现时间	233	218	203	−0.07
	年最小流量出现时间	138	97	116	0.19
高、低流量以及洪水漫滩的频率与持续时间	年低流量的谷底数	10	8	8	−0.07
	年低流量的平均持续时间	25	39	52	0.34
	年高流量的洪峰数	10	8	7	−0.13
	年高流量的平均持续时间	14	17	14	−0.17
	漫滩次数	1.2	0.2	0	−1.00
	漫滩持续时间	5	1	0	−1.00
变化率	涨水率	75	40	23	−0.42
	退水率	−67	−34	−21	−0.39
	每年涨落水次数	137	104	164	0.58

注 表中计算结果为多年平均值，偏离因子＝（调水调沙后水文指标均值−水量统一调度前水文指标均值）/调度前水文指标均值；流量单位为 m^3/s；出现时间单位为罗马日；持续时间单位为 d；日间涨、落水率单位为 $m^3/(s \cdot d)$。

总体看来，相对于黄河水量统一调度前期，黄河水量统一调度与调水调沙后河口段生态水文情势的变化主要表现在：利津断面来水量年内分配情况发生明显变化，汛前 5—6 月月均流量增加幅度最大，汛期 8 月月均流量降低最明显。年极小值流量与基流指数大幅度增加，年最大流量出现时间提前 15d。低流量平均持续时间明显增加、高流量过程持续时间略有降低，水文过程变化率降低，洪水漫滩过程消失，水文过程趋于平缓。

3.2.2 调水调沙后与自然条件下水文变化指标的对比

图 2 为自然水文系列中月均流量的分布范围及水量统一调度前、调水调沙后月均流量值，与自然条件相比，利津段面除调水调沙后期 6 月月均流量达到自然条件下 6 月月均流量中值外，其余各月月均流量基本小于自然条件下月均流量最小值。黄河口近 20 年水文过程变化剧烈，主要受气候变化、人类引水等多因素导致河口来水量急剧减少。自然条件下，利津断面 3—4 月月均流量值呈现上升

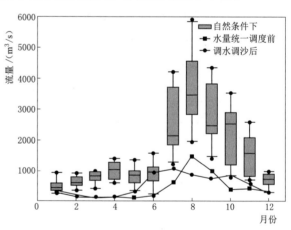

图 2 自然水文系列与水量统一调度前后月均流量对比

趋势，而近 20 年由于黄河下游引黄，控制断面 2—5 月月均流量呈现年内低值，流量脉冲过程消失。

由表 4 可知，自然条件下，年 1 日、年 3 日、年 7 日、年 30 日、年 90 日最小流量维持在 $193\sim635m^3/s$ 之间，而调水调沙后，年极小值流量波动范围（$66\sim147m^3/s$）明显

缩小，年最大流量出现时间提前 30d。调水调沙后，利津断面年低流量、高流量发生频率降低，低流量持续时间明显增加。自然条件期间河口共发生洪水漫滩事件 12 次，平均持续时间 5d，而调水调沙后期断面洪水漫滩过程消失，而且水流变化率明显降低。水文过程发生频率、变化率的降低表明自 20 世纪 60 年代以来，随着黄河干流梯级水库的开发运行，下游河道流量过程呈现明显的均一化现象。

3.3　河口段环境水流需求及满足程度

环境水流是指在维持河流自然功能和社会功能基本均衡或协调发挥的前提下，维持河流生态系统结构与功能在良好状态的适宜径流条件[17]。水文过程是维持河口段和近海海域生态过程的关键因素。目前，已有大量学者对河口环境水流需求进行探索，本文在总结环境水流需求基础上，结合调水调沙后利津断面的实际水文情势，讨论径流条件对环境水流需求的满足程度及其生态响应（表 5）。

表 5　　　　　　　　　　　调水调沙后河口段的环境水流需求及满足程度

时期	环境水流需求	调水调沙后水文情势	满足程度	生态响应
枯水期（11 月至次年 3 月）	$120\sim190m^3/s$[13]	$150\sim550m^3/s$	满足	黄河断流现象消失，河道保持持续的水流条件，为水生生物生存与越冬等提供必要的栖息和生存空间
汛前 4—5 月	适宜生态流量为 $370m^3/s$[18]，需要一定的流量脉冲过程（脉冲流量达 $800m^3/s$，涨水事件一年至少 1 次，持续时间 7d 以上）[15]	4—5 月月均流量低于 $300m^3/s$，一直持续在低流量过程，没有明显的流量脉冲过程	无法满足	无法保证鱼类产卵繁殖的适宜生态流量及流量脉冲需求，不利于刺激鱼类产卵，此外河口海域无法保证鱼虾生物繁殖的低盐区栖息环境[19]，不利于洄游鱼类生存
汛期 6—10 月	流量 $2500m^3/s$ 以上洪水至少发生一次，持续时间 7~10d 以上[13]	6 月底出现年洪峰流量过程，流量达 $3000m^3/s$ 以上，持续时间不少于 7d，且 8—10 月出现 1~2 次高流量洪峰事件	满足	增加了河道主槽过流能力，实现河段的高效输沙，维持河道形态[20]；高流量过程可通过侧向与建闸向河口湿地补水，促进湿生植被生长[2]；增加水生生物栖息地面积和食物来源，为水生生物与湿生植被提供充足的水分和营养盐
汛期 7—10 月	漫滩洪水（流量大于 $6000m^3/s$）4~5 年发生一次[13]	漫滩洪水消失	无法满足	洪水脉冲过程的生态效应消失，无法实现漫滩洪水的淤滩刷槽效果，无法维持平滩流量 $4000m^3/s$ 左右不萎缩

总体看来，目前河口段的径流条件在枯水期 11 月至次年 3 月能够满足适宜生态流量需求；汛前 4 月与 5 月关键期的平均流量分别为 $156m^3/s$ 与 $284m^3/s$，仅达适宜生态流量的 42% 与 77%，且不存在流量脉冲过程，无法满足鱼类产卵繁殖的流量过程需求；汛期 6—10 月能够满足泥沙输送、维持河道形态的洪峰量级，但是无法实现满足淤滩刷槽、维持平滩流量不萎缩的洪水漫滩需求。由于 4—5 月是鱼类产卵繁殖、植物生长的关键敏感期，而目前的实际径流条件无法满足关键敏感期的环境水流需求，4—5 月是黄河水量调度最困难、最需要关注的时段，因此建议在水量调度时适当增加河口流量，并适当释放一

定的流量脉冲过程。同时汛期在保证下游防洪安全基础上，尽量增加洪水脉冲洪峰流量和持续时间，以实现漫滩洪水的淤滩刷槽及河漫滩区-河道之间的物质交换。

4　结论

（1）采用具有生态学意义的包括3种环境水流组分与5种水文要素的水文变化指标定量评估了黄河水量统一调度与调水调沙对河口段生态水文情势的影响：流量年内分配情况发生明显变化，年极小值流量与基流指数大幅度增加，年最大流量出现时间提前15d；低流量持续时间增加，水文过程的变化率降低，洪水漫滩过程消失，水文过程趋于平缓。

（2）目前河口径流条件在枯水期能够满足适宜生态流量需求；汛前4—5月关键期平均流量为适宜生态流量的42%～77%，且不存在流量脉冲过程，无法满足鱼类产卵繁殖的生态流量需求与流量脉冲过程；汛期能够满足河道输沙的洪峰量级，但是缺乏4～5年发生一次的漫滩洪水（流量大于6000m³/s），无法实现淤滩刷槽效果与洪水脉冲效应。

（3）建议黄河水量统一调度在4—5月关键期内适当增加河口流量，汛期在保证防洪安全基础上，尽可能出现洪水脉冲过程，从而合理调节河口径流过程，维持良好的河口及附近海域生态环境。

参　考　文　献

[1]　范晓梅，刘高焕，束龙仓，等. 调水调沙对河口地区地下水动态的影响 [J]. 人民黄河，2009，31（9）：34-36.

[2]　郝伏勤，王新功，刘海涛，等. 黄河水量统一调度对下游生态环境的影响分析 [J]. 人民黄河，2006，28（2）：35-38.

[3]　董哲仁，孙东亚，赵进勇，等. 河流生态系统结构功能整体性概念模型 [J]. 水科学进展，2010，21（4）：550-559.

[4]　毛战坡，王雨春，彭文启，等. 筑坝对河流生态系统影响研究进展 [J]. 水科学进展，2005，16（1）：134-140.

[5]　RICHTER B D, BAUMGARTNER J V, POWELL J, et al. A method for assessing hydrologic alteration within ecosystems [J]. Conservation Biology, 1996（10）：1163-1174.

[6]　GROWNS J, MARSH M. Characterisation of flow in regulated and unregulated streams in eastern Australia [R]. Cooperative Research Centre for Freshwater Ecology Technical Report, 2000.

[7]　张洪波，黄强，彭少明，等. 黄河生态水文评估指标体系构建及案例研究 [J]. 水利学报，2012，43（6）：675-683.

[8]　OLDEN J D, POFF N L. Redundancy and the choice of hydrologic indices for characterizing streamflow regimes [J]. River Research and Applications, 2003, 19（2）：101-121.

[9]　王俊娜，李翀，廖文根. 三峡-葛洲坝梯级水库调度对坝下河流的生态水文影响 [J]. 水力发电学报，2011，30（2）：84-90.

[10]　HU W W, WANG G X, DENG W, et al. The influence of dams on ecohydrological conditions in the Huaihe River basin, China [J]. Ecological engineering, 2008, 33（3-4）：233-241.

[11]　YANG T, ZHANG Q, CHEN Y D, et al. A spatial assessment of hydrologic alteration caused by dam construction in the middle and lower Yellow River, China [J]. Hydrological process. 2008,

22：3829 - 3843.

[12] The Nature Conservancy. Indicators of Hydrologic Alteration Version 7User's Manual [Z]. 2007.

[13] 刘晓燕，等. 黄河环境流研究 [M]. 郑州：黄河水利出版社，2009.

[14] MATHEWS R，RICHTER B D. Application of the Indicators of Hydrologic Alteration Software in Environmental Flow Setting [J]. Journal of the American Water resources Association，2007，43（6）：1400 - 1413.

[15] 蒋晓辉，何宏谋，曲少军，等. 黄河干流水库对河道生态系统的影响及生态调度 [M]. 郑州：黄河水利出版社，2012.

[16] 董哲仁，张晶. 洪水脉冲的生态效应 [J]. 水利学报，2009，40（3）：281 - 288.

[17] WANG J N，DONG Z R，LIAO W G，et al. An environmental flow assessment method based on the relationships between flow and ecological response：A case study of the Three Gorges Reservoir and its downstream reach [J]. Sci China Tech Sci，2013，56（6）：1471 - 1484.

[18] 王高旭，陈敏建，丰华丽，等. 黄河中下游河道生态需水研究 [J]. 中山大学学报（自然科学版），2009，48（5）：125 - 130.

[19] 肖纯超，张龙军，杨建强. 2004—2009 年黄河口近岸海域低盐区面积的变化趋势研究 [J]. 中国海洋大学学报，2012，42（6）：40 - 46.

[20] 于守兵，王万战，王开荣，等. 现阶段黄河入海流路输沙动态平衡研究 [J]. 人民黄河，2012，34（6）：10 - 15.

Effects of the integrated water regulation and water – sediment regulation of the Yellow River on the eco – hydrology of its estuary

Abstract：The Indicators of Hydrological Alteration （IHA） that includes five flow components （discharge，frequency，timing，duration and rate of change） with great ecological significance are adopted to estimate the effects of the integrated water regulation and water – sediment regulation of the Yellow River on the eco – hydrology of the river estuary. The demands for environmental flows and satisfaction degree of current hydrological regime were discussed. The results indicate that estuarine hydrologic regime has been improved effectively due to the integrated water regulation and water – sediment regulation. While the rate of change decreased；the flood pulse process disappeared and the hydrologic process became flat. The hydrological regime is able to meet the appropriate ecological flows during the dry period and that of the flood period could achieve the river channel scouring except for the lack of flood pulse process. While，during April to June the hydrological processes are incapable of meeting the ecological flows and short of the flow pulsing for fish reproduction.

Key words：the integrated water regulation；water and sediment regulation；hydrological regime；Indicators of Hydrological Alteration；ecological response；environmental flows

美国的水库生态调度实践*

[摘 要] 本文介绍了近 40 年来美国的水库生态调度实践和试验研究情况，分析了包括哥伦比亚河、田纳西河、科罗拉多河、格林河和萨瓦纳河在内的典型案例的生态目标、调度措施、工程措施、生态效果和相应的经济损失，初步概括了美国的水库生态调度的发展历程和主要经验。

[关键词] 水库生态调度；大坝泄水试验；生态目标；生态修复效果；美国

1 引言

传统的水库调度方式对河流生态系统造成了一定的胁迫效应[1-2]。降低大坝的建设和运行对河流生态系统负面影响的措施可分为两类：工程措施和水库生态调度措施。工程措施主要解决大坝所造成的鱼类洄游阻隔、下泄水流水温变化、溶解氧过饱和或过低等问题。工程措施包括：建设过鱼设施、水库分层取水装置、鱼类友好的水轮机等水利枢纽设施设备。水库生态调度主要致力于改进水库调度方式，恢复下游河流的自然水文情势，合理运行大坝设施，恢复河流生态功能。与工程措施相比，水库生态调度措施具有实施费用较低、便于开展原型试验、对下游河流生态修复的影响范围较大、生态修复效果较明显等特点。因此，水库生态调度的理论和技术在近几十年来得到了长足发展。据美国大自然保护协会统计，截至 2005 年，世界上共有 53 个国家的 855 条河流开展了修复环境水流的研究或实践[3]。其中，至少有几十条河流已经进行或正在进行水库生态调度的实践。在已进行的生态调度实践中，美国开展的生态调度试验研究不仅在数量上远超过其他国家，而且在类型上涵盖了不同生态目标和不同水库规模。美国的地理位置、河流和水库规模与我国都具可比性，因此美国的水库生态调度经验，对我国具有重要借鉴意义。需要说明的是，在美国的相关文献中，罕见"水库生态调度"这样的术语，大多采用"改进大坝运行方式"表述，而保护与恢复河流生态系统是其应有之义。

2 美国水库生态调度的典型案例

2.1 哥伦比亚河

哥伦比亚河发源于加拿大落基山脉西麓的哥伦比亚湖，穿过美国华盛顿州，在俄勒冈

* 王俊娜，董哲仁，廖文根，李翀. 美国的水库生态调度实践 [M]. 水利水电技术，2011 (1).

州的阿斯托里注入太平洋。哥伦比亚河干流及其支流斯内克河生活着多种洄游于太平洋和淡水河流之间的鲑鱼。鲑鱼的产卵场主要位于哥伦比亚河和斯内克河的中上游河段。20世纪30—70年代，哥伦比亚河干流及其支流上共建设了几十座大坝。虽然这些大坝在建设之初就设有成鱼过坝的鱼梯，但是洄游鱼类的数量还是大幅度下降。其主要原因是幼鱼在向大海洄游的过程中，需要至少通过8座大坝。这些大坝当时没有建设幼鱼下行的通道，导致幼鱼通过水轮机的死亡率较高[4]。1977年以后，一些大坝调度中开始考虑了鲑鱼幼鱼降河洄游的季节性水流需求，通过溢流坝下泄一定的水量，帮助幼鱼过坝，增加大坝的下泄流量模拟自然条件下的高流量脉冲，以加快幼鱼向大海迁徙[5]。同时，采取了改建溢洪道和排漂孔、增加幼鱼旁路过鱼系统、集鱼和运鱼系统等措施。这些措施实施后，洄游鱼类的过坝率有了较大的提高。但是，鲑鱼的数量还在降低。其原因可能是改建大坝、恢复洄游通道的同时，忽视了鲑鱼栖息地的修复。

2.2　田纳西河

　　美国东南部的田纳西河是密西西比河的二级支流，俄亥俄河的最大支流。1933年，田纳西流域管理局（TVA）成立，负责对田纳西流域进行综合治理开发。20世纪50年代田纳西河的水电开发完成，干支流上共建设了43座水库和电站。1990年，田纳西河流域环境评估报告完成。报告建议改进流域内20座大坝的调度方式，并建议了这些大坝下泄水流的最小流量和最小溶解氧浓度。下泄流量的确定是基于每个大坝下游水环境、栖息地、供水等方面的综合需求。溶解氧目标设定为：冷水渔场6mg/L，温水渔场4mg/L。1991年田纳西流域管理局接受了该报告的建议，开始对流域内大坝的调度方式进行调整。1996年，历时5年、花费5000万美元的田纳西河流域20座大坝生态调度的项目圆满完成[6]。其意义在于修正了自1933年开始实施的明确以航运、防洪及水力发电为水库调度目标的田纳西流域法案（TVA Act of 1933），开始兼顾水环境和栖息地等综合需求。

　　在保证最小下泄流量方面，TVA针对不同的大坝共采取了4项措施：①适宜的日调节制度。②水轮机的脉冲调节。在夜间和周末的非泄流期，靠1台机组进行间歇的补偿运行，维持尾水达到预期的流量。③安装小型机组。在主机停机时，小型机组运行，以保证最小流量。④利用坝下游的反调节池泄水。在主机组不发电的时候，打开反调节池闸门泄水。

　　在维持大坝下泄水的最小溶解氧方面，TVA采取了5项技术措施：①水轮机充气。该方法将使发电效率降低1.3%，是可比方案中最经济的。②水轮机注入空气。当水轮机侧管压力没有低到吸入空气时，采用鼓风机或者空压机将空气注入水轮机。由于设备和运行费用等原因，使注入空气法比充气法昂贵。③水库表层水泵方法。水泵水流正处于进水口上方，迫使水流进入取水区域。此法费用低于注入空气法，而高于充气法。④充氧。通过氧气供应装置和扩散系统将氧气输送到水轮机进口水体。⑤曝气堰。

　　对生态调度实施前后大坝下泄水流水文、水环境、水生生物的监测表明：这些措施实施后，每个大坝下游的最小流量基本上都得到满足。大坝下泄水流溶解氧低于最小溶解氧目标的时间和河段长度都较生态调度前大大缩短。监测到的鱼类和大型无脊椎动物对生态调度实施的反馈也是正面的。

2.3　科罗拉多河

世界闻名的自然景观——科罗拉多大峡谷位于格伦峡大坝下游。1966年，格伦峡大坝蓄水以后，下泄流量的季节性变化降低，洪峰过程基本消失；由于电站主要承担调峰任务，日内的最大下泄流量是最小流量的十几倍。水库鲍威尔湖水温分层明显，下泄水流水温年内变幅由建坝前的0~29℃变化为7~12℃；大坝将建坝前进入大峡谷的84%的泥沙拦截在库里，导致下游一些沙洲、河滩遭到侵蚀而面积减少；一些本地物种濒临灭绝，外来物种入侵严重[7]。

1990年6月至1991年7月，自建坝运行以来首次对格伦峡大坝的调度进行调整试验，下泄了3次历时2周的水流，包括3d的恒定水流和11d的波动水流，以比较下游河流生态对大坝不同泄流情况的短期响应。

1992年，美国国会通过了大峡谷保护法案。法案规定：格伦峡大坝的运用，必须遵守附加的准则，以确保自然环境、文化资源和参观旅游的价值，并减弱格伦峡谷水坝的负面影响。

1996年，格伦峡大坝首次实施了栖息地营造水流的试验。3月末至4月初，格伦峡大坝下泄了为期14d、流量为1274m³/s的人造洪峰。此次试验主要是为了模拟建坝前坝址处的春季洪峰，重建下游沙洲和河滩，沉积营养物质，修复河汊，恢复自然系统的动态性。试验之初的效果令人满意，沙滩体积平均增长了164%，面积平均增长了67%，厚度增加了0.64m。但监测很快发现这些新的沙洲不稳定，沙洲的侵蚀速率较大[8]。

1996年10月，美国内务部采纳了改进低波动水流方案。1997年，格伦峡大坝的适应性管理项目正式启动。1997年秋季，格伦峡大坝下泄了为期2d、流量为878m³/s的维持栖息地水流试验，以维持1996年营造栖息地水流的效果。

为了研究调度对水温的影响，2000年夏季首次实施稳定水流试验。5—8月，格伦峡连续下泄了227m³/s的稳定水流。这次试验表明：在稳定水流条件下，下游干流平均水温比日调节时波动水流高出1.4~3℃，死水区高0.3~5.3℃，具有明显升温作用[9]。

2003年，首次采取波动水流抑制外来鱼类（鳟鱼等）的繁殖。在外来鱼类的繁殖期（1—3月），下泄流量在142~566m³/s之间波动水流，干扰其产卵活动，降低幼鳟鱼的成活率。

目前，格伦峡大坝每年依然进行高流量试验、栖息地营造试验及稳定水流等各水库生态调度的试验。

2.4　格林河

犹他州的格林河是科罗拉多河最大的支流，哺育着科罗拉多河流域的4种特有鱼类：弓背鲑、尖头叶唇鱼、刀项亚口鱼和骨尾鱼。1967年，弗莱明峡大坝正式运行后，夏季水库底层下泄水流的水温低至6℃。大坝对水文和水温情势的改变，导致格林河下游虹鳟鱼生长速度减缓、濒危鱼类数量下降。1978年6月，弗莱明峡大坝安装了取水库表层水的多水位压力钢管。通过压力钢管取水能将夏季下泄水流水温提高到13℃。这个温度能够增加虹鳟鱼的生长和水库下游的渔业生产。但是格林河下游的夏季水温还是很少超过17℃。

1992年，完成了报告弗莱明峡大坝运行的生物学建议。报告建议弗莱明峡水库春、夏、秋、冬季节的下泄水量和下泄水温的范围。1992—1996 年，弗莱明峡大坝增加了 5 月、6 月的下泄流量，大坝下游河流的夏季水温较 1978—1991 年略有提高。

2000 年，报告《弗莱明峡大坝下游格林河濒危鱼类保护的水流和水温推荐值》完成。该报告基于弓背鲤、尖头叶唇鱼、刀项亚口鱼 3 种濒危鱼类对水流和水温需求，推荐了 5 种不同水文年（丰水年、中等丰水年、平水年、中等枯水年、枯水年）弗莱明峡大坝下泄水流的峰值流量、基流和相应水温[10]。2000 年以后弗莱明峡大坝的调度方式再次进行了调整：增加春季洪峰的流量和持续时间，维持夏季、秋季和冬季较小的基流量，限制基流的日波动范围。2002—2006 年，弗莱明峡大坝泄流的水文情势和水温情势都基本达到 2000 年报告的推荐范围。3 种濒危鱼类的监测表明，这几年的环境条件较适合它们繁殖[11]。

2.5　萨瓦纳河

美国东南部的萨瓦纳河是汇入大西洋的河流中土著鱼类最丰富的一条河流。萨瓦纳河建坝后，水文情势的变化导致一些洪泛区森林停止再生、河流水质下降、河口淡水和咸水不平衡、河口沼泽消失、短鼻鲟及其他本地洄游性鱼类数量明显减少。

2002 年，美国大自然保护协会（TNC）和美国陆军工程兵团（USACE）选取萨瓦纳河作为可持续性河流项目的示范河流之一[12]。2003 年，大自然保护协会会同 50 多位科学家共同推荐了萨瓦纳河环境水流值方案。该环境水流方案综合考虑了萨瓦纳河河道、河漫滩和河口生态系统的水流需求，针对丰、平、枯三种水文年分别提出了 3 种环境水流组分（低流量、高流量和洪水）的发生时间、频率、持续时间、流量大小和变化率。这次推荐环境水流的过程得到了世界相关研究领域科学家的广泛关注[13]。

2003 年冬季，萨瓦纳河上游的哈特维尔水库和赛蒙德水库水位没有降低。2004 年 3 月，水库下泄了一次持续时间 3d、流量为 $453 \text{m}^3/\text{s}$ 的脉冲水流。2005 年 3 月，水库下泄了一次持续 3d、流量为 $510 \text{m}^3/\text{s}$ 的脉冲水流。2006 年 3 月，哈特维尔水库和赛蒙德水库水位下降了 0.61m，形成了一次连续 3d、流量为 $651 \text{m}^3/\text{s}$ 的脉冲水流[14]。

在水库试验性泄流的同时，科学家对下游河流的水质、水生生物、河口水质等进行了监测。监测结果表明：这几次试验性泄水的生态效果不是特别显著；短鼻鲟鱼并没有通过萨瓦纳悬崖闸坝进入上游的栖息地；试验性泄流仅造成淡咸水交界面的暂时缩小和向下游移动[14]。究其原因，估计是因为水库下泄的脉冲水流没有达到环境水流的推荐值。目前，萨瓦纳河还在继续进行环境水流的试验。

表 1 列出美国 9 条河流改进水库调度的基本情况。

表 1　　　　　　　　　　　美国水库生态调度典型案例的基本情况

开始时间	地点	改进水库调度的生态目标	调度措施	工程措施	取得的生态效果	调度措施造成的经济损失	参考文献
20 世纪 70 年代	哥伦比亚河	帮助鲑鱼过坝；增加鲑鱼数量	在幼鲑鱼洄游季节，增加溢洪道和大坝的下泄水量	改建溢洪道和排漂孔；修建鱼梯和旁路过鱼系统；使用集鱼和运鱼系统	提高了鲑鱼幼鱼的过坝率	一定的发电量损失	文献 [4]　文献 [5]

续表

开始时间	地点	改进水库调度的生态目标	调度措施	工程措施	取得的生态效果	调度措施造成的经济损失	参考文献
20世纪80年代	特拉基河下游	刺激鱼类产卵；恢复岸边植被	下泄春季洪水；降低洪水的退水率	无	裂鳍亚口鱼开始产卵；岸边本地植被基本恢复	不详	文献[5]
1989年	罗阿诺克河	增加条纹鲈鱼的数量、保护河滨低地的阔叶林和沼泽	在条纹鲈鱼的产卵季节，降低水库下泄水流的日波动；在河漫滩树苗的生长季节，减少水库泄水中非自然脉冲的频率和淹没时间	无	条纹鲈鱼的捕捞率和鱼卵的丰度都在逐渐上升；河漫滩硬木林的生态效果还未见报道	某一大坝的发电损失可通过电力系统其他大坝进行弥补	文献[6]文献[9]
1991年	田纳西河	保证大坝最小下泄流量和下泄水流的溶解氧浓度	调整水库的日调节方式；水轮机间歇式脉冲水流；坝下反调节池泄水	安装小型机组；水轮机通风；水轮机注入空气；水库表层水体充气；注入氧气；修建曝气堰	大坝下游的最小流量基本得到满足；下泄水流溶解氧低于最小溶解氧浓度的时间和河段长度都较调度前大大缩短；鱼类和大型无脊椎动物有正面响应	水库生态调度造成的发电损失不大，但工程措施的费用较大	文献[6]
1990年	科罗拉多河	营造格伦峡大坝下游的沙洲和边滩；恢复下泄水流水温；清除外来鱼类；保护濒危物种	下泄低波动水流、栖息地营造水流、栖息地维护水流、夏季稳定水流、外来物种繁殖季节波动水流	无	下游的边滩和沙洲面积增加；外来鱼类数量有所减少；下泄水流水温有一定升高	低波动水流的发电损失为250万美元；1996年"栖息地营造水流"试验的发电损失为500万美元	文献[7]～文献[9]，文献[17]
1992年	犹他州格林河	恢复自然河流水文情势和水温情势；保护濒危鱼类	增加春季洪峰的流量和持续时间；维持较小的基流量；限制基流量的日波动范围	安装多水位压力钢管	河流水温基本恢复到自然情况；本地鱼类的丰度所占比重有所上升	不详	文献[10]文献[11]

续表

开始时间	地点	改进水库调度的生态目标	调度措施	工程措施	取得的生态效果	调度措施造成的经济损失	参考文献
2002—2005 年	肯塔基州格林河	保护土著鱼类和蚌类的多样性	推迟水库水位降低时间；增加水库泄水持续期；形成类似自然暴雨的高脉冲流量	无	对本地鱼类和蚌类有积极影响	基本没有经济损失	文献 [18]文献 [19]
2004 年	萨凡纳河	修复河道、洪泛区和河口栖息地	春季下泄高流量脉冲水流	无	对水质、无脊椎动物、鱼类等河流生态状况有一定的改善	经济损失较小	文献 [13]文献 [14]
2005—2007 年	比尔威廉斯河	清除外来物种柽柳；修复本地岸边植被	下泄春季洪水脉冲；减缓洪水退水过程	无	增加了本地岸边植物的密度；减少了外来物种柽柳的密度	经济损失较小	文献 [20]

3 主要经验

（1）发展阶段。自 20 世纪 70 年代开始，在美国就开始着手研究缓解大坝引起的负面生态影响问题，陆续开展了改进水库调度方式的若干个案现场试验研究。到 90 年代，研究范围有所扩大。这些案例经验表明，通过改进水库调度方式，可以在一定程度上缓解大坝对下游的负面生态影响。基于这种认识，工作继续推进，到 21 世纪初现场试验研究已经形成了一定规模。仅由美国大自然协会与陆军工程兵团自 2002 年起合作推动的"可持续性河流项目"，就包括了 13 个州 11 条河流上的 26 座大坝。其中，格林河、萨瓦纳河、比尔威廉斯河、大赛普里斯河和威拉米特河等已经进行或正在进行水库生态调度试验。美国目前的示范工程重点是通过试验性调度和泄水，监测下游生物响应和生境变化，在反馈分析的基础上，制定和完善新的调度规则。

（2）立法是基础。众所周知，水库运行能够产生包括发电、供水等多种经济利益。传统的水库调度都以经济利益最大化为目标。以追求利润为目的的水库业主，明显缺乏生态保护的内在动力。在经济利益与生态保护的博弈中，只能由国会和政府部门出面，通过修改、制定法律和政策，明确水库运行的目标除了经济目的以外，还必须把保护生态环境列为重要目标。美国国会专门通过决议案，修订了田纳西流域法案，还通过了大峡谷保护法案，并由内务部等政府部门负责实施，这才促成了各利益相关方的协商合作，推动改进水库调度方案的制定和实施。

（3）改进水库调度的生态目标。改进水库调度方式的生态目标，从单一物种或种群的生态目标逐步向河流生态系统完整性修复方向发展。初期以指示性鱼类为目标，以后考虑了保证最小生态流量和保护水质，继而考虑水文、水温、泥沙、水生生物等多种因素。近年则强调保护生物多样性和修复河流生态系统完整性作为生态目标。

（4）通过现场试验研究完善调度方案。由于改进水库调度工作涉及各利益相关方，加之所涉及生态因子复杂多样，工程情况各异，制定具有新理念的水库调度规则是一项十分困难的工作。目前美国采取的技术路线是：组织一个跨学科的科学家和工程师团队开展工作。在广泛调查的基础上，识别关键生态胁迫因子，建立水文要素与生物要素的关系模型。开展改进调度方式现场试验，监测下游生态响应，进行反馈分析，进而修正调度方案。如此反复进行，开展多年的调度试验，以期完善调度规则。这种试验反馈修正，如此反复进行的工作方法也就是当前流行的所谓适应性管理方法[7,13,14,16]。

（5）调度措施与工程措施相结合。增设过鱼设施、曝气及增氧设施、分层取水设施，建设反调节池和安装小型机组等，都是克服大坝负面生态影响的工程措施。改进水库调度措施与这些工程措施结合应用，有可能更有效地解决鱼类洄游、溶解氧浓度、水温和最小生态需水等问题。

（6）生态效益与经济效益相权衡。兼顾生态保护的水库调度势必会降低水库运行的经济效益。在示范项目中，对多种方案均进行了比选。先是对工程措施和调度措施进行经济评估，继而对不同的调度方案进行比选，使生态效益最大化，而经济损失最小。只有这样，才可能在各利益相关方之间通过协商取得共识。

参 考 文 献

[1] PETTS G E. 蓄水河流对环境的影响 [M]. 王兆印，等译. 北京：中国环境科学出版社，1988.

[2] 董哲仁，孙东亚，赵进勇. 水库多目标生态调度 [J]. 水利水电技术，2007，38 (1)：28-32.

[3] The Nature Conservancy Sustainable Waters Program Flow Restoration Database，2005 [DB/OL]. [2010-09-15]. http：//www.nature.org/initiatives/freshwater.

[4] 周世春. 美国哥伦比亚河流流域下游鱼类保护工程、拆坝之争及思考 [J]. 水电站设计，2007，23 (3)：21-26.

[5] DAUBLE D D，HANRAHAN T P，GEIST D R. Impacts of the Columbia River hydroelectric system on Main-stem Habitats of Fall Chinook Salmon [J]. North American Journal of Fisheries Management，2003，23 (3)：641-659.

[6] HIGGINS J M，ASCE，BROCK W G. Over review of reservoir release improvements at 20 TVA dams [J]. Journal of Energy Engineering，1999 (4)：1-17.

[7] LOVICH J，MELIS T S，et al. The state of the Colorado River ecosystem in Grand Canyon：lessons from 10 year of adaptive ecosystem management [J]. Intl J. River Basin Management，2007，5 (3)：207-221.

[8] SCHMIDT J C，RODERIC A P，PAUL E G，et al. The 1996 controlled flood in Grand Canyon：flow，sediment transport and geomorphic change [J]. Ecological Applications，2001，11 (3)：657-671.

[9] 陈启慧. 美国两条河流生态径流实验研究 [J]. 水利水电快报，2005，26 (15)：23-24.

[10] MUTH R T，CRIST L W，LAGORY K E Flow and Temperature Recommendations for Endangered Fishes in the Green River Downstream of Flaming Gorge Dam [R]. Colorado River Recovery Implem entation Program Project，2002.

[11] BESTGEN K R，ZELASKO K A，COMPTON R I，et al. Response of the Green River Fish Com-

munity to Changes in Flow and Temperature Regimes from Flaming Gorge Dam since 1996 based on Sampling Conducted from 2002 to 2004 ［R］. Colorado River Recovery Implementation Program Project，2006.

［12］ HICKEY J，WARNER A. River Project Brings Together Corps，The Nature Conservancy，2005 ［EB/OL］［2010-09-15］http：//www. nature. org/success/dams. html.

［13］ RICHTER B D，WARNER A T，MEYER J L，et al. Acollaborative and adaptive process for developing environm ental flow recomm endations ［J］. River Research and Applications，2006，22（3），297-318.

［14］ WRONA A，WEAR D，WARD J，et al. Restoring ecological flows to the Lower Savannah River： collaborative scientific approach to adaptive management ［C］//Proceedings of the 2007 Georgia Water Resources Conference，2007.

［15］ ROOD S B，SAMUELSON G M，BRAATNE J H，et al. Managing river flows to restore floodplain forests ［J］. Frontiers in Ecology and the Evironment，2005，3（4）：193-201.

［16］ PEARSALL S H，MCCRODDEN B J，TOWNSEND P A. Adaptivem anagement of flow sinthe Lower Roanoke River，North Carolina，USA ［J］ Environmetal Management，2005，35（4）：353-367.

［17］ HARPMAN D A. The economic cost of the 1996 controlled flood ［J］. Geophysical Monograph，1999，110：351-357.

［18］ RICHTER B D，MATHEWS R，HARRISON D L，et al. Ecologically sustainable water management： managing river flows for ecological integrity ［J］. Ecological Applications，2003，13（1）：206-224.

［19］ KONRAD C P. Monitoring and Evaluation of Environmental Flow Prescrip tions for Five Demonstration Sites of the Sustain able Rivers Project ［R］. Reston，U. S. ：Geological Survey，2010.

［20］ SHAFROTH P B，WILCOX A C，LYTLE D A，et al. Ecosystem effects of environm ental flows： modeling and experimental floods in a dryland river ［J］. Freshwater Ecology，2010，55（1）：68-85.

Practice on reservoirs operation improvement in the United States

Abstract：The practice and experimental research on rese rvoirs operationim provem ent of the recent 40 years in the United States were introduced in this paper Columb ia River，Tennessee River，Colorado River，Green River and Savannah River were taken as typical cases to analyze the ecological targets，operation and engineering measures，ecological benefits and economic losses of reservoirs operation improvement. Finally，the development process and principal experiences of reservoirs operation improvement in the United States were summarized.

Key words：reservoirs operation improvement；dam release experiments；ecological targets；effects of ecological restoration；the United States

第6篇

水资源管理和
应急管理

引　言

本篇包括水资源管理、应急管理和灾后重建方略三部分。

2002 年在南非约翰内斯堡召开的可持续发展世界峰会上，一致通过将水资源危机列为未来十年人类面临的最严重挑战之一。联合国环境计划署 2002 年在《全球环境展望》上指出："目前全球一半的河流水量大幅减少或被严重污染，世界上 80 个国家或占全球 40％的人口严重缺水。"在可持续发展理念的指导下，世界各国致力于解决水资源安全问题，建立高效、公平、统一的水资源管理体制是世界各国解决当前水资源危机的必然选择。

21 世纪初叶，我国面临着严峻的水资源问题，这包括频繁的洪涝灾害，水资源紧缺，水土流失、水域生态恶化和水污染严重等重大挑战。为应对水资源问题挑战，中国政府在水资源管理方面进行了重大的战略调整和改革，并且取得了长足的进步。2002 年 10 月开始实施的《中华人民共和国水法》体现了可持续发展原则，贯穿了水资源综合管理的理念。为贯彻实施《中华人民共和国水法》，水利部加强了对水资源的合理配置、全面节约和有效保护，努力提高用水效率和效益，建设节水防污型社会；统筹生活、生产和生态的"三生用水"；开展河湖生态保护与修复试点，提倡人水和谐的生态理念，在水资源管理和保护方面了取得了明显的进步。

在应急管理方面，本篇收录了两份材料，一篇是刊登在 2005 年 12 月 2 日《第一财经日报》上笔者接受记者采访的报道《亟待建立水污染突发事故的应急管理体系》。2005 年 11 月 13 日中石油吉化公司双苯厂发生爆炸事故，苯类污染物流入松花江，直接影响了下游黑龙江省哈尔滨市和相关地区居民的饮水安全，造成国内外关注的重大水污染事件。笔者在采访中指出，吸取这次重大突发水污染事故的教训，不能照以往那样按个案处理，而应该系统地做出制度性安排。建议在《环境保护法》和《水污染防治法》，增加具有可操作性的突发性水污染事故应急处理条款，规定突发事故的应急主体和应急指挥机构的组成，建立相关部门的协调机制，明确规定事故情况报告制度。在科技支持方面，开发、推广主要江河突发性水污染事故应急计算机辅助决策系统，建立基于地理信息系统平台的应急指挥数据库，开发、推广在线水质监测技术和移动式水质监测技术，从法制建设和科技支持两方面构建突发性水污染事故应急管理体系。

另一篇是《汶川震区堰塞湖处理咨询报告》。2008 年 5 月 12 日在四川省汶川县发生大地震，里氏震级达 8 级，震中烈度达 XI 度，造成了巨大的人员伤亡和经济损失。由于地震后山体滑坡，阻塞河道，在震区形成 34 座堰塞湖，其中极高危级 1 座，高危级 5 座，中危级 13 座，低危级 15 座。定为极高危级的唐家山堰塞湖是汶川大地震后形成的最大堰塞湖，位于涧河上游距北川县城约 6km 处，库容为 1.45 亿 m³，坝体顺河长约 803m，横河最大宽约 611m，顶部面积约 30 万 m²。唐家山堰塞湖形成后，严重威胁着下游绵阳、遂宁市 23 万余群众生命财产安全，堰塞湖的应急排险成了抗震救灾的重中之重。通过央视新闻联播现场直播，全国人民的心牵挂着唐家山。温家宝总理视察唐家山并提出指导原则。由水利部领导组成的国务院抗震救灾总指挥部水利组和唐家山堰塞湖应急处置指挥部驻扎唐家山，指挥协调应急排险工作。一批中央和地方设计、施工单位汇集唐家山。5 月 23 日国务院抗震救灾总指挥部水利组完成《唐家山堰塞湖应急疏通工程设计施工方案》明确了"疏通引流，顺沟开槽，深挖控高，护坡填脚"排险施工方案。应急疏通施工方案确定后，下一步亟待制定合理的群众转移疏散方案。当时的状况是，20 余万群众临时安排在简易板房或学校等公共场所，由于天气炎热，加之蚊虫叮咬，使得一些群众特别是老人、儿童身体不适甚至患病，群众转移工作十分困难。

地震发生后，笔者于 5 月 19 日致电台湾中兴工程科技研究发展基金会执行长许如霖先生，吁请提供台湾 1999 年 921 大地震的抗震排险技术资料。许如霖先生、副执行长姚长春先生、中兴工程顾问社董事长程禹先生等诸位老朋友先后打电话给我，表达了对四川大地震造成的巨大灾情的深切同情，对诸多水库产生的险情和堰塞湖等灾情深表关切，承诺立即快递技术资料。5 月 27 日收到台湾方面寄来资料 21 种 39 册，涉及堰塞湖应急除险、受损水库除险加固、灾后重建标准建筑设计等诸多方面，极有参考价值。当日我将全部资料送水利部并书面报告水利部陈雷部长。5 月 28 日水利部国际合作与科技司按照陈雷部长批示，委托我立即组织专家组，认真研读台湾 921 大地震的抗震除险经验，结合汶川堰塞湖应急除险实际提出咨询报告。当日下午专家组成立并汇集北京。5 月 28—31 日，8 位专家通宵达旦工作，完成了《关于堰塞湖应急处理及长远处置咨询报告》。按照前方指挥部水利部矫勇副部长和刘宁总工程师紧急要求，31 日传去咨询报告。咨询建议的核心内容是依据实时监测流量数据，按照 3 级发布预警，在可能洪水淹没区分段分级，按照预警级别有步骤转移群众。根据咨询意见，前方绘制了唐家山可能洪水淹没区分段分级地图，6 月 8 日正式建立了黄橙红三级预警机制，按照预警级别分时、分段、分级有步骤转移群众。6 月 10 日唐家山堰塞湖洪水平稳通过绵阳，6 月 10 日 15 时，解除涪江部分河段橙色警报。11 日 16 时解除黄色警报，至此唐家山堰塞湖应急处置获得成功，保障了下游 23 万群众的安全。事后，国际合作与科技司发公函代表陈雷部长对专家组的辛勤努力表示感谢，并委托我向台湾水利界朋友转达他的诚挚谢意。

在灾后重建方略方面，收录了发表在《中国水利》1999 年第 5 期的文章《防洪减灾的科技保障》。这篇文章讨论了 1998 年抵御长江流域大洪水的经验教训，指出："人与洪水的关系是人类与自然关系的一个重要方面。由于人口增长和经济发展，人与水争地的现象日趋严重，大量的湖泊被围垦，对洪水的调蓄能力急剧减少，加重了洪涝灾害。河流中上游森林植被遭到破坏，水土流失加重了中下游地区的防洪压力。人类对于自然的掠夺式的索取，必然受到自然界的加倍惩罚。"文章指出："1998 年洪水过后，人们又一次冷静反思，再次重申人类必须遵循自然规律，学会与自然和谐相处。"文章认真学习了朱镕基总理提出的包括加固堤防、封山育林、退耕还林、退耕还草、退田还湖、退渔还湖、分滞洪区管理等灾后重建方针，文章认为重建方针从战略、格局、尺度上突破了传统模式，是指导方针的重大创新。文章认为，应该把灾后重建的一系列举措提高到流域生态系统重建的高度认识。20 年后，当我们回顾当年灾后重建方针时，不能不感到它的科学性和前瞻性。基于生态系统自修复理论提出的封山育林、退耕还林、退耕还草方针，经过多年贯彻落实和持续努力，已经取得了巨大成功。数据表明，2000—2010 年，我国土壤侵蚀面积减少 5.6%，土地沙化面积下降了 6%，土地石漠化面积下降了 4.7%。20 年来国土覆盖度有了很大的提升。退田还湖、退渔还湖、分滞洪区管理工作，也取得了一定进展。当前开展的生态空间管控、生态红线、岸线管理工作，实际上是 1998 年方针的延续。可以认为，1998 年长江流域大洪水的灾后重建是开启我国全面开展河湖生态修复工作的里程碑。

《中国水展望》序 *

全球水伙伴中国技术顾问委员会主席

董哲仁

（2005 年 6 月）

　　水资源是人类赖以生存的基础性自然资源，同时又是不可替代的战略性经济资源，是经济社会可持续发展的物质基础和维系生态环境的重要保障。

　　中国人均水资源占有量少，且时空分布不均，水旱灾害频繁。中华人民共和国成立 50 多年来，坚持不懈地进行了大规模水利建设，供水能力比 1949 年增加了近 5 倍，灌溉面积增加了 2.5 倍，粮食产量增加了 3.8 倍，各类水库增加到 8.5 万座，堤防长度增加到 27 万 km，防洪能力大大增强。水利在保障经济社会发展、保护人民群众生命财产安全和维护国民经济平稳运行等方面发挥了重要作用。但是，随着人口持续增长、经济快速发展、城市化水平提高、人民生活质量改善的不断提高，对防洪安全、粮食安全、供水安全、生态环境安全的要求越来越高，水资源短缺、水污染和生态环境恶化的问题也越来越突出。全球气候变化的影响，则进一步加剧了这些问题。洪涝灾害、干旱缺水、水污染、水土流失和生态环境恶化，已成为 21 世纪中国实现可持续发展战略的严重制约因素，使中国水利遇到了前所未有的挑战。传统的体制、机制、工作思路、水资源管理模式和开发利用方式已经难以支撑经济、社会和生态环境的可持续发展。

　　面对挑战，中国政府按照可持续发展战略的总体部署，围绕如何确立 21 世纪中国水资源可持续发展战略，进行了积极的理论研究和实践探索。1998 年大洪水之后，水利部提出了"从工程水利向资源水利转变，从传统水利向现代水利和可持续发展水利转变，以水资源可持续利用支持经济社会可持续发展"的新时期治水思路。经过几年来的不懈努力和实践检验，资源水利已逐步成为社会各界的共识，其理论体系日趋完善，与之相适应的水资源管理体系和运行机制也正在逐步建立起来。新思路、新体制、新机制产生了新的活力，出现了新的变化，取得了新的成效。近几年来，实施黄河水量统一调度，有效解决了多年来难以解决的下游断流问题；黑河水资源统一管理、统一分配，有效缓解了多年来下游断流、额济纳绿洲濒临灭绝的困境；塔里木河下游应急输水，使断流近 30 年的下游 300 多 km 河道恢复通水，干涸多年的台特玛湖恢复了部分水面；向扎龙湿地补水、恢复珍稀动物栖息地；加快实施南水北调工程，缓解北方地区资源性缺水问题；运用水市场理论和机制，实现浙江省东阳—义乌两市间的水权转让示范成功，也顺利化解河南、河北两省之间的漳河水事纠纷；在新时期治水方针和治水思路的指导下，全国水资源综合规划和有关专业规划正在抓紧编制，有的已经编制完成；2002 年 10 月《水法》修订后重新颁

---

　　* 《中国水展望》是全球水伙伴中国委员会（GWP China）2005 年发布的战略报告。

布，《建设项目水资源论证报告制度》等一批行政法规的制定和实施；流域水资源统一管理的逐步强化和城市水务一体化管理体制的推行；等等。实践正在证明，可持续发展水利是有效解决中国水问题，实现水资源管理现代化的必由之路。

资源水利的本质特征是人与自然和谐相处，而工程水利或传统水利则是以改造自然、征服自然为特征。盲目改造自然必然要受到大自然报复的道理早已众所周知，所以，要做到人与自然和谐相处，必须转变如下有关水资源的一系列传统观念和行为。一是从水资源取之不尽、用之不竭的观念转变为淡水资源是有限的和易受损害的，从水是免费的自然资源的观念转变为水是重要的战略性经济资源。二是从无节制地开发利用水资源、不考虑生态环境用水转变为重视生态用水，合理安排生活、生产、生态用水。三是从片面强调防洪、抗洪转变为协调人-水关系，给洪水留出必要的行洪和调蓄空间，并引入洪水管理思想，在保证防洪安全的前提下尽量多利用洪水资源。四是从片面强调对水资源的开发、利用、治理转变为统筹考虑开发、利用、治理、配置、节约、保护，并逐步把重点转移到水资源合理配置、高效利用、有效保护上来。五是从水资源与经济社会相割裂转变为人口增长、经济结构和生产力布局、发展规模和发展速度与水资源承载能力相适应，寻求人口、资源、经济、社会和生态环境协调发展。六是从单纯依赖工程措施转变为综合运用工程措施和法律、行政、经济、技术等非工程措施，从单一的工程规划模式转变为战略性的水资源综合规划。七是从使用单一的地表水或地下水资源转变为联合运用地表水、地下水、雨水、洪水、劣质水、污水处理回用和海水直接利用、海水淡化等多种水资源。八是从单纯强调满足水需求的供给管理模式转变为采取综合措施，合理抑制需求的水需求管理模式。

资源水利的理论基础是水权、水市场理论。水资源作为一种公共资源和重要的经济资源，水行业兼有公益性、半公益性和经营性的特性。一方面，水资源是属于全社会所有的公共资源，必须由国家统一管理，逐步建立资源核算、绿色 GDP 核算和宏观调控体系。另一方面，水资源作为战略性经济资源，必须按经济规律办事，建立健全水资源资产权属管理体系、水权分配和水权交易制度，政府宏观调控与市场机制相结合，在兼顾公平与效率的基础上，发挥市场机制在资源配置上的基础性作用，促进节约和保护水资源，实现水资源优化配置、高效利用、有效保护和可持续利用的目标。

资源水利的保障机制是政府宏观调控、流域统一管理与准市场相结合。首先，国家对水资源实施统一的权属管理，是维护社会公平和保护资源永续利用的根本保障措施，这与水市场的垄断性经营存在着本质上的区别。二是根据中国国情和水情，必须加强以流域为单元的水资源统一管理。三是区域水资源管理必须在流域统一管理的前提下加强涉水事务一体化管理。四是水资源管理和水市场运作应建立政府宏观调控、利益相关者民主协商、准市场运作、用水户参与的运行模式。

尽管资源水利的理论和实践尚待进一步发展和完善，但在国家新时期治水方针和治水思路的指引下，水利部门坚持理论创新、体制创新、机制创新，各方面都出现了可喜的变化，过去认为无法解决的许多问题正在迎刃而解，一些过去所描绘的中国水资源的暗淡前景正在被改写。比如，过去曾有不少人预言，黄河即将取代塔里木河成为中国最大的内陆河。但事实是：黄河在连续多年断流之后，国家通过对沿黄各省的水量统一调度，于 2000 年第一次实现了不断流，2001 年又在黄河来水量比多年平均值减少 63% 的大旱之年再次实现了不断流。又比如,在传统水利模式下,片面强调扩大供水,满足各行各业用水需求,许多需水预测和供需平衡分析的结果确实是令人忧虑的。一些早期的预测曾提出,2000年中国需水总量将达到7000亿～8000亿 m^3,到21世纪中叶的需水总量将达到10000亿～11000亿 m^3。但事实是,2000年全国供水总量是5531亿 m^3。根据合理抑制需求、提高用水效率的思路对21世纪中叶需水总量的预测结果也已经调整到8000亿 m^3以下。再比如,国外曾有学者根据中国的人口增长和北方地区水资源严重短缺的状况,发出了"下个世纪谁来养活中国人?"的预警。但事实是:近几年来,中国每年农业用水总量一直维持在4000亿 m^3以内,但始终保持着5亿t左右的粮食生产能力,粮食自给率一直在95%以上。随着节水高效农业的不断发展和粮食水分生产率的提高,中国完全有能力为占全球人口22%的中国人提供粮食和食品。总之,资源水利的新思路为解决中国的水问题展示了一幅光明的前景。

全球水伙伴(Global Water Partnership,GWP)在联合国机构的支持下于1996年成立。全球水伙伴是一个向所有从事水资源管理的机构开放的国际网络组织,包括发达和发展中国家的政府机构、联合国机构、双边及多边开发银行、专业协会、研究机构、非政府组织及私营部门等。全球水伙伴旨在促进水资源综合管理,其目标是以公平的方式,在不损害重要生态系统可持续性的条件下,促进水、土及相关资源的协调开发和管理,以使经济和社会财富最大化。现在全球水伙伴已经建立起了13个地区组织,50多个国家组织,在国际可持续发展的舞台上正在发挥着十分积极的作用。

为推动中国水资源的可持续利用,扩大国际交流与合作,经中国政府有关部门批准,于2000年11月成立了全球水伙伴中国技术顾问委员会。全球水伙伴(中国)组织的宗旨是:贯彻实施中国的新《水法》,促进国内不同涉水部门、单位、团体之间的交流与合作,促进社会公众的广泛参与和对话,促进国际交流与合作,努力推动中国水资源统一管理事业。几年来,全球水伙伴(中国)积极参与中国新水法的修订,全国水资源规划的编制等多项具有全局性、战略性的重要工作,在工作中贯彻可持续发展的理念,为推进中国的水资源综合管理发挥了积极的作用。

为进一步推动水资源综合管理理念,全球水伙伴(中国)组织编写了《中国水展望》一书,该书运用国际公认的水资源统一管理的原则,客观评价了中国水资源现状,正确分析了挑战和机遇,研究并建议了应对的策略,最后,科学预测了发展的趋势。我期望这份报告能够对宏观决策和国际交流都有所裨益。

水资源管理的新理念[*]

——写在 2005 年世界水日

董哲仁

2002 年在南非约翰内斯堡召开的可持续发展世界峰会上，一致通过将水资源危机列为未来十年人类面临的最严重挑战之一。联合国环境计划署 2002 年在《全球环境展望》上指出，"目前全球一半的河流水量大幅减少或被严重污染，世界上 80 个国家或占全球 40％的人口严重缺水"。在可持续发展理念的指导下，世界各国致力于解决水资源安全问题，建立高效、公平、统一的水资源管理体制是世界各国解决当前水资源危机的必然选择。

众所周知，淡水是一种有限而脆弱的资源，对于维系生命，社会发展和环境都是必不可少的。水的开发与管理应该建立在共同参与的基础上，即由各级用水户、规划者和政策制定者共同参与；妇女在水的供应、管理和保护方面应该发挥重要作用；水在各种竞争性的用途中均具有经济价值，应该看成是一种经济和社会商品。

水资源综合管理的理念认为，应以公平的方式，在不损害重要生态系统可持续性条件下，促进水、土资源及相关资源的协调开发管理，以使经济和社会利益最大化。这些已经成为国际水行业普遍接受的准则。

中国也同样面临着严峻的水资源问题，这包括频繁的洪涝灾害，水资源紧缺，水土流失、水域生态恶化和水污染严重等一系列问题。近几年来，在应对中国的水资源问题挑战中，中国政府在水资源管理方面进行了重大的战略调整和改革，并且取得了长足的进步。中国是一个人口众多，经济快速发展而水资源相对短缺的国家，在借鉴国际经验时，更应立足于中国的国情，即中国的独特的历史背景，自然与人文条件和经济发展的需求，制定水资源管理战略。

2002 年 10 月开始实施的《中华人民共和国水法》体现了国际社会公认的可持续发展原则，贯穿了水资源综合管理的理念。促进《水法》的贯彻实施是应对中国水资源挑战的战略举措。

推进水资源开发利用与经济社会的协调发展，从传统的"以需定供"转为"以供定需"；重视和加强对水资源的配置、节约和保护，努力提高用水效率和效益，建设节水防污型社会。

获得洁净和卫生的饮用水是人的基本权利，是身体健康的基础和保障。中国政府在解决居民饮水安全问题已经付出了巨大的努力，但是面临的任务仍然是很艰巨的。值得庆幸

---

* 董哲仁. 水资源管理的新理念 ［N］. 中国日报，2005 -03 -22.

的是，在新颁布的《水法》中，已经明确解决居民饮水问题是各级政府的责任。

水是生命的载体，也是水域生态系统的控制性要素。水资源管理的重要任务之一是保护包括河流廊道、湿地、洪泛区和地下水在内的水域生态系统，促进人与自然和谐相处。

水以流域为单元，地表水和地下水相互转化，上下游、左右岸、干支流之间的开发利用相互影响，水量与水质相互依存，水的开发利用各环节紧密联系。坚持推进流域水资源统一管理、统一规划、统一调度，实现城乡地表水与地下水、水量与水质统一管理。

水具有社会属性，需要跨部门、跨行业的合作。建立公众参与的管理机制，有利于协调各个利益相关者的利益。在广大灌区组建农民用水户协会；对农村饮水工程，组建用水合作组织；在水价制定中推行价格听证制度等，都是民众创造的新经验。

水具有经济属性，水是商品，又是战略性的经济资源，实行政府宏观调控和市场机制有机结合，探索建立水权制度和水市场。特别注意协调水的经济效率提高与保证社会公平性、以及与生态系统的可持续性三者之间的平衡与制约关系。

中国的水资源管理充满着挑战，也充满着希望。

亟待建立突发性水污染事故应急管理体系*

全球水伙伴中国技术顾问委员会主席
中国水利水电科学研究院教授董哲仁

本报记者　章轲　发自北京

11 月 13 日，中石油吉化公司双苯厂发生爆炸事故，苯类污染物流入松花江，造成重大水污染事件，直接影响了下游黑龙江省的哈尔滨市和相关地区的居民饮水安全，引起了国内外的广泛关注。

昨日下午，全球水伙伴中国技术顾问委员会主席、中国水利水电科学研究院教授董哲仁在接受《第一财经日报》采访时认为，至今发生的一系列突发性水污染事故往往按照个案处理，缺乏制度性安排。因此，我国亟待建立突发性水污染事故应急管理体系。

《第一财经日报》：松花江重大水污染事件发生后，吉林、黑龙江两省积极采取了许多应急措施，包括启动应急预案、封堵事故污染物排放口、加大丰满水电站下泄流量等。但从专家的角度看，这类事件在应急处理上存在哪些不足？

董哲仁：水污染重大突发性事故后，如果没有相应的法律依据和科技支持，应急处理工作往往处于被动局面，有可能进一步加剧事故造成的损失。当前问题主要表现为以下几个方面：

首先，突发事故发生后，事故情况没有及时向有关部门报告，事故信息没有及时向下游地区通报，也没有及时向社会公众发布。根据有关规定，排污单位发生事故或者其他突然性事件，必须立即通报可能受到水污染危害和损害的单位，并向当地环境保护部门报告。报告时间期限是"事故发生后 48 小时内"。但现在的事故信息传递往往没有按这些规定严格执行，延误了处理污染事故时机，也造成居民的恐慌心理。

其次，河流突发性污染事故发生后，缺乏上下游、相邻省份和地区、各个部门之间的会商协调机制，更使局面陷于被动。而依靠临时的判断和处置，也难以达到科学和准确的要求。

此外，在善后工作中，对于受到伤害群众的救助和经济损失的补偿尚无法律保障；在事故处理中，严重渎职的政府官员和企业领导人也很难得到应有的法律制裁。

《第一财经日报》：针对目前我国在水污染防治方面存在的制度性安排的缺陷问题，你有些什么建议？

董哲仁：我认为应当从法制建设和科技支持两个方面，系统地研究建立突发性水污染事故应急管理体系问题。

---

* 董哲仁. 亟待建立突发性水污染突发事故的应急管理体系［N］. 第一财经日报，2005 -12 -02.

法制建设方面，建议在修订的《环境保护法》和修订的《水污染防治法》过程中，增加具有可操作性的突发性水污染事故应急处理条款，规定突发事故的应急主体和应急指挥机构的组成，建立相关部门的协调机制，明确规定事故情况报告制度。

建议在主要江河建立突发性水污染事故预警系统和事故处理预案，明确污染应急监测原则和处理原则，对事故进行分级、分类，明确事故后对于污染长期影响的监控和评估原则，建立突发性事故的政府投入机制，制订受害居民的救助和损失补偿办法。

在科技支持方面，开发、推广主要江河突发性水污染事故应急计算机辅助决策系统，建立基于地理信息系统平台的应急指挥数据库，开发、推广在线水质监测技术和移动式水质监测技术，以及加强沿河工厂企业的普查，制定运载危险有毒物质车辆和船舶的管理办法等。

《第一财经日报》：在水污染防治方面，国外有哪些方面的经验可资借鉴？

董哲仁：美国、加拿大、日本和荷兰等国家都分别制定了突发性环境污染事故紧急处理的法律，可以供我们参考，国外的一些重大案例也值得研究。

比如1986年位于莱茵河上游的瑞士一座叫作桑多兹的化工厂仓库失火，有10t杀虫剂和含有多种有毒化学物质的污水流入莱茵河，其影响达500多km。沿河国家在短时间内召开了3次部长级会议，在1987年制订了"莱茵河行动计划"，联合开发了方便快捷的计算机决策支持系统模型，定期检查沿河工厂设备安全情况等。经过流域各国十几年的共同努力，莱茵河的水质有了极大的改善。

汶川震区堰塞湖处理咨询报告*

（2008 年 5 月 31 日）

受国科司委托，中国水科院和南京水科院的部分专家组成的专家组（名单附后）研读了台湾水利界馈赠的一批抗震救灾技术报告和其他国外技术文献，同时研究了前方应急方案，结合专家经验，对于地震灾区的堰塞湖处理等问题进行了讨论，提出若干咨询建议供决策参考。

台湾地区 1999 年发生的"921"大地震，震级 7.3 级，造成了人员伤亡、房屋倒塌和水利设施破坏等重大损失。由于地震引起山体崩塌形成清水溪草岭、国姓乡九份二山韭菜湖溪和涩子坑溪、大甲溪支流旱溪、乌溪头汴坑溪、大甲溪七星山等 10 余处堰塞湖，尤以清水溪的草岭堰塞湖最具代表性。草岭堰塞湖地震引起崩塌土体 1.2 亿 m^3，阻断河道 5km，该流域平均年降雨 2517mm，堰塞湖蓄水 0.42 亿 m^3。草岭堰塞湖与唐家山堰塞湖有一定可比性（见附件 1）。从所见技术报告看，台湾在堰塞湖处理和受损水利工程修复，以及制订、实施溃坝预警系统和应急响应机制方面积累了一定的实践经验，可供我们借鉴。

目前唐家山堰塞湖实施的开挖溢流槽引流降低溃坝风险；建立预警系统和应急响应机制等总体方案，是国际上的通常做法，方案考虑是全面的并具可行性。我们认为，当前迫切需要：①明确紧急状态判定原则，该原则建立在实时监测信息基础之上；②建立洪水可能威胁区域的分级分区应急响应机制，分级分区的基础是洪水到达时间和可能暴雨（洪水）重现期；③建立现场自动监测系统。建议尽快完善预警和应急响应计划，使应急预案建立在更科学的基础上。

本报告还就堰塞湖应急工程措施、针对 30 余处堰塞湖的监测系统和快速评估、堰塞湖长期处置规划和受损水库排险与修复等相关问题，提出了若干咨询意见，供领导决策参考。

1　合理制定与实施堰塞湖应急响应计划

汶川大地震后形成的堰塞湖，数量多、风险大、涉及河流多并呈多级分布。今年汛期强降雨将诱发新的滑坡，预计堰塞湖的数量与影响范围会继续扩大。宜通盘考虑制定应急响应计划，分轻重缓急，有序实施。

＊ 报告撰写人：董哲仁，郦能惠，程晓陶，鲁一晖，彭静，陆吉康，孙东亚，李雷。

1.1 根据堰塞湖的溃决机理与条件，完善防御堰塞湖次生水灾害应急响应计划

天然坝体的破坏机理主要有坝顶溢流冲蚀、滑动溃决与渐近破坏等，取决于天然坝体大小、坝体土沙材料特性、上游来水条件以及堰塞湖的蓄水容量等，溃决历时情况各异。对于堰塞湖应通过快速评估，加强监测，判断其可能存在的时间与溃决的方式，以合理制定应急处置与避险方案，规定警报发布的等级与范围，确定组织居民避险、撤离时机的判别条件等。

1.2 针对灾区特点，明确紧急状态的认定原则，既保障安全，又有利安定

目前地震灾区仍处于应急救灾的关键阶段，伤员救治、灾民安置、卫生防疫、恢复基础设施，以及安定人心和社会秩序的任务十分繁重，而灾区的交通、通讯及后勤保障又面临极大的困难。现阶段防御与减轻堰塞湖次生水灾害，既要保障安全，又要有利于安定，为救灾工作赢得宝贵时间、创造有利的环境，避免产生不必要的恐慌和加重救灾负担。

为此，需明确紧急状态的认定原则，根据堰塞体溃决前兆，考虑如下五个方面：①堰塞湖库水位距坝顶高差；②上游降雨及入库径流规模；③坝体边坡位移突变数据；④渗透稳定性；⑤库区发生新的崩塌和泥石流。这样，可以比较准确地把握紧急戒备、疏散与应急抢险的命令发布的时机与范围。

1.3 对于堰塞湖上下游可能淹没的区域，分级分类制定应急计划

堰塞湖溃决洪水风险区域的分级与划定，要充分考虑溃坝洪水风险的特点，既能有效保障防洪安全，又为救灾与重建工作赢得宝贵时间。

（1）根据分析计算的洪峰到达时间对河流分段，分别确定不同河段及沿岸地区群众的撤离时间，如洪水到达时间1.5h的河段为A段，依此类推。

（2）根据溃口洪水量级对应的淹没范围对风险区域进行分级，如溃口流量达 $20000\mathrm{m^3/s}$ 的淹没范围定为1级区，则A段范围内为A-1区。

（3）按段绘制不同量级洪水淹没范围图。

1.4 分级启动堰塞湖应急响应与撤离计划

大地震发生后堰塞湖的风险可能持续相当长的时间，对于坝体相对稳定的堰塞湖，需分级制定与分步启动应急响应与撤离计划。堰塞湖应急响应通常分为戒备（三级响应）、紧急撤离（二级响应）与抢险（一级响应）。

2 堰塞坝应急处置工程措施

（1）在唐家山溢流道开挖形成以后，可采取适当措施加以防护，延长堰塞坝溃决时间，减小溃决流量，可能措施建议如下：

1）溢流道表面防护的重点是进出口，应加强防护。

2）在溢流道表面铺设土工膜，并往上游面延伸一定的范围。用大块石压重以保持其

稳定，土工膜下面设碎石垫层。

（2）堰塞湖土石坝的处理一般有三套方案可供选择：

1）依据地形条件，采用适当保护措施，使崩塌区安全回复到自然状态。主要措施是在堰塞坝上开挖溢流水道，并进行溢流水道的坡面防护。

2）保留堰塞湖。为此，可采用的工程措施包括加固堰塞体形成大坝，开挖泄洪隧道，安装虹吸管，铺设排水管道，建抽水泵站，建设永久溢洪道。

3）全部清除崩塌土体。

（3）溢流水道的规划和防护：

1）根据崩坍土石体的地势，参考原河道，把溢流水道设成 S 形，以延长水流流动距离和减低水道纵坡降，延长溃决时间，减小溃决流量。

2）溢流水道的上、下游段可采取梯形断面，并就地取用大块石（约 80cm 直径）进行防护。此外，溢流道进口可建成逆坡，防止剧烈冲刷。其中段与弯曲段可采用复式断面。

3）为降低对堰塞坝体的冲刷，可在开挖的溢流水道内埋设管道，并用碎石回填，通过管道泄流；或在开挖的溢流水道上铺设土工膜。

（4）在堰塞坝下游建透水坝，拦蓄土砂，消能防冲，稳定河床和两岸边坡，保护跨河建筑物。

（5）制订河道两岸的植被恢复计划。

3　堰塞湖监测与应急响应

3.1　对堰塞湖进行有效监测

堰塞湖监测项目包括：①库区水位；②降雨量；③库区潜在滑坡体；④堰体渗流量、变形。

在重点堰塞湖区（如唐家山）设置若干全天候自动数据传输摄像机，监视水尺和堰体性态。

3.2　分阶段开展堰塞湖的危险性评估

分快速评估与精确评估两个阶段对堰塞湖的危险性进行评估。

快速评估根据坝体实时观测资料与堰塞湖所处的河流地理、水文气象及经济社会等基础信息，计算：①堆积体积与蓄水体积之比；②堆积体坝顶平均宽度与河道回水长度之比；③堰体高宽比，以快速评判堰塞湖危险度、可能溃决延时和风险度，为确定应急处置的优先顺序与对策提供依据，并对进一步开展精确评估提出要求。

精确评估主要针对可能存在较长时间的重度堰塞湖，收集有关坝体体积的特征尺寸与材料构成。依据堰塞湖集水区的面积、降水量与来流量的水文特性分析与溃坝洪水的水力学计算等，评估堰塞湖可能维持的时间、溃决的方式及其可能危害的范围与可能造成的损失等，为论证堰塞湖处置方案，制定灾区恢复重建规划等提供基本依据。

4 堰塞湖长远处置方案

地震引发山体崩塌形成堰塞湖，造成局部地貌重大变化，属于自然现象。处置堰塞湖，一方面要充分认识其对于下游人民生命财产造成的潜在威胁，应急处置，降低风险；另一方面要顺应自然，在应急处置后期有必要组织力量研究制订长期处置方案，论证堰塞坝体的长期稳定性，以及开发利用堰塞湖的可行性，趋利避害。

台湾 1999 年 921 地震形成的草岭堰塞体已经存在近 10 年。当时应急处置时，专家们建议要深入研究探讨草岭堰塞体的长期处置方案，提出了兴建排洪隧道，加强天然坝体强度，兴建大坝等处置措施。同期形成的九份二山堰塞湖，经过多年来复育与监控，已从灾后对下游的严重威胁，变成一个景致优美怡人的旅游景点。

1933 年 8 月 25 日，四川叠溪发生了 7.5 级强烈地震，震中烈度达到 X 度，岷江干流自下而上形成了叠溪海子、小海子和大海子 3 个堰塞湖。46 天后堰塞体溃决，形成小海子和大海子堰塞湖。目前，小海子堰塞湖是天龙湖水电站的引水水源地。

鉴于以上经验，建议：

(1) 在今年汛后，仍未溃决的堰塞湖均建立长期监测系统，收集堰体稳定、水文、气象等资料。

(2) 定期对于已存堰塞湖进行安全评估。

(3) 组织论证包括唐家山、文家坝在内的堰塞湖长远处置方案。

5 受损水库大坝的评价与修复

地震中 3000 余座水库与大坝受到不同程度的损坏，需抓紧检查、评价和分阶段修复。

5.1 水利设施修复的阶段

水利设施修复规划应与灾区重建总体规划相衔接。受损水库大坝的修复宜分阶段进行，建议：

(1) 在应急检查基础上，对高危水库大坝进行抢险修复，保障水库大坝先期的运行安全。

(2) 对水库大坝进行特别检查与评价，结合地区灾害重建规划，逐步恢复到设计功能。

(3) 震后该地区地震设防烈度将会有所调整，相应的水利设施的地震设防烈度将会修改提高，需按调整后的地震设防标准，进行水库大坝的加固设计与施工。

(4) 除险方案考虑工程措施与非工程措施的结合，加强监测，完善管理。必要时可考虑水利设施降等、报废。

5.2 特别检查及分级评价

在已完成的水库大坝应急检查基础上，依据相关技术规范，开展大坝及水利设施特别检查，对水库大坝震损严重程度和安全程度进行分级评价。

5.3 总结经验与修订规范

（1）有计划地系统收集受损水库大坝的检查与评价资料和数据，组织力量总结水利设施地震破坏特征和结构物抗震性能。

（2）修订与完善水利工程建筑物检查、评估与应急等有关技术规范。

附件 1　台湾 921 地震堰塞湖处理对策

附件 2　溃坝紧急应变计划编制

附件 3　堰塞湖分级分类评估与应急处置

防洪减灾的科技保障 *
——水利部 "988" 防洪减灾科技计划背景介绍

水利部部长汪恕诚同志在全国水利厅局长会议上的报告中提出，新的水利建设高潮，必须进行一次新的水利技术革命。为吸取 1998 年洪水的经验教训，水利部正在研究启动 "988" 防洪减灾科技计划。本文对 "988" 防洪减灾科技计划的立项背景、框架结构及原则思路做一简要介绍。

1 对 "98" 洪水的反思

1998 年，我国遭受了严重洪水灾害的袭击。在抗洪斗争中，科学技术发挥了极其重要的作用。从汛情预报到防汛指挥，从水库调度到一线抢险，成千上万的工程技术人员为抗洪抢险做出了重大贡献，充分体现了科学技术是第一生产力的巨大作用。对于这场伟大的抗洪斗争，不但要总结丰富的经验，更要吸取沉痛的教训。要痛定思痛，冷静反思。1998 年洪水暴露了我国在防洪减灾方面科学技术的落后状况，这主要表现在：对于建立现代防洪减灾保障体系的理论缺乏全面深入的跨学科、跨领域的研究。1998 年的大洪水还暴露出我们对于几十年来长江的江湖关系、水沙关系以及分滞洪区出现的变化，特别是这些变化对于防洪调度的影响，缺乏深刻的认识。在防洪期间，对于重大风险的应变能力差，对于突发性的重大险情缺乏技术方案及技术手段的储备。抗洪抢险主要靠人力肩挑背扛，抗洪的装备和储备物资技术含量不高。堤防隐患的探测手段落后，汛前没有可靠适用的仪器对堤防隐患进行探测，为堤防加固提供依据；汛期也没有现代技术手段对于随机出现的管涌等险情进行追踪监测。汛期的气象和水情预报在防洪斗争中发挥了巨大作用，但预报期短，精度有待进一步提高。对于成熟的防洪抢险技术和新材料、新机具推广工作薄弱，对防洪人员缺乏技术培训。一些高新技术如遥感技术等虽有初步应用，尚待进一步开发推广。"98" 洪水给我们的启示之一是科技发展滞后，在大洪水面前常使防洪抢险陷入被动局面，稍有不慎，就会付出惨痛代价。因此，必须加强对防洪减灾科学研究及技术开发，全面部署防洪减灾的科技工作。

党中央和国务院十分重视对 1998 年洪水的分析研究，反复强调科学治水的重要性。社会各界特别是全国科技界密切关注防洪减灾科技进步，汛后纷纷献计献策。水利部组织各方面专家进行了广泛的调查研究和深入论证，在此基础上构思了计划框架。这个科技计划命名为 "988"，其含义就是不忘 1998 年 8 月我国的大洪水，牢记经验教训，推动防洪

---

* 董哲仁. 防洪减灾的科技保障 [J]. 中国水利，1999 (5).

减灾的科技进步。

2　总揽全局，开拓思路，研究防洪方略及防洪部署问题

"988"计划是一项综合科技计划，由四部分组成：①重大课题研究；②关键技术开发；③科技推广转化；④规程规范制定。这四部分构成一个统一的整体，互相联系，互为支撑。

重大课题研究主要是开展战略、超前性的研究工作。这包括我国防洪方略问题的研究；三峡与小浪底工程建成后长江与黄河中下游防洪对策研究。这些重大问题的研究成果，将对于我国防洪方针的制定、防洪减灾的工作部署提供强有力的决策支持。必须总揽全局，开拓思路，以现代科学的观点，重新审视和研究我国的防洪方略及大江大河的防洪部署问题。在这方面有以下几个观点值得考虑。

2.1　正确理解人类与自然的关系

人与洪水的关系是人类与自然关系的一个方面。由于人口的增长和经济的发展，人与水争地的现象日趋严重，大量的湖泊被围垦，对洪水的调蓄能力急剧减少，加重了洪涝灾害。就长江而言，近40年来，洞庭湖因淤积围垦减少容积10多亿 m^3，鄱阳湖减少容积80多亿 m^3。如果用1954年的天然调蓄容积对1998年的洪水量进行演算，洞庭湖、鄱阳湖及长江中游1998年的洪水位可降低1m左右。河流中上游森林植被遭到破坏，水土流失加重了中下游地区的防洪压力。汛后，科技界对于1998年洪水的成因进行了广泛的讨论，人们普遍认为，人类对于自然的掠夺式的索取，必然受到自然界的加倍惩罚。1998年洪水过后，人们又一次冷静反思，再次重申人类必须遵循自然规律，学会与自然和谐相处。国务院提出的灾后重建方针，包括了防洪工程建设、水土保持、植树造林、天然湖泊的恢复、加强分滞洪区的管理等，突破了传统的模式，在重建流域生态环境的大框架下构筑防洪工程系统，这是指导方针的重大创新。

人类面对灾难性的特大洪水的方略是什么？为了讨论这个问题，我们不妨先研究一下1993年美国密西西比河发生的历史罕见特大洪水。当时约占美国本土15%的9个州遭受水灾，洪灾损失达120亿～180亿美元，朝野为之震惊。其后美国政府组织了大规模的调研，对防洪方略进行了冷静的思考，提出了两份方针政策性的报告，其主要观点是：①水灾是美国最严重的自然灾害，随着经济发展灾害损失还会继续上升；②洪水不可能被人类所控制，但是可以通过有效措施减轻灾害；③建立社会减灾行政管理体系和法律体系；④合理确定防洪工程标准；⑤洪水保险是国家防洪减灾的主要政策；⑥洪水预警系统与应急反应系统实现集权管理；⑦加强减灾指挥机构建设和重视地方政府作用等。从此，美国的防洪减灾进入了新时期，即从工程措施—非工程措施阶段演变为减灾行为社会化阶段。我国的情况与美国有很大的区别，面临的防洪任务要严峻得多。我国大江大河的中下游人口密集，经济相对发达。我国的洪泛区近100万 km^2 居住着5亿～6亿人口，约占总人口40%～50%。而美国为70万 km^2，约3000万人口，约占12%。我国在洪水高风险区的土地开发利用已是历史遗留的现实，大多数河道已经被两道堤防紧紧约束。我国在相当一

个时期内受经济发展的制约，防洪工程资金投入有限。加之我国法制不健全，又无保险业传统和经验，在这样的苛刻约束条件下，如果单纯依靠工程措施去追求完全控制洪水以至达到战胜洪水的目标，可以说是一种不切实际的想法。摆在我们面前的任务是，在我国这样特定的严峻环境下，如何顺应自然规律，研究制订符合社会经济规律的防洪方略，使洪灾损失降低到最低限度。

2.2　重视洪水的社会属性及防洪的经济规律

在人类出现以前的洪荒时代，洪水泛滥是一种十分正常的现象，由此形成了肥沃的冲积平原。只有在人类出现以后，洪水威胁了人类的生存环境，造成了生命财产损失，才被人类称为"灾害"。自此以后，洪水除了具有自然属性以外，还被赋予了社会属性。可是，我们在以往的科学研究中，更多的注意像河流的水位、流量、河势、泥沙等这样一些自然参数，而往往忽略其社会属性的种种因素，这不能不说是一种片面性。应该把洪水放到变化中的区域社会经济大环境中去考察。从更广义上讲，应该将防洪纳入我国人口、资源、环境的大系统中进行定位和认识。

防洪减灾不但要遵循自然规律，也要遵循经济规律。要注重防洪减灾中的经济规律的研究。令人遗憾的是，迄今我国很少有防洪减灾经济分析的研究成果。比如，社会经济的发展和国土资源的开发如何与防洪的要求相协调，特别是对于超过堤防防御标准的超额洪水如何安排，如何在这种安排中考虑地区的经济发展现状及长远国土规划，如何在洪水演算及科学选比的基础上，"两害相权取其轻，两利相权取其重"，进行全面经济社会效益分析。又比如，在进行防洪工程建设时，洪水风险的降低程度是以资金的投入增加为前提的，在防洪布局中，用最小的投入换取最大的防洪效益，用这样的理论模型所得到的规划设计将是优化的方案。

防洪减灾安全保障体系应是一个集工程、经济、法律、科技、保险制度、社会参与等手段的综合体系。对于我国来说，分滞洪区使用补偿的法律法规制订，国家强制性的洪水保险制度的建立，减灾行为的社会化的操作问题等，都是一些紧迫的重要软科学课题，也需要开展综合研究。

2.3　洪水研究中的点、线、面

几十年来，我们水利科研把主要力量集中于水利枢纽工程的重大关键技术研究，使得水工结构、岩土、水力学、机电等学科的研究达到了相当高的水平。这种情况的出现是与近 50 年来以大规模工程建设为中心的我国水利工作相适应的。相比这下，我们对于大江大河由于自然演变及人类活动发生的变化及其对防洪影响的研究较为薄弱。比如，20 世纪 60 年代末 70 年代初进行的长江下荆江段裁弯取直，使长江与洞庭湖之间泄洪关系发生变化。1998 年洪水时造成城陵矶附近水位壅高，一时成了全线防洪的焦点。另外，近 40 年来，洞庭湖区泥沙淤积量约 40 亿 t，减少了湖泊容积，抬高了洪水位。在这些问题上我们的认识是不足的。

当前紧迫的一个课题是，三峡工程建成以后将形成 221.5 亿 m^3 的防洪库容，这对长江中下游防洪发挥巨大作用。但是要注意到，由三峡水库的清水下泄将使河床下切，淘冲堤防基础，加剧崩岸。这不仅危及干堤的稳定安全，还因河床下切使得同等流量下水位下降，在汛期更难以下决心启用分滞洪区，这又进一步加大了对堤防的压力及自身的风险。因此，要加紧研究三峡工程建成后，长江中下游江湖关系，水沙、河势及洪水形势预测，加紧研究三峡水库的优化调度方式，相关的分滞洪区的布局及联合运用等问题。

黄河的问题更为复杂，这是因为黄河的防洪问题与泥沙问题连在一起，当前又面临着小浪底工程建成后的新形势。按设计报告，依靠小浪底水库的调蓄作用，黄河下游防洪标准从现在的 60 年一遇提高到千年一遇。水库拦沙 78 亿 t，为束水攻沙争得时间。但是实现这个目标绝非易事。现在的任务是，通过研究工作，预测下游水沙及河势变化及对河口的影响，提出小浪底水库的优化运用方式，抓住有利时机部署下游河道的整治工程，研究小浪底不同运用期下游河道的防洪问题及对策。

在研究长江和黄河及其他大江大河的防洪部署问题时，决不能脱离整个流域的经济、社会及环境问题这样的大背景，应该在流域国民经济和社会进步的大框架下研究问题、制定规划。过去，因为部门行业划分造成学科的割裂，极有害于科学理论的发展。水利事业发展到今天，要求我们从枢纽工程的一个点，发展到河流的一条线，再从河流的一条线扩展到流域的一个面。只有这样，我们的认识才可能深化，科学理论水平才可能提高。

2.4 重视风险控制理论的应用

洪水灾害随机性很强。从我国的国情出发，在一个相当长的时期内，完全消除洪水风险是不可能的。随着现代科技的发展及国力的增强，可以通过全方位建设防洪安全保障体系，将洪水风险控制在可以承受的限度以内。在这方面，风险控制理论的应用十分重要。在我国的防洪安全保障体系中工程手段还将占主导地位。洪水风险控制理论强调，如果局部防洪工程标准提高，其效果可能是转嫁风险，也可能增大防洪系统的整体风险。另外，面对我国防洪工程资金投入远不能满足实际需要这种现实，如何用好有限的资金？应以风险分析结合经济分析为基础，制定我国大江大河分期实施的防洪工程标准。要组织这样的分析方法的研究。另外，通过合理的国土规划来回避风险；通过气象、雨情的预报来预见风险；通过工程措施来降低风险；通过保险、受益补偿来分担风险；通过防洪避难系统及社会参与来应对风险。这些方面都体现了全过程风险控制。

3　坚持创新，突出应用，为防洪减灾提供技术保障

在"988"防洪减灾科技项目中，技术开发项目是针对查险、抢险及灾后重建中的关键技术，其目标是为防洪减灾提供技术支撑。科技推广项目是为推广新技术、新材料，促进科技产业化。技术规程规范项目，是以技术立法方式体现科技进步和成果转化，是提高防洪工程及产品质量、提高管理水平的根本保证。

在关键技术开发方面，堤防隐患和险情快速探测技术及仪器的引进、开发和研制尤为重要。这些仪器必须达到商品化的程度，要求有一定精度，可在现场直接由基层技术人员操作。这类成果鉴定不应在实验室，而应经过防洪现场的实践检验。堤防堵口技术研究是一项重大的技术储备，要密切结合现场情况，采用各类技术集成多种应急预案。沿江河的

崩岸现象危害极大，不仅使外滩地崩失，还危及堤防的稳定安全。要开发崩岸实时监测技术，崩岸治理的新技术、新材料等。在堤防除险加固技术的开发及推广方面，主要集中于渗流控制技术和加固技术，在这方面，不论是水平防渗还是垂直防渗方式都是可行的，现在的问题是对于不同的现场条件寻求经济合理、技术可靠的技术手段。在科技推广项目方面，重点是土工合成材料在堤防和病险水库加固中的应用；加强防洪减灾技术的普及，防汛人员的技术培训。在技术开发中，要特别注意高新技术的应用。比如遥感技术、全球定位系统、地理信息系统、计算机决策支持系统、网络技术、现代通信技术等。

关于制订"988"防洪减灾科技计划时应把握的原则，有以下几点可供参考：一是要提倡自主创新。创新是科技发展的灵魂和不竭动力，必须有新的思路，新的方略，采用新的技术。同时还要借鉴国外先进经验，争取在防洪减灾科技上有大的突破。二是要组织跨领域、跨学科的联合攻关。我们要突破传统的思维定式，综合工程科学、经济学、法学、行政学、社会学、环境科学等，开展跨领域、跨学科的综合研究。提倡学科的综合、交叉和集成，组织各方面的专家联合攻关。正因为如此，"988"计划是一个开放的计划。三是要注意研究成果的应用性。特别是技术开发项目，必须直接为防洪减灾现场服务。技术开发项目要与国外引进相结合，避免低水平的重复研究。四是要坚持"有所为，有所不为"的原则，利用有限的资金，坚持有限目标，突出关键问题，力争有所突破。"988"计划将在充分论证、科学选比的基础上，按轻重缓急，分期实施。它的实施将为我国防洪减灾事业提供强有力的科技保障，发挥不可估量的作用。

受污染水体的生物-生态修复技术[*]

[摘　要]　受污染水体的生物-生态修复技术的原理是利用培育的生物或培养、接种的微生物的生命活动，对水中污染物进行转移、转化及降解作用，从而使水体得到恢复。本质上说，这种技术是对自然界恢复能力和自净能力的一种强化，这是人与自然和谐相处的合乎逻辑的治污思路，也是一条创新的技术路线。为此，简要介绍了水体生物-生态修复技术的原理和工艺方法。通过对日本、韩国工程实例的介绍，说明了这种治污技术的特点及应用前景。

[关键词]　水污染；生物-生态修复技术；水净化；处理工艺；水污染防治；工程实例；污水处理

1　概述

对受污染的江河湖库水体进行修复，已是社会经济发展及生态环境建设的迫切需要。特别是南水北调东线沿线的治污工程，量大面广，寻找先进实用、造价低廉的技术迫在眉睫。

我国的江河湖库水体污染主要包括氮磷等营养物和有机物污染两方面。另外，湖泊水库蓝藻及赤潮给水域生态、人体健康也造成了严重的危害。对于富营养化的控制，发达国家以控制营养盐为主，大多采取"高强度治污-自然生态恢复"的技术路线，即控制外源磷污染负荷并配合生态恢复措施，在这方面已经取得较大成效。

去除藻类与控制其生长是湖泊水库水体恢复与保护的难题。目前国际上采用的技术主要有三类：①化学方法，如加入化学药剂杀藻、加入铁盐促进磷的沉淀、加入石灰脱氮等，但是易造成二次污染；②物理方法，疏挖底泥、机械除藻、引水冲淤等，但往往治标不治本；③生物-生态方法，如放养控藻型生物、构建人工湿地和水生植被。开发水体生物-生态修复技术，是当前水环境技术的研究开发热点。实际上，大自然在发展变化的长期过程中，本身已经具备了自我净化、自我完善的强大能力，使得自然界得以持续而有序地运行。其中水体的自然生物净化能力，在人类出现之前的远古时期，就保证了自然界江河湖泊的水体洁净。目前开发的水体生物-生态修复技术，实质上是按照仿生学的理论对于自然界恢复能力与自净能力的强化。可以说，按照自然界自身规律去恢复自然界的本来面貌，强化自然界自身的自净能力去治理被污染水体，这是人与自然和谐相处的合乎逻辑的治污思路，也是一条创新的技术路线。

———————————
*　董哲仁，刘蒨，曾向辉. 受污染水体的生物-生态修复技术 [J]. 水利水电技术，2002，33（2）：1-4.

生物-生态修复技术，是利用培育的植物或培养、接种的微生物的生命活动，对水中污染物进行转移、转化及降解，从而使水体得到净化的技术。近年来这种技术发展很快，在国外已经达到工程实用化的程度，并且积累了系列观测数据。水体的生物-生态修复技术具有以下优点：首先是处理效果好。其次，水体生物-生态修复技术的工程造价相对较低，不需耗能或低耗能，运行成本低廉。所需的微生物具有来源广、繁殖快的特点，如能在一定条件下，对其进行筛选、定向驯化、富集培养，可以对大多数有机物质实现生物降解处理。另外，这种处理技术不向水体投放药剂，不会形成二次污染。所以，这种廉价实用技术十分适用我国江河湖库大范围的污水治理工作。用生物-生态方法治污，还可以与绿化环境及景观改善相结合，在治理区建设休闲和体育设施，创造人与自然相融合的优美环境。

2　主要处理工艺方法

生物处理技术包括好氧处理、厌氧处理、厌氧-好氧组合处理；利用细菌、藻类、微型动物的生物处理；利用湿地、土壤、河湖等自然净化能力处理等。以下重点介绍几种针对江河湖库污染大水体的修复技术。

2.1　生物膜法处理技术

生物膜法是指用天然材料（如卵石）、合成材料（如纤维）为载体，在其表面形成一种特殊的生物膜，生物膜表面积大，可为微生物提供较大的附着表面，有利于加强对污染物的降解作用。其反应过程是：①基质向生物膜表面扩散；②在生物膜内部扩散；③微生物分泌的酶素与催化剂发生化学反应；④代谢生成物排出生物膜。生物膜法具有较高的处理效率。它的有机负荷较高，接触停留时间短，减少占地面积，节省投资。此外，运行管理时没有污泥膨胀和污泥回流问题，且耐冲击负荷。

主要工艺方法有生物廊道、生物滤池、生物接触氧化池等。生物膜法对于受有机物及氨氮轻度污染水体有明显的效果。日本、韩国等都有对江河大水体修复的工程实例。

2.2　人工湿地处理技术

人工湿地是近年来迅速发展的水体生物-生态修复技术，可处理多种工业废水，包括化工、石油化工、纸浆、纺织印染、重金属冶炼等各类废水，后又推广应用为雨水处理。这种技术已经成为提高大型水体水质的有效方法。人工湿地的原理是利用自然生态系统中物理、化学和生物的三重共同作用来实现对污水的净化。这种湿地系统是在一定长宽比及底面有坡度的洼地中，由土壤和填料（如卵石等）混合组成填料床，污染水可以在床体的填料缝隙中曲折地流动，或在床体表面流动。在床体的表面种植具有处理性能好、成活率高的水生植物（如芦苇等），形成一个独特的动植物生态环境，对污染水进行处理。

人工湿地的显著特点之一是其对有机污染物有较强的降解能力。废水中的不溶性有机物通过湿地的沉淀、过滤作用，可以很快地被截留进而被微生物利用；废水中可溶性有机物则可通过植物根系生物膜的吸附、吸收及生物代谢降解过程而被分解去除。随着处理过程的不断进行，湿地床中的微生物也繁殖生长，通过对湿地床填料的定期更换及对湿地植物的收割而将新生的有机体从系统中去除。

湿地对氮的去除是将废水中的无机氮作为植物生长过程中不可缺少的营养元素，可以直接被湿地中的植物吸收，用于植物蛋白质等有机氮的合成，同样通过对植物的收割而将它们从废水和湿地中去除。人工湿地对磷的去除是通过植物的吸收，微生物的积累和填料床的物理化学等几方面的共同协调作用完成的。由于这种处理系统的出水质量好，适合于处理饮用水源，或结合景观设计，种植观赏植物改善风景区的水质状况。其造价及运行费远低于常规处理技术。英、美、日、韩等国都已建成一批规模不等的人工湿地。

2.3　土地处理技术

土地处理技术是一种古老、但行之有效的水处理技术。它是以土地为处理设施，利用土壤-植物系统的吸附、过滤及净化作用和自我调控功能，达到某种程度对水的净化的目的。土地处理系统可分为快速渗滤、慢速渗滤、地表漫流、湿地处理等几种形式。国外的实践经验表明，土地处理系统对于有机化合物尤其是有机氯和氨氮等有较好地去除效果。德、法、荷等国均有成功的经验。

3　国外工程实例

3.1　日本坂川古崎净化场

位于日本江户川支流坂川古崎净化场，是采用生物-生态方法对河道大水体进行修复的典型工程，从 1993 年投入运行至今已有 8 年的运行历史，观测结果表明，河道的微污染水体的水质有了明显改善。

江户川是日本东京都和千叶县附近的主要河流，是这个地区的主要水源，该河引出流量为 $70 m^3/s$ 的水为城市、农业、工业供水。其中城市供水占 60%。靠江户川下游的金町、古崎和栗山三个水厂要为 630 万人供水。坂川是江户川的一条支流，在金町等三个水厂上游附近汇入江户川。由于坂川河道治理不力，大量生活污水排入坂川，致使水质恶化，BOD 等指标严重超标，同时浮游植物繁殖迅速。坂川水质恶化，直接对金町等三个水厂构成威胁，居民对饮用水味道不佳多有怨言。为治理坂川，采取工程措施将坂川改道，先流入古崎净化场。经过古崎净化场后，坂川的污染减少了 60%～70%，处理过的河水流入称为松户川的新开人工渠道，然后注入江户川。

古崎净化场是一座利用生物-生态修复技术的水净化场。其原理是利用卵石接触氧化法对水体进行净化。古崎净化场建在江户川的河滩地下，充分节省了土地，是地下廊道式的治污设施（见图 1）。水净化场结构十分简单，主体结构是高 4.5m，长 28m 的地下矩形廊道，内部放置直径 15～40cm 不等的卵石。用水泵将河水泵入栅形进水口，经导水结构后水流均匀平顺流入甬道。另外有若干进气管将空气通入廊道内。净化作用主要由以下 3 方面组成：①接触沉淀作用，污水经过卵石与卵石间的间隙，水中的漂浮物触到卵石即沉淀；②吸附作用，由于污染物自身的电子性质，或由于卵石表面生物膜的微生物群产生的黏性吸附作用；③氧化分解作用，卵石表面形成一种生物膜，生物膜的微生物把污染物作为食物吞噬，然后分解成水和二氧化碳。表 1 列出了几项污染主要指标，其中 BOD 反映有机物的含量。SS 反映浮游于水中的固体物，造成水体浑浊。由于该地区的市镇下水设施落后，造成粪便及生活污水排入河道是产生氨的主要原因。2 - MIB 反映水中蓝藻类物质，蓝藻类异常繁殖是造成水体腐臭的主要原因。由表 1 可以看出，通过净化场后，水质明显提高，效果十分显著。

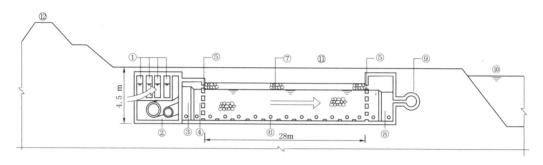

图 1   古崎净化场地下廊道

①—输水道；②—通气管；③—进水输水渠；④—整流水渠；⑤—整流墙；⑥—扩散曝气管；⑦—卵石；
⑧—排水渠；⑨—管道；⑩—江户川河；⑪—河漫滩；⑫—堤防

表 1   水 质 变 化 情 况

项目	BOD/(mg/L)	SS/(mg/L)	氨/(mg/L)	2 - MIB/(μg/L)
处理前	23	24	7.6	0.55
处理后	5.7	9.1	2.2	0.22

坂川的河水经改道注入古崎净化场后，清洁的水流入新开的人工渠道——松户川。其设计理念颇有新意，它一改传统设计形式，不采用混凝土或块石衬砌的直线渠道，而以微弯曲的河道形态，岸坡间有大小卵石，植有繁茂的芦苇和其他植物，适于鲫鱼、鳉鱼等鱼类生长，两岸种植树木，适于鸟类栖息。设计者认为这种环境不但可以为居民提供一个与自然相融合的休闲环境，而且对水体也能起进一步的净化作用。松户川注入江户川后，大大缓解了江户川的环境压力。在江户川和坂川的控制部位，设置了水量及水质自动监测站，数据通过光缆传输到古崎净化场的操作室，特别是一旦发生水质事故可及时发现处理。

3.2   日本渡良濑蓄水池的人工湿地

渡良濑蓄水池位于日本栃木县，是一座人工挖掘的平原水库，总库容 2640 万 m³，水面面积 4.5km²，水深 6.5m 左右。这座蓄水池平时为茨城县等 6 县市 64 万人口供水，日供水量 21.6 万 m³。蓄水池周围是渡良濑川的滞洪区，汛期时洪水由溢流堤流入蓄水池，此时蓄水池用于调洪，提供调洪库容 1000 万 m³。

由于近年来上游用水造成生活污水以及含氮、磷的水流入，致使渡良濑蓄水池出现霉臭等水质问题。为保护蓄水池的水质，自 1993 年起在蓄水池一侧滞洪洼地上建人工湿地，这是一座设有人工设施的芦苇荡。将蓄水池的水引到芦苇荡，通过吸附、沉淀及吸收作用，去除水中的氮、磷及浮游植物，达到对水体进行自然净化的目的。这种净化过程循环进行，确保蓄水池水质洁净。这种净化方式类似医学对患者血液体外透析处理。芦苇具有十分好的净化功能，污染物与其茎部接触产生沉淀作用，芦苇的根部与茎部可吸收某些污染物。另外，附着在茎部上的微生物可对污染物产生吸附分解作用。

人工湿地的平面布置见图 2。在蓄水池出水口建高 3.5m、宽 40m 的充气式橡胶坝，用以控制出水口。水流经引水渠到达设于地下的泵站。其所以设于地下，是为满足景观的要求。泵站安装单机流量为 $1.25\text{m}^3/\text{s}$ 的 2 台水泵，水体加压后流入箱形涵洞，再流入芦苇荡。芦苇荡占地 20hm^2，最大净化水体能力为 $2.5\text{m}^3/\text{s}$。芦苇荡分为 3 个间隔，水流通过 33 个挡水堰流入。水流在芦苇荡中蜿蜒流动，以增加净化效果，从 33 处出口汇入集水池，再由渡良濑蓄水池的北闸门回到蓄水池，完成一次净化循环。人工湿地内主要种植芦苇，高 2~3m，可收获用于编苇帘。此外，还种植同属稻科的荻，高度为 1.0~2.5m。自 1993 年开始建设人工湿地，不仅水质得到改善，动植物的生态系统也得到极大改善。生物多样性有所恢复（见表 2）。

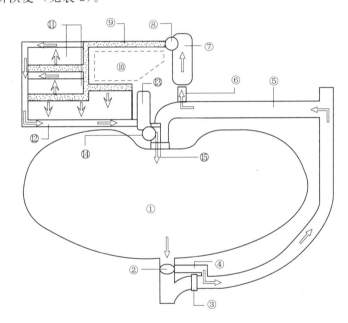

图 2　渡良濑蓄水池人工湿地平面示意图

①—渡良濑蓄水池；②—蓄水池泵站；③—橡胶坝；④—旁通水渠；⑤—地下水渠；⑥—连接渠；
⑦—调节渠；⑧—取水泵站；⑨—进水渠；⑩—荻草荡；⑪—芦苇荡净化设施；
⑫—出水渠；⑬—集水池；⑭—芦苇荡泵站；⑮—北闸

表 2　　　　　　　　　　　　　治理前后动植物种类变化

时间	植物	昆虫	鸟类
1993 年	31 科，104 种	19 科，45 种	18 科，22 种
1998 年	45 科，166 种	45 科，116 种	25 科，50 种

渡良濑人工湿地的人工植被从陆地到水面依次为：杞柳（水边林）→芦苇、荻、蓑衣草（湿地植物）→菱白、宽叶香蒲（吸水植物）→荇菜、菱（浮叶植物），形成了一体的生态空间。渡良濑人工湿地已经成为日本最大的芦苇荡，也成为对居民、儿童进行环保及爱水教育的场所，组织学生进行自然观察。在这里可以看到绿头鸭、针尾鸭等禽类及芦燕、白头鹞和鸢等鸟类。

为净化渡良濑蓄水池的水体，还在蓄水池中部建一批人工生态浮岛，种植芦苇等植物，其根系附着微生物，可提供充足氧气，并通过迁移、转化水中的氮、磷等物质，降解水中有机质。浮岛还设置为鱼类产卵用的产卵床，也为小鱼设有栖身地，水中的浮游植物成了鱼饵。人工生态浮岛保证了蓄水池水质的洁净。

3.3 韩国良才川水质生物-生态修复设施

良才川是汉江的一条支流，位于首尔的江南区。由于河流地处住宅区加之治理不善，良才川的水质受到较大污染，也影响了汉江的水质。1995年起决定主要采用生物-生态方法治理良才川。

水质净化设施主体是设于河流一侧的地下生物-生态净化装置（见图3）。采用卵石接触氧化法。即强化自然状态下河流中的沉淀、吸附及氧化分解现象，利用微生物的活动将污染物转化为二氧化碳和水。净化设施日处理能力为32000t/d。净化的工作流程如下：拦河橡胶坝（长18m，高1m）将河水拦截后引入带拦污栅的进水口，水流经过进水自动

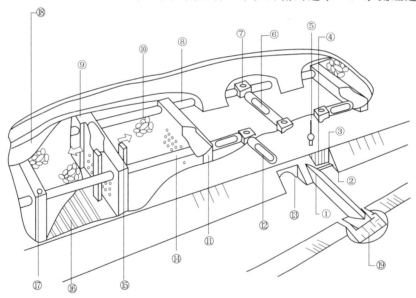

图3 良才川净化设施立体示意
①—橡胶坝；②—污水进水口；③—污水闸板；④—拦污栅；⑤—自动水位探测计；⑥—进水自动阀；
⑦—污物滤网；⑧—污水进水管；⑨—污水孔墙；⑩—接触氧化槽中的卵石；⑪—清水孔墙；
⑫—出水自动阀；⑬—清水出口；⑭—清水出水管；⑮—残渣去除设施；⑯—通气管；
⑰—检查水管入口；⑱—盖子；⑲—鱼道

阀，经污物滤网进入污水管，污水管连接有 4 座污水孔墙，污水孔墙两侧各有一座接触氧化槽，共有 8 座。接触氧化槽长 20m、宽 13.6m、高 14.8m。污水从孔墙的孔中流入接触氧化槽，氧化槽中放置卵石，污水通过氧化槽得到净化后分别流入 4 座清水孔墙，再汇集到清水出水管中，由清水出口排入橡胶坝下游侧。污水在接触氧化槽内被净化产生的主要作用是：接触沉淀作用，吸附作用和氧化分解作用。与上述日本古崎净化场相比，这种净化装置的最大优点是几乎不耗能，所以运行成本很低。

韩国良才川水质生物-生态修复设施建成至今已有 6 年，治污效果显著。表 3 为治理前后的对照，说明对 BOD 和 SS 的处理率达 70%～75%。

表 3　　　　　　　　　　　　　　良才川治污效果对照

项目	处理前/(mg/L)	处理后/(mg/L)	处理率/%
BOD	10～15	4～5	75
SS	20	6	70

除接触氧化槽以外，良才川的环境治理工程还包括恢复河流自然生态的方法，即用石块、木桩、芦苇、柳树等天然材料进行护岸，形成类似野生的自然环境，同时种植菖蒲等植物，恢复鱼类栖息环境，适于鳜鱼等鱼类生长，也为白鹭、野鸭等禽类群落生存创造条件，又修建了散步、自行车小路和木桥等，为居民提供与水亲近的自然环境。

第7篇

河湖调查监测与健康评估

引　言

　　"河流健康"不是一个严格的科学概念，因为河流生态系统并不是一种生命个体，不能用人类或动物健康概念和标准来度量河流生态系统状况。之所以借用健康概念，是为了形象地表述河流生态状态，在科学家与社会公众间架起一座桥梁。可以说，河流健康评估是一种实施生态管理的有用工具。

　　河流健康的定义：河流健康是河流生态系统的一种状态，在这种状态下，河流生态系统保持结构完整性并且具有恢复力，能够提供良好的生态服务。

　　河流健康评估方法不同于我国现行的以水质评价作为唯一标准的河湖水体评估方法。河流健康评估基于生态完整性原理，对于河流生态系统包括水文、水质、河流地貌形态以及生物等诸生态要素进行综合评估。采用这种评估方法能够使人们获得有关河流更为客观与完整的认识。

　　建立河流生态状况分级系统是河流健康评估的重要方法，也是实现河流生态修复目标定量化和识别河流生态系统关键胁迫因子的重要工具。

　　发表于2000年7月的《建设水资源实时监控管理系统——水利现代化的技术方向》一文，是国内最早提出的具有战略意义的技术构想和建议。文章阐述了水资源实时监控管理系统的基本框架、基本结构、技术要点和实施原则与步骤。文章提出，"这个系统是以信息技术为基础，运用多种高科技手段，对流域或地区的水资源及相关的大量信息进行实时采集、传输及管理；以现代水资源管理理论为基础，以计算机技术为依托对流域或地区的水资源进行实时、优化配置和调度；以远程控制及自动化技术为依托对流域或地区的水利工程设施进行控制操作。"文章还指出："这种系统的建设将使水资源的管理发生重大变革，也将带来巨大的经济社会效益。"为推动这项工作，同年水利部国际合作与科技司专门召开了由笔者主持各个流域机构领导和专家参加的水资源实时监控管理系统建设座谈会，正式启动了试点项目。20年来，水资源实时监控管理系统建设取得了长足发展，从流域、地区层面的试点示范，直到国家层面的系统建设。2012年启动了国家水资源管理系统建设，到2018年已经完成两期工程建设，共投资34亿元。该系统包括三大监控体系（取用水监控体系、水功能区监控体系、大江大河省界断面监控体系）和三级信息平台（部平台、流域平台、省平台）。系统功能包括水资源信息服务、业务管理、水资源调度决策支持和应急管理。国家水资源管理系统已经在我国水资源管理领域发挥了巨大作用，它也是21世纪初叶水利部提出的"以信息化推动水利现代化"理念的一个佐证。

建设水资源实时监控管理系统*

——水利现代化的技术方向

[摘　要]　水资源优化配置是水资源管理的重点，而水资源实时监控管理系统在水资源优化配置中又具有举足轻重的作用。水资源实时监控管理系统由数据库、模型库、知识库、在线数据采集子系统、综合信息管理子系统、综合分析与决策支持子系统、实时控制管理子系统等组成。它是高技术的集成，体现了水资源可持续利用原则，并且代表了当前世界水资源管理的方向。我国应在"总体设计、分步实施、试点示范、全面推开"的原则下建设水资源实时监控管理系统。

[关键词]　水利现代化；水资源实时监控；数据库；管理系统

当前，我国水利建设面临着从传统水利向现代水利转变的历史任务。如何实现水利现代化？如何实现水资源的可持续利用？在水资源的开发、利用、治理、配置、节约和保护的综合管理任务中，如何改变过去粗放式的管理方式，而采用集约式的现代管理方式？面对这些问题，我们不能不去研究国际上对自然资源管理的新思潮，不能不去研究全球高科技突飞猛进的发展大潮流。水资源的优化配置是水资源管理的重点。实施对水资源动态的、实时的、优化的配置，基础是获取大量的、动态的水资源及相关信息。当代高技术的发展，特别是信息技术、数字化技术的发展，使得对水资源进行实时监控管理已经成为可能。这种系统的建设将使水资源的管理发生重大变革，也将带来巨大的经济社会效益。当前在国际上，水资源实时监控管理系统，代表了水资源管理的现代方向。

1　水资源实时监控管理系统的特点及技术要求

什么是"水资源实时监控管理系统"呢？这个系统是以信息技术为基础，运用各种高新科技手段，对流域或地区的水资源及相关的大量信息进行实时采集、传输及管理；以现代水资源管理理论为基础，以计算机技术为依托对流域或地区的水资源进行实时、优化配置和调度；以远程控制及自动化技术为依托对流域或地区的工程设施进行控制操作。

这种系统的主要特点是：①对水资源进行实时监测。监测的内容包括水量和水质。实时监测的意义在于：只有掌握瞬时变化的水量信息，才能科学、准确地进行资源配置及调度；只有掌握瞬时变化的水质信息，才能对环境质量进行动态评价和有效监督，也才有可能应对水污染突发事件，保证供水安全。②这种系统以地理信息系统（GIS）为框架，除了采集水资源信息外，还广泛采集流域或地区内的气象、墒情等自然信息，水利工程等基

* 董哲仁，陈明忠，阎继军，谢新民. 水资源实时监控系统 ［J］. 中国水利，2000（7）：27-29.

础设施信息，经济与社会发展的基本信息以及需水部门的需水信息。③它不同于以往的水资源监测系统，仅仅具有监测功能。这种系统更重要的功能是进行实时配置调度。它是在监测的基础上，以大量的综合信息为基础，采用现代水资源管理数学模型，为水资源的实时配置、调度提供决策支持。这种模型势必突破"就水论水"局限，体现经济与社会发展—资源—环境的协调统一，体现水资源的可持续利用原则，体现"依法治水"的原则。④这种系统应是高新技术的集成。系统的设置应充分吸收国际上最新技术，坚持高起点。它包括监测技术、通信、网络、数字化技术、遥感、地理信息系统（GIS）、全球定位系统（GPS）、计算机辅助决策支持系统、人工智能、远程控制等先进技术。⑤它的设置应是因地制宜的。针对不同流域、不同地区不同的经济发展水平及基础设施状况，水资源管理中不同的重点问题，水资源实时监控管理系统的设置也应具有不同的特点。系统的设置还应与防洪调度指挥系统的建设相结合。

这种系统的技术要求是：①以现代电子、信息、网络技术为基础，实现监测数据的自动采集、实时传输和在线分析，有效地提高监测数据的实时性和准确率，确保监测信息的有效性。②充分掌握所在地区水资源供需状况，建立相应的资料库和水量、水质模型、供需水模型及生态环境分析模型。供水方面包括：地表水、地下水、土壤水，主水、客水、污水回用等等，需水方面包括：生活用水、工业用水、农业用水、生态环境用水等。③充分运用现代计算机和人工智能等技术进行高度技术集成，快速、高效、准确、客观地分析处理大量监测数据信息，并根据已建立的供需水模型和水环境分析模型等，动态生成水资源优化配置、调配计划等辅助决策方案。④以综合分析和辅助决策为基础，实现对水资源的优化配置、远程控制和科学管理等，即实现水资源调控的现代化。⑤系统应具有很强的实用性和动态可扩展性，以满足不同用户的需求。

2 水资源实时监控管理系统的基本结构

水资源实时监控管理系统应具备水资源实时监测、水资源实时预报、水资源实时调度和水资源实时管理等功能。其功能概要详见图1。

系统的总体结构又可分解为以下主要部分（参见图2）：①数据库（包含图形库、图像库和GIS系统），②模型库（包括方法库），③知识库，④在线数据采集子系统，⑤综合信息管理子系统，⑥综合分析与决策支持子系统，⑦实时控制管理子系统。

其核心是综合分析与决策支持子系统以及数据库、模型库、知识库。其他各部分则为系统核心的补充、延展和支持。

系统总控目的是建立系统各部分之间的联系，控制各库和各子系统的协调运行。

在线数据采集子系统提供相关水资源与水环境监测数据的自动化采集和数据可靠性在线分析功能。其重点是对地表水和地下水（水量、水位、水质及水温等）的实时动态监测和监测数据的自动化采集、监测数据预处理，以及监测数据可靠性的实时在线分析处理等。该子系统还应提供与各类监测仪器衔接的数据采集接口，通过接口模块动态收集监测数据资料，确保存入数据库中的监测资料的有效性、完整性和可靠性。

综合信息管理子系统管理各种水资源水环境监控项目的数据资料，具有监测数据资料

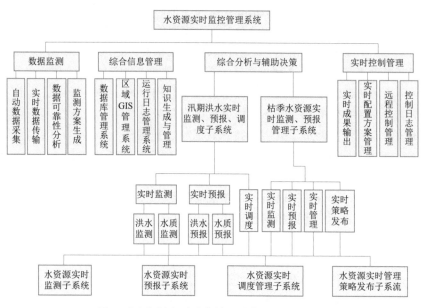

图1 "水资源实时监控管理系统"功能概要图

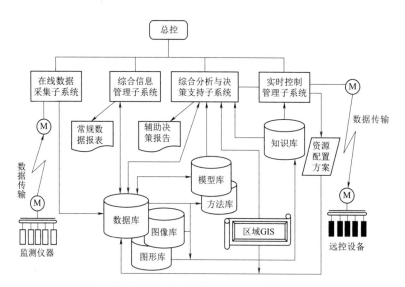

图2 "水资源实时监控管理系统"总体结构框图

的输入、存储、整编、查询与传输等功能，对水资源监控数据资料进行综合管理和处理。
该子系统还应提供对综合分析与决策支持子系统以及实时控制子系统的数据传输接口。

实时控制子系统主要完成两个功能：一是将系统综合分析与辅助决策的成果以实时报
告（如水资源预报、水质分析公报、企业排污超标警报、水资源调配建议方案等）和多媒
体报警信号（如大屏幕指示、声光警报等）的形式进行动态输出，以供决策部门进行水资
源配置和管理参考；二是将输出指令直接作用于可控自动化水资源调配和控制设备（如
给、排水闸门等），通过有线/无线/远程控制技术对系统所涉区域内的重点给、排水设备

及重点控制工程进行远距离的调节控制。

综合分析与决策支持子系统对实时监测获得的数据信息进行综合分析处理。其主要功能就是运用模型库中的相应模型对监测数据资料进行智能化的综合分析，参照知识库中的专家知识和有关法律、法规、规程规范，形成水资源（包括水量、水质、水情和水环境等）动态状况的分析成果；并根据分析成果，产生辅助决策报告或直接发布控制指令。系统还应专门设计有多库协同器，进行各库之间的协调。多库协同器提供系统各库的协同规划、综合调度、人机交互、资源共享、冲突仲裁和通信联络等处理功能。

综合分析与决策支持子系统是本系统的技术核心，它将以国内外近年在水资源、水环境和农田水利等方面的科研成果为基础，结合现代高新技术进行综合开发，形成技术先进、功能完善、实用性强、又便于扩展和更新的具有决策支持能力的智能化综合分析系统。

数据库是整个系统运转的基础，准确高效地收集和及时处理大量复杂的监测数据资料是整个系统设计和开发的重点。数据库及综合信息管理子系统是面向数据信息存储和信息查询的计算机软件系统。本系统的数据库内容包括：①水利工程档案库，②监测仪器特征库，③原始监测数据库，④整编监测数据库，⑤监测网站资料库，⑥人工巡视检查资料库，⑦数据自动采集参数库，⑧模型输入输出数据库，⑨成果数据库，⑩实时控制日志数据库等。图形库和图像库是数据库的延展和补充。

模型库及其管理子系统提供相应分析处理使用的处理模型和计算方法的例程库。包括各种时态和空间模型、在线数据可靠性分析算法等。包括水情预报模型、水量评价模型、水量预测模型、水质评价模型、水质预测模型、水污染模型、需水模型、生态环境分析模型、洪水演进及仿真模型、决策支持模型等等。

知识库及其管理子系统是用于知识信息的存储及其使用管理的计算机软件系统。本系统的知识库内容包括：①各监控项目的监控指标，②日常巡视检查的评判标准，③监测数据误差限值，④专业规律指标，⑤专家知识经验，⑥水利法律、法规、行业规程、规范的有关条款等。

3 水资源实时监控管理系统的实施

水资源实时监控管理系统是一个十分庞大又十分复杂的系统，具体实施过程中要坚持"总体设计，分步实施，试点示范，全面推开"的原则，并充分利用现有的防汛指挥系统、水文站网、水质监测系统，形成新的网络。

首先，组织好项目的前期工作。组织系统内外的专家在国内外广泛调研的基础上，进行系统的研究开发和设计工作。其次，要选好试点，发挥试点的示范作用。对试点项目运行经验进行总结使系统不断完善。通过试点，还要总结提炼出相应的技术导则和技术规范。在试点项目的基础上，制定全面实施规划，因地制宜地进行推广。对新建项目，如具备条件，在设计时就要将实时监控管理系统纳入项目计划。可以预言，水资源实时监控管理系统的建设，必将有力地推动我国水利现代化的进程。

To establish water resources real‐time supervision and management system ——technical trend of water resources modernization

Abstract：Water resources optimal distribution is focus of water resources management. Water resources real‐time supervision and management system occupies a linchpin position in water resources optimal distribution. Water resources real‐time supervision and management system is composed of database，model base，knowledge bank，on‐line data collection sub‐system，information management sub‐system，analyzing and decision‐making support sub‐system，real‐time control and management sub‐system，etc. It is integration of high‐tech and can supervise water resources rapidly and accurately. It indicates the principle of sustainable utilization of water resources and presents the direction of global water resources management. China should establish water resources real‐time supervision and management system basing on principle of general design，step by step implementation，pilot demonstration，and overall spread.

Key words：water resources modernization；water resources real‐time；supervision and management database；management system

恢复河湖水系连通性生态调查与规划方法 *

[摘　要]　本文讨论了河流—湖泊系统和河流—河漫滩系统连通性的生态学意义，阐述了河湖水系连通性生态调查与分析方法，提出了恢复河湖水系连通性的规划原则，介绍了恢复河湖水系连通性的工程与非工程措施，并提出了恢复连通性效果评估方法。

[关键词]　河湖水系连通性；生态调查；规划方法；洪水脉冲；洄游鱼类

1　概述

河湖水系连通性是流域内河流与湖泊、河道与河漫滩之间物质流、能量流、信息流和物种流保持畅通的基本条件。

在河流—湖泊系统连通性方面，河湖间的自然连通保证了河湖间注水、泄水的畅通，维持着湖泊最低蓄水量和河湖间营养物质交换。年内水文周期变化和脉冲模式，为湖泊湿地提供动态的水位条件，使水生植物与湿生植物交替生长；水位变化还为鱼类等动物传递其生活史中产卵等所需信息。河湖连通还为江河洄游型鱼类提供迁徙通道，为生物群落提供丰富多样的栖息地。由于自然力和人类活动双重作用，不少湖泊失去了与河流的水力联系，出现河湖阻隔现象。就自然力而言，湖泊因地质构造运动和长期淤积致使湖水变浅，加之湖泊中矿物营养过剩，使水生生物生长茂盛，逐步形成沼泽化。人类活动方面，为了围湖造田、防洪等目的，通过建闸和筑堤等工程措施，将湖泊与河流的水力联系控制或切断。另外，在入湖尾闾处河道因人为原因淤积或下切，都会打破河湖间注水—泄水格局。河湖阻隔后，物质流、信息流中断，江湖洄游型鱼类和其他水生动物迁徙受阻，鱼类产卵场、育肥场和索饵场减少。湖泊上游工业、生活污水排放是湖泊生态系统退化的主要原因，加之湖区大规模围网养殖污染，水体置换缓慢，水体流动性减弱，湖泊水质恶化，使不少湖泊从草型湖泊向藻型湖泊退化，引起湖泊富营养化，导致河湖生态系统退化。

在河道与河漫滩连通性方面，河道与滩区间的连通使汛期水流能够溢出主槽向滩区漫溢，为滩地输送营养物质，促进滩地植被生长。同时，鱼类可游到滩地产卵或寻找避难所。退水时，水流归槽带走腐殖质，鱼类回归主流，完成河湖洄游和洲滩湿地洄游的生活史过程，另外，归槽水流又为一些植物传播种子，这就是所谓洪水脉冲作用[1]。不合理的堤防建

＊　董哲仁，王宏涛，赵进勇，张晶. 恢复河湖水系连通性生态调查与规划方法［J］. 水利水电技术，2013，44（11）.

基金项目：水利部公益性行业科研专项（基于水系连通的水资源优化配置与调度技术 201201113）。

设，使堤距缩短导致河漫滩变窄；农田、道路、住宅区、休闲娱乐设施和其他设施侵占河道，既阻碍行洪又破坏了栖息地。另外，不透水的堤防和护岸阻碍了垂向的渗透性，削弱了地表水与地下水的连通性。以上种种作用导致栖息地条件恶化，水生生物多样性下降。

恢复河湖水系连通性是河湖生态修复的重要措施之一。本文讨论了以生态修复为主要目标的恢复流域内河流—湖泊系统和河流—河漫滩系统连通性的调查分析与规划方法。

2　河湖水系连通性生态调查与分析方法

河湖水系连通性生态调查分析分为地貌—水文、水质和生物三大类，其中水质调查可采取常用方法，本文不另赘述。

2.1　连通性调查方法

2.1.1　地貌—水文调查

地貌调查包括地貌单元统计和河流—湖泊系统以及河流—河漫滩系统地貌动态格局调查。通过历史资料、现场查勘、卫星遥感图对比分析以及 DEM 技术，调查水系的连通情况，包括河流纵向连续性，河流—河漫滩系统的横向连通性，河流—湖泊连通性，并对连通情况进行综合分析[2]。

在流域尺度上，地貌单元调查包括干流和支流河道、湖泊、大型湿地、故道、河漫滩、河湖间自然或人工通道、堤防、闸坝、农田、村庄、城镇等。

在河流廊道尺度上，需要调查的河漫滩地貌单元有（见图 1）：①牛轭湖或牛轭弯道也称河流故道。②河漫滩水流通道。指在河漫滩上所形成的次级河道。③鬃岗地貌。指在凸岸形成一组滨河床弧形沙坝。④局部封闭小水域包括局部沼泽地。⑤自然堤。在滩地临河较高位置沿河沉积物也称滩唇。⑥湿地。⑦堤防。⑧道路。⑨水产养殖场。⑩农田等。

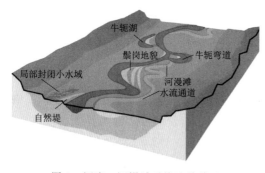

图 1　河流—河漫滩系统地貌单元

河湖水系连通状况调查的重点是历史与现状连通性特征。连通性可分为常年连通和间歇性连通两类。间歇性连通或是由于年内水文周期性变化所致，或是出于防洪和引水需要调控闸坝造成。因此，调查中应分丰水期和枯水期两种情况并且在间歇性连通中区分自然原因还是人为原因。从河湖水系连通方式划分，又可分为单向、双向和网状连通三类。河湖连通性调查表见表 1。

表 1　　　　　　　　　　　　　　河 湖 连 通 性 调 查

湖泊名称	连通特征（历史/现状）									阻隔原因	
	湖泊面积	湖泊容积	进水通道	出水通道	连通方向			连通延时		换水周期	自然	人为
					单	双	网	常年	间歇			

湖泊、河流、故道、滩地和湿地的水面面积和水位都随水文周期发生变化，形成河流—湖泊系统和河流—河漫滩系统的动态空间格局。这种动态空间格局形成了多样化的栖息地，满足多种生物生活史的生境需求。动态空间格局可用丰水期和枯水期的空间格局代表。空间格局调查项目重点是在丰水期和枯水期湖泊、湿地以及河漫滩的水位和面积及其变化率，变化率可以反映栖息地多样性程度以及洪水脉冲作用强度（见表2）。

表 2　　河湖水系动态格局调查

时期	干流流量	湖泊			湿地				河滩		
		水位	面积	连通状况	水位	地下水位	面积	连通状况	水位	水域面积	连通状况
丰水期											
枯水期											
变化率											

2.1.2　生物及栖息地调查

与河湖水系连通性密切相关的生物及栖息地调查，包括洄游鱼类及栖息地、湿地动植物调查（见表3）。洄游鱼类调查包括洄游鱼类种类，连接鱼类不同生活史阶段适宜水域的洄游通道类型。鱼类栖息地包括其完成全部生活史过程所必需的水域范围，如产卵场、索饵场、越冬场，需要调查其位置和面积。

表 3　　生物及栖息地调查

丰度/物种多样性	洄游鱼类						植物群落					水鸟		
	洄游类型/通道位置/长度			栖息地位置/面积			湿地		滩地			生物	栖息地	
	河—湖	河—滩	干—支	产卵场	索饵场	越冬场	类型/组成/密度	面积	类型/组成/密度	面积/覆盖比例		种类/总量	位置	面积

河漫滩及湿地大多属水陆交错地带，生境条件多样，植被类型丰富。调查重点是：①湿地景观格局变化；②湿地植被群落结构变化，包括当地物种和外来物种增减状况以及植被生物量变化；③水鸟及其栖息地状况，包括水鸟数量特别是国家一、二类保护水鸟数量动态变化以及物种组成变化。

2.2　连通性分析方法

（1）历史对比。可以把我国20世纪50年代的河湖水系连通状况作为参照系统即理想状况，将现状与之对比，识别河湖水系连通性的变化趋势，对比内容可参照表1。对比的目的是掌握历史河湖水系连接通道状况以及湖泊、湿地面积变化。

（2）河湖水系阻隔成因分析。在历史对比的基础上，进一步分析河湖水系阻隔的原因，识别是自然因素还是人为因素所致。自然原因包括泥沙淤积阻塞连接通道；河势演变形成牛轭湖（故道脱离干流）；受气候变化，受降雨量减少影响径流量减少，改变了河湖连通关系。人为因素有多种，包括：①围垦建圩阻隔河湖，引起湖泊面积缩小及湖泊群的人工分割；②闸坝运行切断湖泊与干流的水力联系；③水库清水下泄下切河道，改变河湖高程关系；④农田、道路、建筑物侵占滩地；⑤堤距缩短，隔断主流与滩区的水力联系。

（3）生态服务功能评价。在历史对比及成因分析的基础上，建立生态服务功能评价体系，评价由于河湖水系阻隔造成的生态服务功能损失。重点评价河湖水系阻隔造成的洄游鱼类和底栖动物的生物群落类型、丰度和物种多样性退化；鱼类栖息地个数变化以及洲滩湿地和河漫滩植被类型、组成和密度变化；珍稀、濒危和特有生物潜在风险。机理分析方面，不仅要评价水面面积缩小的生态影响，还应分析水动力学条件改变导致激流生物群落向静水生物群落演替的影响，以及削弱洪水脉冲作用对于生物物种多样性的影响。在此基础上，进一步分析包括供给、支持、调节和文化功能在内的河湖生态系统生态服务功能的降低程度。

（4）综合影响评价。河湖水系阻隔不仅影响生态系统健康，还会对防洪、供水、环境产生不利影响。河湖阻隔或堤距缩窄，不仅降低了湖泊或河漫滩所具备的蓄滞洪能力，还导致洪水流路不畅，增加了洪水风险。河湖水系阻隔也会对流域和区域的水资源优化配置产生不利影响。由于湖泊失去与河流的天然水力联系，湖泊换水周期延长，湖泊湿地对污染物的净化功能下降，加重湖泊水质恶化。所以应对河湖水系阻隔对生态、防洪、供水和环境影响做出综合定量评价。

3 恢复河湖水系生态连通性规划准则

3.1 规划准则

3.1.1 以流域为恢复河湖水系连通性规划空间单元

流域不仅是水文学最重要的空间单元，也是陆地生态学最重要的空间单元之一。一般来说，恢复河湖水系连通性应在流域范围内进行规划。至于跨流域水系连通，则属于跨流域调水工程范畴，其生态环境影响和社会经济复杂性远远超过流域内的河湖连通问题，需要深入论证和慎重决策，不在本文讨论范围。

在流域尺度下，需要综合开展河湖水系连通性空间景观格局配置，包括河湖连接通道布置，干流、支流、湖泊、河滩、湿地、沼泽、牛轭湖（故道）、植被群落以及城镇、农田的空间格局合理配置。合理规划国土功能，恢复湖泊、湿地水面面积，实施退田还湖和退渔还湖，清理河道行洪障碍物，保持河漫滩的有效宽度。以缀块—廊道—基底模式的空间景观理论为基础，合理规划各类缀块的数量、几何特征和性质。发挥河流廊道的功能，处理好河流—湖泊间"源"与"汇"的关系，以实现生态服务功能的最大化[3]。

3.1.2 恢复河湖水系连通性规划应与流域综合规划相协调，发挥河湖水系连通的综合功能

流域综合规划是流域水资源战略规划。恢复河湖水系连通性规划应在综合规划的原则框架下，成为水资源配置和保护方面的专业规划。恢复河湖水系连通性规划除了论证恢复

连通性的生态功能以外，还需论证恢复连通性在水资源配置、水资源保护和防洪抗旱方面的作用。通过河湖水系连通和有效调控手段，实现流域内河流—湖泊间的水量调剂，优化水资源配置。还需论证恢复连通性对于提高水体的自净功能，改善湖泊水动力学条件，防止富营养化方面的作用。另外与河流自然连通的湖泊、湿地、河漫滩在汛期能够发挥蓄滞洪作用，降低洪水风险。河湖水系连通性恢复，也会改善规划区内自然保护区和重要湿地的水文条件，提高规划区内城市河段的休闲文化功能。

3.1.3　以历史上的连通状况和水文—地貌特征为理想状况，确定改善连通性目标

自然河湖水系连通格局有其天然合理性。这是因为在人类生产活动尚停留在较低水平的条件下，河流与湖泊洲滩湿地维系着自然水力联系，形成了动态平衡的水文—地貌系统。湖泊湿地与河流保持自然水力联系，不仅保证了河湖湿地需要的充足水量，而且周期变化的水文过程也成为构建丰富多样栖息地的主要驱动力。

考虑到经过几十年的开发改造，加之气候条件的变化，河湖水系的水文、地貌状况已经发生了重大变化，完全恢复到大规模河湖改造和水资源开发前的 20 世纪 50 年代的连接状况几乎是不可能的。只能以历史上较为自然状况下的河湖水系连通状况作为参照系统，再根据现状水文、地貌条件和社会、经济需求，确定改善连通性目标。

为此，需要建立河湖水系连通状况分级系统。在连通性分级系统的要素层包括水文（湖泊年蓄水量，水文过程）、地貌（景观格局、连接通道布置）、生物（洄游鱼类、鸟类和湿地植物群落）和水质。以历史自然连通状况为优，以与理想状况的不同偏差率，再划分良、中、差、劣等级。一般情况下，修复目标取为良等级。由连通性分级表，就可以获得恢复河湖水系连通工程的定量目标（见表4）[4]。

表 4　　　　　　　　　　　　　　　河湖水系连通性分级

等级	水　文			地　貌		生　物			水质
	湖泊水面面积	湿地面积/地下水位	水文过程	景观格局	连接通道	洄游鱼类	鸟类	湿地植物群落	
优、良、中、差、劣									

3.1.4　优化河湖水系连通格局，实现生态效益和经济效益最大化

恢复连接方式有多种。一种是恢复历史连接通道，一种是根据水文、地貌变化条件开辟新通道。对于已建控制闸坝的湖泊可改进调度方式，实施生态调度，增加枯水季入湖水量，满足湖泊湿地生态需水。经过论证也可拆除部分控制闸坝，实现河湖自然连接。

针对几种连通格局初步方案，进行水文学和水力学计算、河势稳定性分析、河流泥沙动力学计算以及成本效益分析。通过方案优选，达到生态服务功能最大化的目的[5]。

3.1.5　实施湖泊滩地环境综合治理，实现水功能区达标，严格控制沿湖沿河的房地产开发、旅游开发和水产养殖业开发

恢复连通性工程应与湖泊滩地环境综合治理相结合，首先是水污染防治和入河入湖污染物总量控制，实现水功能区达标。其次，要清除侵占湖区和滩地各类设施和建筑物，包

括休闲娱乐设施、房地产开发等建筑物以及农田、道路等，严格控制水产养殖，实施退田还湖，退渔还湖。此外，应划定湖泊和河流岸线，明确管理责任主体和权限。

3.1.6 恢复河湖水系连通性应与河流湖泊生态修复相结合，实施一体化生态修复

作为河流生态修复重要措施之一，恢复河湖水系连通性应与河湖生态修复综合措施相结合，实施一体化修复。修复的重点是水文条件、地貌条件、水体物理化学特征和生物状况四个方面。其中地貌修复方面，实施三维连通性修复，即顺水流纵向的连续性，河流侧向的连通性和垂向的渗透性。在河流形态修复方面，重视河流蜿蜒性，形成深潭—浅滩序列。促进湖泊河流的自然化，防止湖泊河流的渠道化和商业化[6-7]。

3.1.7 风险分析

河湖水系连通性恢复工程在带来多种效益的同时，也存在着诸多风险。这些风险可能源于连通工程规划本身，也可能因工程管理调度不当或因气候变化、超标洪水等外界因素。这些风险包括洪水风险、污染转移、外来生物入侵、底泥污染物释放、有害细菌扩散以及血吸虫病传播等。特别是在全球气候变化的大背景下，极端气候频发，造成流域暴雨、超标洪水以及次生的山体滑坡、泥石流等自然灾害，不可避免地对恢复连通性工程构成威胁。因此，在规划阶段必须进行风险分析，充分论证各种不利因素和工程负面影响，趋利避害，制定适应性管理预案。

3.2 恢复连通性措施

恢复连通性措施包括工程措施和非工程措施两类。

工程措施包括：①连接通道的开挖和疏浚。②拆除控制闸坝。退渔还湖，退田还湖，恢复湖泊湿地河滩。③拆除岸线内非法建筑物、道路改线。④清除河道行洪障碍；扩大堤防间距，扩展滩区。⑤建设洄游鱼类过鱼设施以及栖息地加强措施。⑥点源与面源污染控制。⑦生物工程措施，包括通过人工适度干预，恢复湖泊天然水生植被，提高湖泊水生植物覆盖率，恢复滩区植被。⑧采用生态型护岸结构。⑨恢复河流蜿蜒性。

非工程措施包括：①改进已建闸坝的调度运行方式，制定运行标准，保障枯水季湖泊、湿地的生态需水；②依据湖泊生态承载能力，划定环湖岸带生态保护区和缓冲区范围，明确生态功能定位；③实施流域水资源综合管理，对河流、湖泊、湿地、河漫滩实施一体化管理，建立跨行业、跨部门协商合作机制，推动社会公众参与；④建设生态监测网，开展河湖水系连通性和河流健康评价。

3.3 恢复河湖水系连通性效果评估方法

恢复河湖水系连通性工程项目效果评估方法，可分为河流—湖泊系统和河流—滩区系统两类，分别见表5和表6。评估内容均包括地貌形态、水文、水环境和生物四种要素。两类评估方法分别采用12项和18项指标。对历史自然状况、恢复连通性前、恢复后三种状况，需分别列出指标量值。根据各项指标数值变化趋势，可以分析对比恢复连通性前后的变化；对比历史自然状况分析连通性恢复程度，从而对恢复连通性的效果做出定量评价。

表5　　　　　　　　　　　　　　　　恢复河湖系统连通性评估

要素	地貌单元/科目	编号	评估内容/指标	特　征		
				历史自然状况	开发改造后果	生态修复措施
地貌形态	湖泊	1	水面面积	历史水面面积	湖泊萎缩	连通、疏浚、退田还湖、退渔还湖、清理违章建筑、改进调度方式
		2	换水周期	历史换水周期	较长	连通、疏浚
		3	连接延时	历史延时	缩短	连通、疏浚、改进调度方式
	湿地	4	面积	历史面积	湿地萎缩	恢复植被、改善水文条件
		5	地表/地下水位	自然状况	下降	改善水文条件
		6	连通状况	自然连通	阻隔/间歇连通	连通、疏浚
水文	径流	7	湖泊湿地需水	自然连通	径流量减少	连通工程、疏浚、改善现存闸坝调度
	洪水脉冲	8	年流量过程变化率	洪水脉冲过程	径流调节导致流量过程线趋平缓	改进现存闸坝调度方式
水环境	水功能区	9	水功能区达标	历史湖泊水质	污染/湖泊富营养化	污染治理、水产养殖管理、采砂生产管理、生物治污工程
生物	洄游鱼类	10	类型、丰度、物种多样性、"三场"数量	历史洄游鱼类	产卵场、索饵场、育肥场减少,物种多样性下降	珍稀、濒危、特有鱼类保护,栖息地加强措施
	水鸟	11	总量、栖息地数量	历史鸟类状况	水鸟总量和栖息地数量下降	栖息地加强、水鸟保护措施
	植被群落	12	类型、组成、密度	以水生植被为主	草型湖泊退化为藻型湖泊	采取生物调控措施,恢复以水生植物为主的群落结构

表6　　　　　　　　　　　　　恢复中小型河流—滩区系统连通性评估

要素	单元/科目	编号	评估项目	特　征		
				历史自然状态	开发改造后果	生态修复措施
地貌形态	河道	1	河流平面形态	蜿蜒、辫状、网状	裁弯取直	恢复蜿蜒性
		2	横向连通性	洪水侧向漫溢	缩窄堤防间距、倾倒渣土	扩大堤距清理河道
		3	纵向连续性	纵向水力连续	闸、坝、堰数量/密度	控制闸坝数量
		4	垂向渗透性	河床底质砂砾石、粗细砂等	混凝土、浆砌石	生态型护坡
		5	河势稳定性	河势自然摆动	治河工程,稳定河势	控导工程
		6	岸坡防护	天然材料	混凝土、浆砌石	生态型护坡结构
	滩区	7	宽度、面积维持	自然状态滩区	农田、道路、房地产开发、旅游休闲设施侵占滩区	清除建筑设施和农田,恢复自然宽度

续表

要素	单元/科目	编号	评估项目	特征		
				历史自然状态	开发改造后果	生态修复措施
地貌形态	滩区	8	景观多样性	洲滩、湿地、沼泽、水塘	渠道化、人工园林化景观	恢复自然景观
		9	自然保护区	重要自然保护区和湿地	重要自然保护区和湿地达标率	落实保护区规划
		10	采砂生产	自然河势、深潭-浅滩序列	影响河势和栖息地质量	严格控制、取缔采砂生产
水文	径流	11	年内径流状况	自然径流过程	因过度取水和径流调节引起断流和间歇式径流	尽量维持自然水流过程
	生态需水	12	生态基流/敏感期生态需水	自然水流过程	生态基流和敏感期生态需水满足程度	保证生态基流
	洪水脉冲	13	洪水脉冲过程及功能	洪水淹没滩区水文过程及生物过程	因引水和径流调节，降低年水文过程变幅降低	通过调控维持一定程度的脉冲过程
水环境	水功能区	14	水功能区达标率	历史状况	修复前状况	达标排放污染物总量控制
	面源污染	15	水产养殖业管理	历史状况	修复前状况	退渔还湖、养殖业管理
	农村环境	16	农村污水厕所垃圾管理达标率	历史状况	农村污水、厕所、垃圾管理缺位	改厕、垃圾处理设施
生物	滩区植被	17	植被覆盖比例，物种组成和密度	生物群落多样性维持	滩区植被退化	以土著物种为主的自然恢复
	生物群落	18	珍稀、濒危、特有物种	物种多样性维持	物种数量、栖息地减少	落实保护规划

4　结语

河湖水系连通性是维护河湖健康的重要保障条件。由于自然力作用和人类经济活动影响，河湖水系连通性受到破坏或削弱，恢复河湖水系连通性是河湖生态修复的重要内容之一。河湖水系连通性修复应以流域为空间单元，以历史上较为自然状况的连通性作为空间参照系统确定连通目标和制定规划。同时，恢复河湖水系生态连通性应与水资源优化配置和防洪减灾相结合，与河湖环境综合治理相结合，实现生态效益和社会经济效益最大化。

参 考 文 献

［1］ 董哲仁，张晶. 洪水脉冲的生态效应 [J]. 水利学报，2009，40 (3)：281-288.

［2］ Committee on River Science at the U. S. Geological Survey，National Research Council. River Science at the U. S. Geological Survey [M]. USA：National Academies Press，2007.

[3] 董哲仁. 河流生态修复的尺度、格局和模型 [J]. 水利学报，2006，37 (12)：1476-1481.

[4] GUMIERO B，RINALDI M，FOKKENS B. IVth ECRR International Con-ference on River resto-ration Proceedings [C]. 2008.

[5] 赵进勇，董哲仁，翟正丽，等 . 基于图论的河道—滩区系统连通性评价方法 [J]. 水利学报，2011，42 (5)：537-543.

[6] 董哲仁. 城市河流的渠道化园林化问题与自然化要求 [J]. 中国水利，2008 (22)：12-15.

[7] STEPHEN D，SEAR D. River Restoration-Managing the Uncertainty in Restoring Physical Habitat [M]. Chichester，UK：John Wiley & Sons，Ltd. ，2008.

Eco-survey and planning method for rehabilitation of connectivity of river-lake water system

Abstract：The ecological significance of the connectivity of the river-lake water system and the river-floodplain water system is discussed herein，and then the eco-survey and analysis method for the connectivity of the river-lake water system are expatiated，while the planning principle for the rehabilitation of the connectivity of the river-lake water system is put forward and the relevant engineering and non-engineering measures are described. Finally，the method of the assessment on the effect of the rehabilitation of the connectivity is proposed as well.

Key words：connectivity of river-lake water system；eco-survey；planning method；flood pulse；migratory fishes

河流健康的内涵*

[摘　要]　河流健康不是严格意义上的科学概念，而是一种河流管理的评估工具。其作用是建立相对基准点和评估准则体系，对于在自然力与人类活动双重作用下的河流生态系统状况进行动态监测与评估，以研究其演进趋势并通过管理促其向良性方向发展。河流健康评估准则应体现开发与保护的平衡，应体现流域各个利益相关者的利益协调。河流污染是对我国河流健康的最大威胁，治污是我国现阶段河流生态环境建设的首要任务。

[关键词]　河流；健康；价值；基准点；生态势

1　全面认识河流的价值

什么是河流的价值？在水资源规划者、开发者的目光中，河流具有供水、灌溉、发电、航运和旅游等多种功能。如果对于河流价值的理解仅限于此，无异于把河流理解为可供人类驱使的工具，河流的价值则仅仅是人类能够利用的资源价值。

现代科学特别是生态学的发展告诉我们，如果人类能够把自己作为自然界的一个平等成员，客观地认识河流，就会发现河流作为地球生命系统的载体所具有的无与伦比的宝贵价值。按照生态系统价值的一般分类方法，河流的价值可以分为两大类：一类是利用价值；另一类是非利用价值。在利用价值中，又分为直接利用价值和间接利用价值。直接利用价值是可直接消费的产出和服务，包括河流直接提供的食品、药品和工农业所需材料，也包括对于水资源的开发利用价值。间接利用价值是指对于生态系统中生物的支撑功能，也是对于人类的服务功能。包括河流水体的自我净化功能，水分的涵养与旱涝的缓解功能，对于洪水控制的作用，局部气候的稳定，各类废弃物的解毒和分解功能，植物种子的传播和养分的循环。此外，无论是高山大川、急流瀑布，还是潺潺溪流以及荷塘秋月，其本身具有的巨大美学价值，可以满足人们对于自然界的心理依赖和审美需求。在历史长河中，河流自然遗产财富是几千年人类文学艺术灵感的源泉。

另一大类是非利用价值，它不同于河流生态系统对于人们的服务功能，是独立于人以外的价值，分为选择价值、准选择价值、遗产价值和存在价值。非利用价值是对于未来的直接或间接可能利用的价值，比如留给子孙后代的自然物种、生物多样性以及生境等。试想，如果在我们这一代里，像白鳍豚这样的物种一个接一个变成濒危珍稀物种，在河流的生态食物链中不断地缺失和断裂，造成河流生态系统功能的退化，其河流价值的损失将难

＊董哲仁. 河流健康的内涵 [J]. 中国水利，2005（4）：15-18.

以预计，又不知对于子孙后代的生存会造成什么样的负面影响？在非利用价值中，"存在价值"被认为是生态系统的内在价值，可能是人类现阶段尚未感知的但是对于自然生态系统可持续发展影响巨大的自然价值。

以上这些价值一部分是实物型的生态产品，比如食品、药品和材料，其经济价值可以在市场流通中得到体现。另一部分是非实物型的生态服务，包括生物群落多样性、环境、气候、水质、人文等功能。这些功能往往是间接的却又对人类社会经济产生深远、重要的影响。特别是在商品社会中，有形的生态产品还能为人们所重视，而大量的非实物型的生态服务价值往往被忽视，至于非利用价值则更不为人们所理解。可以说，只有建立起珍爱和尊重一切生命、崇尚自然的生态道德，建立为子孙后代的长远利益着想的可持续发展观，才有可能对于河流价值产生较为全面的认识。

2　对于河流健康概念的争论

2.1　河流健康概念的缘起

当河流的管理者对于河流的价值有了全面的认识以后，才会关注河流系统中除了人以外的生物，才会关注河流生态系统的状况。

20世纪80年代在欧洲和北美，开始了河流保护行动。人们认识到河流不仅是可供开发的资源，更是河流系统生命的载体；不仅要关注河流的资源功能，还要关注河流的生态功能[1]。许多国家通过修改、制定水法和环境保护法，加强对于河流的环境评估。在传统意义上的河流环境评估主要是基于水质的物理-化学测试方法，依据某些技术指标体系进行的评估，其不足是忽略了对于生物栖息地质量的评估，包括水流条件对于鱼类、两栖动物以及岸边植被的影响，以及河流水文、水质条件的变化对于河流生态系统退化的影响。在新的生态环境理念的引导下，提出了包括水文、水质、生物栖息地质量、生物指标等综合评估方法，相应出现了"河流健康"的概念[2]。

2.2　什么是河流健康状态

自然河流经历了数万以至数百万年的演变过程，受到自然界本身和人类活动的双重干扰。对于自然界的重大干扰，比如地壳变化、气候变化、地震、火山爆发、山体滑坡等，河流系统的反应或是恢复到原有的状态，或者滑移到另外一种状态，寻找新的动态平衡，逐步走入良性轨道。在这个过程中，河流系统一般表现出一种自我恢复的功能。而人类活动特别是近一二百年工业革命开始的大规模经济活动，包括水资源过度开发利用，经济发展带来的水污染，对于河流生态系统的干扰所造成的影响往往是系统自身难以恢复的，严重的干扰往往是不可逆转的。当然，还存在着自然界干扰与人类干扰相互作用以至叠加的可能性[3]。科学界普遍认为人类大规模的经济活动是损害河流生态系统健康的主要原因。许多学者认为，在人类进行大规模经济活动前的自然河流，可以定义为是原始状态。原始状态河流生态系统具有较为合理的结构和较为完善的功能，处于一种自然演进的健康状态。概括地讲，普遍承认的基本观点是：自然系统优于人工系统；人类活动干扰前的自然状态优于干扰后的状况。

基于这种认识，有的学者指出："生态健康是一种生态系统的首选状态，在这种状态下，生态系统的整体性未受到损害，系统处于沉睡的、原始的和基准的状态。"[4]也有学者认为生态健康就是生态的完整性，"在生态系统健康与完整性之间没有实际的差别"。

这些学者们指出，由于生态学的概念比较抽象和模糊，过于学术化，需要提出"河流健康"这种通俗概念既可以在科学家、官员和公众之间进行沟通，也容易被社会公众所理解。另外，如何兼顾水资源的开发利用与河流保护二者的关系？这牵涉到不同的利益集团和社会公众利益，如果针对特定河流建立某种河流健康的评估准则，有可能平衡各个利益相关者的利益，形成一种被社会公众接受的、在河流保护与水资源开发利用程度之间取得折中的评估方案。赞成河流健康概念的学者认为，河流健康概念是河流管理的一个工具。

2.3 对于河流健康概念的质疑

近年来，围绕河流健康这个概念，一些学者对于河流健康概念提出质疑，其主要观点如下。

（1）无法确定河流健康的基准点。河流健康概念引用了对于人类和生物才使用的"健康"这样的词汇，而健康应存在着具体的判别标准。一个简单的问题就会提出来：人类的体温为 37℃，当然还有许多医学的生物化学指标，都是客观的健康判别标准。那么，河流健康的客观基准点是什么呢？如上述，普遍认为没有人类活动干扰原始的河流状况是首选的健康状况，可以作为河流健康的基准点。但是，几千年的人类文明与经济发展，包括人口急剧增长，历史上发生的农业革命、工业革命、土地利用方式变化，对于河流的大规模开发利用，已经彻底地改变了河流的原始面貌。我国几千年的文明史伴随着一部民族治河史，现在除了西部和西南部边远地区的少数河流以外，很难找到没有人类活动痕迹的自然河流。如果用保存至今极少的历史资料来推断原始自然河流的状况几乎是不可能的事。有的学者还指出，即使建立起了人类活动干扰前的自然河流基准点，并且人们以此作为健康标准尽最大的努力进行修复，但是由于河流生态系统始终处于一种动态的演进过程中，河流系统也永远不可能返回到原始的健康状况。

（2）河流健康的概念在科学意义上是主观的、模糊的。有的学者认为，"健康是针对生物而言，不能简单应用于生态系统。因此，健康一词不具有明显的生态性质"。有的学者认为，河流健康概念不具备客观性，其判别准则是由人们主观确定的，其结果是增加了任意性的机会。"具体的某些人会偏爱河流健康的某一种状态，而生态系统是不会偏爱自身的某一种状态的"[5]。既然河流健康是人们主观提出的判别准则，那么，在权衡人类对于水资源的开发利用与河流生态系统保护之间的利弊得失方面，"健康"的标准具有很大的主观任意性。所以，研究者进一步指出，"作为政策目标的生态健康概念的滥用会有潜在的风险"。

（3）河流健康是无法度量的。一些学者认为，"因为'河流健康'并不是河流生态系统固有的特性，所以河流健康无法用科学意义上的技术方法进行度量"。[6]也就是说，不能像水文测验或水化学分析方法那样去获得反映河流固有特征的相应参数。

2.4　河流健康概念的完善

提倡河流健康概念的学者进一步指出，河流健康概念并不是严格意义上的科学概念，它是河流管理的一种工具。"出于河流管理的目的，重点考虑在河流及流域上建立起一种基准状态，由这个基准出发，评估河流出现的长期变化，判断在河流管理过程中产生的影响"。[7]这种管理工具的作用还在于可以通过建立一种协商机制，在河流的开发者、保护者及社会公众之间达成健康标准的共识，平衡水资源开发与环境保护之间的利益冲突。

随着讨论的深入，河流健康概念又有完善并有新的概念被提出，这主要是"生态势"的概念和"健康工作河流"的概念。

（1）生态势。既然河流原始的自然状态是难以确立的，索性就不再追求首选的健康状态的目标，而试图建立一种相对的健康基准，于是引用了"生态势"（ecological potential）的概念。生态势是一种可以管理的也是所期望的生态状态，这种状态得到各个利益相关者的赞同，遵循这种准则，河流生态状况将获得改善。生态势概念面对现实，承认人们对于水资源开发利用的合理性，但要确定在不损害生态系统健康的前提下开发的限度。生态势不是一种固定的概念，在这种概念框架下，生态健康就可以用相关的任意基准点进行评估。基准的建立涉及判断值的选取，而选取的基本原则是生物多样性的最大化，河流生态系统的可持续性，稳定河道优于非稳定河道，本地物种优先于外来物种等。

（2）健康工作河流。"健康工作河流"（health working river）的概念来源于澳大利亚的墨累河（River Murray）的环境流量评估工作。与此类似的概念是"工作的生命河流"（living working river）。

"健康工作河流"的概念是河流管理工作的工具，它提供一种社会认同的、在河流生态现状与水资源利用现状之间进行折中的标准，力图在河流保护与开发利用之间取得平衡。"健康工作河流"概念的关键点是，被管理的河流是在一种合适的工作水平上，又处在一种合适的健康状态。所谓"工作"是指供水、发电、航运及旅游等具有经济效益的功能，"工作水平"是可以用水文及水质参数定量规定的，如防洪安全水位、供水及灌溉安全、河道侵蚀或淤积程度、水库蓄水量等。而生态健康的指标除像鱼类产卵所需水温等个别指标可直接定义外，多数依赖于指标体系。在管理过程中一旦发现河流低于健康工作水平，就会给管理者一种预警信息。

（3）4种类型基准点。近年来发展了若干河流健康基准点方法，择其要者有以下4种。第一种是河流生态得到完全恢复的理想状态。由于它脱离实际社会经济状况，也违背生态系统自身的演进规律，所以较少采用。第二种是样板河段比照法。指参照未受到干扰或轻微干扰的河段，如果监测河段与其参照河流状态偏离越远，则其健康状况越坏。第三种是建立以水质指标为主的准则。对于每一种水质指标都规定某种变化范围，不同区域根据当地条件放宽或修改，作为地方标准。第四种是流域状况综合模型，采用对于流域物理、化学和生态状况的综合描述的墨累河健康模型。另外，在河流健康调查评估内容方面，主要进行4类评估，即物理-化学评估、生物栖息地评估、水文评估和生物评估。

3 我国河流管理中如何应用河流健康概念

在我国河流管理工作中提出河流健康的概念具有前瞻性。河流管理者不仅是水资源的开发者，也将是河流生态系统的保护者，这是管理理念的重大进步。由于河流健康概念对于我国水利界还是一个新概念，如何结合我国国情准确把握这个概念，促进河流生态建设，似有若干问题需要探讨。

3.1 河流健康概念是河流管理的评估工具

综上所述，河流健康概念不是一个严格定义的科学概念，而是通俗意义上的管理评估工具。其目的是要建立一套评估体系，评估在自然力与人类活动双重作用下河流演进的长期过程中河流健康状态的变化，进而通过管理工作，促进河流生态系统向良性方向发展。因为寻找河流原始的健康状态建立评估基准点是不现实的，所以只能寻求一种相对的评估基准点，从这个基准点出发，研究长期的河流健康状况变化趋势。

3.2 建立河流健康评估准则时应该因地制宜

我国幅员辽阔，各流域的自然条件千差万别，经济社会发展水平各异。河流生态修复受自然条件的限制，也受到流域经济发展阶段和投资能力的制约。所以，制定河流健康评估准则，既不能照搬国外经验，也不可能制定全国统一的标准。应因地制宜地经过调查、论证，制定符合流域、地区自然及社会经济条件的健康评估准则。

3.3 水污染是对河流健康的最大威胁

2002 年，全国七大江河水系的 741 个监测断面中，仅 29.1％的断面符合Ⅲ类以上水质标准，30.0％的断面属于人体不能直接接触、仅可用于工农业的Ⅳ、Ⅴ类水质，40.9％的断面属于完全丧失水环境功能的劣Ⅴ类水质；90％流经城市的河段受到严重污染；大部分湖泊氮、磷含量严重超过地表水水质标准，在东部和西南地区被调查的 200 多个湖泊中，有 80％不同程度富营养化，水生生态系统全面退化。工农业和生活污染是造成水环境污染的主要原因，是对于河流健康的最大威胁。由此，我国现阶段维持河流健康的首要任务是水污染治理与控制，在治理策略方面，从末端治理向源头预防和全过程控制转变。

3.4 遵循河流保护发展阶段的一般规律

制定我国河流环境保护战略，有必要研究和借鉴发达国家河流保护的经验教训，特别需要研究其河流环境治理的发展历程。西方发达国家针对二战后工业急剧发展造成的水污染问题，从 20 世纪 50 年代开始了以水质恢复为中心的河流保护战略行动。经过 30 多年的不懈努力，到 80 年代初河流污染问题得到基本缓解，开始了以河流生态修复为中心的战略转移。包括生物栖息地建设，恢复河流的生物群落多样性等，其目标是恢复河流生态系统的结构和功能。从西方国家的发展阶段看，综合污染防治在先，河流生态建设在后，治污是河流生态建设的前提和基础。通过河流生态建设提高了河流系统的自净能力，反过来又增强了治污效果。

总体看我国与发达国家在河流保护方面的差距至少有 50 年。这是因为我国江河湖库水质恶化趋势未能得到有效遏制，我国河流保护工作总体处于水质改善阶段，在治污方面还要走很长的路，全面进入河流生态恢复建设尚待时日。

近年来，水利系统通过紧急调水解决一些河湖的生态退化问题，取得一定成效。此外，有些流域机构和省份正规划兴建大规模调水工程解决河湖生态健康问题。必须指出，依靠增加水量的方式改善生态环境是有条件的。这种方法对于绿洲生态系统和自然湿地效果较为明显，而对于工业污染严重、人口密集地区效果不显著，或者带有暂时性。总之，改善河流生态状况的根本措施是治污，超越治污阶段试图改善河流生态状况的努力难以奏效。

尽管河流保护的各个阶段难以跨越，但是水利系统在维护和改善河流健康状况方面还是可以有所作为的。在技术层面上，加强对河流生态状况的综合监测和动态评估，研究河流生态系统的演进趋势，制定河流生态建设的中长期规划；加强对于兴建水利水电工程的论证与管理，减少工程对于河流生态的负面影响；加强对于湖泊水库和河口的湿地保护；综合考虑河流植被和鱼类等动物的生态需求，合理调度水库；开展小型河流生态修复工程试点等。

3.5   河流健康评估准则应体现开发与保护的协调

我国正处于经济快速发展时期，对于水资源的可持续利用是社会经济可持续发展的保障，片面强调开发或单纯保护生态都不足取。河流健康概念应包含对于合理开发水资源的承认。河流的管理既应满足人类需求，也应兼顾河流生态系统健康。健康河流的目标既是一条"工作"的河流，又是一条"健康"的河流、评估准则应充分体现可持续发展的理念。

3.6   河流健康评估准则应体现社会各个利益相关者的利益协调

建立评估准则，应该提倡跨部门、跨行业的积极参与，在水资源开发利用的各个部门，生态环境保护部门及社会公众利益之间形成共识。还应充分体现社会公众的广泛参与。

参 考 文 献

[1] 董哲仁.河流生态恢复的目标 [J].中国水利，2004 (10).
[2] SCRIMGEOUR, G J, WICKLUM D. Aquatic ecosystem health and integrity: problem and potential solution [J]. Journal of North American Benthlogical Society, 1996, 15 (2): 254 – 261.
[3] 董哲仁.河流保护的发展阶段与思考 [J].中国水利，2004 (17).
[4] KARR, J R. Ecological integrity, and ecological health are not same. In Schulze P. C. (ed), National Academy of Engineering, Engineering Within Ecological Constraiants [M]. Washington: National Academy Press, DC, 1996: 97 – 109.
[5] JAMIESON D. Ecosystem health: some preventivemedicine [J]. Environmental Values, 1995, 4:

333 - 344.

[6]　WICKLUM D, DAVIES R W. Ecosystem health and integrity? [J]. Can. J. Bot, 1995.

[7]　LADSON, A R, WHITE L J. Measuring stream condition. In Brizga, S. and Finlayson, B. River Management, The Australasian Experience [M]. Chichester: John Wiley and Sons, 2000: 265 - 285.

River health connotation

Abstract: River health, as one of the river assessment tools, rather than a strictly scientific concept performs a well function in setting up relative bench mark and evaluable criterion. Based on it, river ecosystem states, which varies under double actions of nature force and human activity, could be dynamically monitored and evaluated in order to predict its revolution trend through research and prompt its well development through management. The river health assessment should exhibit the balance between development and protection, the benefit coordinating among correlatively interested individuals and groups. Since water pollution becomes the severest threat to river health in our country, so at present stage of our ecologic environmental construction, its control and treatment should be put in the first place.

Key words: river; health; value; bench mark; ecological potential

可持续利用的生态良好的河流 *

　　"河流健康"不是严格意义上的科学概念，而是一种河流管理的评估工具。其作用是建立相对基准点和评估准则体系，对于在自然力与人类活动双重作用下的河流生态系统状况进行动态评估，以研究其演进趋势并通过管理促其向良性方向发展。河流健康评估准则应体现开发与保护的平衡，应体现流域各个利益相关者的利益协调。

　　借鉴国外经验，结合我国国情，提出"可持续利用的生态健康河流"概念，可以作为我国河流管理工作的有用工具。

1　可持续利用的生态健康河流的概念

　　我国河流的基本状况是治河历史悠久，大部分河流开发利用程度高，绝大部分河流都经过不同程度的人工改造，社会经济发展对于河流水资源的依赖程度高。近 20 多年来，随着经济的高速发展，水污染未能得到有效控制，全国范围内河湖污染严重，河流生态系统明显呈退化趋势。为实现经济社会的可持续发展和建设资源节约型和环境友好型社会的战略目标，需要妥善处理河流的开发与保护的关系。

　　"可持续利用的生态健康河流"作为一种河流管理的目标和评估工具，其概念包含双重含意：一方面要求人们对于河流的开发利用保持在一个合理的程度上，保障河流的可持续利用；另一方面要求人们保护和修复河流生态系统，保障其状况处于一种合适的健康水平上。

　　"可持续利用的生态健康河流"概念，既强调保护和恢复河流生态系统的重要性，也承认了人类社会适度开发水资源的合理性；既划清了与主张恢复河流到原始自然状态、反对任何工程建设的绝对环保主义的界线，也扭转了"改造自然"、过度开发水资源的盲目行为，力图寻求开发与保护的共同准则。

　　"可持续利用的生态健康河流"作为管理工具，需要提供一种评估方法，既评估在自然力与人类活动双重作用下河流演进过程中河流健康状态的变化趋势，进而通过管理工作，促进河流生态系统向良性方向发展；又评估人类利用水资源的合理程度，使人类社会以自律的方式开发利用水资源。

　　可持续利用的生态健康河流概念，把在自然系统中讨论保护和修复河流生态系统的理念进一步拓宽，把自然系统与社会系统有机地结合起来。不仅要使河流为人类造福，也需要保护和修复河流生态系统；不仅需要以河流的可持续利用支持社会经济可持续发展，也需要保障河流生态系统的健康和可持续性。

　　* 董哲仁. 可持续利用的生态良好的河流 [J]. 水科学进展，2007，8（1）：148 -149.

作为一种管理工具，以"可持续利用的生态健康河流"为出发点，需要以定量的形式提出2个阈值：一是河流开发利用的阈值，超过这个阈值说明人们的开发利用程度已经超过河流生态系统的承载能力，河流将失去可持续利用的功能；二是河流生态系统严重退化的阈值，超过这个阈值河流生态系统的恢复力明显下降。所谓恢复力是指胁迫消失后系统克服干扰及反弹回复的容量。具体指标是对干扰的恢复效率及对干扰的抵抗力。如果恢复力降低到一定程度，生态系统失去了"弹性"，脆弱性增强，干扰就变得不可逆转，引起生态系统明显退化。在这种情况下，就需要进行适度人工干预，进行河流生态修复。

2 "可持续利用的生态健康河流"概念的应用领域

"可持续利用的生态健康河流"概念主要应用在以下3个方面：

（1）流域管理工具。"可持续利用的生态健康河流"要求河流处于一种对人类社会有益的状态，具备防洪、供水、发电、灌溉及旅游等社会经济功能，也要保证在淤积或侵蚀过程中河流河势的稳定性。另一方面，保证河流生态系统处于一种健康状态，即河流生态系统的结构和功能处于良性状态。在管理过程中，需要确定治污的水质目标，控制水污染；确定提高生物栖息地质量的目标，维持河流生境的空间异质性；确定濒危、珍稀和特有的生物保护目标，维护生态系统的完整性。一旦发现河流低于对于每一条河流特定的"可持续利用的生态健康河流"评估阈值，就会给管理者一种预警信息，督促流域管理机构调整战略和方法。

（2）确定水资源开发程度的工具。在编制流域综合规划时，以"可持续利用的生态健康河流"评估方法为工具，以现有的河流水文和生物监测数据为基础，建立预测模型，分析不同的水资源、水能开发程度对于河流生态系统的影响，以此为依据，权衡水资源开发的社会经济利益和河流生态保护之间的利弊，寻找开发与保护间的相对平衡点，最终确定水资源开发的合理程度，以保障最低生态需水量，确定水电资源开发的合理程度，尽可能降低工程的胁迫效应。

（3）河流生态修复工程的评估工具。河流生态修复工程主要是模仿成熟的河流生态系统的结构，力求最终形成一个健康、可持续的河流生态系统。河流生态修复工程是一个自然生态演替的动态过程，这个过程并不一定按照规划设计预期的目标发展，可能出现多种可能性。意识到生态系统和社会系统处于动态演进过程中，在时间与空间上常具有不确定性。这就需要建立完善的监测系统，在长期监测的基础上，进行阶段性的河流健康评估。通过评估才能掌握河流生态系统演进的趋势，是转向良性还是进一步退化？以此为依据调整河流生态修复的规划和设计。"可持续利用的生态健康河流"的评估原则不同于单纯生态系统健康评估，而是综合考虑人类活动和经济社会效益，使认识更趋全面。

河流健康评估的原则和方法*

[摘　要]　河流健康评估应包括物理-化学评估、生物栖息地质量评估、水文评估和生物群落的评估等内容。评估需要建立生境因子与生物因子的相关关系，需要建立基准点即参照系统，需要明确水文条件、水质条件和栖息地质量三个要素，需要因地制宜地为每一条河流建立健康评估体系及建立生物监测系统和网络。

[关键词]　河流；健康；评估；参照系统；栖息地；水文

河流健康概念是河流管理的一种评估工具，其目的是建立一套河流生态系统评估体系，评估在自然力与人类活动双重作用下，在长期进化过程中河流生态状态的变化趋势。河流健康概念包含了对于人类合理开发河流现实的承认，寻求在生态保护与水资源开发之间取得平衡点。河流健康概念是相对的，需要建立一种参照系统，经与这个参照系统比较获得现实河流生态状况的评价。

我国近十余年来开展的河流环境评估，主要是基于水质的物理-化学监测的环境评估，其不足是忽视了河流的水文、水质条件以及河流地貌条件的变化对于河流生物群落的影响。河流健康概念的建立，导致谋求建立较为完善的评估体系，对于河流生态系统状况进行综合评估。如何建立评估体系，是河流健康评估的关键技术问题。

1　建立河流健康评估体系的原则

1.1　建立生境因子与生物因子的相关关系

生态系统是指一定空间中的生物群落（动物、植物、微生物）与其环境组成的系统，其中各成员借助能量交换和物质循环形成一个有组织的功能复合体。生态系统是由生物和生境两大部分有机组成，生命部分是生态系统的主体，生境是生命支持系统。河流是水域生物生命的载体，又是水域生态系统物质流与能量流传输的介质。在评估体系中需要重视河流生物群落的历史、生存和演变过程，需要重视水域生物群落与河流生境之间的耦合关系。监测由于人类活动和自然力作用引起的河流的流量、水质、流速、水温、水深和水文周期的种种变化，调查水利水电工程建设、土地利用以及城市化引起的河流地貌学特征的变化，确定生物因子与生境因子之间定性或定量关系，综合评价这些变化对河流生态系统健康的影响。

---

* 董哲仁. 河流健康评估的原则和方法 [J]. 中国水利, 2005 (10)：17 -19.

1.2 确定参照系统

河流健康是一个相对概念，需要建立基准点即参照系统，在对比的基础上，进行生态状况的评估。

参照系统可以按照时间和空间分类。按照时间分类，取同一条河流历史上的自然状况作为理想参照系统，这往往定义为大规模人类活动前的洪荒时期河流生态状况。我国具有几千年悠久的治河历史，依靠有限的历史资料建立河流原始状况的情景，对我国大多数河流来说是不可能的。因此只能选择掌握一定记录资料、生态状况相对较好的历史状况作为理想参照系统。还有一种方法是在历史监测资料缺乏的条件下，同一条河流在同一监测断面上，以当前河流生态状况为参照系统，逐年积累监测数据，进行先后变化的趋势评估，分析河流的状态是向健康方向发展还是趋于退化。按照空间分类，可以选择同一条河流生态状况良好的河段作为参照系统，也可以选择自然与经济社会条件类似的生态状况良好的另一条河流作为参照系统。国外也有一种在建立历史资料调查分析的基础上人为规定的"理想参照状态"，定义为"可以达到的最佳状态"，如美国环境署执行的《生物快速评估草案（R. B. P）》就属这一类。

1.3 明确影响河流生态系统健康的要素

水文条件、水质条件和栖息地质量是影响河流生态系统健康的三要素。河流枯竭、断流以及水体污染造成河流生态系统退化和富营养化，已经有许多研究成果和案例。栖息地质量是河流健康的重要胁迫因子。栖息地对于河流生态系统的作用分析，是基于河流地貌学原理。研究表明，假设在水量与水质条件不变的情况下，生物群落多样性与生境的空间异质性存在线性关系。一个地区的生境空间异质性越高，就意味着创造了多样的小生境，能够允许更多的物种共存。反之，如果非生物环境变得单调，生物群落多样性必然会下降，生物群落的性质、密度和比例等都会发生变化，造成生态系统某种程度的退化。河流的空间异质性具体表现为河流地貌学特征的多样性，包括河流系统的纵向连续性，河流洪泛区的侧向连通性，河流形态的蜿蜒性，河床断面多样性以及岸坡材料和岸边植被结构等。研究成果还表明，对于自然河道和岸边结构的干扰是河流生物结构和功能退化的主要原因。

1.4 河流健康标准中应包括为社会兴利的内容

河流健康概念不同于强调保护原生态的自然保护主义的观点，而是包含了对于人类合理开发河流现实的承认，河流要为供水、灌溉、发电、航运、旅游等目标服务，力图在保护河流生态系统与开发利用水资源之间取得某种平衡。比如河势摆动有利营养物质的迁移扩散，为生物群落生存繁衍提供机会。但是在一般情况下，为了防洪安全还是把稳固河势作为一项河流健康标准的条件。而在河流堤防设计中，尽可能展宽堤防间距，为洪水留有一定的空间，增强河流侧向的连通性，为鱼类和两栖动物提供避难所和栖息地。

1.5　因地制宜地制定每一条河流的健康评估体系

我国幅员辽阔，各流域的自然条件不同，经济社会发展水平各异。制定河流健康评估准则既不能照搬国外经验，也不可能制定全国统一的细则标准，应经过调查、论证因地制宜地制定符合流域、地区自然及社会经济条件的健康评估准则。黄河的特点是水少沙多，河势游荡，大部分水量都在人工控制之下，流域内供需矛盾尖锐，水文、水质和生物栖息地都已经发生了巨大的变化。而长江水量丰沛，流域内生物群落多样性水平高，中下游是我国人口密集、经济发达地区，现实的风险一个是三峡工程建成后清水下泄冲刷，引起河势和江湖关系变化导致对于生物栖息地的影响，一个是长江中下游污染加剧；潜在的风险是上游水电梯级开发对于长江健康的长远影响。

因地制宜制定河流健康的评估标准，重点是分析对河流健康的主要胁迫因子。在人为干扰方面，需要分析诸如水体污染、过度取水、土地利用和城市化、水流的人工控制、河道的人工改造等因素影响强度，发现对于生态系统的主要胁迫因子；在自然条件方面，要综合气象、水文、生物群落、植被、景观、土地等多种因素，明确具体河流的健康定位。在河流健康评估准则中，要突出主要胁迫因子，加强对其监测和评估。

1.6　建立完整的生物监测系统，进行长期监测和评估

河流健康评估的基础是河流生态监测数据资料。我国已经形成了较为完善的水文监测体系，需要建立的是生物监测系统和网络。监测方法从使用复杂仪器到简单的现场目测记录，可根据河流规模不同因地制宜确定。因为河流生态系统演替是一个长过程，所以要强调生物监测资料长系列，才能进行长期的河流健康评估。

2　河流健康评估的内容

2.1　物理-化学评估

物理-化学评估作为河流健康评估指标之一，是因为这些指标可以反映河流水流和水质变化、河势变化、土地使用情况和岸边结构。物理量测参数包括流量、温度、电导率、悬移质、浊度、颜色。化学量测参数包括 pH 值、碱度、硬度、盐度、生化需氧量、溶解氧、有机碳等。其他水化学主要控制性指标包括阴离子、阳离子，营养物质等（磷酸盐、硝酸盐、亚硝酸盐、氨、硅）。

在河流健康评估中应突出物理-化学量测参数对河流生物群落的潜在影响。比如总磷、总磷/总氮和叶绿素等，可能导致水体的富营养化；由于盐的输入可能改变电导率造成某些敏感物种死亡；生化需氧量（BOD）的降低会引起生物窒息，造成鱼类死亡；由于泥沙输移造成悬移质和浊度变化，引起淤积和地貌特征变化，改变吸附在泥沙颗粒表面上的营养盐的输移规律及栖息地质量；由于污染引起 pH 值、有机物和金属等参数变化，可能造成敏感生物的减少等。

一些机构和研究者倾向于综合各种水质指数为一组简单的水质指数，目的是可以满足

社会公众对于水质的关注需求。这种非专业的综合水质指标采用数量不多的指数作为一种工具，可以表示水体受损的相对水平，也可以对于水质改善过程进行评估，并且研究随时间演变趋势。

2.2 生物栖息地质量评估

生物栖息地评估的内容是勘查分析河流走廊（river corridor）的生物栖息地状况，调查生物栖息地对于河流生态系统结构与功能的影响因素，进而对栖息地质量进行评估。具体体现在河流的物理-化学条件、水文条件和河流地貌学特征对于生物群落的适宜程度，特别是对于形成完整的食物链结构和完善的生态功能的作用。

生物栖息地质量的表述方式，可以用适宜的栖息地的数量表示，或者用适宜栖息地所占面积的百分数表示，也可以用适宜栖息地的存在或缺失表示。

栖息地评估的变量指数可以包括以下内容：

（1）传统的水文和水质条件，包括径流变化与参照系统的对照、水体污染、水库人工调节影响等。

（2）河流地貌特征，主要评估栖息地结构和河势稳定性，包括河流蜿蜒性、河床的淤积与冲刷、岸坡稳定性、人工渠道化程度、闸坝运行影响等。

（3）河道构造，按照尺度、河床材料、本底材料和河道改造进行描述。

（4）岸边植被，指评估岸边带植被数量和质量，包括植被宽度、顺河向植被连续性（用植被间断长度表示）、结构完整性（指各类植物的密度与自然状态的比较）、当地乡土物种覆盖比例及再生性状况、湿地河洼地状况等。

（5）河流周围社会经济发展状况，包括人口、经济结构、土地利用方式变化以及城市化影响等。

2.3 水文评估

水文评估的目的是分析水文条件的变化对于河流生态系统结构与功能产生的影响。引起水文条件变化的因素很多，包括由于气候变迁引起的径流变化、上游取水增减变化、由于水库调度和水电站泄流改变了自然水文周期、土地利用方式改变和城市化引起的径流变化等。所谓水文条件，既包括传统的水文参数，还包括水流的季节性特征和水文周期模式、基流、水温、水位涨落速度等，这些都对鱼类和其他生物的栖息繁衍产生影响。

水文评估中具有研究性质的课题有两个：一是建立河流水文特性与生态响应之间的关系，特别是水流变动性与生态过程的关系，从中分析对于河流生物群落有重要影响的关键水文参数；二是通过水文长系列资料分析认识河流地貌演变及生态演替的全过程。每一条河流都有自己的特性，因此这两个问题的答案都是各不相同的。

在确定水文变化参数时，以哪一种径流模式为基础，不同河流各有侧重。有的国家的规范考虑用平均年径流指数给出总水量变化，用不同频率的洪水月径流过程曲线给出水流模式的变动，用水流季节比例指数变化的模式评估季节变化，季节峰值指数评估季节最高和最低水位。水文评估方法应力求简单明了，具有可操作性。

评估的基本方法是对比现实的水流模式与理想的自然状况的水流模式，通过两种水文参数的比较，得到一个相对的无量纲的指数，评估以记分的形式表述。

2.4 生物评估

河流生物群落是河流生态系统的主体。生物评估具体是分析水文条件、水质条件和栖息地条件发生变化对于河流生物群落的影响程度。可能产生的变化包括水域生物群落物种成分变化、栖息地生物优势种群的变化、物种枯竭、整个种群死亡率、生物行为变化、生理代谢变化、组织变化和形态畸变等。

基本评估方法是与参照河段的生物状况以记分的方式进行对比。"参照河段"一般选取水质、河流地貌以及生物群落基本未受到干扰的河段。

由于不可能对河流所有的生物群落成分进行监测取样，变通的办法是选择几种标志性物种。标志物种有几种类型：

（1）关键物种（keystone species）。指物种在生态系统中所居的地位不同，一些珍稀、体型较大的特有物种在维护生物多样性和生态系统稳定性方面起着重要作用，它们的消失或削弱可能要使整个生态系统发生根本的变化。

（2）保护物种（protected species）。指由于稀缺性、文化或历史的重要性，或者其栖息地受到威胁而受到法律保护的物种。

（3）保护伞物种（umbrella species）。保护这种物种及其栖息地可使大量也依赖于同样栖息地的其他物种同样受到保护。

（4）旗舰物种（flagship species）。指社会公众普遍接受的标志性生物。它们往往以独特的体型使之成为具有魅力的动物，对它的保护会使与之共生的物种受到保护。

具体标志性物种往往在藻类、大型无脊椎动物和鱼类中选择。

一般情况下，岸边植物不适宜作为标志性物种，原因是不少植物对于水体污染并不敏感。

参 考 文 献

［1］ 董哲仁. 河流健康的内涵 ［J］. 中国水利，2005（4）.

［2］ 董哲仁. 河流形态多样性与生物群落多样性 ［J］. 水利学报，2003（11）.

［3］ CUDE，C G. Oregon Water Quality Index ［J］. Journal of the American Water Resources Association，2001.

［4］ OLDEN，J D. Redundancy and the choice of hydrologic indices for characterizing streamflow regimes ［J］. river research and application，2003.

［5］ KALIS G，BUTLER D. The EU water framework directive：measures and directives. water policy，2001.

Principles and methods of river health assessment

Abstract：The assessment of river health should include physical – chemical assessment，quality of biological habitat，hydrology and biocummunity and so on. The assessment needs to set up relationship between factors of habitat and biological, using benchmark as a reference system, defining three factors of hydrological, water quality and habitat, building a health assessment system according to local conditions and biological monitoring system and network.

Key words: river; health; assessment; reference system; habitat; hydrology

在中国寻找健康的河流 *

1　追溯河流健康的源头

河流健康的概念一诞生，科学家们就对此争论不休。折中观点认为，河流健康是河流管理的一种评估工具。

讨论河流健康，首先应该讨论"生态系统健康"概念。这可以追溯到 1972 年，詹姆士·洛夫卢克（James Lovelook）提出了"地球女神假说"（Gaia Hypothesis），认为地球就像一个超级有机体，生物进化与环境变化是耦合的过程，生物通过反馈对气候和环境进行调控，造就适合自身生存的环境。基于这一理解，健康的概念就从个体（临床医学、兽医学）的尺度延伸到了生态系统。

但是，生态系统健康概念一经提出就伴随着争议。多数学者都认为，不能笼统地说生态系统是有生命的。原因有三：一是生态系统不像动物那样具有神经系统，可以对身体进行实时调控以适应环境；二是生态系统不像生物那样有明确的物理边界（如细胞膜、皮肤）；三是生态系统是否具有相对它自己的最佳状态仍不清楚，人们难于找到生态健康的"参考状态"。

河流健康是生态系统健康概念的一种派生。20 世纪 80 年代在欧洲和北美开始了河流保护行动，许多国家通过修改、制定水法和环境保护法，加强对河流的环境评估和生态保护，"河流健康"的概念也相应出现。

但是，与生态系统健康一样，河流健康概念同样受到了质疑。有学者认为，河流健康的概念在科学意义上是主观的、模糊的，不具备客观性，健康标准也具有很大的主观任意性。还有人认为"健康"这个概念只适用于人类和动物，因为他们具有客观的健康判别标准，即一系列医学的生理化学指标（例如，人类正常体温为 37℃），对河流能提出一个客观的、定量的健康标准吗？河流健康能够用技术方法进行度量吗？

后来，折中的观点认为，不要再纠缠于概念的讨论了，既然河流健康概念并不是严格意义上的科学概念，不妨把它作为河流管理的一种评估工具，用它回答一些生态保护的实际问题。因为河流健康评估虽然以科学研究和监测为基础，但是最后的评价结果却通俗易懂，可以作为河流的管理者、开发者与社会公众进行沟通的桥梁，促进一种协商机制的建立，寻找开发与保护之间利益冲突的平衡点。这种观点得到了工程界和管理界的普遍赞同。我也赞同这种观点。

---

* 董哲仁. 在中国寻找健康的河流［J］. 环球科学，2009（1）：78-81.

2　给河流把脉

健康的河流是可持续利用的生态良好河流，保证河流健康需要人类的开发利用和生态保护相平衡。河流健康需要多指标评估，而传统的河流评估方法仅仅以水质达标为唯一标准。

河流健康的评估包含两方面问题：一是如何确定河流健康的基准点；二是如何处理人与河流的关系。

要评估一条河流是不是健康，需要找一条健康的河流作对比，或者寻找待评估河流历史上曾有过的健康状况作为基准点或称参考系统。现在生态学界普遍认为，人类大规模经济活动是损害河流生态系统健康的主要原因。河流在人类进行大规模经济活动前的原始状态，处于一种自然演进的健康状态，可以作为河流健康的基准点或称参考系统。我认为，这种方法用到北美洲和大洋洲这些开发历史较短的地区尚有几分可能性，但是对我国几乎是不可能的。众所，中国几千年的文明史也就是一部治河史。现在除了我国西部及东北边远地区的少数河流以外，很难找到没有人类活动痕迹的大中型自然河流。用保存至今极少的历史资料来推断原始自然河流的状况也几乎不可能。因此，我们可以把河流健康作为一种相对的评估方法，让待评估河流自己和自己的过去相比，研究它的发展趋势，是越来越恶化了还是健康了。

有些激进环境保护主义者认为，原生态的河流是健康河流的唯一标准，主张把河流恢复到原始状态，而且反对人类对河流的开发利用。具有人类中心主义倾向的人则认为，只要能满足人类供水、防洪、发电、航运、娱乐等需求，河流就是健康的。我认为，健康河流是可持续利用的生态良好河流。这个概念包含双重含意，一方面要求人们对于河流的开发利用保持在一个合理的程度上，保障河流的可持续利用；另一方面要求人们保护河流生态系统，保障它维持一种合适的健康水平。

为了实现这两方面的平衡，河流健康需要一种多指标的评估方法。一般来说，河流健康主要按照 4 类指标进行评估，即物理-化学评估、生物栖息地评估、水文评估和生物评估功赎罪（见图 1）。并且对于不同的河流，使用的健康评估准则和指标也可能有所不同。

一条健康的河流，应该"春来江水绿如蓝"，是清洁的；还有"鹰击长空，鱼翔浅底，万类霜天竞自由"的景象，生物群落丰富，是生机勃勃的。学术化的说法是，河流的生态结构和功能是较完善的，才算得上是健康的。

河流健康的概念拓展了人们的视野，从单纯的水质保护，扩展到河流生态系统保护。实际上，一些发达国家已经在环境立法中体现了这个理念。比如欧盟 2000 年颁布的《欧盟水框架指令》（*EU Water Framework Directive*）的河流评估指标，就分为河流生态要素、河流水文形态质量、河流水体物理-化学质量要素三大类，共几十个条目，比较完整地反映了河流基本特征。而我国目前还没有全国范围内整体性的河流健康评估研究成果。但近年来，水利部所属长江水利委员会、黄河水利委员会以及海河、淮河、珠江、松辽河及太湖等七个的流域管理机构，分别开展了本流域河流健康评估标准的编制工作。我国河流健康评估工作已经迈开了可喜的第一步。

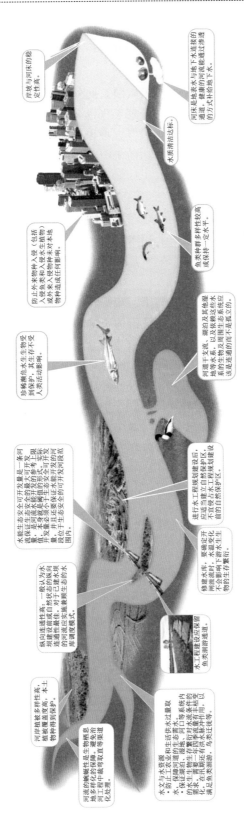

图 1 河流健康评价指标示意图

3 谁在威胁河流健康

水污染是当前中国河流健康面临的最大威胁，此外，人类活动也对中国的河流健康造成了影响。设计或管理不当的河流开发和治理工程也会造成严重的河流生态恶化。

中国河流健康的最大威胁来自水污染。官方报告显示，2006 年我国七大水系（珠江、长江、黄河、淮河、海河、辽河和松花江）的 197 条河流 408 个监测断面中，Ⅰ～Ⅴ类和劣Ⅴ类水质的断面比例分别为 4％、23％、19％、23％、5％和 26％。其中，珠江、长江水质良好，松花江、黄河、淮河为中度污染，辽河、海河为重度污染，主要污染指标为高锰酸盐指数、石油类和氨氮。比例高达 26％的"劣Ⅴ类水"是指基本丧失使用功能的水体，不能用作饮用水源、工业用水或农业用水，也没有景观价值，这样的河流或者河段当然是很不健康了。所以，当前我国把环保工作重点放在治污和减排上，无疑是合乎逻辑的。

但是水质达标了，河流是不是就是健康河流呢？回答是：不一定。显然，工业、农业和生活废水排放引起的水污染是我国河流健康的头号大敌。但是这不是唯一的原因。

上游的毁林开荒造成水土流失，湖泊围垦和养殖，城市化进程中土地利用方式的改变，从河流中超量引水，渔业的过度捕捞等，都会对河流生态系统造成威胁和干扰。至于河流开发和治理工程，如果设计或管理不当，也会造成生态胁迫（stress），见图 2。

最典型的是河流的渠道化，把河流裁弯取直变成笔直的渠道，再严严实实做成混凝土护岸，鱼到哪里去产卵？鸟到哪里去筑巢？不合理的堤防设置，会造成河流与湖泊、湿地和滩地的阻隔，阻止洪水的漫溢，改变营养物质输移规律，或者使滩区缩窄，降低河道的防洪能力。通过水库闸坝调度对河流实行径流调节，造成水文过程的均一化，也会降低洪水脉冲效应，可能造成河道周围的湿地退化甚至消失，影响该区域生物的生存繁衍。

4 修复河流生态

世界河流保护行动的先进水平已发展到以大型河流为流域尺度的整体生态恢复。而我国河流状况与欧美国家相比，还有约 50 年的差距。

目前，我国河流湖泊的环境状况与欧美国家相比，大约存在 50 年的差距。

北美和西欧国家经过二战后工业的复苏和发展期，工业急剧发展，城市规模扩大，随之出现了严重的河流污染。20 世纪 50 年代，这些国家的政府为强化污水处理、控制污水排放投入了巨额资金。这一时期河流保护的重点是水质恢复。到 20 纪 80 年代，随着人们对于河流本质认识水平的提高，河流管理从以改善水质为重点，拓展到河流生态系统的修复。这些国家的河流治理方案，开始注重河流的生态结构，发挥河流生态系统包括景观和基因库在内的整体功能。河流生态修复建设从小型河流起步，发展到以单个物种恢复为标志的大型河流生态修复，典型的成功案例是 1987 年启动的莱茵河《鲑鱼-2000 计划》。莱茵河发源于瑞士山区，由融雪和冰川汇流，流经奥地利、德国、法国和卢森堡几个发达工业国家，进入荷兰的三角洲地区后分为几个支流汇入北海。在 19 世纪 40 年代，莱茵河作为航运通道被不断渠道化，因为是化工和一般工业的主要运输走廊，莱茵河污染严重，被称为"欧洲的下水道"。20世纪50年代，相关国家成立了莱茵河保护国际委员会（International Commission for the Protection of the Rhine against Pollution，ICPR），旨在防止化学污染以及其他水污染。1986年瑞士一家化工厂火灾事故发生后，各成员国合作范围不再仅仅限于水质方面，而拓宽到恢复莱茵河生态系统，使之"成为一个完整生态系统的动脉"，标志是因污染大量死亡的鲑鱼在2000年重返莱茵河。为了实现这一目标，除了降低污水排放、改善水质之外，ICPR还在莱茵河及其支流的许多大坝上大量投资修建了鱼道，改善了许多支流上的栖息地，以便恢复产卵地并增强河流的自净能力。该计划最终提前完成，1995年，莱茵河及其支流中的鲑鱼就已经能够自然洄游并繁殖。

到20世纪90年代，河流保护行动进一步发展为以大型河流为流域尺度的整体生态恢复。案例有美国的上密西西比河、伊利诺伊河等。

目前，我国环保部门的主导思想，基本还停留在水质保护水平上，与国际先进理念存在着不小差距。例如太湖的污染治理：太湖沿岸企业从1998年便开始达标排放，但水体污染仍然呈加剧趋势。除了排污标准过低之外，更主要的原因是导致太湖蓝藻水华爆发的主要元素氮、磷在水体中的含量很高。氮主要来自于工农业生产中的化肥流失，磷则主要来源于生活污水，但这部分污染至今没有权威的调查数据，污染物来源和数量不清楚，治理措施的有效性也不明确。莲藕等野生水生植物的生长对水体及底土中的氮、磷具有很强的吸收能力，对水体的富营养化具有较好的治理功能，但它们所生长的浅水环境已经被围网养殖蚕食；滨岸带湿地对入湖河水中悬浮物有很强拦截、滞留和吸附作用，但城镇发展却在不断侵蚀湿地。

将污染控制，改善水质作为重点，这无疑是正确的，但是我认为这种"单打一"的治理方式可能是事倍功半，在技术层面上，还需要进行栖息地恢复、改善水文条件、提高生物群落多样性等全方位的工作，总之需要开展流域尺度的综合治理。我曾经做过一个估计，认为即使按照《国家环境保护"十一五"规划》的要求，竭尽全力实现了削减化学需氧的减排目标，我国主要河流的健康状况也未必有本质的好转。这并非是悲观论调，而是要强调这样一个观点：在总结经验教训和借鉴国外经验的基础上，我国水环境保护的战略需要调整和完善。河流管理者、决策者视线所及，不应仅仅是河水水质，或者仅仅是河道，而应该是流域尺度的河流生态系统。河流保护的总体战略应该是河流生态系统结构与功能的修复，开展流域尺度的综合治理。

国外河流健康评估技术*

[摘 要] 河流健康评估方法以河流生态系统状况为主线，着眼于建立河流状况变化与生物过程的关系，建立一种兼顾合理开发利用和生态保护的综合评估体系。文中简要介绍了国外河流健康评估具有代表性的技术标准，对于物理−化学评估、生物栖息地评估、水文评估、生物评估的方法和要点分别作了评述。

[关键词] 河流；健康；评估；栖息地；水文；生物

在可持续发展理念的指导下，河流管理工作需要寻找一种河流状况评估工具，能够考虑河流水文、水质及地貌特征变化对于水域生物群落的影响，分析河流生态系统在自然力与人类活动双重作用下的变化趋势，力图通过管理促进河流生态系统向良性方向发展。河流健康评估就是为满足这种需要提出的一种技术方法[1]。

传统意义上的河流评估，以河流开发和工程建设为目的，主要以水文条件和水质评估为主。而河流健康评估方法则以河流生态系统状况为主线，着眼于建立河流状况变化与生物过程的关系，建立一种兼顾合理开发利用和生态保护的综合评估体系。如何建立评估体系，是河流健康评估的关键技术问题。发达国家在河流健康评估方面已经积累了一些经验，有的国家已经制订了相应的技术法规和规范，这些经验值得我们借鉴。评估的内容一般包括以下4个方面：物理−化学评估、生物栖息地质量评估、水文评估和生物评估。以下结合国外主要技术标准作一简要介绍。

1 物理−化学评估

传统意义上的水质评估已有较为成熟的技术方法。河流健康评估中物理−化学评估更侧重于分析物理−化学量测参数对河流生物的潜在影响。表1列举了8种测量参数对于河流生物的潜在影响。

表1 水域系统健康评估的一般测量参数

测量参数	输入物质	潜在影响
（1）电导率	盐	损失敏感物种
（2）总磷	磷	富营养化
（3）TN/TP	磷、氮	水华爆发
（4）生化需氧量（BOD）	有机物	生物呼吸窒息，鱼类死亡

---

* 董哲仁. 国外河流健康评估技术 [J]. 水利水电技术，2005，36（11）：15-19.

续表

测量参数	输入物质	潜在影响
（5）浊度	泥沙	生物栖息地变化，敏感性生物减少
（6）悬浮物	泥沙	生物栖息地变化，敏感性生物减少
（7）叶绿素	营养物质	富营养化
（8）pH	酸性污染物输入	敏感物种减少
（9）金属，有机化合物	有毒物质	敏感物种减少

注 引自澳大利亚和新西兰自然资源理事会：《评估水域生态系统健康的一般量测参数》，2000。

为满足社会公众对于水质的关注需求，一些学者试图综合各种水质指数为一组简单的水质指数。这种综合水质指数用不多的参数就可以表达水体受损的相对程度及随时间变化的过程。

美国 GWQI 指标（Gregon Water Quality Index）[2]（Cude，2001）综合了 8 项水质参数（温度、溶解氧、生化需氧量、pH 值、氨态氮＋硝态氮、总磷、总悬浮物、大肠杆菌）。在计算中可以简单对于每一种具有不同量测单位的参数进行分析，随后转换为无量纲的二级指数，其范围为 10～100（10 为最恶劣情况，100 为最理想情况），表示该参数对于损害水质的作用程度。

美国国家卫生基金会的水质指标 NSFWQI（National Sanitation Foundation Water Quality Index），这种指标体系还考虑各种参数对于水质影响的权重值，借以反映地区水质特点。

2　生物栖息地质量评估

研究成果表明，假设水量与水质条件不变的情况下，生物群落多样性与生境的空间异质性存在线性关系[3]。生物栖息地评估的内容主要是评估河流的物理-化学条件、水文条件和河流地貌学特征对于生物群落的适宜程度。生物栖息地质量的表述方式，可以用适宜的栖息地的数量表示，或者用适宜栖息地所占面积的百分数表示，也可以用适宜栖息地的存在或缺失表示。

在美国已经确定了以栖息地评估为基础的自然资源总量评估方法。Bain 和 Hughes（1996）归纳了美国有关机构进行栖息地评估的 50 种不同勘查方法、总清单和报告方法，其内容偏于繁琐。现在更倾向于采用简单、成熟的测量和分析方法。

美国《栖息地评估程序》HEP（Habitant Evaluation Procedure）和《栖息地适宜性指数》HSI（Habitat Suitability Index,）是美国鱼类和野生动物服务协会（1980、2000）颁布的[4]。它提供了 150 种栖息地适宜性指数（HSI）标准报告。HIS 模型方法认为在各项指数与栖息地质量之间具有正相关性。HSI 模型包括 18 个变量指数，并认为这些指数可以控制鲑鱼在溪流生长栖息的条件，这些指数是：水温，深度，植被覆盖度，DO，基质类型，基流/平均流量等。栖息地适宜性指数按照 0.0～1.0 范围确定。

美国环境署（USEPA）提出的《快速生物评估草案》RBP（Rapid Bioassessment Protocol）是一种综合方法，涵盖了水生附着生物、两栖动物、鱼类及栖息地的评估方法。

栖息地评估内容包括：①传统的物理-化学水质参数；②自然状况定量特征，包括周围土地利用、溪流起源和特征、岸边植被状况、大型木质碎屑密度等；③溪流河道特征，包括宽度，流量，基质类型及尺寸。这种方法对于河道纵坡不同的河段采用不同的参数设置。

在调查方法中还包括栖息地目测评估方法。RBP 设定了一种参照状态，称为"可以达到的最佳状态"，通过当前状况与参考状况总体的比较分析，得到最终的栖息地等级，反映栖息地对于生物群落支持的不同水平。对于每一个监测河段等级数值范围 0 到 20，20 代表栖息地质量最高。

美国陆军工程师团《河流地貌指数方法》HGM（Hydrogeomorphic）[5] 侧重于河流生态系统功能的评估。在这种方法中列出了河流湿地的 15 种功能，共分为 4 大类：水文（5种功能）；生物地理化学（4 种功能）；植物栖息地（2 种功能）；动物栖息地（4 种功能）。对于每一种功能都有一种功能指数 IF，为计算指数，需要建立相应的方程，在方程中依据生态过程的关系将有关变量组合在一起，计算出有量纲的 IF 值，然后与参照标准进行比较得到无量纲的比值，用以代表相对的功能水平。所谓"参照标准"表示在景观中具有可持续性功能的状态，代表最高水平。计算出的比值为 1.0 代表理想状态，比值为 0 表示该项功能消失。

为说明 IF 的计算方法，举有机碳输出功能为例，这项功能列在生地化类中。按照生物过程的功能分析，有机碳输出的功能需要有两个要素：一是要有湿地的活性物质为来源；二是有适宜的水流将活性物种传输到下游。水流路径变量包括：从河床漫溢到河滩的水流，其发生频率用 V_1 表示；浅层水，频率为 V_2；湿地地表水，频率为 V_3；湿地与河流汇集水体频率为 V_4。定义 M_5 为湿地的有机物质，包括树叶、粗木屑、木本植物、草本植物和富含有机物的土壤等。建立方程如下：

$$IF = \{[V_1 + V_2 + V_3 + V_4]/4 \times M_5\}^{1/2} \tag{1}$$

作为特例，如果活性物质来源枯竭，则 $M_5 = 0$，则 $IF = 0$，说明这项功能消失。

如果河床漫溢到河滩的水流完全发生，则 $V_1 = 1.0$。

如果各类水流都完全发生，$V_1 + V_2 + V_3 + V_4 = 4$，$IF = V_5^{1/2}$。该项功能的参照标准即为 $V_5^{1/2}$，现状值与参照标准比值为 1.0，说明为理想状态。实际状况的比值为 0～1.0。

瑞典《岸边与河道环境细则》RCE（Riparian, Channel and Environmental Inventory）是为评估农业景观下小型河流物理和生物状况的方法。这种模型假定：对于自然河道和岸边结构的干扰是河流生物结构和功能退化的主要原因。RCE 包含 16 项特征，定义为：岸边带的结构，河流地貌特征以及二者的栖息地状况。测量范围从景观到大型底栖动物。RCE 记分分为 5 类，范围从优秀到差。这种方法的优点是采用目测，可以进行快速观测，现场的每一个点只需要 11～20min。

澳大利亚《河流状况指数》ISC（Index of Stream Condition）方法是澳大利亚的维多利亚州制定的分类系统，其基础是通过现状与原始状况比较进行健康评估。该方法强调对于影响河流健康的主要环境特征进行长期评估，以河流每 10～30km 为河段单位，每 5 年向政府和公众提交一次报告。评估内容包括 5 个方面，即水文、河流物理形态、岸边带、水质和水域生物（见表 2）。每一方面又划分若干参数，比如，水文类中，除了传统的水文状况对比外，还包括流域内特有的因素，比如水电站泄流影响，城市化对于径流过程影响等。每一方面的最高分为10分，代表理想状态，总积分为50分。将河流健康状况划分为5个等级，按照总积分判定河流健康等级，也说明河流被干扰的程度（见表3）。需要指出的是ISC方法中设定的参照系统是真实的原始自然状态河道，这种方法只有像澳大利亚这样开发较晚的地区才有可能采用。

表2   河流状况指数（ISC）

二级指数	评估内容	参　　数
（一）水文	现实状态与曾经出现过的自然状态比较	（1）月径流量与参照自然状态比较；（2）流域内城市化比例；（3）水电站泄流
（二）河流物理形态	河道稳定性和栖息地评估	（1）岸坡稳定性；（2）河床淤积与退化；（3）人工闸、栅的影响；（4）冲积带的树木枝叶影响
（三）岸边带	评估岸边带植被数量、质量	（1）植被宽度；（2）顺河向植被连续性（用岸边植被间断的长度表示）；（3）结构完整性（上层林木、下层林木、地被植物的密度与自然状态的比较）；（4）乡土种覆盖比例；（5）乡土种再生性状况；（6）湿地和洼地状况
（四）水质	评估关键水质参数	总磷，浊度，电导率，pH
（五）水域生物	描述大型无脊椎动物家族	用干扰信号指数描述大型无脊椎动物家族

表3   河流状况分类（ISC）

状况分类	指数等级	河流状况分类	总积分
非常接近参照自然状况	4	优秀	45～50
对于河流稍有干扰	3	好	35～44
中等干扰	2	边缘	25～34
重大干扰	1	差	15～24
彻底干扰	0	极差	<15

英国环境署制定的河流栖息地调查方法（RHS）（river habitat survey）是一种快速评估栖息地的调查方法，注重河流形态、地貌特征、横断面形态等调查测量，强调河流生态系统的不可逆转性，适用于经过人工大规模改造的河流[6]。

南非执行的河流地貌指数方法（ISG）（index of stream geomorphology），是南非河流健康评估计划的框架文件之一，内容包括两部分，即河流分类和河流状况评估，在河流构成和特征描述中把尺度定为：流域，景观单元，河段，地貌单元4类。该方法重视野外测量和调查，包括调查测量河流断面的宽深比，调查河流形态和栖息地指数等。提出按照水力学和河流本底值情况描述河段栖息地多样性的方法。

3　水文评估

由于水库调度运行中对于径流的调节、水力发电泄流、土地使用变化及城市化等因素，人工改变了河流自然水文模式，其结果可能是洪水流量和水位降低，同时改变了水流的季节性和水文周期模式，改变了底流特性和水位起落速度。水文条件的变化对于河流生态系统结构与功能产生重要影响。因此，需要研究泄流全过程，以便认识相关的生态演替和地貌演变的全过程，同时需要建立河流水文特性与生态响应之间的关系，特别是水流变动性与生态过程的关系。

从生态角度评估水流的模式变化，可以采取简化的方法，把长时间的水流过程分解成为对于河流地貌和河流生态系统产生重要影响的若干部分或事件。这包括下列方面：断流，基流，维持水质需要水流，分别对于河流地貌和生物群落具有意义的水流现象。对应于以上 5 方面，相关考虑水位、频率、持续时间、发生时机和变化速率。一些研究者在分析保护珍稀物种所需要的水文条件的基础上，认为影响河流生态和河流地貌的最重要因素是流速变化和泄流变动性。

《修订的年径流偏离比率方法》AAPFD（amended annual proportion flow deviation）是由 Ladson（1999）先提出来的，后又经修正完善。这种方法以月径流为基础，用实际状况与参照状况月平均径流之比率表示。其后他又进行了修订，建议建立径流变动指数，用于描述鱼类多样性相关关系。澳大利亚在执行 ISC（河流状况指数）中使用这种方法时，AAPED 的记分标准范围为 0～10。后来，又增加了 2 个二级指数：①即考虑城市化造成流域渗透性变化引起日径流变动；②由于水电站发电峰值引起的日径流变动。

澳大利亚国家土地与水资源监察署制定河流状况评估方法中，在环境指数中对于水电站干扰影响增加了二级指数。具体方法是：用平均年径流指数给出总水量变化；用不同频率的洪水月径流过程曲线给出水流模式的变动；用水流季节比例指数变化的模式评估季节变化；用季节峰值指数评估季节最高和最低水位。

4   生物评估

生物评估的目的是确认河流的生物状况。具体是分析水文条件、水质条件和栖息地条件发生变化对于河流生物群落的影响程度。可能产生的变化包括：水域生物群落物种成分变化；栖息地生物优势种群的变化；物种枯竭；整个种群死亡率；生物行为变化；生理代谢变化；组织变化和形态畸变。基本评估方法是与参照河段的生物状况进行对比，以记分的方式进行评估。"参照河段"一般选取水质、河流地貌以及生物群落基本未受到干扰的河段。

人们认识到，如果对于河流所有的生物群落成分进行监测取样是不现实的，变通的办法是选择几种标志物种。在选择具体标志性物种时，往往在藻类、大型无脊椎动物和鱼类中选择最适合的物种。一般情况下，岸边植物不适宜作为标志性物种，原因是不少植物对于水体污染并不敏感。因此评估岸边植物状况作为河流健康指标并不是先进的方法。至于细菌、原生动物、真菌、青蛙、爬行动物和水鸟等都不适合作为标志物种（表 4）。

一些国家的法律要求有关机构进行河流生物评估。欧洲有上百种生物评估方法，2/3 是基于大型无脊椎生物。采用较多的是"生物参数法"（biotic parameters）和"生物指数法"（Bioindicators），从 2000 年 12 月起执行的《欧盟水框架指令》具有代表性。《欧盟水框架指令》（EU Water Framework Directive）的定位是"在成员国开展河流生态状况评估的方法框架"，这个标准提出了较为完整的准则和方法[7-8]。

表 4　　　　　　　　　　　　　　生物评估方法和测量参数

方　法	测量参数	优　点	缺　点	总　评
（1）多样性指数	多种	可以对于复杂资料进行概括，也易于理解，便于对于不同河段和不同时间状况比较	生态学意义不明确，受标本和分析因子的影响	具有简明特点，但是生态学价值受到质疑
（2）生物指数	主要是大型无脊椎动物和藻类	简单，易于对于复杂资料进行概括，可以提供对于水体污染的物种相应解释	为对河流进行诊断，可以获得污染容许量的细节认识	有实用价值，特别是可以获得现场污染容许量
（3）河流生物群落代谢	底栖动物区系和植物区系	对于底栖生物获得简单的全貌，相对快速，输出快捷	在干扰严重河段难于应用，不能用于诊断	是具有潜在优势的技术，但是其敏感性和诊断能力尚未显示
（4）快速生物评估；现场物种研究定量法	大型无脊椎动物	整体性，适合暂时、特定的范围，背景资料丰富，具有诊断功能	依赖于复杂的模型方法，与其他方法比较其产出不易理解	对于认识影响因素具有巨大的潜力
（5）大型植物群落结构	大型植物	易于采样，对于一定范围具有响应	对于影响生物群落结构的因子难以辨认，对于某些污染因子缺乏敏感性	有限应用
（6）鱼类群落结构	鱼类	可实际采样，易于分类	对于生物群落的动态性和水质因子缺乏认识，对于温带鱼类不适用	生物群落结构方法更适合于热带地区河流
（7）生物量及群落结构（藻类）	藻类	敏感性强，分类方法清楚，具有诊断潜力，群落结构方法具有前途	需要高水平专业技术辨认，生物群落结构方法不能试验	生物群落结构方法具有很好的潜力
（8）群落结构	细菌、原生动物、真菌	生物体		

注　引自澳大利亚新西兰自然资源管理理事会报告。

5　结语

建立河流健康评估体系时似应考虑以下原则：

（1）重视生物群落的状况，建立生境因子与生物因子的相关关系。

（2）河流健康是一个相对的概念，需要确定参照系统，所谓"参照系统"是选定健康的或较为健康的河流系统。在河流现状与参照系统比较的基础上，进行河流健康状况的评估。

（3）明确水文条件、水质条件和栖息地质量是影响河流生态系统健康的三要素，与这三要素具有正相关关系的生物状况则是河流健康的主体。

（4）评估体系应包含对于人类合理开发水资源的承认，力图在保护河流生态系统与开发利用水资源之间取得平衡。

（5）河流生态系统演替是一个漫长的过程，需要建立完整的生物监测系统，进行长期监测和评估。

（6）充分考虑我国各流域、各地区自然、社会、经济状况的巨大差异性，需要因地制宜地制定每一条河流的健康评估标准，国外经验值得借鉴，但是绝对不可照搬。

参 考 文 献

［1］ 董哲仁. 河流健康的内涵［J］. 中国水利，2005（4）.

［2］ 董哲仁. 河流形态多样性与生物群落多样性［J］. 水利学报，2003（11）.

［3］ CUDE C G. Oregon water quality index［J］. Journal of the American Water Resources Association，2001，37（1）：125 – 137.

［4］ BARBOUR M T. Rapid Bioassessment Protocols for Use in Streams and Wadeable River：Periphyton，Benthic Macroinvertebrates and Fish［M］. 2nd edn，EPA 841 – B – 99，USEPA. 1999.

［5］ BRINSON M M，HAUER F R，LEE L C Nutter. A Guide – book for appliestion of hydrogeomorphic assessments to river wetlands［R］. Technical Report WRP – DE – 11，US Army Engineer Waterways Experiment Station，Vicksburg，MS. 1995.

［6］ Environment Agency. River Habitat Survey. 1997 Field Survey Guidance Manual，Incorporating SERCON［R］. Center for Ecology and Hydrology，National Environment Research Council，U K. 1997.

［7］ KALLIS G，BUTLER D. The EU Water Framework Directive：measures and directives［J］. Water Policy，2001（3）：125 – 124.

［8］ EUROPA. The EU Water Framework Directive – integrated river basin management for Europe［DB/OL］. The European Union Online. URL：http：//ruropa. eu. int/comm/environment/water/water – framework/index en. html，2003.

Overseas assessing technology for river health

Abstract：Assessment measures for river health are guided by a general thinking of river ecosystem，focused on building up relations between river changing and biological process and aimed at establishing a comprehensive assessment system which gives attentions to both the rational development and the ecosystem protection. A brief introduction of the representative assessment standards for river health overseas is given，and then the measures and key points of physical – chemical assessment，habitat assessment，hydrological assessment and bio – assessment are reviewed respectively herein as well.

Key words：river；health；assessment；habitat；hydrology；biology

基于主导生态功能分区的河流健康
评价全指标体系*

[摘　要]　为建立全国河流健康评价标准的方法框架，从影响河流生态系统的生物、生境要素和人类活动要素出发，构建了包括水文特性、水质特性、河流地貌特性、生物特性和社会经济特性5方面、含36项指标的全国河流健康评价全指标体系；提出了基于主导生态功能和纬度、集水面积、距离河源的位置、河流所处地区等空间因子的两级水生态区划方法，根据河流所属水生态区构建了基于一级分区的特定河流健康评价指标体系，确定河流健康评价重点以及不同指标的权重；选择了5条河流作为示例划分水生态区，并明确了建立其河流健康评价指标体系需考虑的重点。

[关键词]　河流健康；评价；水生态区划；全指标体系；主导生态功能

1　研究背景

　　河流是陆地生态系统的动脉，与周围的生物种群交织在一起，形成了复杂、有序、动态稳定的河流生态系统，发挥着物种流动、能量交换、物质循环、信息传递等生态系统功能。然而近百年来人类大规模经济活动对河流干扰所引起的变化，超过了河流数十万年甚至数百万年自然演进的变化。人类大规模活动对河流生态系统造成的胁迫，导致了河流生态系统不同程度的退化。这种退化使得河流生态系统诸多服务功能衰减甚至丧失，进而损害了人类自身的长远利益。

　　目前，随着人们对河流自然属性及面临挑战的认识逐步深化，河流管理的目标从单一的水资源功能管理扩展到对河流生态系统的管理。河流健康评估作为一种管理工具，评估河流生态系统在自然力与人类活动双重作用下，在长期演化过程中的完整性和可持续性，以期在生态保护与水资源利用之间取得平衡[1]。河流健康评估作为河流管理的工具，有助于提高管理决策能力，对于流域可持续管理及区域生态环境建设具有重要的意义。

　　近年来，各类河流健康评价指标体系不断推出，如澳大利亚溪流状况指数（ISC）[2]、美国快速生物评价协议（RBPs）[3]、英国河流栖息地调查（RHS）方法[4]、南非栖息地完整性指数（IHI）[5]、欧盟水框架指令（WFD）[6]、我国的健康黄河指标体系[7]、健康长江

　　* 张晶，董哲仁，孙东亚，王俊娜. 基于主导生态功能分区的河流健康评价全指标体系 [J]. 水利学报，2010，41（8）.
作者简介：张晶（1981—），女，江苏泰兴人，博士生，主要从事河流生态修复和河流健康评价研究。E-mail：zhangjing.iwhr@gmail.com

指标体系等[8]。迄今为止，我国还没有制定出全国河流健康评价技术标准和相应的指标体系。由于我国幅员辽阔，河流类型繁多，不同河流因地理位置、气候状况等自然条件不尽相同，使河流水文、地貌、生物系统都存在着较大差别，因而河流健康的表征也不同。制定全国河流健康评价技术标准的关键，是建立既能涵盖全国河流基本生态特征，又能反映不同流域的特点的河流健康评估体系。为此，本文构建适于全国河流健康评价的全指标体系，提出基于主导生态功能分区的河流健康评价方法，并明确构建特定河流健康评价指标体系所需考虑的重点（如图 1 所示）。

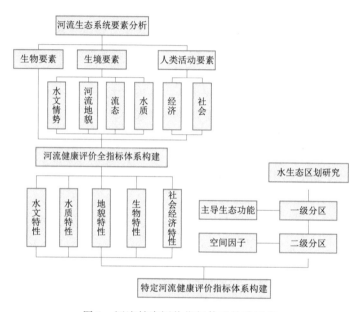

图 1　河流健康评价指标体系构建示意

2　河流健康评价全指标体系的构建

河流健康评估的主要内容应包括生物要素、生境要素以及河流的经济功能和社会功能。

2.1　河流生态系统的生物要素

生物要素作为河流生态系统的主体，在河流健康评价中的地位毋庸置疑。生物要素涉及鱼类、藻类、底栖生物和植被等不同物种，覆盖了生物个体、种群、群落等多个层次，综合反映物理化学因子产生的影响，是河流生态系统健康不可缺少的关键内容。关键物种或特有物种的结构、功能指标和生理指标可用来描述生态系统的健康状况。

2.2　河流生态系统四大生境要素

河流生态系统主要生境要素分别为：水文情势、河流地貌、流态和水质[9]。

（1）水文情势。水文情势（hydrological regime）既包括水量也包括水文过程，其特征用流量、频率、持续时间、时机和变化率等参数表示。水文情势是河流生物群落重要的生境条件之一，特定的河流生物群落的生物构成和生物过程与特定的水文情势具有明显的相关性[10]。年周期的水文情势变化是相关物种的生理学需求，引发不同的行为特点（be-havioral trait），比如鸟类迁徙、鱼类洄游、涉禽的繁殖以及陆生无脊椎动物的繁殖和迁徙。骤然涨落的洪水脉冲把河流与滩区动态地联结起来，促进水生物种与陆生物种间的能量交换和物质循环，完善食物网结构，促进鱼类等生物量的提高。

（2）河流地貌。河流地貌是景观格局（landscape pattern）的重要组成部分之一。水流常年对于地面物质产生的侵蚀作用以及泥沙输移和淤积作用，引起岸坡冲刷、河流淤积、河流的侧向调整以及河势变化。在河流廊道尺度的景观格局中，河流地貌的各种成分的空间配置及其复杂性具有重要意义。大量观测资料表明，生物群落多样性与非生物环境的空间异质性存在着正相关关系。另外，良好的河流地貌景观格局是河流与洪泛滩区、湖泊、水塘与湿地之间保持良好的连通性，为物质流、能量流和信息流的畅通提供了物理保障。

（3）流态。河流流态可以理解为河流的水力学条件。由流速、水深、水力坡度等因子构成了河流的流场特征，是水生生物的重要栖息地条件之一。不同的水生生物物种都对应有适宜的水动力学条件[11]。无论是自然因素还是人为因素造成水动力学条件的改变，都会对水生生物的生物过程产生影响。

（4）水质。水质标志着水体的物理特性（如色度、浊度、臭味等）、化学特性（无机物和有机物的含量）及其组成的状况，一般包括溶解氧、氨氮、总磷、浊度和水温等要素，这些物化指标对水体中生物的生命活动有着重要影响。我国工业、农业和生活造成的水污染，已经对河流生态系统形成了重大威胁，导致不少河流的生态系统退化。如果不首先解决治污问题，河流生态系统修复也将失去前提。

2.3　人类对河流的开发利用

河流健康评估的目的是促进水生态保护和水资源可持续利用。因此，河流健康评估体系中除了包括河流主要生物因子和生境因子外，还应包括河流的经济功能（工农业和生活供水、水电、航运、林业、牧业、渔业、养殖、旅游等）和社会功能（防洪、文化、景观等）。无论哪一种行业对于河流的过度开发利用和不合理的工程建设，都会对河流生态系统造成胁迫，这包括对于河流水文条件、水质条件、河流地貌以及生物群落多样性的影响。

2.4　河流健康评价全指标体系

根据以上的分析，从河流生态系统的整体性出发，评价河流的健康，需要建立内容全面完整的指标体系，即河流健康评价全指标体系。针对我国幅员辽阔、区域特征明显的自然状况，需要建立可以覆盖全国河流主要生态因子的河流健康指标体系。评价河流生物的健康是其核心，评价组成河流生态系统的主要生境要素和人类活动造成的影响是其关键。因此本文提出了包含水文、水质、地貌、生物及社会经济等5个方面36个指标的河流健康全指标体系，如表1所示。河流健康全指标体系选择了具有主导作用的、代表性和独立性较强的指标，力图做到全面、客观，充分体现河流健康的特征，同时也考虑了现有的监测技术水平、数据的易获取性等。具体的某条河流健康评价指标可从这36项指标中挑选适宜的指标来评价。

表 1 河流健康评价全指标体系

属性层	序号	指标层
水文特性 H	1	月均流量变化因子 H_1
	2	年流量极值和持续时间变化因子 H_2
	3	年流量极值的发生时机变化因子 H_3
	4	高、低流量脉冲的频率和持续时间变化因子 H_4
	5	日间流量变化因子和变化频率 H_5
	6	最小环境需水量满足率 H_6
	7	地下水埋深 H_7
水质特性 Q	8	水质类别 Q_1
	9	主要污染物浓度 Q_2
	10	水功能区水质达标率 Q_3
	11	富营养化指数 Q_4
	12	纳污性能 Q_5
	13	水温 Q_6
	14	水温恢复距离 Q_7
地貌特性 G	15	蜿蜒度 G_1
	16	纵向连续性 G_2
	17	侧向连通性 G_3
	18	垂向透水性 G_4
	19	岸坡稳定性 G_5
	20	河道稳定性 G_6
	21	悬移质输沙量变化率 G_7
	22	天然植被覆盖度 G_8
	23	土壤侵蚀强度 G_9
	24	河岸带宽度 G_{10}
生物特性 B	25	物种多样性 B_1
	26	珍稀水生生物存活状况 B_2
	27	外来物种威胁程度 B_3
	28	完整性指数 B_4
社会经济特性 S	29	地表水资源量变化率 S_1
	30	传播阻断率 S_2
	31	水资源开发利用率 S_3
	32	水能生态安全开发利用率 S_4
	33	灌溉水利用系数 S_5
	34	单位 GDP 用水量 S_6
	35	景观舒适度 S_7
	36	特殊指标

36 项指标的具体含义如下：

（1）月均流量变化因子 H_1。该指标为 1—12 月各月月均流量变化因子的几何平均值。其中，某月月均流量变化因子的计算以自然条件下的水文序列作为参考状态，以参考状态下该月月均流量的（均值±标准差）作为水文目标范围，计算公式和使用方法如下：

$$\sigma = \frac{f_o - f_e}{f_e} \tag{1}$$

式中：f_o 为现状水文序列中某月的月均流量落在其水文目标范围内的频次；f_e 为参考状态下的水文序列中该月的月均流量落在水文目标范围内的频次乘以现状与参考状态水文序列长度的比值。

以下（2）～（5）项指标中各参数变化因子的计算方法与月均流量变化因子相同。

（2）年流量极值和持续时间变化因子 H_2。该指标为以下参数变化因子的几何平均值：年 1 日、3 日、7 日、30 日、90 日平均最小流量，年 1 日、3 日、7 日、30 日、90 日平均最大流量，零流量的天数，年均 7 日最小流量/年平均流量。

（3）年流量极值的发生时机变化因子 H_3。包括以下参数变化因子的几何平均值：年最大流量出现日期、年最小流量出现日期。

（4）高、低流量脉冲的频率和持续时间变化因子 H_4。该指标为以下参数变化因子的几何平均值：年低流量的谷底数、年低流量的平均持续时间、年高流量的洪峰数、年高流量的平均持续时间。

（5）日间流量变化因子和变化频率 H_5。包括以下参数变化因子的几何平均值：年均日间涨水率、年均日间落水率、每年涨落水次数。

（6）最小环境需水量满足率 H_6。河流的枯水期最小流量与河道的最小环境需水量的比值。

（7）地下水埋深 H_7。指地表上某一点至浅层地下水水位之间的垂线距离。

（8）水质类别 Q_1。水质类别用于表征河流水体的质量，根据考察河段水质监测断面的污染物平均值、依据《地表水环境质量标准》（GB 3838—2002）评价，地表淡水水质按其使用功能和保护目标分为 I～V 类。

（9）主要污染物浓度 Q_2。影响河流健康的主要污染物包括总氮、总磷、浊度、电导率、pH、叶绿素 a 等，取考察河段水质监测断面的平均值。当水质类别指标不能准确表征河流的水质状况时，某污染物的浓度可说明其影响水质的真实程度。

（10）水功能区水质达标率 Q_3。水功能区水质达标率指在某河段水功能区水质达到其水质目标的个数（河长、面积）占水功能区总数（总河长、总面积）的比例。水功能区水质达标率反映河流水质满足水资源开发利用和生态与环境保护需要的状况。

（11）富营养化指数 Q_4。富营养化状况评价指标主要包括叶绿素 a（chla）、总磷（TP）、总氮（TN）、透明度（SD）、高锰酸盐指数（COD_{Mn}），其计算公式如下：

$$TLI(\textstyle\sum) = 43.73 + 2.89\ln chla + 3.05\ln TP + 3.03\ln TN - 3.56\ln SD + 4.88\ln COD_{Mn} \tag{2}$$

式中：$TLI(\sum)$ 为综合营养状态指数；$Chla$、TP、TN、SD、COD_{Mn} 分别表示 Chla、TP、TN、SD、COD_{Mn} 的大小，单位分别为 mg/m^3、mg/L、mg/L、m、mg/L。

（12）纳污性能 Q_5。指某种污染物的年排放量与该水域纳污能力的比值，其中，纳污能力为在设计水文条件下，某种污染物满足水功能区水质目标要求所能容纳的该污染物的最大数量。

（13）水温 Q_6。指水体的温度。最重要的是水库的下泄水温，是指水库建成后下泄水体的最大、最小月均温度。

（14）水温恢复距离 Q_7。河流水工程建设后下游水温恢复到满足下游敏感目标要求天然温度的长度。

（15）蜿蜒度 G_1。沿河流中线两点间的实际长度与其直线距离的比值。

（16）纵向连续性 G_2。指在河流系统内生态元素在空间结构上的纵向联系，可从下述几个方面得以反映：水坝等障碍物的数量及类型；鱼类等生物物种迁徙顺利程度；能量及营养物质的传递。纵向连续性可以用下式表达：

$$G_2 = L/N \tag{3}$$

式中：N 为河流的断点或节点等障碍物数量（如闸、坝等）；L 为河流的长度。

（17）侧向连通性 G_3。表征河流横向连通程度，反映沿河工程建设对河流横向连通的干扰状况。侧向连续性可以用下式表达：

$$G_3 = \frac{A_1}{A_2} \times 100\% \tag{4}$$

式中：A_1 为现状洪水淹面积；A_2 为自然洪水淹没面积。

（18）垂向透水性 G_4。反映地表水与地下水之间水力联系受人类的干扰程度，体现水生生物多样性的改变程度[12]。河床底质的组成主要有基岩、漂石、鹅卵石、砾石、砂、粉砂和黏土。其透水性可使用渗透系数 k 表征河流垂向连通性，k 可通过物理试验获得。

（19）岸坡稳定性 G_5。岸坡稳定性受岸坡坡度和岸坡材料及其构造控制并与植被条件有关。其整体稳定性可用抗滑安全系数来确定，局部稳定性由表面土体抗侵蚀性来描述或度量。可以定性地分为好、中、差等级别。

（20）河道稳定性 G_6。河流在现有气象、水文条件下，维持自身尺度、类型和剖面以保持动态平衡的能力。长期来看是指以既不淤积也不冲刷的方式输送其流域产生的泥沙及水流的能力。可以定性地分为好、中、差等级别。

（21）悬移质输沙量变化率 G_7。水流输沙能力越大，淤积在河道内的泥沙越少，越能保持河流河床的稳定和河道的畅通。具体为当前的水流输沙能力与参考状态下的水流输沙能力的比率。

（22）天然植被覆盖度 G_8。指天然植物（包括叶、茎、枝）在单位面积内植物的垂直投影面积所占百分比。

（23）土壤侵蚀强度 G_9。地壳表层土壤在自然力（水力、风力、重力及冻融等）和人类活动综合作用下，单位面积、单位时段内被剥蚀并发生位移的土壤侵蚀量，以土壤侵蚀模数表示。

（24）河岸带宽度 G_{10}。指河滨植被缓冲带的宽度。

（25）物种多样性 B_1。物种的种类及组成，反映物种的丰富程度。用物种多样性指数表征。

（26）珍稀水生生物存活状况 B_2。珍稀水生生物或者特征水生生物在河流中生存繁衍，物种存活质量与数量的状况。可用珍稀水生生物数量增减来定性判断。

（27）外来物种威胁程度 B_3。指在目标区域内，是否造成出现外来物种、外来物种对本地土著生物和生态系统造成威胁的影响程度。可以定性地分为低、中、高等级别。

（28）完整性指数 B_4。从生物集合体的组成成分（多样性）和结构两个方面反映生态系统健康状况。可以用鱼类 IBI 指数[13]、底栖 IBI 指数[14] 来表示。

（29）地表水资源量变化率 S_1。指现状河川径流量还原量与参考状态下还原量的变化率。

（30）传播阻断率 S_2。指某河段各类涉水疾病的综合传播阻断效果[12]。可以用下式表示：

$$S_2 = 1 - C_1/C_2 \tag{5}$$

式中：C_1 为现状的主要传播媒介的分布密度（只/m^2）；C_2 为参考状态下主要传播媒介的分布密度（只/m^2）。

（31）水资源开发利用率 S_3。流域内各类生产与生活用水及河道外生态用水的总量占流域内水资源量的比例关系。

（32）水能生态安全开发利用率 S_4。指流域或区域内已开发的水能资源占总生态安全可开发水能资源的比例[12]，其中总生态安全可开发水能资源量的计算方法有待进一步研究。

（33）灌溉水利用系数 S_5。指消耗于作物蒸腾的灌水量与由灌区渠首进入灌区的灌水量之比值。

（34）单位 GDP 用水量 S_6。流域内用水量与流域的国内生产总值之比。

（35）景观舒适度 S_7。采用公众调查与专家评判相结合的方法，定性的估测景观舒适度。

（36）特殊指标。指特定的河流根据其自身具体情况需要增加的河流健康指标，如采砂率、底泥污染程度、河流断流概率等。

3 水生态区划与河流健康评价指标体系构建

3.1 水生态区划的意义

我国疆域辽阔，自然地理条件的区域变化十分明显[15]。地貌总轮廓具有"三级阶梯"的显著特征，平均海拔分别在 4000m 以上、1000～2000m、500m 以下。降水量从东南沿海向西北内陆递减，各地区差别很大。这些地势地貌、气候特点对河流的影响非常显著。不同河流因地理位置、气候状况等自然条件不同，使河流水文、地貌、生物系统、主导生态功能等都存在着很大差别；随不同的自然带和区域，我国社会经济发展的区域差异较大，水资源利用、水能开发等程度也有较大区别。因此需要将河流按适当的方法进行水生态区划，位于同一水生态区的河流可以采用同样的河流健康评价指标和标准。

3.2 国内外区划方法

生态区划是应用生态学原理和方法将生态系统相对同质的区域划分在一起，用于水生态系统参照状况的选择和建立[14]。Omernik[16]和 Bailey[17]等采用不同方法划分了美国水生态区。《欧盟水框架指令》中提出了一种生态区划方法，即流域区内的地表水体首先区分其所属的生态区域，随后，按照海拔、流域面积、地质类型和经纬度，对每个生态区域内的水体进行类型划分，以得到与类型相对应的具体生物参考条件[6,18]。生态功能区划是依据生态系统特征、受胁迫过程与效应、生态服务功能重要性及生态环境敏感性等分异规律而进行的地理空间分区[19]。在我国，2003 年水利部发布了《水功能区管理办法》，选择了 1407 条河流进行水功能区划，共划分保护区、缓冲区、开发利用区、保留区等水功能一级区 3122 个，区划总计河长 209881.7km；在水功能一级区划的基础上，根据二级区划分类与指标体系，在开发利用区进一步划分饮用水源、工业用水区、农业用水区、渔业用水区、景观娱乐用水区、过渡区和排污控制区共 7 类水功能二级区。2008 年环境保护部发布了《全国生态功能区划》，根据生态系统的自然属性和所具有的主导服务功能类型，将全国划分为生态调节、产品提供与人居保障 3 类生态功能一级区，依据生态功能重要性划分为水源涵养、土壤保持、防风固沙、生物多样性保护、洪水调蓄、农产品提供、林产品提供、大都市群和重点城镇群等生态功能二级区。

3.3 水生态区划与河流健康指标体系构建

为体现不同河流生态系统的特征，建立适于全国河流健康评价的全指标体系和适于特定河流的指标体系，在全国生态区划的基础上，提出基于主导生态功能分区的水生态区划方法：将水生态区划分为两个等级；一级分区是根据《全国生态功能区划》的二级区来区分其相关的主导生态功能；二级分区为在一级分区的基础上，对于各个主导生态功能分区内的河流，按照纬度、集水面积、距离河源的位置、河流所处地区等空间因子进行二级分区（表2）。在这些分区指标中，主导生态功能、纬度、距离河源的位置等因素决定了河流的水文、生物、地貌等特性，而集水面积、河流所处地区则与河流的社会经济特性有关。

表 2 河 流 分 区 系 统

分区级别	选择因素	描述
一级分区	主导生态功能	水源涵养 R_1 土壤保持 R_2 防风固沙 R_3 生物多样性保护 R_4 洪水调蓄 R_5 农产品提供 R_6 林产品提供 R_7 大都市群 R_8 重点城镇群 R_9
二级分区	空间因子	纬度 LA 集水面积 A 距离河源的位置 L 河流所处地区 D

注 河流所处地区 D 指我国目前存在的三大经济开发地区，即东部、中部、西部三大经济区划带，具体划分以《中国经济年鉴》（1994）为准。

　　由于不同水生态分区的自然属性和主导服务功能类型不同，评价的重点各异，根据特定河流所处生态分区合理选择河流健康评价指标和权重。表3根据专家经验法给出一级分区的河流健康指标体系属性层的权重建议值。权重值的确定原则是：水源涵养区（R_1）以水文和水质特性的健康为重点；在土壤保持区（R_2）、防风固沙区（R_3）和洪水调蓄区（R_5），水文与地貌特性尤为关键；在生物多样性保护区（R_4），生物特性的健康是最关键的因素；在农产品提供区（R_6）和林产品提供区（R_7），河流健康的各项特性需给予同样的关注；对大都市群区（R_8）和重点城镇群区（R_9），河流的社会经济特性、水质及地貌景观则更为重要。水生态区划一级分区的河流健康评价指标体系如表4所示。二级分区的河流健康评价指标体系可参照表4，并结合其区域特征、河流本身具有的特征来建立。

表3　　　　　　　　一级分区的河流健康评价指标体系属性层的权重建议值

指标	R_1	R_2	R_3	R_4	R_5	R_6	R_7	R_8	R_9
水文特性	0.3	0.3	0.3	0.2	0.4	0.2	0.2	0.2	0.2
水质特性	0.4	0.1	0.1	0.1	0.1	0.2	0.2	0.3	0.3
地貌特性	0.1	0.2	0.2	0.2	0.3	0.2	0.1	0.1	0.1
生物特性	0.2	0.3	0.3	0.5	0.1	0.2	0.3	0.1	0.1
社会经济特性	0.0	0.1	0.1	0.0	0.1	0.2	0.2	0.3	0.3

表4　　　　　　　　一级分区的河流健康评价指标体系

指标	R_1	R_2	R_3	R_4	R_5	R_6	R_7	R_8	R_9
月均流量变化率 H_1	√	√	√	√	√	√	√	√	√
年流量极值和持续时间变化率 H_2	√	√	√	√	√	√	√	√	√
年流量极值的发生时机变化率 H_3	√	√	√	√	√	√	√	√	√
高、低流量脉冲的频率和持续时间变化率 H_4	√	√	√	√	√	√	√	√	√
日间流量变化率和变化频率 H_5	√	√	√	√	√	√	√	√	√
最小环境需水量满足率 H_6		√	√	√	√	√	√	√	√
地下水埋深 H_7	√	√		√	√	√	√		
水质类别 Q_1	√	√	√	√	√	√	√	√	√
主要污染物浓度 Q_2		√				√		√	
水功能区水质达标率 Q_3	√	√		√		√	√	√	√
富营养化指数 Q_4		√		√		√		√	√
纳污性能 Q_5							√	√	√
水温 Q_6		√		√					√
水温恢复距离 Q_7		√		√					
蜿蜒度 G_1	√	√	√	√		√	√	√	√
纵向连续性 G_2	√	√	√	√	√	√	√	√	√
侧向连通性 G_3	√	√	√	√	√	√	√		√

续表

指标	R_1	R_2	R_3	R_4	R_5	R_6	R_7	R_8	R_9
垂向透水性 G_4		√				√	√	√	√
岸坡稳定性 G_5			√		√	√	√	√	√
河道稳定性 G_6		√			√			√	√
悬移质输沙量变化率 G_7		√	√						
天然植被覆盖度 G_8	√	√	√	√		√	√	√	√
土壤侵蚀强度 G_9		√	√						
河岸带宽度 G_{10}		√		√	√			√	√
物种多样性 B_1	√	√	√	√	√	√	√	√	√
珍稀水生生物存活状况 B_2	√	√	√	√		√	√	√	√
外来物种威胁程度 B_3	√	√	√	√		√	√	√	√
完整性指数 B_4	√	√	√			√	√	√	√
地表水资源量变化率 S_1		√		√		√	√	√	√
传播阻断率 S_2		√							
水资源开发利用率 S_3		√	√	√		√	√	√	√
水能生态安全开发利用率 S_4		√				√	√	√	√
灌溉水利用系数 S_5		√	√			√	√	√	√
单位 GDP 用水量 S_6						√	√	√	√
景观舒适度 S_7		√				√	√	√	√
特殊指标	√	√	√		√	√	√	√	√

3.4　应用中的尺度问题

河流生态系统在空间尺度上可以划分为流域、河流廊道和河段等几种尺度（见图2）。

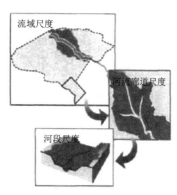

图 2　河流生态系统空间尺度示意

在流域尺度上，更关注水系、上中下游、河口三角洲、洪泛滩地、河床结构等这些空间基本元素[20]。河流廊道尺度包括河道、两岸植物群落、洪泛滩区和支流等[21]。河段尺度是相对较小的栖息地与生物群落的组合，关键生境因子是河流地貌形态及其对应的水流流态。按照物理、化学、生物等属性划分水功能区、河湖自然保护区等通常是在河流廊道或河段尺度上进行。

水生态区划的一级分区是在我国陆地大尺度上进行的，二级分区则以河流为研究对象，其尺度为河流廊道或河段尺度。河流健康评价全指标中除社会经济特性是流域尺度特性外，其他因素包括水文特性、水质特性、地貌特性、生物特性均是河流廊道或河段尺度上的特性。流域尺度特性的指标可通过统计流域内各河段或灌区的相关数据而获得。在实际应用中会出现一条河流可能跨若干个水生态区的情况，此时需要区分河段，分段评价河流的生态系统健康状况。

4　特定河流健康评价指标体系框架构建示例

　　本文选择发源于青海省的沱沱河、西藏自治区的年楚河、河南省的伊河、上海市的苏州河以及浙江省的瓯江等 5 条河流进行生态区划和健康指标体系构建。其中，沱沱河是长江的源头，发源于唐古拉山，长 375km，流域面积为 16982.34km²；年楚河是雅鲁藏布江支流，位于西藏自治区日喀则地区境内；伊河发源于河南省熊耳山南麓，至偃师注入洛水，全长 368km，流域面积 6100km²；苏州河西起江苏省，东接黄浦江，全长约 125km，流域面积为 855km²；瓯江发源于浙江百山祖锅帽尖，干流自石溪以下始称瓯江，属下游河段，长 98km，流域面积为 8256km²。

　　将 5 条河流按照主导生态功能以及纬度、集水面积、距离河源的位置等几个标准，可分为 5 个水生态区，如表 5 所示。

表 5　　　　　　　　　　　　　5 条河流分区结果

序号	河流名称	生态功能区 R	纬度 LA	集水面积 A/km²	距离河源的位置 L	河流所处地区 D
1	沱沱河	水源涵养	30°N～40°N	>10000	上游	西部
2	年楚河	防风固沙	20°N～30°N	>10000	上游	西部
3	伊河	土壤保持	30°N～40°N	1000～10000	中游	中部
4	苏州河	大都市群	30°N～40°N	100～1000	下游	东部
5	瓯江	大都市群	20°N～30°N	1000～10000	下游	东部

　　对这 5 个水生态区选择适宜的河流健康评价指标时作如下考虑：对于示例 1 中的河流，作为河源，以水源涵养的功能为主，河流健康评价指标体系中可以不考虑社会经济方面的指标；对于示例 2 和示例 3 中的河流，以防风固沙、水土保持的功能为主，河流健康评价指标体系中需要纳入所有表征地貌特性的指标；对于属于同一一级分区的示例 4 和示例 5 中的河流，位于整个流域的下游，所处地区经济比较发达、水体中污染物浓度较高，表征水质的指标需要能够准确地揭示河流水质状况，其中瓯江由于纬度偏低、降水量更为丰富，河流水质相对较好，水质指标选择"水质类别"即可；而苏州河应选择"主要污染物浓度"、"水功能区水质达标率"等指标来表征水污染的程度。

5　结语

　　本文提出的河流健康评价指标体系构建方法，既考虑全国河流基本生态特征，又力图反映不同流域的特点，提供了建立全国河流健康评价标准的方法框架：

　　（1）从河流生态系统的生境因素、生物因素和人类活动影响要素出发，在河流自然系统和社会系统的水文特性、水质特性、河流地貌特性、生物特性和社会经济特性 5 方面构建了全国河流健康评价全指标体系，确定了 36 项指标，较以往的研究更为全面和定量化。

　　（2）在全国生态区划的基础上，提出了用于河流健康评估的水生态区划方法，即基于主导生态功能的水生态一级分区，以及基于纬度、集水面积、距离河源的位置、河流所处地区等空间因子的二级分区。

（3）提出根据河流所属的水生态区构建特定河流的健康评价指标，即按照主导生态功能确定河流健康评价重点和不同指标的权重，提出了基于一级分区的河流健康评价指标体系。

（4）作为案例分析选择了5条具有代表性的河流，讨论了根据生态分区制定这5条河流健康评价体系的方法，提出了特定河流健康评价指标体系构建时需考虑的重点。

参 考 文 献

［1］ 董哲仁. 河流健康评估的原则和方法 ［J］. 中国水利，2005（10）：17－19.

［2］ LADSON A R，WHITE L J，DOOLAN J A，et al. Development and testing of an index of stream condition for waterway management in Australia ［J］. Freshwater Biol，1999，41：453－468.

［3］ BARBOUR M T，GERRITSEN B D，et al. Rapid Bioassessment Protocols for Use in Streams and Wadeable Rivers：Periphyton，Benthic Macroinvertebrates and Fish ［M］. Second Edition. Washington，D. C：EPA/841－B－99－002. U. S. EPA，Office of Water，1999，197.

［4］ RAVEN P J，HOLMES N T H，et al. Using river habitat survey for environmental assessment and catchment planning in the UK ［J］. Hydrobiologia，2000：422－423.

［5］ KLEYNHANS C J. A qualitative procedure for the assessment of the habitat integrity status of the Luvuvhu River ［J］. Journal of Aquatic Ecosystem Health，1996（5）：41－54.

［6］ European Commission，Directive 2000/60/EC. Establishing a framework for community action in the field of water policy ［M］. Luxembourg：European Commission PE－CONS 3639/1/100 Rev 1，o2000，23－24.

［7］ 刘晓燕，张建中，张原锋. 黄河健康生命的指标体系 ［J］. 地理学报，2006，61（5）：451－460.

［8］ 吴道喜，黄思平. 健康长江指标体系研究 ［J］. 水利水电快报，2007，28（12）：1－3.

［9］ 董哲仁. 河流生态系统研究的理论框架 ［J］. 水利学报，2009，40（2）：129－137.

［10］ KNIGHT R R，GREGORY M B，WALES A K. Relating streamflow characteristics to specialized insectivores in the Tennessee River Valley：a regional approach ［J］. Ecohydrology，2008，1（4）：394－407.

［11］ DUNBAR M J，IBBOTSON A T，GOWING I M，et al. Ecologically acceptable flows phase Ⅲ：further validation of phabsim for the habitat requirements of salmonid Fish ［C］/Environment Agency，Final R&D Technical report to the Environment Agency，Bristol，UK. 2001.

［12］ 水利部水利水电规划设计总院. 关于印发《水工程规划设计生态指标体系与应用指导意见》的通知 ［EB/OL］. ［2010－05－21］.

［13］ HUGHES R M，OBERDOFF T. Applications of IBI concepts and metrics to waters outside the U-nited States ［C］/Semon T P ed. Assessing the Sustainability and Biological Integrity of Water Resources Using Fish Communities. CRC Press，Boca Raton，1999：79－93.

［14］ SEEGERT G. The development，use，and misuse of biocriteria with an emphasis on the index of biotic integrity ［J］. Environmental Science&Policy，2000（3）：51－58.

［15］ 孙鸿烈，张荣祖. 中国生态环境建设地带性原理与实践 ［M］. 北京：科学出版社，2007.

［16］ OMERNIK J M. Ecoregions：A framework for managing ecosystems ［J］. The George. Wright. Forum.，1995，12（1）：35－50.

[17] BAILEY R G. Ecosystem geography [M]. New York. Berlin, Heideberg: Springer – Verlag, 1996.

[18] MOOG O, KLOIBER A S, et al, . Does the ecoregion approach support the typological demands of the EU "Water Framework Directive" [J]. Hydrobiologia, 2004, 516: 21 – 33.

[19] 程叶青, 张平宇. 生态地理区划研究进展 [J]. 生态学报, 2006, 26 (10): 3424 – 3433.

[20] GOODALL J L, MAIDMENT D R. A spatiotemporal data model for river basinscale hydrologic systems [J]. International Journal of Geographical Information Science, 2009, 23 (2): 233 – 247.

[21] WARD J V, MALARD F, TOCKNER K. Landscape ecology: a framework for integrating pattern and process in river corridors [J]. Landscape Ecology, 2002, 17: 35 – 45.

Complete river health assessment index system based on eco – regional method according to dominant ecological functions

Abstract: A complete index system for river health assessment which includes 36 indices in 5 aspects, i. e. hydrology, water quality, river geomorphology, biology characteristics and socioeconomic status is established. A two – level aquatic ecoregional method for division into districts is proposed based on dominant ecological functions and spatial factors such as latitude, catchment area and location relative to river source. The health index systems for rivers in a certain eco – region at the first level are established. The focal point and weight for indexes are suggested. As an example of above described method, five rivers are selected to conduct eco – region compartmentalization, and the focal point must be considered in establishing river health assessment index systems are defined.

Key words: river health; assessment; ecoregion; complete index system; dominant ecological functions

河流生态状况分级系统及其应用*

[摘　要]　构建河流生态状况分级系统可为实现河流生态修复目标定量化提供技术方法。本文从自然河流生态状况的河流参照系统选择与构建出发，依据与参照系统的偏离程度，提出了河流生态状况分级系统的生态指标矩阵方法和指标赋值准则。生态指标矩阵由要素层和指标层构成，包括生物质量、水文、物理化学和河流地貌 4 个要素，下设 10 项生态指标。从河流生态系统演替的动态特征出发，阐述了河流生态状况分级系统的科学内涵，讨论了河流生态状况分级系统在确定生态修复目标、识别关键胁迫因子以及进行河流健康评估方面的应用。

[关键词]　河流生态修复；定量目标；生态状况；分级系统；指标赋值准则；胁迫因子；河流健康；生态演替

河流生态修复项目需要确定生态修复目标，这种目标应是客观和定量的。为确定河流生态修复定量目标，需要建立河流生态状况分级系统。国际上，《欧盟水框架指令》提出了地表淡水生态系统状况 5 级标准，并且配套颁布了一系列技术导则和方法[1-3]。这部欧盟立法提出的地表淡水生态系统状况标准，既是淡水生态系统现状评估的准则，也是确定河流生态修复目标的依据。本文借鉴《欧盟水框架指令》的经验，结合我国的具体情况加以改进，主要是调整了要素层和指标层，提出了指标矩阵方法和指标赋值准则。本文还从河流生态系统演替的动态特征出发，阐述了河流生态状况分级系统的科学内涵。最后，讨论了河流生态状况分级系统的应用。

1　河流生态修复的定义

笔者给出的河流生态修复（river ecological restoration）的定义是：在充分发挥生态系统自我修复功能的基础上，采取工程和非工程措施，促使河流生态系统恢复到较为自然的状态，改善其生态完整性和可持续性的一种生态保护行动[4]。

这个定义包含了三层含义。一是河流修复的理想目标是使河流恢复到人类大规模开发改造前的自然状态。但是，由于河流生态系统的演替是不可逆转的，试图把河流完全恢复到自然生态状况是不可能的。现实的目标只能是部分恢复到人类大规模开发改造河流之前"较为自然的状况"。二是为实现河流生态修复的目标，一方面要实施适度的人工措施，另一方面，也要充分发挥自然界自我修复功能，改善生态系统的结构和功能。三是河流生态修复采取的方法应是工程措施和非工程措施并重，主要修复任务包括水文情势改善、地貌

*　董哲仁，张爱静，张晶. 河流生态状况分级系统及其应用 [J]. 水利学报 2013, 44（10）: 1233-1238.

形态修复、水质改善和生物多样性维持[5]。

2　河流生态状况分级系统

河流生态修复目标应该是有客观自然状况作为依据的，而不是主观臆断的。修复目标还应该是定量的，能够监测和评估，而不是定性和抽象的。比如"实现人水和谐"、"打造生态河流"或者"水清、岸绿、宜居"等表述，都不适合作为河流修复的目标。河流生态修复目标应具体分类，分解为水文、河流地貌形态、水体物理化学和生物多样性等生态要素的若干指标，这些指标应赋值或给出明确的准则。

2.1　河流参照系统

为判断受到干扰的生态系统现状与自然生态系统的偏离程度，需要定义一个河流参照系统，参照系统是河流生态修复的理想状况。建立参照系统有 3 种方法。

（1）依据时间序列，以河流自身的某种历史状况作为参照系统。一般认为，历史形成的自然河流有其天然合理性，人类大规模开发活动前的河流生态状况是相对健康的。如果能够重现人类大规模干扰前的河流生态情景，将会获得较为理想的状态。具体方法是收集包括河流地貌、水文、生物状况、社会经济情况等历史资料，建立复原模型，重现历史情景。

（2）依据空间位置选择适当的参照系统。可以选择同一条河流的健康良好河段，以此河段的现状作为参照系统。另外也可以选择自然条件与规划河流相近的其他流域河流作为参照系统，按照上述原则确定生态修复的理想状态。

考虑到近百年的大规模开发和生产活动，在我国保持未受干扰的大型河流寥寥无几，所以，寻找完全理想化的参照系统是不切实际的。现实可行的方法是寻找受到较少的人工干扰，尚保持一定自然属性的河流或河段[6-7]。

（3）综合方法。由于大多数河流的历史资料严重缺乏，重现河流受大规模干扰前的自然状况十分困难。特别是那些经过多年人工改造被高度控制的河流，已经远远偏离了自然状况，所选择的参照系统并不是历史上曾经存在的某种状态，而是依据调查资料，依靠专家经验，参照类似流域数据构造的生态状况。可以把这种参照系统称为"最佳生态势"（best ecological potential）[8]。

2.2　指标矩阵

本文建议了适合我国国情的河流生态状况分级系统表（表 1），这个系统适合确定河流生态修复目标的分项指标。在这个分级系统中，生态状况划分为：优、良、中、差、劣 5 个等级。首先，定义未被大规模干扰的自然河流生态状况作为最佳理想状况，也就是上述所选择的参照系统，定为"优"等级。然后，以河流生态系统严重退化状况作为最坏状况，定为"劣"等级，其表征是栖息地严重退化，生物多样性严重下降，甚至导致水生生物死亡。在"优"与"劣"之间又划分"良""中"和"差" 3 个等级。确定了"优"等级的主要生态要素各项指标后，依据与"优"等级的偏离程度，就可以确定"良""中""差"和"劣" 4 个等级各项生态指标。

表1 河流生态状况分级系统

要素层		生物质量		水文		物理化学			河流地貌		
要素层编号		m		n		o			p		
指标层		丰度	生物量	生态基流	水文过程	一般状况	水质	水温	连续性	连通性	河流形态
指标		a_m	b_m	c_n	d_n	e_o	f_o	g_o	h_p	i_p	j_p
等级层	优 1	a_{m1}	b_{m1}	c_{n1}	d_{n1}	e_{o1}	f_{o1}	g_{o1}	h_{p1}	i_{p1}	i_{p1}
	良 2	a_{m2}	b_{m2}	c_{n2}	d_{n2}	e_{o2}	f_{o2}	g_{o2}	h_{p2}	i_{p2}	i_{p2}
	中 3	a_{m3}	b_{m3}	c_{n3}	d_{n3}	e_{o3}	f_{o3}	g_{o3}	h_{p3}	i_{p3}	i_{p3}
	差 4	a_{m4}	b_{m4}	c_{n4}	d_{n4}	e_{o4}	f_{o4}	g_{o4}	h_{p4}	i_{p4}	i_{p4}
	劣 5	a_{m5}	b_{m5}	c_{n5}	d_{n5}	e_{o5}	f_{o5}	g_{o5}	h_{p5}	i_{p5}	i_{p5}

生态要素包括生物质量、水文、物理化学和河流地貌4个方面[9]。生态要素层次下设10项生态指标。在生物质量方面设丰度和生物量2项指标；水文要素方面设生态基流和水文过程2项指标；物理化学方面设水质、水温和一般状况3项指标；河流地貌方面设连续性、连通性和河流形态3项指标。这样，分级系统表分为要素层、指标层和等级层3个层次。规划河流需要结合自身情况，给上述4种生态要素下设的10项指标的5种等级赋值。各项指标的赋值原则主要是计算生态现状与大规模干扰前对应指标相比较的变化率，同时兼顾现行的环境质量标准。评分标准是：先按照相关准则、规范和公式计算出有量纲的指标值，然后与理想标准值比较得到无量纲的比值。可按照10分记分，10分代表理想状态，即参照系统状态，0分表示生态功能彻底消失，在0～10之间划分5个等级。

采用矩阵下标表示法构造指标矩阵，既能表示出指标所属生态要素类别，又可表示所属等级，矩阵格式也方便计算机存储运算。下标的标注方法如下：规定第一个下标表示要素层，令生物质量、物理化学、河流地貌等4类要素层的下标编号分别为 m、n、o、p。规定第二个下标表示等级层，令等级层的优、良、中、差、劣的下标编号分别为1、2、3、4、5。10项指标分别用 a、b、c、d、e、f、g、h、i、j 表示。举例：指标 c_{n2} 中的 c 表示生态基流指标，生态基流属于水文要素类，故第一个下标为 n；在等级层属于"良"，则第二个下标为2，这样指标标注为 c_{n2}。

对于生物质量类指标，评价物种可能有多种，包括浮游植物、大型水生植物、鱼类和底栖无脊椎动物等。在这种情况下，要素层下标 m 需要赋值，$m=1$，2，3，4。其中，规定浮游植物 $m=1$，大型水生植物 $m=2$，鱼类 $m=3$，底栖无脊椎动物 $m=4$。例如 b_{43} 则表示等级为"中"的底栖无脊椎动物的生物量指标。多个评价物种的指标需经过数学方法处理得到生物质量的综合指标。除生物质量外其他3类生态要素层的下标 $n=o=p=1$。按照以上规则即构造了一个指标矩阵，然后按照一定准则赋值，形成指标赋值矩阵。

2.3 指标赋值准则

2.3.1 生物质量

生物质量包括丰度（a_m）和生物量（b_m）2项指标，可选择浮游植物（$m=1$）、大型水生植物（$m=2$）、鱼类（$m=3$）和底栖无脊椎动物（$m=4$）作为评价物种，其指标赋值准则分述如下。

（1）浮游植物（$m=1$）。a_{m1}—a_{m5}、b_{m1}—b_{m5} 表示以植物物种的类别构成、藻类生长状况以及水体透明度等与受到大规模干扰前比较，以变化率为指标，划分5个等级。

（2）大型水生植物（$m=2$）。a_{m1}—a_{m5}、b_{m1}—b_{m5} 表示大型水生植物类别构成及平均数量与受到大规模干扰前比较，以变化率为指标，划分5个等级。

（3）鱼类（$m=3$）。a_{m1}、b_{m1} 表示鱼类类别构成与受到干扰前几乎一致。所有特定类别的干扰敏感性物种都存在。鱼类群体年龄结构受人类活动干扰微小，物种的繁殖发育可顺利进行。

a_{m2}、b_{m2} 表示由于人类活动对水质和水文过程影响，鱼类的构成和数量与特定的生物群落相比发生了一定变化。鱼类群体的年龄结构受到干扰，个别物种的繁殖发育失败，某些鱼类的年龄段缺失。

a_{m3}、b_{m3} 表示由于人类活动对水质和水文过程影响，鱼类的构成和数量与特定的生物群落相比，发生了中等程度的变化。鱼类年龄结构受到干扰的迹象明显，个别鱼类物种消失或数量降低。

a_{m4}、b_{m4} 表示由于人类活动对水质和水文过程影响，鱼类的构成和数量与特定的生物群落相比，发生了重大变化。鱼类年龄结构受到严重干扰。

a_{m5}、b_{m5} 表示由于人类活动对水质和水文过程影响，大量鱼类死亡，渔业资源严重破坏，一些珍稀和特有鱼类物种消失或濒危。

（4）底栖无脊椎动物（$m=4$）。a_{m1}—a_{m5}、b_{m1}—b_{m5} 表示底栖无脊椎动物丰度、种类组成、耐受性/非耐受性、食性和栖息地特征与受到大规模干扰前相比较，以变化率为指标，划分5个等级。

2.3.2　水文

（1）c_{n1}—c_{n5} 表示生态基流的满足程度，划分5个等级。

（2）d_{n1}—d_{n5} 表示若按水文过程表示，则与干扰前的自然流量过程相比；若按敏感生态需水表示，则敏感期内水流条件与具有生物目标的敏感生态需水相比。二者均以偏差率为指标，划分5个等级。

2.3.3　物理化学

（1）e_{o1}—e_{o5} 表示以规划区水功能区水质达标率为指标评估，划分5个等级。

（2）f_{o1}—f_{o5} 表示以水环境质量标准和水污染物排放标准为依据，以污染物入河控制量、纳污能力、湖库富营养化指数为指标，划分5个等级。

（3）g_{o1}—g_{o5} 表示结合敏感生物物种目标，水工建筑物下泄水流水温与自然水流水温的偏差率，划分5个等级。

2.3.4　河流地貌

（1）h_{p1}—h_{p5} 表示连续性指标。考虑营养物质、泥沙输移条件和鱼类洄游条件，以纵向连续性指数为指标，划分5个等级。

（2）i_{p1}—i_{p5} 表示连通性指标。考虑河漫滩洪水脉冲效应、河湖连接、水网连接条件，以河流横向连通性指数或河湖、水网连通性指数为指标，划分5个等级。

（3）j_{p1}—j_{p5} 表示河流形态指标。与干扰前河流蜿蜒性、宽深比、岸坡结构和河流基质相比较，以变化率为指标划分 5 个等级。

2.4 河流生态状况分级系统的内涵

河流生态系统在自然力和人类活动双重作用下长期处于演替过程中，河流生态系统的

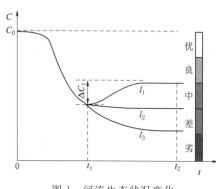

图 1 河流生态状况变化

所有属性都是动态的。如图 1 表示一条河流生态综合状况 C 随时间 t 的变化曲线[4,10]。在人类对河流进行大规模开发改造以前，河流处于自然状况，认为河流生态系统结构与功能都是健康的，其状况表示为 C_0。由于人类活动干扰加上气候变化等自然因素的影响，生态系统发生明显退化。为遏制退化趋势，在 t_1 时刻开始进行河流生态修复规划并予以实施。在规划初期，先建立生态状况标尺如图右侧。通过建立参照系统，明确了理想的自然状态 C_0，把 C_0 作为标尺的"优"等级。然后，以生态状况严重恶化，水生生物死亡为最差状况，划分优、良、中、差、劣 5 个等级形成标尺。图中举例的 t_1 时刻，河流生态状况处于"中"级下边缘。假设经论证，生态修复规划目标定为"良"，由"中"升级到"良"，生态状况差别为 ΔC_1。为缩短这个差距，需要采取一系列工程和非工程措施，这就是规划中的修复任务内容。由于诸多不确定因素，河流生态修复是一个不确定过程。通过监测可以掌握系统的演替趋势，如图所示，生态状况可能有 3 种演替趋势：①向良性方向发展，按照规划设想达到"良"等级如曲线 l_1；②遏制了退化趋势，维持现状等级"中"如 l_2；③继续恶化如 l_3。

综上所述，河流生态系统包括维持、退化和恢复等复杂演替过程是客观存在的，人们可以通过调查、监测和评价大体掌握其趋势。状况分级系统是人为设定的，各个等级是主观划分的。但是，制订生态状况分级系统的基本依据是设定理想状况，即"优"等状况，这个状况应是自然界客观存在的或接近客观状况的。各个等级对应的生态指标以与理想状况的偏离程度确定，同样具有客观基础。可见，依据河流生态状况分级系统确定河流生态修复目标是以客观自然状况为依据的。

3 河流生态状况分级系统的应用

河流生态状况分级系统有三方面的应用：①确定河流生态修复的定量目标；②辅助识别关键胁迫因子；③对河流进行健康评价。

3.1 确定河流生态修复目标

开展河流现状调查是制订河流生态修复规划的基础工作。如果采用较为简化的调查科目，现状调查可以集中于表 1 所列的主要生态要素指标，然后利用河流生态状况分级系统确定河流生态修复分项目标。具体方法是把现状调查、监测获得的数据，填入生态状况分

级系统表格中对号入座，从而明确生态现状分项等级位置。继而根据外部制约条件，将规划河流的生态状况"适度升级"，比如从"中"升级为"良"或"优"。在分析项目制约因素的基础上，论证升级的幅度和可能性。项目制约因素包括投入资金状况、技术可行性、自然条件约束（降雨、气温、水资源禀赋等）及社会因素约束（移民搬迁、居民意愿等）。这样，基于已经建立的河流生态状况分级系统，就可以获得生态修复规划目标的具体分项指标数据。

应用举例，如表2所示，某条河流生态现状水体物理化学一般状况指标、水质和河流地貌形态3项指标均为"差"，水温指标为"良"，其余6项为"中"。在制定修复规划中，通过论证，在现状基础上升级，把总体目标确定为"良"。其中生物丰度、生物量、生态基流、水文过程、连续性和连通性分别达到"良"。通过大力治污，水质跃升为"良"。水温保持"良"，河流形态指标达到"中"。据此不难分析出修复工作重点应放在治污方面。升级后的生态要素各项指标值，就是河流生态修复目标分项指标，从而实现了生态修复目标的定量化。

表2 河流生态状况分级系统表应用举例

要素层		生物质量		水文		物理化学			河流地貌		
要素层编号		m		n		o			p		
指标层		丰度	生物量	生态基流	水文过程	一般状况	水质	水温	连续性	连通性	河流形态
指标编号		a_m	b_m	c_n	d_n	e_o	f_o	g_o	h_p	i_p	j_p
等级层	优 1										
	良 2	★	★	★	★	★	★	▲	★	★	
	中 3	▲	▲	▲	▲				▲	▲	★
	差 4					▲	▲				▲
	劣 5										

说明：★表示修复目标；▲表示现状指标。

3.2 关键胁迫因子的识别

生态现状与历史状况的对比分析，是理解河流生态系统演替趋势的重要方法。利用河流生态状况分级系统可以分析现状单项生态因子与历史状况的偏离程度，进而识别关键胁迫因子。这类河流生态状况分级系统应按照上述第一种参照系统构造方式，即以人类大规模干扰前的历史状况作为参照系统。具体步骤是：按照河流生态状况分级系统框架构造分级系统，主要生态要素包括生物质量、水文、物理化学和河流地貌等4个方面，根据河流的具体特征以及资料数据的可达性，下设若干分项指标。在分级系统中，等级层的最高等级是大规模人类活动干扰前的自然生态状况，比如根据我国国情可以选用20世纪60或70年代的历史数据。再把现状调查和监测数据填入分级表格中，进而分析现状的各生态因子与历史状况的偏离程度，即单项生态因子的变化率。从各生态因子中找出变化率较大的生态因子，再考察这些变化率较大的生态因子对河流生态系统是否产生了重要胁迫效应。如是，则按照表3所示的压力的响应关系，分析哪些外界因素导致这些生态因子产生变化，是自然变化因素还是人类活动因素？如是后者，具体的人类生产、建设活动是什么？如果消除或减轻这些外界因素是否就能够部分地恢复河流生态系统的结构与功能？这种从多种生态因子中筛选关键胁迫因子问题，是一个多变量决策问题。可以按照设定的流程进行筛选，也可以借助多目标决策分析方法，来初步识别关键胁迫因子及其形成的外因。

表3 河流生态系统压力-响应关系

尺度	流 域	河流廊道	河 段
人类活动	城市化，水资源开发，水污染，水土流失，大型水库，跨流域调水工程	水污染，水电站和水库，治河工程和堤防，湖泊围垦，过度捕捞	水污染，治河工程和堤防，采砂，湖泊及河漫滩围垦，热电厂温排放
生态因子	水文情势变化，景观格局变化，河流连续性变化，水质变化，河流地貌过程变化	水文情势变化，河流连续性变化，河漫滩植被格局变化，生物多样性变化，水质变化	水质变化，水温变化，河流连通性变化，生物物种多样性变化，栖息地数量与质量变化

3.3 河流健康评估

河流生态状况分级系统的主要原则和方法同样适用于建立河流健康评估分级系统，二者的区别在于，前者应用于河流生态修复工程规划前期阶段，所选指标数量相对较少，而后者适用于河流生态系统长期监测与评估，所选指标较为完善（表4）[11-12]。

表4 河流健康分级系统指标表

要素层	生物质量		水文		物理化学		河流地貌	
要素编号	m		n		o		p	
指标层	通用指标	特殊指标	通用指标	特殊指标	通用指标	特殊指标	通用指标	特殊指标
指标编号	a_m		b_n		c_o		d_p	
等级层 很健康	a_{m1}		b_{n1}		c_{o1}		d_{p1}	
健康	a_{m2}		b_{n2}		c_{o2}		d_{p2}	
亚健康	a_{m3}		b_{n3}		c_{o3}		d_{p3}	
不健康	a_{m4}		b_{n4}		c_{o4}		d_{p4}	
病态	a_{m5}		b_{n5}		c_{o5}		d_{p5}	

生态要素层分为4类，即生物质量、水文、物理化学和河流地貌，每一类又分为若干指标，其中一类指标是通用指标，可按照行业要求选取。另一类指标是被评估河流所特有的指标，可根据河流自然禀赋和开发利用状况由河流管理部门自行确定。以上两类指标构成了"指标层"。各指标下标标注方法同上文，只是指标层下标标号 m、n、o、p 都需要编号赋值。

把河流生态状况分为5个等级，即很健康、健康、亚健康、不健康、病态5级，形成"等级层"。其中"很健康"是理想状况，按照上述参照系统构造方法确定。另有一部分生态要素指标已经有相关国家和行业技术规范，如水质类别指标、富营养化指数指标等，可以把最高等级标准作为理想状态指标。实际指标值与理想标准值比较得到无量纲比值，可按照10分记分。

4　结语

河流生态修复的目标不应是抽象和定性的，而应是定量的并且可以监测与评估。为实现河流生态修复目标的定量化，需要建立河流生态状况分级系统。将生态状况分为生物质量、水文、物理化学和河流地貌4种要素，各个要素下设若干指标。将生态状况划分优、良、中、差、劣5个等级，定义人类对河流大规模开发活动前的生态状况为参照系统即"优"等级。依据历史资料和专家经验，为参照系统各项指标赋值。依据与参照系统各个指标的偏离程度，确定其他各等级的分项指标量值，从而构造了河流生态状况分级系统。在确定河流生态修复目标时，将现状生态状况各项数据填入分级系统，可确定现状等级。然后综合考虑外部制约条件，将规划河流的生态状况适度升级，获得生态修复规划目标的具体分项指标数据。河流生态状况分级系统还可以应用于河流生态系统关键胁迫因子识别和河流健康评估。

参 考 文 献

[1]　马丁·格里菲斯. 欧盟水框架指令手册 [M]. 北京：中国水利水电出版社，2008.

[2]　EUROPA. 2003. The EU Water Framework Directive – integrated river basin management for Europe [M/OL]. The European Union Online. URL：http：//ec. europa. eu/environment/water/water – framework/index _ en. html.

[3]　KALLIS G，BUTLER D. The EU Water Framework Directive：measures and directives [J]. Water Policy，2001（3）：115 – 124.

[4]　董哲仁，孙东亚，等. 生态水利工程原理与技术 [M]. 北京：中国水利水电出版社，2007.

[5]　DARBY S，SEAR D. River Restoration – Managing Uncertainty in Restoring Physical Habitat [M]. John Wiley、Sons，Ltd，UK，2008.

[6]　GUMIERO B，RINALDI M，FOKKENS B. IVth ECRR International Conference on River Restoration Proceedings [C]. 2008.

[7]　HABERSACK H，PIEGAY H，RINALDI M. Gravel – bed River VI：From Process Understanding to River Restoration [M]. The Netherlands，Amsterdam：ELSEVIER，2008.

[8]　GRIFFITHS M，TORENBEEK R，SPOONER S，et al. 欧洲生态和生物监测方法及黄河实践 [M]. 郑州：黄河水利出版社，2012.

[9]　朱党生，张建永，等. 水工程规划设计关键生态指标体系 [J]. 水科学进展，2010，21（4）：560 – 566.

[10]　National Research council. Restoration of Aquatic Ecosystems – Science Technology and Public Policy [M]. National Academy Press，Washington，D. C. ，1992.

[11]　张晶，董哲仁，孙东亚，等. 基于主导生态功能分区的河流健康评价全指标体系 [J]. 水利学报，2010，41（8）：883 – 892.

[12]　董哲仁. 河流生态系统研究的理论框架 [J]. 水利学报，2009，40（2）：129 – 137.

Rating system of river ecological conditions and its applications

Abstract：Rating systems of river ecological conditions can act as a technical method to quantify the river ecological restoration objectives. Originated from the selection and construction of river reference system with ecological status of natural rivers, the ecological index matrix and index valuation standard are proposed based on the degree of deviation from the reference system. The ecological index matrix consists of 10 ecological indices in 4 aspects, i. e. the characteristics of biology, hydrology, and water quality and river geomorphology. On account of the dynamic characteristics of the river ecosystem succession, the connotations of rating systems were discussed, and the applications of rating systems of river ecological conditions to determine the ecological restoration objectives, identify critical stress factors and assess river health were researched.

Key words: river ecological restoration; quantitative objection; ecological condition; rating system; rule of index valuation; stress factor; river health; ecological succession

第8篇
学习与借鉴

Sturgeon 2020

A program for the protection
and rehabilitation
of Danube sturgeons

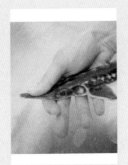

引　言

　　自 20 世纪 80 年代末，欧美发达国家陆续实施了若干河湖生态修复大型计划，具有标志性意义的计划有：1987 年欧洲的莱茵河"鲑鱼 - 2000 计划"（Salmon - 2000）；2000 年美国国会通过的大沼泽地修复综合规划（Comprehensive Everglades Restoration Plan CERP）；2012 年多瑙河流域国家通过的《鲟鱼 2020 - 保护和恢复多瑙河鲟鱼计划》（Sturgeon - 2020）等。

　　相对欧美发达国家而言，我国河湖生态修复工作起步较晚。直到 20 世纪 90 年代，我国的河湖环境保护工作一直聚焦于河湖水污染治理与控制，对于国外河湖生态保护与修复经验关注不够，尤其是一些大型生态修复工程计划，只有零星信息报道散见于报章杂志，当然更缺乏系统研究。

　　应保护莱茵河国际委员会和瑞士联邦水文地质调查局的邀请，由董哲仁率领的中国水利部代表团于 2002 年 10 月就莱茵河流域水资源开发利用和生态保护进行了考察。代表团自荷兰的莱茵河河口溯源而上直到河源地瑞士，进行了全河实地考察。代表团参观了莱茵河三角洲自然保护区、水电站鱼道、低地防洪与生态保护系统、水质自动监测站以及航运指挥管理系统，分别与保护莱茵河国际委员会、联邦德国水文研究所和瑞士联邦水文地质调查局的专家们进行了座谈交流。通过考察我们对莱茵河有了近距离的认识，对其治理和保护经验有了较深入的了解。后来，这次考察成果整理成书《莱茵河—治理保护与国际合作》于 2005 年出版。

　　这次考察给我留下深刻印象的是"鲑鱼 - 2000 计划"。这项计划缘起于 1986 年莱茵河上游一家化工厂发生了一场大火，有 10t 杀虫剂随水流进入莱茵河造成鲑鱼和小型动物大量死亡，其影响达 500 多 km，当时社会舆论哗然。实际上，到 20 世纪 60 年代末，莱茵河污染越来越严重，莱茵河名声变坏，被称为"欧洲的下水道"。化工厂的事故，成了导火索，也成了莱茵河治理的转机。莱茵河保护国际委员会组织各国科学家进行充分论证，于 1987 年提出了莱茵河行动计划，得到了莱茵河流域各国和欧共体的一致支持。这个计划的鲜明特点是以生态系统恢复作为莱茵河重建的主攻目标，它表述为：到 2000 年鲑鱼重返莱茵河，因此将此计划命名为"鲑鱼 - 2000 计划"。经过 10 余年的努力，2002 年我们考察时看到的莱茵河河水清澈，岸滩宽阔，植被茂密，在水电站监测到鱼类上溯洄游。经专家和社会各界评估，认为"鲑鱼 - 2000 计划"达到了预期的目标，获得巨大成功。

　　这个计划使我受到很大启发。当时，我思考为什么针对这样一场水污染突发事故，所制订的长远计划并不是以水污染防治为唯一目标，而将其定位在"莱茵河成为一个完整的生态系统骨干"。我想，这既反映人们对于河流本质认识的飞跃，也反映了河流保护和治理战略的转变。河流保护与修复，不仅是水质改善，还要综合水文、地貌和生物多因素的修复和改善，以保证生态系统的完整性。从时空尺度上看，"鲑鱼 - 2000 计划"是以流域尺度并以十年为单位制定的长期计划，不是一种的短期行为。对照我国同期的水污染防治工作，如 20 世纪 90 年代中期开始，国务院有关部委会同苏浙沪两省一市发动过声势浩大的太湖水污染治理运动，提出了实现"2000 年太湖水变清""不让污染进入 21 世纪"等响亮口号，其中规模最大的就是 1998 年底的"聚焦太湖零点达标"行动，并在 1999 年元旦钟声敲响之前宣布"基本实现阶段性的治理目标"，由央视向全国直播。始料未及的是，"短平快"群众运动式的零点行动以后，太湖水质持续恶化历经数年，按照当时专家的说法，太湖水污染达到了"触目惊心"的程度。中国和欧洲同期开展的河湖保护行动，两相对照，有太多的问题值得我们去反思。

美国大沼泽地修复工程是美国历史上规模最大的生态修复项目。2000 年美国国会通过大沼泽地修复综合规划（Comprehensive Everglades Restoration Plan，CERP），规划预算 82 亿美元，历时 30 年。目前这个项目正在按计划执行中。预期成果包括：改善包括大沼泽地国家公园在内的南佛罗里达超过 240 万英亩（约 9712km² ）的生态系统；改善奥基乔比湖的健康状况；恢复基西米河自然状态；保证农业用水和满足南佛罗里达不断增长人口的淡水供应；改善流域水质；强化地区防洪安全；维持旅游业赢利。

大沼泽地修复规划的分项基西米河修复工程，是美国最大的河流修复工程，也是一个生态工程的经典案例。这项工程按照生态系统整体修复理念规划设计，1998 年开工，从论证规划算起历时近 20 年，积累了丰富的经验。我从 2003 年开始关注这项工程，一直追踪它的进展，从中汲取了许多有益的知识和经验。

在河流管理和保护立法方面，2000 年颁布的《欧盟水框架指令》最具代表性，它在国际资源环境领域享有广泛的声誉。2000 年 10 月欧盟理事会和欧洲议会签署并颁布了水框架指令（Water Framework Directive，WFD），它是欧盟的法律文件，主要内容是水域的保护与管理。这部法律的指导原则是实施流域综合管理；保证水资源的可持续利用及水生态的有效保护。它为欧盟各成员国提出了共同的目标、原则、定义、政策和方法。2007—2012 年笔者受欧盟驻华使团聘请担任中国-欧盟合作流域管理项目高级顾问组联合主席期间，参阅了欧盟大量的科学论文和技术报告，与欧盟水法专家马丁·格里菲斯、西蒙·思邦纳等诸先生进行了深入的交流和讨论，使我对欧盟水资源保护与水生态修复方面的政策与技术进展有了深度的理解。

回顾往事，笔者感触良多。几十年的学术生涯，使我深感学习借鉴发达国家先进理论和经验的重要，深感国际交流与合作的重要。我们不能忘记改革开放前闭关锁国政策严重阻碍我国科技发展的历史教训，不能忘记"文革"中把学习西方国家先进科技扣上"崇洋媚外"帽子的荒唐历史。

要正视我国与发达国家在科技发展上存在的整体性差距，坚持对外开放，积极学习借鉴国外理论、技术和经验，继续加强国际合作。反观当下科技界弥漫的盲目自信、夜郎自大的作风，急功近利、浮夸浮躁的学风，不能不令人深感忧虑。

莱茵河《鲑鱼-2000 计划》*

　　20 世纪 80 年代开始莱茵河的治理,为河流的生态工程技术提供了宝贵的经验。莱茵河是欧洲的大河,流域面积 18.5 万 km²,河流总长 1320km。流域内有瑞士、德国、法国、比利时和荷兰等 9 国。二战后莱茵河沿岸国家工业急剧发展,造成污染不断蔓延,污染主要来源于工业污染和生活污染。到 70 年代污染风险加大,大量未经处理的有机废水倾入莱茵河,导致莱茵河水溶解氧含量不断降低,生物物种减少,标志性生物—鲑鱼开始死亡。1986 年,在莱茵河上游史威查豪尔(Schweizerhalle)发生了一场大火,有 10t 杀虫剂随水流进入莱茵河,造成鲑鱼和小型动物大量死亡,其影响达 500 多 km,直达莱茵河下游。事故如此突然和巨大,无疑对莱茵河如同雪上加霜。欧盟社会舆论哗然,立即成了公众关注的焦点。莱茵河保护国际委员会(ICPR)于 1987 年提出了莱茵河行动计划,得到了莱茵河流域各国和欧共体的一致支持。这个计划的鲜明特点是以生态系统恢复作为莱茵河重建的主要指标。主攻目标是:到 2000 年鲑鱼重返莱茵河,所以将这个河流治理的长远规划命名为"鲑鱼-2000 计划"。这个规划详细提出了要使生物群落重返莱茵河及其支流所需要提供的条件,治理总目标是莱茵河要成为"一个完整的生态系统骨干"。沿岸各国投入了数百亿美元用于治污和生态系统建设。到 1995 年,对行动计划的执行进行了检查。报告指出,工业生产的环境安全标准已经在严格执行;建设了大量的湿地、恢复森林植被,建立了完善的监测系统。到 2000 年莱茵河全面实现了预定目标,沿河森林茂密,湿地发育,水质清澈洁净。鲑鱼已经从河口洄游到上游至瑞士一带产卵,鱼类、鸟类和两栖动物重返莱茵河。

莱茵河鲑鱼

莱茵河的科布伦茨

(董哲仁　摄)

* 董哲仁. 生态水利工程学 [M]. 北京:中国水利水电出版社,2019:267.

莱茵河下游荷兰段

（董哲仁　摄）

Iffezheim 水电站鱼道

2000 年建成，欧洲最大的鱼道，投资 350 万欧元

（董哲仁　摄）

单竖缝型 Iffezheim 水电站鱼道

（董哲仁　摄）

率中国水利代表团在莱茵河德国河段考察（2002 年）

多瑙河《鲟鱼-2020 计划》*

多瑙河是欧洲第二大河。它发源于德国西南部，自西向东流经 10 个国家，最后注入黑海。多瑙河全长 2850km，流域面积约 817 万 km²。多瑙河支流众多，形成了密集的水网，成为众多鱼类种群的栖息地。其中鲟鱼是多瑙河丰富的生物资源，具有独特的生物多样性价值，被视为多瑙河流域（DRB）的自然遗产，成为多瑙河的旗舰物种。在过去的几十年里，鲟鱼群落急剧退化已经成为欧洲社会普遍关注的生态问题，调查资料显示，六种原生的多瑙河鲟鱼，有一种已经灭绝，一种功能性灭绝，三种濒临灭绝，还有一种属于脆弱易损。产卵洄游受阻、栖息地改变以及过度捕捞使得野生种群濒临灭绝。无论从科学角度（如"活化石"和良好的水与栖息地质量指标），还是从社会经济的角度来看（维持居民的生计），对多瑙河鲟鱼直接和有效的保护是防止鲟鱼灭绝的先决条件。

鲟鱼群落急剧退化引起了多瑙河流域国家和欧盟委员会的高度关注。2011 年 6 月通过的多瑙河地区欧盟战略（EUSDR），旨在协调统一的部门政策，为鱼类恢复提供合理的框架，使环境保护与区域社会和经济需求相平衡。2012 年 1 月成立了科学家、政府和非政府组织"多瑙河鲟鱼特别工作组"（DSTF），以支持 EUSDR 目标的实现，提出《鲟鱼 2020-保护和恢复多瑙河鲟鱼计划》，作为行动框架，其目标是"到 2020 年确保鲟鱼和其他本地鱼类种群的生存"。DSTF 促进现有组织的协同作用，并通过促进《鲟鱼-2020》项目的实施，支持多瑙河流域和黑海中高度濒危的天然鲟鱼物种保护。《鲟鱼-2020》作为行动框架，将环境与社会经济措施结合起来，不仅给鲟鱼带来利益，还通过保护中下多瑙河的各项措施，改善多瑙河地区的经济状况，为多瑙河地区的社会稳定做出贡献。《鲟鱼 2020》是一项综合的行动框架，内容包括改善河流连通性、栖息地置换、改善水质、生物遗传库、改善关键栖息地、民众教育、执法、打击鱼子酱黑市等综合措施，其中洄游鱼类的连通性恢复是最重要的目标。

60 多年来，多瑙河干流已建和在建水电站共 38 座，加上船闸等通航建筑物，多瑙河干流共有 56 座鱼类洄游障碍物。在多瑙河的 600 多条支流上也建设了大批水电站和其他建筑物，据统计，分布在多瑙河干流以及主要支流上（流域面积＞4000km²）的鱼类障碍物和栖息地连通障碍物共 900 多座。评估报告指出，多瑙河生态状况不能满足《欧盟水框架指令》（WFD）的环境要求，拆除鱼类洄游障碍物和设施是改善河流鱼类种群生态健康的关键。恢复流域连通性成为最主要的生态修复行动。多瑙河国际合作委员会（ICDDR）与流域各国合作，完成了多瑙河流域管理规划（DRBMP）。由于河道洄游障碍物数量大，而资金、土地、技术等资源有限，这就需要对于大量的障碍物进行优先排序，按照轻重缓急进行遴选，以此为基础制定连通性恢复行动计划，成为 DRBMP 的一个组成部分。流域

---

* 董哲仁. 生态水利工程学［M］. 北京：中国水利水电出版社，2019：416-417.

内关键问题是位于多瑙河干流中游-下游间的铁门水电站Ⅰ、Ⅱ级，因其阻隔作用使多瑙河最重要的鲟鱼沦为濒危物种，成为流域内最严重的生态胁迫。《鲟鱼-2020》要求集中资金开展铁门水电站大坝改建可行性规划，目标是允许洄游鱼类特别是鲟鱼能够自由洄游。

荷兰围垦区生态重建的启示 *

　　荷兰的围海造田工程举世闻名。这项工程对荷兰的农业发展、市镇建设和自然保护起了巨大的促进作用，对于周围的地貌及环境也产生了重大的影响。近 20 年来，围垦区完全依靠生态系统自然演替规律，采取少量的人工措施或完全没有人为干预，使曾经荒芜的围垦土地出现了面积达数万公顷的自然保护区，在那里植物茂密、珍禽鸟类品种繁多，形成了健康的生态系统。这一现象引起了国际生态学界的高度关注，经常被引用为生态重建的成功案例。

1　荷兰围垦区生态工程概况

　　围海造田工程以须德海（Zuiderzee）工程为标志。工程内容是建造 30km 的堤坝将须德海"脖颈"合龙，形成内海，再从艾塞尔河（Ijssel）向内海引入淡水，使其淡水化。随后形成了 5 片总计 20.6 万 hm² 的圩地用于农业，其余部分为湖泊、河流水面。这项计划始于 1918 年，1932 年堤坝工程实现合龙。其后开展了大规模的堤防和排水系统的建设。按照规划，5 片垦区的规模从 2.4 万到 4 万 hm² 不等。经过 80 多年的不懈努力，围海造田工程取得了很大的成功。垦区的建设是陆续展开的，从 20 世纪 30 年代开始，大约每 10 年启动一个新垦区建设，每一个垦区的完成大体需要 20 年。到 1996 年陆续完成了 4 个垦区主体及各项配套设施的建设，土地总面积达 16.5 万 hm²。

　　始于 20 世纪 30 年代开发的威尔英梅尔垦区（Wieringermeer）和东北圩地是农业垦区，垦区发展目标是增加粮食生产和提供就业机会，主要内容是堤防工程和排水工程建设。沿海岸线不适于耕作的土地，则发展为果园、花卉园和混合农场。到了 20 世纪 50 年代开发的东芙莱沃兰德垦区（Eastern flevoland）以发展城镇为主。同时，由于社会环保意识的提高，开始注重自然环境建设，创建了自然保护区。

　　而 1968—1996 年开发的南芙莱沃兰德垦区，则已经把生态建设摆在了重要位置上。从土地规划方面看，1/2 土地用于农业，1/4 用于城镇开发，余下的 1/4 是自然区域，包括森林和河湖水面。规划中为自然生态的成长留下足够的空间，其面积达 1万多 hm²。

　　为有利于生态重建，政府采取了一系列富有远见的措施，执行"与环境友好的农业开发计划"。早在 1972 年，政府就发布法令，在南芙莱沃兰德垦区，新围垦的处女地和一部分熟地都不得使用除草剂和农药，农田的杂草用机械或者手工方式去除。其目的是为了提高农作物对于病虫害的抵抗力，也防止这些化学药品对生态系统的干扰。私人部门对于这

＊董哲仁. 荷兰围垦区生态重建的启示 [J]. 中国水利，2003，(11)：45-47

项开发计划表现了极大的兴趣。政府相应采取措施，鼓励私营小型生态农业公司经营垦区土地，发展以生态重建为基础的新型农业。在当地共建立了68个小型生态农业公司，占用土地 3631hm²。

东芙莱沃兰德和南芙莱沃兰德垦区，专门进行了生态系统设计。所谓生态系统设计是依据生态系统自身的自然演替规律，建立自然保护区，运用技术手段创造一种环境，使各类特定的动植物能够在一起生长，从而组成特定的生物群落，以培育特定的湿地生态系统。主要是为珍禽鸟类和其他动物提供栖息地、避难所和繁殖产卵条件。自然保护区建设的重点是海拔低的地区，这里主要是开垦后遗留的湖泊和沼泽，水面面积达 5600hm²。地形包括湖泊、沼泽、芦苇荡和柳树群。这些沼泽为动物提供丰富的食品，很快这里就成了留鸟及候鸟的栖息地。特别是豪思特沃尔德（Horsterwold）自然保护区，其开发计划就是完全排除人为干扰，不采取人工种植方式，完全靠生态系统自然演替，在该区的核心地带形成一片野生区，面积为 4000hm²，成为荷兰最大的阔叶森林。

最令国际生态学界关注的是玛克旺德（Markerwaard）垦区。早在1975年，这个垦区的堤防工程就已完成，排水系统建立起来而且持续不断地抽水，新土地已经显现20多年。虽然由于荷兰政府资金筹措等方面的原因，垦区的开发工作迟迟没有开展起来，可是，经过20多年的生态系统自然演替，这一片曾是荒芜的土地，已经成为植物繁茂、动物门类众多的自然野生区，面积达 4.1 万 hm²。笔者在这里考察时，看到的是各类乔木发育、灌木丛生高可没人，时有鹭鸶在沼泽中起落捕鱼，成群的鸟类盘旋飞翔。荷兰政府准备把这片垦区作为国家自然保护区，不再用于农业开发。

综上所述，荷兰围垦区的生态建设经历了几个阶段，反映了荷兰人对于生态建设规律认识的深化。第一阶段是50年代开发的围垦区，已经考虑到居民休闲的多种需要，进行了景观设计。到第二阶段60年代以后开发的围垦区，专门进行了生态设计，任务是为特定的生物群落形成创造条件，主要是人工种植树木和其他植物，为珍禽鸟类栖息创造条件。其目标是提高生物群落多样性，形成健康的湿地生态系统。第三阶段则已经认识到，依靠生态系统自然演替规律，靠生态系统自身的发育，不需要种植植物，经过若干年时间，同样可以建设一个健康的湿地生态系统。

2　生态系统的自我设计和自然演替规律

荷兰围垦区的生态系统类型属于湿地生态系统。湿地生态工程分为两类：一类是湿地恢复生态工程，目标是恢复原有的湿地；另一类是湿地重建生态工程，是建设一个新的湿地系统。荷兰围垦区的生态工程是在新形成的土地上湿地生态系统的重建，具有十分典型的意义。

所谓"生态系统演替"是指在相对短的时间尺度内，靠生态系统本身的功能，使得生物群落多样性增加，物种均匀性增加，没有某一物种占优势的情况出现，生态系统的功能不断完善。这反映在湿地生态系统的结构上就是，食物链从二维结构发展为三维的网状结构，各类生物互为依存，互为制衡。这种网状结构对于外界的干扰具有较强的抵抗力，使湿地生态系统逐步完善、健康起来。

所谓"生态系统自我设计理论"，是指湿地可以根据环境条件合理地组织自己，随着时间的推移，湿地生态系统会最终趋于完善。德国学者密茨（Mitsch）认为，在一块重建的湿地上是否种植植物无关紧要，最终环境将决定植物的存活和分布。他比较了外界环境基本相同的两块湿地，一块人工种植植物，一块没有种植植物，用对比的方法来观察两块湿地的重建过程。在开始几年这两块湿地差别不大，随后出现差异，但是最终两块湿地发育得几乎一样。这说明湿地具有自我设计功能和自我恢复功能，至于是否种植植物仅仅在发育过程中产生影响，但是对于最终结果不起主要作用。需要指出的是，湿地的重建或修复，大约要 15～20 年的时间。

另外一种湿地生态系统恢复理论称为"相对设计理论"。这种理论认为，通过适当的工程措施和植物重建，可以加快湿地的恢复或重建过程。这种理论认为植物的生活史（种子的传播、生长、定居过程）是重要因子。通过强化物种的生活史来加快湿地的恢复。强化的措施主要指采用人工播种、种植幼苗、种植成树等。

笔者认为，湿地是水域与陆地间过渡带，正处于两者边缘区，生境异质性强，适于多种生物生长，优于陆地或水域。在生物地球化学循环过程中，扮演生物源、生物库和运转者三重角色，所以生物生产力高。自我设计理论较为合理地概括了湿地生态系统的这种功能，荷兰围垦区的湿地生态系统重建也证实了这个规律。当然，对于其他类型的湿地系统应具体分析，有些类型的生态系统在利用自我恢复功能的基础上，辅之以人工措施也是需要的。

有一种学术观点认为，要区分两类被干扰的生态系统：一类是未超过本身生态承载力的生态系统，是可逆的。在去除外界干扰即卸荷后，可以靠自然力实现自我恢复。另一类是被严重干扰的生态系统，它是不可逆的。在卸荷后，还需要人工措施创造生境条件，加上发挥自然修复功能，才能达到生态恢复的目的。而如何判断是否可逆，就存在一个判据问题，这也是当前科学研究的一个重点课题。

当然，自我设计理论的适用性还取决于具体条件，包括水量、水质、土壤、地貌、水文特征等生态因子，也取决于生物的种类、密度、生物生产力、群落稳定性等多种因素。荷兰围垦区处于河流下游，淡水资源丰富，荷兰多年平均降雨 725mm，这使得围垦区具有得天独厚的自然条件。自然保护区完全可以在排除人为干扰的条件下重建湿地生态系统。

3　对我国生态建设的启示

尽管我国的自然、经济等条件与荷兰有很大差别，但是荷兰的经验反映了生态恢复的某些一般规律，值得我们借鉴。

3.1　充分利用生态系统的自我设计和自然演替规律

近年来我国的生态建设开始起步，特别是西部大开发中的生态建设更令人瞩目。西部大开发的生态建设的任务，主要是消除或降低那些引起生态系统退化的干扰因素，充分利用生态系统的自我设计和自我修复功能，辅助以人工措施，实现生态建设的目标。近年来推行的退耕还林、退耕还草政策，是西部地区生态恢复的重大举措，为生态系统的自然演替创造了条件。据报道，一些退耕和休牧的退化土地，在封育后经过 3～5 年，灌草植被已经恢复到 60%。但是需要注意的是，对于西部大开发生态建设的认识，还存在着某种误区，认为生态建设就是要搞工程，由国家投入大量资金，脱离当地自然条件重新建立一个新的生态系统。其实，生态工程和其他各类工程一样，不但要进行技术可行性分析，也要进行经济合理性论证，力争以较小的经济投入换取较大的生态效益。实践证明，较为经济有效的技术路线，就是排除对现有生态系统的干扰破坏，充分利用生态系统自我恢复功能，必要时适当辅之以人工措施，达到恢复适应当地自然条件的相对健康的生态系统的目的。

3.2 生态自我修复需要较长时间

还有的观点认为，经过几年努力，生态恢复就能奏效，反映了对于生态系统恢复的长期性认识不足。上述荷兰围垦区湿地生态重建工程需要 15～20 年时间才能达到目标。对于退化的生态系统恢复需要的时间，学者戴利认为，轻度退化生态系统需要 3～10 年时间，中度退化的需要 10～20 年时间，严重退化的需要 50～100 年时间。所以生态恢复工程要有长远规划，长期坚持。急于求成的想法是脱离实际的。

3.3 生态恢复工程要因地制宜

由于自然条件不同，经济发展水平存在差异，不但国外的经验不能照搬，国内的经验同样要有分析地借鉴。目前，有一种误解，认为西部地区的生态建设就是植树造林。实际上，西部地区的自然条件差别很大，需要因地制宜制定生态恢复规划。植被建设坚持宜乔则乔，宜灌则灌，宜草则草。自然条件严酷的地区则宜荒则荒。有专家认为，在多年平均降雨量在 400mm 以下地区，应以灌木和草为主，不宜盲目发展乔木。

荷兰的经验还表明，恢复乡土种植物对当地生态恢复十分重要。什么是"乡土种"？学者阿伦比给出的定义是："物种自然出现于一个地区，这种物种既非随意也非靠引入。"学者韦布列出了包括化石证据等若干判别标准。但是一般讲，乡土种的概念是相对于外来种而言的，乡土种在当地的食物链中已经形成相对稳定的结构，与生境建立了和谐的关系。而某些外来种借助气流、风暴、海流等自然因素或人为作用，将植物种子、昆虫、微小生物等带入当地的生态系统。在气候条件、营养条件和缺乏天敌的条件下，外来种得以迅速繁殖，形成对本地种生存的威胁，成为一种对健康生态系统的胁迫，即出现所谓"生物入侵"。由此可见，恢复乡土种是保持生态系统的相对稳定，防止生物入侵的重要措施。

3.4 生态恢复工程不仅要重视植被恢复，也要重视动物生存、栖息和繁衍

众所周知，生态系统是指一定空间中的生物群落（动物、植物、微生物）与其环境组成的系统，其中各成员借助能量交换和物质循环形成一个有组织的功能复合体。生态系统的核心部分是生命部分，即动物、植物和微生物。所以，生态恢复的任务，不仅是植被的

恢复，还应该包括鸟类、鱼类、禽类、昆虫、两栖动物和哺乳动物等各类动物的栖息繁衍问题，使得生物群落在特定的生境条件下，形成一个完善的食物链。只有健康的生态系统才能具备其多种服务功能，使人们得以从中受益。目前，常见的观点认为生态建设就是改善植被状况，忽视了生态系统中动物生存栖息等问题。所以要重视生态系统的整体性问题。

3.5　水是重要的生境因素，但不是生境的全部内容

在各个生境因素中，淡水具有不可替代的重要作用。水是生物生命的载体，又是能量流动和物质循环的介质。近年来我国塔里木河和黑河生态恢复调水工程取得了经验。但是从生境的多种因素角度，除了水量以外，还应该对于被恢复生态区的气候、水质、土壤、地貌等进行全面分析。从生物恢复角度，还应该对于生物种类、密度、食物链（网）、生物生产力、群落稳定性等进行论证，在对这些因素综合分析的基础上，确定水文条件和供水方案，有可能获得生态恢复的优化方案。目前，在进行生态恢复规划设计中，有一种观点认为在干旱、半干旱地区，只要设法将河流流域的生态用水恢复到过去某一时段的水量，河流流域生态系统就会恢复到当时的状况。显然，这种观点忽视了生境其他因素如水质、气候、土地、地貌以及生物群落等多种因素的变化，有失偏颇。

3.6　建立适合我国国情的生态恢复的评估标准

生态恢复的程度以及是否成功，需要有一个评估标准。但是由于生态系统的复杂性和动态性，使得建立科学的评估标准问题成为一项复杂课题，不少学者提出了一些方法，但是国际上还没有公认的准则。

原则上说，建立生态恢复的评估标准，主要是对恢复后的生态系统的结构、功能和整体特征进行评估。所谓生态系统的结构问题，主要指生物与生境的一致性，以及各个生态因子之间相互作用、相互制约问题。生态系统的功能指物种流动，能量流动，物质循环，信息流动，价值流，生物生产力等。对恢复后的生态系统的整体评估主要是指生态系统在外界干扰下的恢复能力，生态系统可持续自然演替的能力。

3.7　重视生态恢复工程的生物调查、设计和监测工作

对被恢复生态区生物群落的历史及现状的详细调查，是进行生态恢复设计的基础工作。生态恢复工程设计的任务是充分利用生态系统自我设计、自我修复功能，通过改善生境为提高该地区的生物群落多样性创造条件。设计的重点是建立生物因子与非生物因子的相关关系。

在设计中如何确定恢复目标是一个关键问题。由于人们对于自然演替的机理尚不十分清楚，所以一个生态系统的自然演替方向会有多种可能性，有可能恢复到原来某时段的一种状况，有可能发展为一种新的替代状况，也可能事与愿违，生态系统继续退化。正因为如此，对于被恢复的生态系统的监测就十分重要了。

南芙莱沃兰德垦区

（董哲仁 摄）

玛克旺德垦区

（董哲仁 摄）

参 考 文 献

［1］ 董哲仁. 保护和恢复河流形态的多样性 ［J］. 中国水利，2003（6）.

［2］ 董哲仁. 生态水工学的理论框架 ［J］. 水利学报，2003（1）.

［3］ 董哲仁，刘符，曾向辉. 生态—生物方法水体修复技术 ［J］. 中国水利，2002（3）.

美国大沼泽地生态修复 *

大沼泽地修复工程是美国历史上规模最大的生态修复项目。2000 年美国国会通过大沼泽地修复综合规划，规划预算 82 亿美元，历时 30 年。目前，这个项目正在按计划执行中。

1　概况

大沼泽地（Everglades）位于美国佛罗里达州南部，北起奥基乔比湖（Lake Okeechobee），南至佛罗里达湾（Florida Bay）。该地区是石灰石底质的浅水盆地，以 4cm/km 微坡度向南倾斜。该地区降水充沛，平均年降水量 1000～1650mm。在佛罗里达州城市及农业开发之前，从奥基乔比湖下泄的湖水在长约 160km、宽约 97km 的佛罗里达南部盆地以 0.8km/d 流速缓缓流入佛罗里达湾，形成了大沼泽地。

大沼泽地现有面积 1 万 km²（历史上 4.4515 万 km²），覆盖了佛罗里达州南部大部分土地，是美国大陆最大的亚热带荒原。经过几个世纪的发展，历史上的湿地已被划分为农业区、水源保护区、城市开发区和生物多样性保护区等类型。现今的大沼泽地主要包括洛克萨哈奇国家野生动物保护区（Loxahatchee National Wildlife Refuge）、水源保护区、大柏树国家保护区（Big Cypress National Preserve）、大沼泽地国家公园（Everglades National Park）和佛罗里达湾（Florida Bay）几个部分。

大沼泽地具有河流、湖泊、池塘、沼泽、树岛、森林、泥沼和红树林沼泽等多种地貌结构，覆盖着美国水松、柳树、湿地松和红树林。另外有 650km² 较干燥地区覆盖着松科树木，有 6200km² 生长着高大的热带柏科树木的沼泽，还有 810km² 的红树林，2100km² 生长着大量水草的海湾。大沼泽地有着极为丰富的野生动物资源，为超过 350 种的鸟类提供了栖息地，其中，涉禽如白鹭、鹭、玫瑰红琵鹭和朱鹭鹳；滨鸟和水鸟如燕鸥、䴔、秧鸡和鹬；食肉猛禽包括猫头鹰、隼和鹗；还有许多种类的鸣禽。大沼泽地为濒临灭绝的物种提供了栖息地，如海牛、佛罗里达豹、鹳、美洲鳄和数种海龟。

联合国教科文组织和湿地公约将其列为世界上最重要的三个湿地之一。大沼泽地国家公园于 1993 年 12 月被列入濒危的世界遗产名录。

2　人类活动影响

自 19 世纪以来，随着佛罗里达人口的迅速增长，对大沼泽地的开发大幅度加剧。在 20 世纪 20 年代，北部有 27％的区域被开发为农业区，现在，历史上大沼泽地 50％面积

* 董哲仁. 生态水利工程学 [M]. 北京：中国水利水电出版社，2019：368.

已被开发成农业区或城镇。为了发展农业，自19世纪开展沼泽地排水工程，19世纪80年代开始建造人工运河，1905—1910年期间进行了一系列排水疏浚工程。雨水从该地区排出，注入大西洋或改道流向农场与城市。湿地开发工程使得紧邻奥基乔比湖南面约3100km² 的土地得到灌溉，并改造成种植甘蔗、蔬菜和饲料的耕地。大沼泽地的水文条件极大地受到人类活动的影响，导致水质、水量、水资源分布和水文过程时机都发生重大变化。

　　历史上水流由基西米河（Kissimmee）注入奥基乔比湖后，进入大沼泽地。由于20世纪排水造地，建设运河和泵站群，农业和城镇耗水增加，水系结构发生了巨大变化。现在大量的水向东注入大西洋，向西注入墨西哥湾，而进入大沼泽地的水量则大幅减少。大沼泽地修复规划要求恢复历史水文格局，令水流通过大沼泽地，进入佛罗里达湾和南部（图1）。

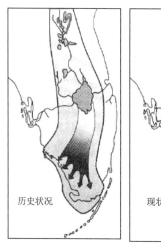

历史状况　　　　　现状　　　　　修复规划

图1　美国大沼泽地水文格局变化

　　为防止南佛罗里达发生洪涝灾害，1930—1937年在奥基乔比湖南部修建了长达106km的胡佛堤（Hoover Dike），并以法律形式确定了奥基乔比湖水深应当在4.3～5.2m，此外，修建了穿过克卢萨哈奇河（Caloosahatchee）的大运河，其宽度24m，深1.8m。当湖面水位上升时，超量湖水可通过运河下泄。堤坝和运河建成后，甘蔗产量一度飙升，城镇人口迅速增长。但是，胡佛堤建成后的30年代便发生了严重干旱，由于无法得到奥基乔比湖和运河水补给，大沼泽地变得极其干旱，引发了迈阿密地区的海水入侵地下水等生态问题。原本通过大沼泽地的自然河流被大规模改造，诸多运河、堤坝和道路建设，在河道中设置了多重障碍，阻断了大沼泽地赖以生存的自然河流。

　　尽管湿地改造成农田发展农业的计划获得了成功，但是随之而来的负面生态影响却不断显现。这表现为运河和农田切断了大沼泽地其他区域与奥基乔比湖的连通。自然径流变化导致自然栖息地急剧退化，大沼泽地生长了有毒的水藻，形成高浓度的有机汞。疯长的水草开始成片地取代湿地特有的植物群。农田退水中的化肥污染了大沼泽地和湖泊的水体。洪水淹没了野生动物的进食地和筑巢地。外来物种的引进也造成了生物入侵威胁。湿地面积大幅度减少，大约有一半的原始自然沼泽地遭到毁坏。一系列人类活动导致大量鱼类和珍稀动物的死亡，仅涉禽就减少了90%。

3 大沼泽地修复综合规划（CERP）

保护大沼泽地生态系统的努力可以追溯到20世纪中叶，特别是自然资源保护主义者 Douglas M. S 和 Coe E. F 卓有成效的工作促进了大沼泽地保护工作。政府有关如何扭转该地区生态破坏的讨论始于20世纪70年代初，最初在州政府层次，在1990年后提升至联邦政府层次。2000年美国国会通过大沼泽地修复综合规划（Comprehensive Everglades Restoration Plan，CERP），该修复规划预算82亿美元，规划耗时超过30年。这项规划要求模仿自然过程，改善大沼泽地的水文条件，修复大沼泽地生态系统。预期成果包括：改善包括大沼泽地国家公园在内的南佛历史状况现状修复规划罗里达超过240万英亩的生态系统（约9712km²）；改善奥基乔比湖的健康状况；恢复基西米河自然状态；保证农业用水和满足南佛罗里达不断增长人口的淡水供应；改善流域水质；强化地区防洪安全；维持旅游业赢利。

4 分项规划

（1）调整供水规划。调整供水规划是大沼泽地修复综合规划 CERP 的项目之一。历史上，每年超过17亿 m³ 的水向南流入大沼泽地湿地国家公园，而规划前每年只有9.84亿 m³ 的水流流入。大沼泽地水源的急剧减少，导致大沼泽地国家公园生态系统的严重退化。调整供水规划的目标是到2010年每年增加12.3亿 m³ 水量修复生态系统。针对南佛罗里达城镇人口增长形势，CERP 的对策是开辟新水源满足供水需求。调整供水规划还包括改变供水路线，为东北鲨鱼泥沼区供水；提高附近农业区和城镇的防洪能力，提高防洪标准。

（2）大沼泽地核心项目规划（CEPP）。大沼泽地核心项目规划（Central Everglades Planning Project）于2015年8月提交国会批准，2016年9月美国众议院和参议院授权 CEPP 法案。CEPP 的目标是通过改善北部河口、中心大沼泽地以及大沼泽地国家公园的水量、水文过程时机以及水资源配置，修复栖息地和生态功能。CEPP 整合了6项蓄水、输水部门的规划成为统一完整规划。CEPP 提出的水资源管理原则表述为：为修复大沼泽地生态系统，"规划水流以合适的水量、合格的水质、按照正确的配置方案输送到遍及南佛罗里达正确的地方"。

（3）湿地修复规划。2014年国会授权的比斯坎湾（Biscayne Bay）滨海湿地规划，规定为滨海湿地补水，改善比斯坎湾国家公园和比斯坎湾的生态系统。美国农业部支持湿地恢复，为私人业主和原住民部落提供财务和技术支持。保护土地致力于粮食生产、恢复和加强湿地，改善野生动物栖息地。

（4）自然水文条件修复规划。Picayune 海滨修复规划包括：迁移48英里运河和260英里道路，这些基础设施阻隔和影响了自然径流。计划建设3座大型泵站以改变水流流向，并且保障相邻开发区防洪安全，设置防洪水位监测系统。

（5）自然径流恢复。为增加从奥基乔比湖，通过中心大沼泽地，最后注入佛罗里达湾的水量，采取了一系列措施，包括拆除阻隔中心大沼泽地与大沼泽地国家公园之间 41 号高速公路的部分路段而代之以桥梁，便于水流从中心大沼泽地流入大沼泽地国家公园。下一步计划将允许更多水从北向南流动，横穿更广阔地带并为大沼泽地国家公园的深水栖息地补水。

（6）河流回归自然。基西米河（Kissimmee River）修复计划是将渠道化河道恢复为自然蜿蜒型河道，以及恢复河漫滩存储洪水能力。水流沿基西米河缓慢注入奥基乔比湖，减缓湖泊水位上升速度。

美国基西米河生态恢复工程的启示 *

[摘　要]　文章介绍了美国迄今为止规模最大的河流恢复工程——基西米河生态恢复工程的概况，该工程是按照生态系统整体恢复理念设计的工程。文中分析了进行河流恢复的目的以及工程设计原则。基西米河生态恢复工程的经验告诉我们，按照传统的水利工程设计方法造成河流渠道化，会时河流生态系统带来诸多负面影响；为减轻对于河流生态系统的压力采取的河流恢复工程措施，又会付出很高的代价。我国的水利工程建设应避免重走西方国家的弯路，改进水利工程规划设计方法，实现人与自然的和谐。

[关键词]　生态系统；河流恢复工程；生态系统整体恢复；基西米河；美国

　　基西米河的生态恢复工程是美国迄今为止规模最大的河流恢复工程，从规划论证阶段至今已经经历 20 余年。它也是按照生态系统整体恢复理念设计的工程。从 20 世纪 70 年代开始科学工作者就对基西米河渠道化工程引起生态系统的退化进行了长期的观测研究，同时组织了论证与评估，研究如何采取工程措施和管理措施对于河流生态系统进行修复。自 1984 年开始进行试验性建设，1998 年正式开工，工程将延续到 2010 年结束。基西米河生态恢复工程的经验告诉我们，按照传统的水利工程设计方法造成河流渠道化，会对河流生态系统带来哪些负面影响，为减轻对于河流生态系统的压力采取的河流恢复工程措施，又会付出多高的代价。我国正处在水利水电建设高潮，大批新建工程正在兴建，为了避免走弯路，西方国家的经验教训值得我们思考与借鉴。

1　改造前基西米河的自然状况

1.1　基本自然状况

　　美国基西米河（Kissimmee）位于佛罗里达州中部，由基西米湖流出，向南注入美国第二大淡水湖——奥基乔比湖，全长 166km，流域面积 7800km²。流域内包括有 26 个湖泊；河流洪泛区长 90km，宽 1.5～3km，还有 20 个支流沼泽，流域内湿地面积 18000hm²。

1.2　历史上基西米河地貌形态的多样性

　　历史上的基西米河地貌形态是多样的。从纵向看，河流的纵坡降为 0.00007，是一条

---

* 董哲仁. 美国基西米河生态恢复工程的启示 [J]. 水利水电技术，2004，35（9）：8-19.

"辫子"状的蜿蜒型的河流。从横断面形状看，无论是冲刷河段或是淤积河段，河流横断面都具有不同的形状。在蜿蜒段内侧形成沙洲或死水潭和泥沼等，这些水潭和泥沼内的大量有机淤积物成为生物良好的生境条件。原有自然河流提供的湿地生境，其能力可支持300多种鱼类和野生动物种群栖息。这些生物资源的多样性都是由流域水文条件和河流地貌多样性提供的。

在 20 世纪 50 年代建设堤防以前，由于平原地貌特征以及没有沿河的天然的河滩阶地，河道与洪泛区（包括泥沼、死水潭和湿地）之间具有良好的水流侧向联通性。洪泛区是鱼类和无脊椎动物良好的栖息地，是产卵、觅食和幼鱼成长的场所。在汛期干流洪水漫溢到洪泛区，干流与河汊、水潭和泥沼相互联通，小鱼游到洪泛区避难。小鱼、无脊椎动物在退水时从洪泛区进入干流。另外，原有河道植被茂盛，植被的遮阴对于溶解氧的温度效应起缓冲作用。

1.3　水文条件

在对河流进行人工改造之前，河流的水文条件基本上是自然状态的。年内的水量丰枯变化形成了脉冲式的生境条件。据水文资料统计，平均流量从上游的 33m³/s 到河口的 54m³/s。历史记录最大洪水为 487m³/s，平均流速为 0.42m/s 在流量达到 40～57m³/s 河流溢流漫滩时，流速不超过 0.6m/s。

在人工改造前，洪水在通过茂密的湿地植被时流速变缓，又由于纵坡缓加之蜿蜒性河道等因素，导致行洪缓慢。退水时水流归槽的时间也相应延长。在历史记录中有 76% 的年份中，有 77% 面积的洪泛区被淹没。退水时水位下降速率较慢，小于 0.03m/d。每年的洪水期，各种淡水生物有足够的时间和机会进行物质交换和能量传递。洪水漫溢后，各种有机物随着泥沙沉淀在洪泛区里，为生物留下了丰富的养分。

由于河流地貌形态的多样性和近于自然的水文条件，为河流生物群落多样性提供了基本条件，原有自然河流提供的湿地生境，其能力可支持 300 多种鱼类和野生动物种群栖息。

2　水利工程对生态系统的胁迫

2.1　水利工程建设概况

为促进佛罗里达州农业的发展，1962—1971 年期间对在基西米河流上兴建了一批水利工程。这些工程的目的：一是通过兴建泄洪新河及构筑堤防提高流域的防洪能力；二是通过排水工程开发耕地。工程包括挖掘了一条 90km 长的 C - 38 号泄洪运河以代替天然河流。运河为直线型，横断面为梯形，尺寸为深 9m、宽 64～105m。运河设计过流能力为 672m³/s。另外，建设了 6 座水闸以控制水流。同时，大约 2/3 的洪泛区湿地经排水改造。这样，直线型的人工运河取代了原来 109km 具有蜿蜒性的自然河道。连续的基西米河就被分割为若干非连续的阶梯水库，同时，农田面积的扩大造成湿地面积的缩小（图 1）。

2.2　水利工程对生态系统的胁迫

从 1976 年到 1983 年，进行了历时 7 年的研究。在此基础上对于水利工程对基西米河生态系统的影响进行了重新评估。评估结果认为水利工程对生物栖息地造成了严重破坏。这种对于生态系统的干扰在生态学中称为"胁迫"。主要表现在以下方面。

（1）自然河流的渠道化使生境单调化。直线型的人工运河取代了原来具有蜿蜒性的自然河道，人工运河的横断面为简单的梯形断面。原来由深潭与沙洲相间，急流与缓流交错的多样格局，可以支持多样化的生物群落。渠道化以后河流的生境变得单调，生物群落种类明显减少。新开挖的人工运河把河流变成了相对静止的具有稳定水位的水库，水库的水深加大，出现温度分层现象，深层水的光合作用微弱，生物生产力下降。

图 1　基西米河系统

（2）水流侧向联通性受到阻隔。建设了人工运河后，堤防又把水流完全限定在运河以内，洪水漫溢到滩区已经没有可能性。运河的兴建切断了河流与洪泛区的侧向水流联通性，隔断了干流与河汊、滩区和死水潭的联系，使得河流附近水流旁路湿地的营养物质过滤和吸收过程受到阻碍。这主要表现为：一是鱼类和无脊椎动物失去了产卵、觅食和避难的环境；二是干流携带的有机物质无法淤积在洪泛区，而这些物质正是淡水生物所不可缺少的养分。新建的运河行洪能力强，减少了行洪时间，平均从 11.4d 减少到 1.1d。这不仅使淡水食物网中能量传递和物质交换的机会减少，而且急剧的退水速率会造成大量鱼类因水中溶解氧缺乏而死亡。

（3）溶解氧模式变化造成生物退化。由于运河为宽深式渠道，其表面积与体积之比要小，曝气率低。运河水深加大，出现分层现象，水深大于 1m 处溶解氧明显降低。原有河道植被茂密具有遮阴功能，对于溶解氧的温度效应起缓冲作用。而人工运河完全暴露在阳光下，水中溶解氧含量低。另外，人工运河为直线型，水流平顺，对水流的干扰和掺混作用能力弱。这些因素都使运河的溶解氧含量下降。溶解氧含量低的水体会使水生生物"窒息而死"。

（4）通过水闸人工调节，使流量均一化，改变了原来脉冲式的自然水文周期变化。自然状态的水文条件随年周期循环变化，河流廊道湿地也呈周期变化。在洪水季节水生植物种群占优势。水位下降后，水生植物让位给湿生植物种群，是一种脉冲式的生物群落化模式，显示出一种多样性的特点。而流量均一化使生境条件单调。

（5）原有河道的退化。渠化显著地改变了水位和水流特点，使得 2100hm² 的洪泛区湿地消失，严重影响了鱼类和野生群落。原来自然河道虽然被保存下来，但是由于主流转入人工运河，使得原有河道流量大幅度减少，引起河床退化。大量水生的植物如睡莲、莴苣、水葫芦等阻塞了这些的自然河段。

以上这些综合结果是生境质量的大幅度降低。据统计，保存下来的天然河道的鱼类和野生动物栖息地数量减少了 40%。人工开挖的 C-38 运河，其栖息地数量比历史自然河道减少了 67%。其结果是生物群落多样性的大幅度下降。据调查，导致减少了 92% 的过冬水鸟，鱼类种群数量也大幅度下降。

3 河流恢复工程

3.1 河流恢复工程概况

基西米河被渠道化建成以后引起的河流生态系统退化的现象引起了社会的普遍关注。自 1976 年开始对于重建河道生物栖息地进行了规划和评估，经过 7 年的研究工作，提出了基西米河的被渠道化的河道的恢复工程规划报告，并经佛罗里达州议会作为法案审查批准。规划提出的工程任务是重建自然河道和恢复自然水文过程，将恢复包括宽叶林沼泽地、草地和湿地等多种生物栖息地，最终目的是恢复洪泛平原的整个生态系统。为进行工程准备 1983 年州政府征购了河流洪泛平原的大部分私人土地。

在工程的预备阶段，于 1984—1989 年开展了科研工作，重点是研究回填人工运河的稳定性以及对于满足地方水资源的需求问题，采用一维及二维数学模型分析和模型试验相结合的研究方法。模型试验采用的模型尺寸为 0.6 和 3.7m 宽的水槽，垂直比尺为 1:40，水平比尺为 1:60，为定床试验。模拟范围为人工运河、原有保留河道和洪泛平原。模型试验结果与现场河道控制泄流试验（最大流量为 280m³/s）的实测数据相对照。

3.2 河流恢复主要工程项目

（1）试验工程。1984—1989 年开展的试验工程位于水库 B，为一条长 19.5km 渠道化运河。重点工程是在人工运河中建设一座钢板桩堰，将运河拦腰截断，迫使水流重新流入原自然河道。示范工程还包括重建水流季节性波动变化，以及重建洪泛平原的排水系统。同时还布置了生物监测系统，评估恢复工程对于生物资源的影响。

对于钢板桩堰运行情况进行了观测。观测资料表明，一方面水流重新流入原来自然河道达 9km，导致了河流地貌发生了一定程度的有利变化。但是，钢板桩堰建成后，在附近的河道水力梯度比历史记录值高 5 倍，在大流量泄流期间，测量的流速为 0.9m/s，这样的高能量水流对河床具有较强的冲蚀能力。另外，在示范工程区域内，退水时水位每天下降速率超过 0.2m/d，淹没的洪泛区排水时间为 2～7d。地表水和地下水急剧回流，水中的溶解氧水平很低，导致大量鱼类因缺氧而死亡。为此又进行了模型试验研究，最后的结论是：仅仅用钢板桩堰拦断人工运河还是不够的，需要连续长距离回填人工运河。最终方案是连续回填 C - 38 号运河共 38km，拆除 2 座水闸，重新开挖 14km 原有河道。回填材料用原来疏浚的材料，运河回填高度为恢复到运河建设前的地面高程。同时重新连接 24km 原有河流，恢复 35000hm² 原有洪泛区，实施新的水源放水制度，恢复季节性水流波动和重建类似自然河流的水文条件。

（2）第一期工程，从 1998 年开始第一期主体工程，包括连续回填 C - 38 号运河共 38km。重建类似于历史的水文条件，扩大蓄滞洪区，减轻洪水灾害。至 2001 年 2 月由地方管区和美国陆军工程师团已经完成了第一阶段的重建工程。在运河回填后，开挖了新的河道以重新联结原有自然河道。这些新开挖的河道完全复制原有河道的形态，包括长度、断面面积、断面形状、纵坡降、河湾数目、河湾半径、自然坡度控制以及河岸形状。建设中又加强了干流与洪泛区的联通性。为鱼类和野生动物提供了丰富的栖息地。2001 年 6 月恢复了河流的联通性，随着自然河流的恢复，水流在干旱季节流入弯曲的主河道，在多雨季节则溢流进入洪泛区。恢复的河流将季节性地淹没洪泛区，恢复了基西米河湿地。这些措施已引起河道洪泛区栖息地物理、化学和生物的重大变化，提高了溶解氧水平，改善了鱼类生存条件。重建宽叶林沼泽栖息地，使涉水禽和水鸟可以充分利用洪泛区湿地。图 2 表示了人工运河回填前后河流含氧量和鱼类生存区域。

（3）第二期工程。计划在 21 世纪前 10 年进行更大规模的生态工程，重新开挖 14.4km 的河道和恢复 300 多种野生生物的栖息地。恢复 10360hm² 的洪泛区和沼泽地，过滤营养物质，为奥基乔比湖和下游河口及沼泽地生态系统提供优良水质。

（4）河流走廊生态恢复监测与评估。在工程的预备阶段，就布置了完整的生物监测系统。在收集大量监测资料的基础上，对于生态恢复工程的成效进行评估，目的是判断达到期望目标的程度。该项工程制定了评估的定量标准。以 60 分为期望值，各个因子分别为：栖息地特性（含地貌、水文和水质）占 12 分，湿地植物占 10 分，基础食物（含浮游植物、水生附着物和无脊椎动物等）占 13 分，鱼类和野生动物占 25 分。随着自然河流的恢复，水流在干旱季节流入弯曲的主河道，在多雨季节水流漫溢进入洪泛区。恢复的河流将季节性地淹没洪泛区，恢复了基西米河湿地，许多鱼类、

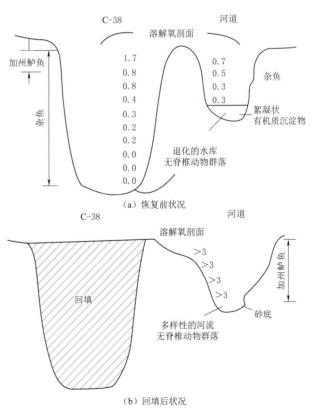

图 2　运河回填前后溶解氧含量及鱼类分布（单位：mg/L）

鸟类和两栖动物重新回到原来居住的家园。近年来的监测结果表明，原有自然河道中过度繁殖的植物得到控制，新沙洲有所发展，创造了多样的栖息地。水中溶解氧水平得到提高，恢复了洪泛区阔叶林沼泽地，扩大了死水区。许多已经匿迹的鸟类又重新返回基西米河。科学家已证实该地区鸟类数量增长了三倍，水质得到了明显改善。

4 对我国河流生态建设工作的启示

近年来，我国水利部门开始关注河流生态建设问题，提出了保持河流最低生态需水量的问题，开展了相关的科学研究和试点工作。同时，连续几年实施了塔里木河、黑河等调水行动，改善河流的水文条件，对于遏制这些河流生态系统退化发挥了明显作用。另外，我国东南部一些省份结合河道整治和防洪建设开展河流环境建设。特别是一些大中城市把河流整治与城市景观建设相结合，水利工程又被赋予了休闲、旅游等新的功能。但是河流生态建设问题，对于我国工程界毕竟还是一个新的技术领域，对于流域规模的生态建设的目标、重点、方法和关键技术，还缺乏整体的把握。西方国家的河流恢复行动的起因，是从对河流人工改造工程的反思开始的，也就是分析水利水电工程对于河流生态系统的胁迫，进而提出如何通过工程措施、生物措施以及管理措施，对于河流生态系统进行补偿，逐步摸索河流生态恢复工程的技术方法。西方国家在河流生态恢复方面已经有 20 多年的历史，他们的经验值得我们借鉴，特别是在河流管理的理念，河流生态建设的目标、重点和工程技术，都值得我们认真研究。但是，"借鉴"不等于照搬。原因是我国与西方国家的经济发展阶段不同，对于水资源及水能资源的开发程度也不同，另外我国用于环境建设的财力与西方国家相比差距很大。

从水环境保护的发展阶段来看，我国目前正处于以水质改善为重点的水环境建设阶段，全国江河水质恶化的趋势还没有得到有效遏制，在治污方面还有很长的路要走。考察西方国家水环境建设的发展历程，发达国家的河流环境建设，从 20 世纪 50 年代开始以水质恢复为第一阶段，到 80 年代初期水污染问题基本缓解后转入第二阶段即河流生态恢复阶段。我国与西方国家在水环境保护方面起码有几十年的差距。尽管发展阶段不能超越，但是，我们仍然可以借鉴西方国家的经验和教训，少走弯路。我国与西方国家不同，水利水电建设正处在发展时期。对于大量的新建工程，要改进水利工程的规划、设计理念和技术，使工程设施在满足社会需求的同时，要尽量减少对于河流生态系统的破坏。在规划设计阶段就要考虑如何最大限度减少对于河流生态系统的胁迫，这样做是一种经济的技术路线。如同不能走"先污染，后治理"老路一样，对于河流生态系统也不能走"先破坏，后补偿"的老路。如果我们的规划设计仍然固守传统方法，继续搞河流直线化工程，继续搞裁弯取直工程，继续建设硬质岸坡，几年后认识到这是对生态系统的胁迫，如上述美国的工程案例那样，再进行改造工程，重新废除直线的人工运河、拆除闸坝；或像日本近些年所做的那样，拆除混凝土护坡和衬砌，代之以可以长草、鱼类可以产卵的生态型护坡，其造价将是原来造价的若干倍，不啻是一种巨大浪费。从基西米河的恢复工程可以得到以下启示。

（1）要正视水利水电工程对于河流生态系统造成的胁迫，积极研究"趋利避害"的对策。水利水电工程是造福社会的工程，对于河流生态系统在一些方面也有积极的作用，比如防止大洪水对于生态系统的冲击等。但是一些水利水电工程建成后，对于河流生态系统造成了不同程度的压力或称胁迫，引起了生态系统不同程度的退化。我国水利建设工作者应正视这些负面影响，采取"趋利避害"的态度，对于生态系统的负面影响要采取工程措施、生物措施和管理措施予以积极补偿。当然，我们不赞成西方国家一些学派要全面拆除大坝，完全恢复河流的自然面貌主张。这是一种"因噎废食"的片面论点，而且需要特别指出，反对建坝及主张全面拆坝的观点，仅仅是生态工程界中的一种学派，更多的观点是主张对于河流生态系统进行"改善"，"修复"和"自然化"。欧洲和日本的工程界多倾向于河流整治的自然化方法。

形成对河流生态系统胁迫的主要原因有两个方面：一是自然水文条件的改变；二是河流自然地貌特征的改变。自然水文条件的改变指水量的减少，水质的恶化以及自然水文脉冲式周期被人为平均化的调度方式所代替。河流自然地貌的改变主要指闸坝引起河流的非连续化，堤防妨害了河流的侧向联通性，河流的直线化改造和硬质护坡等，这些因素都使生物栖息地多样性受到不同程度的影响，其后果是生物群落多样性的下降，河流生态系统的退化。近年来我国水利部门已经开始关注河流生态建设问题，主要着眼点是改善河流水文条件，如实施调水行动拯救生态系统严重退化的河流生态系统。对于水利水电工程引起的生物栖息地退化，尚未引起足够重视。对于新建工程，至今仍然延续传统设计方法，河道的直线化改造设计以及硬质护坡还作为常规技术普遍采用，在设计中也少有考虑生态补偿问题。对于大型水利水电工程的流域范围的生物监测还没有提到议事日程。枢纽工程的调度工作兼顾鱼类和其他生物生存问题还没有引起重视。

（2）河流生态建设的目标和重点。河流生态建设的目标是恢复生态系统的健康和可持续性。健康是指现状，可持续性是指生态演替过程朝不断完善的方向发展。河流生态恢复的着眼点是恢复生物群落多样性，主要指群落的组成，结构和功能的多样性。我国一些地方开展的河流生态建设工程着眼于河流岸坡绿化，还没有认识到河流生态系统是一个由鱼类、鸟类、哺乳动物、无脊椎动物和昆虫等动物和水中及岸边植物共同组成的食物网的复杂结构。

河流生态建设的重点有两项：一是生物栖息地建设；二是河流自然水文条件的改善。对于水文条件改善问题，近年来我国水利界开展了不少讨论和开展若干示范项目，比如最小生态需水量问题、河湖治污、改善生态调水行动等。其中，对于改善水库调度方式适应珍稀鱼类生存等，尚未见有研究报道。河流生物栖息地建设问题，无论是对河流管理者或是研究者来说，都是一个新课题。所谓栖息地建设主要是恢复河流形态的多样性，保持河流的蜿蜒性，在河流纵向和横向都保持多样性，防止渠道化。另外要保持河流的纵向连续性和侧向联通性，创造生态系统的物种流、能量流、营养物质循环以及生物竞争的条件。在这些方面需要开展示范工程研究，结合我国的实际情况，积累经验，逐步推广。在规程规范的修编中要逐步加入生态工程技术内容，比如在河流及渠道护坡设计规范中增加生态型护坡这种类型。

生态系统是否是健康的，需要建立完善的评估体系，评估工作的基础是长期、完整的水文和生物监测资料。因此生态建设的基础工作是建立生物监测系统网络。

（3）发挥生态系统自组织功能，进行适应性管理。生态工程的设计理念与传统工程设计方法不同，传统设计方法是确定性设计，比如大坝设计。但是生态工程要充分发挥生态系统的自组织功能，靠自然力恢复生物群落。可以说，生态工程能否成功一半在人力，一半在自然力。人的作用在于为生物群落繁衍栖息创造必要的条件。基西米河的恢复工程的实施即按照规划—示范—试验—主体工程施工这样的程序。从试验阶段的钢板桩堰截流方案实施后，进行了跟踪式的生物监测和水文监测，根据监测数据评估项目执行中生物群落多样性与河势变化，调整了原规划设计，决定采取长距离填死人工运河设计方案。

（4）河流生态系统的美学价值也是一种生态资源。近年来，我国沿海城市结合河道整治开展城市园林景观建设，注重河流的美化绿化，为居民的休闲创造了新环境。但是，当前的倾向，一是注重园林景观效果较多，重点放在河流岸边的绿化，而对河流生态整体恢复考虑较少；二是发掘历史人文景观较多，建设了大量楼台亭阁和仿古的建筑物，而对于发掘河流自然美学价值较少涉足。特别是继续采用浆砌条石护岸和几何规则断面，使河流的渠道化进一步加剧。实际上，河流生态系统的一项重要的服务功能是其自然美学价值。假日里，生活在喧嚣城市的人们到自然状态河流中去休闲，用身心去体会河流的美学价值，反映了人类在长期进化过程中对于大自然的一种心理眷恋，河流的生态建设应尽可能恢复河流的自然状态，恢复生物群落的多样性，发掘自然河流内在的美学价值，使人们在自然状态的河流享受与自然和谐的乐趣。

参 考 文 献

［1］ LOFTIN K A，TOTH L A. Kissimmee River Restoration：Alternative Plan Evaluation and Preliminary Design Report ［R］. South Florida Water management District，West Palm Beach，Fla. 1990.

［2］ WHALEN P J，TOTH L A. Kissimmee River Restoration：A case study ［J］. Water Science & Technology，2002，45（11）.

［3］ National Research Council. Restoration of Aquatic Ecosystems ［M］. National Academy Press，Washington D C. 1992.

［4］ 董哲仁. 生态水工学的理论框架 ［J］. 水利学报，2003（1）.

［5］ 董哲仁. 水利工程对生态系统的胁迫 ［J］. 水利水电技术，2003（7）.

［6］ 董哲仁. 河流治理生态工程学的发展沿革与趋势 ［J］. 水利水电技术，2004（1）.

［7］ 董哲仁. 河流生态恢复的目标 ［J］. 中国水利，2004（10）.

The enlightenment from the Kissinmnee River ecological restoration project

Abstract：The paper presents the general description of an existing largest river - ecological restoration project of America，the Kissimmee River ecology - restoring project. This project was designed on the basis of the idea of integral ecological system restoration. The goals and the principles of conception for a river ecology restoration project are analyzed. The project used as the study case demonstrates that the traditional design method for a water resources project causes the channelization of a river，and this leads to numerous adverse effects on the ecological system of a river. The cost for remedial measures is likely to be very high. The water resources development of our country must avoid as much as possible such detours of Western countries by improving planning and designing methods of water resources projects to achieve the goal of realizing the harmony between the human and nature.

Key words：ecological system；river-restoring project；integral ecological system restoration；Kissimmee River

《欧盟水框架指令》的借鉴意义 *

[摘　要]　回顾了我国水污染防治面临的严重挑战，比较了中国与欧盟在水资源管理领域的战略与政策。指出了欧盟水框架指令值得我国借鉴的若干原则，诸如水资源水环境一体化管理的主体立法；水量、水质和水域生态系统的一体化管理政策；建立涉水政府部门的协调机制以及流域管理中的公众参与等。
[关键词]　欧盟水框架指令；水量与水质；水域生态系统；水资源一体化管理；河流恢复；公众参与

随着我国国民经济持续快速发展，江河湖泊的水污染日趋严重。水环境污染已经成为制约我国社会经济发展的瓶颈问题。国家"十五"规划（2001—2005 年）的实施，在经济发展方面获得了巨大成功，但是规划中环境保护的目标没有实现，环境治理重点项目"三河三湖治理"（淮河、海河、辽河与太湖、巢湖、滇池）任务全部归于失败。在国家"十一五"规划（2006—2011 年）中把"建设资源节约型、环境友好型社会"摆在突出位置，又明确提出了在"十一五"期间主要污染物排放总量减少 10％等具体指标。但是，目前全国水污染形势仍然不容乐观。据官方公报，2006 年全国废污水排放总量 750 亿 t，其中大部分未经处理直接排入江河湖库，90％以上城市水域污染严重。按照河流长度统计，2007 年全国河湖水质评价 V 类和劣 V 类水河长占 27.0％；对 44 个大型湖泊 1.8 万 km² 水面水质监测评价，全年水质为 V 类和劣 V 类的占 34.3％。近年来，几乎每年都发生全国关注的重大水污染事件。可以说水污染问题已经成了我国当前社会的一个顽症。

当前我国水污染治理的症结不是技术问题，技术都是成熟的；也不是投资问题，中央和地方政府的环保投资水平近年大幅度提高。机制和体制问题是症结所在，这个问题不突破，环境问题会像噩梦一样纠缠着我们。

我国目前的水环境形势大体相当于欧洲 20 世纪 60 年代的状况，也就说是我国与欧洲的水环境质量大约存在着 40～50 年的差距。从重大水污染事件看，2005 年 11 月发生的吉林市化工厂爆炸事故，导致化学污染物流入第二松花江，酿成威胁下游饮水安全的重大水污染事件，引起了国内外的广泛关注。可以与此对照的是 1986 年莱茵河污染事件：处于莱茵河上游的瑞士施韦策哈勒化工厂失火，10t 有毒化学物质的污水流入莱茵河，造成下游长达 500 多 km 严重污染。与此同时，污染事故促进了莱茵河流域九国的合作，制定了莱茵河"鲑鱼-2000 计划"，经过 13 年的努力，莱茵河又恢复了生机，成了一条生态良好的河流。莱茵河、多瑙河等欧洲大型河流的治理成功经验，成为制定欧盟水框架指令（WFD）的背景和基础。当我们寻求欧洲治理水域环境成功的答案时，就不能不研

---

　* 董哲仁.《欧盟水框架指令》的借鉴意义 [J]. 水利水电快报，2009，30（9）：73-77.

究 WFD。

WFD 是一部先进的水资源综合管理和水环境保护的法律。从立法角度看其法理是严密的，在科学性方面它吸收了现代生态学和环境学的新成果，建立了科学的评估系统。同时，WFD 具有很强的操作性，它明确了实现目标的步骤和时间表。

WFD 的重要特色是它的综合性，或者说"一体化"的思维方法。按水的自然属性，WFD 强调地表水-地下水-湿地-近海水体的一体化管理，以及水量-水质-水生态系统的一体化管理；按照水的社会属性，WFD 强调各行业的用水户和各个利益相关者的综合管理；从科学技术角度强调多学科的综合与合作，以保证立法的科学性。

对比我国的水资源管理和水环境保护工作，WFD 值得我国借鉴的方面可以归纳为以下几点。

1 水资源水环境一体化管理的主体立法

在 WFD 制定过程中，对原有多项法律进行了清理，通过简化、废除和取代等不同方式，形成了水资源一体化管理最高层次的主体法律。WFD 涵盖了水资源（含饮用水、地下水等）利用、水资源保护（含城市污水处理、重大事故处理、环境影响评价、污染防治等）、防洪抗旱和栖息地保护等，几乎涵盖水资源水环境管理的全部领域。我国涉水法律有《水法》《防洪法》《水土保持法》《水污染防治法》《环境评价法》等多部，内容有所侧重，但也有交叉、重叠，局部内容有冲突。更重要的是不同法律的执法主体是不同的政府部门，使水资源水环境的管理工作出现诸多脱节和分割现象。基于 WFD 经验，从长远看，我国应该制定一部水资源和水环境管理的综合性的主体法律。从近期看，可以考虑在《水法》修订中，大幅度增加水域生态环境保护和水资源一体化管理的内容。

2 水量、水质和水域生态系统的一体化管理

目前，我国水环境治理的重点放在污染控制上，环保部门全力以赴抓排放总量控制。针对我国当前污染的严重情况，抓污染控制无疑是正确的。但是，水环境治理不能"单打一"，必须认真研究在水域环境保护方面的国际先进潮流，不能墨守 20 年前的陈旧理念。近 20 余年欧洲的水域环境保护政策发生了战略性的转变。莱茵河治理规划战略目标不再是局限于污染控制，而把目标定位在：将莱茵河恢复成"一条完整的生态系统中枢"。在 WFD 中，进一步明确了对于水质、水量和淡水生态系统实行一体化管理。河流湖泊的环境保护战略目标，不仅包括污染控制和水质保护，还包括水文条件的恢复，河流地貌多样性的恢复，栖息地的加强以及生物群落多样性的恢复，也就是水量、水质和淡水生态系统全方位的综合管理。WFD 针对河流状况的评估体系中，包括生物质量、水文情势、物理化学指标三大类，而我国当前对于水环境的评估体系还仅限于各项水质指标。欧洲的经验表明，清洁的水不是孤立存在的，而是存在于健康的河流生态系统之中，由此给我们的启发是：水环境治理和保护的尺度需要放大到淡水生态系统，实施有效的综合管理战略。在"十一五"期间，即使经过百倍努力达到了污染物排放总量减少 10% 的目标，届时我国的

大部分江河湖泊水质能够达标吗？届时我国有多少比例的江河湖库算是健康的呢？

3　建立涉水政府部门的协调机制

实行水量、水质和淡水生态系统的一体化管理，在我国还存在着体制方面的障碍。我国涉水的政府部门涉及水利、环保、农业、交通、国土、林业等诸多部门，职能各有分工。

WFD要求欧盟成员国指定有能力的主管机构负责执法，实施规划，安排资金，并且实行问责制。限于我国的具体国情，由一个部门负责水资源水环境的一体化管理，目前恐不具备条件。但是在中央层面上建立涉水政府部门的协调机制，在制定法律、战略和水资源水环境战略规划中发挥协调作用，目前看来不是没有可能的。国家防汛抗旱总指挥部的架构和运行经验可供借鉴，在流域层面上实行流域管理机构理事会制度也是值得探索的。

4　流域管理中的公众参与

WFD对于流域管理的公众参与问题作了明确的规定，指出公众参与是让公民影响规划结果和工作过程。WFD规定了公众参与的基础是向公众提供信息，通过咨询和更为积极的方式实现参与。公众参与的意义是多方面的，既可提高公众的环境意识，也可以利用参与者的知识和经验完善决策过程，还可以化解矛盾以减少执法中的阻力。

不断扩大公众的知情权、参与权和监督权是我国和谐社会建设的重要组成部分。我国水资源管理领域的公众参与工作刚刚起步，诸如灌区用水户协会制度的全国推广，小流域参与式管理经验的推广等。在全国范围内迈开公众参与的第一步，就是发布与水有关的信息，及时、准确地向社会发布包括河流湖泊水质信息、自来水厂的饮用水水质信息、水污染突发事件信息以及水资源和水环境保护规划等信息。至于进一步集中社会各界的智慧，吸收公众参与水环境保护行动等等，还需要继续推动相关部门改善政策环境。

WFD and its use for reference to China

Abstract：In this paper，the challenges owing to water pollution in China are analyzed and the comparison between China and the EU in terms of strategies and policies of w ater resources management is made. It is pointed out that a number of pr inciples when taking Water Framework Directive（WFD）for use for reference to China should be follow ed，including the legislation on the integr ated management of water resources and aquatic environment；the policies for the integr ated management of water quantity，quality and hydrosphere ecosystem；the coordination mechanisms of water - related governmental agencies and the public par ticipation in river basin management and so forth.

Key words：EU Water framework Directive；legislation；water quantity and quality；hydrosphere ecosystem；integrated water resources management；river restoration；public participation

《生态生物监测手册》序*

河流和湖泊生态监测与评估是水资源保护的基础性工作。河流和湖泊的监测评估应遵循生态完整性原理，对河流与湖泊的生物、水质、水文、地貌等多项生态要素进行监测与综合评估。我国现行以单一的水质标准进行地表水评估方法具有一定局限性，需要改进和完善。目前，水利部正在开展的全国河湖健康评估试点工作，正是力图突破传统方法，采用更为综合的方法，借以获得对河湖生态状况更为全面的认识，为水资源管理和制订水资源保护规划提供可靠的基础数据。进行河湖健康评估的基础工作是生态和生物监测。开展河湖健康评估工作，需要在生态学原理的指导下，建立一套生态与生物监测的技术标准，以获取可信的监测数据。我国的河湖生态监测与评估工作正处于起步阶段，亟待建立适合我国国情和自然条件的河湖监测评估技术标准体系。在这样的形势下，积极借鉴发达国家的先进技术经验无疑具有重要现实意义。

2000 年颁布的《欧盟水框架指令》是欧盟的重要法规之一。这部法规的指导原则是实施流域综合管理，保证水资源的可持续利用及水生态系统有效保护。这部在国际享有声誉的法规，总结了欧洲各国的水管理经验，为欧盟各成员国提出了共同的目标、原则、定义、政策和方法。

2005 年 9 月第 8 次中欧领导人会晤期间确定的"中国—欧盟流域管理项目"的宗旨，就是构建一个流域综合管理交流平台，使中国专家能够分享欧盟同行在制定和执行《欧盟水框架指令》过程中的经验，以促进我国的水资源可持续利用与水生态保护事业的发展。在这个项目的执行过程中，出版了由国际著名水法专家、《欧盟水框架指令》的主要起草人之一 Martin Griffiths 博士编写的《欧盟水框架指令手册》一书，概要介绍了这部法规的重要原则、行动框架及实施战略。作为中欧合作项目的另一个行动就是开展生态与监测培训和知识传播。摆在读者面前由 Martin Griffiths 和 Reinder Torenbeek 共同编写的《生态与生物监测手册》，是《欧盟水框架指令手册》的姊妹篇，它是作者专门为中国读者编写的技术手册。这本手册介绍了近年来欧盟在执行《水框架指令》过程中，配套颁布的生态与生物监测技术规范和标准，包括地表水的分级系统；监测对象及指示物种的选择；风险，精度和置信度评价；野外采样点布置方法和采样技术等。这本手册还具有索引功能，读者可以在附件 CD 盘中查找到大量技术标准的细节。这本手册介绍的规范和标准，反映了国际水资源与环境领域的最新研究成果和实践经验，为我国广大读者特别是从事河湖监测评估工作的技术人员、科研人员和管理人员提供了一个分享欧盟最新经验的平台。毫无疑问，这本手册的出版对于我国开展河湖健康评估工作会产生积极的促进作用。

---

* 董哲仁.《欧洲生态与生物监测方法及黄河实践》序，载于：Chris Chubb, Martin Griffiths, Simon Spooner 编著，黄河流域水资源保护局翻译.《欧洲生态与生物监测方法及黄河实践》[M]. 郑州：黄河水利出版社，2012.

作为中国—欧盟流域管理项目高级顾问组主席，我十分赞赏项目专家组特别是作者 Martin Griffiths 博士以及行动组织者 Simon Spooner 博士所作的巨大努力。他们曾四次访问我的办公室，了解中国同行对于生态生物监测技术的需求，征询我对于手册编写提纲的意见。他们真诚的合作精神和高超的专业水准给我留下了深刻的印象。

这部手册的出版是中国—欧盟在资源环境领域合作的闪亮范例。事实将证明，这部手册对我国水资源保护事业会大有裨益。

全球水伙伴（GWP）中国委员会常务副主席

董哲仁

2011 年 12 月

《欧洲水质管理制度与实践手册》序 [*]

当前我国水资源面临的形势十分严峻，水资源短缺、水污染严重、水生态环境恶化等问题日益突出，已成为制约经济社会可持续发展的主要瓶颈。中央水利工作会议和关于加快水利改革发展的 2011 年中央 1 号文件，都强调建立和实行最严格的水资源管理制度，严格控制用水总量，全面提高用水效率，严格控制入河湖排污总量，促进水资源可持续利用和经济发展方式转变。在水环境治理目标方面，要求到 2015 年重要江河湖泊水功能区水质达标率提高到 60% 以上。到 2020 年，重要江河湖泊水功能区水质达标率提高到 80% 以上，城镇供水水源地水质全面达标。到 2030 年主要污染物入河湖总量控制在水功能区纳污能力范围之内，水功能区水质达标率提高到 95% 以上。基于我国目前的水环境现状，为实现这样的总体目标，水环境保护和治理的任务相当艰巨。如何才能实现总体目标？在宏观战略高度上，需要不断加强法律法规建设，强化水环境执法监管力度，理顺管理体制和完善管理机制，提供高水平科技支撑，促进水资源的可持续利用。在国际合作方面，积极借鉴发达国家水环境保护的先进经验也是重要的战略举措。

近 20 年来，欧盟在水环境保护和污染控制方面取得了巨大的成就。按照欧盟立法《欧盟水框架指令》的要求，到 2015 年所有欧盟成员国的水生态环境质量都将达到"良好"的标准。2000 年颁布的《欧盟水框架指令》是在国际上广泛享有声誉的一部法律，它是欧盟在审议整合许多分散的水资源法规的基础上制定的统一的水资源政策，为成员国提供了共同的目标、原则、定义和方法。在《欧盟水框架指令》指导下，欧盟及其成员国陆续制定了一系列水质监管法律、法规和制度，形成了较为完整的法律政策体系。呈现在读者面前的这本书，重点介绍了欧盟水质监管的关键制度和原则，阐述了对于可能损害水环境活动的有效监管方法，以确保社会经济发展与环境容量的平衡。为便于读者对欧盟立法和执法的理解，该书还给出了英国等国的若干监管案例，提高了该书的可读性。

我作为此书的第一名读者，有幸提前披阅全书，读后感慨良多。欧盟及其成员国水环境立法、执法在宏观上的完整性和科学性，微观上的逻辑严密性和操作性都堪称一流。对比之下，我国的水环境立法尽管在中央层面上有好的原则和框架，但是缺乏配套的细则和可操作的法规、规章和技术规范；在执法监管层面上执法乏力，监管不严，而且没有形成有效的相互制约和均衡的监管机制与体制；在科技研发方面尚不能全面地提供必要的监管工具和技术手段。因此，我们需要头脑清醒地认识到与发达国家的差距，只有这样才能寻求改革和发展之路，励精图治，迎头赶上。

这本书虽然篇幅不长，可是信息高度浓缩，内容十分丰富。为方便阅读，把读者可能

---

[*] 董哲仁.《欧洲水质管理制度与实践手册》序，载于 Chris Chubb，Martin Griffiths，Simon Spooner 编著，黄河流域水资源保护局翻译.《欧洲水质管理制度与实践手册》[M]. 郑州：黄河水利出版社，2012.

关注的重点内容择要介绍如下，权为导读。

（1）水质监管立法。在过去的 40 年间，欧洲环境法律主体不断扩大，近年已经达到较为成熟的程度。欧盟颁布了一系列法律、法规、指令和决议，对于各成员国具有完全约束力。欧盟在制定环境政策时考虑以下因素：可利用的科学理论和技术数据；不同地区的环境状况；采取行动或不采取行动的潜在利益和代价；经济社会的整体发展和地区间的平衡发展。各成员国为落实欧盟指令制订"国家执行措施"，纳入本国法律。欧盟委员会负责监督 27 个成员国超过 200 项法令的实施。为配合环境立法执法，建立了欧盟环境法执行与实施网络，构建了交流平台。这个网络还印发各类手册，提供现场监管的详细技术和方法，如监管人员的检查清单、监察步骤与流程等。

（2）监管原则。水质监管制度是在严格强制执行支持下的制度。所有监管活动坚持透明公开和公平、公正的原则。监管活动的总原则和层次等级是：预防污染优于应对污染；如不可预防，需将污染降低到最低程度；消除导致污染的因素；减轻污染造成的影响。

（3）监管体制。以制衡、公正为原则，建立完善了水质监管的管理体制。政府制定战略指导方针和诉讼程序；环境部门作为环境监管机构确定环境标准，颁发取水和排放许可证，评估企业的守法行为；水企业监管机构负责制订水价；饮用水监察机构制定水质标准并监管自来水水质；水消费委员会代表消费者利益；水务公司（私营或国营）负责饮用水供水和污水处理。这些机构代表了不同的利益相关方，依据相关法律制定各自机构的战略指导方针文件，这些文件需要通过公众质询，批准后通过网站对公众开放。

（4）许可证制度。排放许可证制度是水质监管的核心。其发放和执行程序大致为：按照流域规划确定一定时间范围内的水质和水量；仅在可以满足水质标准时才允许废水排放；由排放申请人制订排放计划；监管部门将排放申请在网上公布，组织相关部门磋商并组织审查，确定是否签发许可证；被拒绝的申请人可以通过司法监察部门上诉；已经批准的排污者依据监管部门规定的监测计划对排放进行监测并向监管部门报告；监管部门评估排放是否遵守许可证条件并作记录；监管部门评估受纳水体质量是否符合预期水质类别和状况，如不符需评估偏离程度；对于不遵守许可证条件的排放者要查找原因，要求快速改善；根据不遵守许可证条件所造成的环境影响，监管部门可对排污者提请刑事或民事强制执行；监管部门定期向政府报告监管工作信息。另外，根据环境影响风险评估，有 4 类排放控制机制，即定制许可证、标准规则许可证、豁免登记和一般约束性规定，以便突出重点，分级管理。

（5）强制执行和诉讼。违法和犯错必受处罚。强制执行是水质监管不可或缺的重要手段。在不同层次上强制执行包括：欧盟委员会对于未按照指令实施或不遵守指令义务的行为，可通过欧盟法院对成员国提起违法控告。成员国议会可谴责本国监管部门执行力欠佳，受害方可对监管部门不遵守法定程序申请司法监察。监管部门对经营者、排污者采取多种执行措施，包括检察官的刑事指控，对有罪方的监禁和罚款。

（6）水质突发事件预警和应急响应。由于工厂火灾、有毒化学品运输泄漏或尾矿坝溃坝造成的水质突发事件，需由政府快速做出响应，其关键步骤包括风险评估预防；通过监测查明事件及事故分类；通过模型模拟污染物迁移转化并制定响应计划；信息共享和相关方共同行动；现场采取措施；事后评估和总结。

（7）监管技术工具。水质模型是许可证制度的重要技术支撑，通过水质模型反映环境参数的变化，计算水样符合水质标准以及满足水质标准的排放许可限值。数学模型还用来预测环境影响和评估立法及监管成效。近年来，欧盟开发了若干考虑包括单一排放与河水混合；间歇性暴雨排水等多种因素的水质模型，同时开发了应用交互式浏览器显示的水环境状况、化学品监测和污水处理厂排放信息的欧洲专题地图，对公众开放并实施社会监督。

读者可以从书中找到以上要点的详细内容，该书还罗列出一批相关网址信息，便于扩展阅读，了解专门性问题。

综上所述，这本书的出版为我国管理人员、科技人员分享欧盟在水质监管方面的先进经验提供了一个有益的交流平台，对于我国水环境保护事业将大有裨益。

本书作者 Chris Chubb 先生、Martin Griffiths 先生和 Simon Spooner 先生都是水战略和水环境方面的知名专家。作为中国-欧盟流域管理项目高级顾问组主席，我十分赞赏他们为中欧合作项目做出的巨大贡献。

最后，我衷心祝贺此书的出版，衷心祝贺中国与欧盟水资源领域合作的成功。

第9篇
哲学思索与文化蕴涵

孔子问礼于老子

引　言

西汉著名史学家司马迁在《史记》之《报任安书》中写道"究天人之际，通古今之变，成一家之言"，表明了他修《史记》的宏大志向。这句话的大意是说，探究自然与人类之间关系，通晓从古到今的王朝兴衰演变，成就自成一家的学说。

探究天人关系一直是我国古代一个具有根本性的哲学命题。"天人合一"是我国传统哲学中占有主导地位的思维模式。按照"天人合一"的哲学思想体系，人类是自然的一部分，而不是与自然对抗的力量。孔子讲"知天命"。所谓"天命"泛指自然规律。"知天"和"畏天"是对立统一的。"知天"，指人类掌握自然规律；"畏天"，指人类对自然界要心存敬畏。

在处理人与自然的关系中，老子提出"人法地，地法天，天法道，道法自然"的著名论断。这里的"法"是"效法"的意思。归根结底，人类要尊重自然，顺应自然，遵循自然规律。

一些中外学者认为，现代生态学的哲学基础与中国的传统哲学不谋而合。特别是"天人合一"的哲学体系与现代生态学的整体论和系统论的哲学基础同出一辙。国际著名生态学家 Mitsch. W 2004 年指出："在中国影响最为深远的传统哲学理论是始于周代的阴阳学说。其象征符号是类似首尾衔接的两条鱼称为太极图。阴为地，阳为天，人类则生活在二者之间，依赖于天地。符号旋转意味着无尽的循环和再循环。相关的哲学是五行学说，即世界由五种元素构成：金、木、水、火、土。表示自然界促进与抑制，成长与腐朽，合成与异化之间的平衡。"

在我国传统哲学中，社会道德与自然规律浑然一体。老子有句名言："上善若水"，他在万事万物中给水以最高的礼赞，认为水是集真、善、美于一身的典范。庄子认为："天地有大美而不言"。河湖的美学价值是全人类共同的自然遗产和精神财富。对山川湖泊自然景观的审美愉悦，古今相通，不分地域，超越时空。唐代大诗人李白、王维、孟浩然歌咏名山大川、瀑布清泉的名句，越过千年，至今还引起当代人的共鸣。西方著名风景画家康斯太勃尔、希施金、莫奈、梵高等大师油画作品中的河流、森林、乡村，磨坊……完美和谐，静谧幽深，勾起了人们心中多少乡愁和对大自然的眷恋。

河湖之美源于自然之美，自然之美源于生态之美。生物多样性和生境异质性是生态美的核心。为珍惜和维护河湖的美学价值，河湖生态修复工程提倡自然化，避免渠道化、园林化、商业化，便是应有之义了。

天人合一与生态保护[*]

[摘　要]　"天人合一"的哲学内涵，体现了人与自然和谐的思想。现代生态学的哲学基础应该追溯到中国传统哲学特别是"天人合一"的理念。近现代西方占主导的哲学思想是"天人二分"及"人类中心主义"，这些哲学理念与现代科技进步相结合，强化了人们"征服自然""主宰世界"的意识。当代出现的生态危机和资源枯竭迫使人们通过深刻反思，认识到只有树立"天人合一"理念、实现人与自然和谐，才有可能使人类摆脱困境走上可持续发展的道路。
[关键词]　传统哲学；现代生态学；人类中心主义

"天人合一"是我国传统哲学占主导地位的命题，体现了人与自然和谐的理念，它应该是当代生态学的哲学源头。面对当代世界范围的生态危机与资源枯竭的严酷事实，与近现代西方哲学的主导思想"天人二分"相对照，人们可以进一步认识到我国古代哲学思想的智慧光辉。

1　"天人合一"是中国传统哲学的主流

"天人合一"是我国传统哲学中占有主导地位的思维模式，是一个具有根本性的哲学命题。

"天人合一"作为一种古典哲学理论，可追溯到公元前 2000 年的周代，从先秦时代发展到明清时期，在宋朝出现过学术的高峰。究其源头，对于《周易》的阐发是这个思想体系发展的主线。相传周文王集成已往理论建立八卦学说，成书为《易经》，其后与孔子的门徒所著《易传》合而为《周易》。"天人合一"的哲学思想由历代学者发扬光大，又产生了一些重要的学说。

最早阐述"天人合一"思想的是战国时期的《郭店楚简·语从一》："易，所以会天道、人道也。"意思是《易经》这部书是会通天道和人道关系的书。另一部古籍《系辞》深刻阐述《易经》的实质："易之为书，广大悉备，有天道焉，有地道焉，有人道焉。兼三才而两之。"这里的"三才"指"天道""地道"和"人道"，而"道"贯通"天道""地道"和"人道"三者，由"道"可以统一"三才"中的任何一个。《系辞》又进一步阐发《易经》包含着"天"与"人"之间存在着相即不离的内在关系。概括说，不能研究"天道"而不涉及"人道"，也不能研究"人道"而不涉及"天道"。这种思维模式即是"天人合一"。

---

　* 董哲仁. 天人合一与生态保护 [J]. 中国水利，2005 (18).

《说卦传》中说，"昔圣人之作《易》，将以顺性命之情，是以立天之道，曰阴与阳；立地之道，曰刚与柔；立人之道，曰仁与义，兼三才而两之。"意思是，古代圣人作《易》是顺乎性命的道理，所以用阴阳说明"天道"，用刚柔说明"地道"，用仁义说明"人道"，而"三才"是可以统一到乾坤的两两相对相即的模式，此进一步解释了上述《系辞》引文中"兼三才而两之"的含意。《易》是把天、地、人统一起来看待的。后来有学者归纳为"天"和"人"，认为"天"包含了"地"。

宋朝的理学家把"天人合一"的思维模式更加明确。程颐指出："安有知人道而不知天道者乎？道，一也。岂人道自是一道，天道自是一道？"朱熹说："天即人，人即天。"张载更明确提出"天人合一"的命题："儒者则因明致诚，因诚致明，故天人合一。"

概括讲，中国传统主流哲学认为研究"天"不能不涉及"人"，而研究"人"不能不涉及"天"，这就是"天人合一"的思想。"天人合一"反映了人对自然界的认识，主张人与自然的和谐统一。"天人合一"也体现了中国人传统的世界观，崇尚所谓"天时、地利、人和"。

2 "天人合一"与现代生态学

在当代全球人口、资源、环境矛盾日趋尖锐的形势下，科学界的目光聚焦于生态学。生态学是一门蓬勃发展的学科，其最早的定义是 1866 年由德国动物学家 E. 海克尔首先提出的。他把"研究有机体与环境相互关系"的科学，命名为"生态学"。现代生态学定义生态系统为"一定空间中的生物群落（动物、植物、微生物）与其环境组成的系统，其中各成员借助能量交换和物质循环形成一个有组织的功能复合体。"其研究尺度从基因、分子直到地球生物圈。生态学最大的贡献是突破了已往狭隘的学科划分，不再局限于社会学、人类学、动物学、植物学、微生物学等具体社会学科和生命学科，也不局限于气象学、水文学、地理学等具体环境学科，而是把生物（包括人）及其环境作为统一体进行观察、研究，寻求其变化演进的规律。这种整体论和系统论的观点，正是"天人合一"体现的方法论原则。

一些中外学者认为，现代生态学的哲学基础应该追溯到中国的传统哲学，特别是"天人合一"的哲学体系，揭示了人与自然和谐的哲学基本原理。当然，"天人合一"是一种哲学思想，并不能代替科学技术，也不能具体解决工程问题，但是作为一种认识论和方法论，它可以从宏观思维对世界的把握上给我们以深刻的启迪。

2.1 "天人合一"强调人与自然和谐，强调"知天"与"畏天"的统一

按照"天人合一"的哲学思想体系，人与自然不是对立的，人是自然的一部分，而不是与自然对抗的力量，强调"知天"和"畏天"的统一。孔子在《尚书·大传》中以和子张对话的形式阐述"仁者乐山"的道理。孔子说："夫山，草木生焉，鸟兽蕃焉，财用殖焉，出云雨以通乎天地之间，阴阳和合，雨露之泽，万物以成，百姓以食，此仁者之乐山者也。"在孔子的慧眼里，山可以生长草木，草木繁衍鸟兽和其他有价值的物质，调节气候和雨水，形成万物，使百姓有其食，有其用。孔子这一席话，形象地概括了山川河流在

地球生命圈中作为生命的介质和载体周而复始生生不息运行的规律，描绘了河流湖泊生态系统的勃勃生机，分析了按照现代生态学的说法叫做河流生态系统的功能，正是靠山川河湖抚育滋养万物，自然界为人类创造了栖息繁衍和发展的条件，"万物已成，百姓以食"。

这种和谐来源于对自然界的尊重和敬畏。孔子还讲过"知天命"。所谓"天命"泛指自然规律。"知天"和"畏天"是对立统一的。"知天"，指人掌握自然规律；"畏天"，指人对自然界要心存敬畏。"畏天"而不"知天"，是人类蒙昧时代神秘主义的根源。另一方面，片面强调"知天"而不"畏天"，则逐步形成了西方近现代的"人类中心主义"哲学理论，继而又以现代科学技术作为武器，把人类推上了全面与自然相对抗的道路。

"天人合一"强调自然规律与社会规律不是互相割裂而是相通的。或者说，自然科学与社会科学不是相互分离的，而是遵循统一的规律。这种规律在老庄哲学中称为"道"，道家把天地宇宙当作一个有机的整体，"道"是一种自然法则，只有顺应自然，才能成势。道家反复强调要避免反自然的行为。

2.2 "天人合一"以"仁"为性，提倡"仁爱自然"

在《周易》中，把天、地、人是统一看待的，认为天、地、人"三才同德"，"人"是天的一部分，自然不是"天"的主宰。在儒学中把"仁"作为最高道德准则，所谓"仁者爱人"，指出"仁者以天地万物为一体"。人为天所生，与天具有血肉相连的内在关系，人也应该有"爱人利物之心"，所以儒家提倡"泛爱生物"和"仁爱自然"。珍惜自然，保护自然，人对于自然界的巨大恩惠要予以仁爱的回报。

"天人合一"的哲学理念也体现了对于自然"真善美"的追求，是一种崇高的精神境界。中国人类生态中的人文观点，十分重视人的社会性，提倡仁爱、正义、宽容、和谐的品质，人的价值在于道德的完善和对于群体和家庭的贡献。儒家和道家都注重人的个人修养及其与自然的融洽关系，把对于人的仁爱推及生物和自然。孟子说："存其心，养其性，所以事天下。"主张关爱生命，提出"泛爱万物，天地一体"。我国传统的生态伦理思想，可以说是现代生态伦理学的源头。

2.3 "天人合一"提供了现代生态学理论的哲学基础

阴阳五行学说是我国古代解释宇宙结构、起源及人与自然关系的学说。阴阳双方互相依存、互相制约、相互转化，构成了自然界和人类社会的一切矛盾运动。

五行学说用木、火、土、金、水五种元素概括整个物质世界，借以说明这五种系统之间相生相克、相互制约的调控关系，解释自然与社会动态平衡关系的"相乘"或"相侮"等现象。阴阳五行理论指出了万物竞争共存和相生相克等哲学思想，体现了自然界促进与抑制、成长与腐朽、合成与异化之间的平衡与转化，这些正是现代生态学的哲学基础。

在处理人与自然的关系中，老子提出"人法地，地法天，天法道，道法自然"的著名论断。这里的"法"是"效法"的意思。归根结底，人类要尊重自然，顺应自然，效法自然。体现在建筑理念方面，提倡"工不曰人而曰天，务全其自然之势"（《管氏地理指蒙》），"虽由人作，宛自天开"（《园冶》）。这些思想又是以利用生态系统自组织、自恢复能力为基础的当代生态工程学的哲学基础。

2.4 "天人合一"是我国古代农业生产与自然资源保护的哲学理念

在人类历史上曾经辉煌过的巴比伦文明、玛雅文明和撒哈拉文明，由于先民对于资源的过度开发，自毁家园，导致自然生态系统的破坏，从而使这些文明消亡在荒漠与丘陵中。而中华文明历经五千年而绵延不绝，一个重要的因素不能不得益于中国人的"天人合一"哲学理念。

中国农业具有 4000 余年的历史，供养着众多的人口，而地力经久不衰，生态系统具有可持续性，其秘诀在于我们的祖先早就具备了朴素的系统生态观。

首先，注重保护和爱惜土地资源，合理从事农业活动。在《论衡》中就总结了如何连作、轮作、间作、套种和有机肥料的合理使用等农业措施。其次，农事活动因地制宜，因时制宜，"水处者渔，山处者木，谷处者牧，陆处者农"（《淮南子》）。又按照二十四节气从事农事，充分遵循生态规律。再者，提倡农林牧副渔综合发展。早在战国时期《管子·牧民》中就有"务五谷，则食足；养桑麻，育六畜，则民富"，使农业生态形成良性的食物网，又与自然生态系统建立起合理的结构，实现充分的物质循环。特别是，我国古代高度重视生态系统保护，孟子提出"斧斤以时入山林，材木不可胜用"，主张适度采伐的原则。不少封建王朝强调保护自然资源的可再生能力，建立了环境保护法令法律。早在战国时代，管仲任齐国宰相时颁布法令，规定在封山育林期间，违令砍伐者将判死罪。到秦代颁布了我国最早的环境保护法律——《田律》。《田律》规定了环境保护的对象，包括树木、水源、植被、鸟兽鱼虫，对狩猎和采集的时间、方法都作了具体规定，规定了对各类违法行为的处罚办法。

始建于公元前 256 年的都江堰工程是中华文明瑰宝，是体现"天人合一"哲学理念的伟大实践。都江堰是一座无坝引水工程，它利用天然地形，顺其河势，因势利导。因为没有筑坝，也没有对于河流进行大规模的工程改造，因而未损害河流的地貌学特征，保持了水文和生态意义上的河流连续性。都江堰工程绵延 2260 余年，至今灌溉着 86.67 万 hm² 农田。人们发现，此前的岷江生态系统一直保持着健康状态，而岷江流域的社会经济发展是可持续的，成为四川盆地的精华。都江堰留给后人的精神遗产是十分丰富的，择其要点，可以说，在崇尚自然与顺应自然中谋求人类的利益，以"道法自然"的原则进行工程建设，以"仁爱自然"的心态实施河流管理。与此相对照，近百年来以现代科技为基础的水利工程技术，无论在工程规模还是建设速度方面都显示出巨大的能力。但是，大规模的河流改造又给河流生态系统带来不同程度的负面影响。对比之下，更使我们感悟到，祖先在都江堰工程所昭示给我们的是莫大的智慧。

3　"天人二分"与生态危机

与中国传统哲学主流提倡的"天人合一"相对照，近代现代西方占统治地位的哲学思想是所谓"天人二分"。西方哲学长期把精神界和物质界看成是独立的，互不相干的，因此其哲学是以"精神界"与"物质界"的外在关系立论。"天人二分"的哲学思想，把人与自然处于一种对立的地位。近代法国哲学家笛卡儿创建主客二分的哲学和数学归纳法，在笛卡儿的体系中精神和物质界是两个平行而彼此独立的世界。在人与自然的分离和对立中，人成为自然的主宰。

"天人二分"哲学思想为"人类中心主义"奠定了哲学基础。人类中心主义思想从古代萌发，在中西文化历史中都有其发展的轨迹，但这种理论取得主导地位并在理论与实践中取得伟大成就，则是由西方完成的。人类经过几十万年与自然界的艰苦斗争，终于结束了茹毛饮血的生活，从与自然浑然一体的状态中走出来，开始了新的觉醒，对于自身巨大创造力有了全面的理解。随着近代社会生产力和科学技术的发展，人类改造自然的能力发生了质的飞跃，人类对于自然界取得的一个又一个胜利，从理论到实践都不断验证人类中心主义的"正确性"，更进一步强化了人类作为自然界主宰的信心。18世纪英国工业革命成功，西方国家进入了工业化时代。科学技术取得的巨大成就，导致生产力的迅速发展。改造自然、征服自然成为人类豪迈的目标。人们认为地球的自然资源是取之不尽的；认为自然资源是大自然的恩赐，是无须付出代价的；还认为只有人具有价值，自然界是没有价值的。在这种思潮的推动下，对于水、土地、森林、矿产等资源掠夺性的开发、滥用和浪费，导致了地球环境的急剧恶化，自然资源的短缺和枯竭，环境事故、生态灾难以及自然灾害频繁，生物多样性降低，生态系统退化，产生了全球范围的生态危机。这一切说明由于人类中心主义的极端发展，最终暴露了其极大的局限性。

从20世纪中期开始，一些学者对于"天人二分"哲学和"人类中心主义"进行了深刻的反思。德国哲学家海德格尔在1946年《论人类中心主义的信》中指出："人不是存在者的主宰，人是存在者的看护者。"1962年美国生物学家R.卡逊在其著名的《寂静的春天》一书中指出："'控制自然'这个词是一个妄自尊大的想象产物。"英国历史学家阿诺德·汤因比在1976年出版的《人类与大地母亲》一书中发出警告："如果滥用日益增长的技术力量，人类将置大地母亲于死地……""人类，这个大地母亲的孩子，如果继续他的弑母之罪的话，他将不可能生存下去。他所面临的惩罚将是人类的自我毁灭。"1987年联合国任命的世界环境与发展委员会完成的《我们共同的未来》报告中，首次提出了可持续发展的定义。1992年在里约热内卢召开的联合国环境与发展大会上，通过的《里约环境与发展宣言》和《21世纪议程》反映了对于人类与自然关系认识的突破。经过几千年的正反经验教训，人类最终认识到，主宰世界、征服自然是不现实的，需要回到顺应自然、尊重自然的观念上来。

人类对于自然界的认识，走过了一条荆棘丛生的漫长道路，充满了苦难与斗争、昂奋和忧虑。面对当代生态危机和资源枯竭的严酷现实，在痛苦的反思中，世人把目光又投向了4000年前闪耀着中华民族智慧光芒的"天人合一"哲学理念。

参 考 文 献

［1］ 王如松，周鸿. 人与生态学［M］. 昆明：云南人民出版社，2004.

［2］ William J. Mitch & Sven Erik Jorgensen. Ecological Engineering and Ecosystem Restoration［M］. John Wiley & Sons，Inc.，Hoboken，New Jersey，2004.

［3］ 董哲仁. 筑坝河流的生态补偿［M］. 北京：联合国水电可持续发展国际研讨会论文集，2004.

Correspondence between Heaven and Human and ecology protection

Abstract：The philosophical intension of "Correspondence between Heaven and Human" is the congruence of human and nature. The philosophical foundation of modern ecology should be looked back upon the Chinese traditional philosophy，especially the cognition of "Correspondence between Heaven and Human". The latter – day Hesperian philosophy insists that "Separation of Heaven and Human" and "Anthropocentrism". These concepts and the development of modern science and technology reinforce peoples ideas of "Conquer the Nature" and "Dominate the World". The ecological crisis and depletion of stock of modern society make people put on their thinking cap and realize that only the "Correspondence between Heaven and Human" and the congruence of human and nature can lead to the sustainable development of society and make people break away from poverty.

Key words：traditional philosophy；modern ecology；anthropocentrism

天人合一视角下的黄河生态保护*
——第四届黄河国际论坛大会主旨演讲

[摘　要]　天人合一是我国传统哲学中占主导地位的命题，儒家提倡"泛爱万物"和"仁爱自然"，道家提倡"见素抱朴""道法自然""天地与我并生，而万物与我为一"，都体现了敬畏自然，顺应自然，人与自然和谐的理念。黄河是中华民族的摇篮，孕育了辉煌的中华文明。近半个世纪黄河流域经济发展和黄河治理的成绩为世人瞩目。可是，成就中隐藏着挑战，黄河巨变引发了生态危机。河流断流、水质污染、河流高度人工化控制和生物多样性下降，导致流域生态系统退化。近年来，黄河实施水量统一调度和调水调沙，对于遏制生态系统退化已经初见成效。黄河生态修复任重道远，本文对黄河生态保护与修复工作提出了若干建议。

[关键词]　天人合一；生态保护；黄河

"究天人之际，通古今之变，成一家之言"，是西汉著名史学家司马迁在《史记》之《报任安书》中的一段著名论点。这句话的大义是说，探究天人关系，通晓从古到今的王朝兴衰演变，成就自成一家的学说。这段话表明了司马迁修《史记》的宏大志向，也成为历代学者追求的崇高目标。所谓天人关系，就是人与自然、人与宇宙万物的关系。在春秋战国时期，百家争鸣，百花齐放，形成了诸多学派。而"天人合一"则是占有主导地位的哲学命题和思维模式。"天人合一"作为一种古典哲学理论，可追溯到公元前11世纪的周代，对于《周易》的阐发是这个思想体系的源头。"天人合一"的哲学思想由历代学者发扬光大，又产生了重要的学说。孔子[1]提倡"天命论"，认为自然规律不可抗拒，在处理"人"与"天"的关系上主张人与自然和谐共生，"天人合一"成为儒家思想的基石。而老子[2]主张"见素抱朴""道法自然"；庄子[3]认为："天地与我为一，万物与我并生。"开创了中国传统哲学的另一大分支—道家学说，道家学说本质上是自然主义哲学，它更强调人类顺应自然的必然性。

1　天地与我并生，而万物与我为一

《庄子—齐物论》写道："天地与我并生，而万物与我为一"。意思是天地与我共同生

---

　*　董哲仁. 天人合一与黄河生态保护-第四届黄河国际论坛大会主旨演讲 [J]. 南水北调与水利科技，2010，8（46）：1-4.

　注：原文标题和文字有修改。

存，而万物与我浑然一体。可以认为，这段话是庄子对于"天人合一"思想极为清晰的表述。那么"天人合一"的"一"是指什么呢？老子认为："道生一，一生二，二生三，三生万物。万物负阴而抱阳，冲气以为和。"这里老子说的"一""二""三"，乃是指"道"创生万物的过程，并非是具体数量。这段话的意思是：道是独一无二的，道本身包含阴阳二气，阴阳二气相交而形成一种适匀的状态，万物在这种状态中产生。万物背阴而向阳，并且在阴阳二气的互相激荡而成新的和谐体。如果我们按照老子这段话逆向推演万物产生的根源，那么可以让为，归根结底，产生万物的总根源是"道"。"道"又是什么呢？一是指宇宙的本源，即宇宙的根本存在。老庄哲学最为本质的内核，是对宇宙与自然的唯物认识；二是指自然规律。日月星辰，山川河流，树木森林，飞禽走兽，无不遵循客观存在的"道"，周而复始，繁衍生息。庄子又把"道"的自然观推及到社会生活和人性上。人类在宇宙万物中处于什么位置呢？"天地与我并生，而万物与我为一"，人类在万物中仅仅是其中一部分，人类不可能凌驾于万物之上，也不可能成为万物的中心。老庄哲学主张万物平等，实际上否定了人类中心主义。正因为如此，人类对于自然界要心存敬畏，要谨慎地遵循自然规律，按照庄子所说的："放德而行，循道而趋"，敬畏自然，顺应自然。要按照老子推崇的"无为"精神处世。无为，不是字面上的无所作为，而是不妄为，不做违反自然规律和社会规律的事。

庄子向往远古人类与自然万物和谐共生的时代，他在《庄子—马蹄》中写道："当是时也，山无蹊隧，泽无舟梁，万物群生，连属其乡，禽兽成群，草木遂长。是故禽兽可系羁而游，乌鹊之巢可攀援而阚。夫至德之世，同与禽兽居，族与万物并，恶乎知君子小人哉，同乎无知，其德不离；同乎无欲，是谓素朴。素朴而民性得矣。"这段话的意思是：在那个时候，山中没有小道，水上没有船只和桥梁，万物共同生长，居处彼此相连；禽兽成群结队，草木苗壮生长。因而禽兽可以让人牵着去游玩，乌鹊的窠巢可以任人攀援去窥探。在那道德昌盛的时代，人与禽兽混杂而居，与万物聚集在一起，哪有君子小人的区别呢？人们都一样不用智巧，自然的本性就不会丧失；人们都一样的没有贪欲，所以都纯真朴实。人们都纯真朴实，也就能永葆人的自然本性了。在这里庄子描绘了远古时代人们与自然万物和谐相处自由放任的理想图景。庄子认为，只有见素抱朴，返璞归真，才能回归到人的本性。人们"织而衣，耕而食"，没有机巧和贪欲。人不但与自然界和谐，即生态和谐；人与人之间也和谐相处，即人伦和谐。

历史翻过两千多年的篇章，当今世界面对全球严重的生态危机挑战，我们这些掌握了所谓现代科学知识的当代读书人，翻开《庄子》，研读战国时期伟大哲学家庄子阐述天人合一的理论，聆听古代先贤对后人的谆谆告诫：要敬畏自然，顺应自然。不能驱使万物，不能掠夺资源。要与天地并生，与万物为一。此时此刻侪辈会作何感想呢？

一些西方学者认为，现代生态学的哲学基础与中国的传统哲学不谋而合。特别是"天人合一"的哲学体系与现代生态学的整体论和系统论的哲学基础如出一辙。国际著名生态学家 Mitsch 等[4]指出："中国古老的道教及其哲学至今影响着中国人的思维。道教的基本原则认为其学说的核心是自然而不是人类。""西方世界应该向中国学习如何与自然共存。""在中国影响最为深远的传统哲学理论是始于周代的阴阳学说。其象征符号是类似首尾衔接的两条鱼称为太极图。阴为地，阳为天，人类则生活在二者之间，依赖于天地。符号旋转意味着无尽的循环和再循环。相关的哲学是五行学说，即世界由五种元素构成：金、木、水、火、土。表示自然界促进与抑制，成长与腐朽，合成与异化之间的平衡。"Mitsch. W 还指出："分布在中国无尽的稻田和无数鱼塘至今哺育着超过 10 亿人口，历经数千年土地并不贫瘠，部分原因是人们从土地获取，又总是给予补偿。中国人具有完美的艺术能够用循环和自然补偿的方法获得最大的产出。"

与中国传统哲学主流提倡的"天人合一"相对照，长期以来，西方占统治地位的哲学思想把"精神界"和"物质界"看成是独立的二元，互不相干，人与自然处于一种对立的地位，我们不妨把这种理念称之为"天人二分"。"天人二分"哲学思想又为"人类中心主义"奠定了哲学基础。所谓"人类中心主义"是一种价值观，其核心思想是，一切以人为核心，人的利益是唯一尺度。近代法国哲学家笛卡儿创建主客二分的哲学和数学归纳法，在笛卡儿的体系中精神和物质界是两个平行而彼此独立的世界。他主张："借助实践哲学使自己成为自然的主人和统治者。"英国哲学家培根提出"知识就是力量"的名言。他说："说到人类要对万物建立自己的帝国，那就全靠方术和科学了。"著名哲学家康德认为，人是目的，人的目的是绝对的价值。而且，人要为自然界立法，"人是自然界的最高立法者"。18 世纪英国工业革命成功，西方国家进入了工业化时代。科学技术取得的巨大成就，导致生产力的迅速发展，更进一步强化了人类作为自然界主宰的信心。改造自然、征服自然成为人类豪迈的目标。在这种思潮的推动下，对于水、土、森林、矿产等资源掠夺性的开发和浪费，导致了地球环境的急剧恶化，生物多样性降低，生态系统退化，全球气候变化，导致世界范围的生态危机。

在水资源和水环境方面，江河湖泊的大规模开发利用，导致全球范围的淡水生态系统灾难性的后果。在工业化、城市化过程中，将废水污水倾倒在江河中造成污染。森林无度砍伐、河湖围垦、过度捕鱼和养殖等生产活动，引起水土流失、植被破坏、河湖萎缩及物种多样性下降。大规模的基础设施建设，诸如公路、铁路、矿山建设改变了景观格局，造成水土流失、土地塌陷和生物多样性下降。水利水电工程建设，使江河湖泊的面貌发生了巨变。在河流上建设的水坝和各类建筑物大幅度改变了河流地貌景观和水文情势；过度的水资源开发利用，造成河流干涸、断流，对水生态系统产生了重大负面影响。

从 20 世纪中期开始，各国学者对"人类中心主义"进行了深刻的反思。1992 年在里约热内卢召开的联合国环境与发展大会上，通过了《里约环境与发展宣言》和《21 世纪议程》，反映了对于人类与自然关系重新认识。经过几百年的正反经验教训，人类最终认识到，主宰世界，征服自然是不现实的，应该回归到顺应自然，尊重自然的朴素自然主义哲学。

2 黄河巨变引发的生态危机

黄河是中华民族的摇篮。据科学家推断，早在 120 万～150 万年前，地球上形成了黄河的雏形。对西安浐河半坡村的考古发掘，证明距今 5000～7000 年黄河流域出现农业文明的氏族社会——仰韶文化。距今 4000 多年前在黄河流域建立了奴隶制国家——夏王朝。我国古代夏、商、周、秦、汉、唐、宋的都城，全都建在黄河流域。黄河是中华民族的母亲河,她哺育了勤劳勇敢的中华民族,孕育了辉煌灿烂的中华文明。

治黄的历史是几千年中国文明史的重要组成部分。新中国成立的 60 年,治黄取得了伟大的成就。60 年来建设加固黄河大堤共 1300km,保证了岁岁安澜。建设了黄河干流龙羊峡、刘家峡和小浪底等大中型水利水电枢纽。黄河是我国西北、华北的重要水源,以其占全国河川径流 2% 的有限水资源,担负着全国 12% 的人口、17% 的耕地和沿黄 50 多座大中型城市的供水任务,有力支撑了流域内煤炭、石油、天然气、化工、有色金属、钢铁、轻纺工业的迅速发展。黄河流域的经济社会发展日新月异,令世人瞩目。

伴随着黄河流域的经济飞速发展,60 年来黄河发生了巨变,其变化速度和规模超过了自有仰韶文化以来 6000 年中华民族历史的总和。如果我们以历史的目光审视当前发生的一切,60 年对于具有 120 万年历史的黄河来说,是历史的一瞬,如果将黄河的历史折算为 1 天,60 年相当于 4 秒钟。就在这历史长河的一瞬间,黄河从河源到河口发生了翻天覆地的巨变。对于我们母亲河来说,这一切发生的实在太突然,承受的压力太沉重,受到的打击太剧烈。

2.1 水电梯级开发

由于大规模的治河工程和水电开发,黄河已经变成了高度人工控制的河流。黄河干流龙羊峡以下,已建、在建的龙羊峡、拉西瓦、李家峡、刘家峡和小浪底等水利水电梯级枢纽共 27 座。唐代著名诗人李白曾经吟诵的名句:"君不见黄河之水天上来,奔流到海不复回。"原来奔流入海的黄河已经被这 27 座梯级枢纽所阻隔,形成了一座座静水的人工湖,黄河水再也不能自由奔流入海了。梯级水电站大坝使河流的连续性遭到破坏,导致生境破碎化,大坝成了鱼类洄游不可逾越的障碍。水库的径流调节使水文过程均一化,削弱了洪水脉冲效应。水库下泄水温变化,以及高坝下泄过饱和气体水流,均对鱼类繁殖生存产生重要影响。

2.2 断流

黄河多年平均天然径流量 580 亿 m^3,地表水开发利用率高达 88%。据预测,在充分考虑实施节约用水的情况下,2030 年缺水将达到 110 亿 m^3。水资源过度开发加之来水减少导致黄河断流。黄河下游从 1972 年至 1999 年的 28 年中,有 22 年下游出现断流,这是有文字记载的黄河历史上空前未有的大事件,黄河面临变成季节性河流或内陆河的巨大威胁。径流量大幅减少又造成水沙关系持续失调,引起河道淤积严重,过流主槽萎缩。

2.3 污染

近 20 年来,进入黄河的废污水量已由 20 世纪 80 年代的 21 亿 t 增加到 2007 年的 43 亿 t,大量未经处理的工业废水和城市污水直接排入河道,黄河水质呈急剧恶化趋势。据 2008 年监测资料,在评价的 89 个干支流断面中,60.7% 的断面不符合 Ⅲ 类水标准,其中 34.8% 的断面劣于 Ⅴ 类水标准。同时,重大水污染事件发生频次呈持续增加之势。

2.4　生物多样性下降

黄河流域湿地总面积 1986 年遥感调查为 2.98 万 km^2，2006 年遥感调查为 2.51 万 km^2，20 年间减少 15.7%。尤其是龙羊峡以上为沼泽、湖泊、草甸湿地，是黄河重要的水源涵养区，面积占全流域的 45.05%，近年来严重萎缩退化。花园口以下湿地面积占流域的 7.55%，集中分布于黄河三角洲，为河口滩涂湿地，淡水湿地保存率为 50%。

黄河鱼类种类中许多特有土著鱼类具有重要保护价值。近年来鱼类种类锐减，20 世纪五六十年代调查有 152 种，80 年代有 125 种，目前下降到 47 种，50 年减少了 69%。龙羊峡-兰州河段原有极边扁咽齿鱼、花边裸鲤、黄河裸裂尻鱼等。梯级水电站的建设使该河段鱼类栖息条件发生了变化，激流型鱼类产卵场消失，鱼类洄游通道被阻隔，导致土著鱼类种类减少，种群数量持续下降，加之人工养殖因素，鱼类区系组成发生了改变。兰州-下河沿河段，历史上是珍稀鱼类北方铜鱼、大鼻吻鮈重要产卵场，青铜峡、沙坡头等水利枢纽阻断了这些洄游性鱼类的产卵通道，致使这些鱼类数量锐减。花园口以下河段朔河洄游鱼类较多，代表性鱼类为刀鲚、鲻鱼和梭鱼，目前刀鲚数量大幅减少。

马克思说过："不以伟大的自然规律为依据的人类计划，只会带来灾难。"经济的迅猛发展和大规模水利水电建设为我们带来了巨大的利益，另一方面又导致了巨大的生态危机。

3　传承生态文明

天人合一体现了人与自然和谐的哲学理念，其核心问题是人类要正确对待自己，需要放弃成为"大自然主宰"的幻想，放弃"战胜大自然"和"改造大自然"的雄心壮志，放弃以破坏生态系统为代价换取眼前经济利益的任何计划，回到人与自然和谐的轨道。

河流是陆地生态系统的动脉，是一切生命的源泉。人与河流的关系集中反映了人与自然的关系。实现人与河流的和谐，就要承认这样一些原则：不仅人类的生存高度依赖于河流的水资源，自然生态系统也对河流存在着高度的依赖性；不但人类择水而居，河流也是数以百万计的生物物种的栖息地；健康的河流生态系统不但为当代人类提供了生态服务功能，也是留给后代的最宝贵的自然遗产[5-6]。

可喜的是，当代中国已经适时调整了国家发展目标，把建设生态文明作为国家发展的重要战略之一，追求天人合一的崇高境界，谋求在经济社会发展中实现人与自然和谐，使中国的现代化进程加入了中华传统文明的智慧元素。我们从黄河治理的新进展也可见国家发展新战略的轨迹。

黄河 10 年不断流。20 世纪 90 年代黄河年年断流引起了中央政府和社会各界的高度关注。1998 年 12 月，开始实施经国务院批准的《黄河可供水量年度分配及干流水量调度方案》和《黄河水量调度管理办法》。水利部黄河水利委员会统一调度，强化管理，科学配置，到今年为止实现了黄河连续 10 年不断流。这不但保障了供水安全，还使以往因断流破坏的 200 多 km^2 的河道湿地得到修复，遏制了河口三角洲淡水湿地生态系统的恶化趋势，改善了河口近海水域浮游植物生长条件及鱼类的生存环境，海洋渔业资源逐渐得到恢复。

黄河 9 年实施调水调沙。2002—2009 年通过水库联合调度调整水沙过程，实现了下游河道主槽的全线冲刷，下游河道冲刷泥沙累计 3.56 亿 t，提高了河道主槽过洪能力。自去年起，结合调水调沙有计划地向河口三角洲湿地实施了人工补水。两年间向河口三角洲 1 万 hm² 淡水湿地人工补水累计 2800 万 km²。

维护黄河健康的目标任重而道远，其首要任务是实施黄河的生态修复。河流生态修复的原理就是老子的"道法自然"。在处理人与自然的关系中，老子提出"人法地，地法天，天法道，道法自然"的著名论断。这里的"法"是"效法"的意思。归根结底，人类要崇尚自然，顺应自然，效法自然。

河流生态修复的本质，就是不仅以河流为友，更要以河流为师。通过人类的适度干预并且充分发挥生态系统自组织、自设计和自我修复的功能，尽可能恢复河流的自然面貌。这包括水文情势修复；水质修复；河流地貌多样性修复以及生物群落多样性恢复等诸多关键生态因子的修复。

建议黄河生态修复的重点领域如下：

（1）建立黄河生态监测网络系统。生态监测是生态保护的基础。在水文测验、水质监测的基础上，制定规划，建立健全和完善的生态监测网络系统。

（2）水文情势修复。在黄河来水减少，竞争性需水提高的背景下，保证黄河的生态需水是一件高难度的流域管理任务。基于 10 年来黄河水量调度保证不断流所取得的丰富经验，进一步研究重点生态修复河段具有生物目标的环境水流模式，即不但考虑水量，同时考虑水文过程的水文情势修复。

（3）污染控制。加强黄河中下游和沿河城市的污染控制，重点是宁蒙、潼关、三门峡等河段和渭河流域。

（4）保护重要湿地和国家公园。黄河流域共建立湿地自然保护区 28 个，其中 20 个保护区与黄河干流有直接或间接的水力联系，2 个保护区与支流有水力联系。这 22 个湿地自然保护区应是黄河生态保护的重点。保护刘家峡、景泰、黄河壶口和渭河源等 9 处重要国家级风景名胜区、森林公园和地质公园。

（5）鱼类及栖息地保护。根据鱼类保护级别、濒危程度、土著种价值等，确定黄河干流重要保护鱼类和代表性保护鱼类。保护重要的产卵场、越冬场、索饵场以及兰州-下河沿和龙羊峡-兰州等重要河段。

（6）黄河龙羊峡以上河段水电梯级开发问题。龙羊峡以上黄河景观为沼泽、湖泊、草甸湿地和高山峡谷，这里是黄河重要的水源涵养区。黄河源区分布数十座大小湖泊，是黑颈鹤、棕头鸥、斑头雁等大量候鸟的天堂，湖泊里还栖息着高原冷水鱼类，草滩山丘生活着藏羚羊、白唇鹿等野生动物。因此，在规划龙羊峡以上水电梯级开发时，应充分论证，采取极为慎重的态度。对于地方政府关心的能源发展问题，可以考虑太阳能或风能的替代方案。

4 结语

人类历史上古代文明都诞生在大河流域。曾经辉煌的两河流域巴比伦文明，印度河流域的古印度文明，尼罗河流域的古埃及文明，都因为水土资源和森林草原的破坏导致这些文明衰落和消失。而以黄河和长江流域为中轴的中华文明，历经五千年而绵延不绝，一个重要的因素是得益于中国人传统的天人合一宇宙观。面对包括黄河生态危机在内的环境挑战，闪烁着智慧光芒的古代生态文明理念，仍然给现代中国以无穷的启迪。

参 考 文 献

［1］ 孔子（张燕婴译注）. 论语 ［M］. 北京：中华书局，2006.

［2］ 老子. 道德经 ［M］. 北京：线装书局，2007.

［3］ 庄子. 庄子 ［M］. 北京：中华书局，2008.

［4］ MITSCH W, JORGENSEN S E. Ecological Engineering and Ecosystem Restoration ［M］, Published by John Wiley & Sons, Inc., Hoboken, New Jersey, 2004.

［5］ 董哲仁. 生态水工学探索 ［M］. 北京：中国水利水电出版社，2007.

［6］ 董哲仁. 天人合一与生态保护 ［J］. 中国水利，2005 (18).

道法自然的启示[*]

——兼论水生态修复与保护准则

董哲仁，张晶，赵进勇

（中国水利水电科学研究院，100038，北京）

[摘　要]　通过对老子"道法自然"理论内涵的阐述，指出与自然和谐共处，顺应和遵循自然规律，是"道法自然"的核心内容。在分析我国淡水生态系统现状的基础上，指出"战胜自然"和"改造自然"的思想违背了自然规律，必然导致生态危机的恶果。在分析总结淡水生态系统基本规律和特点的基础上，强调了淡水生态系统保护与修复必须遵循自然规律，才能更好地与自然和谐相处。

[关键词]　老子；道法自然；生态危机；淡水生态系统；生态修复

老子学说博大精深，是中华文明的瑰宝。老子提出的"道法自然"理论，主张效法和遵循万物自身变化发展的规律，顺应自然，无为而治。老子反对把人的主观意志和私欲强加给自然界，提倡崇尚自然，见素抱朴。老子的自然和谐宇宙观以及遵循自然规律的方法论，是当前生态文明建设和生态保护与修复工作值得借鉴的宝贵精神财富。

1　道法自然的内涵

老子对于水可谓情有独钟，这可能与老子出生籍贯有关。老子是战国时人，籍贯是楚国相县。老子学说发轫于荆楚，他后来到了北方。老子继承荆楚文化，首先表现在对水的歌颂。据任继愈先生考证，孔子和老子应是同时代人，老子长孔子 10～20 岁，孔子比释迦牟尼大 10 岁。孔子生活在北方邹鲁，孔子也讲到过水："逝者如斯夫，不舍昼夜。"孔子还说"智者乐水，仁者乐山"。但是生活在荆楚的老子对于水的歌颂与理解远远超过孔子。荆楚之地，江湖纵横，树木繁茂，鱼米之乡，老子对于滋养万物的水有深刻的印象。老子说："上善若水。水善利万物而不争；处众人之所恶，故几于道。"大意是：最善的品质好像水一样。水善于滋润万物而不争高下，停留在众人都不喜欢去的低洼地方，所以最接近于"道"。在我国传统哲学中，社会道德与自然规律浑然一体。老子在万事万物中给水以最高的礼赞，认为水的品行已经接近"道"。"道"是老子学说的核心，是一个非常复杂、深奥的哲学观念。任继愈先生认为老子的"道"是指精神实体，也是指万物变化发展的规律。

老子关于"道"的论述贯穿在《道德经》的各章节，其中第二十五章有一段"道法自

＊董哲仁，张晶，赵进勇. 道法自然的启示——兼论水生态修复与保护准则［J］. 中国水利，2014（19）.

然"最为经典，至今还被广为引用。老子说："故道大，天大，地大，王亦大。域中有四大，而王居其一焉。人法地，地法天，天法道，道法自然。"这段话里，"法"是效法的意思，"王"是人之主，大意是：道大，天大，地大，王也大。宇宙中有四大，而王居于四大之一。人效法地，地效法天，天效法道，道效法自然。

这一段话，言简意赅，寓意无穷。老子从宇宙有"四大"谈起，道、天、地、王（人），老子阐明的是道、天、地、人这四者之间的关系。人与天地的关系在我国古代哲学中被归结为"天人关系"，就是人与自然的关系。人与道的关系就是人对自然规律的认知和顺应。老子的宇宙"四大"中，人居于"四大"之一。人与自然的关系，不是凌驾在天地之上的主宰关系，只能是顺应、融合的关系。居于"四大"核心地位的是"道"。"道"是"天地之母"即天地万物之源，也是万物变化发展的规律。尽管"道"是"天地之母"，但是它却"不自为大"。它具有"生而不有，为而弗恃，长而弗宰，是谓玄德"的特点，即生长万物而不据为己有，帮助万物而不自恃有功，引导万物而不宰制它们，这就是至上美德。"道"不去控制和干预万物，而是让万物自身运行和自行变化。"道"的这种本性老子称之为"无为"。

道法自然中的"自然"，不是指自然界（客体），而是指万物自身的本性，或者理解为万物的自身规律。"道法自然"就可以理解为："道"效法和遵循万物自身变化发展的规律。那么，圣人又如何对待道呢？老子说："是以圣人处无为之事，行不言之教。"就是说圣人用"无为"去处事，用"不言"去教导。老子著名的无为论，并非字面上的无所作为，而是不妄为，不做违反自然的事，无论是对待宇宙自然，还是治理社会，要效法"道"。因为"道"的本性就是"无为"。

庄子把人与自然的关系阐释得更为透彻。在《庄子·天道》一章中，庄子假托孔子向老子问礼的故事说出了一番道理。庄子说："则天地固有常矣，日月固有明矣，星辰固有列矣，禽兽固有群矣，树木固有立矣。夫子亦放德而行，循道而趋，已至矣。"就是说，天地原本就有自己的运动规律，日月原本就放射光明，星辰原本就各自有序，禽兽原本就各有群落，树木原本就林立于地面。先生您还是遵循自然状态行事，顺从规律去进取，这就极好了。庄子这段论述，更清晰地要求人们"循道而趋"，这里的"道"，明显是指自然界运动规律。庄子告诫人们，宇宙万物，自然系统都在遵循自身的规律，山川河流，高山平原，繁衍着生物群落，覆盖着茂密植被，生生不息，周而复始。人们不要去驱使它，掠夺它，相反，应该尊重万物，顺应自然，谨慎地顺从自然规律行事，这才是真正的美德。

2 生态危机的根源

历史翻到了21世纪，距离老子的时代已经过去2000多年。在老子曾经生活的故乡，2000年后的自然生态又是一番什么景象呢？我们可以推断，在先哲的慧眼中，神州大地的自然景观已经是满目疮痍、面目全非了。换一句现代的表达，叫作发生了"生态危机"。下面我们仅从淡水生态系统变化的一个侧面，看看我国当下自然生态的大致状况。

我国近60多年来，经历了巨大的社会变革，近30多年来经济快速发展，工业化、城市化进程加速，在大规模开发资源的同时，也对自然环境造成巨大压力，给淡水生态系统带来了重大干扰甚至灾难。水污染是当前我国淡水生态系统的头号威胁。全国每年工业和城镇废污水排放量 800 多亿 t，许多河湖主要污染物入河总量远远超过水体纳污能力。水土流失是森林、草地、湿地等各类生态系统退化的集中表现，2008 年我国土壤侵蚀面积356.92 万 km^2，占国土面积的 37.6%。掠夺式的水资源开发和超量取水，造成河流干涸、断流。地下水过度开发和超采严重，华北地区浅层地下水利用率高达 90%，1980 年以后累计超采 1000 亿 m^3，地下水漏斗总面积 4 万 km^2。湖泊围垦、过度捕捞和过度养殖等生产活动，引起湖泊萎缩、水质恶化、物种多样性下降。矿产开发对生态环境造成了严重的破坏。据不完全统计，截至 2007 年，全国仅采煤造成的地面沉陷面积已达 63.3 万 hm^2，占国土面积的 6.6%。地面塌陷已形成了大面积的积水区和沼泽地，导致水系紊乱。在城市化进程中，大规模改变了土地利用方式，使自然水文循环方式发生改变。大型水利水电工程改变了河流地貌景观和水文情势，对河流生态系统产生了重大影响。总之，大规模生产活动对于河流生态系统的干扰所造成的影响往往是系统自身难以承受的，许多是不可逆转的。

人们不禁要问，何以出现了这样令人沮丧的局面呢？在反思经济建设指导思想的同时，也不能不审视有关人与自然关系的哲学理念。

20 世纪 50—70 年代，政治口号是"人定胜天""战天斗地，改造山河"。前面我们介绍过老子经常说"天""地"，现在还是说这个"天"、这个"地"，但观点全然不同，天、地不再是顺应、效法的对象，而是战斗、改造的对象，不但要改造自然，还要战胜自然。

据《中国共产党历史（第二卷）》记载，1958 年开始的"大跃进"和人民公社运动，使我国社会主义建设遭受到严重挫折，造成了重大损失。在全民大炼钢铁运动中，1958年全国投入劳动力达 9000 万人，小高炉、土高炉遍地开花。炼钢用的焦炭缺乏，就用普通煤炭，煤炭不够，就砍伐树木烧成木炭代替。四川省境内长江上游林区被毁森林达几十万亩，河南省大别山区的一些县林木被砍伐殆尽。大规模毁林进一步加剧了水土流失，造成严重生态问题。

在"大跃进"时代，以粮为纲，提出向河湖要粮，掀起了围湖造田的高潮。长江中游湖泊进行的大规模围垦导致湖泊面积急剧萎缩。据统计，长江中游地区的湖泊面积由 20世纪 50 年代初的 $17198km^2$ 减少到现在的不足 $6600km^2$。其中洞庭湖从 $4350km^2$ 缩小到 $2625km^2$，鄱阳湖从 $5200km^2$ 缩小到 $2933km^2$。有 2/3 以上湖泊因围垦而消失。同时为满足围垦需要，建设了大量闸坝和围堤，造成江湖阻隔。长江中下游湿地是众多鸟类、鱼类和湿生植物的重要栖息地，遭到了严重破坏。

近 30 多年来，以牺牲生态环境为代价、盲目追求 GDP 的快速增长，造成水污染严重、水资源浪费、水土流失加剧、水生生物多样性下降。这说明经济活动严重违背了河湖生态系统的客观规律，导致整个淡水生态系统的严重退化。

诚如马克思引用比·特雷莫的名言所说："不以伟大的自然规律为依据的人类计划，只会带来灾难。"

近年提出的生态文明理念是指导我国走可持续发展道路的战略思想。生态文明理念的核心是尊重自然、顺应自然、保护自然。从"战胜自然"到"尊重自然"，从"改造自然"到"顺应自然"，从"开发自然"到"保护自然"，这既是对于 60 多年来经验教训的总结，也是对我国古代自然和谐观的继承。

3 淡水生态系统的特点和规律

在淡水生态领域，尊重自然，就是要尊重河湖的自然规律。经过数万年形成的自然河流和湖泊生态系统，其结构、功能和过程都遵循着一定的自然规律。我们不能把主观愿望强加在河湖头上，更不能按照主观意志轻易改造河流湖泊。只有这样，才能"放德而行，循道而趋"。那么，淡水生态系统有哪些特点和规律呢？这里尝试归纳了淡水生态系统六大特点和规律。

（1）淡水生态系统的完整性。淡水生态系统是由植物、动物和微生物及其群落与淡水、近岸环境相互作用组成的开放、动态的复杂功能单元。河流与湖泊，不仅是人类赖以生存的水源，也是数以百万计的动植物的栖息地。生物与栖息地相互依存，相互作用，形成了水生生态系统整体性。自然水生栖息地包含四大生态要素，即水文要素、地貌要素、水体物理化学要素和生物要素。由于人类活动导致这四大要素任一项的重大改变，都会造成栖息地退化，导致生物多样性丧失。

（2）水文情势的周期性和脉冲性。维持河湖必要的流量和水位是维系淡水生态系统的基本条件。季节性的水文过程波动、流量水位涨落变化，增加了河湖栖息地的多样性。流量过程的脉冲性为大量水生生物提供了生命节律信号。比如长江四大家鱼在洪水上涨期产卵达到高峰。超量取水造成河湖枯竭，不能满足环境水流需求，水库径流调节使流量过程均一化及洪水脉冲过程削弱，这些都会导致淡水生态系统不同程度的退化。

（3）河流三维连续性和连通性。河流在顺水流方向，水体、泥沙和营养物质通畅输送，特别是河湖连通、交互作用、吞吐自如，成为鱼类和鸟类的理想栖息地。在河流侧向，汛期洪水向河漫滩漫溢，可在水陆交错带形成高度多样性的栖息地条件。在垂直方向的连通性，维持地表水与地下水的交换条件，维系底栖动物的生存。三维连续性和连通性使物质流（水体、泥沙和营养物质）、物种流（洄游鱼类和水生动物迁徙）和信息流（洪水脉冲）通畅，提供了生物多样性的基本条件。各类工程设施建设，如筑坝阻碍了水体自由流动，建闸使江湖阻隔，缩窄河滩建设堤防则妨碍了洪水侧向漫溢，岸坡的不透水护坡妨碍地表水与地下水交换，所有这些工程都使物质流、物种流和信息流受阻。

（4）河流地貌三维空间异质性。在纵向，大中型河流上中下游流经山区、丘陵和平原不同地貌区域。在横向，河流横断面具有多样性特征，形成主槽、边滩、江心洲、季节性沼泽等多样性地貌条件。在平面上，河流平面形态多样性，表现为蜿蜒形、辫状形、网状形等多种河型。三维空间异质性形成了栖息地多样性。大量观测资料表明，生物多样性与河流地貌空间异质性成正相关关系。不同类型栖息地的空间异质性为种群动态、种群关系、群落演替和干扰传播等多种生态过程提供了基础。不当的水利工程建设，如不合理的河流裁弯取直，其结果破坏了河流蜿蜒性，丧失了大量高质量栖息地。又如河流渠道化改造或采用几何规则断面，也会造成栖息地单调化。

（5）河湖水体固有物理化学特性维持在正常范围。物理特性主要指水温，水温控制着许多冷血水生动物的生化和生理过程，水库中存在的温度分层现象影响鱼类产卵和其他生物的生命活动，另外水体中重要化学成分溶解氧的浓度也与水温有关。天然水中的化学组分可分为可溶性气体、主要离子、生物成因物质、微量成分和有机质。水中的溶解氧不仅是水生生物生存的必要条件，也是生物繁殖和健康生长的基础。主要离子种类与含量的不同决定了水体的 pH 值，对有毒物质的含量、水生生物的生存等产生重要影响。生物成因物质即营养物质，在营养物质方面，水生植物主要需要氮和磷支持其组织生长和新陈代谢，点源和非点源排放加剧了氮、磷向地表水的迁移。微量成分中的汞、铅、锌等重金属在水体中浓度达到一定量值，对各类水生生物都具毒性。天然水中各种有机物含量可用多种化学分析指标表示，如化学需氧量（COD）等，过多的有机物会大量消耗水中溶解氧，有毒有机化学品也可引起动物和人类中毒。

（6）淡水系统生物多样性。所谓生物多样性是指各种生命形式的资源，是生物及与其环境形成的生态复合体及相关生态过程的总和。它包括数以百万计的动物、植物和微生物及其基因。生物多样性具有重要生态功能，包括供给、调节、支持与文化服务功能。生物多样性是人类社会赖以生存和发展的基础。生物多样性的丧失，危及人类生存环境。据统计，目前全球已知 21% 的哺乳动物、12% 的鸟类、28% 的爬行动物、30% 的两栖动物、37% 的淡水鱼类、35% 的无脊椎动物以及 70% 的植物都已处于濒危境地。

4　道法自然，循道而趋

我国社会发展到今天，"战天斗地""人定胜天"的口号已成"绝响"，可是"改造自然"的理念在一些人的头脑里仍然根深蒂固。比如，在生态评估方法以及淡水生态系统修复目标和准则等方面，仍然存在许多不同认识。各种认识本质上的区别是顺应自然、道法自然、循道而趋，还是把人的意志强加给自然界、改造自然。特别是当下有些地方以保护自然的名义实施改造自然的计划，更应引起高度警觉。

生态安全是目前一个热门话题。如何判断淡水生态系统安全还是不安全，需要进行评估。笔者认为目前通常采用的评估方法值得商榷。这种方法是研究者罗列出若干指标门类，建立一套指标体系，然后根据研究者的主观判断赋值，再分成优良中差等级。问题是用不同的研究者提出的评估体系对同一评估对象进行评估，得出的结论往往差别很大。这说明这种方法客观性差，主观性强。如何建立生态评估系统？答案是：道法自然，循道而趋。也就是说，研究者应效法自然界历史上曾经存在的某种自然状况，建立一个参照系统，以此为基础建立评估系统。具体可以选择人类大规模开发改造河流前的某时段（比如20 世纪五六十年代），认为当时的生态状况是良好的、安全的，通过调查、监测和历史资料分析，重建一个河流生态系统模型作为参照系统，这种理想状态也可以称为"最佳生态势"（best ecological potential）。按照评估对象与参照系统的偏离程度，判断其等级，如安全、较安全、不安全，等等。

为落实生态文明建设精神，各地都在建设水生态保护修复示范区、生态文明先行示范区等。什么是河流生态修复？尽管这个问题在国际上基本有了共识，可是在国内答案却千差万别，认识差距很大。有的地方政府提出要"打造生态河流"，缺水的北方地区要建

"江南水乡"，有的城市规划"园林水景观"，有的地方认为生态修复就是建工程实施生态调水，或者种树种草采用绿色护岸。更有甚者，有的地方借生态修复之名，侵占河滩地或把河流裁弯取直建设高档别墅和高尔夫球场。

什么是河流生态修复？河流生态修复就是在充分发挥生态系统自修复功能的基础上，采取工程和非工程措施，促使河流生态系统恢复到较为自然的状态，改善其生态完整性和可持续性的一种生态保护行动。

首先，生态修复的目标既不可能"完全复原"到原始状态，也不是"打造生态河流"，去创造一个新的生态系统，而是恢复人类大规模开发改造河流之前的较为自然的状态。这就是道法自然的内涵：效法原来自然生态本身状况，遵循自身规律，达到预期修复的目的。如何确定河流生态修复的定量指标？不能靠主观愿望确定，越俎代庖，而是按照上述原则建立参照系，根据受到干扰的生态系统与参照系统的偏离程度，制定生态修复定量目标。

生态修复有两条技术路线。一条是针对未超过本身生态承载力的河流系统，是基本可以逆转的系统。如果消除外界干扰有可能发挥生态系统自组织、自修复功能实现修复的目标。所谓"自组织"功能是指生态系统通过反馈作用，依据耗能最小原理使内部结构和生态过程建立、发展和进化的行为，它是对本质上不稳定、不均衡的环境的自我重新组织。自组织功能表现为生态系统的自修复能力和系统的可持续性。依据这条技术路线，管理者只需实施最小限度的干预或者完全不干预，让系统按照其自身规律运行、修复。欧美国家在制定河流修复战略时，有一种叫作"无作为选择"（do nothing option）。其实，两千年前老子就告诉我们，"道常无为而无不为"，"无为之益，天下希及之"。就是说，顺应万物自然，让万物按照它自身的规律运行。道经常是无为的，可是没有一件事不是它所为。看似无为，实则有为，其益处天下罕能企及。这里有大的案例可以举证。我国自1998年开始实施封山育林、退耕还林、退耕还草、退田还湖等各项生态建设举措，已经取得了明显的成效，这既是发挥自修复功能的成功案例，也是"无为"哲学理念的一个佐证。

另一条技术路线是针对被严重干扰的不可逆的生态系统。在去除干扰后，还需要采取工程和非工程措施促进恢复进程，使生态系统实现某种程度的修复。河流生态修复工程规划设计原则是什么呢？答案还是道法自然、循道而趋。这就意味着尊重自然规律，尊重河流的水文、地貌、水质和生物的自然特征，以自然为师，把自然河流的原有面貌作为样板，尽可能恢复生态系统的结构、功能和过程。这种规划设计方法，在德国叫作"河川生态自然工程"，在美国叫作"自然河道设计技术"，在日本叫作"多自然型建设工法"。这些工程理论共同的特点是"自然化"。

生态修复的任务，在河流地貌方面，恢复河湖连通性；恢复河流蜿蜒性，避免裁弯取直；加强岸线管理，维护河漫滩栖息地；护坡工程采用透水多孔材料，避免自然河流渠道化。在水质方面，加强污染防治和排放总量控制，加速水功能区达标。在生物多样性保护方面，保护濒危、珍稀、特有生物，重视土著生物，防止生物入侵。在水文条件方面，尽可能满足环境水流要求。目前计算环境水流有多种方法，包括水文学方法（7Q10法，Tennant法），水力学评价方法（湿周法，R2CROSS法），栖息地评价方法（IFIM，

RIVER2D）等。每种方法都有优点和局限性。依笔者浅见，主张采用"自然水流范式"（nature flow paradigm，NFP）。这种方法认为，类大规模干扰的自然水文过程对于河流生态系统整体性和支持土著物种多样性具有关键意义。我们已经认识到，特定河流的生物群落依赖于特定的水文情势。比如上述流量增量法（IFIM）是通过确定某一关键物种如鲑鱼与自然栖息地的关系来确定水文条件。鉴于目前还不可能对所有生物群落的水文需求有完整的了解，在有限的知识背景下，保守的做法是假定天然径流模式是生物需求的最好指标。换言之，如果部分恢复自然径流模式，将可能有条件地满足多数生物群落的需求。我们可以定义人类大规模开发水资源以前的某种水文情势（包括水量和水文过程）是理想水文情势，以此作为参照系，确定现实的环境水流。在澳大利亚和南非，这一概念已经被转化为环境水流政策。

提倡自然化，就要避免包括渠道化、园林化、商业化在内的人工化倾向，特别是在城市河段更要如此。目前一些地方以生态修复为名，沿河建设楼台亭阁、仿古建筑，引进名贵植物，把自然河流改造成园林景观。还有些地方把城市河段建成餐厅酒吧林立的商业区。一些北方缺水地区不顾当地水资源条件，盲目扩大水面，搞江南水乡景观。这些规划理念，不是顺应自然、道法自然，而是新一轮的改造自然运动，显然是与生态文明理念背道而驰。

综上所述，探索人与自然界的关系是延续几千年哲学发展的一大主题，这个哲学命题又深刻影响了国家社会经济发展的战略方针。老子提出的"道法自然"思想是我国古代哲学思想精华，是大智慧。它不但阐明了人与自然融合的宇宙观和自然观，而且也是启发后人保护自然的方法论。在面对生态危机挑战的今天，重温古代先哲的经典会带给我们无穷的启迪。

参 考 文 献

［1］　任继愈. 老子绎读 ［M］. 北京：北京图书馆出版社，2006.

［2］　董哲仁. 天人合一与生态保护 ［J］. 中国水利，2005（18）.

［3］　董哲仁. 河流生态修复 ［M］. 北京：中国水利水电出版社，2013.

［4］　中共中央党史研究室. 中国共产党历史（第二卷）［M］. 北京：中共党史出版社，2011.

［5］　韩庆之，毛绪美，梁合诚. 环境监测 ［M］. 北京：中国地质大学出版社，2005.

［6］　董哲仁，孙东亚. 生态水利工程原理与技术 ［M］. 北京：中国水利水电出版社，2007.

Edification of the Tao way follows nature—discussion of principle of aquatic ecological restoration and protection

Abstract：The connotation of "Tao way follows nature" theory from Lao‐zi is expounded in this work，which points out that the human coexistence in harmony with nature and following the laws of nature is its core content. Based on the status analysis of freshwater ecosystem in China，this paper illustrates that the thoughts of trying to win a battle against nature or rebuild nature violate the natural laws，which inevitably lead to the consequences of ecological crisis. The basic rules and characteristics of freshwater ecosystem are summarized. It is emphasized that the protection and restoration of freshwater ecosystems must follow the laws of nature. To improve the ecological evaluation and the ecological restoration concept and method，it is necessary to refer to the methodology of "Tao way follows nature" and "action obey the nature rules".

Key words：Lao－zi；Tao way follows nature；ecological crisis；freshwater ecosystem；ecological restoration

以史为鉴话生态[*]
——从一首红旗歌谣说起

　　1959 年，郭沫若、周扬主编的《红旗歌谣》由红旗杂志社出版，该书汇集了通过采风收集的各地群众在"大跃进"中创作的三百首民歌。由于中央报刊的大力推荐，这本书一时风行全国，有力地配合了当时的政治形势需要。现在我们反观这些群众文艺作品，也许能够体验到那个时代所提倡的社会理念，引发今人的反思。

　　在这本书中备受推崇的一首民歌名为"我来了"，全文不长，照录如下："天上没有玉皇，/地上没有龙王，/我就是玉皇，/我就是龙王，/喝令三山五岭开道，/我来了!"这首诗的写作背景是全国轰轰烈烈的水利化运动。时任中宣部副部长周扬撰文对这首诗大加赞扬，他在引用了这首诗后写道："工农群众一经挣脱了阶级剥削的锁链，在政治上和思想上获得解放，他们就敢于起来摔掉压在他们头脑上的一切旧东西，抬起头来蔑视一切因袭势力，不再迷信鬼神，相信自己有力量克服任何困难，他们不再在盲目的自然力面前屈居奴隶的地位，而要作自然界的主人，向自然发号施令了。"由于高层的充分肯定，这首诗在诸多主流报刊上广为转载，1961 年后还被选入全国小学通用教材。我们从这样一个不大的案例中可以看到，在经济建设"极左"路线指导下，当时倡导的理念是：鼓足干劲，力争上游，改造大自然，战胜大自然。那时，全国各地铺天盖地的口号都是"让高山低头，让河水让路"；"战天斗地，改造山河"；"愚公移山"和"人定胜天"。

　　1958 年开始号召群众大办水利，千军万马齐上阵，"小土群"遍地开花。诸多中小型水利工程"边勘探、边设计、边施工"，盲目追求进度，忽视工程质量，不按照科学规律办事，致使数以万计的水库出现安全隐患成为病险水库，虽经多年修补加固，至今不少工程还是各地水利部门的沉重包袱。另据《中国共产党历史（第二卷）》记载，在全民大炼钢铁运动中，1958 年全国投入劳动力达 9000 万人，小高炉、土高炉遍布工厂、公社、机关、学校。炼钢用的焦炭缺乏，就用普通煤炭，煤炭不够，就砍伐树木烧成木炭代替。四川省境内长江上游林区被毁森林达几十万亩，河南省大别山区的一些县林木被砍伐殆尽。大规模毁林进一步加剧了水土流失，造成严重生态问题。

　　在"大跃进"时代掀起了围湖造田的高潮，"向湖泊要粮"成了革命的口号。对长江中游湖泊进行的大规模围垦，导致湖泊面积急剧萎缩。据《长江保护与发展报告 2011》统计，大通水文站以上长江中游地区的湖泊面积由 20 世纪 50 年代初的 17198km^2 减少到现在不足 6600km^2。其中洞庭湖从 4350km^2 缩小到 2625km^2，鄱阳湖从 5200km^2 缩小到 2933km^2。有 2/3 以上湖泊因围垦而消失，湖泊总容量减少 500 亿 m^3，相当于淮河多年

　　* 董哲仁. 以史为鉴话生态——从一首红旗歌谣说起［J］. 水与中国，2013（4）.

平均径流量的 1.1 倍。这不仅直接导致湖泊洪水调蓄功能下降，江湖洪水位升高，更使湖泊生态系统功能严重退化。长江中下游湿地是众多鸟类、鱼类和湿生植物的重要栖息地。在"大跃进"时代，为防洪和围垦的需要，建设了大量闸坝和围堤造成江湖阻隔。长江中下游洄游性和半洄游性鱼类失去产卵繁殖的条件，水生植物底栖动物的种类大幅度减少，一些珍稀濒危物种趋于消失。

"大跃进"时代发生在黄河的事情更加令人震惊。1954 年 10 月，新组建的水利部黄河规划委员会完成《黄河综合利用规划技术经济报告》，这个报告是在苏联专家指导下完成，编写报告仅用了 8 个月。报告选定三门峡水利枢纽为黄河综合利用的第一期重点工程。其后，又委托苏联列宁格勒水电设计院进行设计。1955 年 7 月 18 日，在全国人大一届二次会议上，邓子恢副总理代表中央人民政府向全国人大正式提出《关于根治黄河水利的综合规划的报告》，他的讲话充满了豪言壮语："只要 6 年，在三门峡水库完成之后，就可以看到黄河下游的河水基本变清。我们在座的各位代表和全国人民，不要多久就可以在黄河下游看到几千年来人民梦想的这一天——看到'黄河清'。……'圣人出，黄河清'，此乃千古之梦想，今天就要实现了！"深受报告鼓舞的人大代表一致通过了《关于根治黄河水害和开发黄河水利的综合规划的决议》，要求国务院迅速成立三门峡水库水电站建筑工程机构，保证工程及时施工。1958 年 12 月在"大跃进"高潮中，三门峡工程实现了黄河截流，1960 年 9 月水库蓄水拦沙，中央报刊纷纷欢呼驯服黄河的伟大壮举。不幸的是，仅过了一年半，1963 年 3 月库区淤积沙量 15 亿 t，泥沙不仅淤积在三门峡至潼关的峡谷，而且潼关以上的渭河和北洛河的入黄口门也淤积了拦门沙，渭河潼关河床高程抬高 4.5m，使渭河宣泄不畅，诱发了洪水风险，严重危机直指西安，震惊全国。自此以后的几十年，三门峡工程费尽周折，经历了两次工程改建，采取降低蓄水高程，改变电站运行方式等措施勉强维持，至今这项工程的存留仍然备受争议。现在我们回顾这段历史可以看到，造成三门峡工程重大失误的根本原因是：在"大跃进"极左思想影响下，在既缺乏黄河泥沙基本规律的科学理论，也缺乏多沙河流水利枢纽设计经验的不利条件下，违背黄河自然演变和泥沙输移规律，仓促决策上马，最终酿成大祸。正如马克思引用比·特雷莫的那句名言所说："不以伟大的自然规律为依据的人类计划，只会带来灾难。"

20 世纪 80 年代，我国进入经济高速发展时期。工业和城镇对于淡水的需求猛增，导致从江河湖库超量取水或严重超采地下水。在 1999 年黄河实行水量统一调度前的 1972—1996 年的 25 年间，有 19 年黄河出现断流，1995 年，断流河长达 683km，占黄河下游河道长度的 80% 以上，滔滔黄河竟然演变成季节性河流。黄河断流不但直接影响下游的工农业生产和生活供水，也导致黄河三角洲湿地严重退化，生物多样性明显下降。在向大自然实行掠夺式索取以后，人们本应怀着感恩的心情善待江河。恰恰相反，作为回报，人们却把每年产生大量工业污染物倾倒在江河湖泊之中，导致全国河湖水质急剧下降，水体污染突发事件频发。凡此种种对待大自然的行为，岂非以怨报德？

在水电开发方面，21 世纪初在西南地区"跑马圈水"的水电无序开发导致的生态危机，引起了社会广泛关注。此外，由地方建设的众多引水式水电站，河水被引进隧洞或压力管道，造成取水口以下数十公里河道干涸脱流，鱼类和水生生物损失殆尽。例如岷江干流和支流杂谷脑河和黑水河已建三十余座引水式电站，造成 300 多 km 河道季节性断流干涸，导致水生态系统严重退化，一些鱼类如虎嘉鱼和重口裂腹鱼等绝迹。在防洪减灾、江河治理工程中，把自然河流渠道化，蜿蜒河流被裁弯取直，在岸坡上覆盖混凝土衬砌，把深潭-浅滩交错，急流-缓流相间的丰富多样的河流栖息地，硬是改造成单调的人工渠道。另外，在市场暴利驱动下，大规模无序采砂生产使千百年形成的河流栖息地结构遭到严重破坏。

综上所述，60多年来对于水生态系统的种种大规模破坏，究其原因，教训集中在一点上，就是如何处理好人与自然、人与江河的关系。

2012年11月，胡锦涛总书记在中共十八大报告中指出："必须树立尊重自然、顺应自然、保护自然的生态文明理念"。这是对60多年来我国建设和发展的科学总结。从"战胜自然"到"尊重自然"，从"改造自然"到"顺应自然"，从"开发自然"到"保护自然"，说明我党指导思想有了质的飞跃。为了这短短的一句话，我们国家曾经付出了沉痛的代价，交了高昂的学费。

十八大报告倡导的生态文明理念，是指导我国走可持续发展道路的战略思想。十八大报告还要求："把生态文明建设放在突出地位，融入经济建设、政治建设、文化建设、社会建设各方面和全过程。"理所当然，也应融入水资源管理和保护及水利工程建设的全过程。

尊重自然就是善待江河。经过千百年形成的自然河流生态系统，其结构、功能和过程都遵循着一定的自然规律，要承认自然河流有其天然的合理性。我们要尊重河流的自然水文情势、自然地貌形态和水体物理化学特征，尊重自然形成的生物群落结构和土著物种，尊重自然河流的演变规律。我们不能把主观愿望强加在河湖头上，更不能按照主观意志轻易改造河流。处理好工程建设中开发与保护的关系，在尊重和保护自然河流的大前提下，谋求经济社会利益最大化。对于已建工程，探索兼顾生态保护的水库调度措施和生态补水措施，在技术上实施生态补偿。

为什么要顺应自然？理由很简单，在强大的自然力面前人类是渺小的。试图与自然力正面抗衡，其结果往往以失败告终。面对全球气候变化和异常气候频发，合理的路线是采用适应性管理策略。面对特大洪水，如果采取"严防死守"，正面对抗洪水，无疑加大了洪水风险。需要转变防洪减灾策略，从洪水控制转变为风险管理，给洪水以更大的空间，通过预报预警，降低和规避风险，从而达到防灾减灾的目的。从全国的水资源配置格局看，人口密集的大型城市和城市群格局要适应水资源分布不均的自然格局，以水定规模，以水定发展。人要随水走，而不能强求水随人走。

在保护自然方面，当前的重点是水污染防治，源头治理，达标排放和总量控制。笔者常说"先治污，后生态"，因为这是两个不同的发展阶段。只有水体达标，才有可能进入生态修复的阶段。当然，在条件具备的地区，可以开展河湖生态修复工作。河湖生态修复的目标是在一定程度上恢复人类大规模活动前自然河流的水文、地貌、物理化学和生物特征，而不是"重新打造河流"，建立一个新的河流生态系统。河湖生态修复的关键就是河湖自然化。河流生态修复工程需要科学规划，合理设计，科学确定生态修复的目标、原则、总体布局和技术方法。不能把河流生态修复工程搞成按照长官意志建设的政绩工程、形象工程。现在有一种倾向值得注意，就是把"生态"当作包装，生态修复成为一句口号，成为"包装生态""口号生态"，以保护生态为名，行破坏生态之实，使河流进一步渠道化、园林化、商业化和人工化。目前，当务之急是制定河湖生态修复规划设计技术规范，建立重要江河湖泊生态监测系统，开展河湖健康评估。

行文至此，年轻的读者会发问，50多年前"大跃进"时代太不可思议了，人们怎么会做出那样不可思议的事情呢？作为一名水利战线的老兵，笔者倒要反问：再过50年，那时的年轻人可能还会感到困惑，为什么50年前大搞中小河流治理，却把一些自然河流弄成了渠道？为什么有的河流的河漫滩变成了高尔夫球场，盖起了成片高级别墅？最后再讲一件真实见闻，笔者曾遇到过一位地方水利部门主管，他对限采地下水政策非常抵触，认为缺水地区大力开发地下水应该理直气壮。我望着他充满自信的神情，不禁想起《红旗歌谣》的另一首民歌，这首民歌以戏谑的口吻写道："铁镢头，二斤半/一挖挖到水晶殿/龙王见了直打颤/就作揖，就许愿/缴水缴水我照办。"时间已经过去了半个多世纪，那些沉痛的故事或许已经湮没在历史尘埃中，但是我们曾经交纳的一笔笔高昂学费不应该付之东流。

浮雕主题《上善若水》*

——在中国水利水电科学研究院清华校友向母校敬献纪念浮雕仪式上的致辞

各位老师，各位学长：

首先，请允许我代表中国水利水电科学研究院全体清华校友，热烈祝贺母校百年校庆！以下我简要报告中国水利水电科学研究院校友向母校敬献纪念浮雕的筹备过程。

今年2月25日，中国水利水电科学研究院校友召开清华百年校庆座谈会，老中青校友150余人济济一堂，共庆母校百年华诞。会上通过决议，向母校敬献《上善若水》浮雕作品，以表达中国水利水电科学研究院全体校友对母校无限眷恋和感激之情。

陈设在新水利馆学术报告厅前厅的浮雕作品《上善若水》，语出老子《道德经》。老子说："上善若水。水善利万物，而不争；处众人之所恶，故几于道。"大意是：最善的品质好像水一样。水善于滋润万物而不争高下，停留在众人都不喜欢去的低洼地方，所以最接近于"道"。在我国传统哲学中，天人合一是一条主线，社会道德与自然规律浑然一体。老子在万事万物中给水以最高的礼赞，认为水是集真、善、美于一身的典范。

浮雕作品的侧面，是"智""仁"二字。文字源于孔子《论语》。子曰："智者乐水，仁者乐山。智者动，仁者静；智者乐，仁者寿。"

"智者乐水，仁者乐山"的大意是：睿智畅达如江河，故而乐水；仁德厚重如高山，故而乐山。

浮雕作品背景是波浪水纹，位于西侧的"仁"字的背景波澜不惊；正中"上善若水"的背景波涛汹涌；东侧的"智"字的背景浩浩荡荡。如同黄河长江自西向东，一泻千里，百川归海，气势恢宏。

纪念浮雕陈设在新水利馆内，其寓意在于传承古代先贤的智慧和品德，为祖国的水利事业奉献力量。

---

* 董哲仁. 在中国水利水电科学研究院清华校友向母校敬献纪念浮雕仪式上的致辞. 2011年4月23日.

中国水科院清华校友向母校百年校庆敬献浮雕仪式（2011年4月23日）
左起：张其光、李丹勋、王忠静、吴世勇、胡春宏、董哲仁、陈永灿、徐麟祥、樊启祥
右起：沈言琍、金峰、张建民、李庆斌

善　待　江　河 *

映秀镇周围田野上开满了金黄的油菜花。两辆卡车从这里出发，沿着颠簸的公路驶进渔子溪峡谷，朝着一个地图上找不到的叫作"月亮地"的林中空地奔去。卡车上传来嘹亮的歌声："从那黄河走到长江，我们一生走遍四方，辽阔祖国的万里山河，都是我们的家乡……"几十名年轻人迎风站在卡车上，望着陡峭山崖和茂密森林，热血沸腾，心潮澎湃。

时间是 1966 年 2 月。清华大学水利系渔子溪水电站设计队从北京出发到成都后进入现场，几十名应届毕业生在这里开展"真刀真枪"毕业设计。

渔子溪是岷江的一条支流，奔流在深山峡谷中，两岸原始森林郁郁苍苍，瀑布飞泉比比皆是。月亮地是电站闸首坝址，设计队的营地就设在这里。夜幕降临时，在黑黝黝大山的背景下，月光专一地投向这片小河滩，你才能明白月亮地这个名字取得很巧妙。设计队的生活是艰苦的，住席棚，睡草床，可大家却充满了乐观的精神。每天翻山越岭踏勘，十分辛劳，可生活也充满了特别的乐趣。清晨，同学们在清澈见底的渔子溪旁洗脸和晨练。水中鱼、空中鸟，还有对岸的一群猴子也不怕人，在树林枝杈上自在戏耍。穿过遍布野花的山坡去踏勘，有时还会与一只棕熊不期而遇。年轻人，火热的心，同学们都怀着把青春献给祖国的理想，以"改造自然，建设祖国"为己任，没听见谁说过一个"苦"字。那年夏天，我们这批毕业班的学生，怀着依依惜别的心情离开了渔子溪，奔赴祖国各地。继清华大学设计队之后，又经北京水电设计院、水电第六工程局上万职工日夜奋战，渔子溪水电站于 1972 年投产发电。这是一座引水式电站，引水隧洞长 8.4km，总装机 16 万 kW。电站成了深山里的夜明珠，一时传为佳话。渔子溪，作为人生旅途的第一站，我们这些清华学子从这里起步，开始了四十几年的水利生涯。

2002 年 1 月，我出席在成都召开的全国水利厅局长会议，会务组安排部分代表考察渔子溪水电站。闻讯后，当晚辗转反侧，难以入眠。人生苦短啊，36 年过去，真是弹指一挥间。当年的热血青年，今日竟成了一名两鬓秋霜的水利老兵。就像当年高唱的"清华大学水利系系歌"的歌词那样："住着帐篷和草房，冒着山野的风霜，一旦修好了水库大坝，我们就再换一个地方。"我在陕西石门水库工地搞施工十年后，又转向了水利科研战线，和科研团队一起，为攻克重大水电工程的科技难关，足迹遍布全国江河。这次又回到了职业生涯的起点，抚今追昔，实在是感慨万千。

是日下午，到达渔子溪月亮地闸首，眼前景象令我十分惊愕，我无法辨认这就是那条几十年梦中的渔子溪。它完全干涸了，奔流湍急的溪流流入了 8.4km 的引水隧洞。河床里巨石裸露，两岸山坡光秃，原始森林不知去向，鱼群、鸟群踪迹皆无，更别提当年那些

＊ 董哲仁. 善待江河 [J]. 中国水利，2009（17）：7-8.

可爱的猴子和棕熊了。公路上杂乱堆放着钢材和废弃设备，尘土和机油气味代替了当年的森林飘散的松香味道。

回到驻地，心情感到沉重。当年怀抱理想艰苦奋斗开发水电，却为下一代留下了这样一条面目全非的河流。我们为获得经济效益，难道需要付出这样惨重的环境代价吗？这就是改造大自然的结局吗？

回京后，渔子溪36年变迁景象盘旋在脑海，挥之不去。其后，我又有机会全面考察了岷江、怒江、沱江和大渡河，深入调研水利水电工程的生态影响问题。岷江水电开发主要集中在岷江上游干流和杂古脑河、黑水河等支流，已建、在建和拟建共38座电站，绝大多数是引水式电站，需要建设296km隧洞，相应造成总长近300km河道季节性断流。生物学家的调查报告显示，河道季节性断流对鱼类造成毁灭性的打击。岷江上游干流和主要支流原生鱼类近40种，自20世纪80年代以后，二级保护鱼类虎嘉鱼已绝迹；重口裂腹鱼、隐鳞裂腹鱼和异唇裂腹鱼也很少发现。

除了引水式电站引起河段季节性断流这种明显的生态退化问题以外，大坝工程也对于河流生态系统形成胁迫。水库人工径流调节改变了自然水文情势，营养物质在水库阻滞，洄游鱼类的通道被割断，各种生态问题不一而足。除了大坝建设以外，治河工程也把河道人工渠道化，蜿蜒型的河流被裁弯取直，加之规则的几何横断面和硬质护坡工程，把多样的自然河流改造成为单调的渠道，导致生物栖息地质量下降。一些防洪堤既缩窄了河道，又切断了河流与河漫滩湿地及湖泊的侧向联系。这些工程措施的实施，导致水生态系统产生不同程度的退化。这不但影响当代人的生存环境，更给人类长远利益带来无可挽回的损害。

反思需要勇气，要挑战传统，挑战自我。反思更需要理智，要实事求是，全面权衡。水利水电工程是国家的重要基础设施，对经济社会发展具有重要的支撑作用。一方面，要正确对待，妥善处理水利水电工程产生的负面生态影响问题，力争经济社会与生态环境协调发展。另一方面，也不能因为出现这种负面生态效应而否定水利水电建设，反对水利水电开发。简言之，既不能回避、否认工程生态影响问题，也不能以偏概全，因噎废食。坚持趋利避害，走可持续发展道路应是理智的选择。我们科技工作者的责任是为解决这个水利水电发展的瓶颈问题提供科学方法和技术支撑。

基于这些初步认识，2003年我在《水利学报》第1期上发表题为《生态水工学的理论框架》的文章，首次提出生态水利工程学的概念，文章提出"生态水工学作为水利工程学的一个新的分支，是研究水利工程在满足人类社会需求的同时，兼顾水域生态系统健康与可持续性需求的原理与技术方法的工程学。"这里包含有两层含意，一是提出了水资源和水能开发与生态保护双赢的目标；二是促进水利工程学与生态学的交融，吸收生态学的理论和方法，改进完善水利水电工程规划设计和管理方法，建设与生态友好的水利工程技术体系。文章发表没多久，就收到已届耄耋之年张光斗老师的来信，认为文章"有学科创新意义"，对我多有勉励。水电界前辈潘家铮院士欣然为2007年出版的《生态水利工程原理与技术》等两本新书作序，他在序言中写道："董哲仁教授原来从事工程结构研究，很有建树，当他察觉到生态问题已成为水利水电发展的瓶颈后，毅然转向环境问题研究，并进行了艰苦的调研、探索和实践。他组织跨学科的专题组，深入现场参与和指导一些省市的河流生态修复试点工程，为弄清怒江水电开发的生态影响问题，进入怒江上游原始地区深入调查。他详细研究外国的有关理论和经验，并全程考察了莱茵河和日本、韩国的生态工程，发扬了我国'读万卷书、走万里路'的好传统，这才为撰写这两本书奠定基础。在当前充满浮躁气氛的环境中，这种精神是很值得肯定的。"始料未及的是，生态水工学概念一经提出，就在水利和环保界产生了强烈的反响，连同其后发表的相关文章被引用上千篇次，应邀作学术报告几十次。坦率地讲，我的论著只不过是顺应潮流发挥了抛砖引玉的作用。水利工程生态影响问题之所以受到重视，集中反映了科技界对于生态保护难点问题的高度关注，集中反映了全社会生态保护意识的提高及对知识的渴望。在水利部的支持下，我和我的科研团队开展了河流生态修复的课题研究。在水利水电工程生态影响机理，河流生态修复理论和技术集成，兼顾生态的水库调度技术，河流健康评估等方面取得了一批创新性的成果。

我们搞水利的人都明白一滴水和江河湖海的关系，国家的政治经济形势和战略方针是起决定作用的。近年来，国家发展战略方针与时俱进，把生态环境保护提到前所未有的高度。2005年11月党的十六届五中全会确定了"建设资源节约型、环境友好型社会"是国民经济与社会发展的战略任务。2006年3月颁布的"国民经济和社会发展第十一个五年规划纲要"中明确提出了"在保护生态基础上有序开发水电"的指导方针。

2000年始，水利部先后实施向塔里木河、黑河和扎龙湿地紧急生态补水，有效地缓解了水生态状况恶化的局面。2004年8月水利部印发了《关于水生态系统保护与修复的若干意见》，明确指出水资源保护和水生态系统保护工程是水利基本建设工程的重要组成部分，全面启动了我国水生态系统保护与修复工作。全国已经开展了10个试点工作，其中包括广西的漓江、辽宁的新宾县、浙江的瓯江和吉林的查干湖等。2006年5月水生态系统保护与修复专题研讨会召开。根据水利部的统一部署，生态用水已经成为水资源配置的重要组成部分，纳入流域水资源综合规划。过去流域机构做水资源规划时，只考虑生产、生活用水，现在加上生态用水，成了"三生用水"。各流域机构先后开展了河流健康评估标准的编制工作。"生态"这个词在水利系统广大职工中已经耳熟能详。

中华人民共和国成立60年来，特别是改革开放的30余年，经济社会的变化可谓翻天覆地，但是在我看来，最深刻的变化莫过于思想的转变和理念的提升。如果说43年前的渔子溪电站是我国水电建设初期的一个缩影，那么，今天的形势完全不同了。"战天斗地，改造自然"的口号已经被"与自然和谐，建设生态文明"的理念所代替。在工程建设中尊重自然规律，坚持可持续发展，已经成为普遍共识。

我们这些水利战线的老兵，一辈子与水利事业同呼吸、共命运，经历了创业年代的艰辛和发展中的曲折，见证了水利事业跨越式发展，也能看到可持续发展的未来曙光。这也是人生之幸运吧。

河流的美学价值解读*

[摘　要]　讨论了渠道化和园林化对于城市河流生态系统的危害，指出当前盛行的城市河流园林化是新一轮河流的人工化改造。提出了河流修复的自然化方法，即以水质条件恢复、水文条件恢复、河流景观格局改善和生物群落结构改善为目标的河流生态修复方法。还讨论了河流的美学价值，指出自然河流是具有高度生物群落多样性和景观异质性的开放地带，只有自然河流才能给人以审美欢愉，因此河流的美学价值核心是自然之美。河流的园林化不仅造成生态系统的胁迫，而且降低了河流的美学价值。

[关键词]　河流生态系统；渠道化；园林化；胁迫；自然化；水文情势；景观格局异质性；生物群落恢复；美学价值

20 世纪 50 年代始，由于科学认知水平的局限，在治河工程中不重视生态保护，城市河流整治工程存在着违背自然规律的现象，主要倾向是城市河流的"渠道化"。近十几年城市河流"园林化"之风又有愈演愈烈之势。凡是经历过"渠道化"和"园林化"改造的河流，大部分已经面目全非，造成河流生态服务功能下降，美学价值降低，使城市河流陷入了难以摆脱的困境，不少生机勃勃的河流在城市中慢慢退出人们的视线。

1　城市河流的渠道化和园林化问题

河流生态系统是一个复杂、开放、动态、非平衡和非线性系统。河流系统是河流生态系统的重要组成部分，由河流、洪泛滩地、湖泊、河汊和湿地等构成。河流系统具有三项主要功能，一是生物栖息地，二是物质流、能量流、信息流的输移通道，三是具有屏障和过滤功能。这三项功能与河流的地貌特征和景观格局密切相关。一条健康的自然河流，沿水流方向具有通畅的连续性，沿侧向具有良好的连通性，在垂向具有良好的透水性，成为物质流、能量流、信息流以及生物物种迁徙流动的保障。河流的平面形态往往是蜿蜒型的，形成深潭—浅滩序列，造成多样的水力学条件，加之洪水脉冲过程和连续的水流条件，使得包括鱼类在内的水生生物的产卵、育肥、避难和洄游等生命活动都各得其所。

自 20 世纪 50 年代开始的我国城市发展进程中，为控制水流，在主流与支流、湖泊和湿地之间建设大量的闸坝工程，造成连通性的阻断。另外，为扩大建设用地常侵占河道或覆盖河流使之成为地下暗涵洞，大幅度减少了城市河湖水面面积。为给工业污水寻找出路，不少河流甚至变成了排污沟。为防洪目的开展了大规模的堤防建设和河道整治，对于

---

*　董哲仁. 城市河流的渠道化园林化问题与自然化要求 [J]. 中国水利，2008（22）：12-15.（文章名有改动）

河流形态进行了全面改造，对河流生态系统产生了胁迫效应。其中对河流地貌系统的人工化改造可以称之为河流的"渠道化"。其主要表征，一是平面上的河流形态直线化，即将蜿蜒曲折的天然河流裁弯取直，改造成直线或折线型的人工河流或人工河网。河道横断面几何规则化，把自然河流的复杂形状变成梯形、矩形及弧形等规则几何断面。二是河床材料的硬质化。包括防洪工程的河流堤防和边坡护岸的迎水面采用混凝土、浆砌块石等硬质材料，结果改变了急流与缓流相间、深潭与浅滩交错的格局，造成生境的异质性降低。硬质化的河床和护坡割断了地表水和地下水的渗透通道。这些对河流的胁迫作用导致生物群落多样性的降低，引起淡水生态系统退化。

近十几年，对于河流的人工改造又出现新的倾向，即按照园林设计方法规划城市河流，不妨称之为河流的"园林化"。比较简单的园林化是种草植树，绿化美化，在渠道化的河流外观上作些绿色处理。这类园林化虽使河流外观有所改善，但对于增进河流健康无大裨益。打一个不确切的比喻，"园林化"就好像一个人生病后去美容院看病。

另一类园林化是所谓"河流仿古工程"。表征是沿河建造密集的亭台楼阁，小桥栈道，水榭船坞，引进名贵花草树木，堆砌外来山石，把城市河段设计成古典人工园林。更有利用地方史料穿凿附会，改变原有的河流地貌格局，建造所谓水城、御码头、御桥、御道，重建当地历史名人故居的水榭、池塘，沿河修建牌楼、雕塑、寺庙、祠堂等纪念性"仿古"建筑物，这些密集建筑物把原本美丽的河流变成了一条假古董河流。在这个过程中，河流形态进一步被直线化、硬质化、单调化，生物栖息地质量每况愈下。

还有一类不妨称之为"河流商业包装"。其表征是沿河建设繁华的商业区。往往依托上述"仿古工程"，沿河建造茶楼酒肆，娱乐场所，新建牢固的码头驳岸，有仿古游船穿梭其间，灯红酒绿，丝竹悦耳。至于餐饮污水、垃圾污染、空气和噪声污染自不待言。这类景象在全国各地城市比比皆是，比如北京市中心地区有一个自元代以来就以自然风景著称的什刹海前海，历史上是由天然湿地演进而成的湖泊，面积不足 $0.1km^2$，近年却被130家酒吧、咖啡馆和餐馆团团围住，中外宾客摩肩接踵，从雕梁画栋的店门里传出摇滚乐鼓声。这个具有800年历史的自然景区竟被当地定位为"酒吧文化中心"，还被一家杂志评选为"中国最美的城区"之一，誉为"紧临中南海的时尚"。

为解读"河流园林化"这一社会现象，不妨剖析一下"打造城市形象"这类口号。当年全国各地城市建设大广场、修宽马路一时成风，为的就是树立城市形象。幸亏前几年国家刹住此风，可是造成的损失已难弥补。眼前的"河流园林化"时尚是"打造生态城市"的新翻版，事实上还是在"形象"上做文章。"形象"是容易"打造"的，但是生态保护与环境治理工作是艰苦的。水环境整治也是这样，种草植树、修建几处凉亭和小桥不难，但是减排治污、水生态保护等深层次的整治却需要另下工夫。

对河流园林化现象作经济学解读，可以窥见其商业利益驱动的因素。一是以牺牲河流生态景观为代价，把河流建成人工园林，借以提升沿河的土地价值进行房地产开发。特别有些城市把沿河地区建成高级住宅区，把公共休闲地带转为私人享用。二是为开发旅游资源，着力"包装"河流以吸引游客。三是利用河流为纽带规划城市的商业区，形成城市发展的"亮点"。一些城市的决策者把河流当成了"摇钱树"，任意"包装""美化"，以获取经济利益，令人担忧。

也许有读者会问，园林化可以美化环境，创造宜居条件，特别是我国传统园林艺术堪称世界文化瑰宝之一，把传统园林技法用于河流治理何过之有？

众所周知，我国传统园林艺术是一种独特的人工造园设计理念和方法，秉承了崇尚自然、效法自然的理念，融入古代文人寄情于山水之间的浪漫情怀，尽把秀丽山川、江河湖海纳入方寸之地，在几亩的私家园林中浓缩大千景象。在园中错落有致地布置亭台楼阁，水榭池塘，以满足主人多种功能的需要。

无论是传统园林艺术还是现代园林设计，都是一种人工造园技术，目的是通过风景设计满足人们的审美需求，使人赏心悦目。与此不同的河流整治自然化设计，其目的是满足河流生态系统的健康需求。河流园林化的结果可能加剧河流人工化，使河流偏离自然状态越来越远；而河流的自然化设计是尽可能使河流恢复到人类大规模活动以前的某种自然状态。园林化设计按照人的意图美化环境，并没有考虑改善生物栖息地和提高生物群落多样性这些生态问题，而自然化理念关注的恰恰是这些生态系统的核心问题。再从尺度方面看，园林设计是小尺度的风景设计，不可能应用到大尺度的流域和河流廊道的生态工程中，尽管在局部河段的风景设计中不排除采用园林技术。如上所述，我国传统园林艺术以自然为师，以河湖山林为样板，把自然风光浓缩到咫尺之地。但是，如果用这种人工造园技法去规划一个流域，把高度浓缩的人工景观搬到一条自然河流上去，这种情况莫若"源""流"倒置，所带来的结果不难想象。

总之，河流园林化是继河流渠道化以后新一轮的河流人工化。其对河流生态的破坏程度可能超过渠道化。

2 什么是河流自然化

城市化进程的加快，使城市淡水生态系统面临前所未有的困境。城市化进程也带来水文循环条件的改变，这包括植被面积减少，地面建筑物增多，土地大面积被硬质化。降水入渗量和填洼量减少，径流形成时间缩短。由于建设了城市排水系统，强降雨很快通过地面沟道和地下管涵排入河道。这就造成汛期的洪峰形成时间缩短，洪水曲线陡峭，增加了洪水风险。城市河流往往被大规模地人工渠道化，导致城市河流生物群落萎缩，乡土种生物退化，河流自净能力降低。自然河流的生态服务功能下降，也降低了河流所固有的美学价值。

河流自然化就是河流生态修复，其内涵是在满足河流具备防洪、供水等社会经济功能的前提下，通过人的适度干预，使河流恢复人类大规模经济活动以前的某些自然特征，提高河流的生态价值和美学价值。城市的中小河流的自然化目标可以归纳为"一个定位"和"四个改善"。

一个定位就是城市总体规划中河流的定位问题。城市景观以人工景观为主，河流是所剩不多的自然景观成分。城市河流应作为重点保护对象。在城市的总体规划中，河流周边地区不宜划为新的商业区。沿河流两侧包括滩地、池塘、湿地等应明确划出有足够宽度的河流保护管理区，辟为生态保护区或公共休闲区。河流保护管理区的自然资源属于公共资源，为全体市民共享，不能以房地产开发和其他商业开发为由侵占。

四个改善如下：

（1）河流水质的改善。城市河流的治污不能脱离周边地区，也不能脱离上下游孤立进行，需要统筹协调。在城市范围内，提高城市污水处理率是当前治污的关键。河道两岸应修建截污管线或截污沟，避免未经处理的污水直接排入河道。另外在暴雨期要调度好上游水库塘坝，增加蓄水，降低暴雨期的"污染脉冲"效应。除了污水的工业处理技术以外，一些成熟的生态工程技术，比如人工湿地、氧化塘、生态廊道和植物浮岛等，都可以因地制宜选择应用。

（2）水文条件的改善。首先要在历史调查和论证的基础上，在可行性论证的基础上尽可能恢复城市河湖水面，使水面面积与城市面积之间保持合适的比例。其次，大力改造硬质地面，发展透水地面，改善下垫面条件补给地下水。改善上游水库的调度方式，保证枯水季城市的景观用水。充分利用再生水作为绿化和景观用水。

（3）河流景观格局的改善。在河流廊道尺度下，提高景观空间异质性的途径有：在河流平面形态方面，恢复河流的蜿蜒型，形成浅滩—深潭序列。扩展滩区宽度，发挥滩区作为水陆交错带生物多样的优势。拆除使用价值不大的闸坝，增强河流、河滩、河汊、湖泊、湿地和洼地之间的连通性，保证物质输移和鱼类洄游的通畅。在河流横断面上，通过冲淤、疏浚等方式，重建河床底层，有利鱼类产卵和提高次级生产力。岸坡防护工程提倡采用生态型技术，采用具有良好反滤的插活枝条堆石、活植物梢料排、天然材料织物、土工网垫植被护坡等柔性结构，采用透水、多孔的混凝土构件如生态砖、鱼巢砖等。这样，河流在纵、横、深三维方向都具有丰富的景观异质性，形成浅滩与深潭交错，急流与缓流相间，植被错落有致，水流消长自如的多样丰富的景观空间格局。

（4）生物群落结构的改善。岸边植被是河流的缓冲带，提倡采用乡土种树木和草种重建河道护坡，这不但有利于岸坡稳定而且可以提供遮阴效果。现在一些城市热衷引进外来名贵树木花草，忽视乡土种的恢复，这对形成稳定生物群落十分不利。某些外来物种通过抢占栖息地或夺取食物等，形成对本地种生存威胁。所谓乡土种的概念是相对于外来种而言的，乡土种在当地食物链中已经形成相对稳定的结构，与生境建立了和谐关系。乡土种具有保持生态系统的相对稳定的作用，恢复乡土种是防止生物入侵的重要技术措施。另外，如果河流下游已设置闸坝阻碍鱼类洄游，就需要考虑乡土种鱼类的再定居问题。在乡土种中还要特别注意具有上位性（指食物网顶层）、特殊性（指泉水、洞穴环境等）和迁徙性（栖息在多种生境）的动物保护。

3　河流的美学价值解读

河流的价值大致可以分为三类：生态、社会、美学。生态价值是自然的，本质的；社会价值具有功利性，体现了经济价值；美学价值涉及人的感知、心理和体验。三者之间是相互关联的。河流的生态价值，如水体自净、涵养水分、改善局地气候、生物多样性和自然物种遗传等，对于人类社会的贡献十分巨大，但是常常不为人们所认识。人们大规模经济活动又经常对河流生态价值产生损害。至于河流美学价值问题，因其跨学科的特殊性质，至今学术讨论不多，对于河流美学价值的理解更是莫衷一是，如何保护河流的美学价值也没有引起管理层和工程界的足够重视。实际上，河流的美学价值是河流的最重要的价值之一，因为它是大自然留给人类的宝贵自然遗产。

什么是河流的美学价值？笔者认为不必把它理解成一个深奥的学术问题。简言之，由于客体———河流之美，引发了主体———人的精神愉悦，于是产生了一种审美过程，从而体现了河流的美学价值。尽管审美过程发生在个体，但是人的审美情趣具有社会性。

什么是河流之美？其实质是河流的自然之美，核心是河流的生态之美。众所周知，世界各个国家的历史文化背景千差万别，文化传统和民族习俗各异，政治制度和意识形态不同，对于美感的理解和体验具有明显的多样性。在人类千差万别的美感活动中有没有共同性？回答是肯定的。这就是大自然之美所引发的美感。可以说这种美感不分民族、性别和年龄而为全人类所共有。比如海上落日、高山林海、无垠莽原、沙漠清泉、平原雪夜和清风朗月所引发出的审美体验是人们所共同的。特别是对于河流湖泊的热爱，无论是高山飞瀑、峡谷激流、还是苍茫大江、潺潺小溪，其形态、流动、韵律、色彩、气息、声音无不引起人们的欢愉之情，至于江河湖泊所特有的"鹰击长空、鱼翔浅底，万类霜天竞自由"的丰富多彩的生物群落更令人们赞赏不已。人类具有共同的自然审美体验这种观点，可以从世界各国所创作的大量文学、美术、摄影、音乐和影视的经典作品中得到证明。这些作品讴歌赞美大自然的篇章，往往跨越国界引起广泛的共鸣。人们对于自然美引发的审美体验甚至可以跨越时代。比如"飞流直下三千尺，疑是银河落九天"，"明月松间照，清泉石上流"这些脍炙人口的名句，流传一千多年经久不衰，仍然引起今人与古人在审美体验上的心灵沟通。

为什么人类具有共同的对于自然之美的美感体验呢？这就要寻觅人类发展的足迹。人类远古的祖先从森林、草原走出来，又从农耕社会的乡村发展到城市，可是人们对于大自然的依恋心理始终薪火相传，世世不熄。现代城市已经高度人工化，是由混凝土、沥青、钢铁、塑料、玻璃、机械和电缆等这些人工材料构筑，由高度组织化的各类网络系统（给排水、电力、输油、供气、轨道、通信、商业、互联网等）所联系。生活在高楼大厦丛林中的人们已经难于接触养育我们的泥土，看不到野草，听不到秋虫的鸣叫。城市越发展，城市景观中的自然因素越少。高度的人工化环境再加上污染、噪声、异味和拥挤，使城市居民对于自然的依恋心理愈发强烈。这就不难解释近年来大城市不少居民热衷于走出城市到郊区野外度假的休闲方式。

在高度人工化的城市里留下来一条流淌着生命的河流，几乎成了唯一的自然景观因子。正因为如此，生活在城市里的人们对河流寄托着无尽的期望和梦想。人们喜爱具有自然形态的河流远胜于人工改造的河流。比如，人们喜爱蜿蜒的河流胜于笔直的渠道；喜爱富于变化的河流，胜于呆板的平顺河流；喜爱宽窄变化适度、岸坡多样的河流胜于单调划一形态的河流；喜爱芦苇、菖蒲和野草覆盖的河岸胜于修剪整齐的花坛和绿地；喜爱自然的泉水胜于人工喷水池；喜爱蝉声、鸟声和蟋蟀声胜于公园广播器的音乐。实际上，自然之美的核心是生态之美，生态之美主要体现在生态景观多样性和生物群落多样性这两个基本要素上。

审美观是人性的，也是平淡的。在人性的平淡中才有自然美的流露，更融入了温暖人情的美感。平淡和朴素的美比雕琢、渲染和夸张的美具有更深刻的品质。在现代城市中这种平淡之美尤为宝贵。你看，在喧嚣的城市中还有河流岸边的宁静，在弥漫着汽油异味的城市中还有河流的清风，在城市五色炫目的光污染中还有河流的蓝色。

城市河流的自然美是平民化的，世俗的。这种美与平民生活息息相关，因为留在人们记忆中的河流，是村寨妇女取水的山泉，孩提时代戏水的村边小溪。因此注重保留河流的平民品质，是城市河流设计的一个原则。在河流整治工程中，适度布置亲水平台、栈道等小型设施，提供与自然直接接触的条件，就是为满足这种回归自然的心理。

遗憾的是，上述弥足珍贵的美学元素往往被一些决策者和设计者所忽视，他们用自己的美学观改造河流，他们总要"打造"它，任意"包装"它。有人认为富贵就是美，豪华就是美。至于密集使用古典园林手法，着意渲染士大夫阶层的文人雅趣，设计者却忽视了现在的城市居民与几百、上千年前士人审美情趣上的差距。还有一种是追求所谓"欧美风格"。笔者曾在一个县级市看到坐落着所谓巴洛克风格的公共建筑物的广场上布置着喷泉水池、仿古希腊人像和动物雕塑，这些不伦不类的设计令人啼笑皆非。

河流是城市文明的历史见证，恢复与河流有关的历史遗存十分重要，如古桥、古堰、古水尺、古井、古码头等，这不仅是文物保护的要求，更是一种文明的传承。但是，不宜提倡制作"仿文物"、假文物，也不宜沿河密集布置所谓仿古建筑，更不能以仿古为由加剧河流渠道化。

在美学领域，真、善、美始终是一个重要的话题。朱光潜先生认为，"实用的态度以善为最高目的，科学的态度以真为最高目标，美感的态度以美为最高目标。"在我国传统哲学中，美总是与社会道德、宇宙规律浑然一体的。老子说："上善若水。水善利万物，而不争；处众人之所恶，故几于道。"他告诉我们，最善的品质好像水一样。水善于滋润万物而不争高下，停留在众人都不喜欢去的低洼地方，所以最接近于"道"。老子在万事万物中给水以最高的礼赞，认为水是集真、善、美于一身的典范。我们对待城市河流也应该这样，不但要认识河流，更要善待河流；不但要以河流为友，更要以河流为师，以科学的精神，遵循河流自身的规律，让河流回到它本来的自然面貌。

参 考 文 献

［1］　董哲仁，孙东亚，等．生态水利工程原理与技术［M］．北京：中国水利水电出版社，2007.
［2］　董哲仁．生态水工学探索［M］．北京：中国水利水电出版社，2007.
［3］　朱光潜．谈美——东西方美学的经典阐述［M］．北京：金城出版社，2006.

Issues related to channelization and garden lization and natual requirement of rivers

Abstract：The stress on river ecosystem in urban area is discussed that result from both rivers channelization and gardening. It is point out that rivers gardening in vogue is man‐made process. The river restoration as naturalization process is proposed that including water quality restoration，recovery of hydrological regime，restoration of river landscape pattern and community recovery. The river esthetics value which core is nature beauty is discussed. Natural river corridors are areas of great biodiversity and landscape heterogeneity, and provide open space for aesthetically pleasing and visual enjoyment. The man - made rebuilding of rivers not only results in stress on ecosystem but also reduce esthetics value.

Key words: river ecosystem; channelization; gardening; stress; naturalization; hydrological regime; landscape pattern heterogeneity; community recovery; esthetics value

王维山水田园诗的生态伦理 *

唐代大诗人王维留下了一批历经千年脍炙人口的山水田园诗。在这些优美的诗篇中，诗人以淡然自适的隐逸情怀，描写了自然风光和乡野景观。王维笔下的自然界清新宁静又生机盎然，流露出诗人摆脱尘世纷扰而全身心融入大自然的美好愿望，这些诗篇体现了诗人的自然观和生态观，更充满了泛爱万物、天地一体的朴素生态伦理。

生态之美

王维一生对山泉溪流瀑布充满了无比的深情。他在终南山隐居时，经常徒步沿着溪流溯源而上，直到源头，"行到水穷处，坐看云起时"（《终南别业》）。王维描写溪流的佳句不胜枚举，诸如"声喧乱石中，色静深松里。漾漾泛菱荇，澄澄映葭苇"（《青溪》）。"飒飒松上雨，潺潺石中流"（《自大散以往深林密竹磴道盘曲四五十里至黄牛岭见黄花川》）。"寒山转苍翠，秋水日潺湲。倚杖柴门外，临风听暮蝉"（《辋川闲居赠裴秀才迪》）。在《送梓州李使君》中，诗人展现了雨后山泉的风貌。

送梓州李使君

万壑树参天，千山响杜鹃。

山中一夜雨，树杪百重泉。

汉女输橦布，巴人讼芋田。

文翁翻教授，不敢倚先贤。

我们看到山中夜雨后，百泉涌流，参天古树焕发青春，千山杜鹃歌唱，一切都充满蓬勃生机。

苏东坡《书摩诘蓝田烟雨图》云："味摩诘之诗，诗中有画；观摩诘之画，画中有诗。"王维在终南山辋川隐居时创作的五绝《栾家濑》，就是一幅优美的"秋雨溪流白鹭图"。

栾家濑

飒飒秋雨中，浅浅石溜泻。

跳波自相溅，白鹭惊复下。

栾家濑位于王维辋川别业附近。濑是指沙石上的湍流。诗的大意是：秋雨绵绵，水流浅浅，溪流湍急，灵动活泼，水石相击，跳波相溅。白鹭被激流惊飞，复又好奇落地涉水游戏。前面3句写出了秋雨中山谷溪流的跃动之势，末句则勾画出白鹭生命的喜悦。王维观鹭如庄子观鱼，神游自然，放飞心灵。以忘我空灵的心境，感受到白鹭戏水的快乐和大

---

* 董哲仁. 王维山水田园诗的生态伦理［J］. 水与中国，2009（4）：24 -28.

自然的特有神韵。

王维在唐开元二十年（732年）入蜀途中创作的《纳凉》，生动地描写了诗人融入大自然怀抱的惬意。

纳凉

乔木万余株，清流贯其中。

前临大川口，豁达来长风。

涟漪涵白沙，素鲔如游空。

偃卧磐石上，翻涛沃微躬。

漱流复濯足，前对钓鱼翁。

贪饵凡几许，徒思莲叶东。

这首诗描写溪流穿过茂密的乔木树林，临近汇入大川的河口处，长风吹拂，景色豁然开朗。波涛涟漪挟带着白沙，鲔鱼游弋犹在天空。诗人仰卧在磐石之上，任波涛荡涤自己谦恭的身躯。隐居高士随缘自适，如同屈原那样，"沧浪之水清兮，可以濯吾缨。沧浪之水浊兮，可以濯吾足"。诗人对面的那位钓者，意不在鱼，却陶醉于山水之间，没有几条鱼肯贪恋钓饵，唯独乐意穿梭在莲叶下自由地游向西、游向东。我们看到，诗人满怀深情融入大自然的怀抱，放浪形骸于山水之间。他仰卧于磐石之上，任波涛荡涤，清风吹拂，和莲池为邻，与鲔鱼为伍，好一幅"天地与我为一，万物与我并生"的图景。

王维对大自然的热爱，源于对自然之美的感悟和审美愉悦。诗人吟唱自然之美，按照当下的说法就是生态之美，其核心就是生物多样性之美。生态学定义的生物多样性包括遗传多样性、物种多样性、生态系统多样性和景观多样性。在诗人的笔下，浅水岸边生长着芙蕖、蒹葭和青菰，溪流大卵石上布满了厚厚的青苔，白鹭水禽涉水嬉戏，鼋龟鲔鱼在水中纵横游弋，野兽到溪边饮水休憩，林中的杜鹃黄鹂歌喉婉转，千山万壑古树参天。我们看到乔木、灌木和湿生植物、水生植物、鱼类、两栖动物、爬行动物、哺乳动物、涉禽、游禽和鸣禽等分布在河川溪流中，这些不同的生物种群通过营养传递相互作用形成了溪流生物群落。王维诗中的溪流生物群落具有十分丰富的多样性，各类生物相生相克，和谐共生。生物群落多样性来源于栖息地的多样性。在王维的诗中，我们经常看到雨后的溪流山谷水涨、流量增加、流速增快、山泉涌流的水文过程，看到瀑布引起的湍流、急流和漩涡这些水力学现象，看到跌水—深潭交错序列，看到溪流与岩石、河谷、瓯穴等边界条件的相互作用。正是这些复杂的水流作用，才形成了具有高度异质性的栖息地，适宜各类水生动物找到它们生活史不同阶段需要的产卵场、索饵场、越冬场和避难所。在王维的笔下，生态系统是动态的。在他的诗中，春夏秋冬景观交替，山雨山风阴晴变幻，溪流水涨水落，飞鸟高翔，走兽奔跑，自然生态系统的一切都在运动和变化中。可以说，王维的诗就是一幅幅时空变化的自然画卷。

一般认为，科学与艺术往往是沿着两条平行的轨道发展。科学是理性的，靠逻辑思维和实证；艺术是感性的，靠灵感和感悟。但是二者也可能发生交集，王维就是一个范例。王维靠心灵的感悟，又用文学的语言表现出淡水生态系统的结构、过程和功能。可以说，王维的山水田园诗是现代生态学的一种美学诠释。

道法自然与泛爱万物

王维的山水田园诗充满哲理。有学者认为，庄子学说是诗的哲学，而王维的诗是哲学的诗。王维一生信奉禅宗，他以禅入诗，诗禅不辨。禅宗与大自然密不可分。王维心空则深得禅悦，兴象深微，超以象外，外物湛然空明。王维诗的意境从胜义谛的视角看，参证了"凡所有相，皆是虚空"的禅宗要义。王维的《辛夷坞》是一首著名的禅意诗。辛夷坞是辋川中一片四面高而中间低的谷地，因盛产辛夷花得名。

辛夷坞

木末芙蓉花，山中发红萼。

涧户寂无人，纷纷开且落。

辛夷，落叶乔木，花开枝头，花苞尖似笔头，花开似芙蓉。诗中描写辛夷花在幽寂无人的山谷中以其自然本性存在着。诗人以悠然恬淡的心境体味辛夷花花开花落，感悟清空幽谧的禅意人生。著名美学家李泽厚认为，王维那些"充满禅意的作品"，"比起庄子、屈原来，便具有一种充满机巧的智慧美。它们以似乎顿时参悟某种奥秘，而启迪人心"。"色即是空，空即是色，色不异空，空不异色"。这不但是盛唐人的诗境，也是宋元人的画境。当王维融入大自然怀抱之中，以超脱功利世俗的禅意体验到溪流潺潺、鸢飞鱼跃、活泼灵动的自然之美，无形中升华到哲学思辨的高度。

我国古代先贤探究人与自然的关系，称为天人关系，就是司马迁所说的"究天人之际"（《史记》之《报任安书》）。"天人合一"是我国传统哲学中占有主导地位的思维模式，是一个具有根本性的哲学命题。它作为一种古典哲学理论，可追溯到公元前 2000 年的周代，从先秦时代发展到明清时期，在宋朝出现过学术高峰。"天人合一"反映了人对自然界的认识，主张人与自然和谐统一。"天人合一"的哲学思想由历代学者发扬光大，又产生了一些重要的学说，最具代表性的一是老庄的"见素抱朴"和"道法自然"，一是孔孟的天命论和"泛爱万物，天地一体"。

老子《道德经》第二十五章有一段"道法自然"的著名论述，至今仍被广为引用。老子说："故道大，天大，地大，人亦大。域中有四大，而人居其一焉。人法地，地法天，天法道，道法自然。"这段话言简意赅，寓意无穷。老子的"四大"中，人居于"四大"之一。人与自然的关系，不是凌驾在天地之上的主宰关系，只能是对自然规律的认知、顺应和融合。"道法自然"可以理解为："道"效法和遵循万物自身变化发展的规律。那么，圣人又如何对待道呢？老子说："是以圣人处无为之事，行不言之教。"就是说圣人用"无为"去处事，用"不言"去教导。老子著名的无为论，并非字面上的无所作为，而是不妄为，不做违反自然的事，无论是对待宇宙自然，还是治理社会，要效法"道"。因为"道"的本性就是"无为"。

庄子把人与自然的关系阐发得更为透彻。庄子认为："天地与我为一，万物与我并生。"在《庄子》"天道"一章中，庄子假托孔子向老子问礼故事说出了一番道理。庄子说："则天地固有常矣，日月固有明矣，星辰固有列矣，禽兽固有群矣，树木固有立矣。夫子亦放德而行，循道而趋，已至矣。"就是说，天地原本就有自己的运动规律，日月原本就放射光明，星辰原本就各自有序，禽兽原本就各有群落，树木原本就林立于地面。先生您还是遵循自然状态行事，顺从规律去进取，这就极好了。庄子这段论述，更清晰地要求人们"循道而趋"，对于自然界，人们不要去驱使它、掠夺它，相反，应该尊重万物，顺应自然，谨慎地顺从自然规律行事，这才是真正的美德。王维极为推崇庄子，庄子曾为蒙漆园吏，在《漆园》一诗中，王维以庄周自喻。一位是大哲学家，一位是大诗人。他们都是鲲鹏神驰，精神无界，孤傲清高，循道而趋，他们跨越了历史的时空，心有灵犀一点通。

漆园

古人非傲吏，自阙经世务。

偶寄一微官，婆娑数株树。

在儒学中把"仁"作为最高道德准则，所谓"仁者爱人"，指出"仁者以天地万物为一体"。由于"天"滋养万物，抚育了人类，这体现了"天"的"仁"。人为天所生，与天具有血肉相连的内在关系，人也应该有"爱人利物之心"。孟子主张"泛爱万物，天地一体"。人对于自然界的巨大恩惠要予以仁爱的回报。同时，儒家主张对自然界要心存尊重和敬畏之心。《论语》中经常讲"知天命"。所谓"天命"，泛指自然规律。"知天"和"畏天"是对立统一的。"知天"，指人掌握自然规律；"畏天"，指人对自然界要心存敬畏。

中华文明历经5000年而绵延不绝，一个重要的因素是得益于中国人的"天人合一"的哲学理念。中国农业具有数千年的悠久历史，供养着众多的人口而地力经久不衰，生态系统具有可持续性，其秘诀在于我们的祖先早就具备了朴素的生态保护理念。古代哲人讲究仁义施及鸟兽虫鱼，反对和谴责"暴殄天物"（《尚书》）、"竭泽而渔"（《吕氏春秋》）。孟子提出"斧斤以时入山林，材木不可胜用"，主张适度采伐的原则。孔子对于捕鱼打猎的主张是"钓而不纲，弋不射宿"（《论语·述而》）。这是说钓鱼不用网捕，射鸟不射巢中之鸟。不少封建王朝强调保护自然资源的可再生能力，颁布了环境保护法令法律。早在战国时代，管仲任齐国宰相时颁布法令，规定在封山育林期间，违令砍伐者将判死罪，犯令者"左足入，左足断，右足入，右足断"。《礼记》是汇集我国古代典章制度的重要典籍，体现了先秦儒家的哲学思想和礼制刑律。《礼记·王制》中规定："獭祭鱼，然后虞人入泽梁。豺祭兽，然后田猎。鸠化为鹰，然后设罻罗。草木零落，然后入山林。昆虫未蛰，不以火田，不麛，不卵，不杀胎，不殀夭，不覆巢。"大意是：正月以后，掌管山泽的人才可以进入川泽垒梁捕鱼。秋冬之交，才可以开始田猎。8月以后，才可以设网捕鸟。到了10月，才可以进入山林砍伐。昆虫尚未蛰居地下之前，不可以纵火焚草肥田。不捕捉小兽，不取鸟卵，不杀怀胎的母兽，不杀刚出生的小兽，不捣毁鸟巢。

王维的《白鼋涡》就是一首反映诗人自然生态观的典型作品，体现了诗人的生态伦理。

白鼋涡

南山之瀑水兮，激石漰瀑似雷惊，人相对兮不闻语声。翻涡跳沫兮苍苔湿，藓老且厚，春草为之不生。兽不敢惊动，鸟不敢飞鸣。白鼋涡涛戏濑兮，委身以纵横。王人之仁兮，不网不钓，得遂性以生成。

白鼋是一种白色的大鳖，涡是指旋转的急流。诗的大意是：南山的瀑布啊，落在岩石上翻腾，沸涌如雷惊，人面相对却听不到语声。漩涡的飞沫润湿青苔，常年的苔藓厚实青青，春草要另择地而生。野兽不敢惊动，鸟也不敢飞鸣。白鼋在漩涡和沙石上的激流里嬉戏，委身于涡涛中。主人有一颗仁爱之心啊，不撒网，不垂钓，让白鼋自由生长，顺其本性。

在诗中我们看到飞流倾泻，听到瀑布雷鸣之声，闻到青苔和湿润的水汽。诗中的主角是在激流漩涡中游弋嬉戏的白鼋，它与飞鸟走兽和睦相处，互不干扰，各得其所，它与王维是平等的好朋友。诗人满怀"泛爱万物，天地一体"的仁爱之心，不仅不网，而且不钓，顺其自然本性，使白鼋俯仰自如，无拘无束，自由生长。王维对于生物保护的意识，源于诗中所说的"主人之仁兮"，儒家把"仁"作为最高道德准则，主张"仁者爱人"，而且"仁者以天地万物为一体"，把仁爱推及自然界的万物。王维主张"不网不钓"，与孔子提出的"钓而不纲，弋不射宿"的主张相比，更是超越了古代圣贤珍惜生命的理念。诗人心存佛教"无缘大慈，同体大悲"信念，关爱生命，不但反对虐待和伤害生命，而且与所有生灵和谐相处。《白鼋涡》写于诗人隐居终南山辋川之时，王维笔下的白鼋有如庄周笔下的鲲鹏，遨游天际，舒展自如，顺应自然，自由自在。诗人以白鼋自喻，体现了远离浮华而回归自然的生存智慧。一首《白鼋涡》表现了人与自然和谐相处的物我两适境界，凝聚了佛道儒要义。

重生与贵和

中国古代哲学的主流是"重生"和"贵和"，即珍惜生命，以和为贵。这实际上是从生命体验角度来诠释人与自然的关系。重生，不但要珍惜人类生命，也要珍惜自然界万物的生命。贵和，不仅重人伦和谐，也要重视人与自然界的和谐，也就是生态和谐。庄子说"与天和谐，谓之天乐"（《庄子·天道》）。王维的代表作《山居秋暝》描写了在优美的生态环境中，浣纱女和渔民的劳作场景。我们看到人与自然和谐，人与人之间和睦的情景。

山居秋暝

空山新雨后，天气晚来秋。

明月松间照，清泉石上流。

竹喧归浣女，莲动下渔舟。

随意春芳歇，王孙自可留。

雨后的空谷，秋天向晚，清爽宜人。月光如水倾泻在松林里，泉水清澈流淌在磐石上。竹林深处笑语喧哗，归来了一群浣纱女子。荷叶与莲花被荡开一条水路，渔船顺流而下，带着大自然的恩赐满载而归。山水与田园相谐，劳作与欢快一体，人类与自然融合。人们对于大自然的无私赐予满怀感恩之心。

孔子在《尚书·大传》中说："夫山，草木生焉，鸟兽蕃焉，财用殖焉，出云雨以通乎天地之间，阴阳和合，雨露之泽，万物以成，百姓以食，此仁者之乐山者也。"在孔子的眼里，山可以生长草木，草木繁衍鸟兽和其他有价值的物质，调节气候和雨水，形成万物，使百姓有其食，有其用。孔子这一席话，形象地概括了河流湖泊在地球生命圈中作为生命的介质和载体周而复始生生不息的运行规律，概括了河流湖泊的支持、调节、供给和美学这些重要的生态服务功能，指出河湖生态服务功能是人类福祉所依。

与孔子描绘的先民们在大自然的怀抱中安居乐业景象相呼应，王维《渭川田家》一诗，则再现了盛唐时期渭河流域沃土上其乐融融的田园生活。

渭川田家

斜光照墟落，穷巷牛羊归。

野老念牧童，倚杖候荆扉。

雉雊麦苗秀，蚕眠桑叶稀。

田夫荷锄至，相见语依依。

即此羡闲逸，怅然吟式微。

诗中描写了夕阳斜照，牛羊归村，老人倚杖柴门盼望牧童回家。鸟鸣声中麦苗扬花抽穗。因蚕已休眠，桑叶稀疏了。农夫们荷锄归来，相遇问候，聊聊家常。王维内心无比羡慕闲适的田园生活和淳朴民风，向往没有纷争的桃花源社会，推崇天时地利人和，体现了一种崇高的精神境界和人生理想。

作为信奉佛道儒的大诗人，王维推崇"仁者爱人"，他又把仁爱推及自然界，珍爱生命，泛爱生物，憧憬天地一体与自然和谐的理想境界，向往以和为贵的和谐社会。王维的山水田园诗本身就是庄子所说的一曲天乐之声。

百年黄河一梦遥[*]

　　当 21 世纪钟声敲响的欣喜之余，作家们不失时机地向读者献出了百年形形色色的故事。政治的、科学的、文学的……在此类众多的出版物中，有一本别致的百年纪录，它很特殊，又散发着浓厚而朴素的气息。这是关于黄河的世纪历史，是一本汇集近 700 幅珍贵历史照片和简洁文字的书，娓娓诉说百年黄河。

　　俞平伯说，中国文学没有悲剧。原因是传统文化认为"乐天知命"才是智慧，对人类命运的不合理性缺乏感受，更谈不上抗争。而悲剧却不同，它往往使我们觉得宇宙之间有一种人的意志无法控制，理性也无法理解的力量，这种力量不问善恶是非，将好人坏人一概摧毁。悲剧往往使英雄在与命运抗争中屡屡失败，从而唤起我们的崇高感，体现人的尊严。辟如黄河，翻开《世纪黄河》，那一幕幕悲壮的剧目就展现在你的面前。

　　序幕拉开，清咸丰五年黄河堤防溃决，突然大改道。结束了黄河 700 年南下夺淮入海的局面，这是黄河历史上最后一次大改道。这个大改道给黎民百姓带来的灭顶之灾可谓罄竹难书。1933 年，黄河干流又发生 22000m³/s 的大洪水，66 个县 364 万人受灾。《长垣县志》载："凡水淹之处，茫茫无际……洪流倾泻，房塌树倒，人畜漂没，一片惨景……人民竟趋高阜，或蹲屋顶，或攀树枝，馁饥露宿。器皿食量，或被漂没，或被湮埋……情况之惨，不可言状。"1938 年，日本侵略者的铁蹄进犯中原，黄河，又成了民族不屈精神的象征。1938 年 5 月，在延安陕北公学大礼堂首次唱响了《黄河大合唱》的激昂歌声。也是五月，蒋介石亲批"电令在中牟以北黄河堤岸选三个点决开堤防，让河水在中牟、郑州间向东南泛滥，以阻止日寇西犯。"制造了震惊中外的黄河花园口扒堤事件。竟使 1200 万人受灾，391 万人流离失所，89 万人命丧黄泉。我们从照片上看到的景象是"澎湃动地，呼号震天"，人们"攀树登屋，浮木乘舟，以侥幸不死。"在黄河被扒口南流的 9 年间，100 亿吨泥沙被带到黄泛区。

　　1949 年，正当北京 30 万军民在天安门广场庆祝开国大典时，40 万抗洪大军正在黄河大堤上迎战大洪水。

　　1952 年深秋，毛泽东在新中国成立后第一次出巡就来到了黄河岸边，在领袖的头脑里，黄河洪水一直是中华民族的"心腹之患"。毛泽东还是浪漫主义诗人，在 1964 年，老人家已逾 70 高龄，竟多次提出要带上历史学家、文学家和地质学家，徒步策马，从黄河入海口上溯河源，实地考察。他说，黄河是伟大的，是我们中华民族的起源，人说不到黄河心不死，我是到了黄河也不死心。有关部门为此破天荒地为这个计划备好了马匹，可惜未能实施，使历史失去了重彩一笔。

　　年轻的共和国百废待兴，仍然以满腔热情支持了治黄事业，派出了河源查勘队，在牦

＊ 董哲仁. 百年黄河一梦遥 [N]. 中华读书报，2002 -03 -27.

牛运输队的支持下进入青海草原；500 人的查勘队分 9 路开展水土保持调查。1955 年全国人大通过了黄河综合治理规划，标志着治黄工作全面展开。1957 年三门峡工程开工兴建，此后又为解决库区泥沙问题先后进行了两期改建。

百年治黄，也出现过传奇式的人物。李仪祉、张含英、王化云，还有众多的科学家、工程师。毕竟时间过去了近百年，当年的人物都湮灭在黄河的历史风沙中。细心的编辑在一幅幅老照片中，竟然标出了众多的人物姓名，实在令人钦佩。仔细翻看这些珍贵的照片，发现不少人物是不可能留下姓名的。比如 1936 年时任董庄堵口工程处副总工程师，挪威人安立森在现场指挥时，在他左右忙碌的河工；1938 年花园口扒口后肩挑一双儿女涉水逃难的汉子；1947 年刘邓大军强渡黄河时划船的艄公；1948 年高村抢险中，匍匐在堤上奋力将柳石枕推下河床中数十位强壮的民工，还有周恩来视察三门峡工地时簇拥在他周围一张张青春焕发的脸……他们都带着黄河的憨厚与倔犟，还有强壮的身躯。感谢摄影师留下了他们的历史影像，虽然没有留下姓名，可他们是黄河的真正主人。他们在滔滔黄河中，留下了泪，留下了血，留下了汗，留下了震天的呐喊，留下了一个世纪的黄河梦。

第 10 篇
人物缅怀

中国现代水利先驱与开创者李仪祉

引　言

　　光阴流逝，不知不觉已近耄耋之年。几十年奔波劳碌，足迹遍布大江大河，经事还谙事，阅人如阅川。所幸自己从一个朝气蓬勃的青年变成年迈之衰翁，一生中遇到过不少良师益友，他们或危难时相助，或学问上指点，或事业上激励。晚年每当夜深人静独坐之时，回首往事，许多前辈、师长、领导和朋友的音容笑貌犹在眼前，敬佩，感恩，怀念，常使我感慨万千，不能自己。

　　本篇选录了三篇纪念文章，缅怀我一生中崇敬的三位先驱和前辈。

　　李仪祉先生（1882—1938）是中国现代水利的先驱和开创者。他的名字对现在的年轻人可能有些陌生。几代人从小学课本中都知道詹天佑对开创我国铁路事业的巨大贡献，殊不知20世纪初期李仪祉对开创我国现代水利的贡献，与詹天佑相比毫不逊色。李仪祉先生20世纪初留学德国，学成归国时就认定"水可兴国，诚信然亦"，奠定了先生振兴中国水利的宏伟志向。李仪祉先生的贡献是全方位的，他是我国早期水利教育家。他著作颇丰，系统介绍了西方水利工程理论。他是1935年成立的中国第一水工实验所的创始人，就是现在中国水利水电科学研究院的前身。更为重要的是他主持制定了陕西和西北的水利规划，亲自规划设计建设了渭惠渠、泾惠渠、洛惠渠、褒惠渠等一系列灌溉工程，这些工程经历近百年风雨，至今仍然发挥效益，造福百姓。我于1966年从清华大学毕业后，分配到陕西省汉中地区褒河渠道工程指挥部参加劳动和施工，这项工程是褒惠渠的扩建工程。李仪祉先生的业绩口口相传，我从当地老百姓那里头一次听到李仪祉先生为民造福的功业，令我十分感动，成为我水利人生的第一课。

　　冯钟豫先生（1917—2012）是台湾水利界泰斗，他的经历极具传奇色彩。先生1917年3月21日生于河南开封的书香门第。父执三兄妹成就非凡，伯父冯友兰为哲学大师；父亲冯景兰为著名地质学家，姑姑冯沅君为才女作家。冯钟豫先生1935年考入清华大学土木工程学系，为清华新制第十一班（桂级），1937年抗日战争爆发，先生随清华迁移至长沙临时大学，1938年参加学校陆路步行团，长途跋涉数月至昆明，于西南联合大学继续学业，1939年夏学成毕业，同年加入云南水利发电勘测队，从此开始了70余年的水利生涯。1945年奉派赴美田纳西流域管理局及垦务局研习水利工程，其间还参加美国垦务局受托的长江三峡大坝初步规划研究工作。1947年进入国民政府资源委员会水力发电工程总处工作。1948年秋奉命赴台湾指导修复战时破坏的水电厂，不料海峡形势巨变，从此改变了他的一生轨迹。他和夫人留在台湾定居，为台湾的水利建设奉献力量，而他的父辈和兄弟姐妹都在大陆。1954年春，先生任石门水库规划及建设委员会副总工程师，水库兴建历时10年，先生恪尽职守，不辱使命。1966—1968年任水资源统一规划委员会主任委员，1978年起专任经济建设委员会参事至1982年届龄退休。在其公职期间，台湾各项重大建设，如石门、翡翠、曾文等大型水库建设、六年计划、十大建设、十二项水资源开发、河海堤建设等，先生都参与规划指导，处处留下足迹。先生贡献卓著，德高望重，2007 年获"行政院"院长颁发终身成就奖，可谓实至名归。

冯老长我 26 岁，1939 年清华大学毕业，先于我 27 年，论年龄他是我的父辈，论学历是我的老学长。1990 年，冯老到北京参加碾压混凝土国际研讨会，我时任会议秘书长。与冯老初次见面，他诚恳谦和，温良恭俭，一派长者之风，令人折服。我们交谈甚为投机，可谓一见如故，自此开始了我们长达 22 年的忘年之交。1990 年两岸关系尚未完全解冻，但是水利民间交流却领先于别的行业。在那次研讨会上，我与冯老探讨了两岸水利科技交流的可能性。其后，经历了许多周折反复，经双方共同努力，最终由冯老、中兴工程顾问社董事长程禹先生、已故中国水利水电科学研究院梁瑞驹院长和笔者在北京达成一致，共同促成了 1995 年在北京成功召开了"促进海峡两岸水利科技交流研讨会"，自 1996 年第 2 届研讨会改名为"海峡两岸水利科技交流研讨会"。以后每年轮流在两岸召开，历经 24 年，截至 2019 年的第 23 届研讨会，历次会议代表总计 3256 人。每次会议，两岸的水利专家、青年才俊，新老朋友济济一堂，交流水利科技进展，现场考察工程，议题新颖，讨论热烈。饮水不忘挖井人。冯老促进海峡两岸水利科技交流功不可没。自 1995 年，借参加研讨会以及冯老探亲的机会，我与他分别在北京、沈阳、广州、台北、台南等地多次晤面。每次见面，无不推心置腹，促膝长谈，家事国事天下事尽在其中。冯老对我的学术研究多有勉励，寄予很高的期许，要我写出"传世之作"，奉献社会，流传后世。孔子曰："智者乐，仁者寿。"老人家以 95 岁高寿驾鹤西去。冯老温文儒雅，虚怀若谷的学者风范，令我永远难忘。

潘家铮先生（1927—2012）是水利水电行业的技术掌门人，中国工程院副院长，我国工程界的学术领袖。立功、立德、立言，是我国传统士人的最高境界。评价潘家铮先生，无论是对国家水电发展的巨大贡献，还是他海纳百川的胸襟，深切的家国情怀；以及鸿儒硕学、科技创新、著作等身的成就；立功、立德、立言这三条，先生都完美实现了。他一生求真务实，治学严谨。他既有坚实的理论功底，又有丰富的工程经验。在领导重大工程设计中既能宏观把握，统领全局；又能抓住关键，突破技术难点。他不仅是学术大师，更是三峡工程这样巨型复杂工程的主帅。

我与先生交往三十多年，他是我最为敬佩的前辈。在我的职业生涯中有先生这样的大师指点，实在是一生的幸运。1980 年我在中科院研究生院作论文时，最早读的专著就是先生出版于 20 世纪 60 年代的《压力钢管》一书。我有许多机会向他请教学问，聆听教诲，每回都受益匪浅。当然，偶尔也谈些闲话。说到"江南出才子"这个话题时，先生自嘲曰："绍兴出师爷。"许多人难以理解，他作为技术权威，专注工程技术，怎么能撰写出成套的科幻小说，出版散文集呢？殊不知先生自幼由父亲教授四书五经，稍长就痴迷于诗词歌赋、小说传奇、正史野史，涉猎十分广泛。阅读是他人生的第一乐趣，自称"书痴"。在"文革"中有三千余册私人藏书被造反派抄家焚烧，成了他最痛心的事。在十年浩劫的"书荒"中，先生借了一本《词源》爱不释手，居然花了 40 多天手抄完成摘录。苏东坡诗云"腹有诗书气自华"，先生博览群书，才华横溢，除了工程技术，他的才华和创造力需要寻找更多的领域。

2001 年元月先生亲手赠我题字的散文集《春梦秋云录——浮生散记》，几年后又赠我

4卷本《潘家铮院士科幻作品集》。记得当时他又自嘲"不务正业"。他的科幻小说构思奇特，妙笔生花。他的散文集以他个人复杂坎坷的经历为主线，描述了抗战时期颠沛流离的求学生活，新中国成立后奔波在崇山峻岭之中的野外勘察生活。十年浩劫中先生遭到批判打击，身心备受煎熬。他如实写出了那个荒诞年代中自己的屈辱、无助和内心的压抑。书中有一首悼念爱女的律诗给我印象至深。先生面对"文革"中夭折的爱女悲痛欲绝，写下句句血泪的诗，读后令人动容。更为难能可贵的是在这样的人生困境中，先生忧国忧民之心不减。在劳改的"牛棚"中，他发明了一种密码式书写法，记录他创作的许多首诗词腹稿，写下他对于国家前途的焦虑，对四人帮祸国殃民、肆意妄为的嘲讽和愤怒。像"南国优伶重露角，北邙狐鬼正登场"这样的诗句，在当时是犯杀头之罪的。先生藐视那些"文革"中趋炎附势的投机分子，不愿做追随"极左"路线的盲从者，他在诗中写道："莫道青衫甘落拓，只缘媚骨未曾修。"我原来读诗人聂绀弩的诗，曾佩服他特立独行、敢于抨击"极左"路线的胆识，没想到潘家铮先生这样的工程技术专家写的诗词毫不逊色。先生的散文、诗歌没有丝毫造作和掩饰，没什么"高大上"的政治套话，只有真实的人性和深切的家国情怀，展现了一个中国有良知的知识分子的风骨。我想，这正是他人格魅力之所在。

李仪祉先生与西方科技*

——在"李仪祉诞辰 120 周年纪念大会"上的发言

　　我对于李仪祉先生的景仰，不是始于学习先生的著作或史料，而是始于我本人的亲身体验。我于 1966 年自清华大学毕业，分配到陕西汉中石门水库工地劳动和工作，先后十年。石门工程就是在褒河上建设一座 88m 的拱坝，把原有的褒惠渠的灌溉面积从 20 万亩扩大到 50 万亩。可以说，石门工程是褒惠渠的扩建工程。那时，我是初出茅庐，事事好奇。老专家告诉我，褒惠渠是李仪祉先生在 1930 年亲自规划的灌溉工程，除褒惠渠以外，在陕南还规划了汉惠渠和湑惠渠。加上关中的渭惠渠、泾惠渠、洛惠渠等，先生的宏愿是惠普三秦之水，为陕西黎民百姓造福。待我到汉中时，褒惠渠已建成 20 余年，但渠首砌石堰结构合理坚固，闸门运用灵活。渠系布置科学有序，配套齐全。所辖灌区 20 万亩水稻田，郁郁葱葱，年年丰收，使汉中成为三秦粮仓，富甲陕西。那时李仪祉先生虽已作古 28 年，当地百姓无不怀念。真是斯人已去，功业犹存。这是我投身水利事业后上的第一课，这实在是很严肃的第一课。当时在朦胧中意识到这是一代又一代水利工作者对李仪祉先生的一种继承，既有他的治学思想，又有他的道德风范。

　　李仪祉先生是中国近代最杰出的水利科学家。1909 年自京师大学堂毕业后赴德国留学，先后 4 年。

　　说起我国向外国派遣留学生，追溯其历史，始于第一次鸦片战争后。我国第一位留学生是广东人容闳，1850 年他进入美国耶鲁大学学习。到 19 世纪 70 年代，清政府又派遣 120 名幼童赴欧美留学。著名的铁路工程师詹天佑（1861—1919）就是在 1872 年送到美国留学的，当时他只有十岁。这一时期派出的留学生人数少，尚不成规模。到 1894 年爆发了中日甲午海战，北洋舰队全军覆没，震惊朝野。国内有识之士又开始反思，认为"中国士子墨守旧学，足迹不出里门"，而清廷推行儒学，对西方科技置若罔闻，造成国力衰败。在张之洞等洋务派的大力呼吁下，到 1901 年，清政府提出"造就人才实为当今要务""学习一切专门艺学，认真肄业"。于是，自光绪年间，派遣留学生日益形成规模。在 20 世纪初期，赴欧美留学生的规模每年大约一、二百人。赴欧洲留学生主要集中在英、法、德和瑞士等国，他们中间不少人后来成了我国现代科学和民主政治的开拓者，李仪祉先生就是在这样的历史条件下赴欧留学的。他是这批早期留学生的一位杰出代表。

　　在中国半封建、半殖民地的环境中，留学生比同时代人更多沐浴了海外风雨，更多地接受了西方科技、文化及民主思想。留学生既是西方文明的直接受益者，更是西方殖民主义的对立者。他们具有强烈的民族自尊心，在民族危亡的历史关头，读书不忘救国。他们不少人抱定"科学救国""教育救国"的宏伟志向，为中华民族的崛起而发愤学习、工作。

---

　　* 董哲仁. 在"李仪祉诞辰 120 周年大会"上的发言. //李仪祉纪念文集［M］. 郑州：黄河水利出版社，2002.

李仪祉先生曾感叹道："救危定难，自愧无方，爱国悯人，亦何人后。"表达了先生爱国爱民不肯后人的胸襟。

李仪祉赴欧留学的年代，中国是一片黑暗，愚昧落后。水利事业更是堤防破败、洪涝频繁、赤地千里，饿殍载道。至于水利建设，治河方法大多停留在传统经验阶段。先生在留德期间，一面刻苦攻读西方现代科技知识，一面注重实地考察，他对欧洲的莱茵河、多瑙河及罗纳河的治理留下了深刻的印象。李仪祉先生看到的景象正是欧洲大兴水利的时期，大江大河得到初步治理，洪水得到控制，灌溉事业发展，围海造田，改造盐碱，疏浚航道，极大地推动了德、法、荷、比等国的经济发展，欧洲国家这些成就，与旧中国的贫穷落后形成鲜明对照，对先生震动极大，他提出："水可兴国，诚信然亦。"由此奠定了先生振兴中国水利的宏伟志向。

振兴中国的水利，先从学习西方的水利科学技术入手。李仪祉先生自幼天资聪慧，擅长数学演算，对自然科学充满兴趣。在德国留学期间，精神贯注于水利工程技术，神驰于水工、水文、土工、数理乃至天文、气象、地质和地理之间，对欧洲的艺术、宗教，亦有深入探讨，可谓兼容并蓄，博采众长。先生回国后，和许多当年留学前辈一样，第一步就是通过著述、教育，将西方的科学技术介绍给国内，培养科技人才。先生在河海工程专门学校等院校任教务长，执教7年，培养了一大批水利人才，桃李遍布全国。李仪祉先生在这个时期，著述极丰，著有《水功学》《实用水力学》《潮汐论》《水工实验》《森林与水功之关系》《土压力》等，系统介绍阐述了西方水利科技的最新成果，这是先生作为中国现代水利先驱者的杰出贡献。

在愚昧落后的旧中国，20世纪初就能把先进的西方水利科技系统地介绍给国内，只此贡献就足以载入史册了。但是，李仪祉先生绝非就此止步。到1922年，李仪祉先生回到故乡，就任陕西省水利局局长兼渭北工程总局总工程师，开始了他的工程生涯，从陕西，到淮河，再到黄河，实地调查研究，精心筹划，先后写出200多篇论文报告，全面规划了陕西及西北的水利建设，深入分析了治黄、治淮的方略，他为实施这些计划奔走呼号，但是在旧中国黑暗的环境中，先生的蓝图被束之高阁，抱负无法施展。直到1931年，他的机会到来了，在杨虎城将军的支持下，泾惠渠开工，直到1937年先生作古时，泾惠渠、洛惠渠、渭惠渠等陆续兴建，先生的理想开始变成现实，从介绍西方水利科技理论到工程实践，李仪祉先生的事业更是大放异彩。

阅读先生的年谱，会发现他十分推崇中华民族的治水精神，1934年他在任陕西水利局长兼黄河水利委员会主任时，曾亲往浙江绍兴参加大禹庙祀典。我们现在读先生的诗词，按照现代人的观点看，会认为他是一个很传统的人。他53岁时作的《武功农校诗》云："正襟危坐乎高岗，山巍巍兮水汤汤。泾可濯缨兮渭濯足，天作笠兮云为裳。倦来偃卧枕岐梁，梦入周公之故乡。左手触文帝之寝堂，左手扶太宗之摇床…"这里描述的是渭河流域的人文地理，抒发的是对历代圣贤怀古的幽思。其实，先生又是一个十分现代的人，在80多年前的旧中国，具备李仪祉先生掌握当代先进科学技术，又有抱负胆识者，全中国能有几人？实际上，李仪祉先生最大的贡献，就是将中国的几千年的治水传统与西方的先进科学技术结合起来。他以全方位开放的态度和胸襟系统学习和全面引进西方的先进科技，一扫当时闭关锁国的保守空气，使得我国的水利教育、科技的面貌为之一新。李仪祉先生对待西方科技，不是生搬硬套，而是密切结合中国的实际。他注重现代方法的测量、水文、地质等基础工作，注重"全面开发，综合利用"的规划工作，注重实验和科研工作。他不但没有否定中国几千年的治水经验，而且下工夫研究了自汉代至明清历代主要治水思想，借鉴其合理成分和积极因素。最典型的事例是对于治黄方略的探讨。

黄河以水少沙多，灾害频繁而著称于世。李仪祉先生对治黄方略、规划的论文不下几十篇。先生对黄河的症结有极为精辟的论述："言黄河之弊，莫不知其由于善决，善淤，善徙，而徙由于决，决由于淤。"到 20 世纪初叶，一些西方学者开始注意研究黄河的泥沙问题，其中具有代表性的人物有美国的费礼门，德国的恩格斯和方修斯，他们通过实地考察，实验研究，发表了不少著述。当时问题关注的焦点是如何科学地改善河槽，以适应水沙的运动规律。几位学者的学术观点大相径庭，提出的治沙的措施各异。李仪祉先生对于这场争论的态度是，提倡进行模型试验，以科学的态度分析问题。在他的倡导下，在德国奥贝那赫水工实验室分别于 1931 年、1932 年、1933 年开展了 3 次大型实验，李仪祉也派中国工程师参与实验工作。实验分别是缩窄堤距的清水实验，不同堤距的浑水实验等。3次实验结果，使问题逐渐明朗。李仪祉先生不但对实验结果进行了深入的分析研究，而且，钻研了明代治水专家潘季训，清代治水专家靳辅的治黄理论，对我国传统的治水经验与近代的科学实验进行了透彻的比较分析，其逻辑之严密，思辨之敏捷，今人读了先生的文章，仍会佩服不已。他对于黄河的治理有其真知灼见，他主张治黄的重点应放在西北黄土高原上，提倡种树种草畜牧，他还引申古代沟洫（XU）制，利用沟溪截留水沙。防洪方面，主张要为洪水筹划出路，疏浚河道；在支流上建拦洪水库，开辟减河。

李仪祉先生认为，要提高中国的水利建设水平，必须加强科学研究工作，要建立自己的实验室和科研机构。1928 年李仪祉等倡议设立河工实验室，1931 年 8 月开始筹备，1933 年 10 月 1 日董事会成立，李仪祉先生任董事长。1935 年 11 月 12 日在天津举行了中国第一水工实验所落成典礼，同时开始进行官厅水库坝下消力实验。后因抗日战争爆发，房屋毁于战火，到 1947 年重建为天津水工实验所，后与北京水利科学研究院合并，成为现在中国水利水电科学研究院的前身。所以，李仪祉先生当之无愧地是我国现代水利科学研究机构的奠基者。

综观李仪祉先生的一生业绩，他是西方水利科技的早期传播者，更是先进科技的实践家。他注重学习西方先进科技的原理及方法，融会贯通地掌握，而不是生搬硬套，目的是为了解决中国治水的实际问题，在实践中又能不断创新。在对待中国传统的治水思想和经验方面，既不是"食古不化"，墨守成规，又不是笼统地"全盘否定"，而是全面整理借鉴，采用现代科学方法给以阐述。李仪祉先生说："用古人之经验，本科学之新识，加以实地之考察，精研之研究，详审之试验，多数之努力，伟大之机械，则有何目的之所不能达"。将西方现代科技与中国治水传统有机地结合，可以说这是李仪祉先生治学思想的精髓。正因如此，先生的成就可用八个大字来概括，这就是"通今博古，学贯中西"。

今天我们纪念李仪祉先生，抚今追昔，放眼所见是新中国水利事业蓬勃发展的无限风光，真是今非昔比，先生当年振兴水利的理想正在变成现实，中国水利正经历从传统水利向现代水利的历史性变革。站在今天的地平线上，回顾李仪祉先生的业绩，更感到他的道德风范及治学精神的可贵。

　　他留给我们的宝贵精神遗产今天对我们有什么启示呢？第一，在贫穷落后的旧中国，现代水利的先驱者以开放的胸怀学习引进西方先进的科技，现在中国水利科技得到了全面发展，还有没有这样的必要性和紧迫性？应该看到，面对世界范围科技突飞猛进的浪潮，中国水利必须全方位向世界开放，学习借鉴国际上一切先进技术和经验，促进我国水利的现代化。各种新形式的闭关自守、盲目自满的情绪，都会是科技发展的绊脚石。第二，要大力提倡创新，特别是原始创新。创新是科技发展的不竭动力。要鼓励探索新理论、新技术、新方法、新模型。鼓励拥有更多的自主知识产权、专利和发明。中国水利科技面临的挑战是高难度的。我们水利科技工作者既不能盲目乐观也不可妄自菲薄，要有攀登世界科技高峰的雄心壮志。第三，提倡严谨务实的科学学风，抓好基础数据，抓好基础研究，做好基础工作。当前科技界有一种传染病，这就是急功近利的浮躁风气。象科技"花架子"，表面文章等等所产生的"泡沫成果"，对水利建设及科技发展都于事无补。今天，要大力提倡李仪祉先生那种孜孜以求，锲而不舍的学风，像他那样老老实实做学问，老老实实做工程，也许这是我们对李仪祉先生的最好的纪念。

上善若水　高山仰止 *

——深切悼念冯钟豫学长

编者按：冯钟豫先生 1935 年考入清华大学土木工程系，于 1939 年在西南联大学成毕业。1938 年参加湘黔滇师生步行团，由长沙跋涉至昆明。其父冯景兰教授曾任清华大学地学系主任。1948 年秋，赴台协助修复战时损坏的水力发电厂，自此留居台湾，献身台湾水利工程建设和教育事业。2007 年由台湾"行政院"院长颁发终身成就奖。2012 年 2 月 15 日，冯钟豫先生在台北去世，享年 95 岁。本文为 4 月 30 日台北冯钟豫先生追思会上作者的书面发言。

前几日我收到台湾姚长春先生发来的邮件，得知冯钟豫先生仙逝的消息。望着我案头摆放的 2003 年与冯老的合影，黯然神伤，不禁落泪，悲痛的心情不能自已。

今年春节前后，心情一直忐忑不安。二十多年来，每年年底，我都会最先收到冯老的新年贺卡，另附一封用正楷字体书写的信件，年年如此，无一例外。去年的信中，冯老告诉我他在养老院的生活境况，说生活起居尚感适宜。老人家还说已经把印有我小孙女董菡照片的 2010 年台历摆放在床头，常看看在我家曾见过的"可爱小朋友"。去年底，我没有收到冯老的贺卡，一直等到春节后依然没有消息。海峡阻隔，又苦于没有通讯手段，令人焦虑不安。直到最近，我才得到先生仙逝的消息，实在令我震惊与悲伤。冯老的音容笑貌犹在眼前，缅怀之情油然而生。

冯老长我 26 岁，1939 年清华大学毕业，先于我 27 年，论年龄冯老是我的父辈，论学历是我的老学长。1991 年，冯老到北京参加碾压混凝土国际研讨会，我时任会议秘书长，与冯老初次见面，他诚恳谦和，温良恭俭，一派长者之风，令人折服。我们交谈甚为投机，可谓一见如故。自此开始了我们长达 21 年的忘年之交。

1991 年两岸关系尚未完全解冻，但是水利交流却领先于别的行业，一股暖流在民间渠道中涌动。在那次碾压混凝土国际研讨会上，我与冯老探讨了两岸水利科技交流的可能性。可以说，这是两岸水利界代表的首次接触。次年，在北京召开的国际咨询业大会上，我与中兴工程顾问社董事长程禹先生首次见面并详谈，就两岸交流深入交换了意见。经多方努力，最终由冯老、程禹先生、已故中国水利水电科学研究院梁瑞驹院长和我在北京达成一致，共同促成了 1995 年在北京召开的第一届海峡两岸水利科技交流促进会。此后，研讨会延绵不断，议题新颖，代表广泛，吸引了众多青年才俊参加，至今为止 17 年，历经十五届。轰轰烈烈，经久不衰。冯老几乎参加了每届研讨会。先生自己说，他的到会为的是助威支撑。2008 年 10 月，91 岁的冯老来京参加第十二届研讨会。开幕式上，冯老神

---

* 董哲仁. 上善若水　高山仰止——深切悼念冯钟豫学长〔J〕. 清华校友通信，复 66 辑，2012 年 12 月.

清气爽，正襟危坐在代表席第一排。会议主席说，冯老来了，我们作为学生晚辈谁能不来？他是我们的一面旗帜！两岸代表肃然起敬，全场掌声雷动。冯老以他的威望和影响力，推动了两岸水利界的合作，他是两岸水利交流的开创者和推动者。饮水不忘掘井人，两岸交流，冯老功不可没。

1995 年我应中兴工程顾问社的邀请到台湾讲学。甫至饭店，冯老亲自看望，嘘寒问暖，关怀备至。随后陪我到台湾大学讲学，又参观故宫博物院。2002 年 11 月我第二次赴台，参加在成功大学召开的第七届研讨会，85 岁高龄的冯老和程禹先生、李树久先生、张斯敏先生几位中兴的老朋友专程到高雄机场接我，令我惶恐不安。会后，冯老亲自陪我拜会嘉南农田水利会，游览台南市容，晚上参观台南夜景，在街头吃"度小月"的担仔面。冯老谈笑风生，竭尽地主之谊。回到台北，又莅临我的学术报告会，多有鼓励。

自 1995 年，借参加研讨会的机会，我与冯老分别在北京、沈阳、广州、台北等地多次晤面。每次见面，无不推心置腹，促膝长谈，家事国事天下事尽在其中。记得 2004 年参加在广州的第八届研讨会。一见面，冯老便从手提包中掏出一板巧克力，说是送给小朋友。那是 2003 年老先生到北京见过我的小孙女，当时老人家还兴致勃勃地为我和我的太太、孙女拍下一张合影，至今仍陈放在我的案头。

记得那次我把新出版的学术专著送给冯老时，冯老露出笑容，欣慰之余又对我寄予更高的期许，要我写出"传世之作"，奉献社会，流传后世。记得当时冯老很崇敬地回忆起他的伯父、20 世纪中国大哲学家冯友兰先生。他认为冯友兰先生最为可贵之处是在遭受批判、降级为 4 级教授之后，仍然坚持研究工作，从不懈怠。到 1980 年，冯友兰先生 85 岁高龄时，开始《中国哲学史新编》七卷本的写作，历时 10 年，用口述方式完成 150 万字的巨著。1990 年 7 月完成，11 月与世长辞，享年 95 岁。冯老告诉我，冯友兰教授常引用孔子的话："朝闻道，夕死可矣。"冯老的寓意是勉励我们晚辈要以毕生精力去探索真知，追求科学真理。

冯老视我为知己，多次谈起他的家世和个人经历，吐露心曲。特别说起抗战胜利后，他在政府资源委员会水电总处供职，1947 年台湾电力公司向水电总处借调技术人员去台湾协助修复战时受损水力发电厂，水电总处派遣他到台湾支持。临行前，时任水电总处副总工程师的张光斗先生对他说：待国内局势安定后，总处会尽早调你返回。1948 年底冯先生奉命赴台，不久国内局势巨变，海峡阻断，从此改变了他的一生轨迹。他和夫人王楫女士留在台湾定居，为台湾的水利建设奉献力量，而他的父辈和兄弟姐妹都在大陆。海峡阻隔，音信渺茫，三十多年，思乡之情剪不断、理还乱。直到台湾开放大陆探亲，1988 年秋冯老回到大陆，与在北京的老母亲和诸弟妹团聚，探望伯父冯友兰先生，祭扫父亲冯景兰先生墓，圆了骨肉团圆的思乡梦。冯老循孝道，重情谊，恪守孔孟之道。先生回大陆不久，就看望了当年的老长官张光斗先生和覃修典先生、西南联大老师施嘉炀教授，探访在美国丹佛进修的同事周太开先生以及在黄河水利委员会的同学故旧何家濂、仝允杲和吴以敩先生。老人家对母校怀有深厚感情，于 1993 年和 1999 年两次专程到北京参加清华校庆活动。1999 年那次聚会是冯老所在的清华新制十一级毕业 60 年，到清华园工字厅聚会校友约四十位，其中土木工程学系四位。老人家深情地回忆六七十年前的往事，深情厚谊溢于言表。回大陆探亲后，冯老耳闻目睹大陆的经济发展，特别是水利水电建设成就，由衷感到高兴和钦佩。老人家考察过三峡工程，多次向我询问工程进展情况，十分留意各项技术进步，促进两岸的技术交流不遗余力。

2008年应是我与冯老的最后一次见面，那是一次长谈。老人家回忆起1963年刚刚建成的石门水库工程遭遇台风袭击，先生时任副总工程师，面对巨大风险，临危不乱，留守坝区，与大坝共存亡，现场指挥排险，终于化险为夷，共渡难关。记得谈话时，老人家神态淡定，对于44年前令他终生难忘的往事如历历在目。我想，在危难面前，先生的学识、智慧和勇气是克敌制胜的法宝，他的敬业、奉献的人格魅力，更是凝聚人心的力量。重温历史，使我对先生更加敬重。

庄子曰："适来，夫子时也。适去，夫子顺也。"先生生于国家危难之际，生在大陆，定居台湾。心系大陆，热爱宝岛。致力水利，奉献社会。才高八斗，学富五车。为人师表，桃李芬芳。坦荡君子，高山仰止。享有天年，功德圆满。今驾鹤西去，遥祝冯公冥福。

海纳百川，有容乃大[*]

　　1982 年夏，我带着一叠手稿走进潘总办公室，向他请教水工结构分析问题。那是我第一次见到潘总，他的博学睿智和儒者风范令人折服。自此，开始了我与潘总的交往，屈指算来已经 30 年了。潘总是我最为敬佩的前辈。在我的职业生涯中，有潘总这样的学术大师指点实在是一生的幸运。

　　潘总先后为我撰写的五本书作序，时间跨度近 20 年。这本书收录了其中的两篇。现在反观这几篇序言，它们绝非一般应景之作，而是蕴藏深意，字里行间处处流露出对于后学晚辈的鞭策和期许，对于科技创新的鼓励，更体现出潘总对于各种学术观点的包容精神。

　　潘总具有深厚的理论功底，又具极丰富的工程经验，但是他从不因循守旧，故步自封。他对于新技术、新材料、新方法、新模型具有高度的敏感性并且充满浓厚的兴趣，他总是站在科技发展的前沿，像一面旗帜呼唤着科技人员不断探索和发现新知，为高速发展的我国水利水电事业面临的种种高难度课题寻找最优的答案。

　　水电站压力管道是关键的水工结构物，随着水电工程规模的日趋巨大，压力管道也日趋巨型化乃至超巨型化。常规的型式和设计方法已经难以满足要求，需要探索新结构、新材料和新的设计计算方法。我自 20 世纪 70 年代末开始研究钢衬钢筋混凝土压力管道这种新型结构，后来又带着三峡工程压力管道的课题远赴美国阿克隆大学深造，学习非线性有限元方法。在 80 年代陆续完成国家"七五"攻关课题"三峡水电站压力管道结构分析"并在国内外杂志发表一系列论文，提出了一套较为完整的计算分析方法。潘总看到这些成果非常高兴，他充分肯定了我研究工作的成绩，特别赞赏我率先引入非线性有限元方法，对于钢衬钢筋混凝土压力管道进行全过程仿真分析，认为是"为结构的全过程分析提供了有效的现代工具"。在三峡工程压力管道多种结构方案比较中，潘总力主采用新型管道结构，认为其安全性和经济性居上。经过业内同仁的共同研究论证，26 条直径尺寸居世界之首（12.4m）的三峡水电站压力管道最终采用了浅槽式钢衬钢筋混凝土压力管道，潘总认为"这是一个很大的跃进"。现在，三峡水电站已经全面投产，这种新型的压力管道结构运行良好，结构的应力、变形的监测数据与设计完全吻合。这本书选录的《钢衬钢筋混凝土压力管道设计与非线性分析》序言，就忠实地记录了这段科技创新的历史。

　　三峡工程建设的道路并不平坦，充满了矛盾和曲折。在 20 世纪 90 年代项目论证阶段，一些专家质疑工程的生态环境影响、泥沙、移民和经济合理性等重大问题，反对三峡工程上马，争论十分激烈。本来，不同的学术观点之间的争论完全是正常的现象，但是在当时的政治气候下，往往会加入非技术因素，一时间"反三峡"竟包含了某种政治意味。

---

　　[*] 董哲仁. 海纳百川　有容乃大//潘家铮院士序文集旁注 [M]. 北京：中国水利水电出版社，2012.

作为三峡工程的总设计师，潘总却出语惊人，他高屋建瓴地指出，反对三峡的人士是"我们最好的老师"。因为他们指出了三峡建设潜在的种种风险，促使我们认真对待，深入研究。正是在后几年的论证中，潘总组织安排了大量的科研项目，几千名科技人员投入了科技攻关，使众多问题逐一破解，保证了三峡工程得以顺利开工兴建。同一时期，国际科技界开始关注和研究水电工程对于河流生态系统的影响问题，其中一批激进环保人士提出反对建设大坝的论点，认为大坝严重损害水生态系统，是"河流杀手"，不但反对新建大坝，而且主张拆除大坝，让河流"自由流淌"。国内一些环保人士也积极响应，对于三峡和国内大坝建设一概反对。面对这个浪潮，我国一些专家也有自己的回应。一说这是西方国家的"阴谋论"，妄图阻碍我国发展；一说水电工程本身就是"生态工程"，回避负面生态影响；一说要批判"伪环保"，维护行业利益，不一而足。潘总作为一名卓越的战略科学家，始终关注着世界科学发展的趋向。他高瞻远瞩地指出，我们必须重视水利水电工程对生态系统和环境造成的损害，水利建设必须适应自然。他又一次出语惊人："某些工程并没有造福当代，而是贻误子孙。""我建议在水利工程系中开设一门'水害学'，专门研究水利建设产生的危害。……要突破水利水电范畴站在国家长远利益高度进行研究。"

2003 年元月我在《水利学报》发表"生态水工学的理论框架"论文，提出生态水利工程学的定义是"研究水利工程在满足人类社会需求的同时，兼顾水域生态系统健康与可持续性需求的原理与技术方法的工程学"，其后陆续发表了 40 余篇相关论文。潘总对于我专注于水利水电工程的生态影响和生态修复问题研究勉励有加，嘱我"吸纳百家，自成一家"。2007 年元月我带着刚刚完成的书稿《生态水利工程原理与技术》和《生态水工学探索》请潘总作序，老人家慨然应允，亲自执笔撰写了长篇序言。在序言中潘总对我的研究工作多有赞许和鼓励，同时还发表了不少重要的观点。他以高度的辩证精神指出当前要避免两种极端倾向。"一是在自然面前无所作为或认为不应有所作为，以免破坏原始生态。对发展中国家来讲，这种偏激的提法尤其有害。我们必须进行科学合理的开发建设来保证经济、社会的进步。二是认为人类能够征服自然，片面强调要以人为主，从而无视人与自然必须和谐共处这一基本原则，在盲目的开发建设中严重破坏生态，直到最后也危及自己的生存条件。"这些前瞻性的观点，引起巨大的反响，其后在国家"十一五"经济社会发展规划中，中央提出了"在保护生态的基础上，有序发展水电"的方针。

三十年来，我有许多机会向潘总请教和聆听教诲，既钦佩他的深厚学养，更感受到他的人格魅力。我想可否用"海纳百川，有容乃大"来比喻潘总的宽阔胸襟。潘总作为我国科技界的学术领袖和水利水电行业的技术掌门人，始终站在维护国家长远利益的高度，鼓励科技创新，坚持学术民主，尊重各种学术观点，耐心倾听社会各界的不同声音，从不压制不同意见，讲真话，重事实，具有高度的包容精神和民主作风。回顾新中国工程建设史，以武断的长官意志代替科学民主决策导致巨大经济损失的教训不胜枚举。面对当今科技发展新形势、新问题，潘总的民主、包容精神，仍然给我们以深刻的启迪。

第 11 篇

我的学术生涯

世路无穷，劳生有限，不知不觉年近耄耋。回顾一生行迹，与20世纪40年代出生的知识分子一样，经历了战乱动荡、十年浩劫、改革开放各种变局，个人命运多变，经历跌宕起伏。加之我从事水利工作，五十多年奔波在大江大河，岗位多有变迁，阅历也算丰富。人到老年，夜深人静独坐，每回顾往事，常感慨不已。如果说有什么值得总结的话，也许一生从事科研的经历还可以写出一点体会吧。

家 世 和 教 育

　　1943年2月6日，我在北平的北大医院出生。我家是满族属正白旗。曾祖父董连吉（1862—1938）在内务府供职，官居郎中，掌管万寿山、玉泉山和香山事务，在祖居海淀镇，乡里人称他为三山郎中。我父亲董延闿（1919—2000）自幼聪慧，用功读书，深得曾祖父喜爱。父亲于1937年考入辅仁大学数学系。辅仁大学为罗马天主教会所办，因此在北平沦陷后还能维持下去。父亲在数学系里成绩一直名列前茅，1941年毕业留校在数学系做助教。新中国成立后，1951年全国高校院系调整，辅仁大学与北京师范大学合并，父亲担任数学系副教授兼副系主任，那年父亲32岁。母亲李树芳（1918—1981）出身世家，外祖父家是海淀镇的望族。我四五岁时过春节，母亲带着我乘一辆三轮车从城里去位于海淀镇老虎洞军机处外祖父家过年。毫无疑问，1966年"文革"一来，我的祖辈人物故事、遗存物件都成了封建残渣余孽、牛鬼蛇神，被红卫兵除四旧横扫一空。后来出版的《海淀古镇风物志略》等地方志图书中只能找到一些有关曾祖父和外祖父家族的零星记载。

父亲董延闿教授（1919—2001）

母亲李树芳女士（1918—1981）

　　我出生那年全家搬到北平东四四条17号，1952年又搬到东黄城根40号。我有两个姐姐，我是独子，父母对我自然十分喜爱，但是从不娇惯。我小时候生活在独门独户的四合院里，自幼腼腆，怕见生人，不太说话。父亲常给我买一些儿童书，像普希金童话诗，有时他和我一块津津有味地看。等到我八九岁时，父亲的书房就成了我最爱去的地方。那里存放着大量的古文线装书、外文书、平装书、杂志、画报。我经常翻出一些能看懂的书。像《水浒传》《封神榜演义》《家》，就是我上小学时看的。我乱翻书柜书架，父亲也不管，任我自由。有一次我突发奇想，将来也要写点什么文章，连笔名都想好了叫董墨。父亲最大兴趣是逛旧书摊，有时候领上我去琉璃厂或东安市场旧书摊。父亲教我怎么把拿出的书放回，要把书脊朝前放后旋转，才不会把书皮弄折。还教我怎么翻开一本新书，要把封面扉页完全打开压平，然后盖上"董氏藏书"的印章。他教我爱惜书，敬惜字纸，不能暴殄天物。十岁时，我家邻近的地安门边上开了一家新华书店，我常常取一本书坐在地上背靠石柱子就看起来，那些店员真好，不但不管我们小孩，六一儿童节时儿童书打折，还送一枚小徽章。在书店里我读了不少有趣的书。

1948 年母亲就把我送到东四五条的箴宜小学上学，那时我只有五岁，比班里的同学小两三岁，比人家矮半头，无论是学习还是体育，都是懵懵懂懂。随着家里搬家，又先后上了宽街小学和前圆恩寺小学，直到 1954 年小学毕业，我的学习成绩一直平平。那年夏天升学备考，不知怎么一下开了窍，在院子一棵大枣树下，搬了一个小板凳、一个小炕桌开始做练习题，从早到晚一直闷头做了十多天。那时，北京升中学已经实行全市统考制，我第一志愿报了北京四中，待录取书寄到家里，真的被北京四中录取！我自然喜出望外，父母也十分高兴。说起来，自从我上学以后，父母对我学习很少过问，更没有督促检查之类，只偶然问问学校情况，连升学报志愿也尊重我的选择，这种状况一直延续到高考。长大我才明白，一是父亲对我信任，知道我不淘气贪玩，会好好读书；二是鼓励我个性自由发展，启发读书的自觉性。因为父亲自己就是靠个人奋斗进入教育界的。

进入北京四中，这是我人生的第一个转折点，后面的道路就豁然开朗了。四中的六年学习生活对我一生影响深刻。我们进校时学校正处鼎盛时期，现在四中校园里陈列的名师雕像刘景昆老师、张子谔老师，当年都是我们的任课老师。我印象最深刻的数学老师周长生先生，毕业于北大数学系。他不仅讲授知识，更注重教给学生逻辑思维方法。他告诉我们三角公式很多，根本不必死记，只要记住三四个，其余很快可以推导出来。做题也不必多，只要少而精，其他举一反三。现在理解周先生的学习方法就是"知识树"概念，弄清主干，分支问题迎刃而解。周先生的方法论影响我的一生。后来我做研究时从不死记硬背，不喜欢"博闻强记"。注重思路、因果关系、逻辑关系，不刻意记住结论。物理老师王钊先生也是北大毕业生。他注重物理概念的准确定义，如何从物理现象中抽象出规律。王钊先生的物理课为我后来学习和研究工程力学奠定了坚实的基础。四中不但有优秀的师资，也有良好的校风。到高二以后全体学生住校，经受集体生活的锻炼。学生宿舍是一间间平房，一个班 40 多人住在一间大宿舍里。每天清晨天不亮起床后，排队到操场迎着寒风跑步 1600m，极大地锻炼了学生的意志力。晚上十点准时熄灯，不允许熬夜做功课。四中的六年，长身体、长知识、长毅力，1955 年我获得了北京市中学生优良奖章。1960 年我从北京四中毕业参加高考，那时自己年少自负，考前心中思量考不上清华一定是个意外，发榜时果然被清华大学水利工程系录取，那年我 17 岁。

有人问我为什么学水利呢？这要从初中二年级的课外活动说起。那时北海公园东岸有一座少年先锋水电站。一天放学后，我们班少先队中队长崔君衍带领我们几个队员到这里实习、值班，我们换上白色帆布工装，听老师讲水流如何带动水轮机发电，感到挺有趣味。到了1958年，人民日报整版刊登新闻和照片，报道三门峡工程开工的消息，还配有郭小川的诗："望三门，三门开，黄河之水天上来……"斩断黄龙，建设大坝，黄河变清，战胜自然，多么雄伟豪迈！我把这张报纸剪下来贴到房门上，兴奋了好一阵子。高考填报

1954年考入北京四中　　　　　　　　　1960年考入清华大学

2010年北京四中1960届高中校友参加刘玉山校友画展开幕式
左起：韩道明　张连仲　韩大雄　徐川　刘玉山　杨威　夏正楷　王大风　董哲仁　崔君衍　焦玉玺

志愿时，我一口气把有水利系的院校依次填上：清华、天大、武水、华水……。我就这样带着浪漫主义的理想，满怀建设祖国的激情选择了水利专业。尽管当时十分幼稚，缺乏社会经验，但是我明白水利工作远离城市，生活艰苦，思想早有准备。父母也尊重我的选择，鼓励我好男儿志在四方。大学快毕业时，母亲知道我肯定要离开北京，她含着泪一针一线做了一个针线包，绣上"为人民服务"几个字作为叮嘱。

1960 年与父母亲合影

　　在我成长过程中。父母亲给了我深刻的影响。父亲天资甚高，数学天赋很强，他的学术领域是泛函分析、复变函数和偏微分方程。父亲一直坚持站在教学一线，从 22 岁开始教微积分，直到 74 岁还站在讲台上，长达半个多世纪，学生数千人，桃李满天下。他 60 多岁以后，还新开设了集合论、数系和数理逻辑几门新课，出版了两本专著。70 年代末我在读研究生时，曾旁听过父亲几节偏微分方程课，父亲不看讲稿，在黑板上振笔疾书，推演公式，满黑板的公式整整齐齐。语言逻辑严密。铃声一响，正好下课，父亲用手掸掸肩头上的粉笔末，提起小书包离开教室。当时，我心中窃喜没有"子承父业"学习数学而选择了工科，我哪里有父亲的天资学数学呢？父亲学识渊博，兴趣广泛，自幼熟读经典，涉猎文史各科，特别对诗词歌赋情有独钟。直到晚年，父亲还经常一边饮酒，一边吟诵唐诗宋词，抑扬顿挫，神情悠然，完全陶醉在古典的诗意中，达到了物我两忘的境界。父亲一生追求魏晋名士之风，心存清风朗月，出世清高淡泊，坦坦然君子也。母亲端庄贤惠，知书达理，心地善良。她相信所有的人都是好人，她的温良慈爱，不但无私地给予了子女和亲朋，而且惠及周围邻里，在师大家属院里孩子们都喜欢董奶奶。母亲"文革"中被批斗，强迫捡垃圾，母亲默默承受着一切，还偷偷把粮票塞给被红卫兵遣返农村的教师家属子女。父亲的睿智正直，母亲的善良慈爱，我一生都未能企及。

　　1960 年进清华时，50 年代末轰轰烈烈的"教育革命"刚刚退潮，学校实行"调整、巩固、充实、提高"方针，抓教学质量，抓基础课和应用基础课，使我们这届学生受益匪浅。加之学校试行本科六年制，于是我们扎扎实实接受了六年完整的大学教育。1966 年 6 月"文革"爆发，学校大乱，而我们已经上完了全部课程，也算是不幸中的万幸。那时清华水利系大师云集，大多是早年留美回国的留学生，60 年代他们正当盛年。夏震寰教授（1913—2001），获美国衣阿华大学博士学位，1947 年回国出任清华大学教授。夏先生教我们《水力学》，思维严谨，表述清晰，板书整洁，讲课犹如行云流水，令人敬佩。张光斗教授（1912—2013）开大一《水工概论》课，张先生时任水利系副系主任。他 1937 年留美回国从事水电开发规划设计工作，1949 年到清华大学任教。张先生具有丰富的工程经验，50 年代末主持设计密云水库，60 年代指导我们渔子溪水电站毕业设计。到 90 年代后我与张先生时有见面，得到他不少指教。陈梁生教授（1916—2009）教我们《土力学及基础工程》，陈先生 1945 年获哈佛大学博士学位，1948 年应清华大学聘请归国任土木系教授。陈先生温文儒雅，讲课慢条斯理，脸上总带着微笑。期末考试他会慷慨地给学生打 90 多分。黄万里教授（1911—2001），获美国伊利诺伊大学博士学位，1937 年回国任职、任教。1963 年黄先生教我们《工程水文学》，当时尽管黄先生被错划"右派"还没有平反，但是在课堂上依然神情健旺。黄先生讲课不拘泥于课程内容而近于漫谈。那年夏季海河流域发生大洪水，黄先生把话题一转，在黑板上写了四个大字"尾闾不畅"，问大家什么意思？学生们当然面面相觑。"告诉你们，尾闾不畅就是大便不通。"海河下游排洪不畅，造成水灾，需要开挖减河，提高排洪能力。那时同学们当然不解其中深意。多年以后，我们才理解黄先生主张治河应从江河及其流域地貌生成的历史和特性出发，整体地把握江河的运动态势，充分尊重自然规律，因势利导。当时，同学们还不知道 1957 年黄万里先生在三门峡工程论证会议上发言，反对三门峡工程上马，认为在没有掌握黄河泥沙运动规律的情况下，仓促决策上马，会导致严重的后果。6 年后黄先生的话不幸而言中。（参见本书第九篇：《以史为鉴话生态》）直到 20 世纪 90 年代，大量的史料曝光，黄先生秉承科学精神，不惧政治压力，敢讲真话的精神风貌，赢得了社会上广泛的赞许。土建系龙驭球和包世华两位老师教我们《结构力学》，概念清楚，推导严密，至今印象深刻。龙驭球教授 1995 年当选为中国工程院院士。学了这几门课程以后令我惊叹，看起来复杂的水流现象居然可以用水力学基本方程式描述；大型建筑结构可以用结构力学公式精确计算其内力和变形，这引起了我浓厚的兴趣。这种兴趣一直影响到以后数十年的科研工作。后来我热衷于水工结构的准解析解，之后研究非线性有限元。即使后来转向研究河湖生态结构和功能，依然追求建立统一的河湖生态模型。这一切都来自清华的启蒙。

　　清华图书馆藏书丰富，极大地满足了我读书的欲望。我课下大量时间都消磨在那里。我涉猎广泛，包括中外文学、历史、哲学、美学、宗教、心理学、建筑学等，阅读并没有什么计划和目的，只是兴趣而已。我认为陶渊明说"好读书不求甚解"毫无贬义，我把它视为一种泛读方法，快速浏览，知其大意。相对泛读是精读。我在读重要课程参考书或经典著作时用精读，反复琢磨记读书笔记。有时在泛读时也会发现值得精读的章节。这种读书方法是我在清华养成的。

　　1952 年全国高校院系调整后，清华大学定位是一所工科大学。回顾 20 世纪 60 年代清华的教育，我认为是一种完整的工程技术教育和技术训练。这种教育有成功的一面，主要是注重基础学科和专业学科教育，给学生打下了坚实的理论基础。其次是注重工程实践。我们在校时参加了测量、水文、工地施工实习，还有半年真刀真枪毕业设计。通过这些训练，毕业后很快就能适应工作。清华培养的目标是理论扎实，工作严谨，依据现有的工程设计规范和成熟的技术方法，能够胜任大型工程设计、施工和技术研发的工程师、总工程师、总设计师。几十年的实践证明，这个目标完满实现了。但是，由于当时主要是学习苏联教育体系，专业划分过细，理科和人文科学课程薄弱，学生知识面较窄。特别是在培养学生独立思考能力、探索精神和创新精神方面明显不足。

从水库工地到研究生院

我们本应在 1966 年夏季毕业，谁料 5 月爆发了"文化大革命"，教育部机关和各校行政瘫痪，没有人管毕业生分配。直到 1967 年学校才通知开始毕业分配，毕业分配的方向是"四个面向"——面向基层、面向边疆、面向工地、面向工厂，接受工农兵再教育。我早就有思想准备到最艰苦的地方去，毫不犹豫地填报了陕西。"文化大革命"对我的家庭也造成了巨大冲击。离开北京前一天晚上，我偷偷回到师大宿舍告别父母。那些天父亲经常挨红卫兵批斗，身心备受折磨，刚从"牛棚"放出来又患上了急性肝炎。在昏暗的灯光下，母亲神情黯然，默默流泪。我临走时父亲勉强扶着墙角站起来拉住我的手没有说话，送我走了几步。我忍住泪水走出家门，心想这不会是最后一面吧。

清华大学水利工程系水工 64 班毕业合影

到西安报到后，我被分到陕西汉中地区褒河工程渠道指挥部。1968 年开工的褒河石门水库工程，是一座以灌溉为主，兼顾发电、防洪的大（2）型水库。大坝为混凝土双曲拱坝，坝高 88m，是当时国内最高拱坝。渠系工程包括东、西两条干渠，设计灌溉面积 51.5 万亩。我到工地后，先劳动锻炼一年多，干隧洞出渣、搬运木料、拌混凝土、焊钢筋等。好在我年轻身体好，干活儿没问题。1970 年领导安排我去沥水沟渡槽负责施工设计。沥水沟渡槽是东干渠的关键工程，渡槽最大输水能力 $32m^3/s$，其规模国内仅次于湖南韶山灌区。渡槽共 8 跨，全长 161m，高 43m，为井框基础，装配式钢筋混凝土排架，迭合式预应力钢筋混凝土槽箱。混凝土排架和槽箱都在现场地面浇筑，吊装就

1966 年清华大学毕业

位安装。渠道工程指挥部的技术力量薄弱，由当地民工施工，施工机械只有卷扬机、搅拌机等。按照实际条件，只能土法上马，自行设计一套跨越山谷的缆索式起吊设备。当时在工地蹲点的汉中地区水电局局长袁真同志是1938年在延安参加革命的老干部，是一位朴实、正派的领导，在工地干部群众中享有威信，大家都叫他"老袁"。更为难得的是，在"文革""极左"路线肆虐的大环境下，袁局长却能尊重和信任技术人员，所以我对他也有好感。袁局长找我谈话，分析了工程遇到的难题，说组织研究了把这项任务交给我，我二话没说就答应下来，第二天就着手工作。我手头没任何技术资料，只能翻翻残缺的学校讲义，凭力学概念开始设计计算。我提出的设计方案是利用地形，在南岸山坡埋设型钢圆木混合地锚，北岸渠底竖立高20m钢塔架。在南北两岸之间架设4根直径为46.5mm钢丝绳，按照悬链线方程计算，通过测量控制垂度从而控制钢缆张力。在主缆安装带滑轮跑车可南北移动，用卷扬机控制滑轮组升降起吊。额定起重量32t，最大起吊高度43m。设计完成后，领导也没有安排技术人员作设计校核就批准了我的设计方案，并要我负责施工安装。我系着安全带，沿排架上晃晃荡荡的脚手架每天三四趟爬高43m，指导民工施工安装。尽管我自幼有恐高症，可是排架顶上的民工高喊：老董！上来看看这块钢板焊到哪？这时候你怎么能认怂呢，只能硬着头皮向上爬。渡槽1970年9月开工，历经一年半竣工。起吊设备运行良好，高空作业没出一件事故。通水那天，我长出了一口气，如释重负。30年后我查阅资料发现，我国水利水电工地使用的缆索起重机中二滩水电站居首，是90年代引进德国PWH公司生产的辐射式缆索起重机，额定起重量为30t。而我却在1970年闭塞的汉中盆地，自己设计，土法上马，由民工施工安装，制造安装了额定起重量32t的缆索起重机，技术指标超过德国产品。这不是什么"敢想敢干"，也不是"初生牛犊不怕虎"，而是得益于清华大学严格的工程教育，给我打下了牢固的力学基础，使我有足够的信心在无规范、无资料的条件下，通过周密的计算完成了这项高风险的设计任务。37年后，2007年我到汉中市看望袁真局长，他已是84岁的耄耋老人，1985年从汉中市纪委书记任上离休。我呢，也成了63岁的老头。平时寡言的老人家见到我非常高兴，兴致勃勃聊起往昔艰苦岁月，当回忆起沥水沟渡槽工程时，老人显得有些激动，说了一句带陕北口音的话："董哲仁同志当年可是作了大贡献啊"，当时我忍住眼泪，一时语塞。

陕西汉中褒河沥水沟渡槽工程竣工（1972年）

1970年与王淑玉女士结婚

我于 1970 年与王淑玉女士结婚。她同年毕业于西安医学院，为落实毛主席"6·26 重要指示"，学校把她分配到与汉中县毗邻的南郑县下面的公社卫生所工作。直到 1983 年妻子调到北京，一家人团聚，生活才稳定下来。我工作一直很忙，主要靠妻子抚养两个孩子，我母亲去世后，她又挑起照顾父亲的重担。我们同甘共苦，相濡以沫，2020 年度过了 50 年金婚纪念日。如今孙女、孙子都长大了，给我们晚年生活带来许多快乐。这些都是后话。

1973 年北京的"文革"形势稍有缓和，10 月父母亲经北京师大"工宣队"批准可以出京，请假到汉中看望我们。父母亲就临时住在渡槽工地旁边我们的简易宿舍里。草房是黄土墙、土地面，也没有窗户。当时正值雨季，屋外大雨，屋内小雨，十分潮湿。不由想起杜甫的诗句："床前屋漏无干处，雨脚如麻未断绝"。屋里只有木板搭的床，一张小地桌，两把小竹椅，可谓家徒四壁。父母来后，妻子张罗着到集市买了一瓶城固大曲、鸭子和蔬菜，借了几把小板凳，全家围坐一起吃了一顿团圆饭，我心中不免涌出一股劫后余生的酸楚。我又陪父亲去勉县参观了武侯墓和褒斜谷。二老看到已经竣工的沥水沟渡槽工程十分高兴，回京后父亲寄来一首七律："十二年来儿尚贤，银河架起两崖间，岁时强半虚经过，父鬓萧疏不似前。秦岭嵯峨褒水波，萦迥栈迹遗山阿。古人已逝今人在，应为人寰贡献多。"

1972 年与妻子王淑玉在陕西汉中褒河水库工地

1976 年 5 月从汉中工地回京探望父母拍此全家福

1993 年 2 月在北京与父亲合影

2012 年与孙女董菡孙子董苎梓在一起

工地十年，历经磨难。"文革"十年浩劫耽误了我们这一代知识分子，中断了学术发展的道路，在最能出成果的智力旺盛期荒废了事业。可是换一个角度看，人生逆境也是一种历练。工地艰苦的物质生活，重体力劳动，简陋的生活环境，不但没有摧垮我的精神，反而磨练了我的毅力和韧性。在人生低谷期，我没有消极悲观，也没有大材小用的感叹，始终保持随遇而安的达观态度。无论是劳动，还是设计、施工或管理，我都尽心尽力做好每一项工作。由于有了这种经历，在以后的几十年，凡遇到困难或逆境时，我就会想，工地十年我都熬过来了，还有什么更难、更可怕的事能把我压垮吗？工程现场的工作经历，对于我以后从事工程科研也有很大益处，使我积累了较多的设计施工经验，补充了书本理论知识。

1976 年国家政治形势发生了逆转，四人帮被粉碎，接着实行改革开放路线，迎来了科学教育的春天。1978 年恢复研究生招生，开始实行学位制。我从工地大喇叭播放的新闻中听到这则消息喜出望外，感到再次改变人生方向的机会来了。我开始匆匆备考。毕业后十年不看书，专业知识大多遗忘。谁知存在床下的教科书，有的受潮布满水痕，有的被老鼠啃成纸末。"文革"宣扬"读书无用论"，却让老鼠受益大饱口福。幸好有父亲帮助，我才得到一些复习材料，临阵磨枪。

1978 年 8 月我被中国科学院研究生院录取，成为该院首批研究生，时年 35 岁。我被编入 31 班，由中国水利水电科学研究院负责培养。我的导师是李伯芹教授。李老师早年留学苏联，获科学副博士学位，他是著名实验力学专家。我们这批研究生，人称"文革遗才"。本来流落山野边陲，突然峰回路转，又获得了学习深造的机会，所以无人不珍惜，无人不刻苦。用废寝忘食、夜以继日形容大家的学习精神毫不夸张。

刚从闭塞的山沟里走出来的我们，入学后才知道，正当我国大学停办，强迫教授扫厕所，科学家下放农场的十年中，发达国家的计算机科学和信息技术一马当先，获得了突飞猛进的发展，由此带动了各个领域，科学技术发生了翻天覆地的变化。当时，除了国防科技以外，我国与西方国家的科技总体水平差距何止 30 年！我们这些"文革"前毕业生掌握的知识已经明显陈旧，不及时更新肯定会落伍。所以入学后第一件事就是恶补计算机科学相关理论，包括计算机程序语言、数值分析、线性代数、有限单元法、计算方法等。

在中国水科院结构材料研究所光测弹性力学实验室（1982 年）

我在硕士论文研究时，作过光弹贴片法实验，也提出了创新的云纹图像的有限元法。但是工程结构模型试验有不少局限性，如耗时长，费用高；在有些情况下不能满足模型相似律；复杂形状三维结构应力集中部位的量测结果精度较低等。在同一时期，出现了有限元法。有限元法是把连续问题变换为离散问题并求解的一种方法。高效率、大容量的电子计算机使有限元法可以解决大量用经典理论无法获解的复杂工程问题，出现了巨大突破。20 世纪 70 年代末，我国已有几家科研院所和高校开始研究有限元法，并且引进软件摸索工程应用。中科院研究生院的有限元法课程由数学所林群院士授课。林群院士的研究领域是有限元的高效算法，而我的兴趣在有限元法原理和工程应用，于是又自学了华东水利学院编写的《弹性力学问题的有限单元法》（1974）。我的硕士论文是研究压力钢管与混凝土联合承载问题，研究工具以光测弹力学模型试验为主，平面有限元计算为辅。研究生毕业后，我认识到实验力学已经落后，决定转向非线性有限元法。当时，国内线弹性有限元研发方兴未艾，少有学者研究非线性有限元。非线性问题可以归纳为材料非线性和几何非线性。就钢筋混凝土材料非线性而言，非线性问题包括：在短期荷载作用下，混凝土和钢材的非线性应力-应变关系；混凝土开裂；混凝土与钢筋黏结及骨料锁定效应的非线性本构关系。

回顾我的学习研究历程，从 1978 年开始学习研究实验力学，转而应用线弹性有限元法，最后跨越到钢筋混凝土材料非线性有限元法，大约经历了 8 年时间，基本上跟踪到国际前沿。这段经历使我认识到，一个研究者要有国际视野，能把握学科发展趋势，跟踪学科领域前沿，调整科研策略，切不可抱残守缺，固守在某一学科的发展阶段停滞不前。在学科发展过程中，有些学科分支不可避免地会衰落而被新兴的学科所取代。像我曾任职的中国水科院结构材料所的光测弹性力学实验室，具有悠久的历史和先进的设备，但是由于有限元法的兴起，到 1989 年因没有项目支持只好关闭。这种学科发展的新陈代谢，正反映了科学发展不断求新的规律。

研究生院的三年学习生活也有一些难忘的经历。1979 年李政道博士携夫人来校发表演讲，全场座无虚席，过道也站满了人。在热烈的掌声中李政道博士起身向会议主席严济慈院长深鞠一躬，尊称严老师，接着回忆起昆明西南联大的学生生活，严济慈院长正是他

中国科学院研究生院 78 级 31 班研究生毕业合影（1981 年 11 月）

前排左起　沈新慧　刘振国　姚布丹　王良辰　贺益英　郑大琼

二排左起　黄永健　印倍乐　郭　涛　曹叔尤　祁建华

三排左起　高季章　庞炳东　王　镭　丁方中　郭锡荣　陆吉康

四排左起　靳国厚　董哲仁　史国成　胡惠良　陈先朴　孔昭年

的老师。他说，西南联大物理实验室只有几个电路板和开关，上实验课时大家还认真摆弄来，摆弄去。现场有同学提问，您是如何获得成功的？李政道博士微笑回答，你向东走，走不通失败了，再向西，总会找到正确的方向。他一边说，一边还做着手势。这句话我记忆犹新，回味无穷。李政道博士说出如此平实的话语，说明真理是朴素的，真正的科学家是诚实的。大家都知道，李政道博士为促进中国政府派送留学生，奔走于中美两国不遗余力，1979 年与严济慈院长联合发起共同建立了中美联合招考赴美物理研究生项目 CUS-PEA，培养中国年轻的物理学人才。

　　另一件难忘的事是我参加了 1983 年 5 月 27 日在人民大会堂由国务院学位委员会和北京市人民政府举行的博士和硕士学位授予大会。我特别感到幸运的是代表 31 班登上主席台，由严济慈院长亲手授予研究生毕业证书和学位证书。我们这批 1978 级研究生成为实施《中华人民共和国学位条例》后的首批毕业生和首批硕士。严院长随后发表讲话，对大家表示祝贺，其间他说了一句令我终生难忘的话。严院长说，既然你们选择了科学研究工作，你们对科学事业就要"以身相许"，贡献终身。我理解严院长这句话是勉励未来的学人，从事科学研究不应该只是谋生的手段，也不应该成为追逐名利的工具，而是献身于探求真理的崇高事业。严济慈先生（1901—1996）是我国科学界元老。1927 年获法国国家科学博士学位，1948 年当选为中央研究院院士，1955 年当选中国科学院学部委员。严济慈先生是中国科学院研究生院首任院长，自然也是现在的中国科学院大学的首任校长。我有幸见到严院长时，他已经 82 岁了，慈眉善目，温文尔雅，谦谦君子也。

三峡工程超巨型压力管道非线性分析

　　我于 1981 年分配到中国水利水电科学研究院结构材料研究所工作。结构材料研究所所长赵佩钰先生 (1922—2015)，早年留学苏联，1955 年获莫斯科建筑工程学院副博士，是著名的水工结构专家。赵所长德高望重，爱惜人才，对我们这些新来的研究生倍加重视。有一次闲谈说到"文革"中我在工地的往事，赵所长戏言道，董哲仁也有秦琼卖马之时啊。他曾语重心长地对我说，你已经读了 21 年的书了，为国家工作了多少年？他特别着力培养我们这批研究生，创造条件推荐出国留学深造。1989 年赵佩钰所长和于骁中所长极力推荐我担任结构材料研究所所长，成为当时中国水利水电科学研究院最年轻的所长。

　　特别值得回忆的是，1982 年夏，赵佩钰所长专门给我引见了潘家铮院士。那天我随赵所长拜访潘先生时，还带了一摞文稿向他请教水工结构分析问题。那是我第一次见到潘先生，他的博学睿智和儒者风范令人折服。在我的职业生涯中，有潘先生这样的学术大师指点实在是一生的幸运。潘家铮先生 (1927—2012) 是水利水电行业的技术掌门人，中国工程院副院长，我国工程界的学术领袖。我与先生交往三十多年，他是我最为敬佩的前辈。20 世纪 90 年代，先生充分肯定我在钢衬钢筋混凝土压力管道非线性分析的创新成果，他认为我的论文"没有急功近利的浮躁之气，有的是对科学精神的不倦追求。"他称赞我是"同辈中的代表人物，一位贡献突出的中年科技专家。"先生在学术上对我十分器重，1994 年他在清华招收了一名博士生，给学生定的研究方向是混凝土非线性分析。他邀请我担任副导师共同培养，并且亲自带着学生到我办公室"拜师"。进入 21 世纪后，潘先生对于我专注于水利水电工程的生态影响和生态修复问题研究勉励有加。他充分肯定我和团队进行的艰苦的调研、探索和实践。潘先生嘱我"吸纳百家，自成一家"。2007 年元月我带着刚刚完成的书稿《生态水利工程原理与技术》和《生态水工学探索》请潘先生作序，老人家慨然应允，亲自执笔撰写了长篇序言。说起来潘先生先后为我撰写的五本书作序，时间跨度近二十年，它们绝非一般应景之作，而是蕴藏深意，字里行间处处流露出对于后学晚辈的鞭策与期许。

　　我于 1986 年 6 月获世界银行农业贷款项目资助，赴美国阿克伦大学 (The University of Akron) 做访问学者研究，为期一年。师从 T. - Y. P. Chang. 教授。T. - Y. P. Chang. 教授致力于有限单元法研究和应用软件研发，重点研究非线性问题。他很周到地安排了我的进修环境，包括电脑设备、推荐阅读专著文献，参加 seminar 等。系主任 Andrew L Simon 教授是水力学专家，他很友好地邀请我为本科生作了一次讲座。这是我第一次走出国门，来到一个完全陌生的国家。但是我很快发现周围的美国同事和许多朋友，对于来自刚刚开放的中国学者十分友好热情。我特别满意的是大学开放、自由的学术环境，没有外界的干扰，你可以心无旁骛地独立从事研究工作。我研读了有关非线性有限元大量文献和专著，钻研钢筋混凝土非线性有限元的原理，其中 W. F. Chen 著《Plasticity in Reinforced Concrete》对我帮助很大。在 1993 年我出版的专著《钢筋混凝土非线性有限元法原理与应用》中，总结归纳了在阿克伦大学学习非线性有限元的研究成果、学习心得并补充了若干应用案例。限于当时我家住房条件，这本书是每晚伏在卧室的缝纫机上写成的。它是国内最早出版的同类著作之一，至今还被一些研究者使用。

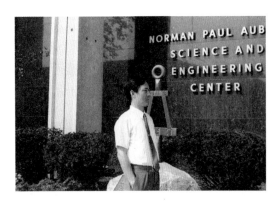

美国阿克伦大学（University of Akron）访问学者（1986）

　　我研究非线性有限元的目的是为解决钢衬钢筋混凝土压力管道的结构分析问题，特别是三峡水电站巨型压力管道新结构的计算分析方法，这是当时三峡工程设计面临的一个重大难题。水电站压力管道是关键性的结构物。随着水电工程规模的日益巨大，压力管道也日益巨型乃至超巨型化。常规型式和设计方法已经难以满足需要，人们不断探索新结构、新材料和新的设计理论和方法。钢衬钢筋混凝土压力管道是 20 世纪 70 年代发展起来的新结构。我国 80 年代中期首先应用于东江和紧水滩电站。80 年代后期开始研究并论证可否应用于三峡工程。三峡水电站是世界最大水电站，28 根压力管道直径达 12.4m，居世界之首。通常用最大内水压力 P 和钢管内径 D 的乘积来反映压力管道的规模。一般认为，PD 值超过 500MPa·cm 时，可列为大型管道，1200MPa·cm 以上可称为巨型管道。三峡电站管道 PD 值高达 1730MPa·cm，属超巨型管道。

　　钢衬钢筋混凝土压力管道具有一系列优点，比常规坝内埋管具有较高的技术经济性能和较大的安全储备。三峡工程论证期间，三峡电站初步采用了坝后浅槽式钢衬钢筋混凝土压力管道。考虑到超巨型压力管道是一种承受高内水压力结构，一旦爆裂后果不堪设想。因此设计论证工作慎之又慎。设计这种超巨型复杂三维结构面临诸多困难，因为，这种新结构已经超出设计规范使用范围，常规的计算方法和线性分析已经不能满足工程需要。在分析中不仅要考虑两种系统——钢衬与钢筋混凝土联合承载，还要掌握结构弹性—塑性—混凝土开裂—结构破坏的全过程。设计中允许混凝土开裂，但控制裂缝宽度。在荷载方面，除了内水压力外，必须考虑变温荷载以及坝体影响。当时国内外的经验均感不足。这项工作通过由我负责的国家"七五""八五"科技攻关项目以及三峡工程总公司委托项目，攻克三峡工程设计计算的这个难关。

施工中的三峡水电站超巨型压力管道（2003）

　　通过 10 余年的研究，我提出了一整套

钢衬钢筋混凝土压力管道计算分析方法，成果包括：①提出了钢衬钢筋混凝土压力管道正交各向异性准解析解模型，用 Kupfer 强度判据区分弹性界限模拟混凝土出现径向裂缝过程，给出一种可计算多层钢筋与钢衬联合受力的全过程分析方法并开发应用程序 SAPDF。②研究和完善了钢筋混凝土弹性–塑性硬化模型（Elatic – Hardening Plastic Model），用等向塑性硬化理论构造混凝土材料弹塑性及开裂特征的三参数模型，用分布式裂缝模型模拟混凝土开裂特征、应力释放及骨料咬合作用，用分布式钢筋模型模拟钢筋特征，并研制开发了有限元程序 NARC。③提出了混凝土开裂前钢衬与钢筋混凝土联合承载的弹性模型公式。④提出混凝土径向裂缝宽度计算公式。⑤提出基于齿行法的压力管道结构优化设计方法以及钢衬和配筋优化方法。⑥考虑多种因素的压力管道经济直径的优化模型。⑦提出基于热弹性交互定理的厚壁圆筒温变径向位移公式，纠正了美国 1978 年出版的 Walter. D. P 等著《Modern Formulas for Statics and dynamics》的相关公式错误。

我花了一年多时间，绞尽脑汁，潜心研究钢筋混凝土正交各向异性模型（reinforced concrete orthotropic model）的构建，最终通过严格的数学推导获得准解析解，又以简练的数学形式给出一整套计算公式。混凝土开裂正交各向异性特征，是基于数十个不同比尺的仿真材料模型试验的裂缝分布形态给出的假设。为计算混凝土裂穿状态下 n 层钢环应力，推导了混凝土环分担内水压力传递系数计算公式，它是一个统一表达式，如果令外半径无穷大，则为前苏联学者 Клингерт，Н. В. 1982 年提出的混凝土出现裂缝的坝内埋管压力计算公式；如果令外径为内径的 10 倍，则是美国垦务局 1970 年钢管设计规范公式，说明二者都是统一表达式的特殊情况。这项成果使我内心感到满足，实现了我大学读书时的一个梦想：毕业后推导出像结构力学公式那样的严格的解析解公式。毕业 20 年后，终于实现了青年时代的夙愿，不由感叹"天道酬勤"，聊以自慰。

在技术路线方面，我采用数值分析与仿真材料模型试验相结合的方法。我用电力部中南勘测设计研究院赵贵发先生和宋长春先生完成的东江水电站钢衬钢筋混凝土压力管道 1∶5 仿真材料模型试验的数据，验证非线性有限元分析和正交各向异性模型。成果表明，结构破坏荷载、混凝土出现第一条通缝位置和对应内压，计算结果与试验结果数据都有较好符合。该研究成果《Nonlinear Analysis of Steel Liner – Reinforced Concrete Penstock》1990 年 2 月发表在《ASME，Journal of Pressure Vessel Technology》（美国机械工程学会压力容器技术杂志）。

三峡水电站超巨型坝后浅槽式钢衬
钢筋混凝土压力管道（2003）

在数值分析和模型试验的基础上，我提出了三峡水电站钢衬钢筋混凝土压力管道设计的推荐方案，包括结构尺寸、环形钢筋层数、钢板型号、钢衬厚度、钢筋配筋、混凝土标号等。设计单位长江委长江勘测规划设计研究院的初设方案基本采用了推荐方案，仅钢板厚度和配筋率略有提高。

其后，我又把坝后式钢衬钢筋混凝土压力管道，推广到地面引水压力管道。1991 年电力部昆明勘测设计研究院邀请我参加现场咨询会，讨论全国第二高水头电站——云南伊萨河二级水电站引水管道的结构选型问题。这座电站的地面引水压力管道水头近千米，总长 2670m，引水流量 3.6m³/s，上段管径1.1m，下段管径 1.0m，包括水锤在内的最大工作压力高达 9.94MPa，如按常规采用明管结构，存在冷卷成型、双面焊接等等一系列加工困难。会上，我提出了采用钢衬钢筋混凝土地面管新型结构建议。随后，与昆明院合作，开展了比尺为1：1的真实材料模型试验，同时进行正交各向异性模型和非线性有限元分析。数值分析先行一步，预测数据公开，模型试验在后，最终比较了三种方法的初裂荷载、结构屈服荷载、钢材应力、径向裂缝宽度等均有良好符合。1992 年开工兴建，1992 年夏季开展现场打压试验，压力9.86MPa，观测值与计算、试验结果符合良好，其中特别关注的混凝土径向裂缝宽度，正交各向异性模型计算值、试验值、原型打压观测值分别为 0.144mm、0.137 和 0.16mm，其结果令人满意。1993 年夏季水电站竣工投产。1995 年 2 月论文《Steel lined reinforced concrete penstock subjected to 9.94 MPa internal pressure》发表在英国《The International Journal on Hydropower & Dams，UK.》。1994 年《超高水头钢衬钢筋混凝土明管结构试验及非线性分析》获电力工业部科学进步奖二等奖。

在钢衬钢筋混凝土压力管道结构分析研究过程中，我的科研团队十分团结，做出了很大贡献。与沈星源教授、鲁一辉教授、董福品教授、夏朴淳高工、王我宁高工、张武高工、杜振坤高工、姚向红高工诸位同人的合作十分愉快。

1995 年 9 月我通过了论文答辩，由大连理工大学授予工学博士学位。博士论文题名《钢衬钢筋混凝土压力管道结构非线性分析方法》。指导教师是董毓新教授（1926—2018）。董毓新教授早年留学苏联，在莫斯科动力学院获科学副博士学位，他是我国著名水电工程专家。

1998 年 4 月出版了专著《钢衬钢筋混凝土压力管道设计与非线性分析》，系统总结了这种新型结构的设计方法以及结构非线性分析方法，具有很强的理论创新特点。2000 年 1月《钢衬钢筋混凝土压力管道设计与非线性分析》获水利部科技进步一等奖。

2003 年修编的《水电站压力钢管设计规范》（SL281—2003）中增加了"钢衬钢筋混凝土压力管道"新章节，由我提出的一套计算分析方法被列入规范，并标出"董哲仁建议公式"，近 20 年来，这种新型结构已被 10 余座水电站的大型压力管道设计采用，取得了明显的技术经济效益。

在黄河李家峡水电站坝址（1988）

施工中的岩滩水电站工地（1989）

潘家铮院士对我的研究成果作了这样的评价："长期以来，董哲仁教授结合我国各大型水电站建设，锲而不舍地研究联合受力管道的力学特征和破坏机理，探索结构分析的新模型，新方法，提出了一套较完整的计算分析方法。""值得一提的是他在 80 年代中期就开始把非线性有限元方法引入水工钢筋混凝土结构分析领域，为结构的全过程仿真分析提供了有效的现代工具。""他先后提出和发展的这些计算模型，在不少工程设计或研究中已得到采用。在三峡水电站压力管道的最终技术设计报告中，就引用了他提出的正交各向异性模型的计算公式。"

回顾我的职业生涯，参与三峡工程建设是我一生的荣耀。早在 1919 年，孙中山先生在《建国方略》中就提出了三峡建坝发电的宏伟设想，参与三峡工程建设是几代水利人的梦想。20 世纪 60 年代我在清华读书时，曾在图书馆专门搜集民国时期筹建三峡工程的史料，看到一幅照片给我留下了深刻的印象。抗战胜利后，时任国民政府资源委员会水电总处副总工程师张光斗陪同美国垦务局总工程师萨凡奇乘一只手摇木船考察三斗坪坝址。这张照片曾引起我的许多遐想。我当时不敢想象，20 多年后自己居然有幸参与三峡工作。自 20 世纪 80 年代起，我参与了三峡工程科研工作。90 年代末参与 9 个单项工程设计审查。2004 年起受聘担任国务院长江三峡三期工程验收委员会枢纽工程验收专家组成员，2015 年 3 月受聘担任国务院长江三峡工程整体竣工验收委员会枢纽工程验收组专家组成员。验收工作历时十余年，往返北京—宜昌参加会议和现场检查数十次。验收专家组在潘家铮院士的领导下紧张而有序地工作。我和所有专家一样，怀着一种崇高的历史责任感，兢兢业业完成了各项验收任务，在许多验收报告上签名，这些报告将永远保存在三峡工程技术档案里。

三峡工程三期验收专家组清华校友合影（2007）

在三峡工程验收会上与潘家铮院士合影（2006）

开创生态水利工程学

生态水利工程学的缘起

开创生态水利工程学缘起于我对水利工程学的深刻反思，这要从我的一段亲身经历说起。

1966年2月，我们清华大学水利系66届毕业生在四川渔子溪做真刀真枪毕业设计。渔子溪是岷江的一条支流，按照规划，这里布置了一座引水式电站。我被分配在电站闸首组，在老师指导下作"拱上闸"的拱结构计算。渔子溪是岷江的一条支流，奔流在深山峡谷中，两岸原始森林郁郁苍苍，瀑布飞泉比比皆是。同学们都怀着把青春献给祖国的理想，以"改造自然，建设祖国"为己任。每天翻山越岭踏勘，十分辛劳，可生活却充满了特别的乐趣。清晨，同学们在清澈见底的渔子溪旁洗漱和晨练。水中鱼、空中鸟，还有对岸的一群猴子在树林枝杈上自在戏耍。几个月后，我们怀着依依惜别的心情离开了渔子溪，毕业后奔赴祖国各地。继清华大学设计队之后，又经北京水电设计院、水利水电第六工程局上万职工日夜奋战，渔子溪水电站于1972年投产发电。这是一座引水式电站，引水隧洞长8.4km，总装机16万kW。电站成了深山里的夜明珠，一时传为佳话。

弹指声中36年过去，2002年1月，我出席在成都召开的全国水利厅局长会议，会务组安排部分代表考察渔子溪水电站。闻讯后，当晚辗转反侧，难以入眠，渴望重返故地。是日下午，到达渔子溪月亮地闸首，眼前景象令我十分惊愕，我无法辨认这就是那条几十年梦中的渔子溪。它完全干涸了，奔流湍急的溪流不知何处去，它流入了8.4km的引水隧洞。河床里巨石裸露，两岸山坡光秃，原始森林不知去向，鱼群、鸟群踪迹皆无，更别提当年那些可爱的猴子了。公路上杂乱堆放着钢材和废弃设备，尘土和机油气味代替了当年的森林飘散的松香味道。回到驻地，心情感到沉重。当年怀抱理想，艰苦奋斗开发水电，却为下一代留下了这样一条面目全非的河流。我们为获得经济效益，难道需要付出这样惨重的环境代价吗？这就是改造大自然的结局吗？回京后，渔子溪36年变迁景象盘旋在脑海，挥之不去。

其后，我又有机会全面考察了岷江，调研水电工程的生态影响问题。岷江水电开发主要集中在岷江上游干支流，已建、在建和拟建共38座电站，绝大多数是引水式电站，需要打通296km隧洞，相应造成总长近300km河道季节性断流。生物学家的调查报告显示，河道季节性断流对鱼类造成毁灭性的打击。岷江上游干流和主要支流原生鱼类近40种，自20世纪80年代以后，二级保护鱼类虎嘉鱼已绝迹；重口裂腹鱼、隐鳞裂腹鱼和异唇裂腹鱼也很少发现。

反思需要勇气，要挑战传统，挑战自我。我在《以史为鉴话生态》一文中指出，"60

多年来，我国对于水生态系统的种种大规模破坏，究其原因，教训集中在一点上，就是如何处理好人与自然、人与江河的关系。""在'大跃进'时代掀起了围湖造田的高潮，'向湖泊要粮'成了革命口号。对长江中游湖泊进行的大规模围垦，导致湖泊面积急剧萎缩。长江中游地区的湖泊面积由 20 世纪 50 年代初的 $17198km^2$ 减少到现在不足 $6600km^2$，有 2/3 以上湖泊因围垦而消失。"

反思更需要理智，要实事求是，全面权衡。一方面，水利水电工程在防洪、发电、供水、灌溉、航运等方面发挥重要作用，有力地支撑了国家经济社会发展。另一方面也必须看到，水利水电工程改变了自然水文情势和地貌特征，对河湖生态系统造成不同程度负面影响。正确的思路应是尊重自然，顺应自然，趋利避害，实现双赢。

水利工程学作为一门重要的传统工程学科，以建设水工建筑物为手段，通过改造和控制河流，达到水资源和水能资源开发利用等多方面的经济社会目标。但是水利工程学没有提供如何保护河湖生态系统的技术和方法，包括如何保护恢复生物栖息地和生物多样性。这就导致水利工程建设存在重视资源利用，忽视生态保护的倾向。由此我想到，水利工程学必须吸收、融合生态学的理论和方法，完善传统学科，形成一个新的学科分支，为水利水电工程规划、设计提供新方法和新技术。

基于这些初步认识，2003 年我在《水利学报》第 1 期上发表题为《生态水工学的理论框架》的论文，首次提出生态水利工程学的概念，文章给出的生态水工学的定义是："生态水工学作为水利工程学的一个新的分支，是研究水利工程在满足人类社会需求的同时，兼顾水域生态系统健康与可持续性需求的原理与技术方法的工程学。"

在国际学术背景下，生态水工学是 20 世纪末国际上提出的新工程学理论——生态工程学的延伸和分蘖。自 20 世纪下半叶，全球生态保护意识不断提高，保护地球家园，维系自然生态，坚持可持续发展，已经成为当代国际社会的共识。人们对于各类基础设施建设有了新的认识。普遍认为工程建设不但要满足人类社会的需求，还需满足维护生态系统可持续性及维系生物多样性的需求。在这个大背景下，新的工程学理论和概念应运而生。具有标志性的事件是 1962 年著名生态学家 Odum 提出将生态系统自组织行为（Self - organizing activities）运用到工程之中。他首次提出"生态工程"（Ecological engineering）一词，旨在促进生态学与工程学相结合。Odum 提出的生态工程包括河湖、海岸带、森林、草地以及矿山等生态系统的修复工程。1993 年美国科学院主办的生态工程研讨会根据著名生态学家 Mitsch 的建议，把"生态工程学"定义为："生态工程学是可持续生态系统的设计方法，它将人类社会与自然环境相结合并使双方受益。"可见，从学术脉络角度，生态水利工程学是生态工程学的延续和发展，它聚焦河湖水系的生态保护与修复，提供一种新的设计方法，以实现人水和谐的目标。

《生态水工学的理论框架》发表没多久，就收到已届 91 岁张光斗老师的来信，认为文章"有学科创新意义"，对我多有勉励。水电界前辈潘家铮院士为 2007 年出版的《生态水利工程原理与技术》和《生态水工学探索》两本新书欣然作序，他在序言中写道："董哲仁教授原来从事工程结构研究，很有建树，当他察觉到生态问题已成为水利水电发展的瓶颈后，毅然转向环境问题研究，并进行了艰苦的调研、探索和实践。他组织跨学科的专题组，深入现场参与和指导一些省市的河流生态修复试点工程，为弄清怒江水电开发的生态

影响问题，进入怒江上游原始地区深入调
查。他详细研究外国的有关理论和经验，并
全程考察了莱茵河和日本、韩国的生态工
程，发扬了我国'读万卷书、走万里路'的
好传统，这才为撰写这两本书奠定基础。在
当前充满浮躁气氛的环境中，这种精神是很
值得肯定的。"

在国际研讨会上作学术报告（2004）

　　2003—2007 年期间，国内生态环境界就
大坝生态影响、怒江开发等问题展开了大讨
论。我积极参加了讨论，先后在"联合国水
电发展研讨会""今日中国论坛""河流生态
流量国际研讨会""黄河论坛""水电国际研
讨会"等大型研讨会上发表主旨演讲，阐述开发与保护的辩证关系和生态水工学原理。

开拓新学科的技术路线

　　开拓一个新学科领域需要确定一条正确的技术路线，可以归结为以下几点：

　　在学习借鉴中对比与思考。发达国家的水生态保护与修复工作起步较早，已经积累了
丰富的经验，开发了不少技术方法，值得我们认真学习和借鉴。但是学习借鉴不等于照
搬，而是要结合我国的国情、水情、水利发展历史等多种因素。另外，学习发达国家的经
验，需要进行对比分析和独立思考，在此基础上进行研判和提升。

　　2002 年 10 月，应保护莱茵河国际委员会和瑞士联邦水文地质调查局的邀请，由我率
领的中国水利部代表团考察了莱茵河流域水资源开发利用和生态保护。代表团自荷兰的莱
茵河河口溯流而上直到河源地瑞士，进行了全河实地考察，分别与莱茵河保护国际委员
会、德国水文研究所和瑞士联邦水文地质调查局的专家们进行了座谈交流。这次考察给我
留下深刻印象的是"鲑鱼-2000 计划"。这项计划缘起于 1986 年莱茵河上游一家化工厂发
生了一场大火，有 10t 杀虫剂随水流进入莱茵河造成鲑鱼和小型动物大量死亡，其影响达
500 多 km。化工厂的事故，成了导火索，也成了莱茵河治理的转机。1987 年提出的莱茵
河行动计划，其鲜明特点是以生态系统恢复作为莱茵河重建的主攻目标，它表述为：到
2000 年鲑鱼重返莱茵河。经过 10 余年的努力，2002 年我们考察时看到的莱茵河河水清
澈，岸滩宽阔，植被茂密，在水电站监测到鱼类上溯洄游，计划获得巨大成功。后来，这
次考察成果整理成由我主编的《莱茵河——治理保护与国际合作》一书于 2005 年出版。

　　"鲑鱼-2000 计划"使我受到很大启发。当时，我思考为什么针对这样一场水污染突
发事故，所制订的长远计划并不是以水污染防治为唯一目标，而将其定位在"莱茵河成为
一个完整的生态系统骨干"。我想，这既反映人们对于河流本质认识的飞跃，也反映了河
流保护和治理战略的转变。河流保护与修复，不仅是水质改善，还要综合水文、地貌和生
物多因素的修复和改善，以保证生态系统的完整性。从时空尺度上看，"鲑鱼-2000 计划"

与德国水文研究所 Karl Hofius 博士等
专家交流（2002）

在荷兰公共工程交通水利部布鲁姆司长和
韦司丹司长陪同下考察莱茵河（2002）

是以流域尺度并以十年为单位制定的长期计划，不是一种的短期行为。对照我国同期的水污染防治工作，如上世纪90年代中期开始，国务院有关部委会同苏浙沪两省一市发动过声势浩大的太湖水污染治理运动，提出了"实现2000年太湖水变清""不让污染进入21世纪"等响亮口号，其中规模最大的就是1998年底的"聚焦太湖零点达标"行动，并在1999年元旦钟声敲响之前宣布"基本实现阶段性的治理目标"，通过央视向全国直播。始料未及的是，"短平快"政治运动式的零点行动以后，太湖水质持续恶化历经数年，太湖水污染达到了触目惊心的程度。中国和欧洲同期开展的河湖保护行动，两相对照，从理念、战略、时空尺度、务实态度等多方面，有太多的问题值得我们去反思。

考察莱茵河 Iffezheim 水电站鱼道
与生态学家 Ingo Nothlich 博士合影（2002）

在河流管理和保护立法方面，2000年颁布的《欧盟水框架指令》最具代表性，它在国际资源环境领域享有广泛的声誉。2000年10月欧盟理事会和欧洲议会签署并颁布了水框架指令（Water Framework Directive, WFD），它是欧盟的法律文件，主要内容是水域的保护与管理。这部法律的指导原则是实施流域综合管理；保证水资源的可持续利用及水生态的有效保护。它为欧盟各成员国提出了共同的目标、原则、定义、政策和方法。2003年至2011年在我担任全球水伙伴（Global Water Partnership, GWP）中国委员会主席期间，通过广泛的国际交流合作，使我对《欧盟水框架指令》以及体现水资源综合管理的《都柏林原则》，从原则、政策到各国的实践经验，都有了广泛的了解。2007年至2012年，我接受欧盟驻华使团聘请，担任中国-欧盟合作流域管理项目高级顾问组联合主席，有机会参阅了欧盟大量的科学论文和技术报告，与诸多欧盟专家进行了深入的交流和讨论，使我对欧盟水资源保护与水生态修复方面的政策与技术进展有了深度的理解。

全球水伙伴（GWP）马尼拉会议（2007）
GWP主席卡尔松夫人（左8），董哲仁（左9），王浩（左11）

野外考察、研究机理与构建模型。野外考察是研究工作的基础。十多年来多次组织跨学科的专题组到野外考察调研。野外考察的目的是研究生态胁迫的作用机理和生态要素相互作用，包括：水文情势改变的生物响应；河流地貌空间异质性改变对生物多样性的影响；大坝对洄游鱼类的阻隔效应；满足水生生物生长与繁殖需求的水体物理化学特性正常范围；水力条件—生物生活史特征适宜性关系等。

中国-欧盟水资源交流平台会议（2011）

野外考察和机理分析是建立河流生态模型的基础。建立河流生态模型的目的，是通过抽象概括河湖生态系统若干主要特征，建立生命系统与非生命系统之间的关系，加深对河流生态系统结构、功能和过程规律的理解，并通过模型运算对河流生态系统的演变趋势进行预测。

自20世纪80年代以来，各国科学家们通过不懈的努力，提出了多种河流生态模型，诸如河流连续体概念（River continuum concept RCC）、洪水脉冲概念（Flood Pulse Concept，FPC）、自然水流范式（nature flow paradigm，NFP）等。这些模型针对不同的河流类型，研究的空间尺度和维数各不相同，涉及的生命和非生命变量不同，所描述的系统功能和结构各有侧重。这些模型提出时都是以概念模型形式出现的。Brierley G. 和Fryirs K.（2008）在评论了现存的河流生态系统结构功能模型以后指出："至今还没有提供一个统一的、对于所有类型河流都适用的，反映自然条件和生物结构与功能相互关系的河流功能概念模型。"

自2008年始，我开始致力于河流生态系统统一模型构建。首先，构建了"河流生态系统结构功能整体性概念模型"（The Holistic Concept Model for Structure and Function of River Ecosystem，HCM），HCM 旨在整合和完善业已存在的若干概念模型，形成反映生态系统整体性的河流结构功能统一模型。建模的核心问题是建立生境要素与生物间的相关关系。HCM 不但考虑了自然力的作用，也考虑了人类大规模活动的生态影响。HCM 概括了河流生态系统结构与功能的主要特征，其中心组分是生物，包括食物网、生物组成及交互作用、生物多样性等。在模型中选择了水文情势、水力条件和地貌景观这 3 大类生境要素，而水文情势时空变异性、河湖地貌形态空间异质性、河湖水系三维连通性以及水动力特征这些生态要素特征所包含的大量变量，则是 HCM 可以选择的参数。实质上，HCM 模型就是建立各生态要素特征变量发生重大改变与所引起的生物响应之间关系。

其后，在 HCM 模型基础上构建了"3 流 4 维连通性生态模型"（Three Types Flows via Four Dimensional Connectivity Ecological Model，3F4DCEM）。3F4DCEM 定义如下：在河湖水系生态系统中，水文过程驱动下的物质流 M_i、物种流 S_i 和信息流 I_i 在 3 维空间（$i = x$，y，z）运动所引起的生态响应 E_i 是 M_i、S_i 和 I_i 的函数。定义中的 3 维空间是指用以描述河流纵向 y 的上下游连通性；河流侧向 x 的河道与河漫滩连通性；河流垂向 z 的地表水与地下水连通性。时间维度 t 反映生态过程的动态性。3F4DCEM 除了考虑自然状态下的河湖水系连通性以外，还考虑人类开发活动对连通性的影响，主要包括水坝等河流纵向障碍物，堤防等河流侧向障碍物，地面不透水铺设和河道硬质衬砌对水体垂向渗透性影响。构建 3L4DCEM，需要遴选关键生态响应特征值以及关键变量或参数，通过分析大量观测数据，用统计学方法建立连通性变化与生态响应的函数关系。

革新工程理念。工程师往往注重工程技术方法，忽视工程理念。殊不知工程理念是工程规划设计的宏观指导思想，比具体技术更为重要。1996 年我率团去日本开会，会后考察了日本的堤防建设。我们看到日本河流堤防大多是土坡、抛石或铅丝笼护坡，其上野草丛生。也有原本混凝土衬砌被拆除，上面又覆土长草。对比我国的堤防，大多是混凝土衬砌或浆砌块石。"三面光"的护坡，整齐划一。按照我国的标准，"三面光"堤防才可以达标。我们代表团成员对日本这种堤防感到不好理解。日方人员告诉我们，日本堤防护坡是依据"近自然生态工法"设计，做好反滤结构，堤防迎水坡可以透水；不用人工植草而靠乡土种自行生长；采用柳树等活体植物绿化。堤防自然化设计，有利栖息地保护，也可与周围自然景观协调。这个案例使我理解两种工程理念的差异。同是堤防工程，我们只关注其防洪功能，确保工程安全。而日本人不但保证防洪安全，而且赋予堤防以生态功能和景观功能。如果进一步从文明观视角观察，混凝土衬砌工程体现了工业文明，而近自然工法则体现了生态文明。如果从美学角度评论，我们的堤防体现人工美，日本的设计体现自然美。

十几年来，我和科研团队积极参与和指导了浙江、重庆、山东、河北、广东、江苏、贵州、河北、广西、吉林等省市的河湖生态修复示范工程规划设计。通过多年的工程实践，系统整合、开发和创新了河湖生态保护与修复技术，构建了生态水利工程工具箱。

先后出版的三部专著《生态水利工程原理与技术》（与孙东亚等合著）（2007）、《河流生态修复》（2013）和《生态水利工程学》（2019），奠定了生态水利工程学的理论基础。其中《生态水利工程原理与技术》2010 年获第二届中国出版政府奖图书提名奖，获中华人民共和国新闻出版总署颁发的荣誉证书。2020 年我与张晶、张明合编的《生态水工学概论》出版，被列为普通高等教育"十三五"系列教材、工程教育专业认证教材。

河湖生态保护与修复在我国起步较晚，相关技术标准大部分空白。然而近年来生态文明建设蓬勃兴起，制定技术标准实乃当务之急。我参与了《河湖生态保护与修复规划导则》（SL 709—2015）编制工作；主审了《河湖健康评估技术导则》（SL/T 793—2020）。2020年水利部发布的《河湖生态系统保护与修复工程技术导则》（SL/T 800—2020）是基于生态水工学理论编写的，并由我担任主审。

2008年《河流生态修复理论研究与工程示范》获水利部大禹水利科学技术一等奖。在生态水工学的研究过程中，科研团队十分团结，刻苦努力，知难而进，贡献巨大。赵进勇教授、孙东亚教授、彭静教授、张晶教授、王俊娜博士、张爱静博士和王宏涛博士诸位，对生态水工学的创建功不可没。

著名书法家 四中校友王德枢先生为
《生态水利工程学》题写庄子语录

与博士生合影
左起：王俊娜 张晶 赵进勇
张爱静 王洪涛（2012年教师节）

创新成果

生态水工学的主要创新成果包括：

提出了河流生态系统结构功能整体性概念模型（HCM），它力图从理论上揭示河湖生态系统的整体性、多样性和异质性特征。3流4维连通性生态模型"（3F 4DCEM）力图描述河湖水系物质流、物种流、信息流关键生态过程，在纵向、侧向、垂向及动态的连通结构中的生态响应。构建了以自然河流为参照、以河流生态系统演替趋势为基本规律，包括水文情势、河流地貌、物理化学、生物群落四大类生态要素指标矩阵式河流生态状况分级系统；提出了河湖生态修复基本准则；整合研发了涵盖河流廊道自然化工程、湖泊湿地生态修复工程、河湖水系连通工程和引水式电站生态重建等内容的多类别生态水利工程工具箱；发展了河湖生态系统胁迫效应全要素调查分析方法；提出了河流生态修复负反馈调节规划设计方法；在国内率先提出水库多目标生态调度模式等。在新技术应用方面，强化信息技术应用，包括遥感技术、地理信息系统和全球定位系统在内的信息技术，有助于推动河湖生态修复信息化和数字化。

学术影响力

自 2003 年我提出生态水工学概念以后，在水利水电和生态环境领域引起了广泛关注。截至 2019 年发表论文 123 篇，中国引文数据库（CNKI–CCD）记录论文被引用 5455 次。中国科学技术信息研究所发布的《中国期刊高被引指数》高被引作者排名榜，2007 年和 2009 年进入全国高被引作者 top100，分别为 40 和 52。在水利工程学科排名榜中，2006 第 2，2007 第 1，2008 第 1，2009 第 1，2010 第 2。"生态水工学"被列为中国大百科全书（第 3 版）学科类词条。生态水工学被列为国家自然科学基金研究方向。2018 年董哲仁获中国水利水电科学院组建 60 年周年杰出院友奖。2019 年 5 月成立了中国水利学会生态水利工程学专委会，成立大会上选举董哲仁为名誉主任。

2018 年董哲仁获中国水利水电科学院组建 60 年周年杰出院友奖
董哲仁（右 4） 韩其为（右 5） 陈厚群（右 6） 陈炳新（右 7）

我 的 治 学 之 道

"究天人之际，通古今之变，成一家之言"，这是西汉著名史学家司马迁在《史记》之《报任安书》中的一句名言，表明了司马迁修《史记》的宏大志向。这句话的大义是说，探究人类与宇宙自然的关系，通晓从古到今的王朝兴衰演变，成就自成一家的学说。若用现代语言诠释，司马迁为后世从事自然科学和社会科学的学者树立了一个崇高的学术目标。做一名学者要有独立的思想，潜心探索研究自然规律和社会发展规律，创立自己的学说流传后世。

四十余年的学术生涯，使我深感治学之道的重要，我常与我的学生讨论这个话题，自己也常思考科研工作的方法论。在这里写出点滴体会，供读者参考。

宏观把握

当开始研究一个新课题时，切不要一头扎进课题的具体微观技术问题中。而是要先弄清楚这个课题在相关学科框架中所在的位置。比如我研究钢筋混凝土非线性有限元，先要弄清非线性有限元，再追溯到有限元，掌握它们的原理方法。就钢筋混凝土非线性有限元而言，要进一步了解它的发展沿革和发展前沿，弄清楚哪些问题已经解决了，哪些问题还是空白，哪里还有研究空间。这样就可以保证研究工作在前人成果基础上有一个高起点。

做科研要有前瞻性，善于审时度势，战略思考，保证你选择的研究方向有发展前途。什么方向有前途呢？一是顺应科学自身发展的潮流；二是满足社会经济发展的重大需求。这就要求研究者具有国际视野，长期跟踪学科的发展趋势。比如生态保护是当代社会可持续发展的大趋势之一，这就可以解释为什么生态水利工程学这样一个不大的学科分支一旦问世，就能产生广泛的影响。

溯流穷源，正本清源

我要求自己也要求学生，研究报告或学术论文中出现的每一个科学概念必须给出明确的定义及内涵说明，必要时要给出定量的指标体系。同时，要溯流穷源，追溯这个概念的最早定义以及它的发展演变。同样，涉及的公式、模型都要给出严格定义及内涵说明。举例来说，21世纪初年，有流域机构提出口号，说健康河流是流域管理的终极目标。我当时撰文指出，如果追溯河流健康概念的缘起历史，就会知道河流健康是一个河流生态状况的评价工具，并不能成为流域管理的终极目标，如同医院制定的体检表，并不是人体健康的终极目标。到21世纪，各地开展河流生态修复试点，不少地方提出修复的目标是"人水和谐"、"水清、岸绿、流畅、宜居"等等，我撰文指出，这些目标是模糊、空洞的，不能监测和考核。生态修复目标必须是定量的、可监测、可测量、可验收的。再如，生态流量、环境流量的概念和计算方法，基本上是从国外引进，这就需要保持引进概念的准确性和方法的完整性，还要注意说明这些方法的使用条件。既不能断章取义，也不能望文生义。我经常强调，一些引进的概念和公式，一定要查阅原文，正本清源，防止以讹传讹。

2010 年摄于书房

实际上，以讹传讹的现象并不罕见。我始终认为，科学论文一定要严格使用全国科学技术名词审定委员会公布的名词，以保持科学论文的严肃性。遗憾的是，当下在科研报告或学术论文中使用政治用语或网络用语代替科学名词的现象屡见不鲜。另外，有些科技论文和科研报告缺乏创新内容，却使用了一些时尚或晦涩的词语，用"新名词"包装旧内容。这些急功近利的浮躁作风是不可取的。

厚积薄发

有朋友曾经问我，你学的专业是水利工程，怎么跟跨度甚大的生态学挂上了钩，发展起跨学科的生态水利工程学？我老实告诉他，这得益于我自青年时代养成的阅读习惯。我涉猎广泛，在专业阅读方面，其范围远远超出水利工程，有信息论、控制论、系统论、科学方法论、计算机辅助决策支持系统、地理信息系统、最优化方法等。有些书是研究工作需要才去找来看，有些书是感觉好奇，便泛读以了解大意。除了专业以外，出于兴趣阅读了不少文史哲书籍，一些国学经典，有的精读过两三遍，如道德经、论语、庄子等。通过几十年广泛阅读，积累了较为广博的知识，提高了个人学养。人们常说，做学问要追求融会贯通的境界，比如文理贯通、学科贯通。我在学习生态学时，注意从我国古代经典哲学中汲取营养，理解老庄哲学"返璞归真"的朴素自然观。我在《天人合一视角下的黄河生态保护》（2010）和《道法自然的启示》（2014）两篇文章中，讨论了古典哲学的自然观和生态观，指出老庄哲学本质上是自然主义哲学。老子提出了"人法地，地法天，天法道，道法自然"的著名论断。他认为归根结底，人类要尊重自然，顺应自然，遵循自然规律。一些西方学者如著名生态学家Mitsch. W 于 2004 年指出，现代生态学的哲学基础与中国的传统哲学不谋而合。特别是"天人合一"的哲学体系与现代生态学的整体论和系统论的哲学基础同出一辙。西方学者较早讨论了中国传统哲学与现代生态学的关系，可是国内学者却对自己先贤的贡献鲜有研究成果，这是否算是"数典忘祖"呢？究其原因，可能是社会科学与自然科学的割裂。同样，我尝试用美学理论讨论论保护河湖美学价值。（《河流的美学价值解读》2008）；挖掘王维诗蕴含的生态伦理（《王维山水田园诗的生态伦理》2019）。我学习信息技术，发表了《建设水资源实时监控管理系统——水利现代化的技术方向》（2000 年），这是国内最早提出的具有战略意义的技术构想和建议，发挥了倡导和促进的作用。总之，通过几十年的知识积累，解决科学问题的能力不断提高，以融会贯通的方式，尝试突破所学专业的局限，在跨学科、跨文理更大的学术空间中游走。

合久必分，分久必合

以我的肤浅认识，生态学学科的发展路径是"合久必分，分久必合"。1866 年德国生物学家恩斯特·海克尔首次提出了生态学的定义："生态学是研究有机体与其周围环境（包括非生物环境和生物环境）相互关系的科学。"生态学把生物学、动物学、植物学、微生物学、生理学等这些生命学科，与地理学、物候学、水文学、气象学、地貌学等非生物环境学科有机地结合起来，形成了生态学的基础。总之，众多的学科融合促成了现代生态学理论日臻完善，这就是"分久必合"之意。生态学理论日趋成熟后，又开启了"合久必分"的过程。当然，这种"分"不是简单的回归，而是螺旋式上升，赋予了新的内涵。譬如出现了动物生态学、植物生态学、微生物生态学、生态水文学、景观生态学、地理生态学等。"合久必分"还包括生态学向其他学科的扩散与渗透，形成新的交叉学科。如生理生态学、化学生态学、环境生态学、统计生态学、河流生态学、湿地生态学、河口生态学、湖泊生态学等。我所关心的生态工程学就是生态学与工程学的交叉学科。

发展交叉学科是传统学科发展的新动力。依我个人经验，20世纪末，我研究的水工建筑物结构分析，已经发展的相当成熟，边边角角的问题已经解决得所剩无几，再在里面打转难有创新空间。这也是我选择发展交叉学科，试图把生态学与水利工程学两个跨度极大的学科融合起来，创立生态水利工程学的初衷。

读万卷书，行万里路

这句古语既是我国古代学者的治学之道，也是君子修身的方式，体现了古人知行统一的理念。在当今知识爆炸的时代，即使真的读书破万卷，也只能是九牛一毫，沧海一粟。人生有涯而知识无涯，我们只能有选择地读有价值的书，特别是某领域经典的或前沿的书，以获取有用的知识。我的方法是阅读某研究领域发展综述文章，然后精读其所列参考文献。近20年侧重阅读生态学及其一些分支学科，诸如生态系统生态学、河湖生态系统学、景观生态学、河流地貌学、生态工程学等学科中的有代表性的专著和论文，主要是国外文献。多年来，我养成了记读书笔记的习惯。近20年，有关生态方面的阅读笔记近百万字。

考察怒江上游（2013）

考察澜沧江支流基度河涧游鱼类（2013）

为奠定生态水利工程学的理论基础，我多次组织或参加由跨学科专家组成的考察组，开展专题性考察。包括赴岷江、大渡河、沱江考察调研引水式电站的生态胁迫问题；进入怒江上游原始地区深入调研流域生态现状和梯级开发的生态影响预判；赴东江流域调研稀土矿产开发造成地下水污染问题；在澜沧江干支流调研大坝对洄游鱼类通道阻隔和对策问题；在赤水河组织考察、监测河流蜿蜒性对鱼类栖息地影响；考察了太湖、巢湖的富营养化治理；考察黄河三角洲湿地保护等。特别难得的是，2002 年我代表中华人民共和国水利部与湄公河国际合作委员会在金边签订报讯谅解备忘录，会后由湄委会官员陪同全线考察了湄公河。同年，率水利部代表团参加中国-荷兰水利交流研讨会，会后由荷兰交通水利部专家陪同全线考察莱茵河。另外还考察了委内瑞拉的卡罗尼河、韩国的汉江、日本的琵琶湖等。每次考察调研，我习惯作考察笔记。在现场记录大概轮廓，回来后再补充材料、地图并作简要评论。这些多年积累的大量基础素材对研究工作十分有用。

考察东江源（2010）

独立思考

独立思考是对科学工作者的基本要求。试想如果一个学者相信和固守以往一切的科学结论，那怎么会有新理论、新方法产生呢？科技创新又从何谈起呢？我国古代儒家的教育理论是"传道授业解惑"，核心是"师承"，即继承前辈的学说，着力理解、背诵、阐发经典理论，不能怀疑经典，否则就是"离经叛道"。这就从学生时代开始束缚了他们的思想。至今我国的应试教育体系，还是继承了这种思想，忽视培养学生的独立思考能力。我认为这也是我国与西方国家科技创新能力存在差距的根源之一。

1980 年我在做研究生论文时，发现美国 1978 年出版的 Walter，D. P.，Pin Yin Chang 合著的《静力学和动力学现代公式集》中厚壁圆筒温变冷缩位移公式有问题，因为用这个公式计算的例题与有限元计算结果有较大误差。于是我用热弹性交互定理（Thermeelastic Reciprocal Theorem）导出新公式，与有限元结果符合良好。我又进一步分析了用解微分方程推导出的 Walter 公式，发现有 2 个缺项，所以是不正确的。后来新公式成为计算新型压力管道混凝土裂缝宽度的基本公式之一列入行业技术规范。

21 世纪初，我开始研究水利水电工程的生态影响问题。我曾经担心，具有水利工程专业背景的专家，讨论水利工程的负面生态影响，会不会被人扣上"离经叛道"的帽子？

当时社会上正在开展大坝利弊问题讨论，有一种观点认为西方人借生态保护为名，反对建设大坝，是阻挠中国水电发展的阴谋。我坚持要独立思考，通过大量实地调查监测，用事实和数据说话。值得庆幸的是，潘家铮院士高瞻远瞩，充分肯定和支持我的研究方向，才使生态水工学研究得以健康发展。

理解模型

40余年的科研工作，我先后接触过两类模型。前期做结构工程模型，后期做生态模型。所谓"模型"是针对原型而言，结构工程模型的原型是工程结构物，生态模型的原型则是自然生态系统。由于工程结构物是人造的，材料性能、几何尺寸、边界条件都可控，所以它的模拟相对简单。而自然生态系统的要素和影响因子繁多，且动态多变充满不确定性，所以它的模拟要复杂得多。统称的"模型"又分为实体模型和数学模型。（这里顺便澄清一下名词 physical

代表中华人民共和国水利部与湄公河国际合作委员会
签订报讯谅解备忘录（2002金边）

model 在这里译为"实体模型"较为贴切，而不是译为"物理模型"）。实体模型试验必须严格遵循模型相似律，才能把模型转化为原型。我做过的结构工程模型实验用全仿真材料模型，满足几何相似、材料性能相似等条件。有些模拟特定自然现象的实体模型试验，如河流泥沙动床试验为两相流问题，情况就要复杂一些。这种实体模型需要采用专门的模型沙，因纵横比尺不同，常采用"变态模型"，不能严格遵循相似律。国内一些人工降雨实验室，开展地表坡面侵蚀、植被、产汇流过程模拟，这类试验无法满足相似律，不能获得定量成果。遗憾的是，至今一些实验室还不理解模型相似律的重要性，陷入认知误区。科学家们已经认识到，当下世界比我们数十年前想象的要复杂得多。几十年前的科学家比现在要乐观，那时认为对自然界的认识将会很快变成现实。爱因斯坦甚至讨论过"世界方程式"。如今，人们已经认识到生态系统是非常复杂的，是非线性的，其过程常具不确定性甚至是混乱的。在实验室里，试验结果可以用几个方程式描述。但是当我们面对自然界时，需要更多、更复杂的模型才能解释观测结果，而且仅仅是局部的近似模拟。

由于计算机技术飞速发展，促进了数学模型有了长足进步。数学模型是对原型的简化和抽象，就生态模型而言，所谓简化是指在繁多的生态因子和变量中选取关键因子和变量；所谓抽象是指把生态系统若干主要特征抽象化。建立数学模型的目的，一是通过改变边界条件运行数学模型，用以理解河流生态系统结构、功能和过程的规律，特别是理解生态过程的机理；二是通过数模长时间序列的运算，预测生态系统演变趋势，提供生态状况预警，为生态管理提供依据。

一个合理的生态模型，是建立在野外监测和观察获得的大数据基础上，通过研究分析，提出若干假设，用适宜的数学方法构建。如果脱离客观生态系统和野外观察监测，仅在室内靠主观意志开发模型，从模型到模型，从电脑到电脑，如同无源之水，无本之木，是毫无前途的。我常提醒我的学生，千万不要盲目迷信数学模型，也不能夸大它的作用，因为数学模型是人工构建的，本身带有很大的主观性。你研究的主体应是客观存在的自然生态系统，数学模型仅仅是一个工具而已。另外，数学模型不是越复杂越好，相反，应力求简单明了，能解决特定问题就好。

厚德载物　自强不息

清华大学新水利馆"智者乐水 仁者乐山"雕塑留影（2005）

梁启超先生 1914 年在清华大学题为《君子》的演讲中提出了清华校训："厚德载物，自强不息"，语出《周易》："天行健，君子以自强不息。地势坤，君子以厚德载物。"梁启超先生在这篇演讲中还说："且学者立志，尤须坚韧强毅，虽遇颠沛流离，不屈不挠，若或见利而进，知难而退，非大有为者之事，何足取焉？人之生世，犹舟之航于海。顺风逆风，因时而异，如必风顺而后扬帆，登岸无日矣。"清华校训对我影响至深。我们这一代知识分子的命运随着国家的政治风雨跌宕起伏。回顾一生行迹，逆境中不灰心，不懈怠；顺境中不忘乎所以，尚存自知之明。从清华大学毕业到最基层的水库工地劳动，从工地施工技术员到中国水利水电科学研究院副院长，从国内学习到国外深造，能上能下，能伸能屈，自强不息的精神一直激励着我不断进取。漫长的人生历程使我慢慢明白了一个道理，追求名誉、地位、金钱不过是过眼烟云，只有把追求真知，追求学术成就奉为圭臬，才能不虚此生。孔子所说："朝闻道，夕死可矣"，司马迁所说："成一家之言"，讲的就是这种境界吧。

生命有限，知识无涯。惜阴，是我的一条人生守则。十年浩劫浪费了青春大好时光，1978 年我从工地回到北京读研究生，和大家一样都怀着一种心情，要把失去的十年再夺回来，没日没夜地学习。1996 年奉调水利部任司长，行政工作中断了学术研究。到 2003 年从岗位上退休，我又老调重弹：把行政工作耽误的 7 年再夺回来，重操旧业，开启了生态水利工程学研究。结果，退休后一晃又搞了科研 17 年，使我的学术生命得到大幅延长。我素来喜欢清静，不爱看电视，不爱热闹，不喜欢应酬活动，无形中节省了不少时间。晚年更是追求一种平淡的书斋生活，无丝竹之乱耳，无案牍之劳形。读读文献，看看闲书，写稿子改稿子，与团队一起讨论课题，享受读书写作的快乐和讨论问题思想漫游的乐趣。此外，每天的功课还有散步打太极拳，几十年如一日，自得其乐。20 世纪 60 年代初，清华大学马约翰教授向清华学子发出号召：为祖国健康工作 50 年。今天我可以告慰马教授，学生已经健康工作了 54 年，总算没有辜负母校的期望。

（2020 年 12 月 30 日定稿）

后　记

　　整理这本文选时，正赶上疫情，蛰居家中，心无旁骛，正好可以统稿敲键盘。其后又信笔写了"我的学术生涯"一文，谈了一点治学经验和体会，也回顾了笔者七十余年曲折的人生经历。当此书稿付梓之际，抚今追昔，感慨良多，即兴作七律一首，照录如下。

七律　书稿付梓有感

　　《河湖生态模型与生态修复》系予自1993年以来出版的第九本专著，这九本总计五百余万言，盖毕生心血也。

江河踏遍十万里，天地沙鸥一书生。

道法自然循老子，水工生态谱新声。

世间名利如朝露，身后文章信有名。

莫道书斋空寂寥，寒梅落尽九卷成。

二〇二一年三月八日

附录 1

董 哲 仁 年 谱

1943 年 2 月 6 日　在北平出生

1954—1960 年　在北京四中学习

1960—1966 年　在清华大学学习

1966 年 7 月　清华大学水利工程系河川枢纽及水电站建筑专业毕业

1968—1970 年　分配到陕西省汉中地区褒河工程渠道指挥部劳动锻炼

1970—1975　任陕西省汉中地区褒河工程渠道指挥部技术员

1975—1978 年　任陕西省石门水库管理局石门水电厂厂长

1978 年　考入中国科学院研究生院

1978—1981 年　在中国科学院研究生院学习

1981 年　中国科学院研究生院毕业，获工学硕士学位

　　　　分配到中国水利水电科学研究院结构材料研究所工作

1986—1987 年　由世界银行贷款项目资助，在美国阿克伦大学做访问学者

1989—1993 年　任中国水利水电科学研究院结构材料研究所所长

1993 年　《钢筋混凝土非线性有限元法原理与应用》出版

1993—1996 年　任中国水利水电科学研究院副院长

1995 年　受国家科委聘请担任国家科学技术奖励水利专业评委会评审委员

　　　　武汉水电学院聘任兼职教授

1996 年　获大连理工大学工学博士学位

　　　　清华大学水电系聘任兼职教授

　　　　《超高水头钢衬钢筋混凝土明管结构试验及非线性分析》获电力工业部科学

　　　　进步奖二等奖

1996—1998 年　任水利部科技司司长

1998 年　国家自然科学基金委聘任第七届学科评审组成员

　　　　《钢衬钢筋混凝土压力管道设计与非线性分析》出版

1998—2003 年　任水利部国际合作与科技司司长

1999 年　四川大学聘任兼职教授

　　　　大连理工大学聘任兼职教授

2000 年　《钢衬钢筋混凝土压力管道设计与非线性分析》获水利部科技进步一等奖

　　　　中国水利学会聘任《水利学报》编辑委员会副主任委员

2001—2003 年　任水利部第一届科学技术委员会副主任兼秘书长

2002 年　受聘担任国务院长江三峡二期工程验收委员会枢纽工程验收专家组专家

2003 年　发表论文《生态水工学的理论框架》，开创生态水工学研究

续聘担任清华大学水电系兼职教授

2003 年　全球水伙伴（Global Water Partnership，GWP）任命为全球水伙伴中国技术顾问委员会主席

受聘担任国务院长江三峡三期工程验收委员会枢纽工程验收专家组成员

2003—2006 年　任全球水伙伴中国技术顾问委员会主席

2006 年　当选为中国水利学会第八届理事会常务理事

受聘担任国务院长江三峡三期工程验收委员会枢纽工程验收专家组成员

2006 年　在全球水伙伴中国委员会伙伴大会第一届理事会会议上，当选为全球水伙伴（GWP）中国委员会主席

2006—2011 年　任全球水伙伴（GWP）中国委员会主席

2007 年　应邀出席夏季达沃斯论坛并主持水问题分会场做主旨演讲

董哲仁　孙东亚合著《生态水利工程原理和技术》出版

2007—2011 年　欧盟驻华使团聘请担任《中国-欧盟流域管理项目》高级顾问组主席

2008 年　受聘担任《水工设计手册》（第 2 版）技术委员会委员并担任第 3 卷《征地移民、环境保护与水土保持》主审

《河流生态修复理论研究与工程示范》获水利部大禹水利科学技术一等奖

2009 年　受聘担任中国大坝协会第一届理事会常务理事

在第四届黄河国际论坛上做题为"天人合一与黄河生态保护"的大会主旨演讲

受聘担任国家水电可持续发展研究中心技术委员会委员

2010 年　专著《生态水利工程原理与技术》获第二届中国出版政府奖图书提名奖，获中华人民共和国新闻出版总署颁发的荣誉证书

2011—2016 年　任全球水伙伴（GWP）中国委员会常务副主席

2011 年　受聘担任水利部水工程生态效应与生态修复重点实验室第一届学术委会副主任

受聘担任中国水利学会生态专业委员会顾问

2012 年　应邀出席 2012 年生态文明贵阳会议，作《河流生态修复》主旨演讲

2013 年　受聘担任国家科技部项目专员组长，督查国家科技支撑项目《西南生态安全屏障（一期）构建技术与示范》

《河流生态修复》出版

2015 年　受聘担任国务院长江三峡工程整体竣工验收委员会枢纽工程验收组专家组专家

2018 年　在中国水利水电科学研究院组建 60 周年庆祝大会上，获中国水利水电科学研究院组建 60 周年杰出院友奖。《生态水工学理论体系与技术系统构建》

获优秀成果奖（基础类）。获海峡两岸水利科技交流突出贡献奖

2019 年　在中国水利学会生态水利工程学专委会成立大会上，当选为第一届委员会名誉主任

《生态水利工程学》出版

2020 年　董哲仁　张晶　张明编著《生态水工学概论》出版，认证为普通高等教育"十三五系列教材"，工程教育专业认证教材

附录 2

论 文 总 目 录

[1] 董哲仁. 内水压力作用下钢壳与混凝土联合受力的研究 [C]. 水利水电科学研究院论文集第九集. 北京：水利水电出版社，1982.

[2] 李伯芹，王我宁，董哲仁，王丽华. 温度应力的光弹性研究-拱坝引水钢管的温度应力分析 [J]. 水利学报，1983，(6)：53-60.

[3] 董哲仁. 云纹图像的有限元法处理 [J]. 水利学报，1983 (8)：55-60.

[4] 董哲仁. 苏联采用下游坝面式钢筋混凝土高压输水管道 [J]. 水利水电技术，1984 (1)：61-64.

[5] 董哲仁. 下游坝面压力管道混凝土正交异性状态应力计算 [J]. 水利学报，1986 (1)：31-37.

[6] 董哲仁，王我宁. 下游坝面压力管道的合理外形及开裂模型光弹性应力分析 [C]. 水利水电科学研究院论文集第 27 集. 北京：水利电力出版社，1987.

[7] 董哲仁. 下游坝面压力管道的优化设计 [J]. 水利学报，1987 (4)：60-65.

[8] 董哲仁. 下游坝面压力管道的强度安全系数 [J]. 水利水电技术，1988 (10)：24-28.

[9] 董哲仁. 钢衬钢筋混凝土压力管道的非线性有限元分析 [J]. 水利水电技术，1989 (11) 16-24.

[10] DONG Z R，ZHAO G F，SONG C C，T－Y P Chang. Nonlinear Analysis of Steel Liner－Reinforced Concrete Penstock [J]. Transactions of the ASME，Journal of Pressure Vessel Technology，1990 (112)：57-64.

[11] 董哲仁，张武，夏朴淳. 三峡大坝下游坝面钢衬钢筋混凝土管的结构分析 [J]. 水力发电，1991 (8)：49-52.

[12] 董哲仁，夏朴淳，沈星源，杜振坤，陈华，赵华. 高水头钢衬钢筋混凝土明管结构试验及非线性分析 [J]. 水利学报，1993 (7)：18-27.

[13] DONG Z R，XIA P C，SHEN X Y，CHEN H，ZHAO H. A Steel lined reinforced concrete penstock subjected to 9.94 MPa internal pressure [J]. The International Journal on Hydropower & Dams，UK. 1995 (2)：33-37.

[14] 董哲仁，甄永严，何少苓，张进平. 我国高坝工程的若干研究进展 [J]. 中国水利，1995 (5)：46-48.

[15] 董哲仁，沈星源，张武，杜振坤，谢剑华. 下游坝面压力管道的非线性有限元全过程分析和原型仿真材料结构模型实验 [J]. 国家科委科学技术研究成果公告，1996，(2).

[16] 董哲仁，董福品，鲁一晖. 钢衬钢筋混凝土压力管道混凝土裂缝宽度数学模型 [J]. 水力发电，1996，(5)：39-43.

[17] 董哲仁. 钢衬钢筋混凝土压力管道混凝土裂缝宽度计算方法 [J]. 中国学术期刊文摘，1996，2 (6).

[18] 董哲仁. 钢衬钢筋混凝土压力管道混凝土裂缝温度张合量数学模型 [J]. 水利学报，1996 (11)：1-5.

[19] 贾金生，董哲仁. 德国水工沥青混凝土技术进展 [J]. 水力发电，1997 (10)：59-62.

[20] 董哲仁. 防洪减灾的技术策略 [J]. 中国水利，1999 (5)：21-23.

[21] 董哲仁. 新中国水利科技 50 年 [J]. 水力发电，1999 (10)：20-23.

[22] 董哲仁. 堤防工程的渗流控制及崩岸防治 [J]. 中国水利，2000 (1)：9-10.

[23] 董哲仁，陈明忠，阎继军，谢新民. 建设水资源实时监控管理系统-水利现代化的技术方向 [J].

中国水利，2000（7）：27-29.

［24］ 董哲仁，陈明忠，王国兵．水利科技创新［J］．中国水利，2000（9）：60-61.

［25］ 董哲仁．日本盾构施工技术新进展［J］．水利水电技术，2001（9）：29-32.

［26］ 董哲仁．西部大开发中的水利科技问题［J］．中国水利，2001（9）：55-58.

［27］ 董哲仁．加强科技创新促进水利事业发展［J］．中国水利，2001（10）：32-34.

［28］ 董哲仁，刘蒨，曾向辉．受污染水体的生物-生态修复技术［J］．水利水电技术，2002，33（2）：1-4.

［29］ 董哲仁．生态-生物方法水体修复技术［J］．中国水利，2002（3）．

［30］ 董哲仁．百年黄河一梦遥—评介《世纪黄河》［N］．中华读书报，2002.

［31］ 董哲仁．智者乐水，仁者乐山［N］．新清华报，2002.

［32］ 董哲仁．李仪祉先生与西方科技［C］．李仪祉纪念文集．郑州：黄河水利出版社，2002.

［33］ 董哲仁．生态水工学的理论框架［J］．水利学报，2003（1）：1-6.

［34］ 董哲仁．生态水工学的工程理念［J］．中国水利，2003（1）：63-66.

［35］ 董哲仁．生态水工学——人与自然和谐的工程学［J］．水利水电技术，2003，34（1）：14-25.

［36］ 董哲仁．保护和恢复河流形态多样性［J］．中国水利，2003（6）：53-56.

［37］ 董哲仁．水利工程对生态系统的胁迫［J］．水利水电技术，2003，34（7）：1-5.

［38］ 董哲仁．对水利科技创新的几点浅见［J］．中国水利，2003，34（1）：14-25.

［39］ 董哲仁．河流形态多样性与生物群落多样性［J］．水利学报，2003（11）：1-6.

［40］ 董哲仁．荷兰围垦区生态重建的启示［J］．中国水利，2003（11）：45-47.

［41］ 董哲仁．河流治理生态工程学的发展沿革与趋势［J］．水利水电技术，2004，35（1）：35-41.

［42］ 董哲仁．美国基西米河生态恢复工程的启示［J］．水利水电技术，2004，35（9）：8-19.

［43］ 董哲仁．河流保护的发展阶段及思考［J］．中国水利，2004（17）：16-32.

［44］ 董哲仁，李文奇，孙东亚．中国的河流生态修复进展［C］．第19届中日河工坝工会议论文集，2004.

［45］ 董哲仁．胁迫与补偿：河流生态修复的目标探求［N］．中国水利报，2004.

［46］ 董哲仁．河流生态恢复的目标［J］．中国水利，2004（10）：6-9.

［47］ 董哲仁．试论生态水利工程的基本设计原则［J］．水利学报，2004（10）：1-6.

［48］ 董哲仁，周怀东，李文奇．受损水体修复的生态工程研究与示范［J］．中国水利，2004（22）：64-66.

［49］ 孙东亚，董哲仁．关于堤防工程规范中增加生态技术内容的建议［J］．水利水电技术，2005，36（3）：4-8.

［50］ 董哲仁．在发展与保护间寻找和谐平衡点—与格列高里．托马斯的对话［N］．中国水利报，2005.

［51］ 董哲仁．水坝建设与生态保护［N］．经济日报，2005.

［52］ 董哲仁．河流健康的内涵［J］．中国水利，2005（4）：15-18.

［53］ 董哲仁，李志强，魏智敏，等．中国水土保持可持续发展战略探讨［M］．水土保持可持续发展战略研究，北京：中国水利水电出版社，2005.

［54］ 董哲仁．天人合一与生态保护［J］．中国水利，2005（18）：7-10.

［55］ 董哲仁．河流健康评估的原则和方法［J］．中国水利，2005（10）：17-19.

［56］ 董哲仁．国外河流健康评估技术［J］．水利水电技术，2005，36（11）：15-19.

［57］ 董哲仁．探索生态水利工程学［M］．新世纪水利工程科技前沿，天津：天津大学出版社，2005.

［58］ 董哲仁．切实提高水资源利用效率［N］．经济日报，2005.

［59］ 董哲仁，彭静，李翀．亟待建立水污染突发事故的应急管理体系［N］．《第一财经日报》专访报

道中国水利报部科技委《咨询与建议》，2005.

[60] 董哲仁. 对于怒江开发与保护的思考 [J]. 水利发展研究，2005，5 (8).

[61] 董哲仁. 筑坝河流的生态补偿 [J]. 中国工程科学，2006，8 (1)：5-10.

[62] 董哲仁. 怒江水电开发的生态影响 [J]. 生态学报，2006，26 (5)：1591-1596.

[63] 董哲仁. 对于河流生态修复工作的几点意见 [J]. 中国水利，2006 (13).

[64] 董哲仁. 河流生态修复 [M]. 北京：中国水利水电出版社，2006.

[65] 孙东亚，董哲仁，许明华，朱晨东，赵进勇. 河流生态修复的技术与实践 [J]. 水利水电技术，2006，37 (12).

[66] 董哲仁. 试论河流生态修复规划的原则 [J]. 中国水利，2006 (13)：11-21.

[67] 董哲仁. 水利工程经济效益与生态功能综合评价的矩阵方法 [J]. 水利学报，2006，37 (9)：1038-1043.

[68] 董哲仁. 维护河流健康与流域一体化管理 [J]. 中国水利，2006 (11)：23-25.

[69] 董哲仁. 河流生态修复的尺度格局和模型 [J]. 水利学报 2006，37 (12)：1476-1481.

[70] 董哲仁. 探索生态水利工程学 [J]. 中国工程科学，2007，9 (1)：2-7.

[71] 董哲仁. 可持续利用的生态良好的河流 [J]. 水科学进展，2007，8 (1)：148-149.

[72] 董哲仁，孙东亚，赵进勇. 水库多目标生态调度 [J]. 水利水电技术，2007，38 (1)：28-32.

[73] 董哲仁等. 2008 汶川地震唐家山堰塞湖处理方案咨询报告 [R]. 2008.

[74] 张晶，董哲仁. 洪水脉冲理论及其在河流生态修复中的应用 [J]. 中国水利，2008 (15)：1-4.

[75] 董哲仁. 河流生态系统结构功能模型研究 [J]. 水生态学杂志，2008，1 (1)：1-7.

[76] 赵进勇，董哲仁，孙东亚. 河流生物栖息地评估研究进展 [J]. 科技导报，2008，26 (17)：82-88.

[77] 董哲仁. 城市河流的渠道化园林化问题与自然化要求 [J]. 中国水利，2008 (22)：12-15.

[78] 董哲仁，孙东亚，彭静. 河流生态修复理论技术及其应用 [J]. 水利水电技术，2009，40 (1)：4-9.

[79] 董哲仁. 在中国寻找健康的河流 [J]. 环球科学，2009 (1)：78-81.

[80] 董哲仁. 河流生态系统研究的理论框架 [J]. 水利学报，2009，40 (2)：129-137.

[81] 董哲仁，张晶. 洪水脉冲的生态效应 [J]. 水利学报，2009，40 (3)：281-288.

[82] 董哲仁，孙东亚，王俊娜，赵进勇. 河流生态学相关交叉学科进展 [J]. 水利水电技术，2009，40 (8)：36-43.

[83] 董哲仁. 善待江河 [J]. 中国水利，2009 (17)：7-8.

[84] 董哲仁. 评《政局不稳造成粮食安全危机》[J]. 环球科学，2009.

[85] 董哲仁. 欧盟水框架指令的借鉴意义 [J]. 水利水电快报，2009，30 (9)：73-77.

[86] 董哲仁. 天人合一与黄河生态保护 [J]. 南水北调与水利科技，2010，8 (46)：1-4.

[87] 董哲仁，孙东亚，赵进勇，张晶. 河流生态系统结构功能整体性概念模型 [J]. 水科学进展，2010，21 (4)：550-559.

[88] 张晶，董哲仁，孙东亚，王俊娜. 基于主导生态功能分区的河流健康评价全指标体系 [J]. 水利学报，2010，41 (8)：883-892.

[89] 赵进勇，董哲仁，孙东亚，张晶. 河流生态修复负反馈调节规划设计方法 [J]. 水利水电技术，2010，41 (9)：10-14.

[90] 张晶，董哲仁，孙东亚，李云生. 河流健康全指标体系的模糊数学评价方法 [J]. 水利水电技术，2010，41 (12)：16-21.

[91] 王俊娜，董哲仁，廖文根，李翀. 美国的水库生态调度实践 [J]. 水利水电技术，2011，

42 (1)：15-20.

[92] 赵进勇，董哲仁，翟正丽，孙东亚. 基于图论的河道-滩区系统连通性评价方法 [J]. 水利学报，2011，42 (5)：537-543.

[93] 赵进勇，董哲仁，翟正丽，孙东亚，张爱静. 河流廊道尺度栖息地景观异质性分析方法研究 [C]. 第八届国际景观生态学大会论文集，2011.

[94] 张爱静，董哲仁，赵进勇，孙东亚. 流域景观格局分析研究进展 [J]. 水利水电技术，2012，43 (7)：17-20.

[95] 董哲仁.《欧洲生态与生物监测方法及黄河实践》序 [M]. 郑州：黄河水利出版社，2012.

[96] 董哲仁.《欧洲水质管理制度与实践手册》序 [M]. 郑州：欧洲水质管理制度与实践手册. 北京：中国水利水电出版社，2012.

[97] 董哲仁. 海纳百川，有容乃大——潘家铮院士序文集旁注 [C]. 北京：中国水利水电出版社，2012.

[98] 董哲仁. 上善若水，高山仰止——深切悼念冯钟豫学长 [J] 清华校友通讯复66辑，2012.

[99] 王俊娜，董哲仁，廖文根，等. 基于水文-生态响应关系的环境水流评估方法——以三峡水库及其坝下河段为例 [J]. 中国科学，2013，43 (6)：715-726.

[100] 董哲仁. 以史为鉴话生态——从一首红旗歌谣说起 [J]. 水与中国，2013 (4).

[101] 张爱静，董哲仁，赵进勇，岳成鲲. 黄河调水调沙期河口湿地景观格局演变 [J]. 人民黄河，2013，35 (7)：69-72.

[102] 张爱静，董哲仁，赵进勇，王俊娜. 黄河水量统一调度与调水调沙对河口的生态水文影响 [J]. 水利学报，2013，44 (8)：987-993.

[103] 董哲仁，张爱静，张晶. 河流生态状况分级系统及其应用 [J]，水利学报，2013，44 (10)：1233-1248.

[104] 董哲仁，王宏涛，赵进勇，张晶，王俊娜. 恢复河湖水系连通性生态调查与规划方法 [J]. 水利水电技术，2013，44 (11)：8-19.

[105] 董哲仁. 在全球水伙伴第二届理事会第五次会议上的讲话 [R]. 2014.

[106] 董哲仁，张晶，赵进勇. 道法自然的启示——兼论水生态修复与保护准则 [J]. 水生态文明论坛，2014 (19)：12-18.

[107] 董哲仁，孙东亚，赵进勇，张晶. 生态水工学进展与展望 [J]. 水利学报，2014，45 (12)：1419-1426.

[108] 董哲仁. 论水生态系统五大生态要素特征 [J]. 水利水电技术，2015，46 (6)：42-47.

[109] 王宏涛，董哲仁，赵进勇，张晶. 蜿蜒型河流地貌异质性及生态学意义研究进展 [J]. 水资源保护，2015，31 (6)：81-85.

[110] 董哲仁. 环境友好水工结构 [M]. 中国学科发展战略：水利科学与工程，北京：科学出版社，2016，481-484.

[111] 董哲仁，赵进勇，张晶. 环境流计算新方法：水文变化的生态限度法 [J]. 水利水电技术，2017，48 (1)：11-17.

[112] 董哲仁. 生态水工学内涵与学科前沿 [M]. 中国学科发展战略：水利科学与工程前沿，北京：科学出版社，2017：660-675.

[113] 董哲仁，张晶，赵进勇. 环境流理论进展述评 [J]. 水利学报，2017，48 (6)：670-677.

[114] ZHAO J Y, DONG Z R, PENG W Q, et al. Progress of River Restoration Technologies and Practices in China [C]. 第37届国际水利与环境工程大会论文集，2017.

[115] 赵进勇，董哲仁，杨晓敏，张晶，马栋，徐征和. 基于图论边连通度的平原水网区水系连通性定

量评价 [J]. 水生态学杂志，2017，38（5）：1-6.

[116] 董哲仁. 王维山水田园诗的生态伦理 [J]. 水与中国，2019：24-28.

[117] 董哲仁，赵进勇，张晶. 3 流 4D 连通性生态模型 [J]. 水利水电技术，2019，50（6）：134-141.

[118] 董哲仁. 浮雕主题《上善若水》——在中国水利水电科学研究院清华校友向母校敬献纪念浮雕仪式上的致辞.

[119] 董哲仁. 水资源管理的新理念 [N]. 中国日报，2005 年 3 月 22 日.

[120] 董哲仁.《中国水展望》序. 2005.

[121] 王宏涛，张晶，董哲仁，赵进勇. 蜿蜒型河流水力条件多样性对鱼类生境适宜性影响研究 12th ISE 2018. Tokyo，Japan.

[122] 董哲仁，张晶，赵进勇. 生态流量的科学内涵 [J]. 中国水利，2020（15）.

[123] 董哲仁，张晶，赵进勇. 论恢复鱼类洄游通道规划方法 [J]. 水生态学杂志，2020，41（6）.

专 著 总 目 录

1. 董哲仁. 钢筋混凝土非线性有限元法原理与应用 [M]. 北京：中国铁道出版社，1993.（再版：中国水利水电出版社，2002）
2. 董哲仁. 钢衬钢筋混凝土压力管道设计与非线性分析 [M]. 北京：中国水利水电出版社，1998.
3. 董哲仁. 水工结构分析论文集 [C]. 北京：中国水利水电出版社，2002.
4. 董哲仁. 生态水工学探索 [M]. 北京：中国水利水电出版社，2007.
5. 董哲仁，孙东亚. 生态水利工程原理与技术 [M]. 北京：中国水利水电出版社，2007.
6. 董哲仁，等. 河流生态修复 [M]. 北京：中国水利水电出版社，2013.
7. 董哲仁. 生态水利工程学 [M]. 北京：中国水利水电出版社，2019.
8. 董哲仁，张晶，张明. 生态水工学概论 [M]. 北京：中国水利水电出版社，2020.
9. 董哲仁. 河湖生态模型和生态修复 [M]. 北京：中国水利水电出版社，2021.

主 编 图 书 总 目 录

1. 堤防除险加固实用技术. 中国水利水电出版社，1998.
2. 堤防抢险实用技术. 中国水利水电出版社，1999.
3. 中国江河 1000 问. 黄河水利出版社，2001.
4. 水利技术标准汇编，水利水电卷，勘测勘查方法. 中国水利水电出版社，2002.
5. 水利技术标准汇编，灌溉排水卷，综合技术. 中国水利水电出版社，2002.
6. 水利技术标准汇编，农村水电与电气化卷，规划设计. 中国水利水电出版社，2002.
7. 水利技术标准汇编，农村水电与电气化卷，设备及运行管理. 中国水利水电出版社，2002.
8. 当代水利科技发展前沿. 中国水利水电出版社，2005.
9. 莱茵河——治理保护与国际合作. 黄河水利出版社，2005.
10. 水利科技发展战略研究报告. 中国水利水电出版社，2006.
11. 水土保持可持续发展研究. 中国水利水电出版社，2005.

Ecological Model and Restoration
of River and Lake

Dong Zheren

China Water & Power Press

• Beijing •

Abstract

This book is a selection of 70 published papers by the author, which reflects the main achievements in the research on the theory of river and lake ecological protection and restoration in the past 20 years. These papers cover a wide range of areas, including 10 special topics such as Ecological models of river and lake, Dialectical relationship between development and protection, Theoretical framework and research progress of Eco-Hydraulics, River ecological restoration plan, Ecological flow and reservoir ecological operation, Water resources management and emergency management, River and lake investigation, Monitoring and health assessment, Learning and Reference, Philosophical thinking and cultural implication, Remembrance of celebrity. These papers basically cover the main scientific problems and methods of river and lake protection and restoration that reflects the development vein of Eco-hydraulic engineering from initial stage to perfect day by day. My Academic Career, published in the book, reviews the author's academic track and experience of scientific research for 50 years.

The book can be used as a reference for the scientific research, planning, design and management personnel in the fields of water conservancy and hydropower engineering, ecology and ecological engineering, environmental science and environmental engineering, as well as for the reference of teachers and students of related majors in colleges and universities.

About The Author

Dr. Dong Zheren was born in Beijing in 1943, Manchu nationality. He graduated from Tsinghua University in 1966 and graduated from Graduate School of Chinese Academy of Sciences in 1981. He studied at University of Akron USA as visiting scholar in 1986. He is Professor and doctoral supervisor of China Institute of Water Resources and Hydro-Power Research (IWHR) and Guest Professor of Tsinghua University, Wuhan University, Dalian University of Science and Engineering, Hehai University and North China University of Water Resources and Electric Power.

During 1980s and 1990s , He was focusing on nonlinear finite element of reinforced concrete structure. He proposed the Orthotropic model for cracked concrete of steel-lined reinforced concrete penstocks. The new model he proposed was successfully applied to the Three Gorges project. Into the 21st century, he pioneered the field of Eco-hydraulic Engineering. As an inaugurator of the new discipline he argued that hydraulic engineering needs to integrate ecology theory and build a new hydraulic engineering system with ecological friendliness. After more than 20 years of researches and practices, the theoretical and technical system of the new discipline has been basically formed.

He published 9 monographs such as *Nonlinear Finite Element Method of Reinforced Concrete: Theory and Application* (1993), *Design and Nonlinear Analysis of Steel Lined Reinforced Concrete penstocks* (1998), *Principles and Technologies of Eco-Hydraulic Engineering* (Co-authored with Sun dongya) (2007), *River Restoration* (2013), *Eco-hydraulic engineering* (2019). In addition, he published 123 papers.

Preface

Professor Dong Zheren has devoted himself to the theoretical exploration of ecological protection and restoration of hydraulic engineering and has pioneered the study of Eco-Hydraulic Engineering for 20 years. On the basis of field investigation and monitoring data analysis, Professor Dong studied the stress mechanism of hydraulic engineering and hydropower projects on aquatic ecosystem, put forward the planning and design principles of river ecological restoration, and first proposed the concept and method of multi-objective ecological operation of reservoirs in China, which has made important contributions to the construction of environmentally friendly hydraulic engineering in China.

Professor Dong was born in a prestigious family and received a good education in humanities and technology since childhood. In the 1960s, he was taught by many famous teachers in the Department of Hydraulic Engineering of Tsinghua University, and laid a solid theoretical foundation of science and technology. I have known him for a long time, not only when he was studying at Tsinghua University, but also in cooperation with many scientific and technological consulting projects of the Ministry of Water Resources in the future, and have been following his academic activities and progress. I would like to take this opportunity to briefly introduce his rich life experience and academic path, which may inspire young friends. In 1960, he was admitted to the Department of Hydraulic Engineering of Tsinghua University, when Tsinghua was implementing a six-year undergraduate education. Strict engineering technology education at Tsinghua University has laid a solid theoretical foundation for him. When he graduated from Tsinghua University in 1966, just in time for the Cultural Revolution, he was assigned to work at the construction site of the Shimen Reservoir of the Bao River in Hanzhong, Shanxi Province. While engaged in manual labor, he was responsible for the design of large-span and high-load cable cranes for large aqueducts. During this period, he overcame many technical difficulties, completed the project construction and completed the water supply on schedule.

The ten-year hard life experience on the construction site has honed his will, enriched his practical experience in the design and construction of hydraulic engineering, and improved his ability to engage in engineering research in the future. In 1978, when the country resumed postgraduate enrollment, he seized the opportunity and was admitted to the Graduate School of the Chinese Academy of Sciences. He became one of the first batch of graduate students after the implementation of the degree system in our country, and returned to campus at the age of 35. With abundant energy, he realized the knowledge update in the computer age and received strict scientific training. In 1986, he went to the United States as a visiting scholar, specializing in nonlinear finite element theory of reinforced concrete. After returning to China, he devoted himself to studying the structural analysis method of super-giant steel-lined reinforced concrete pressure pipeline of the Three Gorges Project. Professor Dong was responsible for the national 'Seventh Five-Year' and 'Eighth Five-Year' science and technology research projects, and overcome the difficulties of engineering structure analysis and calculation. After more than ten years of research, he proposed a set of steel lined reinforced concrete penstocks nonlinear analysis model and pressure pipe structure optimization design method, which was adopted in the final technical design of the pressure pipeline of the Three Gorges Hydropower Station. In the Design Specification for Steel Penstocks of Hydroelectric Stations (SL 281-2003) revised in 2003, a new chapter Steel Lined Reinforced Concrete Penstocks was added, and a set of calculation and analysis methods proposed by him was included in the code. He has published two monographs: *Nonlinear Finite Element Method of Reinforced Concrete: Theory and Application* (1993) and Design and *Nonlinear Analysis of Steel Lined Reinforced Concrete Penstocks* (1998).

After entering the 21st century, Professor Dong noticed that ecological environment protection has become a bottleneck restricting China's sustainable development, so he focused his research on the ecological impact of hydraulic engineering. In 2003, he proposed the theoretical framework of Eco-Hydraulic Engineering. It advocates absorbing and integrating the theories and methods of ecology, supplementing and improving the traditional hydraulic engineering, and constructing an eco-friendly technical system of hydraulic engineering. In the face of challenges, Professor Dong, who has been in his senior year, has studied a large number of literature monographs on ecology and its related subdisciplines with his academic skills formed over the years, and has consulted ecologists at home and abroad. He led the scientific research teams to carry out a large number of river and lake field investigations and practice of river lake field ecological restoration, and constantly improved the connotation of Eco-Hydraulic Engineering. With the support of a number of national science and technology projects, a relatively complete discipline system of Eco-Hydraulic Engineering has been basically formed. He has published three monographs *Principles and Techniques of Eco-Hydraulic Engineering* (co-authored with Sun) (2007), *River Ecological Restoration* (2013) and *Eco-Hydraulic Engineering* (2019), laying the theoretical foundation for eco-hydraulic engineering. The establishment of Eco-Hydraulic Engineering provides strong theoretical and technical support for ecological protection and restoration of rivers and lakes in China. His published papers have also been widely cited by the academic community. Eco-Hydraulic Engineering is listed as a subject entry in *the Chinese Encyclopedia* (3rd Edition). Based on the principle of Eco-Hydraulic Engineering, in 2020, the Ministry of Water Resources issued *Technical Guidelines for River-Lake Ecosystem Conservation and Restoration Engineering* (SL/T 800-2020), which was presided over by Professor Dong.

Indifferent to fame and fortune, Professor Dong upholds the scientific spirit and perseveres in pursuit of true knowledge and honesty in learning. He works diligently and conscientiously. Whether in a scientific research position or concurrent administrative work, whether on-the-job or retired, he has been diligently pursuing his career, constantly tracking the frontiers of science and technology, thinking about new issues, and constantly exploring new directions. He has not stopped writing, and has successively published 6 monographs, 3 selected works, and edited 11 books.

I believe that the publication of this book will be beneficial to the construction of ecological civilization in my country and the cause of ecological protection of rivers and lakes. I sincerely congratulate the publication of the anthology, and am honored to write a preface to it.

Dong Zheren PhD

Nov. 2020

Contents

Preface

The author's words

Part 1　Ecological Model of River and Lake ·· 1

Framework of research on fluvial ecosystem ······························· 5

On features of five dominant ecological components of aquatic ecosystem ············· 17

Research on the structure and function model of river ecosystem ············· 26

Holistic conceptual model for the structure and function of river ecosystems ············ 35

Three types flows via four dimensional connectivity ecological model ············ 47

Lake ecological model ·· 58

Diversity of river morphology and diversity of bio-communities ············· 62

Study on the influence of diversity of hydraulic conditions in meandering rivers on

　　fish habitat suitability ·· 70

Part 2　The Dialectical Relationship Between Development and Protection ············ 85

Find a harmonious balance between development and protection ············· 89

Stress of water conservancy project on ecosystem ·················· 93

Ecological compensations for damed rivers ···················· 101

Ecological impacts of hydropower development on the Nujiang River ············ 109

Sustaining health of river s with integrated river basin management ·········· 117

Matrix method of comprehensive evaluation on economic benefits and ecological functions of

　　hydraulic engineering ·· 122

Part 3　Theoretical Framework and Research Progress of Ecological Hydraulics ······ 129

Theoretical framework for eco-hydraulic ···························· 133

Explore ecological water conservancy engineering ·················· 141

Progress and prospect of eco-hydraulic engineering ·················· 151

The evolution and trend of ecological engineering of river regulation ·········· 161

Progresses of interd isciplines related to river ecology ················ 166

Part 4　River Ecological Restoration Plan ································· 179

Discussion on design principles of ecological water conservancy project ·········· 183

The goal of river ecological restoration ···························· 191

Scale and pattern for ecological restoration of river ⋯⋯⋯⋯⋯⋯⋯⋯⋯⋯⋯⋯⋯ 198

Negative feedback regulation based planning and design method for river restoration ⋯⋯⋯⋯ 207

Discussion on the planning method of restoring fish migration channel ⋯⋯⋯⋯⋯⋯⋯ 215

River wetland ecological restoration ⋯⋯⋯⋯⋯⋯⋯⋯⋯⋯⋯⋯⋯⋯⋯⋯⋯⋯⋯ 226

Lakeside ecological restoration ⋯⋯⋯⋯⋯⋯⋯⋯⋯⋯⋯⋯⋯⋯⋯⋯⋯⋯⋯⋯⋯ 233

Development stage and thinking of river protection ⋯⋯⋯⋯⋯⋯⋯⋯⋯⋯⋯⋯⋯⋯ 240

Connectivity evaluation technology for plain river network regions based on edge

connectivity form graph theory ⋯⋯⋯⋯⋯⋯⋯⋯⋯⋯⋯⋯⋯⋯⋯⋯⋯⋯⋯⋯ 244

Part 5　Ecological Flow and Reservoir Ecological Operation ⋯⋯⋯⋯⋯⋯⋯⋯ 253

Comments upon progress of environmental flows assessments ⋯⋯⋯⋯⋯⋯⋯⋯⋯ 256

The scientific connotation of ecological flow ⋯⋯⋯⋯⋯⋯⋯⋯⋯⋯⋯⋯⋯⋯⋯ 266

A new method for environmental flow assessment: ecological limits of hydrological

alteration ⋯⋯⋯⋯⋯⋯⋯⋯⋯⋯⋯⋯⋯⋯⋯⋯⋯⋯⋯⋯⋯⋯⋯⋯⋯⋯⋯ 274

Multi-objective ecological operation of reservoirs ⋯⋯⋯⋯⋯⋯⋯⋯⋯⋯⋯⋯⋯⋯ 285

Environmental water flow assessment method based on hydrological-ecological response

relationship—a case study of Three Gorges Reservoir and its lower reaches ⋯⋯⋯⋯⋯ 293

Effects of the integrated water regulation and water-sediment regulation of the Yellow River

on the eco-hydrology of its estuary ⋯⋯⋯⋯⋯⋯⋯⋯⋯⋯⋯⋯⋯⋯⋯⋯⋯⋯ 309

Practice on reservoirs operation improvement in the United States ⋯⋯⋯⋯⋯⋯⋯ 318

Part 6　Water Resources Management and Emergency Management ⋯⋯⋯⋯⋯⋯ 327

Preface to "China Water Outlook" ⋯⋯⋯⋯⋯⋯⋯⋯⋯⋯⋯⋯⋯⋯⋯⋯⋯⋯⋯ 332

New concept of water resources management ⋯⋯⋯⋯⋯⋯⋯⋯⋯⋯⋯⋯⋯⋯⋯⋯ 335

Urgent need to establish an emergency management system for water pollution emergencies ⋯⋯⋯⋯ 337

Consultation report on treatment of barrier lake in Wenchuan earthquake area ⋯⋯⋯⋯⋯ 339

Scientific and technological safeguard of flood control and disaster reduction ⋯⋯⋯⋯⋯ 344

Bio-ecological restoration technology of polluted water bodies ⋯⋯⋯⋯⋯⋯⋯⋯⋯ 349

Part 7　River and Lake Investigation, Monitoring and Health Assessment ⋯⋯⋯⋯ 357

Water resources real-time monitoring system ⋯⋯⋯⋯⋯⋯⋯⋯⋯⋯⋯⋯⋯⋯⋯ 360

Eco-survey and planning method for rehabilitation of connectivity of river-lake water

system ⋯⋯⋯⋯⋯⋯⋯⋯⋯⋯⋯⋯⋯⋯⋯⋯⋯⋯⋯⋯⋯⋯⋯⋯⋯⋯⋯ 365

River health connotation ⋯⋯⋯⋯⋯⋯⋯⋯⋯⋯⋯⋯⋯⋯⋯⋯⋯⋯⋯⋯⋯⋯ 374

Sustainable use of ecologically sound rivers ⋯⋯⋯⋯⋯⋯⋯⋯⋯⋯⋯⋯⋯⋯⋯ 381

Principles and methods of river health assessment ⋯⋯⋯⋯⋯⋯⋯⋯⋯⋯⋯⋯⋯ 383

Looking for healthy rivers in China ⋯⋯⋯⋯⋯⋯⋯⋯⋯⋯⋯⋯⋯⋯⋯⋯⋯⋯ 389

Overseas assessing technology for river health ⋯⋯⋯⋯⋯⋯⋯⋯⋯⋯⋯⋯⋯⋯⋯ 394

Complete river health assessment index system based on eco-regional method according to

dominant ecological functions ⋯⋯⋯⋯⋯⋯⋯⋯⋯⋯⋯⋯⋯⋯⋯⋯⋯⋯⋯ 401

Rating system of river ecological conditions and its applications ·············· 414

Part 8 Learning and Reference ·· 423

Rhine salmon-2000 project ·· 427

Danube sturgeon-2020 project ·· 429

Enlightenment of ecological reconstruction in reclamation area of Netherlands ·············· 431

Ecological restoration of the U. S. everglades ·································· 437

The enlightenment from the Kissimmee River ecological restoration project ·············· 441

WFD and Its use for reference to China ·· 450

Preface to "*European ecological and biological monitoring methods and practice in the*
Yellow River" ··· 453

Preface to "*European water quality management system and practice manual*" ·············· 455

Part 9 Philosophical Thinking and Cultural Implication ················ 459

Correspondence between Heaven and Human and ecology protection ·············· 462

Ecological protection of the Yellow River from the perspective of harmony between
man and nature ·· 468

Edification of the Tao way follows nature ······································ 475

Talking about ecology from history ·· 483

Relief theme "the goodness is like water" ······································ 487

Treat rivers well ·· 489

Interpretation of the aesthetic value of the river ································ 492

Ecological ethics in Wang Wei's landscape and pastoral poetry ·················· 499

A hundred years of the Yellow River a dream away ·························· 505

Part 10 Remembrance of Characters ···································· 507

Mr. Li Yizhi and western technology ·· 512

The goodness is like water, the mountains are standing up—deep mourning for Mr. Feng
Zhongyu ·· 516

Inclusive of all rivers, there is great tolerance-a marginal note on the preface collection of
academician Pan Jiazheng ·· 519

Prat 11 My Academic Career ·· 521

Family and Education ·· 523

Nonlinear analysis of super huge pressure pipeline in Three Gorges Project ·············· 534

The creation of Eco-Hydraulic Engineering ······································ 539

My way of academic ·· 547

Postscript ·· 553
Appendix 1 ·· 554
Appendix 2 ·· 557